U0159536

专用天线及相关技术

编著　赵玉军　伍捍东　俱新德
　　　金红军　刘木林

西安电子科技大学出版社

内 容 简 介

本书分为两部分,共 14 章。第一部分为基本知识,共 5 章,主要内容包括天线的电参数及主要辐射单元,电波传播与链路预算,专用通信天线的安装、架设与维修,专用通信天线的检测与验收,短波通信、同轴馈线和共用天线技术。第二部分为专用通信天线及其他天线,共 9 章,主要内容包括舰船通信天线,地面(岸基)台站天线,专用移动通信天线,盘锥天线和全向宽带盘笼天线,定向 HF、VHF/UHF 宽带天线,新型专用天线及相关技术,雷达天线,微波天线和毫米波天线,全向波导缝隙天线阵和区域覆盖天线。本书既介绍了现在还在使用的专用天线及其相关技术,又介绍了现代特殊应用场合使用的新型专用天线。

本书既是一本专著,又是融科普性、可读性、可操作性为一体的教科书,特别适合作为从事通信管理工作、使用和维护天线的工程技术人员,以及大专院校通信专业师生的培训教材或参考资料,也适合作为天线研制人员、生产企业的管理人员及工程技术人员、大专院校电磁场专业师生的参考资料。

图书在版编目(CIP)数据

专用天线及相关技术/赵玉军等编著. —西安:西安电子科技大学出版社,2022.9
ISBN 978 - 7 - 5606 - 6373 - 9

Ⅰ. ① 专… Ⅱ. ① 赵… Ⅲ. ①天线—基本知识 Ⅳ. ①TN82

中国版本图书馆 CIP 数据核字(2022)第 050074 号

策　　划　毛红兵
责任编辑　许青青　马晓娟　雷鸿俊
出版发行　西安电子科技大学出版社(西安市太白南路 2 号)
电　　话　(029)88202421　88201467　　邮　编　710071
网　　址　www.xduph.com　　　　　　电子邮箱　xdupfxb001@163.com
经　　销　新华书店
印刷单位　陕西精工印务有限公司
版　　次　2022 年 9 月第 1 版　2022 年 9 月第 1 次印刷
开　　本　787 毫米×1092 毫米　1/16　印张 32
字　　数　757 千字
印　　数　1～1000 册
定　　价　108.00 元
ISBN 978 - 7 - 5606 - 6373 - 9/TN

XDUP 6675001 - 1

序

当今世界，信息技术创新日新月异，信息技术的数字化、网络化、智能化发展在推动经济社会发展、促进国家治理体系和治理能力实现现代化、满足人民日益增长的美好生活需要等方面发挥着越来越重要的作用。

网络的建设规模和应用水平是衡量一个国家综合国力、科技水平和社会信息化的重要标志，如何推动信息产业的发展，培养通信学科和信息网络专业人才，已经成为各国高度重视的战略问题。

信息通信业是支撑国民经济发展的战略性、基础性的先导性行业，是推进网络强国、制造强国建设的重要力量。改革开放以来，我国通信业发展取得了举世瞩目的伟大成就。广东通宇通讯股份有限公司于 1996 年诞生在这个伟大的时代，主要从事通信天线及射频器件产品的研发、生产、销售和服务业务，致力于为国内外移动通信运营商、设备集成商提供通信天线、射频器件产品及综合解决方案。它是国内第一家基站天线制造商，于 2016 年 3 月在中小板上市，是国家火炬计划重点高新技术企业。该公司于 2010 年设立博士后科研工作站；2018 年获得 CNAS 实验室认证，成立"国家企业技术中心"；2019 年被评为"国家知识产权优秀企业"；2020 年，成立"广东省 5G 天线与射频集成技术企业重点实验室"。截至 2020 年，该公司已获得国内外专利 640 多项。

行是知之始，知是行之成。任何技术方案只有通过自己亲自尝试，才能真正认识、理解、掌握。本书中的不少技术解决方案来自俱新德教授和其他作者多年的教学和实践经验。俱教授和其他作者根据多年来科研工作的实践经验，从实践和应用的角度出发，完成了本书的编写。

在这个 5G 移动通信和万物互联的伟大时代，天线推陈出新、蓬勃发展，小型化、规模化、智能化、系统化已成为发展的主要趋势。本书所列天线种类颇多，内容极为丰富，且独特新颖。本书不是手册，胜似手册，其工程性、实用性极强。

在改革开放的大背景下，经过全行业的共同努力，信息通信技术产业迎来了一个快速发展期，呈现出良好态势。期待俱教授再出更多更好的专著，为通信行业留下更多宝贵财富。

通宇通讯董事长

吴中林

2021 年 12 月 12 日
于广东中山市

前　　言

当今世界信息技术日新月异。在信息技术向数字化、网络化、智能化方向发展的今天，支撑国民经济快速发展的战略性、基础性先导行业的无线通信行业的发展和应用更是一日千里。无线通信离不开天线，哪里有无线，哪里就有天线。天线是无线通信设备的重要组成部分，如果不能正确设计、安装、使用和维修天线，就不能充分发挥无线设备的功能，甚至会中断通信联络，在对敌斗争中就会贻误战机，在抢险救灾中就会丧失时机，造成严重的损失。党教育我们要不忘初心，要做对党、对人民有益的事，为人类文明添砖加瓦，再者知识需要传承，因此我们编著了《专用天线及相关技术》一书，作为庆祝中国共产党成立一百周年的献礼。

本书是一本实用性、工程性极强，内容丰富的天线培训教材和天线工程参考书。全书分为两部分，共 14 章。第一部分为基本知识，共 5 章，主要内容包含天线的电参数及主要辐射单元，电波传播与链路预算，专用通信天线的安装、架设与维修，专用通信天线的检测与验收，短波通信、同轴馈线和共用天线技术。第二部分为专用通信天线及其他天线，共 9 章，主要内容包括舰船通信天线，地面（岸基）台站天线，专用移动通信天线，盘锥天线和全向宽带盘笼天线，定向 HF、VHF/UHF 宽带天线，新型专用天线及相关技术，雷达天线，微波天线和毫米波天线，全向波导缝隙天线阵和区域覆盖天线。其中包括作者伍捍东多年研究的成果——多频段序列标准增益天线、近场测量探头、微波和毫米波扇形波束天线、赋形波束天线。本书既介绍了现在还在使用的专用天线和相关技术，又介绍了现代特殊应用场合使用的专用天线。为了给使用、学习、研发、生产和维修天线的广大工程技术人员提供实用、图文并茂、通俗易懂、可读、可操作、可借鉴的天线知识，本书主要介绍了各种天线的工作原理、结构尺寸、设计图表曲线和主要电性能，少用或不用繁杂的数学推导公式，省去了天线 VSWR、增益、方向图和效率的频率特性曲线，仅给出天线电参数的具体数值和相对带宽，以便利用有限的篇幅为读者提供更多的天线资料。

本书由赵玉军、伍捍东、俱新德、金红军、刘木林编著，李鹏图、高向东、袁海林、秦毅、王小龙、张培团、刘军州参与了部分章节的编写。

本书在编写过程中得到了陕西海通天线有限责任公司董事长喻斌、总经理姚兴亮，江苏常州主要从事研制生产各种天线和光电设备的晨创科技有限公司总经理方锋明的大力支持，还得到了吴佩菁、宁惠珍、杨亚梅、陈金虎、温婷的帮助，在此表示感谢。

在本书出版过程中，从事研制生产各种不同频段天线的中山市广东通宇通讯股份有限公司董事长和总设计师吴中林，从事生产研制 VHF/UHF、微波和毫米波天线及馈线系统、微波器件的西安恒达微波技术开发有限公司董事长和总设计师伍捍东，从事研制生产天线和微波器件的广东盛路通信子公司深圳市朗赛微波通信有限责任公司总经理韩三平，从事研制生产天线和微波器件的四川奥威微波有限公司总经理陈涛,从事研制生产天线特别是卫星导航天线和微波射频组件的深圳市鼎耀科技有限公司总经理李鹏图,从事天线研发设计生产的西安睿霆航空科技有限公司经理朱科原,西安电子科技大学出版社社长胡方明、副总编辑毛红兵、编辑许青青都给予了支持,在此一并表示衷心的感谢。特别对吴中林、韩三平、陈涛、李鹏图、姚兴亮、袁海林、朱科原和高向东给予本书的大力支持表示衷心的感谢。

由于作者水平有限,书中难免有不妥之处,恳请读者批评指正。

作 者

2022 年 4 月

目　录

第一部分　基本知识

第二部分　专用通信天线及其他天线

第一部分　基 本 知 识

第 1 章　天线的电参数及主要辐射单元

1.1　专用通信频段及天线的主要电参数

1.1.1　天线的作用

天线的作用是把从导线上传来的电信号转化为无线电磁波后发射到空间，收集无线电磁波并产生电信号。也可以说，天线的作用就是将传输线中的高频电磁能转化成自由空间的电磁波，或反之将自由空间中的电磁波转化为传输线中的高频电磁能。图 1.1 所示的通信系统是由发射机、接收机、收/发天线和传输介质组成的。短波的传输介质为地波和天波。

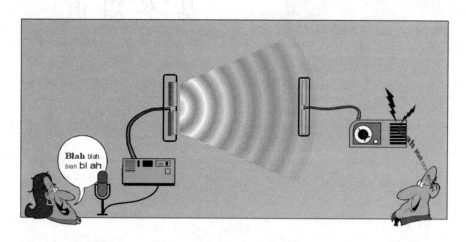

图 1.1　通信系统的组成

天线是无线设备的千里眼、顺风耳。如果没有天线，再先进的雷达也无法发现几千米之外的目标；洲际导弹如果没有天线，就会不受遥控，乱飞乱炸。对无线通信系统，同样也是这样，再先进的通信设备，没有好的天线，也无法发挥优良的性能。总之，天线是无线通信系统的重要组成部分。

1.1.2　专用通信频段

专用通信频段是指专用卫星通信频段、常用通信频段和美国军用无线电频段。表 1.1 为专用卫星通信频段，表 1.2 为常用通信频段，表 1.3 为美国军用无线电频段。

表 1.1　专用卫星通信频段

UHF 频段		344～351 MHz(上行)，387～396 MHz(下行)
S 波段	天链	2025～2120 MHz(发)，2200～2300 MHz(收)
	天通	1980～2010 MHz(发)，2170～2200 MHz(收)
BD-1	L 波段	1616 MHz（上行）(发)LHCP
	S 波段	2492 MHz(下行)(收)RHCP
BD-2	L 波段	B1：1561 MHz(收)RHCP
		B2：1207 MHz(收)RHCP
		B3：1268 MHz(收)RHCP
BD-3	L 波段	1176.45 MHz±10.23 MHz，1207.14 MHz±10.23 MHz，1268.52 MHz±10.23 MHz，1575.42 MHz±16.368 MHz，1561.098 MHz±2.046 MHz　1610～1680 MHz
	S 波段	2492 MHz±8 MHz
海事卫星(INMARSAT)频段		1626.5～1660.5 MHz(发)RHCP，1530～1559 MHz(收)RHCP
铱星频段		1616～1626.5 MHz
Ku 波段		14～14.5 GHz(上行)，12.25～12.75 GHz(下行)
Ka 波段		29.4～31.0 GHz(上行)，19.6～21.2 GHz(下行)

表 1.2　常用通信频段

MF	400～640 kHz(发)，300～800 kHz(收)
HF	2～30 MHz
VHF	30～88 MHz，108～174 MHz
UHF	225～400 MHz，502～547 MHz，566～678 MHz，806～866 MHz
JIDS	906～1224 MHz
IFF	1180～1213 MHz(发)，1170～1150 MHz(收)

表 1.3 美国军用无线电频段

频段	频率范围	自由空间波长	通信距离	数据速率
HF	2～30 MHz	10～150 m	30 mile	9.6～14.4 kb/s
VHF	30～88 MHz	3.4～10 m	10～100 mile	9.6～14.4 kb/s
UHF	200～450 MHz	0.66～1.5 m	6～60 mile	486 kb/s
	243～318 MHz	0.94～1.23 m	地面到 LEO	NA
L 波段	1308～1484 MHz	5～23 cm	150 mile	625 kb/s
	1700～2000 MHz			10 Mb/s
S 波段	2.412～2.462 GHz	12.5 cm	120 m	1～11 Mb/s
Ku 波段	上行：11.2～11.7 GHz 下行：14～14.5 GHz	2.0～2.7 cm	地面到 GEO	0.5～5 Mb/s
Ka 波段	上行：27.5，31 GHz 下行：18.3，18.8，19.7，20.2 GHz	1～1.6 cm	地面到 GEO	NA

注：1 mile≈1.609 km。

1.1.3 天线的主要电参数

天线的主要电参数包括方向图、电压驻波比(VSWR)、增益和极化。天线分为线极化天线和圆极化天线，线极化天线又分为单线极化天线和双线极化天线，圆极化天线又分为左旋圆极化天线和右旋圆极化天线。它们的电参数稍有不同，具体如下：

（1）单线极化天线。单线极化天线的电参数包括方向图、输入阻抗(电压驻波比)、增益、极化、工作带宽、功率容量和 3 级无源互调(PIM)。

（2）双线极化天线。双线极化天线除具有单线极化天线的电参数外，还具有隔离度和交叉极化比。

（3）圆极化天线。圆极化天线除具有单、双线极化天线的电参数外，还具有轴比、旋向和倾角。

1. 天线的方向图

天线在空间的辐射强度随方位、俯仰角度分布的曲线图形叫作天线方向图。天线方向图通常是三维空间的曲面图形，如图 1.2 所示。在工程上，为了方便表示，常用主平面上的以下两个相互正交的剖面图来表示天线的方向图。

（1）垂直面(E 面，电场矢量与传播方向构成的平面)方向图。

（2）水平面(H 面，磁场矢量与传播方向构成的平面)方向图。

图 1.2 天线的方向图

在移动通信中，单线极化天线采用垂直极化天线。由于电场垂直于地平面，所以把 E 面方向图叫作垂直面方向图。由于磁场与地面平行，所以把 H 面方向图叫作水平面方向图。

为了表示方便,工程中常用归一化方向图。在振幅方向图中,用最大功率除过的方向图叫作归一化方向图。显然,归一化方向图的最大值为 1,副瓣电平远远小于 1。如果用 dB 表示,则方向图的最大值为 0 dB。

天线方向图常用以下几个参数表征:

1) 半功率波束宽度(HPBW)

在主平面(E 面或 H 面)方向图中,功率下降为原来的 1/2 的波束宽度叫作 HPBW;在场强方向图中,场强下降为原来的 0.707 倍的波束宽度叫作 HPBW;在归一化分贝方向图(最大值为 0 dB)中,−3 dB 的波束宽度叫作 HPBW。HPBW 越窄,天线的方向性越好,抗干扰能力越强。

2) 零深

主瓣与副瓣、副瓣与副瓣之间的凹点叫作零深。主瓣与第 1 副瓣之间的凹点叫作第 1 零深。在移动通信中,由于第 1 零深会影响通信,所以要采用赋形天线填零。

3) 副瓣电平

在天线的主平面方向图中,除了主瓣之外,比主瓣小的所有辐射瓣都叫作副瓣,紧邻主瓣的副瓣叫作第 1 副瓣。副瓣越小,天线增益越高。

不管是在微蜂窝基站中使用的全向天线还是定向板状天线,当主波束下倾时,由于第 1 副瓣会越区造成干扰,因而要用赋形技术来抑制第 1 副瓣电平。

4) 前后辐射比(F/B)

在水平面或垂直面方向图中,天线的前向($\varphi=0°$)最大辐射功率与后向($\varphi=180°\pm30°$)最大辐射功率之比,定义为天线的前后辐射比(F/B)。在归一化分贝方向图中,前后辐射比就是后向 $\varphi=150°\sim210°$ 范围内的最大副瓣电平(用 dB 表示)。F/B 越大,天线的增益就越高,抗干扰能力也就越强。

2. 天线的电压驻波比(VSWR)

天线输入端的电压(V)与电流(I)之比定义为天线的输入阻抗,$Z_{in}=V/I$。由于通信收发信机的输出阻抗为 50 Ω,所以常用 50 Ω 同轴电缆连接天线。为了实现最佳阻抗匹配,希望天线的输入阻抗为 50 Ω 纯电阻,但天线的实际输入阻抗并不完全等于 50 Ω,且含有电抗。工程中常用电压驻波比(VSWR)来表示天线和馈线匹配的好坏。如果 VSWR＝1,则表示完全匹配,即 $Z_{in}＝50$ Ω。

工程中常用电压驻波比(VSWR)、反射损耗(RL,也称回波损耗)和电压反射系数(Γ)来衡量天线和馈线的匹配好坏。若匹配不好,还会带来失配损耗(ΔP)。下面介绍长线的基本知识以及 VSWR、Γ、RL 和 ΔP 之间的关系及转换。

1) 长线的定义

传输线的几何长度 L 与经过它传输的电磁波的波长 λ 之比,定义为传输线的电长度 L/λ。电长度满足 $L/\lambda<0.1$ 的传输线叫作短线,其特点是:线上各点电流、电压不仅幅度相等,而且相位相同。电长度 $L/\lambda\geqslant0.1$ 的传输线叫作长线,其特点是:电流、电压的相位和幅度沿线变化。

2）长线的输入阻抗

端接负载阻抗为 Z_L、长度为 L、特性阻抗为 Z_0 的长传输线，其输入阻抗 Z_{in} 可表示为

$$Z_{in} = Z_0 \frac{Z_L + jZ_0\tan(\beta L)}{Z_0 + jZ_L\tan(\beta L)} \tag{1.1}$$

式中，Z_0 为馈线的特性阻抗；Z_L 为负载阻抗；β 为传播常数，其计算式为

$$\beta = \frac{2\pi}{\lambda}$$

（1）当 $Z_L = \infty$（终端开路）时，式（1.1）变成：

$$Z_{in} = Z_0 \frac{\dfrac{Z_L}{Z_L} + j\dfrac{Z_0}{Z_L}\tan(\beta L)}{\dfrac{Z_0}{Z_L} + j\dfrac{Z_L}{Z_L}\tan(\beta L)} = -jZ_0\cot(\beta L)$$

此时传输线的长度 $L < \lambda/4$，传输线的输入阻抗呈容性。

（2）当 $Z_L = 0$（终端短路）时，式（1.1）就变成：

$$Z_{in} = jZ_0\tan(\beta L)$$

此时传输线的长度 $L < \lambda/4$，传输线的输入阻抗呈感性。

图 1.3 所示为负载短路电流、电压及阻抗沿长线的变化。

由图 1.3 可以看出：

（1）电压波节点恰好为电流波腹点。

（2）每经过 $\lambda/4$，阻抗的性质就变换 1 次，阻抗具有 $\lambda/4$ 变换性。

（3）每经过 $\lambda/2$，阻抗的大小及性质就重复 1 次，阻抗具有 $\lambda/2$ 重复性。

（4）波节两边电流、电压反相，每经过 $\lambda/2$，电流、电压必反相。

图 1.4 中，把安装在飞机肚皮上的半波长偶极子作为测高天线。由于半波长偶极子用 $\lambda/4$ 长金属管与飞机短路连接，根据 $\lambda/4$ 的阻抗变换性，等效天线的输入端开路，没有接入 $\lambda/4$ 长金属管，所以把 $\lambda/4$ 长金属管叫作金属绝缘子。

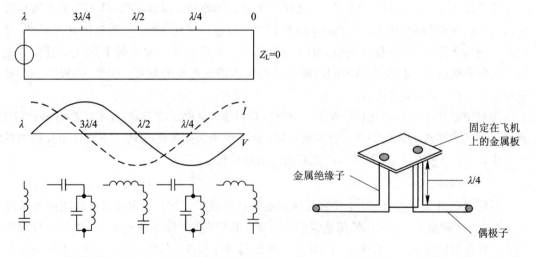

图 1.3　负载短路电流、电压及阻抗沿长线的变化　　图 1.4　金属绝缘子在飞机测高天线中的应用

3）电压反射系数 Γ

在端接负载阻抗为 Z_L、特性阻抗为 Z_0 的长传输线上，由于 $Z_L \neq Z_0$，因此入射波传到负载上，就会产生反射。反射波电压 V_r 与入射波电压 V_i 之比定义为电压反射系数 Γ，即

$$\Gamma = \frac{V_r}{V_i} = |\Gamma| e^{j\phi} \tag{1.2a}$$

知道了负载阻抗 Z_L 和长线的特性阻抗 Z_0，也可以由式（1.2b）求出反射系数 Γ：

$$\Gamma = \frac{Z_L - Z_0}{Z_L + Z_0} \tag{1.2b}$$

式中，$0 \leqslant |\Gamma| \leqslant 1$，$\Gamma$ 为正数。

电压反射系数 Γ 是复数。当 $Z_L = Z_0$ 时，$\Gamma = 0$，无反射，传输线与负载阻抗全匹配，传输线上呈行波，其特点是：无耗线沿线各点电流、电压的振幅不变，相位随距离的增加连续滞后。

（1）当 $Z_L = 0$（终端短路）时，把 $Z_L = 0$ 代入式（1.2b），可得电压反射系数 $\Gamma = -1$。

（2）当 $Z_L = \infty$（终端开路）时，把 $Z_L = \infty$ 代入式（1.2b），可得电压反射系数 $\Gamma = 1$。

（3）当 $Z_L = \pm jX_L$ 时，在传输线的末端接电抗负载，电压反射系数 Γ 也等于 1。

当电压反射系数 $|\Gamma| = 1$ 时叫作全反射，传输线上呈纯驻波；当 $Z_L \neq Z_0$ 时，传输线上呈行驻波。

4）电压驻波比（VSWR）与电压反射系数（Γ）之间的关系

在 Z_0 端接负载阻抗 Z_L 的传输线上，由于 $Z_L \neq Z_0$，因此在传输线上会出现由入射波电压 V_i 和反射波电压 V_r 同相形成的波腹电压 V_{max}（$V_{max} = |V_i| + |V_r|$）和反相形成的波节电压 V_{min}（$V_{min} = |V_i| - |V_r|$）。波腹电压与波节电压之比定义为电压驻波比（VSWR），即

$$\text{VSWR} = \frac{波腹电压}{波节电压} = \frac{V_{max}}{V_{min}} = \frac{|V_i| + |V_r|}{|V_i| - |V_r|} \tag{1.3}$$

将式（1.3）变形，并利用式（1.2），就可得到

$$\text{VSWR} = \frac{|V_i| + |V_r|}{|V_i| - |V_r|} = \frac{1 + |V_r|/|V_i|}{1 - |V_r|/|V_i|} = \frac{1 + |\Gamma|}{1 - |\Gamma|} \tag{1.4}$$

将电压反射系数 $|\Gamma|$ 用 VSWR 表示，就得到：

$$|\Gamma| = \frac{\text{VSWR} - 1}{\text{VSWR} + 1} \tag{1.5}$$

由于 VSWR $\geqslant 1$，仅为幅度比，无相位信息，因此 VSWR 比电压反射系数更容易测量。

5）反射损耗 RL（回波损耗）与 VSWR 的关系

表征天线与馈线的匹配好坏，可以用 VSWR，也可以用回波损耗 RL。RL 的计算式为

$$\text{RL} = 20\lg|\Gamma| = 20\lg\frac{\text{VSWR} - 1}{\text{VSWR} + 1} \tag{1.6}$$

由式（1.4）和式（1.6），求得 VSWR 与 RL 之间的换算关系，即

$$\text{VSWR} = \frac{1 + |\Gamma|}{1 - |\Gamma|} = \frac{1 + 10^{-\text{RL}/20}}{1 - 10^{-\text{RL}/20}} \tag{1.7}$$

知道了 RL，就能由式（1.7）求出对应的 VSWR。表 1.4 为 VSWR 与 RL 的对应关系。

表 1.4　VSWR 与 RL 的对应关系

VSWR	1.1	1.2	1.3	1.4	1.5	1.6	1.7	1.8	1.9	2.0
RL/dB	−26.4	−20.8	−17.7	−15.6	−14	−12.74	−11.72	−10.88	−10.16	−9.54
VSWR	2.1	2.2	2.3	2.4	2.5	2.6	2.7	2.8	2.9	3.0
RL/dB	−9.0	−8.52	−8.09	−7.70	−7.35	−7.04	−6.75	−6.49	−6.25	−6.02

【例 1.1】　已知 RL$=-17.7$ dB，求 VSWR。

解　由式(1.7)得

$$\text{VSWR} = \frac{1+10^{-17.7/20}}{1-10^{-17.7/20}} = \frac{1+10^{-0.885}}{1-10^{-0.885}} \approx \frac{1+0.13}{1-0.13} \approx 1.3$$

6) 入射功率 P_i、反射功率 P_r、负载吸收功率 P_L、失配损耗 ΔP 与 VSWR 之间的关系

反射功率 P_r 与入射功率 P_i 有如下关系：

$$P_r = \Gamma^2 P_i \tag{1.8}$$

反射功率 P_r 与负载吸收功率 P_L 有如下关系：

$$P_L = P_i - P_r \tag{1.9}$$

把式(1.8)代入式(1.9)，就得到

$$P_L = P_i - P_r = P_i - \Gamma^2 P_i = (1-\Gamma^2) P_i \tag{1.10}$$

把式(1.5)代入式(1.10)，化简得到

$$P_L = P_i \left[1 - \left(\frac{\text{VSWR}-1}{\text{VSWR}+1} \right)^2 \right] = \frac{4\text{VSWR}}{(1+\text{VSWR})^2} P_i \tag{1.11}$$

【例 1.2】　将 50 mW 的功率通过 50 Ω 的传输线加到负载上，假定信号源与馈线匹配，但负载与馈线不匹配，实测 VSWR$=1.5$，求反射功率和吸收功率。

解　由式(1.5)得

$$|\Gamma| = \frac{\text{VSWR}-1}{\text{VSWR}+1} = \frac{1.5-1}{1.5+1} = 0.2$$

由式(1.8)得

$$P_r = \Gamma^2 P_i = 0.2^2 \times 50 = 2 \text{ mW}$$

由式(1.10)得

$$P_L = P_i(1-\Gamma^2) = 50 \times (1-0.2^2) = 48 \text{ mW}$$

VSWR 大，表明天线与馈线失配，失配使发射机输出的功率不能全部到达天线的输入端。失配造成的损耗 ΔP 的计算如下：

$$P_L = \frac{4\text{VSWR}}{(1+\text{VSWR})^2} P_i = (\Delta P) P_i$$

$$\Delta P = \frac{4\text{VSWR}}{(1+\text{VSWR})^2}$$

$$\Delta P(\text{dB}) = 10\lg \frac{4\text{VSWR}}{(1+\text{VSWR})^2} \tag{1.12}$$

当 VSWR$=1$ 时，$\Delta P = 0$ dB，此时无失配损耗。不同 VSWR 造成的失配损耗如表 1.5

所示。

表 1.5　VSWR 与失配损耗 ΔP(dB)的对应关系

VSWR	1.2	1.3	1.4	1.5	1.6	1.7	1.8	1.9
ΔP/dB	0.036	0.0745	0.122	0.177	0.237	0.302	0.37	0.44
VSWR	2.0	2.1	2.2	2.3	2.4	2.5	2.6	2.7
ΔP/dB	0.51	0.584	0.658	0.732	0.807	0.88	0.956	1.03
VSWR	2.8	2.9	3.0	3.1	3.2	3.3	3.4	3.5
ΔP/dB	1.1	1.177	1.294	1.321	1.393	1.464	1.533	1.6

由表 1.5 可以看出，当 VSWR＝1.3 时，ΔP＝0.0745 dB；当 VSWR＝1.5 时，ΔP＝0.177 dB。VSWR＝1.5 与 VSWR＝1.3 相比，失配损耗仅增加约 0.1 dB，可以完全忽略不计。可见，用户对天线 VSWR 的要求要合理，不能过高，否则会造成很大浪费。与 VSWR＝2.0 时的失配损耗相比，VSWR＝2.5、3 和 3.5 时的失配损耗分别增加 0.37 dB、0.784 dB 和 1.09 dB。可见，把天线的 VSWR 由 3.5 和 3 降低到 2，相当于使天线增益增大 1.09 dB 和 0.784 dB，是非常值得的。

3. 天线的增益

1）天线增益的定义

增益是天线极为重要的参数，它表示空间能量集中的程度。当辐射功率 P_t 相同时，天线在(θ，ϕ)方向的辐射强度 $\Phi(\theta,\phi)$ 与理想点源辐射强度之比，定义为天线的方向系数 $D(\theta,\phi)$，即

$$D(\theta,\phi)=\frac{\Phi(\theta,\phi)}{P_t/(4\pi)} \tag{1.13}$$

当输入功率 P_0 相同时，天线在(θ，ϕ)方向的辐射强度 $\Phi(\theta,\phi)$ 与理想点源的辐射强度之比，定义为天线的增益 $G(\theta,\phi)$，即

$$G(\theta,\phi)=\frac{\Phi(\theta,\phi)}{P_0/(4\pi)} \tag{1.14}$$

给式(1.14)中等号右边分子、分母同乘以 P_t，则变成

$$G(\theta,\phi)=\frac{P_t}{P_0}\cdot\frac{\Phi(\theta,\phi)}{P_t/(4\pi)}=\eta D(\theta,\phi) \tag{1.15}$$

$$\eta=\frac{P_t}{P_0}$$

式中，η 为天线的效率。

天线的效率也可以用天线的辐射电阻 R_r 和损耗电阻 R_L 表示：

$$\eta=\frac{R_r}{R_r+R_L} \tag{1.16}$$

应当注意，增益不包含阻抗失配和极化失配造成的损失，当没有指定方向时，通常指最大方向上的最大方向系数 D 和增益 G。

由于中波天线的辐射电阻 R_r 很小，损耗电阻 R_L 与 R_r 相当，甚至 $R_L > R_r$，所以中波天线的辐射效率很低。由式(1.16)可以看出，要提高天线的辐射效率，必须设法提高天线的辐射电阻 R_r，降低损耗电阻 R_L。天线的辐射效率还与以下因素有关：

(1) 天线阻抗失配和金属材料的欧姆损耗。

(2) 馈电网络和辐射单元的传输介质。

(3) 馈线的连接、转换及介质损耗。

(4) 天线罩的损耗。

天线的损耗和失配还会降低系统的载噪比 C/N，1 dB 大的欧姆损耗会导致 C/N 恶化 1.5 dB。

通常采用以下方法来表示天线的增益。

(1) 相对于理想点源(各向同性辐射体)，天线增益的单位用 dBi 表示。

(2) 相对于半波偶极子，天线增益的单位用 dBd 表示。由于自由空间半波长偶极子的增益为 2.15 dBi，因此 dBd 比 dBi 大 2.15 dB。

(3) 圆极化天线增益的单位用 dBic 表示。

工程中常用标准增益天线，采用比较法测量被测天线的增益。在短波的高频段和 VHF 的低频段，常将如图 1.5(a)所示的位于理想导电地面上的 $G = 5$ dBi 的 $\lambda/4$ 长单极子作为标准增益天线。这里利用镜像原理把位于理想导电地面上的 $\lambda/4$ 长单极子等效为 $\lambda/2$ 长垂直偶极子(图中箭头表示电流方向)，由于存在地面，地面下面的一半不存在，而是反射到上半平面，因此能量增加 1 倍，增益比 $\lambda/2$ 长偶极子大 3 dB。由于 $\lambda/2$ 长偶极子的增益为 2.15 dBi，因此位于理想导电地面上的 $\lambda/4$ 长单极子的增益为 5.15 dBi。也可以将位于理想导电地面上的如图 1.5(b)所示的 $\lambda/2$ 长偶极子作为标准增益天线。当馈电点距地面 0.75λ 时，该天线增益 $G = 8$ dBi。

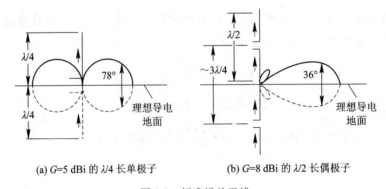

(a) $G = 5$ dBi 的 $\lambda/4$ 长单极子   (b) $G = 8$ dBi 的 $\lambda/2$ 长偶极子

图 1.5 标准增益天线

2) 天馈系统增益

由于馈线、同轴接插件存在损耗 L_f(dB)，匹配网络有损耗 M_e(dB)，VSWR 不等于 1，失配会造成失配损耗 ΔP(dB)，因而天馈系统的增益 G_S 可表示为

$$G_{\mathrm{S}}(\mathrm{dB})=G(\mathrm{dB})-L_{\mathrm{f}}(\mathrm{dB})-M_{\mathrm{e}}(\mathrm{dB})-\Delta P(\mathrm{dB}) \quad (1.17)$$

【例 1.3】 低口宽带双鞭天馈系统增益 G_{S} 的估算。

根据天线基本理论可知，电偶极子的最大方向系数 $D=1.5$，用 dB 表示则为 $10\lg 1.5=1.76\ \mathrm{dB}$；偶极子的最大方向系数 $D=1.64$，用 dB 表示则为 $10\lg 1.64=2.15\ \mathrm{dB}$；位于无限大理想导电地面上的电偶极子的最大方向系数用 dB 表示，则 $D=(1.76+3)\mathrm{dB}=4.76\ \mathrm{dB}$；位于无限大理想导电地面上的 $\lambda/4$ 长单极子的最大方向系数用 dB 表示，则 $D=(2.15+3)\mathrm{dB}=5.15\ \mathrm{dB}\approx5\ \mathrm{dB}$；如果效率 $\eta=1$，则 $G=\eta D=D$。

低口宽带双鞭天线把间距为 5 m 的两根 12.5 m 高的双鞭并联，等效为加粗的 1 根鞭天线，天线的有效高度为 $13\sim14\ \mathrm{m}$，若取 $h=13.5\ \mathrm{m}=\lambda/4(\lambda=54\ \mathrm{m}，f=5.5\ \mathrm{MHz})$，则由于天线位于无限大的理想导电地面上，所以 $G=5\ \mathrm{dBi}$。假定用 100 m 长 SYV-50-23 电缆馈电，电缆在 30 MHz 的最大损耗为 0.2 dB，估计匹配网络的损耗为 0.5 dB，VSWR 最坏为 3.5，失配造成的损耗为 1.6 dB，故扣除馈线损耗、匹配网络损耗及失配损耗，天馈系统的增益为

$$G_{\mathrm{S}}(\mathrm{dB})=5-0.2-0.5-1.6=2.7\ \mathrm{dB}$$

3）天线增益的估算

（1）定向板状天线增益的估算。

如果已知定向板状天线 E 面和 H 面的 $\mathrm{HPBW_E}$ 和 $\mathrm{HPBW_H}$，就能由式(1.18)计算出它的增益。

$$G(\mathrm{dB})=10\lg\frac{30\,000}{\mathrm{HPBW_H}\times\mathrm{HPBW_E}} \quad (1.18)$$

表 1.6 和表 1.7 分别是用 $\mathrm{HPBW_E}$ 和 $\mathrm{HPBW_H}$ 计算的单线极化和双线极化移动通信天线的增益，并与德国 KSL 公司给出的增益作了比较。

表 1.6 单线极化移动通信天线增益的估算

天线的元数	单线极化天线的 HPBW(870～960 MHz)		估算的增益 G/dBi	KSL 公司给出的增益/dBi
	$\mathrm{HPBW_H}$	$\mathrm{HPBW_E}$		
1 单元	65°	70°	8.2	9
2 单元	65°	27°	12.3	12.5
4 单元	65°	13°	15.5	15.5
	65°	6.5°	18.5	18.5
	65°	8.5°	17.3	17
8 单元	90°	13°	14	14
4 单元	90°	6.5°	17	17
8 单元	120°	13°	12.8	13

由表 1.6 可知：

① 单元加倍，天线增益增大 3 dBi。

② 固定水平波束宽度，天线的单元数加倍，垂直面波束宽度减小为原来的一半。

③ 天线的单元数相同,水平面波束宽度越宽,天线增益越低。

由表 1.6 可看出,用式(1.18)估算板状天线的增益是相当精确的。

表 1.7　双线极化移动通信天线增益的估算

天线的元数	单线极化天线的 HPBW(1710~1880 MHz)		估算的增益 G/dBi	KSL 公司给出的增益/dBi
	$HPBW_H$	$HPBW_E$		
4 单元	65°	14°	15.2	15
8 单元	65°	7°	18.2	18
4 单元	90°	14°	13.8	14
8 单元	90°	7°	16.8	16.5

由表 1.7 可看出,由双线极化天线进一步验证了板状天线增益的估算公式是相当精确的。

(2) 全向天线增益的估算。

已知全向天线的 $HPBW_E$,就可计算出它的增益:

$$G(\mathrm{dBi}) = 10\lg \frac{1}{\sin\left(\frac{\sqrt{2}}{2}\mathrm{HPBW}_E\right)} \tag{1.19}$$

表 1.8 是用 $HPBW_E$ 计算的全向天线的增益,并与 KSL 公司给出的增益作了比较。表 1.9 为 7 dBi 岸基站 A 型宽带全向天线的实测增益及用式(1.19)计算的增益。

表 1.8　全向天线的 $HPBW_E$ 与估算的 G

$HPBW_E$	G/dBi	
	估算值	KSL 公司给定值
4°	13.1	
5°	12.1	
7°	10.6	11.0
8°	10.0	
10°	9.1	
13°	8.0	8
16°	7.1	
20°	6.1	

表 1.9　7 dBi 岸基站 A 型宽带全向天线的实测增益和用式(1.19)计算的增益

f/MHz	G/dBi 要求值≥7		$HPBW_E$/(°) 要求值≥15	圆度/dB ±1.5 dB
	计算值	实测值	实测值	实测值
580	6.8	7.0	17.10	0.08
600	6.98	7.1	16.44	0.18
640	7.3	7.2	15.14	0.09
670	7.35	7.0	15.05	0.13

（3）抛物面天线增益的估算。

抛物面天线是 1 个高增益天线，在移动通信和卫星通信中被大量采用，它在抛物面天线的焦点放一个馈源（照射器），照射器把射线投射到抛物面上，射线经反射面反射变成平面波前向轴线方向辐射。图 1.6 为抛物面天线的辐射原理。抛物面天线有如图 1.7 所示的前馈、卡塞格林、果里高里和偏馈四种。

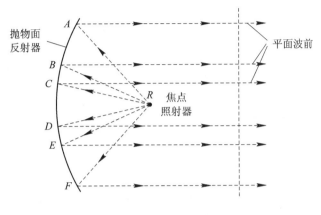

图 1.6　抛物面天线

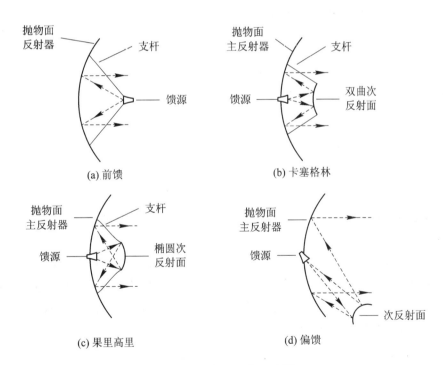

(a) 前馈

(b) 卡塞格林

(c) 果里高里

(d) 偏馈

图 1.7　抛物面天线的种类

前馈最简单，口面利用系数 $g=0.55\sim0.6$，馈源和支杆不仅造成口面阻挡，而且使副瓣和交叉极化电平增大；卡塞格林和果里高里类似，馈源距前端设备最近，连接馈线最短，口面利用系数 $g=0.76$；偏馈无馈源阻挡，副瓣电平更小，相同增益的情况下天线的尺寸更小。

在 UHF 频段，由于抛物面尺寸大，因此为减小风阻和重量，往往用金属网制作抛物面。已知工作波长 λ 和抛物面天线的直径 D，可以用式(1.20)估算抛物面天线的增益：

$$G(\mathrm{dB}_\lambda) = 10\lg \frac{4\pi A_e}{\lambda^2} = 10\lg\left[\left(\frac{\pi D}{\lambda}\right)^2 g\right] \tag{1.20}$$

式中：A_e 为有效接收面积；g 为口面利用系数，一般情况下，对于普通抛物面 $g = 0.5$，对于高效率抛物面 $g = 0.6 \sim 0.7$。

【例 1.4】　现有直径为 1.8 m 的抛物面天线，试估算它在 GSM 低频段(870~960 MHz)的增益。

解　GSM 的低频段 $f_0 = 915$ MHz，$\lambda_0 = 328$ mm，由式(1.20)可得抛物面天线的增益为

$$G = 10\lg\left[\left(\frac{\pi \times 1800}{328}\right)^2 \times 0.5\right] \approx 21.7 \text{ dB}$$

已知 HPBW，也可以估算抛物面天线的增益：

$$G = 10\lg \frac{25\,000}{\text{HPBW}_E \times \text{HPBW}_H} \tag{1.21}$$

式中，HPBW_E 和 HPBW_H 分别为抛物面天线 E 面和 H 面的半功率波束宽度。

对 1.8 m 在 GSM 低频段工作的抛物线面天线，已知 $\text{HPBW}_H = 11.3°$，$\text{HPBW}_E = 13.63°$，则

$$G = 10\lg \frac{25\,000}{11.3 \times 13.63} \approx 22.1 \text{ dBi}$$

实测增益为 21.5 dBi。可见，误差很小。

4. 天线的极化

1) 天线极化的定义和天线的分类

天线的极化就是天线辐射的无线电波中电场的极化。电磁波的极化分为线极化、圆极化和椭圆极化。线极化又分为水平极化、垂直极化和 $\pm 45°$ 极化；圆极化又分为左旋圆极化(LHCP)和右旋圆极化(RHCP)。故而天线可分为线极化天线和圆极化天线。线极化天线包括水平极化天线、垂直极化天线和 $\pm 45°$ 极化天线；圆极化天线包括 LHCP 天线和 RHCP 天线。如果一个水平极化天线有垂直极化分量，那么我们就把垂直极化叫作水平极化的正交极化。对圆极化或者椭圆极化，如果需要右旋圆极化或者左旋椭圆极化，那么左旋圆极化或者右旋椭圆极化则为它们的正交极化。如果收发天线的极化一致，则称为极化匹配；如果收发天线的极化不一致，就会带来极化损失。

2) 圆极化天线

在卫星通信中，广泛使用圆极化天线。圆极化天线特有的参数有轴比和旋向。实际中很难实现轴比为 1 的圆极化天线。实际中使用的圆极化天线严格来讲是椭圆极化天线。椭圆长轴上电场 E_2 的幅度与椭圆短轴上电场 E_1 的幅度之比，定义为圆极化天线的轴比(AR)，即 $\text{AR} = E_2/E_1$。工程中常以 dB 为单位表示圆极化天线的轴比，即 $\text{AR} = 20\lg(E_2/E_1)$。

圆极化天线分为右旋圆极化(RHCP)天线和左旋圆极化(LHCP)天线。按国际电信

联盟规定，让大拇指指向传播方向，四指的旋转方向则表示极化方向。如果符合右手法则，则称为右旋圆极化（RHCP）天线；如果符合左手法则，则称为左旋圆极化（LHCP）天线。

GPS 采用 RHCP；北斗一号上行 L 波段采用 LHCP，下行 S 波段采用 RHCP；BD‐2 的 B1、B2 和 B3 均采用 RHCP；"烽火一号"采用 RHCP。

之所以使用圆极化天线，是因为：

（1）卫星通信用圆极化天线避免去极化效应。把电磁能量由一种极化状态转变为另一种与其正交的极化状态称为去极化。由于线极化波通过电离层时，法拉第效应引起波的极化旋转，从而产生了去极化，因此为避免去极化造成的极化失配，$f < 10$ GHz 的卫星通信通常采用圆极化天线。不同频段的圆极化天线上行可以是 LHCP（或 RHCP），下行则为 RHCP（或 LHCP），同频圆极化天线上下行的极化方向相同。

由于大气吸收引起的微波衰减主要是氧和水汽导致的，而在 $f < 10$ GHz 频段，大气吸收损耗最小，降雨衰减也最小，因此此频段有"无线电窗口"频段之称。卫星通信的频段，如 UHF($225 \sim 400$ MHz，$800 \sim 900$ MHz)、L 波段($1.1 \sim 1.6$ GHz)、S 波段($2 \sim 4$ GHz)、C 波段($4 \sim 6$ GHz)、X 波段($7 \sim 8$ GHz)都落在了 $f < 10$ GHz 频段内。在 $f < 100$ GHz 频段也有 19 GHz、35 GHz 和 90 GHz 3 个损耗最小的"窗口"频段，所以卫星通信也使用了 Ku($12 \sim 14$ GHz)和 Ka($20 \sim 40$ GHz)波段。

（2）由于圆极化天线可以分解成两个正交的线极化天线，它能侦察和干扰敌方的任意 1 个线极化天线，因此侦察、干扰多用圆极化天线。

（3）用圆极化天线可增加通信容量。

（4）对剧烈摆动或旋转的运载体，一方或双方的方向位置不定，可用圆极化天线来提高通信的可靠性。

（5）圆极化波入射到对称目标（如平面、球面）时，反射波反旋，利用此特性可以消除 1 次反射造成的多路径干扰。

（6）雷达利用圆极化天线来消除云雨的干扰。水滴（雨、雾、云）会对雷达电波造成反射，使需要的目标被隐藏，但用圆极化天线，由于水滴对圆极化天线在反射极化方向反旋，因而扼制了水滴对雷达的干扰。气象雷达就利用了云雨的不同散射极化特性来发布天气预报。

（7）电视转播利用圆极化天线来减小地物的干扰。

（8）用圆极化天线能增强天线的极化效率。用线极化或椭圆极化天线，最大信号必须严格对准传播方向，但用圆极化天线，收发天线无须严格对准。

3）正交极化天线

在移动通信中，经常用正交极化天线来提高通信的容量。所谓正交极化天线，就是在天线结构中，既有水平极化辐射单元，又有垂直极化辐射单元。水平极化天线和垂直极化天线组合在一个天线结构中就形成了正交极化天线。如果在一个天线结构中，既有−45°辐射单元又有 45°辐射单元，则此天线结构叫作正交极化天线。图 1.8 就是正交线极化天线。

其中，图(a)是 V/H(垂直/水平)正交线极化天线；图(b)是±45°正交线极化天线。

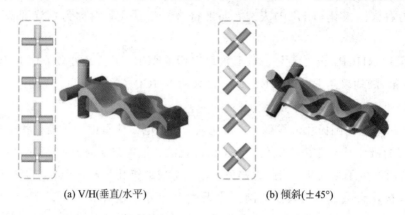

(a) V/H(垂直/水平)　　　　　　　　(b) 倾斜(±45°)

图 1.8　正交线极化天线

4) 交叉极化

天线可能在非预定的极化方向上产生不需要的极化分量。例如，水平极化天线也可能产生垂直极化分量。这种不需要的极化就称作天线的交叉极化。对于线极化波，如果需要垂直极化，那么水平极化就是交叉极化；对于圆极化或者椭圆极化，如果需要右旋圆极化或者左旋椭圆极化，那么左旋圆极化或者右旋椭圆极化则为它们的交叉极化。

5) 收发天线的极化匹配

实际通信中，收发天线之间要得到最大功率传输，不仅要求收发天线均与馈线匹配，而且要求收发天线的极化方向必须一致。收发天线的极化方向一致也叫作极化匹配。对线极化天线，发射天线用垂直极化天线，那么接收天线也必须用垂直极化天线；对圆极化天线，如果发射天线为右旋圆极化天线，那么接收天线也必须使用右旋圆极化天线。收发圆极化天线的旋向相同也叫作极化匹配。

6) 天线的极化损失

天线的极化损失是指因收发天线的极化方向不一致所造成的增益损失。下面是几种典型情况：

(1) 线极化收发天线极化正交，在理论上，接收不到信号，增益损失为无穷大。

(2) 圆极化收发天线极化正交，在理论上，增益损失为无穷大。

(3) 收发天线中，一个为线极化天线，另一个为圆极化天线，粗略地估计，其增益损失为 3 dB。

为了实现收发天线之间的最大功率传输，必须保证：

(1) 收发天线均与馈线匹配。

(2) 线极化收发天线必须有相同的空间取向，即极化匹配。

(3) 对于圆极化收发天线，它们必须为同旋向圆极化天线，而且轴比必须相等。

如果收发天线没有对准，或者没有相同的极化方向，那么两天线之间的传输功率就会减小。对线极化天线，用极化失配损耗(Polarization Mismatch Loss，PML)来表征天线没有对准造成的功率损失，$PML(dB) = -20\lg(\cos\theta)$，$\theta$ 为天线的取向角。表 1.10 为不同 θ 情况下线极化天线之间的极化失配损耗。

表 1.10 线极化天线之间的极化失配损耗

取向角 $\theta/(°)$	PML/dB
0.0(对准)	0.0
15.0	0.3
30.0	1.25
45.0	3.01
60.0	6.02
75.0	11.74
90.0	∞

收发天线中，一个为圆极化天线，另一个为线极化天线，人们普遍认为极化失配损耗为 3 dB，这个结论只有当圆极化天线的轴比（AR）为 0 dB 时才是正确的。事实上，AR＝0 dB 的圆极化天线一般在工程上很难实现，人们常说的圆极化天线多数为 AR＞0 dB 的圆极化天线。对于圆极化天线与线极化天线，实际极化失配损耗是严格随圆极化天线的轴比而变化的。如果线极化天线的极化方向与圆极化天线的长轴电场 E_2 平行，则极化失配损耗最小，最大值不到 3 dB；如果线极化天线的极化方向与圆极化天线的短轴电场 E_1 平行，则极化失配损耗最大，最小值都要超过 3 dB。

圆极化天线的轴比越大，则最小极化失配损耗越小，最大极化失配损耗越大。不同轴比情况下的最大、最小极化失配损耗如表 1.11 所示。

表 1.11 圆极化天线在不同 AR 情况下的最小和最大极化失配损耗

AR/dB	最小极化失配损耗/dB	最大极化失配损耗/dB
0.00	3.01	3.01
0.25	2.89	3.14
0.5	2.77	3.27
0.75	2.65	3.40
1.00	2.54	3.54
1.50	2.33	3.83
2.00	2.12	4.12
3.00	1.77	4.77
4.00	1.46	5.46
5.00	1.19	6.19
10.0	0.41	10.41

5. 天线的工作带宽

工程中，人们习惯把 VSWR 小于某些给定值的频率范围定义为天线的工作带宽。例如，对于微波天线，通常以 VSWR≤2 来定义天线的工作带宽。常用以下四种方法表征天线的带宽。

1）带宽比

天线的带宽比（Band With Ratio，BWR）是指天线的最高工作频率与最低工作频率之比。例如，工作频率为 3～30 MHz 的短波天线，其带宽比 BWR=10∶1。

2）倍频程

倍频程就是指按倍数计算的天线的工作带宽。例如，工作频率为 2～16 MHz 的短波天线，按倍数计算，2×2=4，2×4=8，2×8=16，则该天线有 3 个倍频程。

3）相对带宽 BW%

天线的相对带宽 BW% 是指天线的最高工作频率 f_H 和最低工作频率 f_L 之差 (f_H-f_L) 与中心工作频率 f_0($f_0=(f_H+f_L)/2$)之比，用公式表示为

$$BW\% = \frac{f_H - f_L}{f_0} \tag{1.22}$$

相对带宽在天线中得到了广泛采用。

【例 1.5】　GSM 低频段天线的工作频段为 870～960 MHz，求它的相对带宽。

解　由式(1.22)知，天线的相对带宽为

$$BW\% = \frac{960-870}{(960+870)/2} = \frac{90}{915} \approx 9.8\%$$

【例 1.6】　3G 天线的工作频段为 1920～2170 MHz，求它的相对带宽。

解　由式(1.22)知，3G 频段天线的相对带宽为

$$BW\% = \frac{2170-1920}{(2170+1920)/2} = \frac{250}{2045} \approx 12.2\%$$

4）绝对带宽 Δf

人们通常把频段内天线的最高工作频率与最低工作频率之差叫作天线的绝对带宽 Δf。

例如，移动通信在高频段的工作频段为 1710～2170 MHz，绝对带宽 $\Delta f = 2170-1710 = 460$ MHz；HF 地波的工作频段为 1.5～5 MHz，绝对带宽 $\Delta f = 3.5$ MHz。

天线的相对带宽越宽，制作天线的难度就越大，所以对相对带宽比较宽的天线，适当降低对天线 VSWR 的要求是科学的，也是符合实际的。不要一味地追求低 VSWR，因为天线的 VSWR≤2 对用户不会产生大的影响，但要求 VSWR<1.3 会大大增加天线制造的困难及成本。

6. 天线的隔离度

天线的隔离度（Isolation）是指多端口天线一个端口上接收的功率与另一个端口发射的功率之比。隔离度常用 S_{21} 表示。例如，±45°双线极化天线，假定从 45°极化天线端口输入 1 W 的功率，从 −45°极化天线端口测得的功率为 1 mW，则

$$S_{21} = \frac{10\lg P_{out}(-45°)}{P_{in}(45°)} = 10\lg\frac{1}{1000} = -30 \text{ dB}$$

我国移动通信系统基站技术条件规定，定向双线极化天线的隔离度≥−28 dB。

在铁塔的同一平台上，或者在楼顶上的同一位置，或者在 1 个支撑杆上同时安装有好几副天线时，这些天线靠得比较近，或者工作在相邻、相近的通道上，这些天线相互耦合影响，特别是共线架设的大功率发射天线会对接收天线产生干扰。此时必须靠调整天线的指向及彼此之间分开的距离来减小它们之间的干扰及影响。通过天线去耦（Decoupling）就能达到隔离的目的。在自由空间，不考虑收发天线的阻抗失配和极化失配，收发天线间的最大传输功率为

$$P_r = P_t G_t G_r \left(\frac{\lambda}{4\pi d} \right)^2 \tag{1.23}$$

式中：P_t 为发射天线的辐射功率，G_t 为发射天线的增益，P_r 为距发射天线 d 处接收天线的接收功率，G_r 为接收天线的增益，λ 为工作波长。

P_t 与 P_r 分贝之差叫作天线的隔离度 D_{ch}，也叫作天线的空间去耦（Spatial Decoupling），即

$$D_{ch}(\text{dB}) = 10\lg \frac{P_t}{P_r} = 20\lg(4\pi) + 20\lg \frac{d}{\lambda} - (10\lg G_t + 10\lg G_r) \tag{1.24}$$

式中，d 表示收发天线的间距。

两天线的取向一般有如图 1.9 所示的等高水平架设、共线架设和倾斜架设三种。

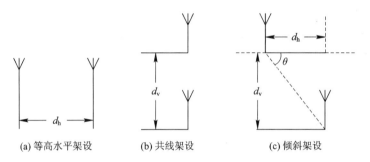

(a) 等高水平架设　　　　(b) 共线架设　　　　(c) 倾斜架设

图 1.9　收发天线的取向

两天线三种架设情况下的隔离度计算公式如下：

1）天线等高水平架设

当两天线等高水平架设时，隔离度 D_{ch} 的计算式如下：

$$D_{ch}(\text{dB}) = 22 + 20\lg \frac{d_h}{\lambda} - (g_t + g_r) \tag{1.25}$$

式中，g_t 是用 dB 表示的发射天线的增益 $G_t(g_t = 10\lg G_t)$，g_r 是用 dB 表示的接收天线的增益（$g_r = 10\lg G_r$）。

2）天线共线架设

当两天线共线架设时，隔离度的计算式如下：

$$D_{cv}(\text{dB}) = 28 + 40\lg \frac{d_v}{\lambda} \tag{1.26}$$

当 $d_v = \lambda$ 时，$D_{cv} = 28$ dB；当 $d_v = 5\lambda$ 时，$D_{cv} = 56$ dB；当 $d_v = 10\lambda$ 时，$D_{cv} = 68$ dB。

3）天线倾斜架设

当两天线倾斜架设时，隔离度的计算式如下：

$$D_{cvh}(dB) = (D_{cv} - D_{ch})\frac{\theta}{90} + D_{ch} \tag{1.27}$$

1.1.4 天线和馈线系统的功率容量

为了实现远距离通信，短波发射机的功率通常为几千瓦，有的甚至为 $30 \sim 50$ kW。与发射机配套使用的发射天线和馈线系统的功率容量也必须达到发射机的最大输出功率。天线和馈线系统的热损耗会降低天线和馈线系统的功率容量。造成天线和馈线系统热损耗的主要因素有以下两点：

1. 有耗传输介质的损耗

有耗传输介质的损耗包括：

(1) 馈电网络（L、C 元件和传输线变压器）的损耗。

(2) 天线辐射单元中的 R、L、C 加载元件及天线罩的损耗。

(3) 同轴馈线的介质、导体损耗。

2. 天线和馈线不匹配

如果天线和馈线不匹配，发射机发射的信号就会从天线反射回来，之后又会从发射机反射到天线，在馈线间来回多次反射，使馈线上的损耗增加；而损耗会使馈线发热，馈线发热就会降低馈线的功率容量。

1.1.5 天线的电尺寸

人们通常将天线的几何长度 $2L$ 用波长 λ 表示，$2L/\lambda$ 叫作电长度，将天线离地面的架设高度 h 用 λ 表示，h/λ 叫作电高度。

电长度为 $2L/\lambda = 0.5$ 的天线振子称为半波长对称振子。对工作频率 $f = 10$ MHz 的半波长对称振子，由于波长 $\lambda = 30$ m，所以以对称振子的几何长度 $2L = 15$ m；但对工作频率为 3000 MHz（$\lambda = 100$ mm）的半波长对称振子，对称振子的几何长度 $2L$ 只有 50 mm。可见，对于电长度都是 $2L/\lambda = 0.5$ 的对称振子，天线的工作频率不同，天线的几何尺寸就不同。不论工作频率是高还是低，只要电长度相同，天线的性能就相同。所以研制天线时采用电尺寸更方便，而不采用几何尺寸。

1.1.6 发射天线与接收天线的异同

发射天线与接收天线的相同点是：天线中均不含非线性元件和磁性材料，电参数相同。

发射天线与接收天线的不同点是：

(1) 发射天线对承受的功率容量有要求，接收天线无此要求。

(2) 发射天线对 VSWR 有严格要求，接收天线对 VSWR 无严格要求。

1.2　天线的主要辐射单元

天线的种类很多，常用的主要辐射单元有对称振子（也叫偶极子、双极天线）、鞭天线、环天线、贴片天线和缝隙天线等。

1.2.1　对称振子

图 1.10 是几种最常用的对称振子及对称振子上电流 I（波形用虚线表示）和电压 V（波形用实线表示）的分布。由图 1.10 可以看出，天线上的电流、电压分布有以下特点：

（1）不管天线有多长，天线的末端电流总为零。

（2）电流的最大点正好为电压的最小点。

（3）天线振子长度 $2L$ 若超过 $\lambda/2$，电流、电压必反相。图 1.10(d) 中，电流反相。

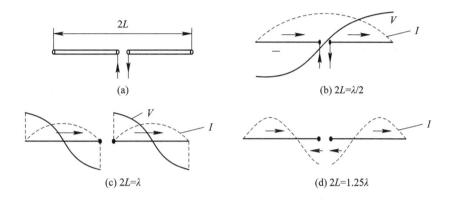

图 1.10　对称振子及其上电流、电压分布

人们通常把 $2L = \lambda/2$ 的天线振子称为半波长对称振子，把 $2L = \lambda$ 称为全波长对称振子。半波长对称振子的主要电参数如下：输入阻抗 $Z_{in} = 73\ \Omega + j42.5\ \Omega$；半功率波束宽度 HPBW $= 78°$；增益 $G = 2.15$ dBi。

图 1.11(a)、(b)、(c) 分别是 $\lambda/2$ 长对称振子的 E 面、H 面和立体方向图。

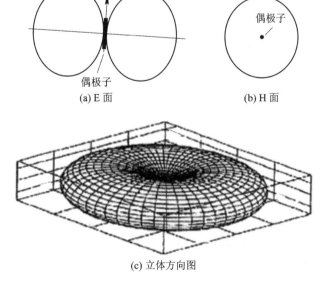

图 1.11　$\lambda/2$ 长对称振子的方向图

由图 1.11 可以看出，E 面（包含振子的平面）为 8 字形；H 面（与振子垂直的平面）为圆，也叫无方向、全向。

如果用 50 Ω 同轴线直接给 λ/2 长对称振子馈电，如图 1.12(a)所示，则由于同轴线为不平衡馈线，对称振子为对称天线，就会产生不平衡现象，同轴线外导体上就会有电流溢出。由于电流分布不对称，因此方向图也不对称。为了消除有害的不平衡馈电现象，需要附加 1 个不平衡-平衡变换装置，简称巴伦。图 1.12(b)、(c)是用最简单的巴伦——λ/4 长扼流套构成的水平和垂直对称振子。

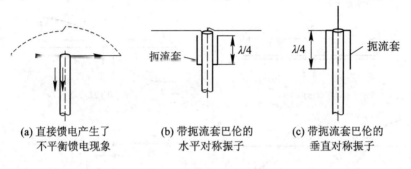

(a) 直接馈电产生了　　(b) 带扼流套巴伦的　　(c) 带扼流套巴伦的
　　不平衡馈电现象　　　　水平对称振子　　　　垂直对称振子

图 1.12　同轴线馈电的对称振子

如图 1.13(a)所示，八木天线经常用 λ/2 长折合振子作为有源振子，由于折合振子中间位置电压为 0，所以在此位置可以用金属杆支撑折合振子。由于折合，λ/2 长折合振子的输入阻抗为 λ/2 长对称振子的输入阻抗的 4 倍，因此需要使用如图 1.13(b)所示的既具有不平衡-平衡变换功能，又具有 4∶1 阻抗变换功能的 λ/2 长 U 形管巴伦给折合振子馈电。

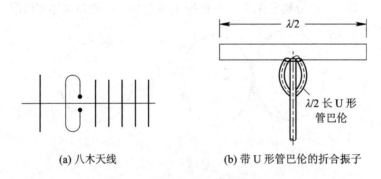

(a) 八木天线　　　　　　　(b) 带 U 形管巴伦的折合振子

图 1.13　八木天线与带 U 形管巴伦的折合振子

为了提高垂直极化全向天线的增益，可以用几个 λ/2 长垂直对称振子组成的垂直共线组阵。图 1.14(a)、(b)把 1 元和 4 元对称振子的垂直面方向图作了比较。图 1.14(b)中，由于在垂直面用 4 元组阵，使垂直面的 HPBW 变窄，所以增益比 1 元对称振子提高了 6 dB。为了变全向为定向，需要在距离全向天线 λ/4 处附加 1 个金属板，水平面方向图就由图 1.15(a)所示的全向变成如图 1.15(b)所示的定向。

(a) 1 元　　　　　　　　　　　　　　(b) 4 元

图 1.14　1 元和 4 元共线全向天线阵的垂直面方向图

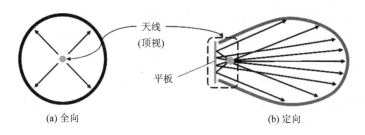

(a) 全向　　　　　　　　　　　　　(b) 定向

图 1.15　用金属板变水平面全向方向图为定向方向图

　　用 $\lambda/2$ 长对称振子组阵,可以构成如图 1.16(a)所示的单线极化定向板状天线阵,用菱形 $\lambda/2$ 长对称振子还可以构成如图 1.16(b)所示的 $\pm 45°$ 双线极化板状天线阵。

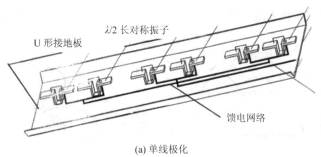

(a) 单线极化

(b) $\pm 45°$ 双线极化

图 1.16　由 $\lambda/2$ 长对称振子构成的单线极化板状天线阵和 $\pm 45°$ 双线极化板状天线阵

1.2.2　鞭天线

　　鞭天线也叫单极子,其主要特性如下:

　　(1) 鞭天线是舰船短波最广泛使用的一种天线。

　　(2) 鞭天线是一种固有的垂直极化全向天线,水平面方向图为 1 个圆,垂直面方向图在上半球空间呈半个倒"8"字形，如图 1.17 所示。

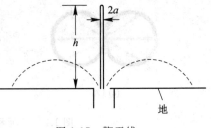

图 1.17　鞭天线

（3）鞭天线结构简单，占用的体积小，抗风能力强，抗毁性极高。水面舰艇大量采用鞭天线作为高频（HF）天线。

（4）地是鞭天线的重要组成部分，地面导电率的好坏对天线性能的影响极大。在有限大地面上，最大辐射方向不在水平面，而是要上翘的。

（5）由于单极子把地面作为天线的一部分，所以要铺设地网，以增大有效电导率和增强低仰角辐射。地网由 60～180 根地线组成，相对于中心，每根地线长 $0.25\lambda_{max}$。

（6）鞭天线上的电流与在地面上镜像的电流同相。

（7）单极子的等效长度和输入阻抗是对称振子的一半。

（8）垂直接地天线的增益比自由空间对称振子的增益大 3 dBi，这是因为垂直接地天线的全部辐射功率只是指向上半球空间，而不是整个空间。

（9）高度 $h=\lambda/4$ 的鞭天线的性能最佳，在无限大理想导电地面上，$\lambda/4$ 长单极子的增益为 5 dBi。

图 1.18 是不同高度鞭天线和垂直对称振子的垂直面方向图。当高度 $h<0.625\lambda$（对 10 m 天线，相当于 $f<18$ MHz）时，最大辐射方向沿水平面（非理想地面，方向图要上翘）；当高度 $h\geqslant0.625\lambda$（对 10 m 鞭天线，相当于 $f>18$ MHz）时，垂直面方向图裂瓣，不利于远距离通信。

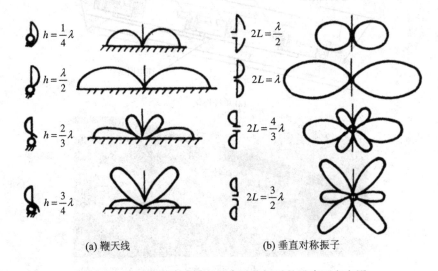

(a) 鞭天线　　　　　　(b) 垂直对称振子

图 1.18　不同高度鞭天线和垂直对称振子的垂直面方向图

高度 $h\leqslant0.08\lambda$ 的鞭天线叫作电小鞭天线。在 3 MHz 频率，电小鞭天线的高度 $h\leqslant8$ m，天线呈现很小的输入电阻和很大的容抗。对 $h=2$ m 的电小短波车载鞭天线，在 3 MHz 频率，天线的电高度 $h=0.02\lambda$，天线的输入电阻更小，容抗更大，天线与馈线严重失配，效率极低。

解决办法如下：

（1）对 $h<\lambda/4$ 的窄带鞭天线，可以通过顶加载来提高天线的有效高度，提高天线输入阻抗中的电阻，降低容抗。

（2）在鞭天线中加电感，以抵消天线阻抗中的容抗，改善阻抗匹配。

图 1.19 是顶加载鞭天线上的电流分布。由图 1.19 可以看出，垂直部分与镜像部分的电流同相；水平部分与镜像部分的电流反相；如果天线高度 $h \ll \lambda$，则水平部分和镜像部分由于电流反相使辐射几乎相抵消。也就是说，水平部分只影响天线阻抗，对辐射无贡献。

图 1.19　顶加载鞭天线上的电流分布

由于鞭天线沿轴线辐射为 0，所以高仰角辐射能力极差。可见，用直立 HF 鞭天线进行短波通信，存在短波通信的盲区。

解决办法是：如图 1.20 所示，把鞭天线倾斜架设，倾斜会产生高仰角分量，但全向性变差；如图 1.21 所示，水平架设鞭天线。

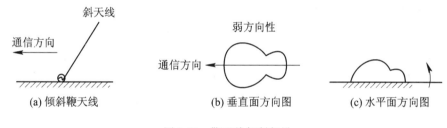

图 1.20　鞭天线倾斜架设

图 1.21　鞭天线水平架设

1.2.3　贴片天线和缝隙天线

贴片天线是在厚度远小于波长的双面覆铜介质基板上，用印刷电路或微波集成技术制造的一种平面天线。一面为接地板，另一面是尺寸与波长相比拟的金属片（称作辐射单元）。其形状可以是矩形、圆形、三角形、环形等。

贴片天线可以用同轴线馈电，也可以用微带线、共面波导、电磁耦合等多种方法馈电。

　　由于贴片天线轮廓低，重量轻，生产成本低，与导弹、卫星共面共形，天线的形式和性能多样化，容易实现双频、双线极化和圆极化，因而得到了广泛应用。

　　贴片天线主要缺点是：存在介质损耗，不仅效率低，而且功率容量低。为克服介质损耗，人们普遍采用空气贴片天线和空气微带线，但带来了难固定及微带线在较高频率辐射的缺陷。

　　与贴片天线类似，缝隙天线也是在双面覆铜板的一面（如接地板上）开一个缝隙，或开一个倾斜±45°的正交缝隙，在另一面用微带线馈电构成单线极化天线或±45°双线极化缝隙天线。因为电场垂直于缝隙，所以垂直于缝隙的方向也就是天线的极化方向。

1.2.4　小环天线

1. 小环天线的特点及方向图

　　绕制单圈环天线所用导线的总长度或每一圈的周长 C（$C=2\pi b$，b 为环的半径）为 $(0.04\sim0.1)\lambda$ 的环天线，叫作电小环天线或小环天线。小环天线具有以下特点：

　　（1）对于小环天线上的任意一点，电流幅度相等，相位同相。

　　（2）电流大，频带窄。由于环天线相当于 1 个大的线圈，所以必须用高压或真空可变电容器来调谐。

　　（3）对调谐小环天线，可调频率范围主要取决于可调电容器的最小电容量与最大电容量之比。

　　周长小于 $\lambda/2$ 的水平环天线，或者周长比 λ 小很多的水平环天线，是最简单的水平极化全向天线。由于环上有均匀的电流分布，所以可以用 1 个短磁偶极子来代替。因此有时也把小环天线称作磁偶极子。磁偶极子与电偶极子有相似的方向图，即环平面（水平面）方向图呈全向，垂直面（与环面垂直的平面）呈"8"字形，环平面的轴线为零辐射方向。磁偶极子与电偶极子的唯一不同点是极化旋转了 90°，电偶极子为垂直极化，磁偶极子为水平极化，它们的电、磁场互换，电偶极子的电场为小环天线的磁场，电偶极子的磁场则为小环天线的电场，如图 1.22 所示。

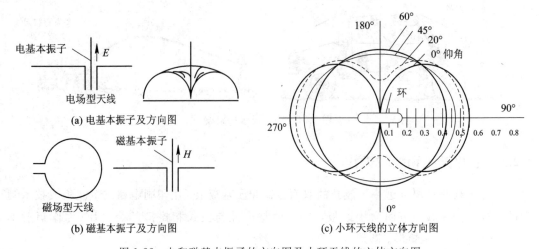

(a) 电基本振子及方向图

(b) 磁基本振子及方向图

(c) 小环天线的立体方向图

图 1.22　电和磁基本振子的方向图及小环天线的立体方向图

水平小环天线在自由空间的方向图的特点如下：

（1）0°仰角呈"8"字形。

（2）高仰角逐渐变为全向。

（3）环的轴线方向为零辐射方向。

2. 小环天线的电参数

1）辐射电阻

辐射电阻为

$$R_{\mathrm{r}} = 20\pi^2 \left(\frac{C}{\lambda}\right)^4 = 50\ 532 \times \left(\frac{A}{\lambda^2}\right)^2 \tag{1.28}$$

N 匝小环天线的辐射电阻为

$$R_{\mathrm{r}} = 20\pi^2 \left(\frac{C}{\lambda}\right)^4 N^2 \tag{1.29}$$

假定 $b = \lambda/25$，单圈环天线的辐射电阻约为 0.785 Ω。可见，单圈环天线的辐射电阻是很小的。由于 $R_{\mathrm{r}} \propto A^2 f^4 N^2$，要提高 R_{r}，必须设法使环的面积 A 最大，且采用多圈环天线（即加大 N）。随着 f 的增大，R_{r} 迅速增大。

2）损耗电阻

损耗电阻为

$$R_{\mathrm{L}} = \frac{C}{d} \sqrt{\frac{f\mu_0}{\pi\sigma}} \tag{1.30}$$

式中：f 为频率（Hz），$\mu_0 = 4 \times 10^{-7}$ H/m，d 为制造环天线的导线的直径（m），σ 为制造环天线的金属的电导率。

表 1.12 为几种常见金属的电导率 σ。

表 1.12　几种常用金属的电导率 σ

材料	银	紫铜	黄铜	金	铝	钨	锌	铁	镍	康铜	锰钢
σ /(S/m)	6.25×10^7	5.8×10^7	1.57×10^7	4.17×10^7	3.55×10^7	1.59×10^7	1.56×10^7	1×10^7	0.77×10^7	0.2×10^7	0.14×10^7

为了提高 η，必须减小 R_{L}，因此宜用粗金属管制造环天线。

在空气中，单圈环天线的低频电感 L 为

$$L(\mu\mathrm{H}) = 0.81b \left(2.303 \lg \frac{8b}{a} - 2\right) \tag{1.31}$$

式中，b 为环天线的半径（mm），a 为绕制环天线的导线的半径（mm）。

环天线的有效高度 h_{e} 为

$$h_{\mathrm{e}} = \frac{2\pi A}{\lambda}$$

对 N 匝环天线，上述参数变成：

$$L(\mu\mathrm{H}) = 0.81bN^2 \left(2.303 \lg \frac{8b}{a} - 2\right) \tag{1.32}$$

$$h_{\mathrm{e}} = \frac{2\pi AN}{\lambda}$$

3. 小环天线的馈电及阻抗匹配

使 1 圈小环天线谐振最常用的方法是在与馈电点相反的环上串联可调电容,大环是辐射环,小环是馈电环,大小环共面,用同轴线通过耦合环馈电,如图 1.23(a)所示。在馈电点电流最大,所产生的磁场也最强,在该处耦合,可以使馈电环的尺寸最小。图 1.23(b)用 3 个电容调谐。另外一种匹配的方法是:如图 1.23(c)所示,利用小耦合环把功率耦合到辐射环,这种方法比调电容更方便,更实用。图 1.24(a)~(c)为小环天线馈电及调谐的另外一些方法。

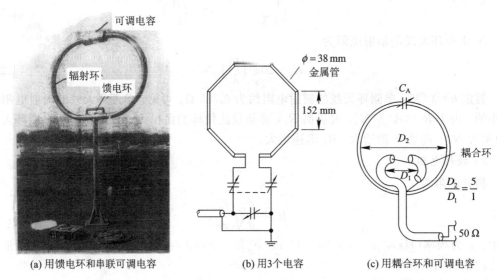

(a) 用馈电环和串联可调电容   (b) 用3个电容   (c) 用耦合环和可调电容

图 1.23   小环天线的馈电与调谐

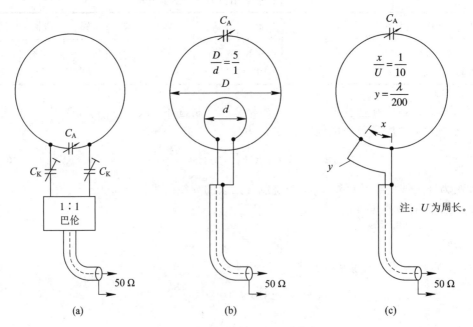

(a)   (b)   (c)

图 1.24   小环天线馈电及调谐的方法

　　由于小环天线呈感性、大电流，所以必须用串联高压电容器调谐，而且限制发射功率 $P < 150$ W。如果 $P > 150$ W，则必须使用耐压为 $10 \sim 20$ kV 的真空或陶瓷电容器。直径为 1 m 的环天线，在 10 MHz 时输入阻抗为 $0.088 + j166$ Ω，如果 $P = 150$ W，环电流为 41 A，则电容器两端的电压高达 6.1 kV。

　　图 1.25 是短波使用的定向接收小环天线。由于小环天线在顶部用不平衡电阻 R 加载，因此方向图 $F(\theta)$ 有如下形式：

$$F(\theta) = \frac{1 + K\cos\theta}{1 + K} \tag{1.33}$$

式中，系数 K 取决于加载电阻的大小。假定 $K \ll 1$，其方向图类似于单极子的方向图；假定 $K \gg 1$，其方向图类似于环天线的方向图。若 $R = 100 \sim 200$ Ω，K 值接近于 1，则方向图近似为心脏形。

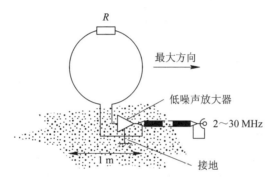

图 1.25　短波使用的定向接收小环天线

第 2 章　电波传播与链路预算

2.1　电磁频谱及电磁波

2.1.1　电磁频谱

电磁频谱包括无线电、红外线、可见光、紫外线、X 射线和 γ 射线，无线电只是电磁频谱的一种形式。电视、广播、通信、雷达、导航等与人们日常生活密切相关的业务都离不开无线电。红外线用于夜视，紫外线和 X 射线在医院的设备中大量被采用。图 2.1 是电磁频谱的划分图。

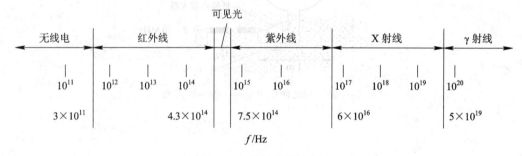

图 2.1　电磁频谱的划分图

2.1.2　无线电频段

无线电频段包括无线电的通用频段和雷达频段。无线电的通用频段见表 2.1，雷达常用频段见表 2.2。

表 2.1　无线电的通用频段

波段名称		频率范围	波长范围	频段名称	频段缩写
超长波		3~30 kHz	10^5~10^4 m	甚低频	VLF
长波		30~300 kHz	10^4~10^3 m	低频	LF
中波		300 kHz~3 MHz	10^3~10^2 m	中频	MF
短波		3~30 MHz	10^2~10 m	高频	HF
超短波		30~300 MHz	10~1 m	甚高频	VHF
微波	分米波	300 MHz~3 GHz	1 m~10 cm	特高频	UHF
	厘米波	3~30 GHz	10~1 cm	超高频	SHF
	毫米波	30~300 GHz	1 cm~1 mm	极高频	EHF

表 2.2　雷达常用频段

波段名称	波长范围	频率范围
VHF(甚高频)	10～1 m	30～300 MHz
UHF(特高频)	1～0.3 m	300 MHz～3 GHz
P	1.3～0.3 m	0.23～1 GHz
L	30～15 cm	1～2 GHz
S	15～7.5 cm	2～4 GHz
C	7.5～3.75 cm	4～8 GHz
X	3.75～2.4 cm	8～12.5 GHz
Ku	2.4～1.67 cm	12.5～18 GHz
K	1.67～1.13 cm	18～26.5 GHz
Ka	1.13～0.75 cm	26.5～40 GHz

2.1.3　电磁波

电磁波由相互垂直的电场和磁场组成,电场和磁场又都与传播方向垂直。与电磁场垂直且与传播方向垂直的无线电波,叫作横电磁波,又叫 TEM 波。工程中常用 E 表示电场,用 H 表示磁场。

电磁波具有如下特点:

(1) 电场(E)和磁场(H)随时间和空间而变。

(2) 电磁交变,即电场产生了磁场,反过来磁场又产生了电场。

(3) 在自由空间,传播速度等于光速,即

$$c = 3 \times 10^8 \text{ m/s} \tag{2.1}$$

在相对介电常数为 ε_r 的介质中,传播速率为

$$v = \frac{c}{\sqrt{\varepsilon_r}} \tag{2.2}$$

2.2　电波传播的方式

根据不同频段电波在介质中传播的物理过程及特点,可将电波传播的方式分为地波传播、对流层电波传播、电离层电波传播、地-电离层波导传播等。实际工作中往往取其中一种作为主要的电波传播途径,在某些条件下可能几种传播途径并存。例如,对于中波广播业务,某些地区既可收到经电离层反射的天波信号,同时又能收到沿地面传播的地波信号。

2.2.1　地波传播

地波传播是无线电波沿地球表面传播的方式。地波传播主要用于低频及甚低频远距离

无线电导航、标准频率和时间的广播、对潜通信等业务。这种传播方式的特点是：传输损耗小，作用距离远；受电离层扰动的影响小，传播稳定；有较强的穿透海水及土壤的能力；大气噪声电平高，工作频带窄。

2.2.2　对流层电波传播

对流层电波传播是无线电波在低空大气层至对流层中传播的方式。对流层电波传播按传播机制分为如下两种。

1. 视距传播

当收、发天线架设高度较高（远大于波长）时，电波直接从发射天线传播至接收点（有时有反射波到达），这种传播方式为视距传播，亦称为直射波传播。视距传播主要用于微波中继通信、甚高频和超高频广播、电视、雷达等业务。视距传播的主要特点是：传播距离限于视线距离以内，一般为 $10\sim50$ km；频率愈高，受地形地物的影响愈大，微波衰落现象愈严重；对于 10 GHz 以上的无线电波，大气吸收及降雨衰减严重。

2. 散射传播

散射传播利用对流层中介质的不均匀性对电波的散射实现超视距传播，常用频段为 200 MHz~5 GHz。由于散射波相当微弱，传输损耗大，因此需使用大功率发射机、高灵敏度接收机及高增益天线。散射传播使单跳通信距离为 $300\sim800$ km，特别适用于无法建立微波中继站的地区，如海岛之间或需跨越湖泊、沙漠、雪山等的地区。

2.2.3　电离层电波传播

电离层电波传播是无线电波经电离层反射或散射后到达接收点的传播方式。电离层电波传播按传播机制可分为以下几种。

1. 电离层反射传播

电离层反射传播通常称为天波传播，主要用于中、短波远距离广播、通信、船岸间航海移动通信、飞机与地面间航空移动通信等业务。其传播特点是：传播损耗小，能以较小的功率进行远距离传播；衰落现象严重，短波传播受电离层扰动的影响大。

2. 电离层散射传播

电离层散射传播是利用电离层中电子浓度的不均匀性（通常发生在离地面 $90\sim110$ km 的高空）对电波产生的散射来完成远距离通信的传播方式。电离层散射传播常用的频段为 $35\sim70$ kHz。这种传播方式的主要特点是：传输损耗大，传输频带窄（一般为 $3\sim5$ kHz），衰落现象明显，但单跳跨距为 $1000\sim2000$ km，特别是当电离层受到干扰时，仍可保持通信。

3. 流星电离余迹反（散）射传播

流星电离余迹反（散）射传播是利用发生在 $80\sim120$ km 处流星电离余迹对电波的反（散）射来实现 2000 km 以内远距离传播的传播方式。流星电离余迹反（散）射传播的常用频段为 $30\sim70$ MHz。虽然流星电离余迹持续时间短，但出现频繁，故仍然可以把它用于瞬间通信。

2.2.4　地-电离层波导传播

电波在以地球表面及电离层下缘为界的地壳空间内的传播，叫地-电离层波导传播。地-电离层波导传播主要用于低频、甚低频远距离通信及标准频率和时间的传播。这种传播方式的主要传播特点是：传输损耗小，受电离层扰动的影响小，电波传播稳定，有良好的预测性，但大气噪声电平高，工作频带窄。

2.2.5　外大气层及宇宙星际空间电波传播

电波在外大气层和宇宙星际空间（即地-空或空-空）之间的传播，叫外大气层及宇宙星际空间电波传播。外大气层及宇宙星际空间电波传播主要用于卫星通信、宇宙通信及无线电探测、遥控等业务。其主要特点是：距离远，空间传输损耗大；在地-空中还会受流星、电离层、地球磁场以及来自宇宙空间的各种辐射波和高速离子的影响。另外，在 10 GHz 以上频率，大气吸收和降雨衰减严重。

2.3　无线电频段电波的传播及特点

无线电频段包括超长波、长波、中波、短波、超短波和微波。下面介绍这些无线电波的传播特点及在无线通信中的应用。

2.3.1　超长波传播

超长波的频率范围为 3～30 kHz（波长为 100～10 km）。由于在海水中的传播衰减小，所以超长波通信是世界各国海军潜艇通信的主要手段。超长波传播的主要特点如下：

（1）在大气层中传播衰减小，可实现远距离通信。超长波在一个球形波导中传播。波导的一面是地球表面，另一面，白天为电离层 D 层的下边界，晚上为 E 层的下边界。对于超长波，波导可以近似看成一种理想的反射体。由于超长波传播就好像在金属波导中传播，因而衰减小，损耗主要是由电离层与地面的吸收引起的。超长波衰减还与传播模式、频率、地表面的导电率、电离层高度、传播方向、季节、经纬度等有关。

（2）传播稳定。超长波在波导中传播，磁暴或太阳黑子活动的影响小，电波自身传播的相位变化也小，尤其可贵的是当核爆炸引起电离层严重扰动时，超长波仍可完成远距离通信，不会发生通信中断现象，因此超长波是远距离通信的一种较为理想的手段。

（3）可穿透电离层和土壤。虽然超长波中的大部分被电离层反射了回来，但穿透出去的无线电波在电离层中衰减很小，这给使用卫星进行甚低频通信提供了可能。超长波还能在土壤中传播，可用来进行地下通信。

（4）能穿透海水，在海水中的衰减较其他无线电波小。地面用垂直天线发射的无线电信号主要为垂直极化波，水平分量仅是垂直分量的 $\dfrac{1}{\sqrt{60\lambda\sigma}}$ 倍（其中 λ 是波长，σ 是导电率），但当电波入水之后，水平分量是垂直分量的 $\sqrt{60\lambda\sigma}$ 倍。例如，当频率为 12 kHz

$(\lambda = 25\,000\ \text{m})$，$\sigma = 5\ \Omega/\text{m}$ 时，$\sqrt{60\lambda\sigma} = \sqrt{60 \times 25\,000 \times 5} = 2740$，说明海面以下垂直极化波是水平极化波的 1/2740。因此水下通信只能用水平极化天线。

电场强度是按指数随深度的减小而减小的，并且波长越长，衰减越小。超长波在水下传播的衰减特性通常用衰减系数 β 来表示，即 $\beta = 2\pi\sqrt{\dfrac{30\sigma}{\lambda}}$，单位是 Np/m。实际上海水的导电率 σ 是不均匀的，主要取决于海水的温度与盐分。不同海域或不同深度的 σ 也会有明显的差异，因此计算时可以根据海水的温度和盐度，由"海洋学常用表"推算出海水的导电率。实践证明，在 10～20 kHz 频段，电波穿透海水的深度为 15～30 m，因此超长波可用于潜航状态的潜艇进行通信。由于超长波具有上述传播特性，因此超长波传播是目前各国海军舰艇远距离通信和潜艇通信的主要方式，也是目前潜艇能在大气与海水中通信的唯一手段。由于超长波也可以穿透电离层，因此它为利用卫星实现对潜通信开辟了新的途径。由于超长波受磁暴和电离层干扰的影响小，因此利用卫星进行对潜通信比地面站更可靠。

2.3.2　长波传播

长波的频段为 30～300 kHz（波长为 10 000～1 000 m）。长波主要靠地波传播。长波传播的主要特点是：受气候变化的影响小，可全天候实施可靠通信；特别是在中近距离（50～100 km）传播稳定，可作为岸与舰船之间的一种通信手段。但由于长波通信存在设备体积大、成本高、通信容量小（频带窄）等缺点，其应用受到了限制，所以只把长波传播作为一种辅助舰船通信的手段。

2.3.3　中波传播

300 kHz～3 MHz 的无线电波称为中波。中波可以利用地波传播，也可以利用天波传播。利用地波传播时，与短波相比，地面传输损耗小，且绕射能力强，所以传播距离较远，一般为几百千米。利用天波传播时，中波通常是利用 E 层进行反射传播。

波长为 2000～200 m（频率为 150 kHz～1.5 MHz）的中波主要用于广播业务，故此波段又称为广播波段。中波足以穿透 D 层，但在白天，D 层吸收强烈，故白天收不到中波的天波分量，信号完全依赖地波传播；晚间 D 层消失，尽管 E 层电子浓度下降，但仍能反射中波，而且气体也较稀薄，电离层吸收较小，因此在夜间中波利用天波传播。根据广播波段的传播特性，通常按距离远近把中波传播区域分为以下 3 个：

（1）离发射台较近地区：此区域电波传播以地波为主，即使在夜间，地波场强也远大于天波场强，故白天和夜间此区域内的场强都很稳定，为广播电台的主要服务区。此区的半径与发射机的功率、发射天线的方向性以及地质的导电性能有关。频率愈高，地波传播损耗愈大，作用距离半径愈小。

（2）稍远地区：白天取决于地波的传播情况，夜间取决于同时存在的地波和天波。由于电离层电子浓度随机变化，所以天波传播的行程也随之变化。另外，由于天波和地波相互干涉，因此合成场形成干涉性衰落，此区域也称为衰落区。为防止衰落，应采用抗衰落天线，即设法使天线沿低仰角辐射，尽量减小天波辐射。

（3）很远地区：此区只有在晚上才能收到较强的天波信号，为广播电台的次要服务区。这个区域的特点是白天收不到远距离的广播电台信号，在夜晚由于天波损耗减小，因此可以收到信号，这就是中波波段的广播信号到夜晚突然增多的原因。

中波主要是用于无线电广播,在军事通信中用于中近距离战术通信,还可以用于直升机、舰载机的归航引导。在舰船通信中,中波可作为舰队通信的辅助手段,也可用于国际遇难救援通信。常用的两个国际船舶遇难救援通信频率为:500 kHz(用于监听)和484 kHz(用于应答)。在海上,每艘舰艇都有一部接收机(置于500 kHz 的频率上连续监听)和一部发射机(置于484 kHz 的频率上处于"准备发射"工作状态)。在核爆炸条件下,中波的地波传播用于岸船之间的应急通信。

2.3.4　短波和超短波传播

3~30 MHz 的无线电波称为短波。短波有地波和天波两条传播路径。无线电波沿地球表面上空传播,称为地波传播或表面波传播。实际上,地波是在与地面交界的上空中传播的,因此地面的不平坦度及地质的导电性能都对地波传播有很大影响。但大地的电特性及地貌地形并不随时间快速变化,也基本不受气象条件的影响,特别是无多径传输效应,因而地波传播的无线电信号仍然很稳定。

天波是从电离层反射的一种传播方式。天波是短波通信的主要传播方式,其主要优点是传输损耗小。电离层是一种随机色散和各向异性的介质,电波在其中传播时会产生多径传输、衰落、极化面旋转等效应。

30~300 MHz 的无线电波称为超短波。超短波主要采用视距传播方式进行传播。相对于微波传播,超短波视距传播受低空大气层不均匀性的影响,云、雾、雨等引起的噪声以及对电波的吸收均较小,主要是地面对超短波传播的影响。地面对超短波传播的影响主要有:第一、地面凸起使电波直射波的传播距离限于视线距离以内;第二、在甚高频的低频端,由于电波有一定的绕射能力,所以可以利用山峰绕射实现山地传播。

2.3.5　微波传播

微波波段的无线电波,由于频率很高,电波沿地面传播时衰减很大,遇到障碍时绕射能力又很弱,因此不能用地波传播;电离层又不能将其反射返回到地面,因而也不能用天波传播,只能用视距传播。视距传播是指在发射天线和接收天线间能相互"看见"的距离内,电波直接从发射点传到接收点(有时还包括地面反射波)的一种传播方式,也称为直射波或空间波传播。按收、发天线所处空间位置的不同,视距传播大体上分为三类:第一类是指地面上目标之间的视距传播,如中继通信、电视、广播以及移动通信等;第二类是指地面与空中目标(如飞机、通信卫星等)之间的视距传播;第三类是指飞行体之间(如飞机之间、宇宙飞行器之间)的视距传播。

无论是地面上的传播还是地对空的视距传播,其传播途径至少有一部分在对流层中,因此必然受到对流层的影响。此外,电波在低空大气层中传播时,还可能受到地表面自然或人为障碍物的影响,引起电波的反射、散射或绕射。

2.4　电磁波的极化

电磁波具有以下参数:振荡频率、传播方向、波的强度、极化。其中,前3个参数对任何类型的波动都是通用的,但是极化特性是电磁波所特有的。比如,声波就没有极化特性。

电磁系统中的极化，不仅是物理学的一个新奇现象，它还具有重要的现实意义。对于模拟系统，在利用极化特性构建电磁系统时，通常有几个实现难点，其中最大的难点是需要昂贵且笨重的硬件组件。然而随着数字化设备在电磁系统中的普及，软件处理将取代硬件功能，电磁波的极化特性将得到更充分的利用。

然而，工程师往往不能很好地理解极化特性，这可能会导致系统的性能不能达到最优，在某些情况下甚至会使系统完全瘫痪。事实上，极化特性是可以被利用的。例如，通信系统中使用极化分集技术来消除非视距链路上的多径衰落。在相同的频率和路径上，采用正交极化信道可以提高视距通信链路的性能，信息承载能力在理论上可以倍增，而且在实际中也已实现。与单极化系统相比，在遥感系统中使用多极化可以增加收集到的目标或图像的信息量。

极化含有电磁波电场随时间变化的信息，所以我们从分析电场的时变特性来着手量化波的极化。一般地，当平面波沿+z方向传播时，瞬时电场可分解为x和y两个分量。这些分量的表达式如下：

$$\begin{cases} E_x(t, z) = E_1 \cos(\omega t - \beta z) \\ E_y(t, z) = E_2 \cos(\omega t - \beta z + \delta) \end{cases} \tag{2.3}$$

式中，E_1、E_2分别为x、y方向电场的振幅（V/m）；$\omega = 2\pi f$为波的角频率（rad/s）；β为相位常数（rad/m）；δ为电场y分量超前x分量的相位（rad）。

由于每个分量都随时间和空间变化，因此每一个分量本质上都是一个线极化波，合成电场是两个分量在任意瞬时和在空间任意点的矢量和。

无线电波在空间传播时，其电磁场方向是按一定规律变化的。由于电场始终与磁场垂直，所以把电场矢量在空间的指向称作无线电波的极化。如果电场矢量在垂直传播方向的平面内随时间变化一周，其端点描绘的轨迹是一个椭圆，就称这个波为椭圆极化波，如图2.2(a)所示；如果电场矢量端点描绘的轨迹是一个圆，就称这个波为圆极化波，如图2.2(b)所示；如果电场矢量端点描绘的轨迹是一条线，则称这个波为线极化波，如图2.2(c)所示。

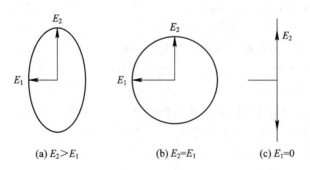

(a) $E_2 > E_1$　　　　　(b) $E_2 = E_1$　　　　　(c) $E_1 = 0$

图2.2　无线电波的极化

实际上，圆极化和线极化是椭圆极化的两个极端情况。当椭圆长轴电场E_2等于椭圆短轴电场E_1时就变成圆极化；当椭圆短轴电场$E_1 = 0$时就变成线极化。线极化又分为水平极化、垂直极化和$\pm 45°$极化。我们把水平极化和垂直极化称作正交线极化。同样地，在基站中使用的±45°双线极化也为正交线极化。有时以地面作为参考，如果电场矢量方向与地面平行，则称作水平极化；如果电场矢量方向与地面垂直，则称作垂直极化。电场矢量与传播方向构成的平面叫作极化平面。显然，垂直波的极化面与地面垂直，水平波的极化面与地面平行，如图 2.3 所示。

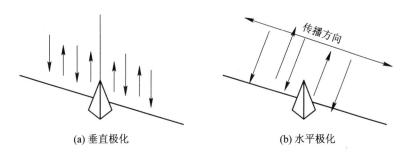

(a) 垂直极化　　　　　　　　　　(b) 水平极化

图 2.3　线极化

椭圆极化的参数有轴比（AR）、旋向和倾角 τ。椭圆长轴电场 E_2 的幅度与椭圆短轴电场 E_1 的幅度之比定义为 AR，AR$=E_2/E_1$。倾角 τ 就是椭圆长轴与 x 轴的夹角（见图 2.4）。图 2.4 是椭圆极化波随倾角 τ 和 γ（$\gamma=\mathrm{arctan}(E_2/E_1)$）的变化。如果 AR$=1$，则电磁波的极化就为圆极化，当 $\delta=90°$ 时为左旋圆极化，当 $\delta=-90°$ 时为右旋圆极化；若 AR$=\infty$，则电磁波的极化为线极化。

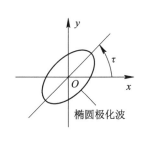

椭圆极化波

δ	$E_y/E_x=\infty$	$E_y/E_x=2$	$E_y/E_x=1$	$E_y/E_x=0.5$	$E_y/E_x=0$
$\delta=0°$	$\tau=90°$	$\tau=63.5°$	$\tau=45°$	$\tau=26.5°$	$\tau=0°$
$\delta=45°$	$\tau=90°$	$\tau=68.4°$ $\gamma=3.2$	$\tau=45°$ $\gamma=2.4$	$\tau=21.6°$ $\gamma=3.2$	$\tau=0°$
$\delta=90°$	$\tau=90°$	$\tau=90°$ $\gamma=2$	$\gamma=1$	$\tau=0°$ $\gamma=2$	$\tau=0°$
$\delta=135°$	$\tau=90°$	$\tau=-68.4°$ $\gamma=3.2$	$\tau=-45°$ $\gamma=2.4$	$\tau=-21.6°$ $\gamma=3.2$	$\tau=0°$
$\delta=180°$	$\tau=90°$	$\tau=-63.5°$	$\tau=-45°$	$\tau=-26.5°$	$\tau=0°$

图 2.4　椭圆极化波随倾角 τ 和 γ（$\gamma=\mathrm{arctan}(E_2/E_1)$）的变化

圆极化波和椭圆极化波的旋向与圆极化天线的旋向一样，仍然是大拇指指向传播方向，

四指的旋转方向就是圆极化波或椭圆极化波的方向，符合右手法则，则称为右旋，如图 2.5
(a)所示，符合左手法则，则称为左旋，如图 2.5(b)所示。

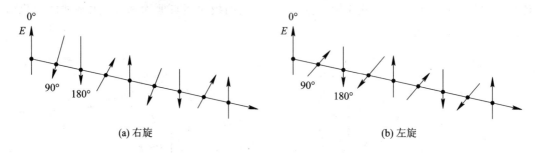

图 2.5　圆极化或椭圆极化波的旋向

2.5　链路预算

在通信系统的设计中，都要进行链路预算。链路预算就是根据收发天线的增益、发射
机的功率、接收机的灵敏度和工作频率计算通信距离；或者已知通信距离、接收天线的增
益、接收机的灵敏度、发射机的功率和工作频率，确定需要发射天线的增益；或者通信距
离、收发天线的增益、接收机的灵敏和工作频率都已知，确定发射机的功率。

在介绍链路预算之前，必须弄清 dB、dBW、dBm、dBmV 等之间的关系，以便利用统
一的单位完成计算。

1. 增益(dB)

假定 P_i 为某器件的输入功率，P_o 为输出功率，则用 dB 表示的功率增益为

$$AP(dB) = 10lg\frac{P_o}{P_i}$$

如果 AP(dB)为负值，则意味着输出功率小于输入功率。例如，放大器的输入功率 $P_i =$
100 mW，输出功率 $P_o = 4$ W，则放大器的增益为

$$AP(dB) = 10lg\frac{P_o}{P_i} = 10lg\frac{4}{0.1} = 16 \text{ dB}$$

2. dBW

dBW 是把 1 W 的功率用 dB 表示，即 10lg(1 W)=0 dBW。如果功率为 P(单位为 W)，
则用 dBW 可表示为

$$P(dBW) = 10lg(P/1 \text{ W}) \tag{2.4}$$

显然，1 W=0 dBW。

【例 2.1】　把 $P = 5$ W 变成 dBW。

解　由式(2.4)，就能把 5 W 变成 6.99 dBW，具体如下：

$$10lg\left(\frac{5 \text{ W}}{1 \text{ W}}\right) = 6.99 \text{ dBW}$$

3. dBm

dBm 就是把 1 mW 的功率用 dB 表示，即

$$10\lg(1\text{mW}) = 0 \text{ dBm}$$

如果功率为 P（单位为 W），就能用式（2.5）把功率变成 dBm：

$$P(\text{dBm}) = 10\lg(P/1 \text{ mW}) \tag{2.5}$$

显然，1 mW＝0 dBm。

【例 2.2】　把 $P = 0.5$ W 变成 dBm。

解　由式（2.5），就能把 0.5 W 用 dBm 表示，具体如下：

$$P(\text{dBm}) = 10\lg\frac{P}{1 \text{ mW}} = 10\lg\frac{500 \text{ mW}}{1 \text{ mW}} = 27 \text{ dBm}$$

把 1 W 的功率用 dBm 表示，具体如下：

$$10\lg\frac{P}{1 \text{ mW}} = 10\lg\frac{1000 \text{ mW}}{1 \text{ mW}} = 30 \text{ dBm} \tag{2.6}$$

可见，要把 dBW 变成 dBm，必须加 30 dBm。

4. 电压与 dB

把 1 mV 电压用（dBmV）表示：

$$V(\text{dBmV}) = 20\lg(V/1 \text{ mV}) \tag{2.7}$$

【例 2.3】　已知某电视系统（$R = 75$ Ω），把 $V = 3$ mV 变成 dBmV 和 dBm。

由式（2.7）知，3 mV 的电压用 dB 表示为 9.54 dBmV，具体过程如下：

$$V(\text{dBmV}) = 20\lg\frac{3 \text{ mV}}{1 \text{ mV}} = 9.54 \text{ dBmV}$$

已知 $R = 75$ Ω，$V = 3$ mV，利用欧姆定理，可以求出：

$$P = V^2/R = (3 \times 10^{-3})^2/75 = 120 \times 10^{-9} \text{ W}$$

则

$$P(\text{dBm}) = 10\lg\frac{P}{1 \text{ mW}} = 10\lg\left(\frac{120 \times 10^{-9}}{1 \times 10^{-3}}\right) = -39.2 \text{ dBm}$$

dBm 与电压的关系：

$$\text{dBm} = 20\lg(\sqrt{20}V) \tag{2.8}$$

对 50 Ω 的通信系统，由式（2.8）就能得到：

$$V = \frac{1}{\sqrt{20}}10^{\text{dBm}/20} = \sqrt{0.05} \times 10^{\text{dBm}/20} \tag{2.9}$$

把式（2.9）用 dB 表示就能得到：

$$V(\text{dBmV}) = 20\lg\left[10^3 \times \sqrt{0.05} \times 10^{\text{dBm}/20}\right] = 20\lg(10^3 \times \sqrt{0.05}) + 20\lg 10^{\text{dBm}/20}$$
$$= 47\text{dB} + \text{dBm} \tag{2.10}$$

dBμV 与 dBm 之间的关系如下：

$$V(\text{dB}\mu\text{V}) = 20\lg\left[10^6 \times \sqrt{0.05} \times 10^{\text{dBm}/20}\right] = 20\lg(10^6 \times \sqrt{0.05}) + 20\lg 10^{\text{dBm}/20}$$
$$= 107\text{dB} + \text{dBm} \tag{2.11}$$

对于 75 Ω 的电视系统，dBm 与电压的关系：

$$\text{dBm} = 20\lg(\sqrt{13.33}V) \tag{2.12}$$

由式(2.12)就能求得：

$$V = \frac{1}{\sqrt{13.33}} \times 10^{dBm/20} = 0.274 \times 10^{dBm/20} \tag{2.13}$$

把 1 V 电压化成 mV，把式(2.13)用 dB 表示就能得：

$$V(dBmV) = 20lg \frac{V}{1\ mV} = 20lg\left(\frac{0.274 \times 10^{dBm/20} \times 10^3\ mV}{1\ mV}\right) = 48.76dB + dBm \tag{2.14}$$

把 1 V 电压用 μV 表示，类似于 dBmV 的计算过程，就能得到：

$$dB\mu V = dBm + 108.76\ dB \tag{2.15}$$

2.6　路径损耗

2.6.1　自由空间的路径损耗

如果收发天线均与馈线匹配，收发天线极化匹配，则在自由空间传播条件下，相距 R 的收发天线间的功率传输方程用 dB 表示为

$$10lgP_r = 10lgP_t + 10lgG_t + 10lgG_r + 20lg\left(\frac{\lambda}{4\pi R}\right) \tag{2.16}$$

为了表示自由空间的传播损耗 L_F，把式(1.23)改写如下：

$$L_F = \frac{P_t G_t G_r}{P_r} = \left(\frac{4\pi R}{\lambda}\right)^2 = \left(\frac{4\pi Rf}{c}\right)^2 \tag{2.17}$$

式中：f 为工作频率，c 为光速。

可见，自由空间的路径损耗 L_F 与距离 R 和工作频率 f 的平方成正比。

如果 f 以 MHz 为单位，距离 R 以 km 为单位，则以 dB 表示的自由空间的路径损耗 L_F 为

$$L_F(dB) = 32.4(dB) + 20lgR(km) + 20lgf(MHz) \tag{2.18}$$

由式(2.18)可看出，只要距离加倍，或者频率提高 1 倍，自由空间的路径损耗就会分别增加 6 dB。

1. 视线距离

发射天线发射的信号被接收天线直接接收的距离叫作视线距离。严格来讲，视线距离就是指收发天线辐射中心的连线与地面相切时在地面上对应的大圆弧的长度，如图 2.6 所示的 R_0。

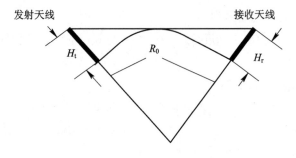

图 2.6　视线距离

视线距离主要取决于收发天线的架设高度 H_r 和 H_t，天线架得越高，视线距离越大，犹如人站得高看得远一样。视线距离 R_0 与收发天线的架设高度有如下关系：

$$R_0(\text{km}) = 3.57 \times \left[\sqrt{H_t(\text{m})} + \sqrt{H_r(\text{m})}\right] \tag{2.19}$$

由于大气折射会使电波射线弯曲，所以实际视线距离的表示式为

$$R(\text{km}) = 4.12 \times \left[\sqrt{H_t(\text{m})} + \sqrt{H_r(\text{m})}\right] = 1.15R_0 \tag{2.20}$$

【例 2.4】　某电视台发射天线的架设高度为 200 m，不考虑大气折射，求该电视台的最大服务半径。

解　已知 $H_t = 200$ m，$H_r = 0$，由式(2.19)知：

$$R_0(\text{km}) = 3.57 \times \left[\sqrt{H_t(\text{m})} + \sqrt{H_r(\text{m})}\right] = 3.57 \times \sqrt{200} = 50 \text{ km}$$

该电视台的最大服务半径为 50 km。

2. 电波的反射、折射、绕射和散射

与光波类似，电磁波也会产生反射、折射、绕射和散射，必然会造成如图 2.7 所示的传输损耗。

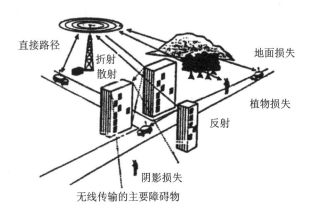

图 2.7　电磁波的反射、折射、绕射和散射及传输损耗

（1）当反射面远远大于波长时，电磁波入射到地面、建筑物的墙体上就会产生反射。

（2）收发天线之间的视线距离被尖利建筑物的边缘阻挡时，电磁波就会产生绕射。绕射使处于阴影区的用户收到信号，但绕射会使信号衰减。

（3）电波通过许多尺寸小于波长的物体(如树叶或其他不规则的物体)传播时，会产生散射。

（4）电磁波由室外(空气)通过墙体(砖或钢筋混凝土)向室内传播或通过玻璃向车内传播时，除了产生部分反射外，还会产生折射(或透射)，造成 10～20 dB 的信号损失。

2.6.2　在平坦反射地面上的路径损耗

由于地面反射，直射波和反射波叠加使合成场 E_Σ 中多了一项 $2\sin\left(\dfrac{2\pi H_t H_r}{\lambda R}\right)$，又因接收功率 P_r 与 $|E_\Sigma|^2$ 成正比，因此式(1.23)变为

$$P_r = P_t G_t G_r \left(\frac{\lambda}{4\pi R}\right)^2 \times \left[2\sin\left(\frac{2\pi H_t H_r}{\lambda R}\right)\right]^2$$

由于 $R \gg H_t$，$R \gg H_r$，所以

$$P_r \approx P_t G_t G_r \left(\frac{H_t H_r}{R^2}\right)^2 \qquad (2.21)$$

把式(2.21)代入式(2.17)，则自由空间的路径损耗 L_F 为

$$L_F = \frac{P_t G_t G_r}{P_r} = \frac{P_t G_t G_r}{P_t G_t G_r} \left(\frac{R^2}{H_t H_r}\right)^2 = \left(\frac{R^2}{H_t H_r}\right)^2 \qquad (2.22)$$

把 L_F 用 dB 表示，则平坦反射地面上的路径损耗为

$$L_F(\text{dB}) = 40\lg R - 20\lg H_t - 20\lg H_r \qquad (2.23)$$

可见，平坦反射地面上的路径损耗 L_F 主要取决于距离 R 与收发天线的架设高度 H_t、H_r。假定其他固定不变，仅改变发射天线的增益，那么通信距离 R 在自由空间和在平坦反射地面上如何变化呢？

由 $P_r = P_t G_t G_r [\lambda/(4\pi R)]^2$ 可看出：

$$R \propto \sqrt{10^{G_t(\text{dB})/10}}$$

增大 G_t，扩大的通信距离 R 如表 2.3 所示。

表 2.3　自由空间增大天线增益使通信距离增加的倍数

天线增益 G_t	距离增加的倍数
1 dB	1.12
2 dB	1.26
3 dB	1.41
4 dB	1.58
5 dB	1.78
6 dB	2.0

由式(2.21)可看出：

$$R \propto (G_t)^{1/4} = \left[10^{G_t(\text{dB})/10}\right]^{1/4}$$

增大 G_t 使通信距离增加的倍数如表 2.4 所示。

表 2.4　平坦反射地面上增大 G_t 使通信距离增加的倍数

天线增益 G_t	距离增加的倍数
1 dB	1.06
2 dB	1.12
3 dB	1.19
4 dB	1.26
5 dB	1.33
6 dB	1.41

2.7 微波通信系统天线增益的估算

在微波通信系统,接收系统必须留出足够的衰落余量。为了实现所希望的系统性能,必须用系统净天线增益 G_{net} 来克服整个系统损耗并满足系统的衰落余量,为此 G_{net} 的计算式为

$$G_{net}(dB) = P_t - L_t - L_r - L_F - P_r \tag{2.24}$$

式中,P_t 为发射功率(dBm);L_t、L_r 分别为发射天线和接收天线的馈线损耗(dB);L_F 为自由空间的路径损耗(dB);P_r 为接收机前端需要的功率(dBm),$P_r = NT + FM$,NT 为接收机的噪声门限(dBm),FM 为所要求的衰落余量。

第 3 章　专用通信天线的安装、架设与维修

3.1　舰船通信天线的安装原则

由于舰船有通信设备、雷达、导航设备、电子对抗设备等各种电子设备，各频段的天线会为争取最佳安装位置而"大战"，加之火炮射击扇形区、导弹发射区、导航驾驶视线区不允许安装天线，所以不同频段，各种电子设备的天线都拥挤在狭小的空间内，造成相互干扰。为了减小相互间的影响，必须使用宽带天线、多功能天线来减少天线的数量；用不同极化和定向天线来增加隔离度；把通信设备、雷达、导航设备和电子对抗设备与舰船结构进行一体化设计，构成多频多功能综合桅杆。为了更好地解决舰船的电磁兼容性，更好地发挥天线的功能，要尽量按以下原则安装舰船用通信天线。

（1）通信接收天线应尽量远离大功率发射天线，发射天线应尽量靠近发射机房安装，以减小馈线损耗。在舰船左右舷对称位置上，各安装 1 副大功率短波发射天线，以减小舰船上层建筑对天线的遮挡。在天线发射期间，应进行标识，以防对船员造成伤害。

（2）超短波通信距离与收、发天线的架设高度有关。为了增大通信距离，舰船超短波天线一般宜架设在尽可能高的位置，如桅杆的横梁上。由于天线到收发射机房的距离较远，因此为提高天线和馈线系统的效率，既要求天线和馈线良好匹配，减小沿长馈线失配造成的多次反射损耗，又要用比较粗的低耗同轴线，以减小馈线损耗。为节省安装空间，超短波全向通信天线可以正装、倒装或共线架设。但必须注意，倒装时必须使出水孔位于天线罩的顶端，如果共线一上一下正装、倒装架设，则天线的出水孔都必须位于天线的下面；上下天线馈电点的距离一般为 3 m，以满足收、发天线之间的隔离度要求。为减小桅杆的遮挡，通常要在桅杆的左、右侧各架设 1 副 VHF、UHF 宽带全向天线，天线到桅杆的距离必须大于 3 m，以防桅杆影响天线的 VSWR。

（3）为了减小相互影响，通信天线要尽量远离雷达天线安装，卫星通信天线也要尽量远离通信天线安装。

（4）必要时，HF、VHF、UHF 通信天线也可以安装在烟筒上，但必须使用耐高温天线。

（5）HF 10 m 鞭天线也可以位于折倒装置上，安装在直升机起飞区舰船左、右边的甲板上，平时 10 m 鞭天线直立，以垂直极化方式工作，在直升机起飞、降落时把天线折倒，10 m 鞭天线以水平极化方式工作。

3.2　地面台站和观通站 HF 天线场地的选择与短波天线和馈线系统的安装架设要求

3.2.1　天线场地的选择和天线的布局

1. 天线场地的选择

选择天线场地应考虑以下因素：

1）地面台站与周围电气设备的距离要求

为防止发射台对友邻电信设施产生干扰，发射台应距飞机场制空区边缘 3 km 以上，距城镇集中居民区 2 km 以上；收信台应距大型工厂、高频电炉、振荡式熔焊机、有电容器式 X 光透视机的医院 3 km 以上，距电气化铁路 2 km 以上，距 35 kV 电力线 500 m 以上，距 35～110 kV 电力线 1 km 以上，跟 110 kV 以上电力线 2 km 以上，距离高速或干线公路 250 m 以上。

2）气象

应认真调查当地气象，如 30 年内有无极高极低气温、极大风速、积雪、冰凌厚度、最大年降水量等。也不要在洪水、泥石流流经区域建立地面台站。

3）交通和人员生活条件

地面台站的台址应选择交通方便、便于运输器材、能保障生活、水质好、无地方病、利于人身健康以及较安全的地方。

4）地质条件

为了提高通信效果，天线场地应选择导电性能较好的地面，如临近海面、湖面和平坦开阔的地面；潮湿地面或耕地也是最理想的台址，但不利于隐蔽。为满足战术要求需在山地建设台站时，应选择面向通信方向的视野较开阔、天线辐射方向遮挡角≤3°～5°的山坡，山坡的山体应石质坚硬，有利于土建施工，且山顶平缓面积较大，以便利用地形架设斜挂天线；也可利用跨沟谷的自然地形架设天线。当用山坡地架设短波 3 线水平宽带天线时，为了不降低天线的电性能，除了让天线面处于水平状态外，还要调整天线支撑杆的高度，让一个天线支撑杆的高度为 15 m，另一个支撑杆的高度不低于 8 m，其拉线应随杆高的改变作相应调整。

台址地面的电导率 σ 和相对介电常数 ε_r 对天线特别是垂直极化天线的电性能有很大影响。如果地面的电参数及天线的中心工作波长 λ_0 满足：

$$60\lambda_0 \frac{\sigma}{\varepsilon_r} > 1 \tag{3.1}$$

就近似认为地面是良导体。表 3.1 是各种地面的电参数。

5）对场地四周障碍物阻挡仰角的要求

从天线在地面上的投影中心到障碍物顶点的仰角，一般不应超过天线工作频率垂直面方向图中主瓣最大辐射仰角的 1/4，特殊情况下也不能大于主瓣最大辐射仰角的 1/2。

表 3.1　各种地面的电参数

地面种类	电导率 σ	相对介电常数 ε_r
海水	4	80
淡水	5×10^{-3}	80
沿海干沙平地	2×10^{-3}	10
有林木的平地	8×10^{-3}	12
肥沃农田	1×10^{-2}	15
丘陵地区	5×10^{-3}	13
岩石地区	2×10^{-3}	10
山丘地区	1×10^{-3}	5
城市住宅区	2×10^{-3}	5
城市工业区	1×10^{-4}	3

6) 收信台与发射台的保护要求

(1) 与中波和长波发射台台址的保护间距。表 3.2 是中波和长波发射台发射功率及保护间距。

表 3.2　中波和长波发射台发射功率及保护间距

发射功率/kW	保护间距/km		
	1 级站	2 级站	3 级站
<100	10	7	3
≥100~200	15	10	5
>200	20	12	7

(2) 与短波发射台台址的保护间距。为防止发射台对收信台的干扰，短波收信台应远离短波发射台。短波收、发台站天线之间的距离 R 与发射台的最大发射功率 P 有如下关系：

$$R(\text{km}) = 1.5\sqrt{P(\text{kW})} \tag{3.2}$$

2. 天线的布局

(1) 天线应尽量靠近机房架设，目的是减小馈线的长度。缩短馈线有利于减小馈线的损耗。菱形天线、鱼骨形天线等高增益天线的馈线不大于 500 m；笼形天线、分支笼形天线、3 线短波宽带天线等低增益天线使用的同轴馈线不大于 300 m；其他用同轴线作为馈线的短波发射天线，直接引入机房的长度应不大于 100 m，接收天线的馈线长度一般不超过 400 m。

(2) 天线前方应有足够大的平坦地面。如果天线辐射方向有地物阻挡，不满足遮挡角为 3°~5° 的要求，则从天线面对地的垂直投影处至障碍物的仰角，不应大于天线需要的1/4最小仰角。

（3）天线布局应以机房为中心在四周呈折线形排列，天线数目多，可以内外两层布防。但内外（前后）层天线的距离应大于外层天线的最大工作波长 λ_{max} 的 2 倍，角形天线应大于外层天线的最大工作波长 λ_{max} 的 1.5 倍。

（4）为节约器材，在允许的条件下，相邻天线应尽量共杆架设，以减少桅杆数量，但应符合如下要求：

① 方位角为 0°～60°的两副相邻笼形天线、分支笼形天线，可以共杆架设。

② 方位角为 0°～20°的两相邻同相水平天线，可以共杆架设，两副相邻菱形天线在钝角处可以共杆架设。

③ 方位角为 120°～240°的两副垂直极化对数周期天线，可以采用后（高）杆架设。

④ 角形或角笼形天线只能共用边杆架设。

（5）相邻水平极化天线的夹角应大于 120°，受地形的限制，可以在用户许可的前提下作适当调整。

（6）同极化天线的间距应大于常用天线的最大工作波长 λ_{max} 的 1/2。

（7）两分集接收天线的间距应大于最大工作波长的 10 倍，一般要大于 300 m。

3.2.2 短波天线和馈线系统的安装架设要求

短波天线和馈电系统的安装架设包括天线支撑杆架设、天线面架设、馈线架设、天线及馈线系统的防雷、天线和馈线支撑杆的涂漆、天线施工质量标准。

1. 天线支撑杆架设

天线支撑杆架设用到的工艺包括天线支撑杆基础工艺、天线支撑杆拉线地锚工艺、天线支撑杆架设工艺。具体要求如下：

1）天线支撑杆基础工艺要求

天线支撑杆应采用钢筋混凝土基座架设，具体要求如下：

（1）天线基础定位预埋螺栓位置应符合工程设计要求。

（2）基础预埋螺栓与基础的定位尺寸的允许偏差不大于 10 mm，螺栓与地面的不垂直度应小于 1°，螺栓应作好三防处理。基础坑位的地面应夯实。回填土应分层夯实。根据实际情况，适当浇水以利于填实，埋土应高出地面 10～15 cm。

（3）天线基础施工后，应有 20～30 天的养护期，以使基础稳固。

（4）楼顶基座应在承重墙上或承重梁上生根。

（5）自立塔的基座应严格校准在 1 个水平面内，要求水平偏差不大于 5 mm。

（6）基础施工应考虑实际天气因素，基础不得出现裂缝、粉化现象。

2）天线支撑杆拉线地锚工艺要求

（1）制作天线支撑杆拉线时，每根拉线最上端的绝缘子与天线支撑杆连接的距离不大于 2 m，其他绝缘子的间距不大于 4 m，拉线上的绝缘子应该用高频蛋形绝缘子，不能用电力绝缘子代替，且要根据相应拉力选择合适的型号。

（2）采用绑扎形式制作拉线，绑扎长度不小于 150 mm，并作好三防处理。

（3）采用压套制作拉线，压套应选择质量可靠的材料制作，承载拉力应满足设计要求。

（4）天线支撑杆拉线层数的确定：当杆高<18 m 时，用 2 层拉线；当 18 m≤杆高<30 m

时，用 3 层拉线；当杆高≥30 m 时，用 4 层拉线。

（5）安装拉线时，拉线与地面的夹角为 30°～60°；不同层的拉线共用 1 个地锚时，上层拉线与地面的夹角不得超过 60°。在场地条件允许的情况下，3 方拉线中的某 1 方拉线要尽量处于天线支撑杆承重方向的延长线上。如果场地受限，拉线与地面的夹角不满足标准要求，则应单独设计，并适当加大拉线与地锚的承载力。

（6）天线支撑杆 3 根拉线互为 120°，在场地受限时，角度误差不超过 10°。如果不能满足要求，应相应增加拉线的数量。

（7）拉线松紧适当，拉线上的花篮螺栓应留有调整余量并锁紧。

（8）天线面正下方不应有拉线。

（9）天线支撑杆拉线的地锚应埋设牢固，抗张力应符合设计要求，地锚埋设的深度不能小于设计深度。

（10）拉线及线扣的螺丝采用不易生锈的材料，同时应做好三防处理。

（11）楼顶地锚应固定在承重墙或承重梁上，不具备条件时应采用自重地锚。

3）天线支撑杆架设工艺要求

（1）天线支撑杆应垂直，垂直度误差不得超过 3‰。

（2）天线底座及各旋转部位应有充足的润滑油，不得有生锈、损坏现象。

（3）避雷针、天线支撑杆、底座的连接部位应电接触良好。

（4）天线支撑杆应采用热浸锌螺丝，用双帽双垫螺栓安装，不能出现松动现象。

2. 天线面架设

（1）共杆架设的两副天线间距大于 2 m，天线面末端离天线支撑杆的距离应大于 1 m。

（2）两天线平行架设时，间距要大于 80 m；当场地不满足条件时，间距也不能小于 60 m。

（3）安装水平天线时，天线的垂度不超过天线跨度的 2.5%。

（4）天线面不得扭动，各天线组件（如陶瓷绝缘件、匹配器等）无损坏现象。

（5）按设计要求安装避雷装置，且要确保天线的防雷保护接地系统良好。

（6）天线面的尾线用花篮螺丝固定，留有调整余量并锁紧。

（7）平行下引线应保持平行，不出现扭动，末端用花篮螺丝固定，留有调整余量并锁紧。

（8）平行下引线、跳线与匹配器接线柱电接触良好，压接牢靠，并作三防处理。

（9）天线面进入悬挂场地后，起吊前应认真检查导线、隔电子、U 形环的组件是否正确，穿钉销是否牢固，尾线上绑扎的蛋形隔电子是否紧固，避免急于悬挂而造成失误返工。

（10）由于天线面重量大，因此一般吊索下端需用倒链或绞车，起吊速度应缓慢。悬挂过程中应密切观察天线面在空中的姿态，如有扭曲等异常现象应立刻停止，找出原因并解决后再进行悬挂。达到理想位置和垂度要求后，方可将吊索与地锚拉杆绑扎固定。

3. 常用短波发射天线馈线架设

常用短波发射天线馈线的架设要求包括对馈线支撑杆的要求、对平行馈线的要求和对同轴馈线的要求，具体如下：

1）对馈线支撑杆的要求

（1）馈线的支撑杆（即馈线杆）可以用木杆、钢管杆、玻璃钢杆、水泥杆或水泥基础的小型铁塔等。导线一般采用铝包钢线或铜包钢线。标准 2 线式馈线的特性阻抗为 600 Ω，4

线式馈线的特性阻抗为 300 Ω。在整条馈线杆路上，馈线支撑杆距不应相等，应沿杆路依次变化，如 26，28，30，32，35，33，31，29，27，28，…或 34，36，38，40，39，37，35，…。

（2）杆路应尽量取直，必须转弯时，转弯杆路内夹角不应小于 120°，个别情况下（如配线区等处）不应小于 90°。

（3）为了便于维修，1 条杆路上架设的两副馈线最好与同 1 套天线相连。

（4）在同一根馈电线杆或角杆上，馈线不应多于 4 副。

（5）在馈线支撑杆的中间杆或终端杆上，相邻两副天线馈线的距离不小于 1.5 m。馈线相互跨越时，其最近两导线间的距离应不小于 0.75 m。两条杆路之间的距离应大于馈线支撑杆的高度，且应尽量不要平行。

（6）馈线最低点和地面、路面、房顶之间的距离不应小于表 3.3 的规定。

表 3.3　馈线最低点和地面、路面、房顶之间的最小距离

距离馈线的物体名称	最小距离/m
天线场地的地面	3.5[①]
技术区内的路面	4.5
技术区以外的公路及通卡车的道路路面	5.5
技术区以外的不通卡车的乡村大路路面	5.0
铁路轨道	7.5
屋顶	2.0[②]

注：① 如果馈线下面的土地种有高作物，则应使馈线距离作物顶点 1.0 m 以上；如果馈线下面虽无一定道路，但能通过大车，则应不小于 4 m。

② 当不能达到 2.0 m 时，应采取防护措施。

（7）馈线引入机房或天线交换室时，在引入处导线离地面的高度不应小于 3 m。如果无法满足要求，则应在引入处安装护栏。

（8）馈线支撑杆的终端杆与机房墙壁之间的距离一般应不小于 8 m。

（9）馈线支撑杆上不得加挂电话线或普通照明线。如果必须加挂红灯照明线，则照明线应与馈线距离 1.5 m 以上，并应采取措施，以防止在照明线上感应高频电压而影响红灯。

（10）馈线引入机房，必须采用真空避雷器和排泄静电的扼流圈。把架空明线换成高频电缆引入时，避雷器和扼流圈应装在架空明线与高频电缆的连接处。馈线引入机房的避雷接地电阻，无论土壤的电阻系数为多大，均应小于 10 Ω。

（11）馈线支撑杆的转角杆和终端杆必须加装拉线，直线杆每 8 挡加装用 7 股 φ2.0 mm 或 7 股 φ2.2 mm 的钢绞线制作的人字形拉线，拉线上部加装 1 个蛋形绝缘子。拉线与地锚连接处应加装花篮螺丝，以便调节拉线的张力。

（12）若地质条件较差（土壤松软），则馈线支撑杆必须加装底盘。在强风力（风速≥30 m/s）或导线裹冰厚度大于 5 mm 的地区架设时，每隔 4～5 个直线杆加装 4 方形拉线或人字形拉线，挡距也应适当缩短。

2）对平行馈线的要求

（1）制作平行馈线之前，必须把线材调直，制作时应按原几何形状加工成型。

（2）两根跳引线的长度应相等，绑扎松紧应适度，受力应均匀，做到加电不打火，风吹不翻转。跳引线之间的距离应符合设计要求，跳引线到支持物的距离不得小于 300 mm。

（3）必须按设计尺寸制作平行馈线，绑扎点应进行锡焊，各支撑要绑牢。

（4）馈线终端收口、跳引线及铜支撑等部位的绑扎都要进行锡焊，以保证接触良好、牢靠、不变形。

（5）多线式对称馈线的导线应受力均匀，长短一致，线上的铜支撑、钢支撑、瓷支撑都应做到平直、对齐。

（6）用 2500 V 兆欧表测馈线时，绝缘子的阻值应不小于 400 MΩ，并保持绝缘子表面清洁。

3）对同轴馈线的要求

同轴馈线也叫同轴线、同轴电缆，简称电缆。对同轴馈线的要求如下：

（1）在布设同轴馈线时，应尽量保持平直。如果需要拐弯，则拐弯角不得小于同轴电缆的最小拐弯半径。

（2）同轴电缆中间不得有接头，塑料绝缘外皮应无断裂，电缆应无挤压、变形。

（3）同轴电缆的芯线插入电缆座的长度要合适，端口要平整，清洁无毛刺，同轴电缆芯线的焊接应光滑、牢固，无虚焊、假焊。

（4）同轴电缆的头不应过长，芯线插入后不应露铜芯；同轴电缆头内套插入同轴插座后，翻折部分应紧贴，无毛刺；同轴电缆头外套插入同轴插座后，不得外露屏蔽层，同轴电缆不得松动。

（5）同轴电缆的空中架设要求。

① 馈线支撑杆的间距不大于 30 m。

② 同轴电缆必须用挂钩挂在吊线下方，挂点间距不大于 0.5 m。

③ 吊线的垂度根据同轴电缆的外径（包含支撑线的外径），同轴电缆的重量、跨度，吊线的强度等条件来选择适当的垂度，一般垂度不超过 5%～10%。

④ 同轴电缆的吊线与各种线路平行、交越时保持的净距如表 3.4 所示。

表 3.4　架空同轴电缆与各种线路平行或交越的最小垂直距离要求

名称	与线路方向平行时		与线路方向交越时	
	垂直空距/m	备注	垂直空距/m	备注
市内街道	4.5	最低电缆到地面	5.5	最低电缆到地面
市内里弄胡同	4		5	最低电缆到地面
铁路	3		7.5	最低电缆到地面
公路	3		5.5	最低电缆到地面
土路	3		4.5	最低电缆到地面
房屋建筑			1.5	最低电缆到地面
市内树木			1	最低电缆到地面
郊区树木			1.5	最低电缆到树枝的垂直距离
通信线路			0.6	一方最低电缆与另一方最高电缆的垂直距离

4. 天线及馈线系统的防雷

天线及馈线系统应采用 2 级防雷体系。注：1 级为天线杆防雷，2 级为馈电线路防雷。

1）天线支撑杆的防雷

（1）在天线支撑杆上安装避雷针时，避雷针应高出天线支撑杆 1 m 以上，天线支撑杆宜选用圆钢或镀锌扁钢。圆钢直径不小于 8 mm，扁钢截面积不小于 48 mm²，厚度不小于 4 mm。

（2）天线杆的接地线要用截面积不小于 30 mm×3 mm 的镀锌扁钢连接，表面应做好三防处理。

2）馈电线路的防雷

（1）台站中心站的收、发天线的馈线应加装同轴避雷器。同轴避雷器的接地极与接地体必须连接可靠。

（2）选择射频同轴避雷器时，其插入损耗应不大于 0.3 dB，驻波比不大于 1.2，最大承载功率满足发射机最大输出功率的要求。

3）机房电源的防雷

（1）机房内的配电设备应采用有分级防雷措施的产品，交流屏输入端、自动稳压稳流设备等均应有防雷措施。

（2）电源系统的浪涌保护器应根据安装位置、安装形式、工作电压、标称放电电流、额定耐冲击过电压、响应时间等参数选用保护指标高的。

5. 天线和馈线支撑杆的涂漆

（1）架设天线和馈线支撑杆的零件、部件应进行热镀锌或热喷涂处理，在架设之前完成。

（2）天线和馈线支撑杆上涂漆前，应将天线和馈线支撑杆表面的油污、锈皮、泥土和积水等清除干净。如果表面出现锈蚀麻点，则必须首先将锈蚀彻底除净，然后涂刷底漆，待其干燥后，方可涂刷面漆。对锈蚀严重的部位，要补一层防锈漆。面漆要涂抹均匀，漆层不能太厚。

（3）天线和馈线支撑杆涂漆应在环境温度为 5～35℃、相对湿度不大于 80% 的条件下进行。严禁在雨、雾天气及天线表面有霜露时涂漆。

（4）对有旧漆的塔架桅杆和天线涂漆防腐时，涂漆厚度以全覆盖原漆为准，要求涂面均匀完整，无漏涂处。若维护周期得当，则一般只需涂一遍面漆；若维护周期过长，则应视情况涂两遍，两遍漆的间隔时间不得少于 48 小时。

（5）油漆颜色应符合相关规定。

（6）油漆稀稠要适度，太稀则附着性差，太稠则涂层过厚，易爆皮脱落。稀释油漆时，严禁使用非标准稀释剂。

（7）为了更有效地防腐蚀，应根据大气环境选择相适应的涂料，底漆和面漆的化学成分必须配套。

（8）雨雾天、铁塔和天线表面有冰、霜、露或预测 8 小时内有降雨时，不要进行涂漆维护。

（9）涂漆时应用刷子涂抹，不能用其他工具代替（采用喷涂方式除外）。对特殊复杂的部位，可用干净的布细心多次涂抹。

6. 天线施工质量标准

1）定位测量标准

（1）方位测量：定向天线的允许误差为 $\pm 5'$，弱定向天线的允许误差为 $\pm 10'$。

（2）天线支撑杆定位的距离误差：菱形天线为 $\pm(10\sim20)$cm；鱼骨形天线为 ±5 cm；同相水平天线为 $\pm(5\sim10)$cm；双极、笼形、分支笼形天线为 $\pm(10\sim20)$cm。

2）天线和馈线施工标准

（1）天线架设方位角的允许误差：定向天线为 $\pm10'$，弱定向天线为 $\pm15'\sim20'$。

（2）天线支撑杆拉线地锚出土长度为 $30\sim50$ cm，地锚偏差为 ±5 cm。

（3）拉线尾线回头最长为 150 cm，拉线螺旋调好后，螺杆端距螺旋内口为 $1\sim3$ cm。

（4）拉线每段长度的允许误差为 ±5 cm，吊线或振子尾线每段长度的允许误差为 ±3 cm。

（5）各种天线尺寸的允许误差：菱形天线为 $\pm(5\sim10)$cm；同相水平天线为 ±3 cm；鱼骨形天线为 ±1 cm；其他天线为 ±10 cm。

（6）各种变阻线，每段尺寸的允许误差为 ±0.5 cm，线条间隔误差应小于 0.5 cm。

（7）每对跳线尺寸的允许误差为 ±0.5 cm。收信 4 线式馈线跳线的长度应尽量等长。

3）收发天线和馈线对地的绝缘电阻

对于收发和馈线对地的绝缘电阻，干燥天气应不小于 200 MΩ，潮湿天气应不小于 20 MΩ；在特殊情况下应不小于基建或大修验收认可的数据。

4）天线和馈线支撑杆的偏离度及弯曲度

（1）天线和馈线支撑杆的偏离度 $\left(\dfrac{顶偏离中心位置的距离}{杆塔高度}\right)$：自立杆的偏离度 $<\dfrac{1}{1000}$，拉线杆的偏离度 $<\dfrac{1}{500}$。

（2）天线和馈线支撑杆的弯曲度（天线和馈线支撑杆的拉线节点偏离中心线的距离）：木杆 $<\dfrac{1}{400}$，铁管杆（塔）$<\dfrac{1}{500}$。

5）收信行波天线的终端电阻

各类收信行波天线的终端电阻的阻值应为原设计值的 $\pm15\%$。

3.3 天线和馈线系统常见故障的判断及排除

3.3.1 收发天线和馈线系统故障的初步判断

（1）接 1 号天线的发射机由正常工作状态变为全频段调机困难，虽个别频率可以调谐，但增加功率便立即掉高压。接 2 号天线进行试验，发射机能正常调谐，证明不是发射机故障，由此判断 1 号天线和馈线系统出现故障。

（2）接 1 号收信天线的接收机（或收信天线共用器）由正常工作状态变为接收信号很

弱，或不能接收。询问发信方，设备正常无改变，收信机换接另一副天线后能正常接收，证明接收设备完好，由此判断 1 号收信天线和馈线系统有故障。

3.3.2　地面台站天线的常见故障及其排除

本节介绍地面台站天线的常见故障及其排除。

（1）天线面短线及其排除。天线面因长期使用导致导线老化，或自然环境变化超出导线承受的荷载，尤其是在严寒冬季强风暴雪的情况下，天线面导线挂冰裹冰很厚，负载会成倍增加，加上在极低温下导线冷缩的拉力，极易造成天线面短线，如双极天线单臂拉断，笼形、分支笼形天线的 6 根导线断掉 1 根或数根，鱼骨形天线的 1 个或几个振子断线等。当发现此类故障后，应将整个天线面放到地面，重新焊接或更换新导线，修复后再将天线面悬挂至原位。

（2）天线面松弛下垂及其排除。天线面常因天线杆倾斜、悬吊钢丝绳松弛变形（特别是炎热的夏季导线膨胀变长），造成天线面松弛，垂度变大，天线下引线或垂直指数变阻线变形，线间距离和特性阻抗改变，天线和馈线系统阻抗失配，天线和馈线的效率降低。当发现天线下垂变形时，应及时紧固天线吊索，将天线面升至原位，以确保天线的效率。

（3）天线增益下降甚至不能使用及其排除。天线增益下降多为笼形偶极子的隐形故障，不易检查和排除。笼形偶极子的加工工艺要求较高，特别是馈电点（天线下引线与振子连接处）多股线把的焊接。正确的焊接工序是：① 备好加工笼形偶极子的铜包钢导线 6 根（或 4 根）和作下引线的导线 1 根（或 2 根）；② 打磨导线预绑扎焊接的部位，涂抹焊剂，进行低温镀锡；③ 按环形折弯，绑扎封焊。绑扎 20 cm 左右，在绑扎中段（10 cm 左右）留几圈空隙，便于焊锡流进多股线把内部。焊接时应特别注意防止虚焊或假焊。但有的施工人员往往不严格按工艺程序操作，或者虽逐根镀锡，但焊接时只做到了表面光亮，未注意让焊锡流进多股（一般是 15～16 根合扎的粗线把）线把的内部，形成假焊或虚焊，甚至误认为只要把线把扎紧铜导线就能相互导通。若采用这种错误的施工方法，则在天线刚架起时还可正常工作，但使用半年以后，由于铜导线在空气中的氧化作用，未镀锡的导线便会在表面形成一层氧化铜，降低了导线之间的导通，加上线把内无焊锡或假焊间隙的灰尘杂物等绝缘颗粒逐渐增多，慢慢会造成 1 根或数根导线与馈线开路，使笼形偶极子变成少线的笼形偶极子，严重时还会成为 1 根导线。这不但破坏了这类天线的阻抗匹配，还会使天线面的对称性受到破坏。要排除这类故障，必须把天线放下，将故障线把打开，重新逐根镀锡后绑扎封焊，非常费力费事。为此，必须严格按馈电端的绑扎焊接工艺加工制造笼形偶极子。

（4）天线加载元件和传输线变压器损坏及其排除。短波 3 线宽带天线通过电阻加载和使用传输线变压器来实现宽带匹配时，由于加载电阻受外力易碎，所以在它的外面套 1 个介质罩。为了承受大功率，在介质罩的下方打了许多散热孔。在大功率发射期间，加载电阻很热，如果雨水流进去，则电阻极易破裂；在运输和安装过程中，若不小心掉在地上，电阻也极易破裂。另外，加载电阻和传输线变压器经常因较强的天电感应电流（如雷击）被击穿烧毁，如果天线面受损造成天线严重失配，则也会损坏传输线变压器。

除此以外，常见故障还有以下几种：

（1）同轴电缆两端电缆头松脱或锈蚀。

（2）传输线变压器输出端与下引线连接处脱落或锈蚀，双线传输线与天线连接处脱落或锈蚀。

（3）传输线变压器和同轴电缆头进水。如果 VSWR 大或通信效果差，则应把天线和馈线系统放到地面上，检查天线与馈线、馈线与加载电阻及传输线变压器的连接是否可靠，有无锈蚀，加载电阻有无破裂，传输线变压器有无击穿烧痕、断开。如果有问题，应及时修理或更换。

3.3.3　短波天线馈线的常见故障及其排除

本节介绍短波天线馈线的常见故障及其排除。

1. 馈线始端常见故障及其排除

明馈线的始端一般是指与天线相接馈电的一端，包括垂直变阻线和水平变阻线，都最容易松弛和变形，会造成垂直和水平变阻的指数关系改变，起不到阻抗变换和匹配的作用，还会降低馈线的传输效率，发现其有故障时应及时进行整治。

2. 馈线中段常见故障及其排除

馈线中段常见故障有：

（1）馈线支撑杆的角杆拉线松弛，使杆身向内倾斜，造成馈线局部垂度加大或导线间距变化。例如，小于 130° 的角杆上的跳线被乌鸦踩踏变形，会导致跳线段馈线的特性阻抗变化，降低馈线的传输效率。

（2）馈线支撑杆上的隔电子其表面上的灰尘、杂物若长久不擦拭清理，则会降低馈线对地的绝缘，造成部分高频电流流入地。为避免影响馈线传输效率，应加强日常维护，定时巡查，及时整修，至少每年逐个擦拭隔电子 1 次，发现破损的应及时更换，确保馈线正常传输。

3. 馈线末端及引入机房常见故障

对于用明馈线经制式阻抗匹配器或传输线变压器转射频电缆引入机房的设施，应定期测试阻抗匹配器或传输线变压器是否有效或内部线圈是否被击穿，如发现应及时换新。小型发射台用碗形隔电子直接引入机房时，应保持规范线的间距，防止馈线的特性阻抗发生变化，确保与发射机的良好匹配。如使用有源天线，则应注意有源宽频带放大器是否工作正常。

（1）馈线引接错误。绝对不能用一般绞合电源线与机房外短波使用的双线明馈线相连，再引入发射机房与发射机相连，因为一般照明使用的 220 V/50 Hz 电源线的外绝缘层只能隔离 220 V/50 Hz 低电压，不能隔离射频电压，另外电源线的特性阻抗也与短波天线使用的双线明馈线不同，这种错误的引入在低功率失配状态下长期使用会损坏发射机，在大功率发射时还会由于绝缘层击穿而造成断路，烧毁发射机。

（2）多余同轴馈线错误地堆积在天线的根部。将多余同轴馈线堆积在天线的根部是不正确的，原因有两个：① 长馈线与天线不匹配，来回多次反射引入了很大的反射损耗，降低了天线馈线系统的效率；② 长馈线存在介质、导体损耗，特别是在 VHF 以上频段，这些损耗也同样降低了天线馈线系统的效率。

(3) 馈线隔电子的使用不当。隔电子有高、低频瓷瓶之分。载波长途明线杆上使用的瓷瓶(1 号隔电子)只对 256 kHz 隔电。由于制作的磁粉颗粒及杂质要求较低，因而不能对短波高频电压起隔电作用。短波馈线用的隔电子是用很细的、无杂质磁粉烧制的，它经过严格的检验，达到能隔高电压的技术指标方可出厂。若将低频瓷瓶用于短波馈线，则由于馈线对地的高频绝缘度很低，因此馈线传输效率远远达不到技术要求。

3.4　地面台站天线和馈线系统的维护

地面台站天线和馈线系统的维护包括周检、季预检、半年预检和年度维护及大修。

3.4.1　天线和馈线的周检(巡视)

天线和馈线的周检的要点如下：

(1) 根据天线场地大小和天线数目的多少，可分成若干区域进行巡视检查。对于天线数量小于 10 副的小型台站，1 次全数检查。

(2) 巡视检查每周至少 1 次。雷雨、大风、冰凌后应及时巡查。节假日和重要通信保障任务期间更应加强巡视检查。

(3) 巡视主要以地面检查为主(可用望远镜查看天线结构)，必要时可登高检查。

(4) 巡视检查的内容如下：

① 沿馈线铺设的路径巡视馈线支撑杆有无倒杆、断线、混线、碰到其他物体等。

② 检查并处理天线周围的不安全因素，天线和馈线支撑杆的根部如有杂草等物应及时清除。

③ 馈线下面农作物离馈线的距离应大于 1 m，馈线两旁的树枝离馈线也要在 2 m 以上。若不符合要求，应与有关单位联系剪去。

④ 检查收信用的鱼骨形天线、菱形天线等行波天线的终端电阻是否良好，如变质损坏应及时调换。

⑤ 检查天、馈线支撑杆的防雷保护地线是否良好，有无丢失或人为损坏现象。

⑥ 天线区域内和外围附近，如有修路、筑桥、建筑房屋、架设电力线和电力设备等，应加强与施工单位联系，妥善解决。

(5) 每次巡视检查都必须有详细的记录。在巡视检查中一般的小问题应及时处理。若在检查中发现不正常现象，或需与地方友邻单位协商处理问题，应及时向上级领导汇报。

3.4.2　天线和馈线的季预检

天线和馈线的季预检的内容包括：

(1) 每年台风(大风)、雷雨季到来之前(特别是边防连风口处)，要进行 1 次全面的防风检查，检查内容如下：

① 检查天线和馈线支撑杆各部位的螺丝是否紧固、齐全，所有拉线是否牢固。

② 检查天线面、天线下引线、天线尾线、天线吊索线是否牢固。

③ 检查所有馈线支撑杆、馈线、线担是否良好。

④ 检查所有铁具、滑动部分、定风重锤、滑轮、弹簧等是否正常。

⑤ 检查绝缘子间隔和电缆引线与跳线接头能否承受大风侵袭。

⑥ 准备好抢修工具和抢修材料。

⑦ 对位于水地的天线和馈线支撑杆做好防腐处理，对位于旱地的天线和馈线支撑杆整修加固。

（2）每年雷雨季节之前，应对所有的避雷装置和接地线进行全面检查维护，雷雨后应对天线终端电阻、避雷装置进行检查。

（3）每年梅雨季节前要做好防霉措施，对充气同轴电缆，要做好充气防潮处理。

（4）在温差变化较大的地区（如我国的东北、西北等地），应根据气温变化调整天线与馈线的垂度和张力，使其始终满足原要求。

（5）节日和重要战备通信任务之前，都必须进行详细检查维护，同时准备好抢修工具和材料。

（6）对天线工具，每月清点和维护 1 次。每次工程结束后也需清点和维护。

3.4.3　天线和馈线的半年预检

天线和馈线的半年预检的主要任务如下：

（1）调整天线和馈线的垂度。

（2）调整天线和馈线支撑杆的拉线。

（3）测量馈线环阻，明馈线、射频电缆的绝缘电阻和高频接地电阻，避雷器的接地电阻。

（4）更换锈蚀严重的天线和馈线支撑杆。

（5）整理天线资料，填写报表。

3.4.4　天线和馈线的年度维护及大修

天线和馈线的年度维护及大修的主要任务如下：

（1）对所有的天线面（包括偶极子天线、3 线短波宽带天线、扇锥、伞锥、笼形天线、角形天线、对数周期天线、同相水平天线）每年彻底检查 1 次。

（2）每年对所有天线和馈线的木质支撑杆的木质状况进行检查。把腐烂部分切除或作防腐处理。

（3）每年都要对全部天线与馈线的支撑杆的偏离度和拉线的张力调整 1 次。新立的天线和馈线支撑杆在 3~6 个月内必须进行校正。

（4）对自立式或拉线铁塔及钢管式馈线支撑杆，每年铲补和涂漆 1 次；对于镀锌铁塔，3~4 年补涂同色银粉漆 1 次。

（5）对于电阻耦合式鱼骨形天线面，每 3 年检查 1 次，并测量其耦合元件的数值。

（6）对于线担（木担、钢担）、杆基、馈线支撑杆等构件，每年检查 1 次，并做好防腐处理。

（7）对于馈线、天线振子及其他各种线，每 2 年进行 1 次彻底检查维修。

（8）对铁制或钢制的地锚，每年检查 1 次；对拉线双螺旋和馈线滑车，每年加润滑油 1 次；每年擦拭 1 次天线和馈线所加高频隔电子上的灰尘。

（9）每年必须在工作频段测试全部收发天线的 VSWR 1 次，对于新建天线、天线改建和大修，都必须在工作频段内测量 VSWR、绝缘电阻和功率容量。

3.4.5　短波天线和馈线故障的判断、检测及处理

1. 短波天线和馈线故障的判断方法

天线和馈线是一个整体，判断短波天线和馈线故障时，应先易后难，先直观后仪表，分段压缩，逐个排除。

（1）用替换法初步压缩判断是天线、馈线的问题还是收发设备的问题。

（2）利用设备上的仪表进行初步判断。

（3）用功率计测量入射功率 P_i 与反射功率 P_r，通过式（3.3）计算天线和馈线系统的 VSWR 是否超标：

$$VSWR = \frac{1 + \sqrt{P_r/P_i}}{1 - \sqrt{P_r/P_i}} \tag{3.3}$$

也可以由实测的 P_i、P_r 用表 3.5 快速查出天线和馈线系统的 VSWR。

表 3.5　天线和馈线系统的 VSWR 与入射功率/反射功率的对应关系速查表

VSWR	1.0	1.1	1.2	1.5	2.0	2.5	3.0
P_r/P_i	0	0.22	0.8	4.0	11.1	18.4	25

（4）用仪表判断是天线的问题还是同轴馈线或阻抗匹配器的问题。

（5）用专用仪表判断具体的故障部位。

2. 天线和馈线故障的检测内容

（1）用射频网络分析仪测试天线和馈线系统的 VSWR，VSWR 应小于 2，个别频点不应大于 2.5。

（2）测量阻抗（用史密斯圆图）。

（3）测量环路电阻及绝缘电阻。

（4）测量接地电阻（工作地的接地电阻为 1～2 Ω，防雷的接地电阻小于 10 Ω）。

3. 天线和馈线的维护

维护天线和馈线常用仪表、工具、器材、材料包括：

（1）射频网络分析仪、三用表、兆欧表、地阻仪、绞车、滑车、钢丝绳、麻绳（棕绳、锦纶绳）、紧线器、喷灯、钢丝套、登高脚扣、安全带、腰绳、断线钳、克丝钳、扳手等。

（2）导电膏、PVC 黏性自黏胶带。

（3）常用防腐材料有沥青、油漆（金属表面除锈防锈漆）、化学药品等。

（4）焊接材料有焊锡条、焊锡丝、白蜡、松香、焊油。

（5）润滑材料有机油、黄油、凡士林。这些材料用于滑轮、拉线调节螺纹及铁件的防腐。

4. 天线和馈线故障的处理

表 3.6 是天线和馈线常见故障及处理方法。

表 3.6　天线和馈线常见故障及处理方法

故障现象	一般原因	处理方法
无输出	同轴电缆、下引线与接头处接触不良；同轴电缆中断	检查并拧紧同轴电缆及下引线接头；用三用表测量同轴电缆芯线、外皮之间是否开路、短路
天线驻波上升较大	同轴电缆接头处接触不良；振子线过松或断裂，馈电点松动；阻抗匹配器损坏	检查并拧紧同轴电缆及下引线接头；将断裂的振子导线按原位接好；更换阻抗匹配器
驻波比很大（打表）	大（馈）线开路、短路；馈线保护器被击穿短路	更换馈线保护器（放电管）；检查大线、馈线（缆）有无开路、短路并进行排除。检查中注意天线交换器或共用器的接触是否良好
天线面断线，振子断落	老化、风雪冰凌，或人为损坏	将天线面放至地面，焊接或更换导线、振子
天线面或振子松弛下垂	天线支撑杆倾斜，悬吊钢丝绳松弛，炎热气候导致钢丝热胀	加固吊索及拉线，将天线面升至原位
天线增益日减，通信效果差	馈电点多股导线有虚焊、假焊	放下天线面进行焊接
天线失配，效率很低	天线耦合元件或加载电阻损坏	更换耦合元件或加载电阻
转动对数时，天线不转动	电源、控制器、控制线路或电机故障	分别检查是电源、控制器、控制线路还是电机故障，再进行排除
多次遭雷击损坏	避雷针未按规范设置，接地电阻太大	检查避雷针的设置是否符合规范；测量接地电阻并进行降阻处理。若是雷区，增设避雷装置

3.4.6　旋转对数周期天线的使用和维修

旋转对数周期天线的使用方法是：接通电源开关，预热 30 s，控制器开始正常工作后按顺转键或者逆转键，当天线转动时，控制器上就会以数字显示出天线的位置和角度值。当转到目标位置时立即松开顺转键或逆转键，使天线的最大波束指向通信方向。

天线经过一段时间使用后，在工作频带范围内应定期检查天线的电压驻波比。天线的电压驻波比应满足不大于 2 的技术要求，否则表明天线出现故障。如果在 4 MHz 电压驻波远大于 2，则故障有可能发生在天线面上，也可能发生在双线平衡传输线、平衡/不平衡阻抗变换器、同轴旋转关节、同轴电缆中，这时就需要逐一进行检查排除。为了排除故障，首先把同轴旋转关节与同轴馈线断开，把 1 个 50 Ω/1 W 的碳膜电阻跨接在同轴电缆的内外导体之间，这时测得的电压驻波比在整个工作频带内不应大于 1.2，否则检查同轴电缆的插头座，看是否有接触不良的现象。

为了检查同轴旋转关节，把断开的同轴馈线与同轴旋转关节接上，在平衡/不平衡阻抗变换器处，把同轴旋转关节上的同轴电缆断开，同样在内外导体之间跨接 1 个 50 Ω/1 W 的碳膜电阻，这时测得的电压驻波比应不大于 1.2，否则检查同轴旋转关节，看内、外导体是否有问题。为了检查平衡/不平衡阻抗变换器，重新把同轴旋转关节与平衡/不平衡阻抗变换器接上，同时把平衡输出端断开，用 25 cm 宽的铜片，把 200 Ω/1 W 的碳膜电阻跨接在平衡输出端的两个接线柱上，这时测得的电压驻波比一般不应大于 1.4。由于多方面的影响，特别是在高频段若测出的电压驻波比远大于 1.5，则表明平衡/不平衡阻抗变换器有问题。

若以上几部分的故障都已排除，天线的电压驻波比还是远大于 2，则说明故障可能发生在双线平衡传输线或天线面上，此时应该把天线降下，检查双线平衡传输线与振子连接的螺丝是否拧紧，接触是否良好，陶瓷绝缘体是否碎裂，振子是否接错。

3.5　舰船通信天线和馈线系统常见故障的排除及维修

3.5.1　短波鞭天线根部绝缘座的常见故障及其排除

舰船上的短波 10 m、6 m 窄带鞭天线和高低口双鞭天线均为单极子，为了防止天线与作为天线重要组成部分的甲板短路，每根鞭天线的根部均位于绝缘座上。由于海水盐渍等的侵蚀，绝缘座的绝缘性能下降。由于鞭天线的根部为电流的波幅点，在大功率工作期间极易打火，甚至短路使通信中断，所以要定期清除绝缘座上的盐渍和灰尘。为了防止大雨造成鞭天线短路，必须在鞭天线的底部安装防雨罩。

3.5.2　通信效果变差的原因

通信效果变差，其原因可能有以下几种：
(1) 天线和同轴馈线连接不好。
(2) 天馈线连接处密封不好，同轴线进水。
(3) 天馈线腐蚀、老化或部分损坏。
(4) 天线自动调谐器、宽带天线阻抗匹配器的部分元件损坏，如电容被击穿。

要找出具体故障，首先要断开电台，用网络分析仪测量天线和馈线系统的 VSWR。如果 VSWR≥5，表明天线和馈线系统有问题，此时要把天线和馈线断开，分别检测是天线还是馈线造成 VSWR 超标。

参 考 文 献

蔡英仪，王坦. 短波天线工程建设与维护. 北京：解放军出版社，2003.

第 4 章　专用通信天线的检测与验收

4.1　天线测试场地

4.1.1　概述

专用通信天线在初样、正样和设计定型等阶段都必须在军代表的参与下，按照天线的测试大纲及细则对天线的电性能、机械性能和环境的适应性进行检测，检验电性能和机械环境性能是否满足技术要求。除此之外，还要参加通信总体单位组织的陆上联调，不仅要检测天线的电性能、机械环境性能，还要检查电台与天线连接的适配性。对窄带短波 10 m 鞭天线，不仅要检测自动天调与天线的调谐匹配程度，还要测量调谐后 VSWR 的频率特性和承受功率；对 HF、VHF、UHF 宽带天线，同样要测量 VSWR 的频率特性和承受功率。不管是窄带还是宽带 HF、VHF、UHF 天线，必要时还要进行通信实验。对舰船通信天线，还要完成系泊和航海试验，其主要任务是进行通信试验，检查在恶劣的海洋环境条件下天线的机械性能、对环境的适应性及实际通信效果。

天线是开放系统，需要用合适的天线测试场，才能完成天线辐射特性（如增益、方向图和轴比等参数）的测量。可见，要正确完成天线辐射特性的测量，首先必须明确什么是天线的远区，应选用什么样的天线测试场，应如何测量天线的辐射特性。

4.1.2　天线场区的划分

天线的场区包括电抗近场区和辐射远场区。在紧邻天线的空间，除辐射场区外，还有 1 个非辐射场区。该场区电场幅度的大小同距离的高次幂成反比。随着离开天线距离的增加，电场的幅度将迅速减小。在这个区域，由于电抗近场区占优势，所以把此区域叫作天线的电抗近场区。在舰船环境下，短波接收天线位于短波发射天线的电抗近场区。

越过电抗近场区就到了辐射场区。按离开天线距离的远近，研究人员又把天线的辐射场区分为辐射近场区和辐射远场区。在辐射近场区，场的角分布与距离有关，天线各单元对观察点场的贡献，其相对相位和相对幅度是离开天线距离的函数。在此区域，由于场的幅度振荡起伏变化，所以不能测量天线的辐射特性，必须在辐射远场区（即人们常说的远区）测量，因为在远区天线场的角分布与距离无关。严格来讲，只有离天线无穷远才是天线的远区，但在某个距离上，当天线场的角分布与无穷远场的角分布的误差在允许的范围内时，就把该点至无穷远的区域称为天线的远区。对电尺寸 $D/\lambda \geqslant 1$ 的天线，公认的辐射近场与辐射远场的分界距离的计算式如下：

$$R_{\min}=\frac{2D^2}{\lambda_{\min}}$$

式中：D 为待测天线的直径，$\lambda_{\min}$ 为工作频段最高频率的波长。

大电尺寸待测天线的最小测试距离 R 满足：

$$R \geqslant R_{\min}=\frac{2D^2}{\lambda_{\min}} \tag{4.1}$$

如果辅助测试天线的直径 d 也大于 λ，则天线的最小测试距离的计算式如下：

$$R \geqslant \frac{(D+d)^2}{\lambda_{\min}}$$

如果 $D=d$，则

$$R \geqslant \frac{4D^2}{\lambda_{\min}} \tag{4.2}$$

图 4.1(a)是大电尺寸($D/\lambda>1$)天线的 3 个场区，图(b)是小电尺寸($L/\lambda<1$，L 是天线的最大尺寸)天线的场区。小电尺寸天线没有辐射近场区，只有电抗近场区和辐射远场区。研究人员常把辐射远场与电抗近场相等的距离 $\lambda/(2\pi)$ 定义为 $\frac{\lambda}{\pi}<1$ 小电尺寸天线电抗近场区的外界，越过了这个距离($R=\lambda/(2\pi)$)，辐射远场占优势。

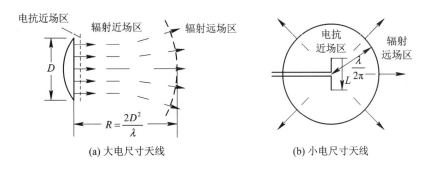

(a) 大电尺寸天线　　　　　　　(b) 小电尺寸天线

图 4.1　两类天线的场区

用 dB 表示的小电尺寸天线电抗近场区电场的幅度与辐射远场区电场的幅度之比：

$$\rho_{\mathrm{E}}(\mathrm{dB})=20\lg\left(\frac{\lambda}{2\pi R}\right)$$

表 4.1 列出了不同距离小电尺寸天线电抗近场区电场的幅度与辐射远场区电场的幅度之比 ρ_{E}。

表 4.1　不同距离小电尺寸天线电抗近场区电场的幅度与辐射远场区电场的幅度之比 ρ_{E}

R	1λ	2λ	3λ	4λ	5λ	6λ	7λ	8λ	9λ	10λ
ρ_{E}/dB	−16.0	−22.0	−25.5	−28.0	−29.9	−31.5	−32.9	−34.0	−35.0	−36.0

由表 4.1 可以看出，当 $R=10\lambda$ 时，小电尺寸天线辐射远场区电场的幅度比辐射近场区电场的幅度大 36 dB，所以 IEEE 用下式来确定小电尺寸天线的远区：

$$R \geqslant 10\lambda_{\max} \tag{4.3}$$

式中，$\lambda_{\max}$ 为最低工作频率的波长。

在 HF 的 2 MHz 低频段，$\lambda_{\max}=150$ m，由式(4.3)可知，10 m 鞭天线的最小测试距离 $R \geqslant 1500$ m。由于在实际中这种测试距离很难满足要求，因此如果仅要求达到一般测试精度，可近似把下式作为小电尺寸天线的最小测试距离：

$$R \geqslant (3 \sim 5)\lambda_{\max}$$

取 $R=3\lambda_{\max}=450$ m，由表 4.1 求得 $\rho_E=-25.5$ dB，则表明小电尺寸天线辐射远场区的场强比电抗近场区的场强大 25.5 dB。

4.1.3　天线测试场

在理想的天线测试场，应该用均匀平面波照射待测天线，但实际的测试场中可能存在以下测试误差：

(1) 收发天线间的感应耦合和辐射耦合。

(2) 照射波的相位曲率和锥削幅度。

(3) 地面反射波和寄生辐射引起的干扰。

造成的测量误差以前两项测量误差小于 0.25 dB 为准则，收发天线间的最小测试距离：

$$\begin{cases} d \leqslant 0.41D & (R \geqslant 2D^2/\lambda) \\ d > 0.41D & (R \geqslant (d+D)^2/\lambda) \end{cases} \tag{4.4}$$

端射阵天线的最小测试距离：

$$R \geqslant 10L \tag{4.5}$$

式中，L 为阵列的纵向长度。

对超低副瓣天线(-40 dB)，第 1 副瓣的测量误差小于 1 dB 的最小测试距离 R：

$$R \geqslant \frac{6D^2}{\lambda} \tag{4.6}$$

对目标的散射特性进行 RCS 测量，误差 $\leqslant 1$ dB 的最小测试距离：

$$R \geqslant \frac{5D^2}{\lambda} \tag{4.7}$$

式中，D 为目标的最大尺寸。

应当指出，上述天线的最小测试距离都是在特定条件下给出的，由于不同的测量精度所要求的最小测试距离各不相同，同时误差影响的严重程度也不一样，因此为了得到好的测量结果，必须按影响最大的误差来确定天线的最小测试距离。

1. 微波暗室和斜天线测试场

要测量天线的辐射特性，需要在能提供均匀平面电磁波照射待测天线的自由空间测试场中进行。顾名思义，自由空间测试场就是能够消除或抑制地面、周围环境及外来干扰等影响的一种测试场。属于自由空间测试场的有：高架天线测试场、斜天线测试场、微波暗室、缩距测试场、外推测试场。也可以用近场测试场来测量天线，再通过近-远场变换得出天线的辐射特性。例如，陕西海通的 128 探头近场，就是在近场测量天线的三维幅度、相位和极化特性，再通过近-远场变换得出天线的辐射特性。

　　无反射测试场是比较理想的天线测试场。无反射测试场又叫吸波暗室、微波暗室，简称暗室。它以吸波材料作衬里的房间，用吸波材料吸收入射到 6 个壁上的大部分电磁能量，较好地模拟自由空间测试条件。微波暗室主要用来测量天线的辐射特性和雷达截面，研究电磁波的绕射、辐射和散射特性。由于无反射室在宽的工作频带范围内，因此它有相当稳定的信号电平，具有全天候、保密、对昂贵待测系统（如即将投入使用的卫星）起到保护作用、避免外界的电磁干扰等优点，因而得到了广泛应用。图 4.2 是常见的微波暗室的结构形式。

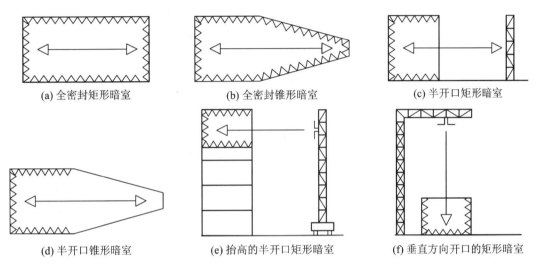

(a) 全密封矩形暗室	(b) 全密封锥形暗室	(c) 半开口矩形暗室
(d) 半开口锥形暗室	(e) 抬高的半开口矩形暗室	(f) 垂直方向开口的矩形暗室

图 4.2　常见微波暗室的结构形式

　　微波暗室的电性能主要由静区的特性来表征。静区的特性又以静区的大小、最大反射电平、交叉极化电平、场强均匀性、路径损耗、固有雷达截面、工作频率范围等参数来描述。

　　静区是指暗室内受各种杂散波干扰最小的区域。静区的大小除了与暗室的大小、工作频率、所用吸波材料的电性能有关外，还与所要求的反射电平、静区的形状及暗室的结构有关。对结构对称、6 面铺设相同吸波材料的暗室，静区呈柱状，轴线与暗室的纵轴一致。在测量天线的辐射参数时，静区就是满足条件的测试区。

　　受吸波材料尺寸和成本等的限制，国内少数微波暗室只能测量 $f>100\ \mathrm{MHz}$ 的天线。适合测试 $f<100\ \mathrm{MHz}$ 天线的天线测试场有斜天线测试场和高架天线测试场两种。顾名思义，斜天线测试场就是待测天线和辅助天线架设高度不等的一种测试场。通常把尺寸相对小、重量相对轻、作为接收天线使用的待测天线或辅助天线架设在几十米到上百米高的铁塔上，把尺寸相对大、重量相对重、作为发射天线使用的辅助天线或待测天线靠近地面架设。收发天线有一定的仰角，调整它们的高度和取向，可使发射天线的最大波束朝上，指向接收天线。由于斜天线测试场有效扼制了地面反射，因而模拟了自由空间测试条件。高架天线测试场就是设法使收发天线高架利用地面反射波无法到达接收天线来近似模拟自由空间测试条件的一种场。例如，可以把满足天线测量距离中间空旷、无反射波到达接收天线的两栋高层大楼的楼顶作为高架天线测试场。

天线测试场是否满足测量要求，可以用以下方法检验。

1）用待测接收天线检验测试区

将待测天线纵向移动，如果接收信号的强度随 $1/R$ 变化，则表明满足测量条件；如果接收信号以半个波长为周期振荡变化，则表明天线之间耦合较强；如果振荡周期大于 $\lambda/2$，表明存在多路径反射信号；如果变化超过 1.5 dB，则认为测试场不合格。也可以把待测天线在测试场区前、后、左、右移动半个波长，测量 VSWR，如果 VSWR 变化小于 10%，则认为场地合格。

在精密测量中，还应考虑系统泄漏、电缆泄漏、外来干扰源和系统噪声的影响。关掉信号源，如果仍然收到信号，则可能是外来干扰源和系统噪声引起的；旋转接收天线，如果接收信号不随方位角变化，则完全可以断定为系统噪声所致。在正常工作情况下，屏蔽天线口面，插入或去掉电缆馈线，观察接收信号电平的变化，就能判断出是电缆泄露还是系统泄漏。

2）用场探头检验测试场

将小尺寸偶极子或小喇叭天线作为场探头，在待测天线口面上下左右移动，或纵向运动，探测待测天线周围的场强分布，如果天线口面上接收电平起伏小于 0.25 dB，并且上下左右对称，则表明满足要求。如果电平起伏较大，则应找出造成的原因，并设法消除。也可以用线极化标准增益天线，在两个正交极化面上用测得的场强来判断，如果场强差小于 1 dB，则认为合格。

2. 对天线测试场的其他要求

天线测试场除应满足最小测量距离、无地面和周围反射外，还必须满足以下要求：

1）对测试仪表的要求

（1）为了保证测量数据的正确性，测量用信号源、接收机、网络分析仪等测量设备和仪表应该具有良好的稳定性、可靠性，合适的动态范围和较高的测量精度。

（2）测量用仪表应该有计量合格证，并在校验周期内。

（3）标准增益天线应该经过认可单位校准。

2）对电源的要求

对电源的要求是：220 V 交流电源，单相 $AC220V^{+10\%}_{-15\%}$，$50\times(1\pm5\%)$Hz。

3）对测试环境的要求

对测试环境的要求是：温度为 $-10\sim+50℃$，湿度为 $(45\%\sim80\%)$RH。

4.1.4　天线的互易测量

互易原理对天线参数测量是很重要的，它说明待测天线在发射和接收状态下测量的参数是相同的，这就给实际测量带来了很大的机动性，有可能根据仪表、场地等条件来选择待测天线方便的工作状态，但在使用中还应注意以下几点：

（1）若把待测天线和辅助天线的工作状态互换，并保持接收信号的幅度和相位不变，则要求信号源、接收机必须与馈线匹配。

（2）天线上的电流或电场分布并不互易。

（3）天线中包含铁氧体有源或非线性元件时，只能在指定的工作状态下测量。

4.1.5　MF、HF 和 VHF 低频段天线模型的测量

由于 MF、HF 和 VHF 低频段天线的结构一般都很大，架设的地形又比较复杂，因此在微波暗室和斜天线测试场地很难全面测量天线的电参数。另外，飞机、导弹、人造卫星等飞行器上天线的性能与飞行器密切相关，而要掌握飞行器在飞行状态下的天线性能，直接测量是极为困难的。研制新型天线往往需要多次修改设计，才能得到满意的结果。如果用原尺寸天线进行研究，则可能因为几十米、几百米的巨型尺寸，或毫米波段的高精度超小型尺寸使研制周期加长，成本提高。解决以上矛盾的普遍办法是把天线的尺寸、周围环境、几何形状和工作波长按一定比例缩小或增大，做成模型，在给定的模拟条件下测量模型天线的电参数，从而得到待研究天线的性能，这个方法叫作模型天线法。模型天线多选在厘米波段，因为此时结构适中。有时也选在亚毫米波段。

如果原尺寸天线和模型天线均处于空气中，且两种天线采用相同的电磁单位，则根据模型天线理论，为了使两种天线有相似的特性，把原天线的尺寸缩小为原来的 $1/L$，就必须把模型天线的工作频率提高 L 倍，还必须把制造模型天线的金属材料的电导率提高 L 倍。由于模型天线多用铜或铝制造，因此在减小天线尺寸的同时，虽然由于表面效应，导体的电导率大约与 $\sqrt{L}$ 成比例增加，但要找到电导率比原尺寸天线大 1 个数量级的材料是很不现实的。当天线的辐射功率远大于损耗功率时，从近似的观点看，电导率的差别并不重要。理论分析也表明，对铝材，如果把频率从 1000 MHz 提高到 100 GHz，则由于电导率变化造成的误差的量级为 10^{-4}，因此可以完全忽略不增大电导率造成的误差。

制造模型天线时，不仅要模拟天线，对明显影响天线特性的周围环境也要进行模拟。由于电磁环境复杂，因此完全模拟周围环境是很困难的。例如，由于天线与地面相互作用，因此很难模拟多种变化的土壤。对于模型天线及它的工作环境，可以根据实际情况进行整体模拟，也可以进行局部模拟。对飞行器上的天线，如 VHF 机载天线，可以用 1：1 局部模型（机翼、机身或机尾等）来进行模拟。模型天线的缩小比例一般为 1/10～1/30。对于军舰，为了研究舰船的电磁兼容性，把军舰及其设备整体用 50：1（或其他比例）模型来进行模拟。局部模型多用木质结构外包薄铜箔制成。

在用导线制造模型天线时，不仅导体的长度要按比例减小，导线的粗细也要尽可能按比例减小。完全按比例制造模型是非常困难的，尤其像传输线和紧固螺钉，在比例上的微小差别，对阻抗的影响往往要比对辐射特性的影响大得多。

模型天线测试设备的核心是至少有两个自由度的模型塔。为了提高塔的机械强度，减小塔体对天线性能的影响，塔体基座的上部均用相对介电常数低的泡沫材料（如聚苯乙烯、聚酯）或玻璃钢蜂窝结构制造，塔架的金属部分都要包上吸波材料。

4.2　专用天线电参数的测量

专用天线在各阶段都必须对电参数进行严格测量。测试前天线生产厂家必须编写测试大纲，经客户同意后，按测试大纲进行。测量场地可以用远场，也可以用近场。本节给出

XXX 天线远场测试大纲及细则。

4.2.1　制订依据

本测试大纲根据 XXX 天线技术要求制订。

4.2.2　适用范围

XXX 天线的测试大纲及细则适用于 XXX 天线初样、正样等阶段的检测。

4.2.3　测量内容

测量待测天线时，既要测量它的电参数，还要测量它的物理特性，具体测试内容包括天线的电压驻波比、隔离度、方向图、增益、绝缘电阻、功率容量以及天线的物理特性。对于圆极化天线，除测量与同线极化天线相同的参数外，还要测量其特有的电参数——轴比、增益、旋向。

4.2.4　测量细则

若无特殊规定，应在标准天线测试场地测试。若受条件的限制，也可在一般测试场地完成测试任务。

1. 天线 VSWR 的测量

1）说明

（1）天线的 VSWR 代表了天线与馈线的匹配好坏。

（2）所测 VSWR 应该是相对 50 Ω 的 VSWR。

（3）所测 VSWR 一般应该是天线输入端的 VSWR。

天线是开放系统，天线周围的环境对天线的 VSWR 影响较大。对微波天线，最理想的测试环境应该把天线置于暗室；对短波宽带鞭天线，应该把天线直立安装在铺设地网、周围开阔的测试场上；对 $f > 100$ MHz 的通信天线，如工作频率为 $100 \sim 400$ MHz 的 VHF/UHF 复合天线，应该架设在室外周围开阔且位于地面 $2 \sim 3$ m 高的木架上。

2）测试方法

用网络分析仪来进行 VSWR 的测试。

3）测试步骤

（1）将网络分析仪设置为 VSWR 测试项，按照被测天线的工作频段，设置好网络分析仪的起止频率范围，并把 1 根特性阻抗为 50 Ω 的测试电缆与网络分析仪的反射端口相连，另一端分别短路、开路和接 50 Ω 标准负载，以完成对网络分析仪的校准。

（2）把测试电缆按图 4.3 所示的连接框图与被测天线相连，进行测试。

（3）在测试曲线上，标出 VSWR 最大的频点，标出测试时间，再用打印机打印 VSWR - f 特性曲线。如果被测天线有两个端口，如 VHF/UHF 复合全向天线，则分别接复合天线的 VHF 端口和 UHF 端口进行测量，并分别打印标有 VSWR 最大频点的 VSWR - f 特性曲线。

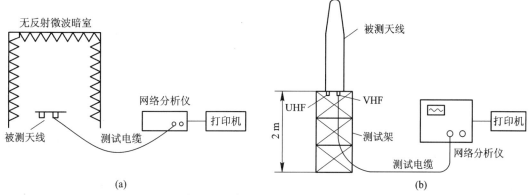

图 4.3　天线 VSWR 测试连接框图

4）测试设备

（1）包含被测天线工作频段的网络分析仪 1 台。

（2）打印机 1 台。

5）合格判断

对照指标要求，如果在被测天线的工作频段内，实测最大 VSWR 满足指标要求即为合格。对 VSWR 有百分比要求的天线，如 VHF/UHF 复合全向天线，如果在 90％ 频点 VSWR≤2，在其余频点 VSWR≤2.5，则为合格。

2. 天线隔离度的测量

1）定义

双频天线或收发天线之间的隔离度是指一个频段天线接收信号电平与另一个频段天线发射信号电平之比，通常用 S_{21} 表示。垂直/水平或 ±45° 双极化天线的隔离度是指天线在一个极化端口接收的信号电平与在另一个正交极化端口发射的信号电平之比。隔离度愈高，表示收发天线、双频段天线、双极化天线之间的相互影响最小。

2）测试方法

按图 4.4 把被测天线和网络分析仪相连。

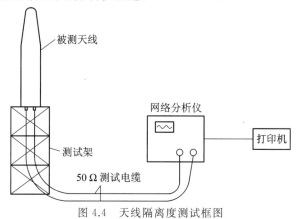

图 4.4　天线隔离度测试框图

（1）根据被测天线工作频段的不同，被测天线应采用不同的安装场地，微波天线应置于微波暗室，HF、VHF 天线应架设在室外周围开阔的场地上。

（2）把网络分析仪设置为隔离度测试项（MEASI－S_{21}），按照双频段被测天线的工作频段范围，设置网络分析仪的起止频率范围。

（3）把两根特性阻抗为 50 Ω 的同轴电缆一端与网络分析仪的反射端口和传输端口相连，另一端端接进行校准。

（4）完成校准后，将两根测试电缆的直通端分开，分别与双频段天线的输入端相连，或分别与发射天线和接收天线相连进行测试。对同频双极化天线，则分别与两个正交极化端口相连进行测试。

（5）在测量曲线上标出隔离度最差的频点及频率范围，用打印机打印 S_{21}－f 特性曲线。

3）测试设备

天线隔离度的测试设备与 VSWR 的测试设备相同。

4）合格判断

把实测结果与指标要求对照比较，若满足指标要求，则判断为合格。

3. 天线方向图的测量

1）定义

在移动通信中，由于电场垂直于地平面，所以把电场矢量与传播方向构成的 E 面叫作垂直面，由于磁场与地面平行，所以把磁场矢量与传播方向构成的 H 面叫作水平面。描述定向天线方向图的参数有 HPBW、SLL、零深、F/B 和交叉极化比。全向天线方向图常用 HPBW 和圆度来表征。受测试条件的限制，低频段天线和高频段天线应采用不同的测试场和测试方法。HF 和 VHF 低频段天线，宜用模型天线理论，缩尺在满足自由空间天线测试场和近场来测量其方向图。工作频率高于 VHF 的天线，用自由空间天线测试场或近场测量其方向图。

2）测试方法

天线方向图的测试采用旋转天线法。

3）测试步骤

（1）按图 4.5 将被测天线架设在能在水平面 360°范围内匀速旋转的极化转台上。

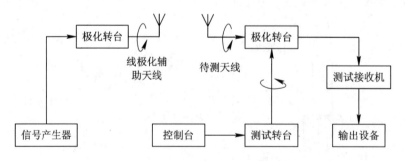

图 4.5　天线方向图测试框图

（2）让线极化辅助天线为垂直极化，调整被测天线也为垂直极化，且和线极化辅助天线最大辐射方向彼此对准。

（3）按照被测天线的工作频段，选取高、低、中或 10 个测试频点，按选定的测试频点，设定信号源和接收机的工作频率，开启信号源和接收机（或网络分析仪和功放），把被测天线旋转 1 周,自动记录不同角度上的接收电平。对定向天线,则获得待测天线的 H 面(或水平面)方向图;对全向天线,则获得水平面(H 面)全向方向图。

(4) 打印并存储测试结果。

(5) 把线极化辅助天线旋转 90°,再按照步骤(3)的方法将被测天线匀速旋转 1 周,自动记录每个角度对应的接收电平,即测出了被测天线的交叉极化方向图。

(6) 打印并存储测试结果。

(7) 把被测天线也旋转 90°,由垂直变为水平旋转 1 周,记录不同角度上的接收电平,则获得被测天线的垂直面(E 面)方向图。

(8) 打印并存储测试结果。

由实测的水平面(H 面)和垂直面(E 面)方向图,就能分别求出被测天线的 $HPBW_H$、$HPBW_E$、SLL、零深、F/B,由交叉极化方向图和主极化方向图就能求出交叉极化比,由被测全向天线方向图中的最大电平 A_{max}(dB)和最小电平 A_{min} 之差就能求出圆度。表 4.2 所示为天线方向图测试记录表。表 4.3 所示为全向天线圆度测试记录表。

表 4.2　天线方向图测试记录表

测试频率/MHz		f_1	f_2	...	f_{10}
E 面	HPBW/(°)				
	SLL/(−dB)				
	(F/B)/dB				
	交叉极化比/(−dB)				
H 面	HPBW/(°)				
	SLL/(−dB)				
	(F/B)/dB				
	交叉极化比/(−dB)				

表 4.3　全向天线圆度测试记录表

测试频率/MHz	f_L	f_0	f_H
A_{max}/dB			
A_{min}/dB			
圆度$(A_{max}-A_{min})$/dB			

4) 测试设备

(1) 包含被测天线工作频段的信号源或电台 1 部。

(2) 包含被测天线工作频段的测试接收机 1 台。

(3) 包含被测天线工作频段的线极化辅助天线 1 副。

(4) 极化转台 2 台。

（5）控制仪 1 台。

（6）天线转台 1 台。

（7）输出设备 1 台。

5）合格判断

若满足指标要求，则判断为合格。

4. 天线增益的测量

1）说明

用何种天线测试场测量天线的增益，在很大程度上取决于天线的工作频率。例如，对工作频率高于 0.1 GHz 的天线，常用自由空间测试场地；对工作频率在 0.1 GHz 以下的天线，常用地面反射测试场；由于地面对天线的电性能有明显的影响，因此当天线尺寸很大时，宜在原地测量它的增益；对于工作频率低于 5 MHz 的天线，一般不测量天线的增益，只测量天线辐射地波的场强。

2）测量方法

（1）比较法。比较法就是把被测天线的增益与标准增益天线的增益相比较，求出被测天线的增益。被测天线和标准增益天线应使用同一根馈线或使用衰减量相同的两根馈线。除必须附加 1 副线极化标准增益天线外，测试场和测试框图与天线方向图的相同。假定将被测天线和线极化标准增益天线在测试中作为接收天线，分别用 A_x(dB) 和 A_S(dB) 表示接收电平。由于标准增益天线的增益 G_S(dBi) 已知，因此被测天线的增益：

$$G_x(\text{dBi}) = G_S(\text{dBi}) + A_x(\text{dB}) - A_S(\text{dB}) \tag{4.8}$$

比较法的测试步骤如下：

① 如图 4.5 所示，把包含被测天线工作频率的线极化辅助天线作为发射天线，把被测天线作为接收天线，使收发天线均垂直极化、等高架设接入测量系统，调整天线，使最大辐射方向彼此对准，使接收电平最大。

② 按照被测天线的工作频率范围，选取高、低、中或 10 个测试频点，把信号源、测试接收机的频率调到选定的频点，分别记录不同测试频点被测天线的接收电平 A_{xi}($i=1,2,\cdots,10$)，将其记入表 4.4 中。

③ 取下被测天线，换上线极化标准增益天线，调整标准增益天线为垂直极化，与发射天线对准，使接收电平最大，分别记录与被测天线相同测试频点的接收电平 A_{Si}，并将其录入表 4.4 中。

④ 由线极化标准增益曲线查出测试频点标准增益天线的增益 G_{Si}，并将其录入表 4.4 中，由式(4.8)计算出被测天线的 G_x(dBi)。

表 4.4　被测天线增益测试记录表

测试频率/MHz	f_1	f_2	f_3	f_4	f_5	f_6	f_7	f_8	f_9	f_{10}
A_{xi}/dB										
A_{Si}/dB										
G_{xi}/dBi										
G_{Si}/dBi										

比较法所用的测试设备如下：

① 包含被测天线工作频率范围的信号源 1 台和包含被测天线工作频率范围的测试接收机 1 台。

② 包含被测天线工作频率范围的线极化辅助天线 1 副。

③ 包含被测天线工作频率范围的线极化标准增益天线 1 副。

④ 控制仪 1 台。

⑤ 天线转台 1 个。

⑥ 输出设备 1 台。

采用比较法时，如果实测 $G_x \pm 0.5$ dB 满足指标要求，则判断为合格。

（2）两相同天线法。两相同天线法就是利用两个完全相同的被测天线，一个作发射天线，另一个作接收天线。在收发天线阻抗匹配、极化匹配、收发天线最大辐射方向对准的条件下，相距 R 的收发天线的功率 P_r、P_t 与收发天线的增益 G_r、G_t 及工作波长 λ 之间的关系满足：

$$P_r = P_t G_r G_t \left(\frac{\lambda}{4\pi R} \right)^2 \tag{4.9}$$

由于收发天线完全相同，所以 $G_r = G_t = G_x$，由式（4.9）就能求出被测天线的增益 G_x：

$$G_x = \frac{4\pi R}{\lambda} \sqrt{P_r / P_t} \tag{4.10}$$

由于工作波长 λ 已知，因此只要测出收发天线的间距 R，用功率计测出 P_r / P_t，就能由式（4.10）求出被测天线的增益 G_x。再把实测的被测天线的增益 G_x 用 dB 表示。

两相同天线法的测量步骤如下：

① 选择 2 副完全相同的被测天线，并把它们等高安装在天线测试场上，用皮尺或经纬仪测出收发天线的间距 R。

② 按被测天线的工作频段，选取高、低和中 3 个频率为测试频率 f_i，并求出波长 λ_i。

③ 在收发天线的输入端分别串入通过式功率计，在信号源发射的情况下，用通过式功率计分别测出 P_t、P_r。

④ 更换工作频率，重复上述测量过程。

⑤ 由 λ、R 和 P_r、P_t 用式（4.10）就能计算出被测天线的增益 G_x。

两相同天线法的测量设备如下：

① 满足天线测试的测试场 1 个。

② 发射机 1 台。

③ 通过式功率计 2 个。

④ 皮尺 1 个。

采用两相同天线法时，由于存在测量误差，因此如果实测增益为 G_x(dB)± 0.5 dB，满足技术指标要求，则判断为合格。

（3）三天线法。三天线法与比较法类似，但需要将同型号的 3 副天线两两配对，测出 3 组数据后求解：

$$G_1 = 10\lg\left(\frac{4\pi R}{\lambda} \right) + 5\left[\lg\left(\frac{P_{r12}}{P_{t12}} \right) + \lg\left(\frac{P_{r13}}{P_{t13}} \right) - \lg\left(\frac{P_{r23}}{P_{t23}} \right) \right] \tag{4.11}$$

$$G_2 = 10\lg\left(\frac{4\pi R}{\lambda}\right) + 5\left[\lg\left(\frac{P_{r12}}{P_{t12}}\right) + \lg\left(\frac{P_{r23}}{P_{t23}}\right) - \lg\left(\frac{P_{r13}}{P_{t13}}\right)\right] \tag{4.12}$$

$$G_3 = 10\lg\left(\frac{4\pi R}{\lambda}\right) + 5\left[\lg\left(\frac{P_{r23}}{P_{t23}}\right) + \lg\left(\frac{P_{r13}}{P_{t13}}\right) - \lg\left(\frac{P_{r12}}{P_{t12}}\right)\right] \tag{4.13}$$

可见，三天线法的绝对增益测量最后都归结为功率比 P_r/P_t 和间距 R 的测量。

5. 圆极化天线特有电参数的测量

圆极化天线的 VSWR、隔离度、方向图、绝缘电阻和功率容量的测量方法与线极化天线的测量方法相同。下面介绍圆极化天线特有的电参数——轴比、增益及旋向的测量方法。

1）圆极化天线的轴比

（1）定义。

轴比是衡量天线是线极化还是圆极化的重要标志，轴比越小，则圆极化性能越好。通常情况下，圆极化天线实际上为椭圆极化天线。圆极化天线的轴比（AR）是指椭圆长轴电场幅度 E_2 与椭圆短轴电场幅度 E_1 之比，即 $AR = E_2/E_1$，通常用 dB 表示如下：

$$AR(dB) = 20\lg\left(\frac{E_2}{E_1}\right) \tag{4.14}$$

由于圆极化可以由两个正交圆极化 RHCP/LHCP 来合成，因此圆极化天线的轴比也可以用主极化（如 RHCP）的电场 E_R 和交叉极化（如 LHCP）的电场 E_L 通过下式计算出来：

$$AR(dB) = 20\lg\left(\frac{E_R + E_L}{E_R - E_L}\right) \tag{4.15}$$

（2）测量方法。

① 测试圆极化天线的轴比使用的场地、测试框图如图 4.5 所示，只是在测试中使用的被测接收天线不是线极化天线，而为圆极化天线。调整收发天线，使其最大辐射方向对准，接收电平指示最大。

② 根据被测圆极化天线的工作频率范围，选取高、低、中 3 个频率为测试频率，按此频率调整发射机和测试接收机的频率，利用发射天线处的极化转台，以收发天线连线为轴，把线极化辅助发射天线旋转 1 周，记录最大接收电平 E_{max}（dB）和最小接收电平 E_{min}（dB），并将其录入表 4.5 中，并计算被测圆极化天线的轴比：

$$AR(dB) = E_{max}(dB) - E_{min}(dB) \tag{4.16}$$

③ 让被测圆极化天线在水平面慢转 1 圈，线极化辅助发射天线以收发天线的连线为轴快转，自动记录不同角度上的接收电平，就能得到被测圆极化天线的轴比方向图。由此方向图不仅可以求出被测圆极化轴线方向（$\theta = 0°$）上的轴比，而且可以求出宽角（$\theta = 0° \sim 90°$）上的轴比。

④ 重复步骤②、③，测出其他测试频率上被测圆极化天线的轴比。

表 4.5 圆极化天线轴比测试记录表

f/MHz	f_L	f_0	f_H	$AR(dB) = E_{max}(dB) - E_{min}(dB)$
E_{max}/dB				
E_{min}/dB				

（3）测试设备。圆极化天线轴比的测试设备与线极化被测天线增益的测试设备相同。

（4）合格判断。如果满足指标要求，则判断为合格。

2) 圆极化天线的增益

（1）测量方法。

① 用比较法测量被测圆极化天线的正交线极化增益，再求和。按照电磁理论，由于椭圆极化可以分解成两个正交线极化，所以用比较法测出两个正交线极化增益 G_E 和 G_H，就能求得被测圆极化天线的增益：

$$G_E + G_H = G_C \tag{4.17}$$

由于实测的 G_E 和 G_H 均用 dB 给出，所以要把式（4.17）中的 G_E、G_H 用 dB 表示，就能计算出用 dB 表示的被测圆极化天线增益：

$$G_C(\text{dBic}) = 10\lg(10^{GE/10} + 10^{GH/10}) \tag{4.18}$$

② 测量被测圆极化天线的轴比和 1 个线极化增益。

用线极化标准增益天线，按照比较法测出被测圆极化天线的 1 个线极化增益 $G_L(\text{dB})$，再测出被测圆极化天线的 AR，即可计算出被测圆极化天线的增益：

$$G_C(\text{dBic}) = G_L(\text{dB}) + 3\ \text{dB} + \Delta G(\text{dBic}) \tag{4.19}$$

式中，$\Delta G(\text{dBic})$ 为轴比对天线增益影响的修正系数，它与 AR(dB) 有如下关系：

$$\Delta G(\text{dBic}) = 20\lg 0.5(1 + 10^{-AR/20}) \tag{4.20}$$

③ 用圆极化标准增益天线按比较法测出被测圆极化天线的增益。该方法的具体测量步骤与用比较法测量线极化天线增益的步骤相同。

（2）测量步骤。

① 圆极化天线增益的测量场地及测试框图与线极化被测天线增益的相同，唯一不同点是把作为接收使用的被测线极化天线换成被测圆极化天线。让线极化辅助天线为垂直极化，调整收发天线，使其最大辐射方向对准，且接收电平最大。

② 根据被测圆极化天线的工作频率范围，选取低、中、高 3 个或更多测试频率，按测试频率调好发射机和测试接收机的频率，记录接收电平 $A_{xH}(\text{dB})$，并将其录入表 4.6 中。

③ 用测量被测圆极化天线轴比的方法，测出被测圆极化天线的最大和最小接收电平 E_{max} 和 E_{min}，把它们相减，求出 AR。

④ 取下被测圆极化天线，换上线极化标准增益天线，调整为垂直极化，使接收电平最大，记录接收电平 $A_{SH}(\text{dB})$，并将其录入表 4.6 中。

⑤ 更换测试频率，重复上述测量步骤。

⑥ 采用式（4.8）计算出被测圆极化天线的线极化增益 G_H。采用式（4.19）求出被测圆极化天线的增益 G_C。

表 4.6　被测圆极化天线增益测试记录表

f/MHz	A_{xH}/dB	A_{SH}/dB	G_H/dB	AR/dB	ΔG/dBic	G_C/dBic
f_L						
f_0						
f_H						

（3）测试设备。圆极化天线增益的测试设备与线极化天线增益的相同。

（4）合格判断。如果满足指标要求，则判断为合格。

　　图 4.6 是 HD－SGACP 系列圆极化标准增益天线的照片。该天线的标准增益为 7～20 dBic，轴比分别以 0.5 dB、1 dB、2 dB、3 dB 为带宽标准，极化方向有右旋圆极化和左旋圆极化。

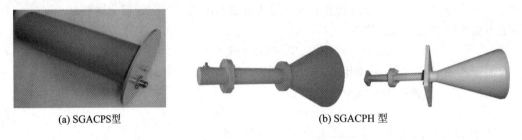

(a) SGACPS型　　　　　　　　　　　　　　　(b) SGACPH 型

图 4.6　HD－SGACP 系列圆极化标准增益天线

3）圆极化天线的旋向

（1）定义。

圆极化天线有 RHCP 和 LHCP 两种。圆极化天线的旋向按国际电信联盟规定，大拇指指向传播方向，四指的弯曲方向表示极化方向，如果符合右手法则，则为 RHCP，如果符合左手法则，则为 LHCP。

（2）判断圆极化天线旋向的方法。

① 根据理论进行判断。

根据圆极化天线的理论，用 90°相差给 1 对正交线极化辐射单元馈电，就能构成圆极化天线。圆极化天线可以用自相位产生的 90°相差单馈，也可以附加有 90°相差的馈电网络双馈。为了使圆极化天线有稳定的相位中心，还可以用相位差为 0°、90°、180°和 270°的馈电网络四馈。不管是单馈、双馈还是四馈，圆极化天线的极化方向都是由相位超前向滞后方向旋转，符合右手法则为 RHCP，符合左手法则为 LHCP。

最简单的螺旋天线，由于相位从馈电点沿螺旋线滞后，所以由螺旋天线的旋向，根据相位由超前向滞后方向旋转，就能很容易确定它的极化方向。用裂缝式巴伦给正交下倾曲线偶极子单馈构成的 HPBW＝130°的自相位圆极化天线，就是通过调整天线的长短，让 1 对曲线偶极子的长度比谐振长度短，呈容性，相位超前－45°，让另一对正交曲线偶极子的长度比谐振长度长，呈感性，相位滞后 45°，从而获得圆极化需要的 90°相差。如果传播方向离开纸面，则要实现 RHCP，应按照图 4.7(a)连接长短正交曲线偶极子；如果要实现LHCP，则应要按图 4.7(b)连接长短正交曲线偶极子。

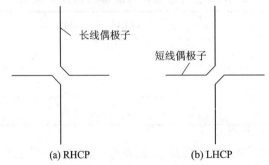

长线偶极子

短线偶极子

(a) RHCP　　　　　　　　　　　　(b) LHCP

图 4.7　用自相位长短正交曲线偶极子实现 RHCP 和 LHCP 长短偶极子的连接方法

对图 4.8 所示的切角单馈圆极化贴片天线,沿对角线可以分解成两个正交线极化,对角线长的正交分量相位滞后,对角线短的正交分量相位超前,围绕馈电点,根据相位由超前向滞后方向旋转,就能很容易判断图 4.8 所示天线为 RHCP。

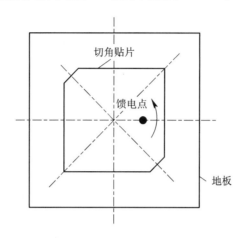

图 4.8　切角单馈 RHCP 贴片天线

② 用两个尺寸完全相同、旋向已知的双极化螺旋天线进行实测。

(3) 测量方法。

① 按照被测圆极化天线的工作频率,制作两个尺寸完全相同(一个为 LHCP,另一个为 RHCP)的螺旋天线。

② 采用测量天线增益时的测试场地、发射机及测试接收机。在测试系统中,把被测圆极化天线作为接收天线,把双极化螺旋天线作为辅助发射天线。

③ 按被测天线的中心工作频率 f_0 调好发射机和接收机的工作频率,用 RHCP 螺旋天线发射,把被测圆极化天线的接收电平记作 A_R(dB),取下 RHCP 天线,换上 LHCP 螺旋天线,把被测圆极化天线的接收电平记作 A_L(dB)。

(4) 测试设备。

① 测试发射机 1 台。

② 测试接收机 1 台。

③ 天线转台 1 套。

④ 尺寸相同、旋向相反的螺旋天线各 1 副。

(5) 合格判断。

如果 $A_R > A_L$,则判断被测圆极化天线为 RHCP。

6. 天线的绝缘电阻

1) 测试方法(用兆欧表)

测量前,先把兆欧表的两个接线柱短路,让兆欧表的指针归零,再把兆欧表的一个接线柱与 XXX 天线同轴插座的内导体相连,兆欧表的另一个接线柱与 XXX 天线同轴插座的外导体相连,快速摇动兆欧表,从兆欧表上就能读出绝缘电阻的阻值,将测量值录入表 4.7 中。

表 4.7　绝缘电阻测试记录表

天线	绝缘电阻			
	晴天		雨天	
	要求	实测	要求	实测
	≥20 MΩ		≥5 MΩ	
	≥20 MΩ		≥5 MΩ	

2）测量设备

测量设备为兆欧表 1 台。

3）合格判据

晴天实测 XXX 天线的绝缘电阻≥20 MΩ 为合格，雨天实测 XXX 天线的绝缘电阻≥5 MΩ 为合格。

7. 天线的功率容量

采用验证的方法，测试被测天线能否在 2 小时承受 XXX 的连续功率，且 VSWR 是否满足规定要求。

1）测量方法

（1）至少在被测天线工作频段的低端和高端，各选 1 个频点作功率容量试验，若条件许可，也可以在被测天线工作频段的高、低、中 3 个频点进行测量。

（2）测量被测天线的 VSWR - f 曲线，并打印以备做完功率试验后与之比较。

（3）按图 4.9 把被测天线与通过式功率计和功率源相连。逐渐加大功率源的功率，直到功率计指示到要求的功率，记录开始时间，连续加 2 小时，其间要不断观察功率计指示，使其不小于 XXX。把被测天线的 VSWR 和功率计指示的功率及结束时间记录在表 4.8 中。

（4）改变测试频点，重复上述测试过程。注意：测试系统的馈线、连接器等应能承受规定的功率。

图 4.9　功率容量测试框图

表 4.8　功率容量测试记录表

测试频率 f/MHz	功率容量 P		测试时间		VSWR		备注
	要求	实测	开始	结束	开始	结束	
	XXX						

2）测量设备

（1）功率容量＞XXX，且频率范围在被测天线工作频率范围内的功率源 1 台。

（2）能同时显示入射功率和 VSWR 的通过式功率计 1 台。

3）合格判据

在规定的 2 小时内，功率达到 XXX，若在 90％频点，VSWR＜2.0，在其余频点，VSWR≤2.5，则为合格。

8. 天线的物理特性

1）测量方法

（1）目测，即看天线外观有无缺陷，相互连接是否可靠。

（2）用卷尺测量天线的外形尺寸，用磅秤测量天线的重量，并把测量结果填入表 4.9 中。

表 4.9　天线物理特性记录表

天线的外形尺寸		天线的重量	
要求	实测	要求	实测
高≤XXX		≤XX	
最大直径≤XXX			

2）测试设备

测试设备为卷尺、磅秤。

3）合格判断

如果满足技术要求，则判断为合格。

4.3　标准增益天线

4.3.1　标准增益天线增益的测量

由于标准增益天线的测量是测量被测天线的关键，所以把标准增益天线单独作为一节进行介绍。

标准增益天线应具有以下特性：天线的增益应当精确已知；天线的结构简单牢固；最好为线极化，也可以是圆极化，但必须具备旋向相反的两个圆极化天线。无论使用哪种极化，天线的极化纯度都应尽可能高。

西安恒达微波技术开发有限公司在总结研制标准增益天线的基础上，结合国外权威公司产品研制的实际情况，全面提升了标准增益天线的结构、增益数值的精度和可信性，在设计原则、制造工艺、测试方法、型号定义、增益数值等方面提供了权威性的改进和调整方法，并且为满足不同行业、不同应用频段用户对标准增益天线的要求，把 SGA 型标准增益天线的频率范围扩大到 30 MHz～300 GHz(可以按用户要求研制，直到 3 THz)，把标准增益值的范围扩大到 25、20、15、10、7.7、5.3 和 2.15 dB。除线极化标准增益天线外，研究人员还研发出圆极化标准增益天线（SGACP 型）。该天线可用于被测圆极化天线增益的测量或未知来波圆极化天线旋向的判别。

为了确保 HD－SGA 系列标准增益天线的增益值能有效标定和传递，根据精确定标测量的数值和分析，采用精确计算公式＋定标修正因子的标定方法，确保增益数值精度的可信性。每副天线实际测量的增益值都要根据结构（依据加工尺寸的实测值、变形的实测值）、频段、涂敷、材料、VSWR 等加以修正。

HD－SGA 系列标准增益天线出厂随产品附有增益-频率曲线，该曲线所标定增益值的精度为±0.5 dB。如果经过精确定标，增益值的精度为±0.3 dB。

天线增益的测试常用比对法。比对法的基础是标准增益天线。因此，标准增益天线增益值的准确确定最为关键。绝对增益的测量常用两天线法、三天线法和方向图积分法。本书作者伍捍东所在的恒达微波团队曾经与航天 504 所易念学及天线测试室、航天 203 所（计量中心）冯桂山、兵器 212 所倪长生采用图 4.10 所示的天线测试系统，用三天线绝对增益测试法对 7 个频段（频率为 2.45，4.0，6.0，8.2，12.0，14.0，18.0 GHz）的 21 副标准增益天线的绝对增益进行了精确测试。测试结果与理论计算值的最大偏差为－0.11～＋0.29 dB，且实测值略高于理论计算值。本书作者认为这是天线口径金属壁厚的影响所致。适当考虑壁厚影响后的理论计算值与实测值的最大偏差为±0.27 dB，且大多数实测值略低于理论值，符合实际情况。

测试中对天线、波导-同轴转换、专门定制的低耗电缆、测试仪器、测试高度和距离都进行了认真定标与仔细操作和计算，使各项平方根测试误差<±0.19 dB。

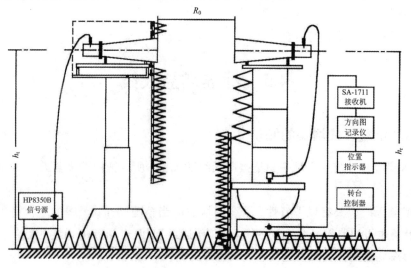

图 4.10　天线测试系统示意图

4.3.2　HD－SGA 系列标准增益天线的种类

HD－SGA 系列标准增益天线包括折合振子标准增益天线、半波长偶极子标准增益天线、带反射板的 2 元半波长偶极子标准增益天线、3 元八木标准增益天线和标准增益喇叭天线。

1. HD-SGAC 型折合振子标准增益天线

图 4.11 是 HD-SGAC 型半波长折合振子标准增益天线的尺寸与频率的关系曲线。

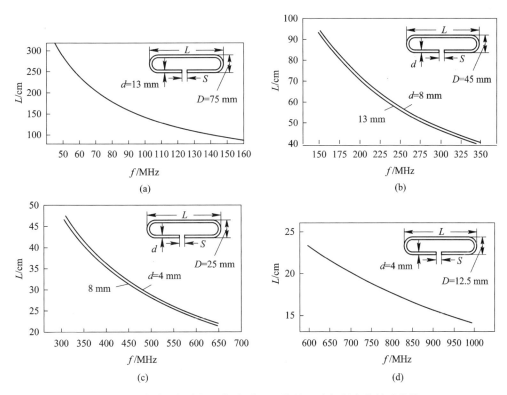

图 4.11　半波长折合振子标准增益天线的尺寸与频率的关系曲线

2. HD-SGAD 型半波长偶极子标准增益天线

图 4.12 是 HD-SGAD 型半波长偶极子标准增益天线。半波长偶极子在自由空间相对于无方向天线的增益为 2.15 dB。为了扩展标准增益天线的带宽，半波长偶极子的长度可调。

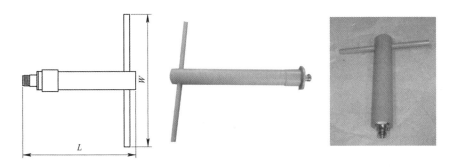

图 4.12　半波长偶极子标准增益天线

3. HD-SGAR 型带反射板的 2 元半波长偶极子标准增益天线

图 4.13 是增益为 7.7 dB 的带反射板的 2 元半波长偶极子标准增益天线。

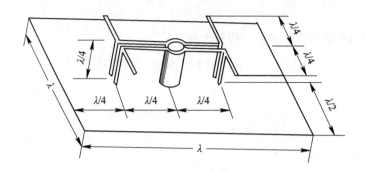

图 4.13　带反射板的 2 元半波长偶极子标准增益天线

4. HD‐SGABM 型 3 元八木标准增益天线

图 4.14 是增益为 5.3 dB 的 3 元八木标准增益天线。该标准天线的主要特点是：相对体积小，重量轻，使用方便，有一定的定向性。这种天线常用作 VHF、UHF 频段待测天线，电波检测的接收天线，干扰机和其他电子设备的发射或接收天线等。

图 4.14　3 元八木标准增益天线

在 VHF 的低频段，不可能使标准半波长偶极子位于自由空间，此时必须考虑地面对增益的影响。在仰角 $\psi < 15°$ 的实际地面上，水平极化半波长偶极子的增益的计算式为

$$G_{md}(dB) \approx 2.15(dB) + 20\lg[1 + |R_H|\sin(2\pi H\psi)] \tag{4.21}$$

地面参数引起的增益变化量为

$$\Delta G(dB) \approx 20\lg\left(\frac{1 + |R_H|}{1 + |R'_H|}\right) \tag{4.22}$$

式(4.21)和式(4.22)中，R_H、R'_H 为不同地面上的水平极化的反射系数；H 为天线离开地面的高度(单位同波长)。

如果 $5° < \psi < 30°$，则需要更精确的表达式，此时可用式(4.23)计算地面上水平极化半波长偶极子的增益：

$$G_{md}(dB) = 2.15(dB) + 10\lg\left[\frac{R_{11}}{R_{11} + R_e R_H Z_m}|e^{jkH\sin\psi} + R_H(\psi)e^{-jkH\sin\psi}|^2\right] \tag{4.23}$$

式中，R_{11} 为偶极子在自由空间自阻抗的实数部分；Z_m 为偶极子与它在理想导电平面上镜像间的互阻抗；H 为偶极子离地面的高度；ψ 为偶极子垂直面方向图第 1 个瓣的仰角；k 为自由空间的波数。

实际使用时，必须调整偶极子天线的高度，使它的主瓣指向待测天线。

5. HD - SGAH 系列标准增益喇叭天线

图 4.15(a)、(b)、(c)是 HD - SGAH 系列标准增益喇叭天线。该系列标准增益大线在低频段是用铝材氩弧焊或铝钎焊焊接而成的，在高频段是用铜材银钎焊焊接而成的，在更高频段是精密电加工成型的。该系列天线具有结构牢固可靠、性能稳定、定标精确、线极化纯度高的优点，广泛用作测量天线增益的标准天线、测量用辅助发射天线、电波检测用接收天线、干扰机和其他电子设备的发射或接收天线等。

研究人员按最佳角锥喇叭设计了 0.32～300 GHz，标称增益值为 10 dB、15 dB、20 dB、25 dB 的 HD - SGAH 系列标准增益喇叭天线。

为方便用户选用，HD - SGAH 系列标准增益喇叭天线的规格有波导输入型、同轴输入型和波导输入＋波导同轴转换器型。波导输入型的输入端 VSWR 的典型值＜1.2；同轴输入型和波导输入＋波导同轴转换器型的输入端 VSWR 的典型值＜1.5。

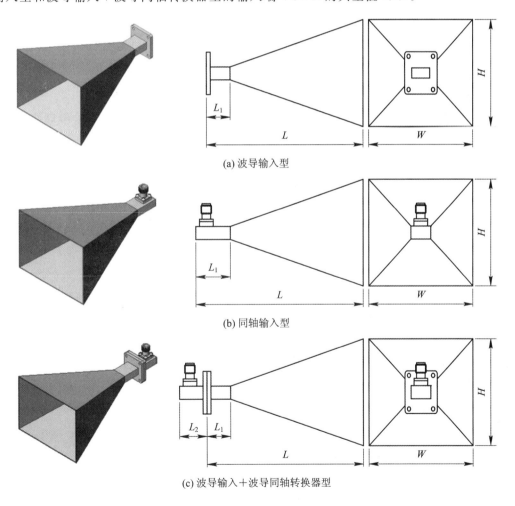

(a) 波导输入型

(b) 同轴输入型

(c) 波导输入＋波导同轴转换器型

图 4.15 HD - SGAH 系列标准增益喇叭天线

4.3.3　改善增益测量精度的措施

1. 传输公式的修正

从理论上说，式(4.9)在 $R \rightarrow \infty$ 时才成立，否则应作如下修正：

$$G_t G_r = \frac{P_r(R)}{P_t f(R)} \left(\frac{4\pi R}{\lambda} \right)^2 \tag{4.24}$$

式中，$f(R)$ 为距离 R 的修正函数。

当 $f(R) > 1$，并且 $\lim f(R) = 1 (R \rightarrow \infty)$ 时，要进行更精密的测量，要求数十次甚至上千次改变 R。设 $K = \lambda R / D_2$，$G_t G_r = F(K)$，求出 1 条 K - $F(K)$ 曲线。在 $F(K)$ 接近一条平稳的渐近线时，所测得的 $G_t G_r$ 就是增益的精确值。

一般远场要求 $K \geqslant 2$；对标准增益天线进行精密测量时，K 需要增大。从文献给出的结果可看出，当 $K \geqslant 3$ 时，$f(R) \approx 1$。测量中，选定 $K > 4$，此时，式(4.24)又简化为式(4.9)。

2. 测量距离 R 的修正

由于角锥喇叭的相位中心既不在喇叭视在顶点，也不在喇叭口径面上，且 E 面和 H 面相心也不重合，所以要对收发喇叭口径面之间的测量距离 R 进行修正。

3. 天线失配的修正

把低损耗电缆和精密小反射衰减器连接在发射天线输入口和接收天线输出口处，可改善天线与接收机或信号源的隔离和匹配。测量中，可以只考虑天线本身的失配影响，为此把式(4.9)修正为

$$\Gamma_t \cdot \Gamma_r = \frac{P_r}{P_t (1 - |\Gamma_t|^2)(1 - |\Gamma_r|^2)} \left(\frac{4\pi R^2}{\lambda} \right) \tag{4.25}$$

式中，Γ_t、Γ_r 分别为发射和接收喇叭输入端的电压反射系数。

4.3.4　设备标校

1. 频率标校

(1) 信号源频率经计量中心标校，在 2～18.5 GHz 频段，频率误差仪器显示末位无变化，估计在 0.1% 以下。

(2) 接收机(SA - 1711)的频率经计量中心标校。

2. 功率标校

1) 功率稳定度的校准

功率信号源和接收机按图 4.10 连接，将接收机的中频输出送到数字显示器(或功率计)。连续观察 1～2 小时，每隔 5 分钟记录 1 次，考查其变化。实测表明，指示摆动在 0.1 dB 以下。

2) 功率线性度的校准

改变接收机(或信号源)的衰减器量程，观察数字显示器的变化，不难发现：

(1) 信号源：可用变化范围只有 10 dB(考虑到接收信噪比)。

(2) 接收机：中频衰减变动 40 dB，线性很好。

（3）数字显示器：指示范围在 10～20 dB 为线性，超出此范围则为非线性。

鉴于上述情况，测量时把显示的动态范围限制在 10～20 dB，通过调节接收机的中频衰减器，将显示的动态范围调整为全范围。

3. 信号源和接收机输出（或输入）端口的校准

由于采用小反射低损耗电缆和精密小反射衰减器，把 VSWR 控制在 1.1 左右，因而可以忽略它们的影响。

4.3.5　增益测量结果

表 4.10 是由测量值计算的角锥喇叭的增益。

表 4.10　由测量值计算的角锥喇叭的增益值

序　号		1	2	3	4	5	6	7
频率 f/GHz		2.45	4.00	6.00	8.20	12.0	14.0	18.0
1-2	ΔP/dB	−19.53	−22.40	−17.37	−20.00	−23.65	−24.85	−26.90
1-3	ΔP/dB	−19.58	−22.37	−17.40	−20.00	−23.70	−25.00	−26.90
2-3	ΔP/dB	−19.58	−22.37	−17.30	−19.98	−23.75	−25.15	−26.70
序　号		1	2	3	4	5	6	7
天线	1♯　VSWR	1.047	1.121	1.089	1.071	1.073	1.154	1.270
	$10\lg(1-|\Gamma|^2)$	−0.002	−0.014	−0.008	−0.005	−0.005	−0.022	−0.062
	2♯　VSWR	1.063	1.119	1.058	1.114	1.068	1.148	1.250
	$10\lg(1-|\Gamma|^2)$	−0.004	−0.014	−0.003	−0.013	−0.005	−0.021	−0.054
	3♯　VSWR	1.120	1.105	1.060	1.083	1.065	1.135	1.073
	$10\lg(1-|\Gamma|^2)$	−0.0014	−0.011	−0.004	−0.007	−0.004	−0.017	−0.005
实测值	G_1	17.37	18.07	22.33	22.39	22.22	22.34	22.32
	G_2	17.37	18.07	22.42	22.41	22.17	22.19	22.41
	G_3	17.33	18.10	22.39	22.41	22.11	22.04	22.47
序　号		1	2	3	4	5	6	7
理论值（$T=0$）G_0		17.08	18.12	22.13	22.33	22.18	22.15	22.18
偏差值	ΔG_{10}	0.29	−0.05	0.20	0.06	0.04	0.19	0.14
	ΔG_{20}	0.29	−0.05	0.29	0.08	−0.01	0.04	0.23
	ΔG_{30}	0.25	−0.02	0.26	0.08	−0.07	−0.11	0.29
理论值（$T\neq0$）G_{01}		17.10	18.19	22.20	22.42	22.31	22.31	22.39
偏差值	ΔG_{11}	0.27	−0.12	0.13	−0.03	−0.09	0.03	−0.07
	ΔG_{21}	0.27	−0.12	0.22	−0.01	−0.14	−0.12	0.02
	ΔG_{31}	0.23	−0.09	0.19	−0.01	−0.20	−0.27	0.08

4.3.6　增益测量误差分析

测量距离引起的天线增益测量误差 ΔG_1 为

$$\Delta G_1 = 8.6859 \times \frac{\Delta R}{R} \text{ (dB)} \tag{4.26}$$

式中，ΔR 为测量距离的绝对误差，取 $\Delta R = 3$ mm，$R = 4972$ mm，则 $\Delta G_1 \leqslant 0.005$ dB。

频率不准确引起的增益误差 ΔG_2 为

$$\Delta G_2 = 8.6859 \times \frac{\Delta f}{f} \text{ (dB)} \tag{4.27}$$

式中，Δf 为频率读数的绝对误差，取 $\Delta f = 1$ MHz。

功率漂移误差（短期）：$\Delta G_3 \leqslant 0.05$ dB。

天线轴线对准误差：$\Delta G_4 \leqslant 0.1$ dB。

收发天线极化对准误差：$\Delta G_5 \leqslant 0.0013$ dB（按 $1.0°$ 偏差）。

地面反射多径效应误差：收发角锥喇叭架设高度 $h_t = h_r = 4$ m，对地面投射角为 $58°$，地面、四周和屋顶（除取样架外）均有吸波材料，多径效应的误差很小，估算 $\Delta G_6 \leqslant 0.1$ dB。

接收和发射端口不匹配误差：按驻波比 1.1 计算，$\Delta G_7 \leqslant 0.01$ dB。

口面幅度不均衡误差：$\Delta G_8 \leqslant 0.05$ dB。

相位不相同误差：$\Delta G_9 \leqslant 0.05$ dB。

电缆连接误差：$\Delta G_{10} \leqslant 0.1$ dB。

各项误差总和（和方根）：

$$\Delta G(\text{RSS}) = \pm \left(\sum_{i=1}^{10} \Delta G_i^2 \right)^{\frac{1}{2}} \tag{4.28}$$

按天线结构尺寸和工作频率计算出天线的理论增益 G_0，将其同实测的增益值进行对比，可发现在 2.45 GHz 和 18 GHz，$\Delta G \approx 0.29$ dB，且大多数实测值略高于计算值。这主要是喇叭壁厚影响所致。因此，必须对理论计算值作必要的修正。考虑到 TE_{10} 场的特点，只对 B 边按 1/2 壁厚增加口径计算理论增益 G_{01}。从 G_{01} 数值可看出，在 2.45 GHz 和 14.0 GHz，最大偏差 $\Delta G \approx 0.27$ dB，且多数实测值小于理论值。这个结果符合实际，测量误差 $\Delta G(\text{RSS}) \leqslant \pm 0.19$ dB。

4.4　被测天线的近场测量

4.4.1　多探头球面近场测量系统的基本原理

线极化分量法是根据辅助天线通过幅相接收机，接收正比于线极化分量 E_{1m}、E_{2m} 的电压值及它们之间相位差的接收信号，再利用潘卡球参数变换并导出椭圆极化参数的测试方法。

如果天线是互易的或虽是非互易天线，但作为发射天线，则可以根据上述原理来测量被测天线的电参数。具体方法是：把被测天线作为发射天线并置于有方位、仰角的转台上，用 1 个正交线极化天线作为辅助天线，并使辅助天线的两个线极化方向分别与坐标轴一致，辅助天线的两个极化分量分别由输出通道接收后，再经混频送入幅相接收机，输出 2 路正比于两个分量幅度的电压及 1 路两个分量的相位差。

陕西海通的 128 多探头测量系统是由均匀分布在圆环上的 128 个探头及测量设备组成的。其中的每个探头都由两个正交线极化天线构成，用两个正交线极化天线可以检测出探头所在位置的幅度和相位满足：

$$E_1 = E_x \mathrm{e}^{\mathrm{j}\phi_1}\, x$$
$$E_2 = E_y \mathrm{e}^{\mathrm{j}\phi_2}\, y \tag{4.29}$$

其中，x 和 y 是单位矢量。两个互相垂直的线极化天线的幅度比 $k = E_y/E_x$，相位差 $\delta = \mathrm{j}(\phi_1 - \phi_2) = \mathrm{j}\pi/2 + \Delta$。

如果 $k=1$，$\delta=90$，则该电场是圆极化波；如果 k 为任意值，$\delta=0°$，则该电场是线极化波；不满足上述条件的就是椭圆极化波。把每个探头中两个天线测量得到的电场合成，由相位差 δ 的正或负，可以判断椭圆极化的旋向，从而得出被测椭圆极化天线的全部信息。多探头系统通过电子扫描和机械扫描，可快速获得包围天线的球面上电场的全部信息，再通过近远场变换，就得到了被测天线远场椭圆极化波的全部信息。

探头阵的圆环面与地面垂直，128 个探头沿 θ 方向分布。被测线极化和圆极化天线在 SG128 多探头系统中的测试方法如下：

(1) 被测天线架设到探头阵中心。

(2) 被测天线沿 φ 角由 0° 转动到 179°，每转 2.83° 停顿 1 次。

(3) 每次停顿过程中，1♯ ~ 128♯ 探头依次扫描，从而获得 φ 等于 θ 面上沿探头振子方向所有电场的振幅和相位，进而取得包围被测天线的球面近场信息。

(4) 通过球面近远场转换，获得被测天线远场的电参数。

4.4.2　近场天线测试设备及要求

表 4.11 是多探头球面近场测量的测试设备。

表 4.11　多探头球面近场测量的测试设备

设备名称(型号)	数量
多探头球面近场测试系统 SG‐128	1 套
标准增益天线	1 个
无回波暗室($L \times W \times H = 10\ \mathrm{m} \times 10\ \mathrm{m} \times 10\ \mathrm{m}$)	1 间
测试工装	1 个
百分表安装支架及百分表	各 1 个
增益方向图导出软件	1 套
相位中心误差导出及误差分析软件	各 1 套
结果统计及指标评判软件	各 1 套
计算机	2 台
打印机	2 台

多探头球面近场测量的具体要求如下：

1. 系统环境温度

调整测试系统环境温度为 $24° \pm 2°$。

2. 用标准增益天线标定系统增益

（1）架设标准增益天线，让标准增益天线的视在相位中心与系统的几何中心一致。

（2）按照被测天线的工作频率范围设定测试频率。

（3）标定测试完成后，将标定数据存于控制计算机内。

图 4.16 是多探头球面近场测试场。

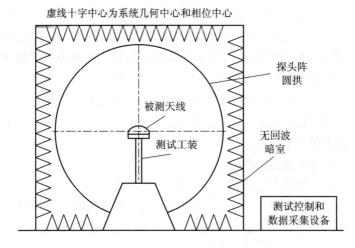

图 4.16　多探头球面近场测试场

4.4.3　测量方法

（1）按图 4.16 将待测天线法线向上平放在测试工装上，调整工装高度，保证天线的几何中心与测试系统中心重合，调整天线底面使水平激光能够全部照射到天线上表面，从而保证天线水平基准面与水平方向的夹角小于 $1°$。

（2）将测试电缆与被测天线相连，将暗室恢复为测试状态。

（3）输入确定的测试频点，开始测试，完成球面三维数据（幅度、相位、极化等）的采集，并把所有数据存于计算机中。

4.4.4　测量内容

1. 方向图和增益

主平面 HPBW 表示天线与辐射能量随 θ、φ 的分布情况，HPBW 愈小，表示天线的增益愈高；SLL 为第 1 副瓣电平，SLL 愈小，天线增益也就愈高；F/B 为方向图前向（$\theta = 0°$）电平与后向（$\theta = 180° \pm 30°$）电平的 dB 之差，F/B 愈高，则天线增益愈高，抗干扰能力扼制多径效应的能力愈强。用于表征天线方位面均匀性的全向方向图的圆度是指天线在 $0°$ 仰角，$0° \sim 360°$ 方位角内方向图的最大电平 A_{max}（dB）与最小电平 A_{min}（dB）之差。对于 $20°$ 仰角，全向天线水平面方向图的圆度：

$$圆度 = \frac{1}{2} \left[A_{\max}(\mathrm{dB}) - A_{\min}(\mathrm{dB}) \right]$$

用方向图导出软件分别导出所有测试频点、E 面和 H 面主极化方向图和仰角为 0°或 20°的全向方向图，由这些方向图就能分别求出 HPBW、SLL、F/B、圆度、天线的最大增益（$\theta=0°$）及在仰角 20°上的最小增益。

2. 轴比和衰降系数

轴比是圆极化天线极为重要的参数，轴比愈小，天线增益愈高，圆极化性能也就愈好。用方向图导出软件导出天线在轴线（$\theta=0°$）方向和仰角 20°的轴比方向图，由这些轴比方向图就能分别求出法线方向和 20°仰角被测圆极化天线的轴比。

衰降系数是高精度圆极化天线轴线方向（$\theta=0°$）的主极化增益与水平方向（$\theta=90°$）的主极化增益的 dB 之差，衰降系数越高，抗多径效应的能力就越强。用方向图导出软件导出被测圆极化天线轴线方向和仰角 0°的主极化增益，就能求出衰降系数。

3. 相位中心误差

1）指标描述

天线的相位中心误差是度量天线相位中心空间稳定性的 1 个指标。一般将用最小二乘法对波束区内的远场相位方向图，进行回归分析计算得到的相位中心值作为天线的平均相位中心（PCO）。PCO 以 x、y、z 的坐标形式给出，坐标原点在天线的几何中心。天线各个切面相位中心的空间分布与平均相位中心之间的均方根误差（或标准差），定义为天线相位中心的误差，也叫相位中心离散度，用 PCV 表示，该值以 1 个数字给出，单位为 mm。PCV 越大，表明天线相位中心的稳定性越差。

2）高精度工装的架设及标定

（1）将高精度测试工装架设到天线测试转台上，使测试工装的轴心与转台的轴心在一条直线上，调整其垂直度使之满足精度要求。

（2）装百分表支架（若支架任何部位不碰高精度工装及与高精度工装相连的物体）就表明百分表能够正常工作。

（3）将百分表安装到支架上，让百分表探头轻微碰到测试工装的顶部。

（4）调整百分表表盘正面朝向，使摄像头对准表盘正面，以方便暗室外用显示器读取百分表上的数值。

（5）通过螺栓调整高精度工装，控制转台自转并通过百分表进行观察，最终使高精度工装自转的最大偏差≤0.6 mm。

（6）标定完成后，所有人员离开暗室，控制转台自转 360°，并通过摄像头观察记录百分表的读数，确定工装架设精度达到测试要求。

3）测试步骤

（1）将待测天线法线向上固定到高精度工装上，调整工装高度，保证天线几何中心与测试系统中心重合；将百分表探针垂直向上，轻触天线底面（视天线的具体情况而定），通过工装调整天线底面，并观察百分表，让工装自转 360°，百分表读数的最大偏差≤0.6 mm，从而保证天线水平基准面与水平方向的夹角小于 $1°$。

（2）将测试电缆与无源天线的输出端口连接，将暗室恢复为测试状态。

（3）输入测试频点，开始完成球面三维数据（幅度、相位、极化等）的采集。

（4）用方向图导出软件导出仰角为 $10°\sim80°$（间隔 $10°$）、方位角为 $360°$（间隔 $1°$）的相位方向图。

（5）用相位中心误差分析软件进行数据统计，给出每个频点相位中心的 PCO 和 PCV 值。

（6）把各个频点的 PCV 作为该频点的相位中心误差值。

4.4.5　天线近场测量探头的种类

在天线平面近场、柱面近场、球面近场和时域近场等各种近场的测量中，都离不开近场测量探头。可以完全替代进口产品的国产系列近场测量探头有波导正交馈电型（OEWP）、波导正交馈电 I 型（OEWPI）、波导端接馈电型（OEWPE）和同轴偶极子型（OECP）。上述国产天线近场测量探头完全能达到国内外天线近场测量的使用要求。

天线近场测量探头包括开口矩形波导探头、偶极子探头、双极化近场测量探头、宽带近场测量探头、圆极化近场测量探头和双圆极化近场测量探头。

1. 开口矩形波导探头

图 4.17 是开口矩形波导探头。

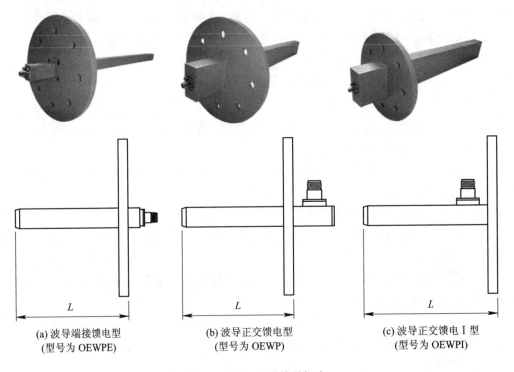

（a）波导端接馈电型　　　　　　（b）波导正交馈电型　　　　　　（c）波导正交馈电 I 型
（型号为 OEWPE）　　　　　　（型号为 OEWP）　　　　　　（型号为 OEWPI）

图 4.17　开口矩形波导探头

2. 偶极子探头

图 4.18 是 HD - OECP 型偶极子探头。常用的同轴接头有 N-50K、SMA-50K 等。

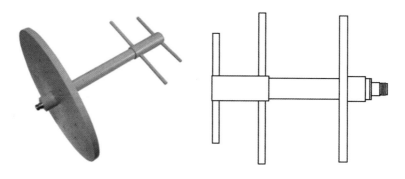

图 4.18 偶极子探头

3. 双极化近场测量探头(OEWDP 型)

图 4.19(a)是用方形开口波导和宽带正交模耦合器构成的双极化近场测量探头,同轴接头根据频率不同分别有 N-50K、SMA-K 和 2.92-50K。根据用户需要,也可以采用圆形开口波导。该双极化近场测量探头的极化隔离度大于等于 25 dB,电压驻波比小于等于2.5。

4. 宽带近场测量探头(WBOEWP 型)

图 4.19(b)是用双脊波导开口构成的有倍频程带宽的近场测量探头,同轴接头有 N-50K、SMA-50K 和 2.92-50K。

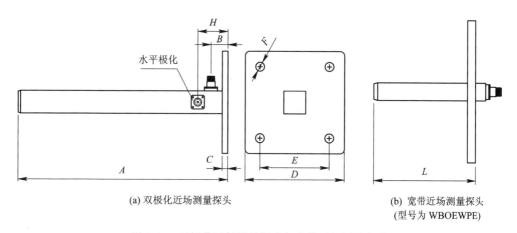

(a) 双极化近场测量探头

(b) 宽带近场测量探头
(型号为 WBOEWPE)

图 4.19 双极化近场测量探头与宽带近场测量探头

5. 圆极化近场测量探头(OEWCP 型)

图 4.20(a)是用方形开口波导或圆形开口波导构成的圆极化近场测量探头,同轴接头根据频率不同分别有 N-50K、SMA-K 和 2.92-50K。注意,圆极化探头的轴比带宽越宽,轴比性能下降得越快。圆极化近场测量探头的电性能为:电压驻波比≤2.0,在 10% 带宽下,轴比≤1 dB,在 20% 带宽下,轴比≤2 dB。

6. 双圆极化近场测量探头(OEWDCP 型)

图 4.20(b)是用方形开口波导或圆形开口波导和宽带正交模耦合器构成的双圆极化近场测量探头,同轴接头根据频率不同分别有 N-50K、SMA-K 和 2.92-50K。注意,带宽

越宽，轴比性能下降得越快。这种探头的基本性能是：电压驻波比≤2.0，在10％带宽下轴比≤1 dB，在20％带宽下，轴比≤2 dB。

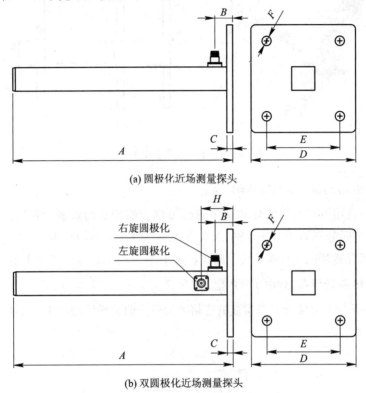

(a) 圆极化近场测量探头

(b) 双圆极化近场测量探头

图 4.20　圆极化近场测量探头与双圆极化近场测量探头

4.5　低噪声放大器参数的测量

由于低增益圆极化天线通常都带有低噪声放大器，因而本节介绍低噪声放大器参数的测量方法。

4.5.1　低噪声放大器噪声系数的测量

1. 指标描述

噪声系数用于表述低噪声放大器信噪比的恶化情况。

2. 测试设备

表 4.12 是低噪放噪声系数的测试设备。

3. 测试步骤

（1）保持测试环境温度为(25±5)℃，仪器加电预热 30 min 以上。

（2）按图 4.21 所示的测试连接框图中的虚线连接好电缆，在被测频段校准噪声系数分析仪测量系统。

表 4.12　低噪放噪声系数的测试设备

设备名称(型号)	数量
噪声系数分析仪 Agilent N8974A	1 套
馈电器	1 个
射频电缆	3 根
直流稳压电源 DH1718D‑4	1 间
数字万用表 Agilent4401A	1 台
衰减器(标定)	两个

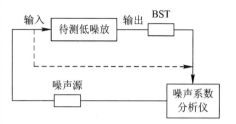

图 4.21　低噪放噪声系数测试框图

(3) 按图 4.21 中的实线将待测低噪声放大器与噪声系数分析仪相连接,并完成测试频段噪声系数的测量。

(4) 间隔 30 s 读取 3 次数据,把 3 次测试结果的平均值作为测试频段内低噪放噪声的系数值。

4. 合格判断

把工作频段内噪声系数的平均值作为被测低噪声放大器噪声系数的测试结果。如果满足指标要求,则判断为合格。

4.5.2　低噪声放大器输出 VSWR 的测量

1. 指标描述

VSWR 可表示低噪放端口的匹配情况。

2. 测试设备

表 4.13 是低噪放输出 VSWR 的测量设备。

表 4.13　低噪放输出 VSWR 的测量设备

设备名称(型号)	数量
矢量网络分析仪	1 套
馈电器	1 个
校准件	1 套
同轴转换接头	2 套
射频电缆	2 根
直流稳压电源	1 台
衰减器(标定)	两个

3. 测试步骤

(1) 保持测试环境温度为(25±5)℃,仪器加电预热 30 min 以上,把网络分析仪输出电平设置为-50 dBm，中频带宽设置为100 Hz。

（2）连接好测试电缆后（BST 作为测试电缆的一部分串接在测试电缆中，BST 不加电），利用三态法在测试频段对测试系统进行校正。

（3）按图 4.22 所示的测试框图中的实线，将待测低噪声放大器与矢量网络分析仪相连接（端口 1 接低噪放输入端口，端口 2 接低噪放输出端口，BST 加电），测试低噪放输出的 VSWR，标出带内最大 VSWR，间隔30 s 测试 3 次，分别打印出测试曲线。

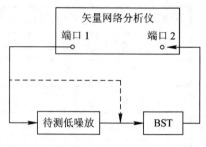

图 4.22　低噪放输出 VSWR 测试框图

4. 合格判断

把 3 次测试的平均值作为测试频段低噪放输出 VSWR 的测试结果。如果满足指标要求，则判断为合格。

4.5.3　低噪声放大器带内平坦度的测量

1. 指标描述

低噪声放大器带内平坦度可用来表示低噪声放大器在工作频段内增益的起伏。

2. 测试设备

低噪声放大器带内平坦度的测试设备为矢量网络分析仪。

3. 测试步骤

（1）把网络分析仪的输出电平设置为-50 dBm，中频带宽设置为100 Hz。

（2）连接好测试电缆（BST 作为测试电缆的一部分串接在测试电缆中，BST 不加电）后，利用三态法在测试频段对测试系统进行校正。

（3）按图 4.22 所示的测试框图中的实线，将待测低噪声放大器与矢量网络分析仪相连接（端口 1 接低噪放输入端口，端口 2 接低噪放输出端口，BST 加电），记录测试频段内低噪放增益波动的最大值和最小值。

（4）取测试频段内低噪放增益波动的最大值和最小值之差的一半，作为测试频段内的平坦度。

（5）间隔 30 s 测试 3 次。

4. 合格判断

把 3 次测试的平均值作为测试频段低噪放的带内平坦度的测试结果。如果满足指标要求，则判断为合格。

4.5.4　低噪声放大器带外抑制的测量

1. 指标描述

带外抑制用于表示低噪声放大器对带外信号的抑制效果。

2. 测试设备

低噪声放大器带外抑制的测试设备与低噪放输出 VSWR 的测试设备相同。

3. 测试步骤

（1）将矢量网络分析仪的输出电平设置为 -50 dBm，中频带宽设置为 100 Hz。

（2）连接好测试电缆（BST 作为测试电缆的一部分串接在测试电缆中，BST 不加电）后，利用三态法在测试频段对测试系统进行校正。

（3）按图 4.22 中的实线，将待测低噪声放大器与矢量网络分析仪相连接（端口 1 接低噪放输入端口，端口 2 接低噪放输出端口，BST 加电），进行频段带外抑制测试（矢量网格分析仪工作在传输模式）。

（4）取测试频段内频点最小值与带外电平之差，作为测试频段带外抑制的测试值。

（5）间隔 30 s 测试 3 次。

4. 合格判断

把 3 次测试的平均值作为测试频段的带外抑制测试结果。如果满足指标要求，则判断为合格。

4.6   舰船天线和馈线系统的系泊试验

4.6.1   检测项目

1. 系统功能检测

1）与舰船安装位置的接口功能

在舰船条件下，检查新列装的 HF、VHF 和 UHF 收发天线，法兰与舰船甲板上或桅杆横梁上底座接口的适配性。

2）与发射机、接收机的接口功能

在舰船条件下，检查新列装的 HF、VHF 和 UHF 收发天线与相应频段发射机、接收机接口的适配性。

3）与收发及其他电子设备的电磁兼容性

在同频段收发天线同时工作，或者与其他频段天线同时工作的情况下，检查系统的电磁兼容性。

2. 设备功能测试

检测新列装的 HF、VHF 和 UHF 收发天线与发射机、接收机能否在工作频段内正常匹配工作。

3. 设备对环境的适应性

在舰船条件下，检测新列装的 HF、VHF 和 UHF 收发天线对恶劣海洋环境的适应性。

4.6.2   设备性能的检测内容

1. 机房天线和馈线系统 VSWR 的测量

（1）对带自动天调的 10 m 鞭天线，在 2～30 MHz 频段内，以 0.1 MHz 的频率间隔，在每 1 个发射频率，利用自动天线调谐器使天线谐振，实测及记录天线和馈线系统的

VSWR，同时记录不能调谐的频点。

（2）机房宽带 HF、VHF 和 UHF 天线和馈线系统 VSWR 的测量。

① 用发射机自带设备测量。在机房直接用发射机自带设备在选定的测试频点发射，测出发射机输出功率及天线和馈线系统的 VSWR，并记入表 4.14 中。

天线和馈线系统的 VSWR 的测量与天线输入端的 VSWR 的测量不同，天线和馈线系统既包含了天线，还包含了馈线，由于馈线存在损耗，所以实测天线和馈线系统的 VSWR 比实测天线的 VSWR 小。

② 用网络分析仪测量。在机房，把与发射机连接的 50 Ω 同轴馈线旋下，将发射机与网络分析仪的反射端口相连，按被测天线的工作频率范围，调整好网络分析仪的起止频率后测量，标出 VSWR 最大的频点和频段，再用打印机打印出 VSWR-f 曲线。网络分析仪比较笨重，必要时可利用便携式网络分析仪（如 Sitemaster）进行测量。

③ 用功率计测量。在机房，在发射机输出端与连接天线的同轴馈线之间串联功率计，按事先选定的测试频点让发射机发射，用功率计测试入射功率 P_i 和反射功率 P_r，并把测量结果记入表 4.14 中。利用式（4.30）计算出天线和馈线系统的 VSWR：

$$VSWR=\frac{1+\sqrt{P_r/P_i}}{1-\sqrt{P_r/P_i}} \tag{4.30}$$

表 4.14　系泊试验 XX 天线和馈线系统机房 VSWR 测试记录表

测试频率/MHz	f_1	f_2	...	f_n
P_i				
P_r				
VSWR				

（3）机房天线 VSWR 的测量。

要在机房用网络分析仪测量天线的 VSWR，只能爬到桅杆上，把电缆从天线输入端旋下，分别让电缆开路、短路和接 50 Ω 标准负载对仪器进行校准，消除电缆的影响，校准完成后把电缆与天线相连。但这种方法很难实施，因为人很难爬上桅杆到达天线处。一种有效的方法就是在机房，从实测的天线和馈线的 VSWR 中扣除同轴馈线的损耗，求出天线的 VSWR。具体方法如下：

① 把实测的天线和馈线的 VSWR 比用 dB 表示。天线的匹配程度可以用 VSWR 表示，也可以用反射损耗（Return Loss）RL 表示。由于

$$RL=20lg|\Gamma|=20lg\left(\frac{VSWR-1}{VSWR+1}\right) \tag{4.31}$$

因此知道了 VSWR，由式（4.31）就能求出 RL。由于

$$VSWR=\frac{1+10^{RL/20}}{1-10^{RL/20}} \tag{4.32}$$

因此用式（4.32）就能由 RL 求出 VSWR。

表 4.15 为 VSWR 与 RL 的对应关系。

表 4.15　VSWR 与 RL 的对应关系

VSWR	1.1	1.2	1.3	1.4	1.5	1.6	1.7	1.8	1.9	2.0	2.5	3.0
RL/dB	-26.4	-20.8	-17.7	-15.6	-14	-12.74	-11.7	-10.9	-10.2	-9.5	-7.35	-6

② 计算 50 Ω 长同轴馈线的损耗。要求出 50 Ω 长同轴馈线的损耗，必须由船厂提供 XX 天线同轴馈线的长度和型号。知道了电缆型号和工作频率，查电缆手册就能得到所用同轴电缆在实测频率 f_1 上的衰减常数 α(dB/m)。假定电缆的长度为 A(m)，则电缆的损耗 L(dB)$=A$(m)$\times\alpha$(dB/m)。如果要求在实测频率 f_2 上但电缆手册上没有给出的衰减常数 α_2，可以查出同轴电缆在频率 f_1 上的衰减常数 α_1，由式(4.33)近似计算出同轴电缆在频率 f_2 上的衰减常数 α_2：

$$\alpha_2(\text{dB/m})=\alpha_1(\text{dB/m})\sqrt{\frac{f_2}{f_1}} \tag{4.33}$$

③ 从用 dB 表示的实测天线和馈线系统的 VSWR 中，扣除同轴馈线的损耗 L(dB)的 2 倍(入射信号由机房传到天线输入端，天线与馈线不完全匹配，其中一部分信号被反射回输入端，信号来回都通过电缆)，再把它们之差用式(4.31)转换成 VSWR，就求得了天线的 VSWR。

【例 4.1】　在机房，假定在 960 MHz 实测 JIDS 天线和馈线系统的 VSWR=1.6，已知该天线所用同轴线为长 30 m 的 7/8″ 泡沫电缆，电缆手册上给出了 900 MHz 的衰减常数 $\alpha_1=0.0381$ dB/m，试求该天线的 VSWR。

解　由式(4.31)或查表 4.15，把 VSWR=1.6 用 dB 表示：

$$\text{RL}=20\lg\left(\frac{\text{VSWR}-1}{\text{VSWR}+1}\right)=20\lg\left(\frac{1.6-1}{1.6+1}\right)=-12.74\text{ dB}$$

由式(4.33)求出同轴馈线在 960 MHz 的 α_2(dB/m)：

$$\alpha_2(\text{dB/m})=0.0381\times\sqrt{\frac{960}{900}}=0.0393\text{ dB/m}$$

电缆损耗：

$$L(\text{dB})=2\times30\times0.0393=2.358\text{ dB}$$

则

$$\text{RL}+L(\text{dB})=-12.74+2.358=-10.382\text{ dB}$$

由式(4.32)得

$$\text{VSWR}=\frac{1+10^{-10.382/20}}{1-10^{-10.382/20}}=1.868\approx1.9$$

如果已知天线的电压驻波比 VSWR_a，但不知道天线所用同轴馈线的长度和型号，可用机房测出天线和馈线系统的电压驻波比 VSWR_s，用以下方法可以求出天线所用同轴馈线的损耗 L(dB)。

由式(4.31)把 VSWR_a 用 RL_a 表示，把 VSWR_s 用 RL_s 表示，则电缆的损耗 L：

$$L(\text{dB})=0.5\times(\text{RL}_s-\text{RL}_a) \tag{4.34}$$

【例 4.2】　已知天线的电压驻波比 $\text{VSWR}_a=1.867$，在机房实测天线和馈线系统的电压驻波比 $\text{VSWR}_s=1.6$，求天线所用同轴馈线的损耗 L(dB)。

解　由式(4.31)，把天线的 VSWR$_a$ 与天线和馈线系统的 VSWR$_s$ 用 RL$_a$ 和 RL$_s$ 表示如下：

$$RL_a = 20\lg\left(\frac{1.876-1}{1.876+1}\right) = -10.388 \text{ dB}$$

$$RL_s = 20\lg\left(\frac{1.6-1}{1.6+1}\right) = -12.74 \text{ dB}$$

则由式(4.34)可求出所用同轴电缆的损耗如下：

$$L(\text{dB}) = 0.5(RL_s - RL_a) = 0.5 \times (-12.74 + 10.388) = -1.18 \text{ dB}$$

2. 机房发射机输出功率的测量

1) 测试方法

(1) 用发射机自带设备测量。把发射机和被测天线相连，调整发射机使其输出最大，将不同发射频点发射机的最大输出功率 P_0 记入表 4.16 中。

(2) 用功率计测量。在发射机输出端与连接天线的同轴馈线之间串联通过式功率计，调整发射机使其输出最大，通过功率计测出不同发射频点发射机的输出功率 P_1，并将其记入表 4.16 中。

(3) 用热偶表测量。在发射机输出端与连接天线的同轴馈线之间串联热偶表，用热偶表测出发射机在不同频点发射时发射机的输出电流 I。由于发射机的输出阻抗 $R = 50\ \Omega$，因此可以利用欧姆定律 $P = I^2 R$，求出功率 P_2，将 I 和 P_2 记入表 4.16 中。

表 4.16　XXX 天线系泊试验发射机输出功率测试记录表

测试频率/MHz	f_1	f_2	…	f_n
P_0（用发射机）				
P_1（用功率计）				
I（用热偶表）				
$P_2 = I^2 R$				

2) 测试设备

(1) 包含被测天线工作频率范围的发射机 1 台。

(2) 包含被测天线工作频率范围的功率计 1 台。

(3) 热偶表 1 个。

3. 机房天线输入功率的测量

在舰船条件下，由于发射机位于舱内，天线位于离发射机比较远的甲板或桅杆上，因此连接天线和发射机的同轴馈线比较长。由于同轴馈线存在损耗，天线与馈线不匹配造成失配损耗，因此到达天线输入端的功率比发射机的输出功率小。

(1) 计算所用同轴馈线的损耗。

用 A(m) 表示 XX 天线所用同轴馈线的长度，由电缆手册查出该同轴电缆在测试频率下的衰减常数 α(dB/m)，则所用同轴馈线的损耗 L(dB) 为

$$L(\text{dB}) = A(\text{m}) \times \alpha(\text{dB/m}) \tag{4.35}$$

(2) 用实测天线和馈线系统的 VSWR，计算失配造成的功率损耗 ΔP：

$$\Delta P = 10\lg \frac{(\text{VSWR}+1)^2}{4\text{VSWR}} \tag{4.36}$$

(3) 把在机房实测的发射机的输出功率 $P(\text{W})$ 用 dB 表示之后，扣除同轴馈线的损耗 $L(\text{dB})$ 及失配造成的功率损耗 $\Delta P(\text{dB})$，就得到了天线输入端的功率 P_a。

【例 4.3】 假定在机房，在 960 MHz，实测发射机的输出功率 $P=50$ W，同轴馈线的损耗 $L=1.18$ dB，天线的 VSWR＝1.9，试计算天线的输入功率。

解 把 50 W 功率用 dB 表示，即 $P(\text{dBW})=10\lg(P/1\text{ W})=10\lg\frac{50}{1}=17$ dBW，由式 (4.36) 求出失配造成的功率损耗：

$$\Delta P = 10\lg \frac{(\text{VSWR}+1)^2}{4\text{VSWR}} = 10\lg \frac{(1.9+1)^2}{4 \times 1.9} = 0.44 \text{ dB}$$

从用 dB 表示的发射机的输出功率中扣除 $L(\text{dB})$ 和 $\Delta P(\text{dB})$，就能得出天线的输入功率 P_a：

$$P_a = 17 - 1.18 - 0.44 = 15.38 \text{ dBW}$$

把 dBW 再转换成 W，就得到了天线输入端的功率：

$$P_a(\text{W}) = 10^{15.38/10} = 34.5 \text{ W}$$

4.7 舰船天线和馈线系统的航海试验

1. 系统功能

(1) 在航海状态下，对 HF 天线，要在白天、黄昏、晚上和黎明不同时间、不同频段进行近、中、远通信试验。试验内容包括语言、电报、图像和数据，试验前要制订详细的试验大纲及细则，以检验系统功能是否满足设计要求。

(2) 在航海状态下，要根据 VHF、UHF 天线的工作频段，按制订的舰与岸、舰与舰、舰与飞机之间的试验大纲及细则进行通信实验，检验系统功能是否满足设计要求和部队的使用要求。

2. 系统的电磁兼容性

在航海状态下，应在同频或不同频段天线同时发射和接收情况下，测量系统的电磁兼容性。

3. 设备对环境的适应性

在航海及恶劣的海洋使用环境下，应检验天线的三防性能，考察天线对环境的适应性，目测天线有无腐蚀生锈，漆起皮、脱落等现象发生。

4. 设备的可靠性

在航海及恶劣的海洋使用环境下，检验天线的机械性能和可靠性，在舰载机和直升机起飞的军舰上，要检查天线的折倒装置是否灵活好用，作为飞机归航引导使用的中波伸缩天线，要检查天线的伸缩功能是否正常到位。目测所有 HF、VHF 和 UHF 天线有无变形、破裂、折断等受损情况发生。

4.8　舰船加改装通信设备试验

4.8.1　更换设备前的检测内容

（1）在机房测量发射机的输出功率，以便把测量结果与新列装测试结果进行对照。
（2）在机房测量天线和馈线系统的 VSWR。
（3）测量天线的绝缘电阻。

4.8.2　更换设备后的检测内容

（1）在机房测量发射机的输出功率，并对照测试前的实测结果，评估改装后的效果。
（2）在机房测量天线和馈线系统的 VSWR，并对照测试前的实测结果，评估改装后的效果。
（3）测量天线的绝缘电阻。
（4）在航海和海洋使用环境下，检验天线对环境的适应性和可靠性。
（5）在航海状态下，完成各种通信试验，以评估改装后的实际综合效果。

4.8.3　加装新设备的检测内容

1. 系统功能检测

（1）与舰船安装位置的接口功能。
检查加装天线的安装法兰与军舰甲板上或上层建筑（桅杆、烟筒）上安装的底座接口的适配性。
（2）与发射机、接收机的接口功能。
检查新加装的天线与相应频段发射机、接收机接口的适配性。
（3）与其他设备的电磁兼容性。
在与其他设备同时工作的情况下，检查系统的电磁兼容性。

2. 设备功能测试内容

（1）在机房测量发射机的输出功率（具体测量方法参看 4.6 节）。
（2）在机房测量天线和馈线系统的 VSWR（具体测量方法参看 4.6 节）。
（3）测量天线的绝缘电阻（具体测量方法参看 4.2 节）。
（4）在航海状态下，完成各种通信试验。

3. 设备的可靠性及对环境的适应性

在航海及恶劣的海洋使用环境下，应目测天线有无变形，破裂，折断，腐蚀生锈，漆起皮、脱落等现象发生。

4.9　陆地台站天线和馈线系统工程的验收内容及方法

在工程验收前，天线和馈线系统承制单位应向建设单位提交验收技术文件，其中 1 份在验收会签后还给施工单位。

验收技术文件应包括工程设计方案、工程量总表、工程说明、测试记录、设备明细表。系统开通，并完成系统联调联试，待系统运行正常后，由军代表进行全部工程验收。

表 4.17～4.19 分别为天线安装、同轴电缆铺设安装及接地工程安装工艺的验收内容、方法。

表 4.17　天线安装工艺验收内容、方法及结果

验收内容	要　求　及　判　据	验收方法
天线安装位置	（1）天线场地及布局能满足规定的通信任务。尽管受场地限制，但能基本满足所规定的通信任务。 （2）天线基础、地锚满足设计方案要求。 （3）天线外观整洁，无锈蚀，三防处理完善	现场检查
天线基础坑	（1）满足设计方案对深度及面积的要求。 （2）坑位地面应夯实	现场检查
天线支撑杆架设	（1）天线支撑杆架设应垂直，天线支撑杆的垂直度误差不得超过 3‰。 （2）天线底座及各旋转部位不得有生锈、损坏现象。 （3）避雷针、桅杆、底座的连接部位电接触良好。 （4）连接天线支撑杆的螺丝应采用热浸锌螺丝，并用双帽双垫螺栓安装，无松动现象	现场检查、测量
拉线架设	（1）拉线松紧适度，拉线上的花篮螺栓应留有调整余量并锁紧。 （2）拉线及线扣的螺丝应做好三防处理。 （3）每根拉线最上端绝缘子与天线支撑杆连接处的距离应不大于 2 m，其他绝缘子间距应不大于 4 m，拉线上的绝缘子应是高频蛋形绝缘子，不能用电力绝缘子代替。 （4）天线支撑杆的 3 方拉线应互为 120°，在场地受限时，角度误差不超过 10°。如果不能满足要求，应相应增加拉线数量。 （5）天线面正下方不应有拉线	现场检查、测量
天线面架设	（1）共杆架设的 2 幅天线，2 端点间距大于 2 m。天线面末端离天线支撑杆的距离应大于 1 m。 （2）2 副天线平行架设时，天线间距要大于 80 m。当场地不能满足条件时，天线间距不能小于 60 m。 （3）安装水平天线时，天线的垂度不超过天线跨度的 2.5%～5%。 （4）天线面不得扭动。各天线组件（如陶瓷绝缘件、匹配器等）无损坏现象。 （5）天线面的尾线用花篮螺丝固定，应留有调整余量并锁紧。 （6）平行下引线应保持平行，末端应用花篮螺丝固定，且留有调整余量并锁紧。 （7）平行下引线跳线与匹配器接线柱电接触良好，压接牢靠，并作好三防处理	现场检查、测量

表 4.18 同轴电缆铺设安装工艺验收内容、方法及结果

验收内容	要 求 及 判 据	验收方法
同轴电缆的铺设工艺	(1) 符合设计方案要求。 (2) 同轴电缆的弯曲度符合要求。 (3) 同轴电缆中间不得有接头，塑料绝缘外皮应无断裂，同轴电缆应无挤压、变形现象。 (4) 同轴电缆空中架设、埋地铺设应符合要求	现场检查
同轴电缆与天线及设备的连接	(1) 同轴电缆的插头连接牢靠，无虚焊、假焊现象。 (2) 同轴电缆剥头要合适，芯线插入后不露铜芯。 (3) 同轴避雷器连接牢靠，与接地线连接可靠	现场检查

表 4.19 接地工程安装工艺验收内容、方法及结果

验收内容	要 求 及 判 据	验收方法
接地装置和接地线的安装工艺	(1) 接地体及接地连接材料符合规范要求。 (2) 接地体在土壤中的埋设深度不应小于 0.5 m。 (3) 接地装置和连接线连接可靠，并作好三防处理，接地，回填土并夯实	现场检查

测试设备如下：

(1) 照相机 1 个。

(2) 卷尺 1 个。

(3) 水平仪 1 个。

(4) 指南针 1 个。

(5) 望远镜 1 个。

4.10 3 线短波宽带天线的验收细则

1. 总则

3 线短波宽带天线应满足本细则的战技指标要求，如合同要求与本细则不一致，以双方的合同约定为准。

2. 齐套性

3 线短波宽带天线主要由天线面、匹配器、负载、支撑杆和避雷针组成，如图 4.23 所示，组成明细详见表 4.20。

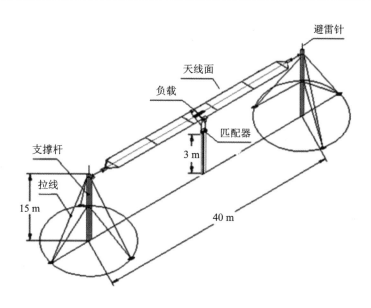

图 4.23　3 线短波宽带天线示意图

表 4.20　产品组成明细表

序号	产品名称	单位	数量	备　注
一、主要部件				
1	天线面	面	1	
2	匹配器	个	1	
3	负载	个	1	
4	支撑杆	套	1	3 m 的支撑杆共 11 根：3 根底杆(含 1 根匹配器支撑杆)、6 根中杆、2 根顶杆
5	避雷针	根	2	
二、安装附件				
1	天线面装配标准件	套	1	
2	支撑杆装配标准件	套	1	
3	拉线装配标准件	套	1	
三、装箱资料				
1	装箱清单	份	1	
2	技术说明书	份	1	
3	维护使用手册	份	1	
4	天线安装图	份	1	
5	履历书	份	1	
6	产品合格证	份	1	

3. 外观、尺寸与其他

1）外观

设备表面进行喷漆处理，涂覆均匀，无锈蚀、霉斑、剥落、划痕、毛刺、开裂、起泡等现象；文字、符号、标识应清晰；结构件应完整，无机械划伤，紧固零件无松动。

2）尺寸

（1）辐射体长度：天线面长度，38 m±0.5 m。

（2）天线面材料：多股不锈钢丝，ϕ3.2 mm±0.2 mm。

（3）天线形状：水平3线式。

（4）架设高度：

① 支撑杆架设高度：15 m±0.15 m（由5根3 m的金属杆组合而成）。

② 传输线变压器的支撑杆架设高度：3 m±0.05 m。

3）支撑杆材料

支撑杆材料：钢材（热镀锌），直径为90 mm±0.5 mm，壁厚4 mm±0.5 mm。

4）镀锌层

镀锌层应与金属基体结合牢固，经锤击试验，镀锌层不脱离，不凸起。

5）焊缝

焊缝不得有影响强度的裂纹、夹渣、焊瘤、烧穿、弧坑，并且无褶皱和焊接中断等缺陷。轴向焊缝应打磨光整，法兰焊缝、筋板焊缝、门框焊缝打磨应自然过渡，不得影响焊接强度。

4. 主要战技指标

（1）工作频率：1.5～30 MHz。

（2）电压驻波比：≤2.0。

（3）增益：≥7 dB（注：7dB是在最佳频率、最佳仰角时通过仿真验证得出的）。

（4）标称阻抗：50 Ω。

（5）射频接口：N-50 KF。

（6）功率容量：≥1000 W。

（7）方向图：1.5～8 MHz呈高仰角单向方向图，8～30 MHz呈中低仰角多瓣双向方向图（已通过仿真验证）。

5. 环境适应性

（1）温度要求：-45～+60℃。

（2）湿热要求：设备应能在温度不低于45℃、相对湿度不低于95%的高温高相对湿度环境中工作。

（3）振动要求：应满足GJB 150.16A—2009中的A.2.2.2。

（4）淋雨要求：应满足GJB 150.8A—2009中的7.2.1。

（5）抗风能力要求：8级风时可正常工作。

6. 检验条件

1）大气环境条件

除另有规定外，应在下列条件下进行所有检验：

（1）环境温度：15～35℃。

（2）相对湿度：20%～80%。

（3）大气压力：测试现场的大气压力。

2）电磁环境条件

电气性能指标测试应在无障碍物、电磁干扰小的开阔场地进行。测试时应尽量减小地面及周围环境的影响。

3）仪表和设备

用于检验的设备、仪器仪表均应有计量合格证，并在有效期内。除非另有规定，所有的测试仪表设备应具有足够的精度和稳定度，其精度高于被测试指标的精度 1 个数量级，误差小于被测数的允许误差的 1/3。

7. 检验方法

1）天线齐套性和正确性的检验方法

采用目测的方法检查产品的齐套性和正确性，结果应符合 2. 的要求。

（1）外观。采用目视的方法对颜色、标记、外观质量进行检查，结果应符合 3. 的要求。

（2）辐射体长度。用卷尺测量，结果应符合 3. 的要求

（3）天线面材料。查原材料的相关合格证明，并用相同材质进行比对，应符合 3. 的要求。

（4）天线形状。采用目测的方法检验天线形状，应符合 3. 的要求。

（5）架设高度。在地面用卷尺测量支撑杆，结果应符合 3. 的要求。

（6）支撑杆材料。检查原材料的相关合格证明，并用相同材质进行比对，应符合 3. 的要求。

（7）镀锌层。镀锌层应与金属基体结合牢固，经锤击实验，锌层不脱离，不凸起，应符合 3. 的要求。

（8）焊缝。用目测的方法检查焊缝，应符合 3. 的要求。

2）3 线短波宽带天线电性能的检测方法

（1）VSWR 的测试方法。

将被测天线安装在室外周围开阔的场地，或在天线使用现场的机房内，按图 4.24 连接框图，用 50 Ω 同轴电缆把天线与网络分析仪相连，按被测天线的工作频段设置好网络分析仪的起止频率进行测量，并用频标标出 VSWR 的最大频点及频段，用打印机打印 VSWR-f 曲线。

在天线的工作频段内，实测 VSWR≤2，则判断为合格。

（2）功率容量的测试方法。

① 将被测天线架设在室外周围开阔的场地上，按图 4.24 所示框图连接测试系统，测试天线的电压驻波比。

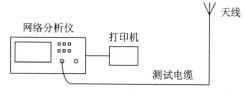

图 4.24　天线电压驻波比测试框图

② 将测试完电压驻波比的天线，按图 4.25 所示框图连接 1000 WHF 发射机和通过式功率计，采用 CW 工作模式。每个频点连续发射 5 min，用功率计监测功率为 1 kW，待所

有频点测试完毕再测试天线的电压驻波比。

③ 对比两次测试的电压驻波比，若无明显变化，且满足 4.中的要求，则判断天线功率容量合格。

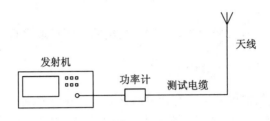

图 4.25　天线功率容量测试连接框图

（3）天线匹配器 VSWR 及功率容量的测试方法。

把匹配器与 450 Ω 假负载相连，再与网络分析仪相连，用网络分析仪在天线工作频段内测出匹配器的 VSWR－f 特性曲线，并用频标标出 VSWR 的最大点，用打印机打印 VSWR－f 曲线。在天线工作频段内，如果实测 VSWR≤2，则判断为合格。

按照图 4.26 连接，让 1 kW 短波发射机在确定的频点以 CW 波发射 5 min，用功率计监测功率为 1 kW。功率试验完后，再用网络分析仪测量匹配器的 VSWR。在功率试验期间，如果无异常变化，功率试验前后 VSWR 变化在规定的范围内，则判断为合格。

图 4.26　匹配器功率容量测试示意图

8. 环境试验方法

试验顺序为：低温试验、高温试验、湿热试验、淋雨试验、振动试验（在特殊情况下，可以根据客户要求协商改变试验的先后顺序）。

1）低温试验

按 GJB150.4A—2009 的规定进行低温试验。

（1）在常温下对天线匹配器进行外观和电压驻波比检测，结果应满足 5.的要求。

（2）将设备放入温箱内。

（3）将温度降到－45℃，温度稳定后保持 24 小时。

（4）立即从温箱中取出设备，进行外观和电压驻波比检测，结果应满足 5.的要求。

注：温度变化的速率不得超过每分钟 3℃。

2）高温试验

按 GJB150.3A—2009 的规定进行高温试验。

（1）在常温下对天线匹配器进行外观和电压驻波比检测，结果应满足 5.的要求。

（2）将设备放入温箱内。

（3）将温度升到＋60℃，温度稳定后保持 48 小时，温箱内相对湿度不得超过 15%。

（4）立即从温箱中取出设备，进行外观和电压驻波比检测，结果应满足 5.的要求。

注：温度变化的速率不得超过每分钟 3℃。

3）湿热试验

按 GJB150.9A—2009 的规定进行湿热试验。

（1）进行湿热试验前，对天线匹配器进行外观和电压驻波比检测，结果应满足 5.的要求。

（2）将设备在试验箱内安放好。

（3）设置试验箱参数：温度为 45℃，相对湿度为 98%，试验 5 个周期(1 个周期为 24 小时)。

（4）湿热试验完成后，恢复为正常试验的大气条件，待其稳定后进行外观和电压驻波比检测，结果应满足 5.的要求。

4）淋雨试验

应按 GJB150.8A—2009 中的规定进行淋雨试验。

（1）进行淋雨试验前，对天线匹配器进行外观和电压驻波比检测，结果应满足 5.的要求。

（2）将设备按工作状态安放好。

5）振动试验

（1）试验前，对匹配器进行外观和电压驻波比检测，结果应满足 5.的要求。

（2）将产品包装单元固定在振动台上，按照 GJB150.16A—2009 中的 A.2.2.2 执行。

（3）按横向、纵向、垂直轴向顺序做振动试验，每轴向振动 2 小时。

（4）振动试验完成后，进行外观和电压驻波比检测，结果应满足 5.的要求。

第 5 章　短波通信、同轴馈线和共用天线技术

5.1　短波通信的相关知识

5.1.1　实现超视距通信的方法

实现超视距通信常用以下方法：短波通信、卫星通信、电话网络、多中继站（微波或 HF）、流星余迹通信、对流层散射通信。卫星通信能为用户提供更宽的带宽、更可靠的通过速率、更稳定且高质量的通信线路，导致许多人误认为 HF 通信已经过时，但事实并非如此，因为：

（1）卫星通信不能满足所有用户的需求。

（2）卫星通信费用昂贵，并非所有用户都能承受。

（3）在许多情况下，卫星并不能为所有用户提供通信线路。

（4）对于军用通信，卫星极容易被敌人摧毁，这已成为主动战略防御致命的严重问题。

5.1.2　短波通信的主要特点

短波通信具有以下特点：

（1）线路容易建立，设备相对简单，成本低，电离层传输损耗小，功能多，仅用中小发射功率，就能完成近中远距离通信，甚至全球传输语言、文字、图像和数据等信息的通信任务。

（2）短波通信是军用通信极为最重要的组成部分。

（3）短波生存能力强，短波通信具有不易"摧毁"的"中继系统"——电离层，这是经常被人们忽略的最大优点。

5.1.3　短波通信的传输模式及通信距离

短波通信的传播模式为地波和天波，如图 5.1 所示。天波又分为高仰角天波和低仰角天波。

短波通过地波实现近距离通信，通过近垂直入射天波实现中近距离通信，通过一跳或多跳天波反射实现远距离通信。但短波通信存在盲区和最小跳跃距离。所谓盲区，就是地波和天波均不能到达的区域。最小跳跃距离处的天波通信距离最短。

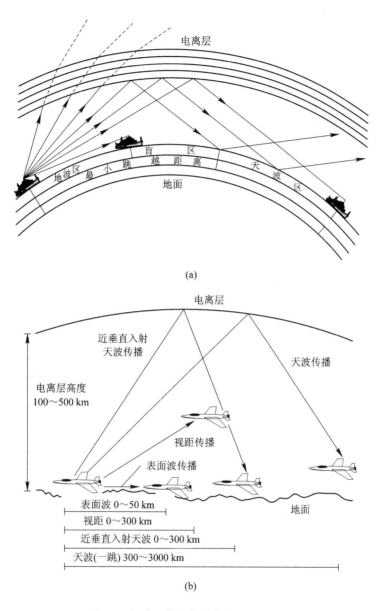

图 5.1　短波通信的传播模式及通信距离

5.1.4　短波通信与移动通信的不同

短波通信与移动通信的不同点如下：

（1）传播媒介不同。移动通信主要利用直射波进行视距通信；短波通信利用地波和天波就能实现超视距通信。

（2）通信距离不同。移动通信的通信距离只有几千米；短波通信的通信距离为零至几百千米，通过几跳可实现全球通信。

（3）成本不同。移动通信成本高，短波通信成本低。

（4）波长不同，天线尺寸不同。移动通信波长短，天线尺寸小，易实现高增益；短波通信波长长，天线尺寸大，不易实现高增益。

（5）带宽不同。移动通信包括 2G、3G、4G、5G。短波通信的频段为 1.5～30 MHz。

（6）对地面的依赖程度不同。移动通信几乎不依赖地面，短波通信离不开地面。

5.1.5　短波通信的地波传播

短波通信的地波传播是沿收发天线之间地面的传播。在短波低频段，地波还具有绕射功能。如图 5.2 所示，地波还会顺着小山坡绕射传播。

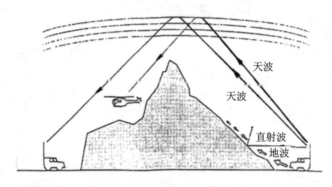

图 5.2　地波的绕射传播

（1）地波通信的有效距离取决于收发端所用天线的类型、增益，收发天线之间地形对信号的衰减程度，接收机的灵敏度、功率、工作带宽。

（2）在导电率比较低的沙漠地区，地波传播的距离限于视距以内。

（3）在导电率比较高的海洋地区，地波传播的距离会超过视距。

（4）频率越低，地波传播的距离越远。

（5）地波的衰减随频率的升高而变大。

（6）地波传播比较稳定，基本上不受气候的影响。

（7）地波传播取决于地面的不平坦度和地质条件，地波传播会受到大地吸收损耗的影响。

（8）地面的导电性能越好，电波传播的损耗越小。海洋损耗最小，湿土、江河湖泊次之，干土、岩石损耗最大。

（9）地波传播的频率范围为 1.5～5 MHz。

（10）地波传播必须用垂直极化天线。其原因是：

① 地面衰减小，水平极化天线的电场与地面平行，由于地面感应电流大，因而水平极化天线的地面衰减要比垂直极化天线的大。

② 由于垂直极化天线具有沿地面传播的方向图，在理想导电地面上，垂直极化接地天线在 HF 的低频段，最大辐射方向始终沿地平面，因而能实现几百千米至几千千米的全向全球通信。

5.1.6　短波通信的天波传播

1. 电离层

短波通信的天波是指大气层上面的电离层。太阳活动周期的变化及地面磁场的变化，使电离层随日夜、四季和年而变。入射到电离层的无线电信号，有些穿透电离层射向太空或被电离层吸收，有些则通过电离层折射返回地面。电离层由 D 层、E 层、F1 和 F2 层组成。图 5.3 中给出了 E 层、F1 层和 F2 层。

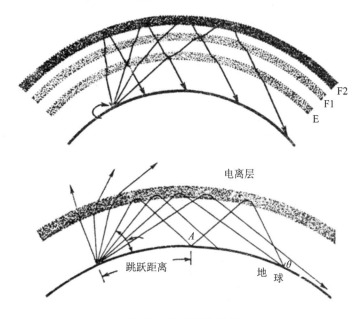

图 5.3 电离层的组成

1）D 层

（1）D 层位于电离层最底层，出现在地球上空 60～90 km 处。D 层白天出现，夜间消失。

（2）D 层为吸收层，其衰减远超过 E 层和 F 层，而且频率越低，衰减越大。

思考：为什么 AM 广播在 1.6 MHz 广播时白天要比晚上使用更大的功率？

2）E 层

E 层位于地球上空 90～150 km 处。E 层白天出现，夜间消失。

3）F 层

（1）F 层位于电离层的最高层。F 层是短波通信，特别是远距离短波通信最主要的反射层。

（2）白天 F 层由 F1 和 F2 层组成。F1 出现在地球上空 150～200 km 处，F2 层出现在 200～1000 km 处，夜间 F1 层基本消失。

（3）F2 层的高度，冬天的白天最低，夏天的白天最高。F2 层的电子密度，白天大，夜间小，冬天大，夏天小。由于高频能穿过低电子密度的电离层，只在高电子密度的电离层反射返回，所以夜频比日频低，夏天的工作频率比冬天的工作频率低。

2. 不同距离可能存在的传播模式

短波主要通过电离层反射完成不同距离的通信，这种反射可以由电离层的 E 层或 F 层完成，也可以由 E 层和 F 层完成，可以是单跳、双跳和多跳。表 5.1 为不同距离可能存在的传播模式。

表 5.1　不同距离可能存在的传播模式

通信距离/km	可能存在的传播模式
<2000	1E、1F、2E
2000～<4000	2E、1F、2F、1E2F
4000～<6000	3E、4E、2F、3F、4F、1E1F、2E1F
6000～<8000	4E、2F、3F、4F、1E2F、2E2F

3. 短波通信距离与天线辐射仰角

图 5.4 和表 5.2 为短波通信距离与天线辐射仰角 △ 之间的关系。由图 5.4 和表 5.2 可看出，辐射仰角越小，通信距离越远。

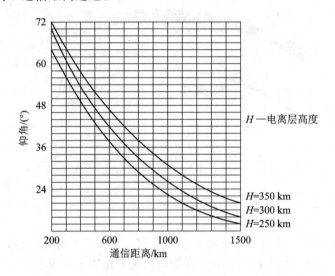

图 5.4　短波通信距离与天线辐射仰角 △ 之间的关系曲线

表 5.2　短波通信距离与辐射仰角之间的关系

短波通信距离的类型	距离/km	辐射仰角(假定 F2 层位于 320 km)
短距离(1 跳)	0～322	60°～90°
中距离(1 跳)	320～1000	30°～60°
远距离(1 跳)	1000～2400	6°～30°

4. 短波通信的工作频率

高频单边带(HF-SSB)通信相对于 VHF 通信的最大优势是通信距离超过了视距，有时可以远到上万千米。这是因为：

(1) HF-SSB 使用了比较低的工作频率(1.6～30 MHz)。

(2) HF-SSB 利用了电离层反射的 1 跳或多跳传播模式。

1）临界频率

电波向上垂直入射到电离层时能返回到地面的最高频率叫作临界频率 f_c。如果 $f > f_c$，则无法返回。

2）最高可用频率

最高可用频率（Maximum Usable Frequency，MUF）是每月 50％的天数所用的没有穿出电离层的最高频率。不要使用与 MUF 接近的频率，因为在此频率信号随电离层变化而迅速衰落，也不要使用接近甚至低于最低可用频率的频率，因为在这些频点噪声电平高，通信效果差，而宜用最佳工作频率。

在理论上，由临界频率 f_c，利用正割定理可以预测 MUF：

$$\text{MUF} = f_c \sec\theta = \frac{f_c}{\cos\theta}$$

式中，θ 为入射角。

3）最佳工作频率

最佳工作频率（Optimum Work Frequency，OWF）是在每月 90％的时间内使用最多的频率。OWF＝0.85MUF，选用 OWF 能保证通信线路有 90％的可通性。据统计，短波通信最常用的频率范围为 3～18 MHz，其中出现概率为 90％的频率为 4～14 MHz，如图 5.5 所示。

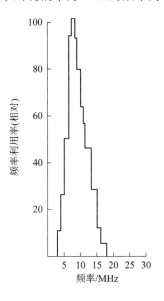

图 5.5　频率利用率

5. 短波通信在不同时间使用的工作频率

（1）电离层反射电波的能力与频率有关，在入射角一定的情况下，频率越高，要求反射点的电子密度越大。

（2）电子密度随离开地球的高度而增加，白天电子密度较大，所以允许使用较高的工作频率。在白天，由于 D 层、E 层会将 8 MHz 或 10 MHz 以下的频率吸收掉，所以必须使用 8 MHz 以上的较高的工作频率。

（3）夜间电子密度较小，所以要用较低的工作频率。在夜间，由于 D 层、E 层消失，所以允许使用白天被吸收掉的到达 F 层的更低的工作频率。夜间虽然电波衰减减小，传播条件得到改善，但干扰随之增大。

（4）工频率也不能太高或太低，因为频率太高，接收点可能落入静区，或电波穿透电离层射向太空，而频率过低，电离层吸收会变大。

6. 短波天波通信频率的预测

在短波天波通信中，由于电离层受日、夜、四季和太阳活动变化的影响，造成电离层的电子密度和高度经常改变，因此只采用 1 个频率进行短波通信是不行的，必须注意相应地更换工作频率。

通信距离确定之后，必须首先求出通信线路的最高可用频率（MUF）。由于最高可用频率存在日夜差别、季节差别和太阳黑子数的差别，所以最高可用频率也必须随之变化。白天用比较高的工作频率，夜间使用较低的工作频率，太阳黑子高的年份要用比较高的工作频率，太阳黑子低的年份要用比较低的工作频率。

5.1.7　短波通信的近垂直入射天波

中波和短波无线电通信取决于电离层把无线电信号返回到地面的能力、所用频率和信号进入电离层的入射角。图 5.6 所示的近垂直入射天波（Near Vertical Incidence Skywave，NVIS）传播原理就是把无线电波垂直入射到电离层，再由电离层反射返回到地面，所以NVIS 是最可靠的中波和短波通信。

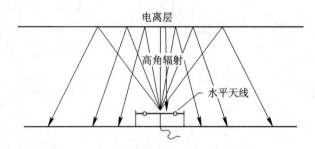

图 5.6　近垂直入射天波传播原理

1. NVIS 的特点

（1）NVIS 无跳跃区，NVIS 是超过地波通信距离不用中继实现视距通信的唯一手段。

（2）NVIS 是军用战术通信最重要、最可靠的通信手段。

用 NVIS 可克服超视距通信遇到的两大难题：

① 地波衰减，特别是地波通信在沙漠地区的严重衰减。

② 跳越区。

（3）NVIS 由于利用电离层反射，躲开了夹在收发两地之间山丘等障碍物的阻碍，所以特别适合山区、丛林地区的通信，更适合大且深的峡谷地区、多山峦地区、沿海地区的通信。

（4）不受地形制约，NVIS 能提供连续的 $0 \sim 700$ km 中近距离短波通信。

2. NVIS 的最高可用频率和最佳工作频率

NVIS 的最高可用频率：

$$\mathrm{MUF} = f_c \sec\theta$$

式中：f_c 为垂直入射临界频率，θ 为入射角。MUF 一般比 f_c 高 10%。

夜间 NVIS 用 F2 层，最佳工作频率为 2～4 MHz；白天 NVIS 用 F1 和 F2 层，最佳工作频率为 4～8 MHz。

3. NVIS 使用的天线

1）短波水平极化天线

由于短波水平极化天线为高仰角天线，因此它在 45°～90° 仰角范围为近垂直入射天波通信提供了最佳增益。

常用的短波水平极化天线有水平偶极子、3 线短波宽带天线、4 线短波宽带天线、短波宽带水平扇锥、分支笼形偶极子等。第 7 章详细介绍了多种短波水平极化天线，用户可根据天线的工作带宽、场地等灵活选用。

2）垂直架设的小环天线

环面垂直于地面或垂直安装在车辆、飞机上的小环天线，由于最大辐射方向指向高仰角，所以能充分利用近垂直入射天波，完成 200 km 的全向通信。由于小环天线能充分利用车的纵向尺寸，在允许的高度下能实现好的天线性能，所以小环天线最适合作为车载、机载使用的 NVIS 天线。

4. NVIS 在民用短波通信中的应用

随着国内经济的快速发展，自成体系的省内通信，以及各大社会经济实体、团体之间的通信发展得很快，并且常以集团的形式出现。例如银行系统，每天的数据传输和联络量很大，且多局限在省内、市与市、县与县的中短距离之内。我国是个多山的国家，短距离通信中，常因重叠大山的阻挡和盲区的存在使通信质量下降，甚至中断。

当通信设备是正常的时，常被用户忽略的是与电台配套的天线和馈线系统。近距离通信，特别是两百千米内的通信，不是普通天线能胜任的。这是因为短距离通信要求天线具有弱方向性；短波通信主要靠电离层反射传播，地波的传播距离是有限的，特别在山区和大工业城市地波衰减得很快，一般只有 30～40 km，若天线架设不合适，则天波的一跳距离远达几百千米，会造成几十千米甚至更远的通信盲区，常常会导致不理想通信。

解决办法：降低天线架设高度；选用高仰角天线，即水平极化天线，以便利用 NVIS。

5.1.8　陆用短波天线的选用

1. 短波天线的选型原则

短波通信天线类型多，工程设计时优选十分重要。天线选型时，要考虑以下主要技术和经济指标：

(1) 工作频段（频段宽，天线数量少，占地少，投资少）。

(2) 方向图。

(3) 增益。

(4) 天线效率（对发射天线尤其重要）。

(5) 使用条件，如抗风、雪、冰、水等。

(6) 通信的可靠性。

（7）安装、维护的难易程度。

（8）占地大小，造价高低。

2. 短波天线的极化

短波天线的极化对天线性能有较大影响。与垂直极化中长波天线相反，陆用短波天线大多采用水平极化天线，原因如下：

（1）水平极化天线消除了短波通信的盲区，不需要铺设地网。

（2）水平极化天线形式多，增益高。

（3）对于水平极化天线，通过选择天线的高度，在所需仰角上就能得到最大辐射，地面导电率变化对方向图的影响小。

（4）水平极化天线受工业干扰与雷电干扰较小，与直立天线比较，地损耗也小。

为了便于根据实际使用，选用合适的陆用短波天线，表 5.3 列出了短波常用天线的主要类型及特点，表 5.4 为短波天线选型指导。

表 5.3　短波常用天线的主要类型及主要特性

主要天线类型	使用频率范围/MHz	G/dBi	可用辐射仰角/(°)	功率容量/kW	带宽比	带宽受限的原因
水平菱形天线	2～30	8～23	4～35	低	≥2∶1	方向图
末端加载 V 形天线	2～30	6～13	5～30	低	≥2∶1	方向图
水平对数周期天线	2～30	10～17	5～45	40	≥8∶1	VSWR
垂直对数周期天线	2～30	6～10	3～25	40	≥8∶1	VSWR
水平八木天线	6～30	10～17	5～30	20	≥3%	VSWR
同相水平天线阵	4～30	9～17	5～30	40	≥2∶1	VSWR 方向图
角反射器天线	6～30	8～14	3～25	40	≥5∶1	方向图
旋转对数周期天线	6.2～30	8～12	3～25	40	≥5∶1	方向图
盘锥	6～30	−2～5	4～40	40	≥4∶1	方向图
圆锥单极子	2～16	−2～2	3～45	40	≥4∶1	方向图
倒锥	2～30	1～5	3～45	40	≥4∶1	方向图
笼形偶极子	−2～30	4～9	3～30	40	(2.5～3)∶1	方向图
分支笼形偶极子	2～30	3～9	3～30	40	4∶1	方向图
伞锥	3～30	2～4（实际地面）	3～45	40	≥4∶1	方向图
短波宽带水平扇锥	3～30	3～8	45～90	10	≥4∶1	方向图
3 线短波宽带天线	3～30	−3～8	45～90	2	≥4∶1	方向图
4 线短波宽带天线	3～30	−4～8	45～90	2	≥4∶1	方向图

表 5.4　短波天线选型指导

要　求	选用的天线
高增益、低辐射仰角 $G>15\ dB,\ \Delta<12°$	（1）菱形天线； （2）水平对数周期天线
中增益、中辐射仰角 $6\ dB<G<15\ dB,\ 12°<\Delta<24°$	（1）菱形天线； （2）垂直/水平对数周期天线； （3）角反射器天线
中增益、低辐射仰角 $6\ dB<G<15\ dB,\ \Delta\leqslant12°$	（1）菱形天线； （2）垂直/水平对数周期天线； （3）角反射器天线
中增益、高辐射仰角 $6\ dB<G<15\ dB,\ \Delta\geqslant24°$	（1）水平对数周期天线； （2）菱形天线； （3）扇锥； （4）笼形、分支笼形偶极子
全向低增益、低辐射仰角 $G\leqslant6\ dB,\ \Delta\leqslant40°$	伞锥、圆锥单极子、盘锥、盘笼锥、倒锥、双鞭
全向低增益、高辐射仰角 $G<6\ dB,\ \Delta\geqslant45°$	扇锥、笼形偶极子、分支笼形偶极子、3 线短波宽带天线、4 线短波宽带天线及倒 V 形天线

5.2　同　轴　馈　线

天线和馈线系统的性能不仅取决于天线，而且与天线使用的部件有关，如与传输线、阻抗匹配、端接元件、多工器等有关。实际应用中，要根据传输线承受的功率、传输线的特性阻抗和损耗、对 RF 的干扰来选用。

短波天线使用的馈线主要有以下两大类：

（1）架空明线：主要有双线、4 线。

（2）同轴线。

架空明线不管是双线还是 4 线都是线与线、线与地之间的间距远小于波长。图 5.7 为双线架空明线。

双线架空明线的特性阻抗为

$$Z=276\lg\frac{2D}{d}=120\ln\frac{2D}{d} \tag{5.1}$$

式中，D 为双导线的中心间距，d 为双线导线的直径。

$Z=600\ \Omega$ 的平行双导线是最常用的架空明线。知道了 $Z=600\ \Omega$，就能由式（5.1）求出双导线的 D/d，具体如下：

$$\frac{2D}{d}=10^{\frac{600}{276}}=149.2$$

即 $2D=149.2d$。假定 $d=4\ mm$，则 $D=298\ mm$。

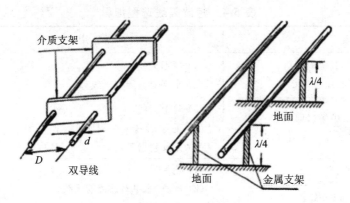

图 5.7　双线架空明线

几乎所有的天线都把同轴线作为馈线，微波天线除用同轴线作为馈线外，还把波导和微带线作为馈线。

5.2.1　同轴线的优缺点

同轴线也叫同轴电缆。由于经常把同轴线作为天线的馈线，所以同轴线也叫同轴馈线。

同轴线的缺点是：价格贵，衰减大，怕潮，重量重。

同轴线的优点如下：

（1）易安装架设。

（2）消除了在传输线上的噪声。

（3）电磁场完全封闭在同轴线中，避免了辐射损耗，提供了与邻近电路的屏蔽。

5.2.2　同轴线的性能

1. 同轴线的损耗

同轴线的损耗与以下因素有关：

（1）同轴线的电阻损耗及介质损耗。

（2）阻抗失配损耗。

（3）同轴线安装不规范（过度弯曲、不合理连接、焊接不当、与同轴接插件的连接不好）造成的损耗。

2. 同轴线的电气性能

1）直流电阻

1 km 长度同轴线内外导体的欧姆电阻叫作同轴线的直流电阻。例如 7/8″同轴电缆，内导体的直流电阻为 0.8 Ω/km，外导体的直流电阻为 0.9 Ω/km。

2）直流击穿电压

同轴线的直流击穿电压取决于可用介质和同轴线的尺寸。例如，7/8″泡沫 PE 同轴电缆的直流击穿电压为 6000 V，1/2″泡沫 PE 同轴电缆的直流击穿电压为 4000 V。

3）相对传输速度

同轴线的相对传输速度主要取决于相对介电常数 ε_r，其表达式如下：

$$v_r = \frac{100}{\sqrt{\varepsilon_r}}$$

4）同轴线的特性阻抗 Z_0

图 5.8 为同轴线的结构。同轴线的特性阻抗的表达式如下：

$$Z_0 = \frac{138}{\sqrt{\varepsilon_r}} \lg \frac{b}{a} \qquad (5.2)$$

式中：$2a$ 为同轴线内导体的直径，$2b$ 为同轴线外导体的内直径，ε_r 为同轴线内外导体之间填充介质的相对介电常数。

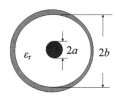

图 5.8　同轴线

通信使用特性阻抗 $Z_0 = 50\ \Omega$ 的同轴线，电视使用特性阻抗 $Z_0 = 75\ \Omega$ 的同轴线。

如何区分 N-J 型同轴头是 50 Ω 还是 75 Ω 呢？

（1）在限定同轴线外径的情况下，特性阻抗 Z_0 为 30 Ω 的同轴线的传输功率最大。

（2）在限定波长不变的情况下，$Z_0 = 44\ \Omega$ 的同轴线的传输功率最大。

（3）在同轴线外径相同的情况下，$Z_0 = 60\ \Omega$ 的同轴线的耐压最高，为电力电缆首选。

（4）在外径相同的情况下，损耗最小的同轴线为 $Z_0 = 75\ \Omega$ 的空气同轴线。

5）衰减常数 α

同轴线的衰减常数 α 是指单位长度同轴线的输入功率 P_{in} 与输出功率 P_{out} 之比，即

$$\alpha = 10 \lg \frac{P_{in}}{P_{out}} \text{（dB/单位长度）}$$

（1）同轴线的衰减常数 α 随电缆的粗细而变化。电缆越粗，α 越小，功率容量越大。但不能使用平均周长等于波长的粗同轴线，因为在此情况下会出现高次模，破坏正常工作。直径比较粗的 7/8″泡沫 PE 同轴电缆，在 900 MHz，$\alpha = 3.81$ dB/100 m；直径比较细的 1/2″泡沫 PE 同轴电缆，在 900 MHz，$\alpha = 6.78$ dB/100 m。显然，频率相同，同轴线的直径越细，同轴线的衰减常数就越大，承受的功率容量就越小。

（2）同轴线的衰减常数 α 随频率而变化。频率越高，衰减就越大。例如，1/2″泡沫 PE 同轴电缆，在 900 MHz，$\alpha = 6.78$ dB/100 m；1/2″泡沫 PE 同轴电缆，在 1800 MHz，$\alpha = 9.96$ dB/100 m。可见，频率越高，衰减越大。

（3）同轴线的衰减常数 α 随温度 t 而变化。温度越高，衰减就越大。如果从电缆手册上只能查到同轴电缆在频率 f_1 上的衰减常数 α_1，查不到同轴电缆在频率 f_2 上的衰减常数

α_2，则可以用式(5.3)近似计算同轴电缆的衰减常数 α_2：

$$\alpha_2 = \alpha_1 \sqrt{\frac{f_2}{f_1}} \tag{5.3}$$

【例 5.1】 某公司 7/8″泡沫 PE 同轴电缆在 900 MHz 的衰减常数 α 为 3.81 dB/100 m，试求在 1800 MHz 同轴电缆的衰减常数 α。

解 由式(5.3)可知，在 1800 MHz 同轴电缆的衰减常数：

$$\alpha_2 = \alpha_1 \sqrt{\frac{f_2}{f_1}} = 3.81 \text{ dB/100 m} \times \sqrt{\frac{1800}{900}} = 5.39 \text{ dB/100 m}$$

查同轴电缆手册可知，衰减常数 $\alpha_2 = 5.63$ dB/100 m。两者相比误差很小，$\Delta\alpha = 0.24$ dB/100 m，因此完全可以用已知频率上的衰减常数 α_1，通过式(5.3)求出未知频率上的衰减常数 α_2。

6）回波损耗或 VSWR

质量比较好的同轴电缆在 800～2170 MHz，回波损耗 RL＝－26 dB，VSWR＝1.1。

7）截止频率

截止频率 f_c 与同轴线内导体的外径 $2a$(mm)、同轴线外导体的内径 $2b$(mm)及其之间填充介质的相对介电常数 ε_r 有如下关系：

$$f_c(\text{GHz}) = \frac{191}{\sqrt{\varepsilon_r}(2a + 2b)} \tag{5.4}$$

8）最大峰值功率

最大峰值功率为

$$P_{\max} = 44 \, |E_{\max}|^2 \alpha^2 \sqrt{\varepsilon_r} \ln\left(\frac{b}{a}\right) \tag{5.5}$$

式中，$E_{\max}$ 为击穿电场。

5.2.3　常用电缆的性能

表 5.5 为短波常用同轴电缆的型号、衰减及额定功率；表 5.6 和表 5.7 为 50 Ω 发泡聚乙烯同轴电缆的衰减、尺寸和主要性能；表 5.8 为 KSR500 低耗同轴电缆的衰减和平均功率。

表 5.5　短波常用同轴电缆的型号、衰减及额定功率

电缆型号	30 MHz 衰减 α/(dB/m)	额定功率/kW
SYV-50-9	0.0396	1.53
SYV-50-12	0.0337	2.03
SYV-50-15	0.0273	2.89
SYV-50-17	0.0243	3.48
SYV-50-23-1	0.0211	4.62

表 5.6　50 Ω 发泡聚乙烯同轴电缆的衰减（天津 609 厂生产）

频率/MHz	衰减/(dB/10 m)	
	12D-FB 型	10D-FB 型
100	2.70	3.20
400	5.70	6.80
800	8.5	10.20
1200	10.80	13.10
1800	13.70	16.80
2000	14.60	18.00

表 5.7　50 Ω 发泡聚乙烯同轴电缆的尺寸和主要性能

型号	导电线芯根数/直径	标称绝缘外径/mm	外导体标称外径/mm	标称电缆外径/mm	耐电压/(V/min)	标称衰减量/(dB/km)		重量/(kg/km)
						400 MHz	900 MHz	
5D-FB	1/1.8 mm	5	5.7	7.5	1000	130	202	72
8D-FB	1/2.8 mm	7.8	8.8	11.1	1000	89	142	166
10D-FB	1/3.5 mm	10	11	13	1000	70	113	237
12D-FB	1/4.4 mm	12.4	13.6	15.6	1000	60	93	323

表 5.8　KSR500 低耗同轴电缆的衰减和平均功率

频率/MHz	衰减/(dB/100m)	平均功率/kW
30	1.8	2.72
50	2.3	2.13
150	4.0	1.22
220	4.9	1.00
450	7.1	0.69
900	10.3	0.48
1500	13.6	0.36
1800	15.0	0.33
2000	15.9	0.31
2500	18.0	0.27
5800	29.1	0.17

5.2.4　同轴电缆的工作温度

同轴电缆的工作温度范围取决于同轴电缆内外导体之间填充介质和护套材料的工作温度范围。最常用的介质和护套材料的工作温度如表 5.9 所示。

表 5.9　同轴电缆常用介质材料的温度范围

介质材料	温度范围/℃
聚四氟乙烯(PTFE)	−75～+250
聚乙烯	−65～+80
泡沫聚乙烯	−65～+80
泡沫或实心乙烯丙烯护套	−45～+105
氟化乙烯丙烯(FEP)	−70～+200
聚乙烯化合物(PVC)	−50～+85
三氟聚乙烯(ECTFE)	−65～+150
聚亚安酯	−100～+125
全氟烷氧基化合物(PFA)	−65～+260
尼龙	−60～+120
乙烯化合物	−40～+105
高分子聚乙烯	−55～+85
十字连接聚烯烃	−40～+85
硅橡胶	−70～+200
硅玻璃纤维	−70～+250
高温尼龙纤维	−100～+250

5.2.5　同轴电缆的选用

同轴电缆的寿命取决于许多因素,暴晒、高湿度、盐水和腐蚀气体等是造成电缆损坏的主要原因。

半软同轴电缆在安装现场,如果需要弯曲,则推荐的最小弯曲半径为同轴电缆的直径的 10 倍。如果同轴电缆的弯曲半径为同轴电缆直径的 5 倍,往往会引起机械和电性能退化。镀锡和银衣可保护同轴电缆不受腐蚀气体侵袭,然而这种保护是短期的。如果在盐水或化学物质附近安装同轴电缆,推荐使用全填充不渗透同轴电缆。同轴电缆的阻燃性取决于护套和介质材料。PVC 护套具有一定程度的阻燃性。

在实际使用中,要根据承受的功率、天线的工作频段、使用环境等正确选用同轴馈线。大功率用户必须使用能承受大功率的电缆。为了减小同轴馈线的损耗,特别是工作频率比较高时,必须选用低耗同轴电缆。使用同轴电缆时,务必防止同轴电缆受潮,有条件或在舰船条件下，应给同轴电缆充干燥空气，不充气时要尽量采用功率容量大的同轴电缆，并要有出水的泄放孔。

5.2.6 同轴电缆与电缆头的配伍

射频同轴电缆必须配置合适的同轴接插件，否则在实际使用中往往会造成同轴插座或头接触不良，甚至脱落，还会带来失配损耗。表 5.10 为 50 Ω 同轴电缆与电缆头的配伍。

表 5.10 50 Ω 同轴线与电缆头的配伍

同轴电缆的型号	电缆头的型号
SYV-50-1	L6-J2，Q6-J2
SYV-50-2-1	Q9-J3，L6-J3，L8-J3，BNC-J3，L10-J3，Q6-J3
SYV-50-2-2	Q9-J4，L8-J4，L12-J4，L10-J4
SYV-50-3	Q9-J5，BNC-J5，L8-J5，L12-J5，L16-J5，L10-J5
SYV-50-5	L16-J6
SYV-50-7-1	L16-J7，SL16-J7，L18-J7，L27-J7
SYV-50-7-2	L16-J8，L18-J8，L27-J8
SYV-50-9	L16-J9，L18-J9，L27-J9
SYV-50-12	L16-J10
SYV-50-7-3	L16-J123
SYV-50-9-3	L16-J124
SYV-50-15-3	L27Q-J125
SYV-50-23-3	L36Q-J126
SYV-50-37-3	L52Q-J127
SYV-50-52-3	L61Q-J128

5.2.7 同轴线避雷器

实际中，常用同轴线把天线与电台相连。由于天线位于空中，因此必须有防雷击的措施。由于雷电主要通过在电源线、同轴线或其他器件中感应产生瞬间强电压来损坏设备，所以在同轴馈线中必须串联同轴线避雷器，再把避雷器接地（接地电阻应尽可能小），从而杜绝从同轴馈线上引入雷电，保护通信设备不受损害。

$\lambda_0/4$ 长短路器是一种典型的避雷器，如图 5.9（a）所示。它是 1 个 3 端口无源同轴器件，端口 1、2 与同轴馈线相连，3 端口的长度为 $\lambda_0/4$（λ_0 为中心工作波长），内外导体短路，且与地线相连。同轴线避雷器的工作原理与带通滤波器类似，在工作频段呈现无限大阻抗，等效于开路，在对闪电最具破坏力的 100 kHz 或更低频率构成了直流通路，使破坏力很强的电流流向地面。

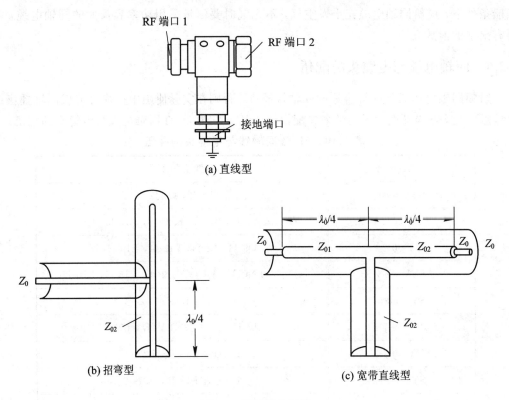

图 5.9　同轴线避雷器

可以把同轴线避雷器看成如图 5.9(b)所示，用特性阻抗为 Z_{02} 的金属绝缘子支撑弯曲 90°的同轴线。把工作频率较高的同轴线的绝缘介质支撑变为金属支撑，除能提供直流通路把内导直流电阻接地从而防雷外，还具有以下两个功能：

(1) 用金属支撑使同轴馈线能承受更大的功率，而且不怕击穿，因为击穿后仍可复原。

(2) 提供并联补偿，能显著增加带宽。

常用 VSWR 和带宽比 $K = f_H / f_L$（f_H、f_L 分别为最高和最低工作频率）来表征同轴线避雷器的性能。$\lambda_0/4$ 长短路同轴线的特性阻抗 Z_{02} 与 K 的关系如表 5.11 所示。

表 5.11　同轴线的特性阻抗 Z_{02} 与 K 的关系

K	1.05	1.1	1.2	1.3	1.4
VSWR($Z_{02} = Z_0$)	1.04	1.08	1.17	1.27	1.39
VSWR($Z_{02} = 2Z_0$)	1.02	1.04	1.08	1.13	1.18
VSWR($Z_{02} = 3Z_0$)	1.013	1.027	1.054	1.08	1.115

为了展宽同轴线避雷器的带宽，如图 5.9(c)所示，除附加长度为 $\lambda_0/4$、特性阻抗为 Z_{01} 的阻抗进行匹配外，还把 $\lambda_0/4$ 长短路同轴线的特性阻抗 Z_{02} 变大。为了缩小尺寸，在同轴线中填充介质。当需要拐弯时，也可以把宽带同轴线避雷器弯成 90°。

表 5.12 为 Z_{01}、Z_{02} 与 K 的关系。如果 K 比较小，则 $Z_{02} < 1$，一般不希望如此，故应

该把 K 取大一些。表 5.12 中，Z_{01}、Z_{02} 都是相对于 $Z_0 = 50\ \Omega$ 的归一值。

表 5.12　Z_{01}、Z_{02} 与 K 的关系

(a) VSWR$\leqslant$1.1

$K = f_H/f_L$	2	2.25	2.5	2.75	3	3.25	3.5	3.75
Z_{01}	0.677	0.736	0.778	0.808	0.832	0.848	0.861	0.872
Z_{02}	0.435	0.703	1.03	1.39	1.80	2.25	2.72	3.23

(b) VSWR$\leqslant$1.15

$K = f_H/f_L$	2.25	2.5	2.75	3	3.25	3.5	3.75	4	4.5
Z_{01}	0.669	0.717	0.75	0.777	0.796	0.812	0.826	0.836	0.853
Z_{02}	0.473	0.699	0.95	1.23	1.53	1.86	2.2	2.56	3.32

(c) VSWR$\leqslant$1.2

$K = f_H/f_L$	2.5	2.75	3	3.25	3.5	3.75	4	4.5	5
Z_{01}	0.67	0.705	0.733	0.755	0.772	0.787	0.798	0.816	0.832
Z_{02}	0.537	0.73	0.946	1.18	1.43	1.69	1.96	2.53	3.19

5.2.8　同轴线参数的测量

1. 同轴线损耗的测量

常用替代法或测量的同轴线反射损耗来测量同轴线的损耗。

1）用替代法测量同轴线的损耗

用替代法测量同轴线的损耗，其具体测量方法如下：用 2 根短的 50 Ω 同轴电缆，一端分别与网络分析仪的输入端和输出端相连，另一端通过双阳直通，按测试频率范围，如在短波 3～30 MHz 频段进行校准，并用打印机打印测试曲线，假定在 30 MHz 的电平为 $-A$(dB)，取掉双阳，把待测同轴线串入，并用打印机打印测试曲线，假定在 30 MHz 的电平为 $-B$(dB)，由两次测量电平之差就能求出待测同轴馈线的损耗。例如，同轴线在 30 MHz 的损耗 $L = -A$(dB)$-[-B$(dB)]。

2）用测量的同轴线反射损耗(回波损耗)RL 来测量同轴线的损耗

把待测同轴线的一端与网络分析仪的输入端相连，另一端呈全反射状态(短路或开路)，在给定频段，由实测的 VSWR，求出损耗：

$$L = 0.5\text{RL} \tag{5.6}$$

因为入射波经一次损耗到同轴线的末端，全反射沿原路又经过一次损耗回到同轴线的输入端，所以测出的反射损耗 RL 为同轴线损耗的 2 倍，即 1 dB 同轴线的损耗使反射损耗增加 2 dB。

从低频到高频，同轴线的损耗应该是由小到大的单调平滑曲线，由于反射叠加，也会出现一些属正常现象的小的起伏。如果测试的反射损耗曲线呈现周期性起伏，起伏周期满足 $\Delta F(\mathrm{MHz})=150/A(\mathrm{m})$（$A$ 为同轴线的长度），而且平均值单调上升，则主要是由同轴线两端接插件反射造成的，属正常现象。如果低频不好，甚至低频差，高频好，或起伏数少，则表明电缆本身有问题。如果在某频点附近比左右曲线明显凹陷，说明同轴线有问题，多数是在安装同轴线接插件时，由于同轴线外导体压接不良引起的，可返工后重测，少数是电缆本身有问题造成的，只能停止使用这根电缆。

2. 同轴电缆电长度的测量

在射频范围内，各个功能块、器件或天线经常采用同轴电缆连接，除了要求同轴电缆损耗小、匹配好之外，常常还对同轴线的长度提出了要求。例如同相天线阵或功率组合单元等，都要求每根同轴电缆一样长；收发开关或阻抗变换则会对同轴线提出长度为 $\lambda_0/4$ 的要求；长度为 $\lambda_g/2$ 的 U 形管巴伦对同轴线又会提出长度为 $\lambda_0/2$ 的要求。因此，出现了如何测量同轴电缆电长度的问题。

在空气介质同轴线中，同轴线的机械长度（或几何长度）与电长度一样，有支撑圈或填充介质的同轴线与空气介质同轴线的长度则不同。机械长度与电长度之比叫作同轴线的波速比（也称缩波系数），波速比＝$1/\sqrt{\varepsilon_r}$（一般在 0.66 到 1 之间）。显然，同轴线的电长度长，则机械长度短。通常通过测量同轴线的反射相位和与已知长度的同轴线进行对比来测量同轴电缆的长度，具体方法如下：

1）测量同轴线的反射相位

当同轴电缆末端开路时，在输入端极容易测反射相位。由于是全反射，所以测试精度也较高。当然，末端短路也是可行的，但不如开路时修剪同轴线的长度方便。

（1）$\lambda_0/4$ 长同轴电缆的测量。

① 按工作波长 λ_0 设置网络分析仪的工作频率，在测量 S_{11} 的状态下对待测同轴电缆进行校准。

② 完成校准后，接上末端开路的待测同轴电缆，如果待测同轴电缆的电长度正好为 $\lambda_0/4$，则相位读数 φ 正好为 180°。若 $\varphi<180°$，则表明同轴电缆偏长，反之则偏短。

（2）$\lambda_0/2$ 长同轴电缆的测量。完成校准后，接上末端开路的待测同轴电缆，若同轴电缆的长度正好为 $\lambda_0/2$，则测试相位 $\varphi=0°$。若 φ 大于 0°（第 1 象限），则表明同轴电缆偏短；若 $\varphi<360°$（第 4 象限），则表明同轴电缆偏长。

2）与已知长度的同轴电缆进行对比

（1）按工作频率设置网络分析仪的频率，在测量 S_{11} 的状态下对待测同轴电缆进行校准。

（2）完成校准后，接上已知长度的同轴电缆，记录相位 φ_S。

（3）换上待测同轴电缆，记录相位 φ_x，如果 $\varphi_S=\varphi_x$，则表明这两根同轴电缆等长。如果 $\varphi_x\neq\varphi_S$，且 $\varphi_x>\varphi_S$，由于仪器的相位为超前相位，因此读数越大，超前相位越大，表示待测同轴电缆比已知长度的同轴电缆短，反之则长。

注：已知长度的同轴电缆与待测同轴电缆的特性阻抗必须相同，否则会出错。

3. 同轴电缆特性阻抗 Z_0 的测量

根据长线理论，同轴电缆末端开路，输入阻抗为

$$Z_{in0} = -jZ_0 \cot(\beta L)$$

同轴电缆末端短路，输入阻抗为

$$Z_{ins} = jZ_0 \tan(\beta L)$$

由于 $Z_{in0} \times Z_{ins} = Z_0^2$，因此只要测出长度相同的开路和短路同轴电缆的输入阻抗 Z_{in0} 和 Z_{ins}，把它们相乘，再开方就能确定同轴电缆的特性阻抗 $Z_0 = \sqrt{Z_{in0} \times Z_{ins}}$。

5.3　天线共用技术

5.3.1　天线共用技术的定义

天线共用技术是指多部接收机或多部发射机共用 1 副天线，或收发信机共用 1 副天线，如图 5.10 所示。在空间分集接收和极化分集接收中广泛采用天线共用技术。在舰船通信天线中，多用共用天线技术来减小天线的数量。

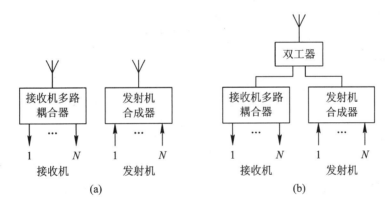

图 5.10　共用天线技术

5.3.2　天线共用技术的实现

要实现共用天线技术，可以用合成器、多路耦合器，也可以用双工器，具体方法如下：

1. 用合成器

1) 对发射天线合成器的要求

(1) 把发射机与合成器的输入端相连，把合成器的输出端与发射天线相连。合成器输入端的个数必须与发射机的个数相等。

(2) 合成器既要和发射机匹配，也要与天线匹配。

(3) 合成器必须承受一定的功率。

(4) 合成器输入通道之间的隔离度要足够高。

(5) 合成器要滤掉不必要的互调产物或可能的干扰。

2）合成器的基本工作原理

由于合成器可以用滤波器，也可以用混合电路构成，所以把合成器分为滤波型合成器（Filter Combiners）、混合电路型合成器（Hybrid Combiners）。

滤波型合成器是由两个以上与共用端相连的带通滤波器组成的，每个滤波器都工作在给定的频段，进入每个滤波器的信号在共用端合成输出，信号不会从 1 个端口泄漏到其他端口。

滤波型合成器的特点如下：

（1）损耗低。

（2）端口间有相当好的隔离度。

为了隔离滤波型合成器，要把不同带通滤波器的工作频段分开，各滤波器分开的频率间隔还要足够宽。

混合电路型合成器有两个通道四个端口，是由能覆盖相当宽的工作频段的混合电路（定向耦合器）构成的。从混合电路型合成器的两个端口输入两个信号，合成后则从其他两个端口输出。

混合电路型合成器的特点如下：

（1）把两个信号合成 1 个信号会产生较大的损耗。

（2）与滤波型合成器相比，端口之间的隔离度稍差。

（3）用混合电路型合成器合成信号时，不需要把频率分开。

2. 用多路耦合器

多路耦合器可以使两部以上发射机同时共用同 1 副宽带天线，各自发射不同频率的信号；也可以使 6～9 部接收机共用同 1 副天线，接收不同频率的信号。对多路耦合器的要求是：既要保证有足够好的阻抗匹配以便能传输最大的功率，又要使各信道之间有足够高的隔离度。

发射多路耦合器有互不相关的阻抗匹配通路。隔离发射机通常采用频率隔离带通滤波器。典型的发射多路耦合器的组成方框图如图 5.11 所示，这种多路耦合器是由电抗和电阻元件组成的无源网络，没有放大信号的功能。

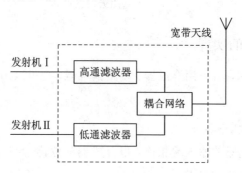

图 5.11 发射多路耦合器

接收多路耦合器可以是无源的，也可以是有源的。在接收设备中很少使用无源多路耦合器，因为它不放大来自天线的射频信号，而且信道之间的隔离度也不好。目前广泛采用有源多路耦合器，因为它有足够大的功率增益来补偿同轴电缆中的传输损耗，并且使同轴电缆与收信机之间有良好的阻抗匹配，信道之间的隔离度也很好。图 5.12 是典型的接收多路耦合器的组成方框图。由图 5.12 可以看出，接收多路耦合器主要由带通滤波器、前置放大器和功分器三部分组成。

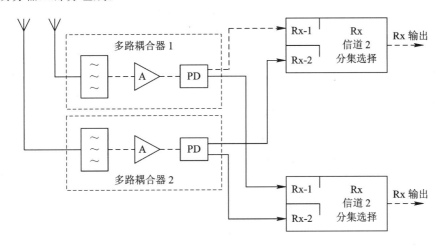

图 5.12　接收多路耦合器

1）带通滤波器

带通滤波器可使带内有用信号通过，并滤除带外无用的信号。

2）前置放大器

前置放大器用来补偿馈线的损耗，它通常靠近天线安装。

3）功分器

功分器可把信号分成若干信道。

3. 用双工器

双工器是允许信号在两个不同频率共用同一个通信信道的 3 端口无源器件，由两个带通滤波器组成。它可以把较宽频率范围的信号分成两个指定频率范围的信号。例如，对工作频段为 870～960 MHz 的 GSM900 移动通信，其中 880～909 MHz 为上行接收频段，925～954 MHz 为下行发射频段，为了让接收机和发射机同时共用同 1 副基站天线，必须使用由频率范围为 880～909 MHz 和 925～954 MHz 的两个带通滤波器构成的双工器。在舰船卫星通信天线中，例如 UHF 卫通，335～355 MHz 为接收频段，380～400 MHz 为发射频段，为了用同 1 副圆极化同时收发工作，就必须使用双工器。同样用双工器也可以用同 1 副 S 波段圆极化天线，在 2170～2300 MHz 频段接收，同时在 1980～2010 MHz 频段发射。

双工器应具有以下特性：

（1）插损低。

（2）收发端口应具有高的隔离度，以防大功率信号进入接收机通道。

（3）能抑制输出信号中的杂散辐射和接收信号中的接收噪声。

例如，某低轨道卫星，发射频段为 420～450 MHz，接收频段为 120～150 MHz，由于发射频段的中心频率 435 MHz 与接收频段的中心频率 135 MHz 的频率比为 3.2∶1，所以采用在 135 MHz 为 $\lambda/4$，在 435 MHz 为 $3\lambda/4$ 的单极子为共用天线。为了让收发同时共用同 1 副单极子天线，必须使用由 VHF 和 UHF 带通滤波器构成的双工器（见图 5.13）。VHF 带通滤波器让 135 MHz 接收信号通过，但在 435 MHz 呈现高阻抗，把发射与接收分开；UHF 带通滤波器允许 435 MHz 信号通过并到达天线，但在 135 Hz 呈现高阻抗，阻止发射信号进入接收通道。由于上行和下行使用了不同频率，所以双工器为同时发射和接收提供了大的隔离度。实测表明，在 435 MHz 插损为 0.39 dB，相当于传输系数为 0.956，仅有 8.6％的功率损失；在 135 MHz 插损为 0.89 dB，相当于传输系数为 0.903，仅有 8.6％的功率损失。

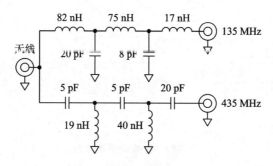

图 5.13　由 VHF、UHF 带通滤波器构成的双工器

参 考 文 献

胡树豪. 实用射频技术. 北京：电子工业出版社，2004.

第二部分　专用通信天线及其他天线

第6章　舰船通信天线

6.1　对舰船通信天线的要求

舰船通信天线的要求如下：

（1）天线数量少。天线数量少有利于舰船狭小空间的电磁兼容、抗电磁干扰及舰船天线的布局，有利于舰容舰貌。一般采用宽带天线，复用天线，频率、方向图和极化可重构天线，多频多功能综合桅杆天线以及其他新材料和新技术来减少天线的数量。

（2）频带宽。

（3）功能多。

（4）效率高。

（5）尺寸小。

（6）可靠性高。

（7）有合适的方向图。如对短波鞭状天线，要求：

① 水平面：全向。

② 垂直面：在短波的低频段（2～5 MHz）有低仰角垂直面方向图；在短波的中频段（5～12 MHz）有中仰角垂直面方向图；在短波的高频段（12～30 MHz）有中低仰角垂直面方向图。

（8）能承受大功率。

（9）雷达散射截面（隐形）小。

6.2　主要的舰船短波通信天线

6.2.1　鞭状天线

鞭状天线为不对称天线，甲板和海水是其有机功能部分。为简便起见，后文将鞭状天线统称为鞭天线。鞭天线用同轴线馈电，同轴线的内导体与鞭天线相连，同轴线的外导体与甲板相连。由于10 m和6 m高自支撑鞭天线具有固有的全向性、结构简单、风阻和雷达散射截面小、易于安装等优点，被各型水面舰艇列装。

鞭天线由细刚性金属杆或外包铜网的玻纤钢杆和底部的玻璃钢绝缘座组成。由于鞭天线属单极子天线，因此必须用绝缘底座将其与甲板隔开，又为防止大雨造成其与甲板短路，在其底部附加了防雨罩。

作为 10 m 或 6 m 高鞭天线辐射体的细刚性金属杆,过去多用 45♯钢或不锈钢制造,虽然具有造价低的优点,但却易腐蚀损坏。为克服钢制鞭天线质量重,在有直升机或舰载机起飞的舰船上不易折倒及易腐蚀损坏的缺点,改用结构强度高、质量轻、防腐和抗老化性能好的钛合金金属管制造。为了进一步提高鞭天线的机械性能、抗腐蚀性能及辐射效率,还可用碳纤维外裹铜网的新材料和新工艺制造 10 m 或 6 m 高舰载鞭天线,这种鞭天线不仅结构强度高、质量轻、韧性强、抗腐蚀性能和抗疲劳性能好,而且辐射效率高,能承受大功率。

金属材料导电性能的好坏用电导率 σ 表征,σ 越大,表示导电性能越好。铜和铝的电导率比较高,所以用它们制造的天线,效率必然高。

10 m 鞭天线在短波的低频段于垂直面上有相当好的低仰角性能,有利于利用地波完成近距离全向通信,由于舰船和海水为无限大理想导体面,因此甚至可以完成超视距全向通信。利用垂直面中仰角方向图,可通过天波反射完成中距离全向通信。6 m 鞭天线还可以利用垂直面低仰角方向图,通过天波反射完成远距离全向通信。10 m 鞭天线由于在 19 MHz 垂直面上方向图裂瓣,造成远距离通信需要的垂直面低仰角性能变差,因而不利于远距离通信。

鞭天线是窄带谐振式天线,输入阻抗随频率剧烈变化,所以必须与自动天线调谐器配套使用,才能在 2～30 MHz 使 VSWR≤1.5。为提高辐射效率,自动天线调谐器必须位于天线的根部。

10 m 和 6 m 鞭天线既可以作为短波全向发射天线,也可以作为短波全向接收天线。在 5 MHz 以下频率,它们都是效率不高的小电尺寸鞭天线。由于在这些频率,大气噪声会影响接收天线性能,所以缩短接收天线的尺寸不会明显降低接收灵敏度,因此,也可以使用 1～2 m 高的有源短波接收天线。由于舰船上层建筑的遮挡,破坏了鞭天线固有的全向性,为此宜在上层建筑的两侧各安装 1 副 10 m 发射鞭天线。为防止邻近短波鞭天线的相互耦合干扰,相邻短波发射天线之间应有足够大的距离,对 2～30 MHz 带自动天线调谐器的 10 m 发射天线,相邻短波发射天线之间的最小距离为 13 m,这样可以确保它们之间有足够大的空间隔离度。

为了尽可能地消除鞭天线短波通信的盲区,及减小雷达散射截面,宜把 10 m 鞭天线倾斜 7°安装架设。

6.2.2　短波中馈鞭天线

鞭天线的馈电,有底馈和中馈两种。中馈并不是指在天线高度 h 的 1/2 处馈电。把在天线高度 $h/3$ 处馈电的天线叫中馈鞭天线(或叫抬高馈电点的鞭天线)。中馈鞭天线分为上鞭和下鞭两部分,上鞭高 $2h/3$,下鞭高 $h/3$,中间用绝缘管分开连接固定。中馈鞭天线用下鞭金属管中的同轴线馈电,如图 6.1(a)所示,即把同轴线的外导体与下鞭的金属管相连,内导体穿过绝缘管与上鞭的金属管相连。用同轴线直接馈电的中馈鞭天线是窄带天线,必须用自动天线调谐器调谐匹配。为了实现宽带中馈鞭天线[如图 6.1(b)所

示〕，必须在高度 $h/3$ 处的中馈点串接 1∶4 或 1∶9 的传输线变压器和由 LC 电路构成
的匹配网络。

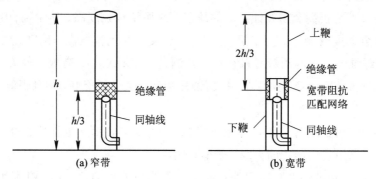

图 6.1　中馈鞭天线

　　图 6.2 是中馈鞭天线在不同高度情况下的电流分布（用实线表示），为了比较，图中还
用虚线给出了底馈鞭天线在不同高度情况下的电流分布。由图可看出，在 $h=10$ m 的情
况下：

　　（1）当 $h\leqslant\lambda/4$ 时，相当于 $f<7.5$ MHz，中馈和底馈鞭天线的电流分布基本相同。

　　（2）当 $h=\lambda/2$ 时，相当于 $f=15$ MHz，底馈鞭天线底部的电流为零，中馈鞭天线底
部的电流最大。

　　（3）当 $h=3\lambda/4$ 时，相当于 $f=22.5$ MHz，底馈鞭天线出现反相电流，中馈鞭天线的
电流为同相电流。

　　（4）当 $h=\lambda$ 时，相当于 $f=30$ MHz，底馈鞭天线出现半波长反相电流，且底部为零，
中馈鞭天线只出现很小的反相电流，且底部电流仍最大。

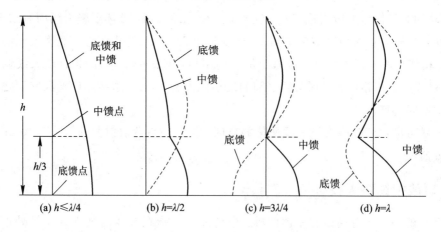

图 6.2　中馈和底馈鞭天线在不同高度情况下的电流分布

　　天线上的电流分布决定了天线的辐射特性，图 6.3 是在无限大理想导电地面上，10 m
中馈和底馈鞭天线的仿真垂直面方向图。由图可看出，当 $f<16$ MHz 时，10 m 中馈和底
馈鞭天线的垂直面方向图相同，都具有低仰角和中仰角的垂直面方向图，既可以利用地波
完成近距离全向通信（由于舰船和海水均为理想导体，甚至能完成超视距全向通信），又可

以依据中仰角垂直面方向图，利用天波反射完成全向中距离通信。当 $f=19$ MHz 时，10 m 底馈鞭天线垂直面方向图裂瓣，30°仰角垂直面方向图出现凹点，对远距离通信不利，但 10 m 中馈鞭天线却有好的低仰角垂直面方向图。当 $f>19$ MHz 时，10 m 底馈鞭天线低仰角垂直面方向图的幅度变得越来越小，远距离通信的能力也变得很弱，但 10 m 中馈鞭天线仍然具有远距离通信需要的低仰角垂直面方向图。

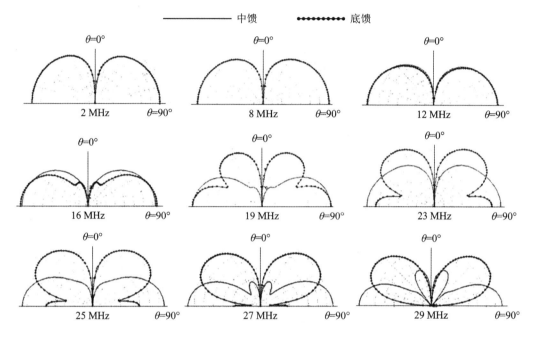

图 6.3　在无限大理想导电地面上，10 m 中馈和底馈鞭天线在不同频率的仿真垂直面增益方向图

中馈鞭天线抬高了馈电点，同轴线的尺寸不同，输入阻抗也就不同。图 6.4 所示为 10 m 中馈和底馈鞭天线的尺寸，表 6.1 为其在无限大理想导电地面上 2～30 MHz 下仿真的输入阻抗。由表可看出，中馈鞭天线输入阻抗随频率的变化要比底馈鞭天线随频率的变化缓慢得多，更利于天线调谐器自动匹配。

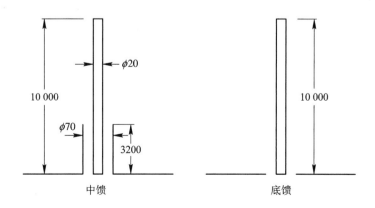

图 6.4　计算输入阻抗使用的 10 m 中馈和底馈鞭天线的尺寸（单位为 mm）

表 6.1　图 6.4 所示 **10 m 中馈和底馈鞭天线输入阻抗**

f/MHz	10 m 中馈/Ω		10 m 底馈/Ω	
	R	±jx	R	±jx
2	0.18	−274.16	1.75	−775.92
3	0.48	−176.34	4.12	−471.77
4	1.10	−123.69	7.82	−302.95
5	2.52	−87.87	13.35	−186.47
6	6.47	−57.21	21.55	−93.39
7	33.27	−21.44	33.90	−9.85
8	113.21	−14.67	53.19	72.89
9	54.99	−114.03	85.00	162.51
10	17.38	−86.12	141.80	267.52
11	8.50	−67.24	254.93	396.05
12	5.20	−54.71	509.65	528.86
13	3.61	−45.35	1045.40	415.85
14	2.71	−37.76	1189.09	−405.49
15	2.15	−31.34	593.19	−693.55
16	1.78	−25.65	269.95	−559.15
17	1.52	−20.52	138.35	−413.10
18	1.33	−15.90	80.19	−298.55
19	1.19	−11.60	53.46	−206.85
20	1.10	−7.45	43.17	−128.63
21	1.08	−3.43	43.91	−57.31
22	1.15	0.32	54.76	11.98
23	0.99	4.08	78.08	83.13
24	0.93	7.92	120.57	159.19
25	0.90	11.77	196.88	240.02
26	0.91	15.71	336.05	311.02
27	0.93	19.83	572.85	301.38
28	0.98	24.18	810.57	49.25
29	1.07	28.86	722.01	−328.07
30	1.22	34.07	445.32	−450.70

由以上对比看出，中馈鞭天线有以下特点：

（1）在 2～27 MHz，由于始终有低仰角和中仰角垂直面方向图，因而特别适合作为舰用鞭天线，在短波的低频段，可利用海水良导体的地波完成近距离甚至超视距全向通信；依据中仰角垂直面方向图，可通过天波反射完成中距离全向通信；在短波的高频段，依据低仰角垂直面方向图，可通过天波反射完成远距离全向通信。

（2）中馈鞭天线抬高了馈电点，可避免海水淹没馈电点或因盐渍造成馈电点短路、通信线路中断、电台烧毁等重大事故的发生。

（3）10 m 中馈鞭天线输入阻抗随频率变化缓慢，更利于自动天线调谐器匹配，因而 10 m 中馈鞭天线优于 10 m 底馈鞭天线。

6.2.3　短波双鞭宽带天线

舰船多用宽带天线，使用宽带天线，不仅减少了天线数量，有利于舰船电磁兼容和改善舰船"容貌"，还满足了利用调频和扩频技术抗干扰必须使用宽带天线的需要。

设计短波宽带天线的一般原则为：在 3∶1 的带宽比内，VSWR≤3.0。限定天线和馈线系统 VSWR≤3.0，是为了让发射机在线性区工作，如果发射机在非线性区工作，则不仅容易损坏设备，而且会产生谐波和有害的交调干扰。

舰船用短波宽带天线过去多用挂在舰船上层建筑上的双扇天线，由于双扇天线与 50 Ω 同轴馈线不匹配，所以必须使用由 LC 串并联电路构成的宽带阻抗匹配网络。为了减小匹配网络的插损，LC 元件的数量要尽可能少，最多为 5 个，电容的容量为 100～2500 pF，电感的电感值为 1～12 μH。现在多用双鞭组成的 HF 宽带天线。

6.2.4　10～30 MHz 中馈宽带鞭天线

10～30 MHz 中馈宽带鞭天线由 11.6 m 高鞭天线和位于馈点的宽带阻抗匹配网络及绝缘底座组成。图 6.5 是该天线位于无限大理想导电地面上的仿真垂直面增益方向图。由仿真结果可看出，在 10～30 MHz 最大增益为 6～8.7 dBi，假定宽带匹配网络的损耗为 1 dB，

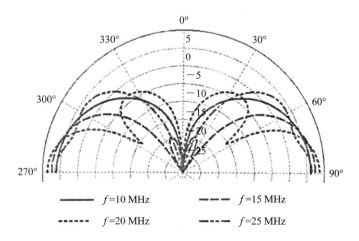

图 6.5　10～30 MHz 中馈鞭天线在无限大理想导电地面上的仿真垂直面增益方向图

VSWR 最大为 3.5 时的失配损耗为 1.6 dB，扣除损耗和失配损耗，天线的实际增益为 3.4～6 dBi。由仿真垂直面方向图可看出，10～30 MHz 有中仰角和低仰角垂直面方向图，而且随频率升高，最大辐射仰角降低，特别利于用中、低仰角垂直面方向图通过天波反射完成中远距离全向通信。

6.2.5　短波自适应伸缩天线

短波自适应伸缩天线采用电机驱动和快速伸缩方式设计，在 3～5 MHz 通过扩频器调谐匹配，在 5～30 MHz 通过自动伸缩改变天线高度，以实现宽带匹配。工作时伸出，不工作时缩回，具有辐射效率高、调谐速度快、隐蔽抗毁性强、电磁干扰小等优点。该天线的主要指标如下：

(1) 频率范围：2～30 MHz。

(2) 方向图：水平面全向。

(3) 极化方式：垂直极化。

(4) 功率容量：2000 W。

(5) 伸缩范围：2～15 m；伸缩时间：25 s；伸缩方式：手动或电动。

6.2.6　舰船加载宽带鞭天线和折合加载宽带单极子

短波多通道通信除了要求天线具有宽频带特性外，在舰船条件下，天线的结构尺寸也必须紧凑。

舰船使用的鞭天线，由于受空间的限制，在短波的低频段，属小电尺寸鞭天线，因而必然存在以下缺点：

(1) 馈电点呈现很大的容抗，很难与 50 Ω 阻抗匹配。

(2) 由于辐射电阻非常低，所以天线的效率和增益都很低。

(3) 单极子是窄带天线，输入阻抗随频率剧烈变化，在每个工作频率，都必须用自动天线调谐器调谐匹配。

为了克服小电尺寸鞭天线的缺点，常用分布和集中参数 R、C、L 对鞭天线加载。展宽天线的阻抗带宽，既可以用高度不同的单加载和双加载鞭天线，也可以用不同高度的单加载、双加载，甚至多加载折合单极子和双折合单极子。虽然用这些加载技术及宽带匹配网络在宽频带范围内使天线具有低 VSWR，但都以牺牲天线增益为代价。在 2～4 MHz 短波的低频段，为抵消天线阻抗中的容抗，可以在距离天线的馈电点 3.3 m 处，用 $R_L = 240\ \Omega$，$L = 20\ \mu H$ 的 RL 并联阻抗对天线加载。在 5 MHz 以上频率，用 RLC 并联阻抗对天线加载，鞭天线的性能如 VSWR 和增益都明显超过用纯电阻加载的宽带鞭天线。

1. 7 m 高加载宽带鞭天线

图 6.6 是用 GA 算法优化设计的 3～30 MHz 7 m 高加载宽带鞭天线的尺寸、加载阻抗及匹配网络的元件值。匹配网络由 1∶4 传输线变压器及多级 LC 匹配网络组成。

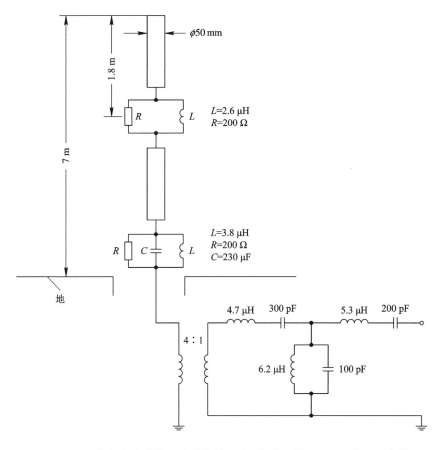

图 6.6　7 m 高加载宽带鞭天线的结构尺寸、加载阻抗及匹配网络的元件值

图 6.7 和图 6.8 分别是 7 m 高加载宽带鞭天线位于无限大理想导电地面上时，仿真和实测的 VSWR、G（增益）的频率特性曲线及在几个频率上的仿真垂直面增益方向图。由图可看出，在短波的低频段，不仅 VSWR 大，增益还比较低，在 5～30 MHz 垂直面方向图无裂瓣，均可以依据低仰角和中仰角垂直面方向图，通过天波反射完成中远距离全向通信。

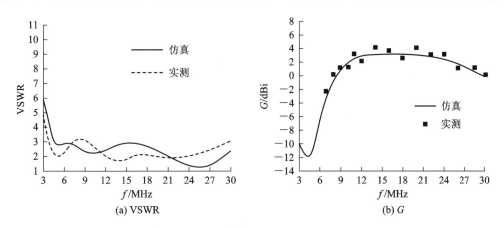

(a) VSWR

(b) G

图 6.7　7 m 高加载宽带鞭天线仿真和实测的 VSWR 和 G 的频率特性曲线

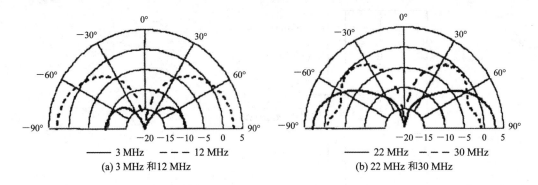

(a) 3 MHz 和 12 MHz　　　　　　　　(b) 22 MHz 和 30 MHz

图 6.8　7 m 高加载宽带鞭天线的仿真垂直面增益方向图

2. 13 m 高中馈加载宽带鞭天线

图 6.9 是 3～30 MHz 13 m 高中馈加载宽带鞭天线，该天线用中馈点附加的宽带匹配网络，如 1：4 传输线变压器、下 V 形辐射体及末端的加载电阻来展宽阻抗带宽。加载电阻位于天线底部，不仅容易固定，而且容易散热，有利于承受 2 kW 的大功率。假设该天线位于无限大理想导电地面上，在不同频率仿真了垂直面方向图及 VSWR、效率，结果为：$f < 18$ MHz 垂直面方向图呈半个倒 8 字形；$f \geqslant 18$ MHz 垂直面方向图裂瓣；18～30 MHz 仍然有高增益低仰角（10°左右）垂直面方向图，有利于远距离短波通信。由于用有耗元件电阻加载，因此 $f < 6$ MHz 天线的效率比较低，仅为 2%～10%。

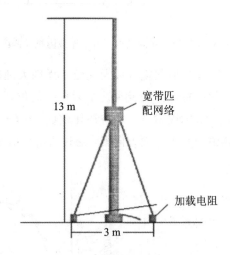

13 m

宽带匹配网络

加载电阻

3 m

图 6.9　13 m 高中馈加载宽带鞭天线

3. 10 m 高短波宽带折合加载笼形单极子

图 6.10 是 2～30 MHz 10 m 高折合加载笼形宽带单极子。假设该天线位于无限大理想导电地面上，对 VSWR、G 及垂直面方向图进行了仿真，结果为：在垂直面方向图 $\theta = 0°$ 方向上，不像普通单极子那样呈现很深的零，由于有一定的辐射，因而有利于消除鞭天线短波通信的盲区；在短波的高频段，由于垂直面方向图裂瓣，远距离通信需要的低仰角性能

变差。由于用 300 Ω 电阻加载，所以在短波的低频段，天线的效率、增益均很低。在不同频率仿真的天线增益列在表 6.2 中。

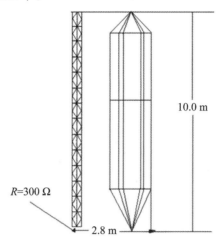

图 6.10　2～30 MHz 10 m 高折合加载笼形单极子

表 6.2　2～30 MHz 10 m 高折合加载笼形单极子的仿真增益

f/MHz	2	3	4	5	6	7	8	9	10	11
G/dBi	−16	−8.6	−3.3	0.3	2.6	3.7	4.1	4	3.7	3.7
f/MHz	12	13	14	15	16	17	18	19	20	21
G/dBi	4.1	4.5	4.9	5.4	5.7	6	6.1	5.8	4.9	4.5
f/MHz	22	23	24	25	26	27	28	29	30	—
G/dBi	5.1	5.6	6	6.3	6.6	6.8	6.7	6.8	6.8	—

6.2.7　舰船短波加载双鞭宽带天线

舰船短波加载双鞭宽带天线由两根相距很近且并联的加载鞭天线和位于天线根部的宽带阻抗匹配网络组成。调整双鞭天线的长度、间距、加载阻抗的元件值及位置，再附加由电感、电容和传输线变压器构成的宽带阻抗匹配网络，就能在 2～30 MHz 实现低的 VSWR。加载阻抗可以是 2 个或 3 个。

图 6.11 是 2～30 MHz 12.6 m 高双加载双鞭天线及馈电网络，图 6.12 是 2～30 MHz 11.6 m 高三加载双鞭天线及馈电网络。表 6.3 和表 6.4 分别是 12.6 m 高双加载双鞭天线和 11.6 m 高三加载双鞭天线的加载阻抗和匹配网络的元件值。

下加载阻抗主要控制天线低频段的特性和效率，下加载阻抗应尽量靠近馈电点，有助于降低天线的 VSWR。上加载阻抗主要控制天线的高频段特性和效率。把几个耐功率的电阻并联，有利于分散损耗在电阻上的功率，从而增大天线承受功率容量的能力。

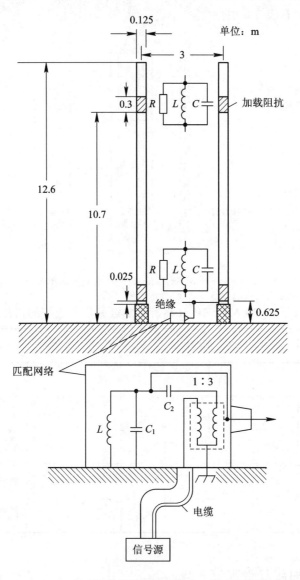

图 6.11　12.6 m 高双加载双鞭天线的结构、尺寸及宽带匹配网络

表 6.3　12.6 m 高双加载双鞭天线加载阻抗及匹配网络的元件值

加载阻抗	R/Ω	$L/\mu H$	C/pF
上加载	300	5	$0\sim15$
下加载	300	10	300
阻抗匹配网络	$L=8\ \mu H$, $C_1=25$ pF, $C_2=2500$ pF, 传输线变压器阻抗变换比为 $1:3$		

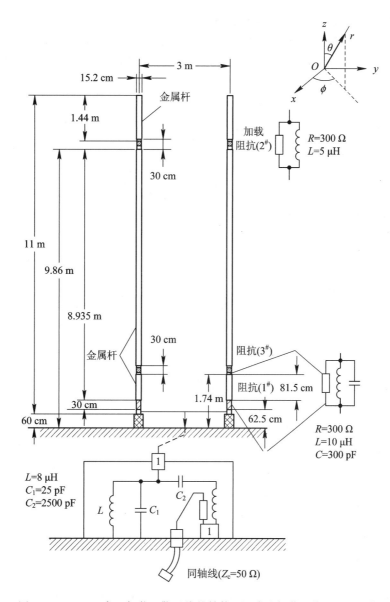

图 6.12　11.6 m 高三加载双鞭天线的结构、尺寸及加载阻抗和匹配网络

表 6.4　11.6 m 高三加载双鞭天线的加载阻抗和匹配网络的元件值

加载阻抗	R/Ω	$L/\mu H$	C/pF
上加载	300	5	0～15
中加载	300	10	0～15
下加载	300	10	300
阻抗匹配网络	$L=7\ \mu H$，$C_1=25\ pF$，$C_2=2500\ pF$，传输线变压器阻抗变换比为 1∶3		

加载双鞭天线，例如双加载和三加载双鞭天线，在 2～30 MHz，除个别频点外，在 2 MHz 的 VSWR 分别为 5.48 和 3.22 外，在其余频点的 VSWR 均小于 3.0。

在输入功率为 1 kW 的情况下，双加载双鞭天线的下加载电阻在 2～4 MHz，损耗功率为 470 W，而三加载双鞭天线损耗功率只有 270～280 W，可见三加载比双加载双鞭天线更容易承受功率。但在 2.5 MHz，双加载和三加载双鞭天线的效率 η 均很低，分别为 3.3% 和 1.9%；在 6～30 MHz，双加载和三加载双鞭天线的效率分别为 60%～78% 和 48%～78%。11.6 m 高无载双鞭天线在 2～18 MHz 时，$G \geqslant 5$ dB，在 $f > 18$ MHz 时，由于方向图裂瓣，所以水平面增益下降，在 22 MHz 达到 −17 dB。11.6 m 高双加载双鞭天线在 $f = 2$ MHz 时，$G = -8.75$ dBi；在 $f < 10$ MHz 时，垂直面方向图呈半个倒 8 字形，随着频率升高，天线增益逐渐增大；在 $f = 10$ MHz 时，$G = 4.93$ dBi，在 $f > 20$ MHz 时，垂直面方向图裂瓣，水平面增益下降；在 $f = 20$ MHz 时，$G = 0.18$ dBi；在 $f = 30$ MHz 时，$G = -1.27$ dBi。

6.3　美军水面舰艇的短波通信系统用天线

6.3.1　概述

1980 年到 1990 年，美军标准的短波工作频段为 2～30 MHz，分成 3 个分频段（2～6 MHz、4～12 MHz 和 10～30 MHz），相邻分频段都设计了重叠频率。但新的通信标准把 2～30 MHz 分成 2～8 MHz 和 8～30 MHz 两个分频段。短波分频段的划分由 RF 滤波器（多路耦合器）的带宽决定。舰船经常使用的宽带天线，既可以与窄带 RF 分布系统连接，也可以与宽带 RF 分布系统连接。窄带 RF 分布系统使用了一系列可调 RF 滤波器，为发射机和接收机提供了与宽带发射或接收天线相兼容的接口。宽带 RF 发射机分布系统提供了一种能把发射机基带信号直接与宽带天线相接的线性功率放大器。宽带 RF 接收机分布系统可以用小尺寸有源天线接收信号，也可以用与有源宽带多路耦合器直接相连的线极化天线接收。短波发射机系统在 2～30 MHz 使用了能发送音频和数据的短波发射机，AN/URT-23 是最典型的短波发射机。发射机与 3 路耦合器，即 AN/SRA-56（2～6 MHz）、AN/SRA-57（4～12 MHz）和 AN/SRA-58（10～30 MHz）相连，使多路耦合器与有合适频率间隔的多发射机共用一副天线。

舰船上典型的短波通信系统至少要有 4 类短波发射天线。10.7 m（35 英尺）鞭天线是最典型的短波天线。用 URT-23 和 SRA56/57/58 合路器，不用调谐器就能把多路耦合器直接与天线相连。天线匹配网络输入端的最大 VSWR 为 3∶1。2～6 MHz 最典型的天线是带宽带匹配网络的双扇天线；4～12 MHz 最典型的天线和馈线系统由 10.7 m 高的双鞭和宽带阻抗匹配网络组成，在工作频段内，最大 VSWR 为 3.0∶1；10～30 MHz 天线和馈线系统通常由带有宽带阻抗匹配网络的 3.65 m、4.87 m 或 5.5 m 高的双鞭组成，工作频段内天线的最大 VSWR 为 3.0∶1。虽然短波发射机设计规范中天线的 VSWR 最大为 3∶1，但对舰船天线，通常天线和馈线系统的 VSWR 为 3.5∶1 或更高。舰船短波天线使用的低耗空气介质同轴电缆的直径通常为 41.3 mm 或 79 mm，它们在 30 MHz 的衰减分别为 0.00367 dB/m

和0.00246 dB/m。

最典型的舰船无源接收天线是5.5 m 高或10.7 m 高的鞭天线。这些鞭天线通过接线盒直接与同轴电缆相连，接线盒为同轴连接器和连接天线的馈线提供了机械和电气接口，接线盒中还包含与地相连接的 450 kΩ 电阻，为产生的天电干扰放电提供路径。由于天线只用来接收信号，所以 VSWR 并不是关键参数。

6.3.2　双扇天线

由于 2 MHz 的波长为 150 m，所以 2 MHz 天线的设计是极复杂的，因为 $\lambda/4$ 长鞭天线的高度高达 37.5 m，在舰船的安装条件下是无法实现的，即使 $f = 6$ MHz$(\lambda = 50$ m$)$，$\lambda/4$ 长鞭天线也要 12.5 m 高。由于舰船天线必须承受猛烈的冲击和震动，因而给天线机械设计带来一定的难度。$2\sim6$ MHz 最常用的发射天线是如图 6.13 所示的双扇天线，$15\sim20$ MHz 接收天线也用双扇天线，之所以用双扇天线，是为了实现宽频带。双扇天线由两组呈扇形的金属线组成，扇面的顶端通过耐拉的绝缘子固定在桅杆的横梁上，扇锥的底端通过耐拉的绝缘座固定在舰船的甲板上或舰船的其他建筑上。每个扇形辐射单元通常由 $3\sim4$ 根长度为 21.3 m 或 24.4 m 的磷青铜线构成。

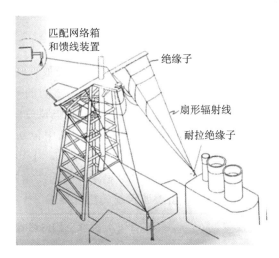

图 6.13　短波双扇天线

双扇天线在扇面顶部馈电，双扇天线的固定阻抗匹配网络固定在高强度铝箱中，内部典型的匹配元件包括可调高压真空电容和用 3.2 mm 或 6.35 mm 直径的冷拔铜管制成的电感。电感和电容之间均用铜带连接，以便使串联电感最小。

6.3.3　双鞭天线

$4\sim12$ MHz 和 $10\sim30$ MHz 最适合舰船使用的宽带天线是如图 6.14 所示的双鞭天线。为了满足舰船的冲击和震动要求，双鞭天线通常由高强度拉伸铝合金管制成，每个鞭天线的底部通过高强度玻璃钢绝缘座与舰船的结构隔离。使用双鞭，增加了辐射体的有效直径，因而展宽了带宽。为了在分频段内使 VSWR≤3.0，在两根鞭天线的中间还附加了阻抗匹配网络。双鞭天线与阻抗匹配网络之间的 RF 连线均采用耐腐蚀耐磨的磷青铜线。

10～30 MHz

图 6.14　短波双鞭天线

6.3.4　性能要求及测量

模型天线为舰船上使用的全部短波通信天线提供了一种最重要的设计手段。需要评估的天线性能包括：VSWR 特性、方向图特性、天线与天线之间的耦合。对每个天线系统，要规定在工作频段内天线的性能指标。对发射天线，在工作频段内不仅要规范相对 50 Ω 阻抗的最大 VSWR 为 3.0，还要规范天线的方向图特性，其中包括方向图的圆度、水平面平均增益、方向图主瓣的位置和极化的纯度。在许多情况下，对天线间的耦合并不提出严格要求，耦合测量也仅仅作为参考。表 6.5 为舰船短波天线的性能要求。

表 6.5　舰船短波天线的性能要求

性能	要达到的性能
阻抗	50 Ω
匹配后的 VSWR	最大为 3∶1
3°仰角水平面平均增益	≥2 dBi
方位面的圆度（最大到零的变化） 　　≤10 dB 　　≤15 dB 　　≤20 dB 　　≤25 dB 　　≤30 dB	 在 80% 的方向图内 在 90% 的方向图内 在 95% 的方向图内 在 98% 的方向图内 在 100% 的方向图内

船模天线的方向图要在 2～30 MHz 测量。2～6 MHz 分频段，测试频点每隔 0.2 MHz 取 1 点，共计 21 个频点；4～12 MHz 分频段又分为 4～6 MHz、6～10 MHz 和 10～12 MHz

三个分频段,4~6 MHz 频段的间隔为 0.2 MHz,6~10 MHz 频段的间隔为 0.5 MHz,10~12 MHz 频段的间隔为 1 MHz,共计 21 个频点;10~30 MHz 分频段又分为 10~20 MHz 和 20~30 MHz 两个分频段,10~20 MHz 频段的间隔为 1 MHz,20~30 MHz 频段的间隔为 2 MHz,共计 16 个频点。

在每个频点要测量 0~60°仰角范围内不同仰角的方位方向图。一组典型的方位方向图要包括 3°、12°、20°、30°和 60°仰角的方位方向图。一组垂直面方向图要包括方位为 0°、90°、180°和 270°四个面的垂直面方向图。上述方位和垂直面方向图都要在水平、垂直两种极化状态下测量。对 2~6 MHz 的双扇和 10~30 MHz 的双鞭,测量方向图的总数达到 378 个。

可见要完成舰用短波天线的设计,必须完成以下工作:

(1) 设计阻抗匹配网络,并确定每种天线的阻抗匹配网络元件值。

(2) 在天线阻抗匹配网络的输入端,测量天线输入阻抗和 VSWR。

(3) 测量天线方位方向图和圆度。

(4) 确定天线水平面平均增益。

(5) 确定天线低仰角方向图的覆盖范围。

(6) 确定天线的主极化。

(7) 确定天线间的 RF 耦合。

6.3.5 其他短波天线

除双扇双鞭短波天线外,舰用短波天线还包括:对数周期天线、盘笼、单锥、双锥。对数周期天线为宽带高增益定向天线。如果要求天线宽带且要承受大功率,可选用盘笼。典型的舰船用旋转对数周期对称振子天线的 VSWR≤2.5,承受 10 kW 平均功率的工作频段为 7.5~30 MHz。高 10 m、承受 12 kW 功率的盘笼的工作频段为 4~12 MHz 和 10~30 MHz 两个分频段,在每个分频段,VSWR≤3。

6.4 舰船 VHF/UHF 通信天线

6.4.1 30~88 MHz 全向通信天线

30~88 MHz 是岸与舰、舰与舰的对海通信天线,该天线主要由高度为 3~4 m 的垂直振子组成。结构形式主要有两种,一种是上下辐射体用直径为 20~30 mm、长度为 1.5 m~2 m 的铝合金管组成,中间用下辐射体金属管中的同轴线馈电。为实现宽带匹配,在馈电点附加 1∶4 传输线变压器,传输线变压器的输出端与上下辐射体金属管相连,同轴线的内导体与传输线变压器的输入端相连,同轴线的外导体与下辐射体金属管相连。为了扼制同轴馈线外导体上的电流,可以把同轴线绕成线圈,或在同轴线的外导体上套磁环。为了进一步展宽带宽,降低天线的 VSWR,另一种结构形式是把间距 150 mm 左右、直径 20 mm 左右的 4 个金属管并联,等效为 1 个粗振子,作为上下辐射体。天线的电高度在最低和最高频段分别为$(0.3\sim0.4)\lambda_L$和$(0.88\sim1.17)\lambda_H$。根据天线理论，振子的总高度不超过1.25λ，垂直面方向图就不会裂瓣。可见该天线在整个工作频段内，水平面方向图呈全向，垂直面方向图为倒8字形，最大辐射方向始终指向水平面，这正是舰船通信天线所需要的。在整个工作频段内，实测VSWR＜3，大部分频段VSWR≤2。由电高度看，在最低工作频率30 MHz，天线的高度不到0.5λ，增益只有1 dB多，扣除失配损耗，天线和馈线系统的增益在0 dB左右；在最高工作频率，天线的电高度超过全波长，增益为3 dB多，扣除失配损耗，天线和馈线系统的增益为2 dB左右。就天线的电性能而言，低频段VSWR大，电高度低，天线增益低。因此有的单位提出该天线的最佳工作频段为50～70 MHz，少用或不用低频段。从天线的性能看，似乎有道理，但还必须考虑空间衰减，如果通信距离为R，由收发天线的功率传输方程可以得出自由空间衰减L_F为

$$L_F=\frac{P_tG_rG_t}{P_r}=\left(\frac{4\pi R}{\lambda}\right)^2=\left(\frac{4\pi Rf}{c}\right)^2$$

式中：P_t、P_r分别为发射机的发射功率和接收机的接收功率，G_r、G_t分别为接收天线和发射天线的增益，λ为工作波长，f为工作频率，c为光速。

如果工作频率f的单位为MHz，通信距离R的单位为km，则以dB表示的自由空间衰减为

$$L_F(\text{dB})=32.4+20\lg R+20\lg f$$

假定$R=200$ km，$f=30$ MHz、50 MHz和88 MHz，则L_F分别为107.96 dB、112.4 dB和117.3 dB。50 MHz和88 MHz相对30 MHz空间衰减分别增加4.44 dB和9.34 dB。可见频率越高，空间衰减越大，和天线增益相比，空间衰减是主要的，因此应尽量使用低的工作频率。从电波传播看，频率低绕射能力也强，更利于通信。

6.4.2　30～425 MHz双频复合全向天线

图6.15是把30～88 MHz岸与舰、舰对舰、舰对海通信天线及155～157 MHz、413～415 MHz、423～425 MHz应急通信天线复合在一起构成的双频段复合全向天线。其中30～88 MHz为一个输出端口，155～425 MHz为另一个输出端口，该复合天线具有频带宽，体积相对小，易在水面舰艇布局，实用性强等特点。

该天线可以用于岸站、舰船作为30～88 MHz岸对海、舰船与舰船的对海通信天线，还兼作155～157 MHz、413～415 MHz、423～425 MHz的舰船与岸应急通信和进港天线。复合天线的主要指标如下：

（1）工作频率：30～88 MHz；155～425 MHz。

（2）电压驻波比：VSWR≤2.5（90％频点），其余≤3.0。

图6.15　30～425 MHz双频段复合全向天线

（3）天线增益：平均 2 dBi。

（4）极化方式：垂直。

（5）阻抗特性：50 Ω。

（6）功率容量：100 W。

（7）外形尺寸：最大直径为 270 mm，长度为 3000 mm。

通过优化结构设计，双频天线相互影响极小。为实现宽带阻抗匹配，30～88 MHz 天线采用带有宽带匹配网络的垂直振子，155～425 MHz 天线采用宽带套筒振子等技术。

30～88 MHz 全向天线已有产品，155～425 MHz 全向天线经过仿真，在频段内 VSWR≤2.7，G＝1.9～3.5 dBi。

6.5　舰船用短波、超短波应急通信天线

舰船用短波、超短波应急通信天线主要由辐射体和安装底座两部分组成。辐射体由长度可伸缩变化的鞭天线和可折叠展开、具有宽带特性的倒锥组合而成，平时折叠存放在舱内，需要应急通信时迅速安装在甲板上。如果工作在 1.5～60 MHz，就根据工作频率伸长鞭天线，让鞭天线工作；如果工作在 100～150 MHz，就缩短鞭天线，展开倒锥，让倒锥工作，如图 6.16 所示。短波、超短波应急组合通信天线具有质量轻、强度高、承受功率大、展开折叠方便、使用方便等特点。

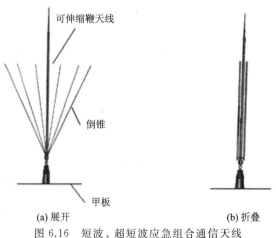

图 6.16　短波、超短波应急组合通信天线

参 考 文 献

［1］　柳超，刘其中，梁玉军，等. 舰用短波宽带鞭状天线研究. 电波科学学报，2006，21(6)：955-958.

［2］　ABRAMO R S. Broadband, High-Power, 2～30 MHz. Twin-Whip Antenna［R］. Technical Document 2597. San Diego：Naval Ocean Systems Center, 1994.

第7章 地面(岸基)台站天线

7.1 地面常用 HF 水平极化天线

7.1.1 HF 水平极化偶极子

图 7.1 是位于地面上的 HF 水平双极天线。双极天线也叫 π 形天线、对称天线、偶极子。水平偶极子是短波使用的最简单、最常用的一种天线。天线两臂可以用 3～6 mm 粗的铜线、铜包钢线、多股软铜线制作，以减小损耗和增加机械强度。天线两臂与地面平行，两端用高频绝缘子相连。为减小拉线对天线辐射产生的影响，拉线要用绝缘子隔开，隔开的长度由上到下为 $\lambda_{min}/8 \sim \lambda_{min}/4$($\lambda_{min}$ 为最高频率对应的波长)。

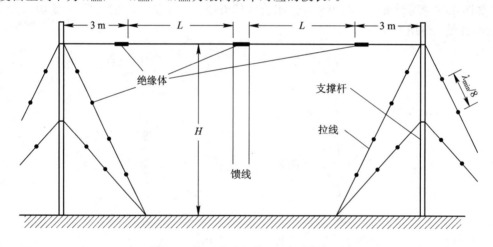

图 7.1 位于地面上的 HF 水平偶极子

水平偶极子 1 臂的长度 L 不宜太短。如果太短，不仅天线的效率低，而且由于天线的输入阻抗呈现很小的电阻和很大的容抗，不易于馈线匹配，故要求 $L \geqslant 0.2\lambda_{max}$(在 3 MHz，要求 $L \geqslant 20$ m，总长 $2L \geqslant 40$ m。λ_{max} 为最低频率对应的波长)。水平偶极子的架设高度不宜太低，中小电台天线的架设高度一般为 8～15 m，如果太低，不仅不能保证远距离通信所要求的低仰角，还会导致以下情况：

(1) 低的辐射效率。水平天线与它的镜像电流反相相互抵消，靠近地面增加了地面损耗。

(2) 天线阻抗失配受地面互阻抗的影响。

水平偶极子为谐振式窄带天线，必须与自动天线调谐器配套使用，才能在 2～30 MHz 短波频段使用。图 7.2 是水平偶极子位于地面上不同电高度的垂直面方向图，图 7.3 是水平偶极子在不同仰角(Δ)的水平面方向图。由图可看出：

（1）$h \leqslant 0.3\lambda$，由于垂直面最大波束指向天顶角，因而把具有这种方向图的水平极化天线称为高仰角天线。这种天线可利用近垂直入射天波完成中近距离全向通信。

（2）$h > 0.3\lambda$，垂直面方向图裂瓣，但仍可以依据裂瓣后的中仰角和低仰角垂直面方向图，通过天波反射完成中远距离双向通信。

（3）低仰角($\Delta = 0°$)，水平面方向图呈 8 字形，最大辐射方向与辐射单元垂直，故要根据低仰角的通信方向，来确定水平对称天线的取向，即必须让最大通信方向与天线垂直。

（4）随仰角 Δ 的抬高，水平面方向图由椭圆变成圆，适合用近垂直入射天波实现全向通信。

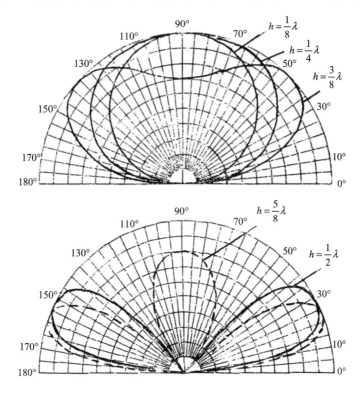

图 7.2　水平偶极子位于不同电高度的垂直面方向图

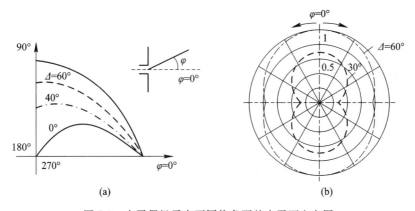

图 7.3　水平偶极子在不同仰角下的水平面方向图

1. HF 水平 λ/2 长偶极子的馈电方法

图 7.4 是 HF 水平 λ/2 长偶极子用双导线馈电的方法。由于用一对直径比较粗的导线构成偶极子，因此考虑到端效应，要把天线的长度缩短为 0.95×λ/2。由于偶极子是对称天线，所以必须用平衡双导线馈电。图 7.4(a)所示为用平衡双导线馈电，通过调整双导线的特性阻抗，可以使天线与馈线匹配；图 7.4(b)所示为用 λ/2 长短路线使天线谐振，调整支节的位置还能实现低的 VSWR；图 7.4(c)所示为用 λ/4 阻抗变换段把天线的低阻抗变为高阻抗，以便与 600 Ω 高阻抗双导线馈线匹配；图 7.4(d)所示为把 λ/2 长偶极子变成 λ/2 长折合振子，相对于 λ/2 长偶极子，λ/2 长折合振子的输入阻抗提高了 4 倍，变成 300 Ω，这样就可以用 300 Ω 双导线作为馈线；图 7.4(e)所示为用 600 Ω 双导线馈电，用 △ 匹配使天线与馈线匹配；图 7.4(f)所示为用带有巴伦的同轴线给 λ/2 长偶极子馈电；图 7.4(g)所示为用单导线给长度为 L 的天线偏馈，让馈线偏离天线中心距离 X＝0.14L，可以使天线匹配，但这种天线需要导电性能好的地面。

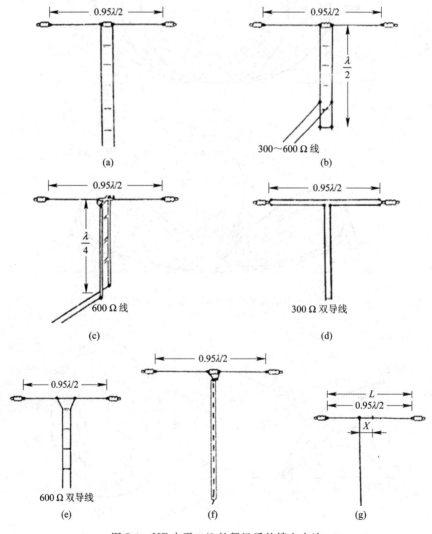

图 7.4　HF 水平 λ/2 长偶极子的馈电方法

2. 窄带高增益水平偶极子及天线阵

为了提高增益,如图 7.5 所示,把水平偶极子的长度由 $\lambda/2$ 变成 1.28λ。由于 HPBW 变窄,所以该天线的增益相对 $\lambda/2$ 长偶极子提高了近 3 dB。

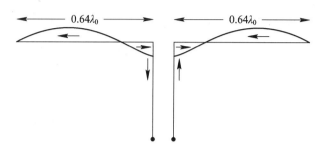

图 7.5　1.28λ 水平偶极子

图 7.6 是业余无线频段中心频率 $f_0 = 24.950$ MHz($\lambda = 12.02$ m)、电长度为 1.28λ 的水平偶极子的几何尺寸,天线架高 10.67 m,用 1.651 m 长特性阻抗为 450 Ω 双线传输线把天线的输入阻抗 $142 - j555$ Ω 变换到 55 Ω,再经过 1∶1 巴伦与任意长 52 Ω 同轴线相连。

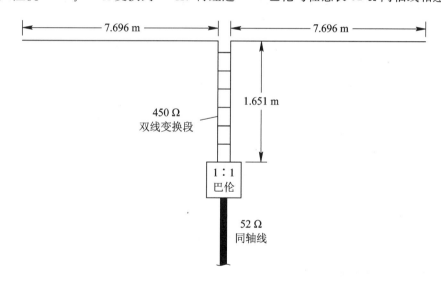

图 7.6　24.950 MHz 水平偶极子及馈线的尺寸

为了提高增益,采用间距为 $\lambda/8$ 反相馈电的 2 元天线阵。图 7.7(a)是中心频率 $f_0 = 24.950$ MHz 的反相馈电 2 元天线阵的几何尺寸。由于馈电点 X、Y 的阻抗为 50 Ω,所以在馈电点 X、Y 通过 1∶1 巴伦就可以用 50 Ω 同轴线馈电,再用长度 50.8 mm 的短路支节抵消在馈电点呈现的 13.5 Ω 容抗。天线离开地面 0.88λ。2 元水平偶极子天线阵水平面的半功率波束为 HPBW=30°,增益比单个天线高出约 5 dB,比 $\lambda/2$ 长偶极子高出 7~8 dB。图 7.7(b)是另外一种反相馈电 2 元天线阵的具体尺寸。由于 a、b 点的阻抗为 $15 - j112$ Ω,所以要通过 450 Ω 双线阻抗匹配段把阻抗变为 $55 - j32$ Ω,用短路支节抵消掉 32 Ω 容抗,再通过 1∶1 巴伦用 52 Ω 同轴线馈电。

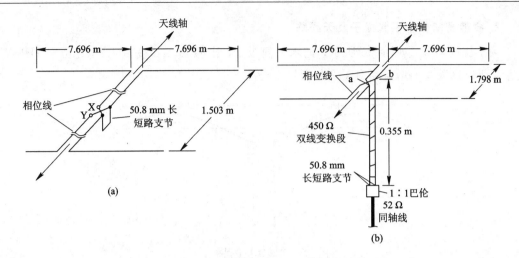

图 7.7　24.950 MHz 反相馈电 2 元水平偶极子

图 7.8 是由 2 元间距为 $\lambda/2$ 全波长偶极子组成的水平偶极子。为保证两个偶极子同相，用双导线交叉馈电，每个偶极子的输入阻抗约为 200 Ω，并联变为 100 Ω。在水平偶极子的后面 $\lambda/4$ 处附加 0.1λ 网眼的反射网，就能使水平偶极子的增益达到 10 dBi。

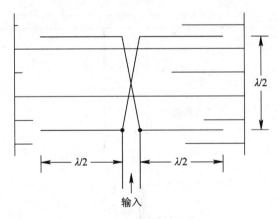

图 7.8　水平偶极子

3. 双频和三频陷波水平偶极子

为了使水平偶极子在低频 f_L 和高频 f_H 双频工作，在水平偶极子的两个臂附加由 LC 并联电路构成的陷波器，调整水平偶极子的长度 D_1、D_2 和并联电路中的电感、电容的元件值。当 LC 并联电路近似短路、水平偶极子一臂的长度 $D_1 + D_2$ 稍微小于 $\lambda_L/4$（λ_L 为低频 f_L 的波长）时，水平偶极子在低频 f_L 工作。由于在低频 f_L 工作时，水平偶极子的长度不满足高频 f_H 的谐振条件，所以水平偶极子不会在 f_H 工作。当 $D_1 = \lambda_H/4$ 时（λ_H 为高频 f_H 的波长），水平偶极子在高频 f_H 工作。在高频 f_H 工作时，由于陷波器的并联电路谐振，阻抗无穷大，阻止电流流到长度为 D_2 的导线上，所以水平偶极子不会在低频 f_L 工作。

图 7.9 是双频陷波水平偶极子，其具体频段、天线的尺寸及陷波器的元件值如表 7.1。

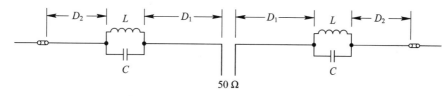

图 7.9　双频陷波水平偶极子

表 7.1　双频陷波水平偶极子的尺寸和陷波器的元件值

频段/MHz	D_1/m	D_2/m	L/μH	C/pF
3.75～7.5	9.75	6.7	8.2	80
7.5～15	5.08	3.25	4.1	25
15～20	3.17	1.10	2.9	20
20～30	2.44	0.583	1.65	20

图 7.10 是三频陷波水平偶极子，表 7.2 是该天线的尺寸和陷波器的元件值。

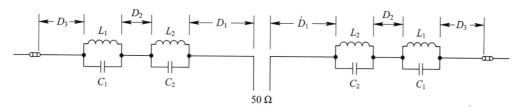

图 7.10　三频陷波水平偶极子

表 7.2　三频陷波水平偶极子的尺寸和陷波器的元件值

频段/MHz	D_1/m	D_2/m	D_3/m	L_1/μH	C_1/pF	L_2/μH	C_2/pF
15、20、30	2.438	0.558	0.838	2.9	20	1.65	20

7.1.2　笼形及变形笼形偶极子

1. 笼形水平偶极子

为了克服水平偶极子窄频带的缺点，根据加粗振子的直径能展宽天线阻抗带宽的原理，把偶极子的辐射臂加粗，变成笼形。这不仅能展宽偶极子的带宽，还能减小水平偶极子的重量、风阻及节约成本。图 7.11 是位于地面上的 HF 水平笼形偶极子。

笼形偶极子的臂长 l 的计算方式如下：

$$l = \frac{\lambda_{\min}}{1.6} - \frac{\lambda_{\max}}{4} \quad （笼形偶极子） \tag{7.1}$$

$$l = \frac{\lambda_{\min}}{1.6} - \frac{\lambda_{\max}}{6.5} \quad （分支笼形偶极子） \tag{7.2}$$

式中，$\lambda_{\min}$ 和 $\lambda_{\max}$ 分别为笼形偶极子工作频率的最小和最大波长。

笼形偶极子的跨度 L 由下式计算：

$$L > 2l + 6 \text{ m} \tag{7.3}$$

为了使天线垂直面最大辐射方向符合由电离层高度、通信距离和工作波长 λ 决定的最大天线辐射仰角 $\Delta_{\max}$ 的要求，天线的平均挂高 H_{ae} 为

$$H_{ae} = \frac{\lambda}{4\sin\Delta_{\max}} \tag{7.4}$$

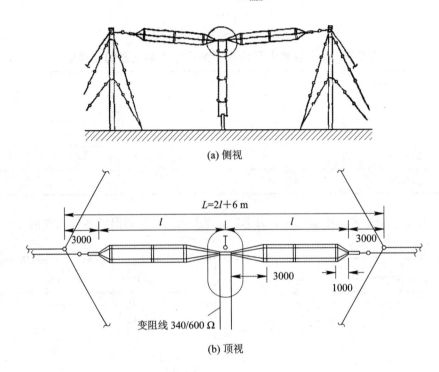

(a) 侧视

(b) 顶视

图 7.11　位于地面上的 HF 水平笼形偶极子

笼形偶极子的平均特性阻抗 W_A 由下式计算：

$$W_A = 120\left(\ln\frac{2l}{a_e} - 1\right) \tag{7.5}$$

式中，a_e 为笼形偶极子的等效半径，其值为

$$a_e = a \times \sqrt[n]{\frac{nr}{a}} \tag{7.6}$$

式中，a 为笼形偶极子的半径，r 为笼形导线半径，n 为笼形导线根数。

2. 分支笼形水平偶极子

为了进一步展宽笼形偶极子的带宽，如图 7.12 所示，把由 6 根金属线构成的笼形偶极子辐射臂中的 2 根短路，再用 4 个圆笼环、2 个半圆笼环支撑 4 根导线。这样构成的笼形天线叫作分支笼形偶极子。在分支笼形偶极子馈电的两端，将 4 根导线用半圆形笼圈固定后逐渐缩小，最后扎在一起。分支笼形偶极子短路环一般位于振子一臂的中间，测试时，可以对称地调整两环的位置，使其处于最佳匹配状态。分支笼形偶极子的输入阻抗非常稳定，适当选择振子的几何尺寸，能在很宽的工作频段内与馈线实现良好的匹配。由于分支的存在，补偿了天线的电抗，提高了偶极子的输入阻抗，更容易与常用特性阻抗为 600 Ω 的双导线匹配，所以它的工作波段比普通笼形偶极子的宽。

对位于无限大理想导电地面上的 15 m 高、30 m 长、直径为 1.5 m 的分支笼形水平偶极子的方向图进行仿真。从仿真结果可以看出: $f<8$ MHz 垂直面最大波束指向天顶角, 可见水平分支笼形偶极子主要为高仰角天线。

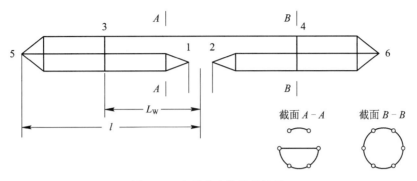

图 7.12　水平分支笼形偶极子

表 7.3 是水平分支笼形偶极子的工作频段及相关尺寸。表 7.4 是××短波发射台过去使用的分支笼形偶极子的频段、尺寸、垂直面最大波束的仰角 Δ 及最大通信距离。

表 7.3　水平分支笼形偶极子的工作频段及相关尺寸

每臂的长度/m	波段/m	工作频率范围/MHz	分支长度 L_W/m	振子用 3.0 铜包钢的长度/m, 重(质)量/kg
8	12.8～51.2	5.86～23.5	6	108，6.4
9	14.4～57.5	5.22～20.8	6.75	120，7.2
10	16～64	4.69～18.75	7.5	132，7.9
11	17.6～70.5	4.25～17	8.25	144，8.6
12	19.2～76.8	3.91～15.6	9	156，9.3
12.5	20～80	3.75～15	9.4	162，9.7
13	20.8～83.2	3.6～14.4	9.75	168，10
14	22.4～89.5	3.35～13.4	10.5	180，10.7
15	24～96	3.12～12.5	11.25	192，11.4
16	25.6～102	2.94～11.7	12	204，12.1
17	27.2～109	2.75～11	12.75	216，12.9
18	28.8～115	2.61～10.04	13.5	228，13.6
19	30.4～122	2.46～9.88	14.25	240，14.3
20	32～128	2.34～9.38	15	252，15
21	33.6～134	2.24～8.92	15.75	264，15.7
22	35.2～141	2.13～8.53	16.5	276，16.4
23	36.8～147	2.04～8.16	17.25	288，17.2
24	38.4～154	1.94～7.8	18	300，17.9
25	40～160	1.87～7.5	18.75	1312，18.5

表 7.4　××短波发射台使用的分支笼形水平偶极子的工作频段、尺寸、仰角及最大通信距离

方位角 φ/(°)	振子长度 /m	工作频段 /MHz	挂高/m	跨距 L/m	仰角 Δ/(°)	最大通信距离/km
190.10	12.5	3.78~15	22	31	13~64	1049
296.58	11	4.5~18	26	34.2	9.6~42	2786
270	11	4.5~18	26	34	9.6~42	3300
213	11	4.5~18	25	34.5	9.6~42	2200
283.37	11	4.5~18	25	28	9.6~42	3424
260	11	4.5~18	25	28	9.6~42	3530
227	12.5	3.78~15	20	35.6	13~64	1188
216	12.5	3.78~15	20	33	13~64	1188
256	11	4.5~18	23	28	9.6~42	2259
252.46	12.5	3.78~15	21	32	13~64	1188
247.50	16	3~12	20	38	18~90	622
230.59	12.5	3.78~15	20	32.8	13~64	1354
221.56	11	4.5~18	25	28	9.6~42	2092
198	11	4.5~18	23	28	9.6~42	1049
213.53	12.5	3.78~15	19	32	13~64	1424
182.42	12.5	3.78~15	16	32	13~64	1247
174.25	12.5	3.78~45	16	32	13~64	1271
156.7	12.5	3.78~15	16	32	13~64	1207
132.45	12.5	3.78~15	16	28	18~64	899
142	12.5	3.78~15	14	38	13~64	536
275	16	3~12	15	38	18.2~900	700
195	16	3~12	17	32	18.2~90	1100
191.10	12.5	3.78~15	18	32	12.5~63	1049
165.47	12.5	3.78~15	20	32	12.5~63	536
141	16	3~12	20	28	8.2~90	596
205.14	16	3~12	17	27	18.2~90	700
191.10	12.5	3.78~15	25	28	12.5~63	2125

3. 角笼偶极子

角笼偶极子由两个相互垂直的笼形偶极子组成，简称角笼，如图 7.13 所示。角笼的特性与水平笼形偶极子基本相同，但由于两个笼形偶极子相互垂直，因此它的水平方向图接近圆形，常称为无方向性天线。在短波通信中，角笼常用于近距离通信广播业务，也作为备用天线。角笼的工作频段及相关尺寸列于表 7.5 中。

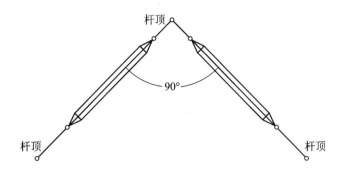

图 7.13　角笼

表 7.5　角笼的工作频段及结构尺寸

频段范围 /MHz	基本波段 /m	允许波段 /m	振子臂长 /m	振子环直径/m	天线最低点/m	悬挂高度 /m	跨度 /m	垂度 /m	天线吊索地锚至天线杆距离/m
23.8～14.0	12.6～21.4	11.2～28.0	8	1.0	11.4	12.2	12.2	0.8	12
16.0～9.4	18.8～32	16.8～42.0	12	1.0	11.8	12.6	16.2	1.0	12
9.55～5.6	31.4～53.6	28.0～70.0	20	1.5	20.5	21.7	24.2	1.5	18
6.0～3.53	50.0～85.0	44.6～112	32	2.0	22.7	24.8	35.2	2.1	20

4. 角形分支笼形水平偶极子

　　把两个分支笼形水平偶极子相互垂直架设,就构成了角形分支笼形水平偶极子。该天线常用工作频段及相关尺寸见表 7.6。图 7.14 是该天线的馈电网络。

表 7.6　角形分支笼形水平偶极子的工作频段及主要尺寸

频段范围 /MHz	天线波段 /m	振子臂长度/m	振子环直径/m	分支长度 /m	悬挂高度 /m	天线最低点/m	垂度 /m	杆间距离/m	天线吊索地锚至天线杆距离/m
3～7.5	100～40	16	2.0	12	21.5	19.2	2.3	39	18.0
4～10	75～30	12	2.0	9	19.1	17.5	1.6	31	16.5
5.5～13.8	54.5～21.8	8.8	1.5	6.6	16.8	15.6	1.2	24.6	14.5
7～17.5	42.9～17.2	6.9	1.5	5.2	13.7	12.7	1.0	20.8	13.5
8.8～22	34.1～13.6	5.5	1.0	4.1	13.5	12.7	0.8	18	13.5

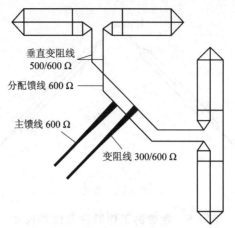

图 7.14　角形分支笼形水平偶极子的馈电网络

7.1.3　短波宽带水平扇锥

　　UHF 平面水平扇形偶极子为宽带天线。为了把它用于短波，必须将夹角为 60°～90°、用金属板制造的 UHF λ/4 长平面扇形偶极子的两个臂，用夹角为 60°～90° 扇形区内的 15 根等间距 25 m 长金属线代替，并向下弯折变成扇锥，就构成了短波使用的水平扇锥。图 7.15 是 3～30 MHz 水平扇锥的结构及尺寸。2～30 MHz 和 4～30 MHz 水平扇锥的尺寸如表 7.7 所示。

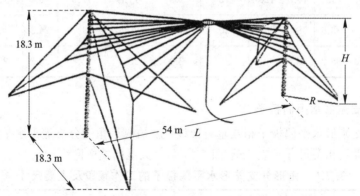

图 7.15　3～30 MHz 短波宽带水平扇锥的结构及尺寸

表 7.7　2～30 MHz 和 4～30 MHz 水平扇锥的尺寸

频段	2～30 MHz	4～30 MHz
高 H/m	27.5	15.25
支撑杆拉线地锚的半径 R/m	27.5	15.25
支撑杆间距 L/m	81.0	41.0

　　短波宽带水平扇锥的输入阻抗为 300 Ω，如果用 50 Ω 同轴线馈电，必须在同轴线和天线输入端附加 50～300 Ω 的 1∶6 的传输线变压器；如果用 600 Ω 双导线作为馈线，必须串接 300～600 Ω 渐变线。该天线工作在 3～30 MHz 频段时，VSWR≤2.5。当 f≤6 MHz 时，垂直面最大波束指向天顶角，适合用近垂直入射天波完成近距离全向通信；当 9 MHz≤f≤12 MHz 时，适合用中仰角垂直面方向图，通过天波反射完成中距离双向通信；当 f>12 MHz 时，适合用低仰角垂直面方向图，通过天波反射完成远距离双向通信。

短波宽带水平扇锥的主要指标如下：

(1) 频率范围：3～30 MHz。

(2) 电压驻波比：≤2，允许 10% 的频点 VSWR≤2.5。

(3) 承受功率：2 kW。

(4) 增益：3～8 dB。

(5) 天线架高：15 m。

(6) 支撑塔：3 角拉线塔。

由于宽带水平扇锥的特殊性，天线支撑塔拉线的布置不同于常规水平短波天线，要求 2 根拉线向后，1 根拉线位于天线面的下方。

7.1.4　HF 水平加载宽带折合振子

1. 概述

HF 水平加载宽带折合振子有双线、3 线和 4 线三种。由于具有结构简单、频带宽、VSWR 低、成本低、安装架设方便，且在 HF 的低频段具有全向无短波通信盲区等优点，得到了广泛应用。

HF 水平加载宽带折合振子的加载电阻可以是一个，也可以是两个；阻值可以是纯电阻值，也可以是由电阻和电感构成的并联阻抗值。HF 水平加载宽带折合振子的长度 $2L$ 一般为 $0.225\lambda_L$～$0.267\lambda_L$(λ_L 为最低工作频率 f_L 对应的波长)，例如最低工作频率 $f_L=2$ MHz($\lambda_L=150$ m)时，$2L=33.75$～40.05 m。

HF 水平加载宽带折合振子除通过电阻加载和传输线变压器来展宽阻抗带宽外，还通过加粗振子的直径(或等效直径)来进一步展宽带宽(HF 双线、3 线和 4 线水平加载宽带折合振子的宽度一般为 1.5～1.8 m)。HF 双线、3 线和 4 线水平加载宽带折合振子的导线多用导电性能好的 $\phi4$～$\phi5$ 铜包钢或铝包钢线制造，由于铜包钢或铝包钢线材质比较硬，因此最好在安装现场制造天线。若无法在现场制造，则为便于成品天线运输，也可以用 $7\times7/0.26$ 镀锌钢绞线或多股不锈钢丝制造天线。

不管是双线、3 线还是 4 线，均在折合臂的中间位置用 $Z_L=600$ Ω 左右的电阻加载，如图 7.16(a)(b)(c)所示。如果用 50 Ω 同轴线馈电，则为了使天线与同轴馈线匹配，如图 7.16(d)所示，必须在天线输入端与同轴线之间串联 12：1(600/50)的传输线变压器。

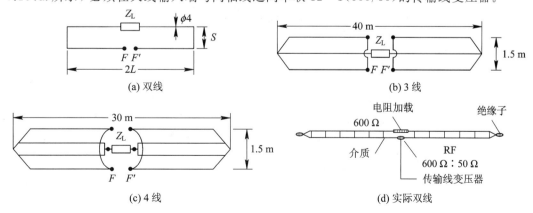

图 7.16　水平单加载折合振子

2. 电阻加载折合振子的效率

按照定义，天线的辐射效率 η 与辐射电阻 R_r、损耗电阻 R_L 有如下关系：

$$\eta = \frac{R_r}{R_r + R_L} \tag{7.7}$$

对折合振子和加载折合振子，$R_r = 4R_0$（R_0 为振子的辐射电阻）。由于损耗电阻主要为加载电阻 R_L，故电阻加载折合振子的辐射效率为

$$\eta = \frac{4R_0}{4R_0 + R_L} \tag{7.8}$$

对长度 $2L = 20$ m，加载电阻 $R_L = 600$ Ω 的电阻加载折合振子，经实测在 7.5 MHz（$\lambda = 40$ m）谐振频率下，输入电阻为 $4R_0 + R_L = 4R_0 + 600 = 860$ Ω，求得 $R_0 = 65$ Ω（仿真 $R_0 = 70$ Ω）。由式(8.8)求得效率 η 为

$$\eta = \frac{4 \times 65}{4 \times 65 + 600} \approx 30\% \ (-5.2 \text{ dB})$$

对 $2L = 12.8$ m，$R_L = 600$ Ω 的电阻加载折合振子，在谐振频率下，$\eta = 30\% \sim 33\%$。用类似方法可以近似求出 $2L = 40$ m，$R_L = 800$ Ω 的加载折合振子在谐振频率 3.75 MHz（$\lambda = 80$ m）下的效率为

$$\eta = \frac{4 \times 65}{4 \times 65 + 800} \approx 24.5\% \ (-6.1 \text{ dB})$$

3. 水平单加载短波 3 线、4 线宽带折合振子

一般把水平单加载短波 3 线、4 线宽带折合振子简称为 3 线、4 线短波宽带天线。3 线、4 线短波宽带天线在市场上得到了广泛应用。虽然分为 3 线、4 线，但原理基本相同，只有微小的差别。图 7.17 是 3 线短波宽带天线及加载电阻和传输线变压器的结构示意图。该天线在频段的低端具有高仰角方向图，适合通过近垂直入射天波完成近距离全向通信；在频

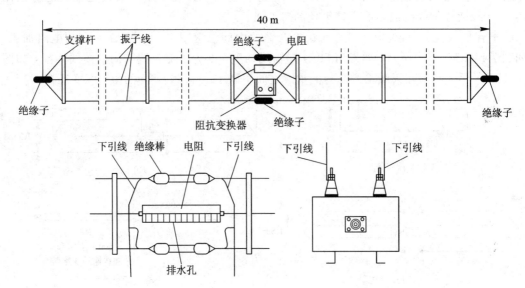

图 7.17　3 线短波宽带天线及加载电阻和传输线变压器

段的中高端,用垂直面中仰角方向和在高频裂瓣的垂直面方向图,通过天波反射可完成中距离全向和远距离双向通信。

3 线、4 线短波宽带天线的加载电阻 Z_L 通常为 1 kΩ 左右,天线的输入阻抗为 450 Ω 左右。由于传输线变压器的机箱比较重,所以工程上使用的 3 线、4 线短波宽带天线一般先用特性阻抗为 450 Ω 左右的平衡双线与天线相连,必要时,也可以用两段特性阻抗不同的双线,再通过位于地面上 3 m 高处的 1∶9 传输线变压器与 50 Ω 同轴馈线相连。3 线和 4 线短波宽带天线的主要指标如下:

(1) 工作频率:2~30 MHz。

(2) 电压驻波比:VSWR≤2(机房测量)。

(3) 标称阻抗:50 Ω。

(4) 增益:$f=2$~3 MHz 时 $G<0$ dB,$f>4$ MHz 时 $G=0$~7 dBi。

(5) 方向图:1.5~8 MHz 垂直面呈高仰角单向方向图,8~30 MHz 呈中低仰角多瓣双向方向图。

(6) 功率容量:2 kW。

(7) 架设高度:15 m。

(8) 尺寸:宽为 1.5 m;3 线长为 40 m,4 线长为 30 m。

(9) 重量:6~8 kg。

4. 双加载双线、3 线短波宽带天线

图 7.18 是澳大利亚双加载双线、3 线短波宽带天线,与单加载双线、3 线短波宽带天线不同之处,不仅是由单加载变为双加载,而且加载电阻由 1 kΩ 减小到 330 Ω,且加载阻抗由纯电阻变为由 $Z_L=330$ Ω 与 $L=16$ μH 电感并联的阻抗。由于输入阻抗变为 300 Ω,所以只需要在天线输入端附加 300Ω∶50 Ω 的 6∶1 传输线变压器,就能与 50 Ω 同轴馈线匹配。

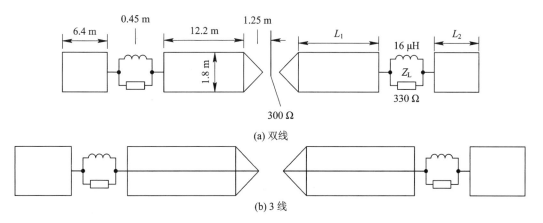

图 7.18　澳大利亚双线、3 线短波宽带天线

为了进一步提高双加载 3 线短波宽带天线的效率,把平面 3 线短波宽带天线变为了如图 7.19(a)所示的立体结构;为进一步改善低频段 VSWR、效率及提高强度,还采用了如图 7.19(b)所示的尾线。

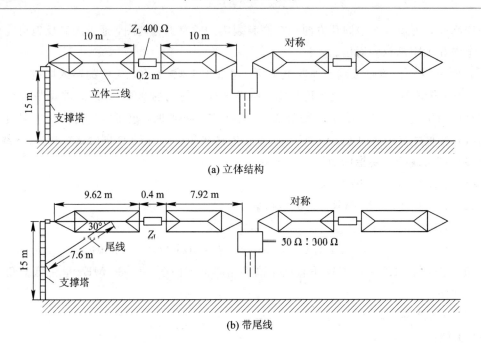

(a) 立体结构

(b) 带尾线

图 7.19　澳大利亚立体 3 线短波宽带天线

5. 宽带电阻加载 π 形振子

为了让普通短波水平振子在 3～30 MHz 短波工作。一种实用的方法就是采用在末端用 800 Ω 左右电阻加载的 π 形振子，如图 7.20 所示。末端用电阻加载的 π 形振子在结构上显然与普通水平振子不一样，为此用矩量法仿真了两种天线垂直面方向图。两种天线的垂直面方向图的形状几乎一样，在 $f \leqslant 12$ MHz 短波的低频段，均可以用近垂直入射天波完成近中距离全向通信；在 $f > 12$ MHz，用中仰角垂直面方向图，通过天波反射可完成中距离通信。该天线的不足之处是远距离通信需要的低仰角垂直面方向图较差，且由于用电阻加载，该天线的效率比较低。

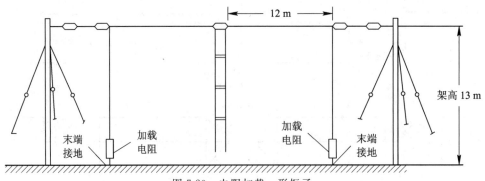

图 7.20　电阻加载 π 形振子

为了让加载电阻能承受大功率，应在加载电阻的外面套上填充有液体的铝合金管。为了避免液体受热后膨胀以致铝合金管破裂，先把液体加热直到沸腾后再填充入铝合金管，然后把铝合金管焊死封闭。如果发射机的功率为 1 kW，电阻承受的功率为 250 W，在 3～30 MHz 实测 VSWR，除 5.5 MHz VSWR＝4 外，其余频点 VSWR≤2。

7.1.5　倒 V 形短波宽带天线

1. 倒 V 形短波宽带天线

当架设场地受限时，可以把图 7.17 所示的 3 线短波宽带天线变成如图 7.21 所示的倒 V 形。倒 V 形 3 线短波宽带天线不仅节约安装场地，而且只需要 1 个支撑杆。3 线短波宽带天线为水平极化，变成倒 V 形后，由于水平分量减小，因而通信效果也相应变差。为了使天线增益不致下降太多，夹角 α 不宜太小，最好让 $\alpha = 120° \sim 140°$。

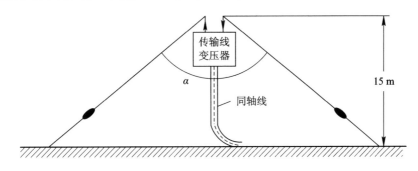

图 7.21　倒 V 形 3 线短波宽带天线

2. 倒 V 形宽带偶极子天线

150 W～1 kW 倒 V 形宽带偶极子天线是由高 7.2 m，每臂 2 根，长 15 m，末端用 800 Ω 左右电阻加载，呈倒 V 形的辐射体组成的，如图 7.22(a)所示。2 kW 偶极子天线是由每臂 3 根，长 15 m，末端电阻加载的辐射体组成的；10 kW 倒 V 形偶极子天线是由高 13 m，每臂 5 根，长 20 m，末端电阻加载呈倒 V 形的辐射体组成的，如图 7.22(b)所示。为了使该天线在 2～30 MHz 频段 VSWR≤2.0，必须用 1：9 不平衡-平衡传输线变压器。在干燥的地面（如沙漠）或接地不良的楼顶架设，应在天线下面的地面附加 X 形地线。

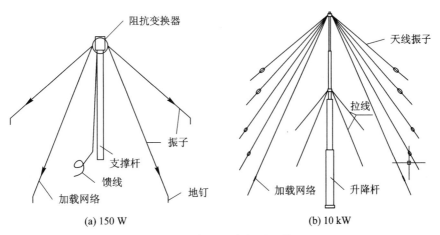

(a) 150 W　　　　　　　　　　(b) 10 kW

图 7.22　倒 V 形偶极子天线

3. 3 线加载扇形宽带振子天线

图 7.23 是 3 线加载扇形振子天线。由于振子呈扇形及末端用 $R_L = 450$ Ω 左右的电阻

加载，因而具有宽带特性。由于末端用电阻加载，无反射波返回，所以该天线为水平极化行波天线。该天线用 50 Ω 同轴线在支撑杆的顶部馈电。由于扇形振子为对称天线，输入阻抗约为 450 Ω，故必须在天线输入端与 50 Ω 同轴线之间串联 1∶9 的传输线变压器。在不同工作频段，天线的高度 H、长度 A 和宽度 B 如表 7.8 所示。

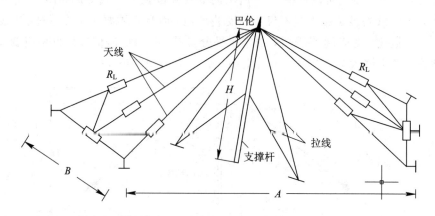

图 7.23 3 线加载扇形宽带振子天线

表 7.8 3 线加载扇形宽带振子在不同频段的尺寸

频段	1.6～30 MHz	2～30 MHz	3～30 MHz
长 A/m	64	48	32
宽 B/m	18.4	13.8	9.2
高 H/m	15	12	10

3 线加载扇形宽带振子的特点如下：

（1）在 HF 的低端为高仰角全向天线，通过近垂直入射天波反射，完成 0～1300 km 的中近距离全向通信；在 HF 的高端，利用裂瓣的低仰角方向图，通过天波反射完成远距离通信。

（2）只有 1 个支撑杆，结构相对简单，特别适合战术便携应用：可以临时用于抢险救灾，山区或困难地区的近距离通信，也可以用于地对空、岸对舰通信，还可以把该天线作为楼顶架设的短波通信天线。

（3）宽频带，低 VSWR（在频段内，VSWR≤2.0）。

（4）功率容量：1～2 kW。

（5）在 2～30 MHz 频段的增益如表 7.9 所示。

表 7.9 2～30 MHz 3 线加载扇形宽带振子的增益

f/MHz	2	3	4	6	8	10	12	16	20	30
G/dBi	−2.5	−2.0	−1.0	0	2.0	2.5	3.0	3.0	2.5	2.0

7.1.6 HF 加载△天线

HF 加载△天线为高仰角全向天线,只需要一个支撑杆,架设结构简单,特别适合利用近垂直入射天波完成中近距离直至 2500 km 的短波通信。HF 加载△天线有单线、双线和 4 线之分,加载电阻可以位于顶点,馈电点位于底部(也可以把馈电点设于顶部,加载电阻位于底部)。

1. 单线 HF 加载△天线

图 7.24 是单线 HF 加载△天线的原理图。图中 A、D 点为用平衡双导线或通过巴伦用同轴线馈电的馈电点,与地面平行的导线 AB、DE 是连接中间端接加载电阻 R_L 与辐射斜导线 BC 和 EF 的传输线。由于馈线 AB 和 DE 靠近地面,与地面的镜像电流反相,所以馈线 AB 和 DE 无辐射;斜线 BC 和 EF 为△天线的辐射单元。如果端接电阻 R_L 与辐射斜导线 BC 和 EF 之间的平均特性阻抗近似相等,则构成的△天线为行波天线。由于最大辐射方向由底部的馈电点指向位于顶端的电阻 R_L,因而△天线为高仰角天线。

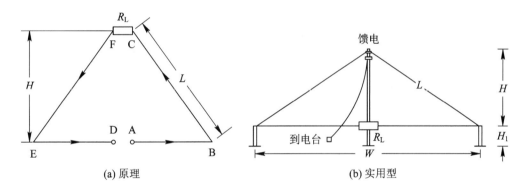

(a) 原理   (b) 实用型

图 7.24 单线 HF 加载△天线

为了减小地面损耗,天线底部离开地面的高度 H_1 不能太低,通常要求 $H_1 \geqslant 3$ m。图 7.24(b)为实用型单线 HF 加载△天线,用 50 Ω 同轴线在△天线的顶点馈电,800 Ω 的加载电阻 R_L 位于△天线底边的中点。按照表 7.10 的尺寸,设计了 A、B 两种类型的△天线。

表 7.10 A、B 型单线 HF 加载△天线的尺寸

类型	A 型	B 型
L/m	24.7	10.95
W/m	43	12.2
$(H+H_1)/\text{m}$	15.2	12.1

如果让单线 HF 加载△天线承受 1 kW 输入功率,则为解决 800 Ω 大负载电阻及功率容量的难题,可以把 3 个 250 W、17 Ω 的电阻串联,构成带散热装置的 50 Ω 电阻。为了使天线与 50 Ω 同轴线匹配,还必须使用 1∶16 传输线变压器,把 50 Ω 变成 800 Ω。

　　该天线在 2～30 MHz 的 95％ 频点的 VSWR≤2，最大不超过 2.5。在 2 MHz 频率时效率最低，A 型的 η≈35.5％，B 型的 η≈27.5％；在 8 MHz 频率时，A、B 型天线的效率相当，约为 50％；f>10 MHz 时，A 型的 η＝63％～89％。

2. 双线 HF 加载△天线

　　图 7.25 为双线 HF 加载△天线。为了使双线 HF 加载△天线变成行波天线，需要调整天线离地面的高度，使其与地面平行的传输线 AB 和 DE 相对地面的特性阻抗为 300 Ω，还需选择由 GH 和 JK 表示的最宽菱形辐射斜导线 BC、EF 的尺寸，以便使 GHC 和 JKF 之间的特性阻抗近似为 600 Ω，让加载电阻 R_L＝600 Ω，则馈电点 A、D 的输入阻抗也近似为 600 Ω。

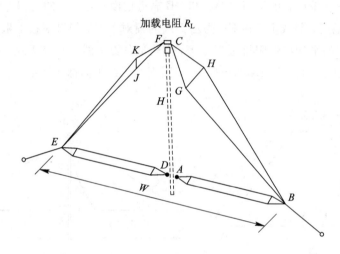

图 7.25　双线 HF 加载△天线

　　如果让双线 HF 加载△天线在 2～22 MHz 工作，必须有如下尺寸：高度 H＝22 m，宽 W＝40 m，R_L＝600 Ω，相对 600 Ω，该天线的 VSWR≤2.2。如果用 50 Ω 同轴馈线，则需要用 1∶12 传输线变压器。该天线在 3.4 MHz、16.6 MHz 和 22 MHz 实测的 E 面和 H 面方向图均为高仰角方向图。

3. 双线 V 形 HF 加载△天线

　　如果希望双线 HF 加载△天线不仅在 HF 的低频段具有高仰角方向图，而且在 HF 的高频段具有中仰角方向图，就要像图 7.26 所示那样，让双线 HF 加载△天线馈线 AB、DE 的夹角为 120°。这样能使最大辐射方向偏离天顶角，指向中仰角，可用于中距离通信。让天线的尺寸为：H＝13 m，L＝20.23 m，AB＝DE＝15.5 m，W＝27 m，就能构成 1.5～30 MHz 双线 V 形加载△天线。图 7.26(b) 是该天线相对 600 Ω 的实测 VSWR‑f 特性曲线。由图可看出，在 1.5～19 MHz，VSWR<1.9；在 19～30 MHz，VSWR<2.5；在 1.5～30 MHz，G＝2～4 dBi。图 7.27 是该天线在 8 MHz、13.5 MHz 和 29 MHz 实测的 E 面和 H 面归一化方向图。由图可看出，H 面最大辐射方向偏离 90°仰角，在 13.5 MHz 和 29 MHz，最大辐射方向指向仰角 60°。

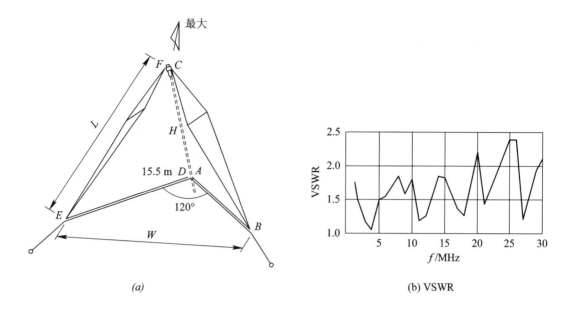

图 7.26   双线 V 形 HF 加载△天线及相对 600 Ω 的实测 VSWR–f 特性曲线

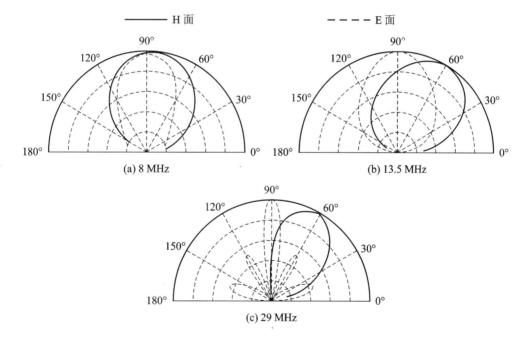

图 7.27   双线 V 形 HF 加载△天线实测的 E 面和 H 面归一化方向图

7.1.7   短波多模多馈天线

短波多模多馈天线是 20 世纪 80 年代出现的一种短波宽带天线。该天线主要由辐射和支撑两大部分组成。辐射部分由上下间隔 90°的 4 根结构尺寸完全相同的倒置圆锥对数螺旋组成。支撑部分由单塔及辐射挂线组成,或由 5 根绝缘支撑杆及辐射挂线把 4 根天线面拉成6边锥体,再把4根辐射线按对数螺旋环绕在锥形表面上组成。锥体垂直,位于地面或建筑物的顶上,锥顶距地面或建筑物顶上要有一定距离,一般为5～6 m,如图7.28所示。图7.29是双模4线圆锥对数螺旋天线面的仰视图。

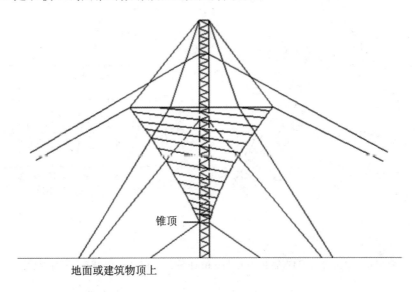

图 7.28　双模 4 线圆锥对数螺旋天线的立体结构

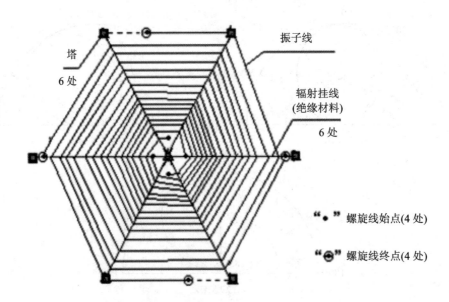

图 7.29　双模 4 线圆锥对数螺旋天线面的仰视图

1. 多模多馈天线垂直面的双模方向图

用多模多馈器给4线圆锥对数螺旋天线馈电,就能同时产生2个高角模全向方向图和1个低角模全向方向图。与普通宽带垂直极化鞭天线不同,多模多馈天线的低角模不是垂直极化而是水平极化。水平极化比垂直极化能实现更大的增益,这是因为水平极化波的地面反射系数远比垂直极化波的高。图7.30是多模多馈天线典型的双模垂直面方向图。由图可看出,有 1 个低角模和 2 个高角模,而且高角模正好位于低角模的零辐射方向,低角模也位于高角模的零辐射方向,由于高低角模互补,因而覆盖了整个上半球空间,即具有水平宽带天线高仰角全向方向图。由于该天线结构呈圆锥形,又具有低仰角全向方向图,因而既可以用高角模通过近垂直入射天波完成中近距离全向通信,又能利用低角模通过天波反射完成中远距离,特别是远距离全向通信。

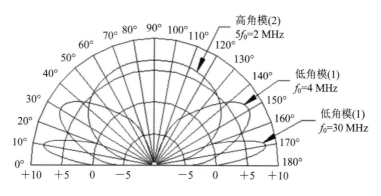

图 7.30　4 线圆锥对数螺旋天线垂直面的高低仰角方向图

2. 多模多馈天线的馈电器

图 7.31 是给多模多馈天线馈电用的多模多馈器。多模多馈器可以让两部发射机共用 1 副天线,同时实现 1 个低角模和 1 个高角模;如图 7.31 所示,多模多馈器也可以让 3 部发射机共用 1 副天线,同时实现 1 个低角模和 2 个高角模;如图 7.32 所示,多模多馈器还可以通过开关,让 1 部发射机和 1 部接收机共用 1 副天线。其中,A、B、C、D 分别代表 4 根圆锥对数螺旋天线。由图可看出,多模多馈器主要由 50/300 Ω 传输线变压器和混合变压器组成,由于每根圆锥对数螺旋天线相对地的输入阻抗为 200~300 Ω,为了与 50 Ω 同轴线匹配,必须附加 50/300 或 50/200 的阻抗变换段。由于双臂螺旋为对称天线,50 Ω 同轴线为不平衡馈线,所以还必须完成不平衡-平衡变换,为实现宽带匹配,在短波频段采用传输线变压器。为了使 2 部或 3 部发射机共用 1 副天线,还必须用混合变压器来改善发射机之间的隔离度。混合变压器(hybrid transformer)是以磁抵消方式绕制的 1 对磁线圈。当交流电流从图 7.31 所示混合变压器的输入端(图中带小黑圆点)通过线圈时,由于磁场相互抵消,所以混合变压器仅相当于低阻抗 T 形接头,把输入信号分成两路输出;但如果交流电流从反方向通过混合变压器的线圈,则呈现高电抗,使电路开路,起到隔离的作用。

由图 7.31 可看出,对同时实现 1 个低角模和 1 个高角模的多模多馈天线,多模多馈器由 2 个 50/300 Ω 传输线变压器和 4 个混合变压器组成。4 线圆锥对数螺旋天线 B、C、D、A 的激励模式,高角模为 + + − −,低角模为 + − + −。对同时使用 3 部发射机的多模多馈天线,由图 7.32 可看出,多模多馈器由 3 个 50/300 Ω 传输线变压器和 6 个混合变压器组成。A、B、C、D 四个圆锥对数螺旋天线的激励模式,高角模 1 和 2 分别为 + − − + 和 − − + +,低角模为 + − + −。

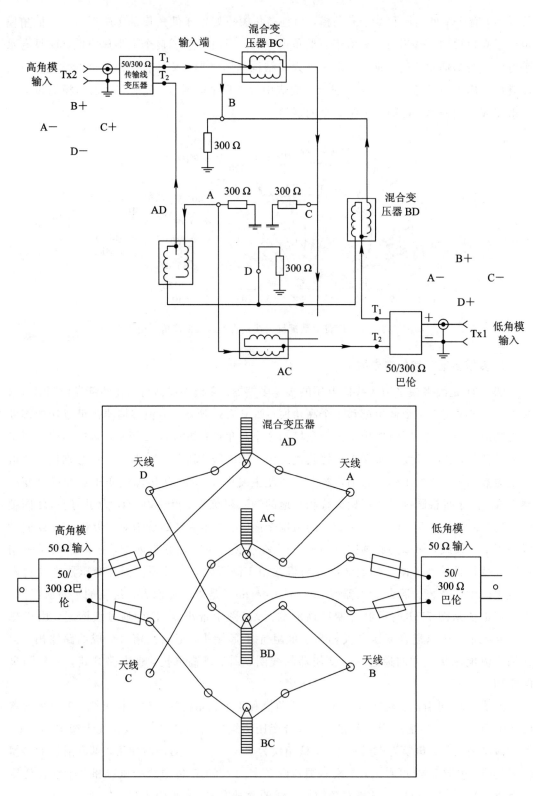

图 7.31 多模多馈天线同时实现 1 个高角模和 1 个低角模的多模多馈器

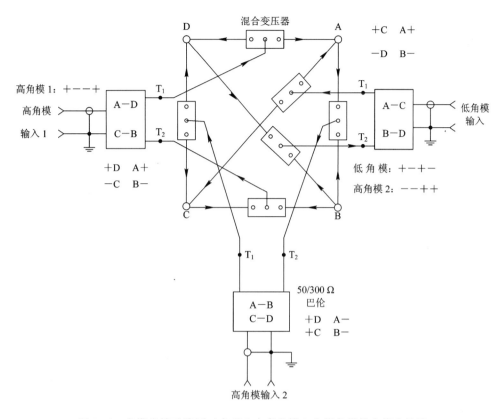

图 7.32   多模多馈天线同时实现 2 个高角模 1 个低角模的多模多馈器

　　由于混合变压器的隔离度只有 20 dB 多,所以在图 7.33 所示的馈电网络附加了高速收/发开关。如果让多模多馈天线同时在 2 个高角模工作,可以采用图 7.34 所示的多模多馈器。

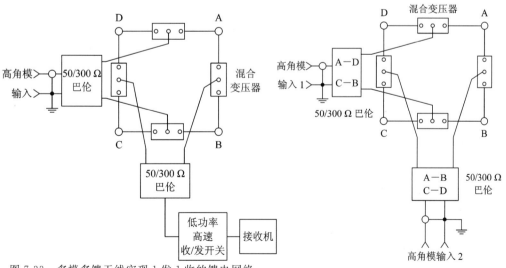

图 7.33   多模多馈天线实现 1 发 1 收的馈电网络

图 7.34   多模多馈天线同时实现 2 个高角模的多模多馈器

3. 多模多馈天线的设计

多模多馈天线的效率取决于螺旋线的长度和口面直径。通常高角模要求口面周长大于1个低频波长,1根螺旋线总长大于2倍低频波长,如工作频率为2.17 MHz,则螺旋线长度为276 m,口面直径为44 m。低角模要求口面周长大于2个低频波长,1根螺旋线总长大于4倍低频波长。

如图7.35所示,一般用 D 表示圆锥对数螺旋天线的最大直径,H 表示锥顶到最大直径之间距,α 表示螺旋上升角,θ 表示半锥角。常常按 $\theta = 45°$,$\alpha = 80°$,$H = \lambda_{max}/4$,$D = \lambda_{max}/3$ 来选取多模多馈天线的最大尺寸。对2～30 MHz多模多馈天线,由于 $\lambda_{max} = 150$ m,所以 $H = 37$ m,$D = 50$ m;对3～30 MHz多模多馈天线,由于 $\lambda_{max} = 100$ m,所以 $H = 25$ m,$D = 33$ m。

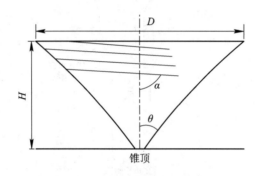

图 7.35   多模多馈天线的结构参数

工程上实际使用天线尺寸时常与占地面积和造价之间存在矛盾。在系统指标裕量较大的情况下,常采用缩小天线尺寸的办法来解决这一问题。缩小尺寸最简单的办法是在每根螺旋线的末端附加吸收电阻,4个吸收电阻在中心汇合后接地,吸收电阻把螺旋线上未辐射的功率吸收掉,使它不反射回去,从而使天线的驻波特性变好。但由于剩余能量被吸收,天线的效率将会降低,尤其是小口径天线,在低频段,效率会降到10%以下。

多模多馈天线的规格主要以圆锥大口径来区分,有12 m、18 m、25 m、32 m、40 m等。对于不同口径,虽然它们的VSWR在整个短波波段都小于2,但由于口径的限制,小口径螺旋线长度无法满足要求。为了低VSWR附加了吸收负载,但却使天线增益明显下降。口径越大,效率越高,但占地面积也越大,造价也就越高。

4. 多模多馈天线的技术指标

多模多馈天线的技术指标如下:

(1) 工作频率:高角模3～26 MHz,低角模6～26 MHz。

(2) 标称阻抗:50 Ω。

(3) VSWR:≤2,允许个别频点最高到2.5。

(4) 增益:取决于口径大小,一般为5～7 dBi。

(5) 承受功率:根据用户要求。

(6) 工作模式:2个高角模,1个低角模。

(7) 输出端口隔离度:≥-23 dB。

(8) 通信覆盖范围：高角模 0～1000 km，低角模 1000 km 以上。

(9) 输出接口：L29 - 50K，或根据用户要求。

(10) 支撑杆高度：由天线口径和形式决定。

(11) 工作温度：－40～＋50℃。

(12) 防雷系统：接地电阻≤4 Ω。

(13) 抗风能力：10 级风能正常工作，32 m/s 风速不破坏。

5. 多模多馈天线的结构

多模多馈天线有两种结构形式：基地型和屋顶型。基地型由 1 个高塔支撑，靠 6 根拉线拉起天线面，也可用 6 塔支撑；屋顶型由 1 个低塔支撑，靠安装在塔上的 6 根玻璃钢管支起天线面。

屋顶型多模多馈天线由于占地面积小，可以架设在屋顶。天线的口径一般为 12 m，也有 18 m 的。在场地紧张，系统增益裕量较大的情况下，一般采用屋顶型多模多馈天线。

基地型是一种架设在地面上，用 6 根拉到地面的绳索拉起天线面的多模多馈天线。它可以是任意口径的多模多馈天线。如果场地条件允许，最好是全尺寸天线。这种天线性能好，1 副天线顶 3 副独立天线用。与 3 副独立天线相比，基地型多模多馈天线占地面积更小。6 塔支撑的基地型多模多馈天线用 6 个低塔代替了 1 个高塔，靠挂在 6 个低塔上的拉线拉起天线面，占地面积比普通基地型多模多馈天线少 40% 左右。

7.1.8 HF 大功率高增益宽带水平偶极子天线阵

对敌台广播和干扰敌台，往往都需要使用如图 7.36 所示的由水平同相偶极子构成的宽带高增益矩形天线阵。为了减小风阻、重量及节约成本，反射网由铜包钢线网构成。通过控制水平面和垂直面单元的个数 m 和 n，能独立地控制天线阵水平面或垂直面的方向图。

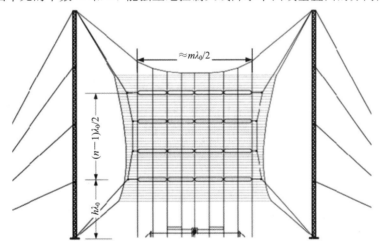

图 7.36　HF 同相水平偶极子天线阵

1. 同相水平偶极子天线阵的辐射仰角及增益

表 7.11 所列为 1～6 元带反射网偶极子天线阵在中心频率 f_0 处的辐射仰角。方位面的 HPBW(半功率波束宽度)主要取决于天线阵的宽度，但也与辐射仰角有关。在 f_0 处，

偶极子垂直面的 HPBW 为 $76°$，宽度为 2 个偶极子天线阵的垂直面的 HPBW 为 $50°$，宽度为 4 个偶极子天线阵的垂直面的 HPBW 为 $24°$。其他频率垂直面的 HPBW 可通过把 f_0 的 HPBW 与 f_0/f 相乘来近似确定。表 7.12 所列为半波长偶极子天线阵在 f_0 处的增益，把表 7.12 中带反射网偶极子天线的增益加上 $20\lg(f/f_0)$，就能得到其他频点上天线阵的增益。

表 7.11　1～6 元带反射网偶极子天线阵的辐射仰角

间距为 $0.5\lambda_0$，垂直面组阵单元的个数 n	辐射仰角			
	$0.25\lambda_0$	$0.50\lambda_0$	$0.75\lambda_0$	$1.00\lambda_0$
1	$45°$	$29°$	$19°$	$15°, 48°*$
2	$22°$	$17°$	$14°$	$11°$
3	$15°$	$12°$	$10°$	$9°$
4	$11°$	$10°$	$8°$	$7°$
5	$9°$	$8°$	$7°$	$6°$
6	$7°$	$7°$	$6°$	$5°$

注：＊表示出现双瓣。

表 7.12　1～6 元带反射网偶极子天线阵的增益

间距为 $0.5\lambda_0$，垂直面组阵单元的个数 n	增益/dBi											
	$m=1$				$m=2$				$m=4$			
	$0.25\lambda_0$	$0.50\lambda_0$	$0.75\lambda_0$	$1.00\lambda_0$	$0.25\lambda_0$	$0.50\lambda_0$	$0.75\lambda_0$	$1.00\lambda_0$	$0.25\lambda_0$	$0.50\lambda_0$	$0.75\lambda_0$	$1.00\lambda_0$
1	12.5	13.1	13.9	13.4	13.5	14.3	15.1	14.6	16.1	17.1	17.8	17.4
2	13.9	14.9	15.5	15.7	15.3	16.4	16.9	17.1	18.1	19.2	19.7	19.9
3	15.5	16.3	16.8	17.1	17.0	17.8	18.3	18.6	19.8	20.6	21.1	21.4
4	16.6	17.3	17.8	18.1	18.1	18.8	19.3	19.6	20.9	21.6	22.1	22.4
6	18.2	18.7	19.2	19.5	19.8	20.3	20.7	21.0	22.6	23.1	23.6	23.9

2. 旋转水平同相偶极子天线阵

早期水平同相偶极子天线使用全波长偶极子，由于使用了窄带馈电网络和细偶极子，因而只能在 1～2 个广播频段工作。采用切换开关装置，可以使方向图在方位面旋转 $15°$。为了实现更大的旋转角度，必须减小偶极子之间的水平间距。在现代偶极子天线阵中，偶极子的长度稍微小于 $0.5\lambda_0$，垂直面单元间距仍然为 $0.5\lambda_0$。图 7.37 所示的旋转系统，用 5 个旋转角度就能够使旋转角度达到 $\pm30°$。使用仰角馈线中的开关系统，通过改变偶极子的激励相位就能控制垂直面波束，达到改变辐射仰角的目的。

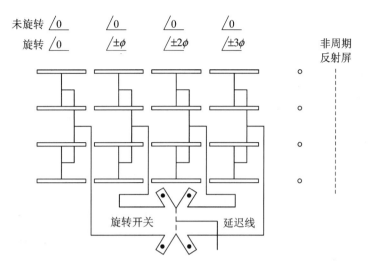

图 7.37　宽带并联偶极子天线阵及旋转系统

图 7.37 中，偶极子长度为 $0.46\lambda_0$，单元间距(中心到中心)为 $0.5\lambda_0$，偶极子距反射网 $0.25\lambda_0$。

水平同相偶极子天线阵的带宽取决于偶极子和馈电网络的带宽。馈电网络通常采用宽带传输线变换段(渐变或多段)的并联馈电方式，在工作频段可以使 VSWR<1.5 或更小。

为了实现宽频带，常用粗的偶极子，如用多线圆柱形或矩形笼形偶极子构成宽带偶极子天线阵。为了提高馈电点阻抗及提供附加的阻抗补偿，常采用折合偶极子。

3. 由带金属框平面 5 线宽带偶极子构成的短波水平同相天线阵

基于自互补原理，由具有相同形状尺寸的偶极子和缝隙并联组合构成的天线，在理想条件(无限大尺寸和用无限薄金属板制造偶极子)下，输入阻抗等于 $60\pi\Omega$，输入阻抗随频率缓慢变化。但实际上，尺寸不可能无限大，金属板也不可能无限薄。不过利用互补原理，仍然可以构成输入阻抗在相对小范围内基本不变的宽带天线。图 7.38(a)是用金属板制造的适合 UHF 频段的互补天线结构。在短波波段，由于波长很长，只能用多根金属线，例如用 5 根金属线来代替金属板，如图 7.38(b)所示。实验表明，顶角接近 $90°$，臂长 $L = 0.225\lambda_0$ 的带金属框平面 5 线偶极子具有 2:1 的带宽比。

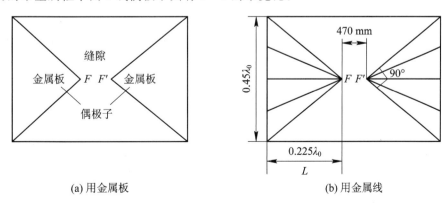

(a) 用金属板　　　　　　　　　　　　　　　(b) 用金属线

图 7.38　由缝隙/偶极子互补结构构成的宽带辐射单元

为了实现高增益，可以用图 7.38 所示单元在水平面和垂直面组阵；为了实现单向辐射，应在离天线阵 $0.25\lambda_0$ 处设置反射网。图 7.39 就是在垂直面和水平面由 8 个带金属框 5 线偶极子组成的天线阵。由于垂直面单元间距为 $0.45\lambda_0$，所以阵面高 $8\times0.45\lambda_0=3.6\lambda_0$；由于水平面单元间距为 $0.5\lambda_0$，所以阵面宽 $8\times0.5\lambda_0=4.0\lambda_0$。最下面 1 层距地面 $0.8\lambda_0$。把天线阵分成两组，上面 4 单元为一组，下面 4 单元为一组，一组同相馈电，另一组反相馈电，以便分段扫描。同一组垂直线上相邻偶极子的末端用导线连接在一起，不同组相邻偶极子的末端通过绝缘子连接在一起。

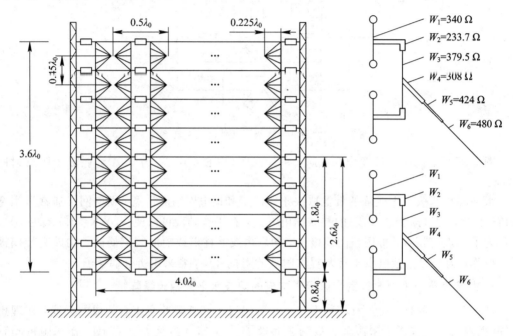

图 7.39　由带金属框平面 5 线偶极子构成的 HF 水平同相天线阵及馈电网络

两两单元用双导线并联，由于在频段内天线的平均阻抗为 300 Ω，为了与 480 Ω 的输出双线匹配，采用了 5 段 $\lambda/4$ 切比雪夫阻抗变换段。切比雪夫阻抗变换段的具体特性阻抗分别为：$W_1=340$ Ω，$W_2=233.7$ Ω，$W_3=379.5$ Ω，$W_4=308$ Ω，$W_5=424$ Ω。在天线阵后面 $0.23\lambda_0$ 处附加反射网（图中并未画出）。该天线阵最大辐射角由 $\lambda=0.7\lambda_0$ 时的 3°变为 $\lambda=1.4\lambda_0$ 时的 7°，HPBW 则由 3.5°变为 7°。

该天线阵扫描到 ±30°的副瓣电平 SLL，在 $\lambda=0.7\lambda_0$ 时为 $0.4E_{max}$，在 $\lambda>0.85\lambda_0$ 时为 $0.25E_{max}$。λ 在 $0.7\lambda_0\sim1.4\lambda_0$ 间，VSWR≤1.8。

7.2　陆用垂直极化天线

7.2.1　由笼形双锥单极子构成的短波宽带垂直极化全向天线

图 7.40(a)是短波广泛使用、由笼形双锥单极子构成的垂直极化全向天线及相对最低工作频率的电尺寸。为了减小风阻及重量，如图 7.40(b)所示，辐射单元用 8~16 根铜包钢线构成。中心金属支撑杆接地，具有防雷的功能。

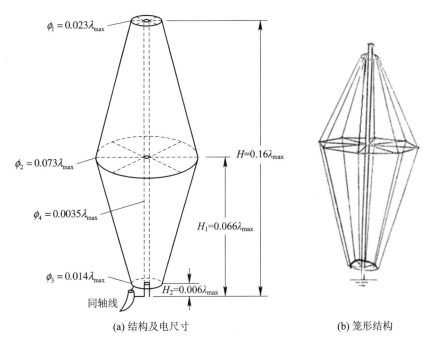

(a) 结构及电尺寸　　　　　　　　　　　　(b) 笼形结构

图 7.40　笼形双锥宽带单极子及其电尺寸

图 7.41 是笼形双锥宽带单极子在不同电高度情况下的垂直面方向图。由图可看出，$H \leqslant 0.58\lambda$ 时，垂直面均有低仰角方向图，在 HF 的低端适合利用地波完成近距离全向通信，在夜间利用天波反射完成远距离通信；$H > 0.64\lambda$ 时，垂直面方向图裂瓣，适合用中仰角和低仰角垂直面方向图，通过天波反射完成中远距离全向通信。

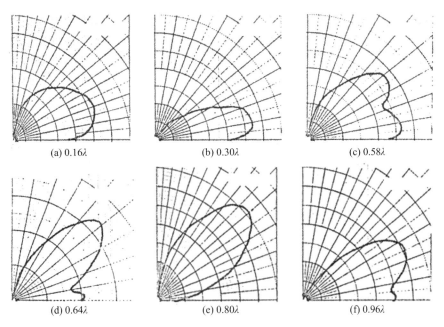

(a) 0.16λ　　　　　　　　(b) 0.30λ　　　　　　　　(c) 0.58λ

(d) 0.64λ　　　　　　　　(e) 0.80λ　　　　　　　　(f) 0.96λ

图 7.41　笼形双锥单极子在不同电高度情况下的垂直面方向图

笼形双锥单极子的带宽比为 $4:1(0.16\lambda\sim0.64\lambda)$，在 $4:1$ 的带宽内，VSWR<2.7（相对 70 Ω）。由于双锥单极子把地面作为天线的一部分，所以要铺设地网，最理想的地网由 120 根（每根 $\lambda_{max}/2$ 长）铜线构成的径向网状结构组成。笼形双锥单极子在根部用同轴线直接馈电，如果用 50 Ω 同轴线馈电，则必要时应在馈电点和 50 Ω 同轴线之间串联 1 根电长度为 $0.196\lambda_{max}$、特性阻抗为 70 Ω 的由同轴线构成的阻抗变换段，才能在 $4:1$ 的频带范围内使 VSWR<2.7。笼形双锥单极子有以下特点：低轮廓（$H=0.16\lambda_{max}$）、结构简单、宽频带、高效率、能防雷、可承受大功率。

由于笼形双锥单极子有以上特点，因而在军用陆地 HF 发射台得到了广泛应用。以下是部分短波频段笼形双锥单极子的尺寸及部分仿真结果。

$6\sim30$ MHz 频段笼形双锥单极子的尺寸为：$H=8$ m，ϕ_2（最大直径）$=3.65$ m，$\phi_1=1.15$ m，$\phi_3=0.7$ m，$\phi_4=0.175$ m，$H_1=3.3$ m，$H_2=0.3$ m。

$10\sim30$ MHz 频段笼形双锥单极子的最大尺寸为：$H=4.8$ m，$\phi_2=2.19$ m。

$5\sim25$ MHz 频段笼形双锥单极子的尺寸为：$H=10$ m，$\phi_1\leq1.5$ m，$\phi_2=4.4$ m，$\phi_3=1$ m，$H_1=4$ m，$H_2=0.2$ m。仿真的主要电参数为：VSWR≤3（$5\sim25$ MHz），$G=4.8\sim6.9$ dBi（$5\sim18$ MHz）。

$4\sim18$ MHz 频段笼形双锥单极子的尺寸为：$H=12$ m，$\phi_1\approx1.7$ m，$\phi_2\approx5.5$ m，$\phi_3\approx1$ m，$H_1=4.95$ m，$H_2=0.45$ m。仿真的天线增益为 $5\sim6$ dBi（水平面），仰角为 $20°\sim60°$ 时的天线增益为 $6\sim7$ dBi。

由于 $4\sim14$ MHz 的使用概率为 90%，所以 HF 使用的天线不用全面覆盖 $3\sim30$ MHz，有时只用 $3\sim15$ MHz 即可。图 7.42 就是适合 $3.5\sim15$ MHz 使用的垂直极化双锥单极子及其尺寸。

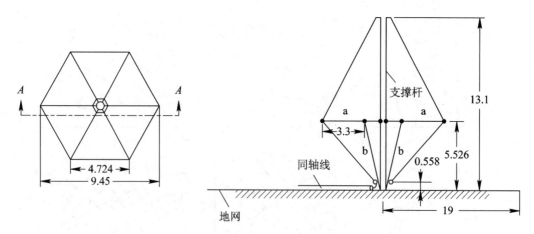

图 7.42　$3.5\sim15$ MHz 垂直极化双锥单极子及其尺寸（单位：m）

双锥单极子可以用 $6\sim12$ 根锥线构成笼形结构，高 13 m、直径 457 mm 的金属支撑塔接地，双锥单极子的上、中、下六边形横截面最大尺寸分别为 1.32 m、9.45 m 和 1 m。上、中六边形均用 6 根径向金属杆与中心金属支撑杆相连，作为天线辐射体的笼形单极子，由于到地有直流通路，因而起防雷的作用。图中下锥中的 b 线为支节匹配，起到展宽带宽、改善天线匹配的作用。由于地面是天线的一部分,为了实现好的天线性能,必须铺设由中心支撑杆向外伸展的 60 根地线,每根地线长 19 m。图 7.43(a)和(b)分别是该天线在 3.75 MHz 和 15 MHz 处,在理想地面和平均地面上的垂直方向图。由图可看出,在低频段,实际地面使方向图上翘,加地网使天线增益增大 1 dB。在 15 MHz 处,方向图裂瓣,天线增益增加 4 dB。

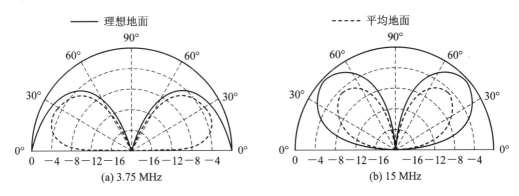

图 7.43　双锥单极子在理想地面和平均地面上的垂直面方向图

把笼形双锥单极子的高度加高,最大直径 ϕ_2 变大,则笼形线,特别是下锥的笼形线将变密,也可以构成 3~30 MHz 全向垂直极化天线。

7.2.2　由单锥构成的 20~500 MHz 垂直极化全向天线

图 7.44 是由单锥构成的 20~500 MHz 垂直极化全向天线。由图可看出,该天线是由 6 根铝管构成的线型单锥。

(a) 线型单锥

(b) 带弹簧的底部结构

图 7.44　单锥

该天线的主要特点如下：

(1) 频率范围为 20～500 MHz，带宽比为 25∶1。

(2) VSWR<2.0(95% 频段)。

(3) 能承受功率为 1.2 kW。

(4) 输入阻抗为 50 Ω。

(5) 垂直线极化。

(6) 水平面全向方向图。

(7) 采用分布加载，防止了垂直面方向图裂瓣。

(8) 尺寸：高×宽＝$H×W$＝2807 mm×2077 mm。

(9) 重量：27 kg。

(10) 风阻：160 km/h。

该天线特别适合军用，如军用电子战和电磁兼容系统。

7.2.3　由双锥构成的宽带垂直极化笼形振子

图 7.45 是由双锥构成的 20～150 MHz 宽带垂直极化不对称笼形振子。图中，F 和 F' 点为馈电点，由于该天线的输入阻抗为 150～160 Ω，所以必须用 3∶1 传输线变压器。相对 50 Ω 同轴馈线，该天线在 20～150 MHz 实测的 VSWR≤2.5。

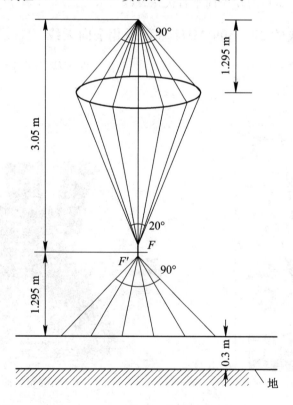

图 7.45　20～150 MHz 垂直不对称笼形振子及其主要尺寸

7.2.4　伞锥

1. 原理

套筒偶极子是最简单的垂直极化全向天线。为了展宽它的带宽,通常把与同轴线内导体相连接的偶极子变成金属圆盘(当波长较长时,可以用均布在 1 个圆周上的 6～12 根水平金属管代替金属圆盘),把与同轴线外导体相连接的套筒变成圆锥,这样套筒偶极子就变成了宽带盘锥天线。当天线工作频段落在了 3～30 MHz,甚至是 2～30 MHz 频段,由于盘锥天线的盘很大,在工程上很难实现,为此需要把盘锥天线的盘变成伞锥,即把盘锥天线的盘变成像伞一样多的伞线,把由固定夹角构成的盘锥天线的锥变成由许多锥笼线构成的具有不同锥角的圆锥。

伞锥由单塔支撑,用同轴电缆在塔的顶部馈电,同轴线的内导体与伞线相连,伞线的末端用高频绝缘子隔开,固定在外地锚上。圆锥锥笼线的上端与同轴线的外导体相连,圆锥锥笼线的下端固定在内锚上,再延长接到伞线的外地锚上。

图 7.46 是伞锥的演变过程。图 7.47 是 3～30 MHz 伞锥的立体结构。

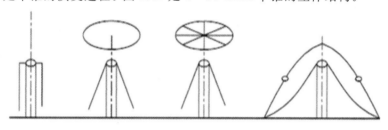

图 7.46　伞锥的演变过程

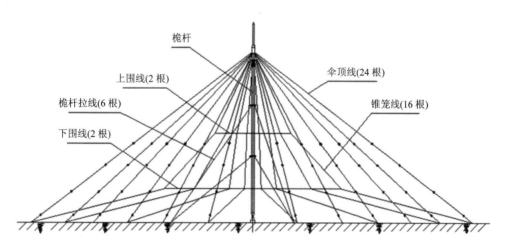

图 7.47　3～30 MHz 伞锥的立体结构

2. 伞锥的主要指标

伞锥的主要指标如下:

(1) 频率范围:3～30 MHz。

(2) 电压驻波比:VSWR≤2.0。

　　(3) 增益：4.8～7.8 dBi(理想导电地面)，2～3.6 dBi(实际地面)。

　　(4) 极化：垂直。

　　(5) 功率容量：20 kW。

　　(6) 方向图：水平面全向。

　　由于 3～30 MHz 伞锥天线占地面积大，加上土地费用昂贵，所以只能在间隔 45°的圆周上锥笼线的末端用 8 个阻值为 350 Ω 的电阻加载，使天线的直径由 90 m 减小到 38 m。应当指出，用电阻加载确实减小了伞锥天线占地的面积，但却大大降低了伞锥天线的效率。

3. 伞锥的主要特点

　　伞锥的主要特点如下：

　　(1) 结构对称，水平面全向方向图性能好。

　　(2) 由于既没有在辐射单元中用有耗元件加载，也不用宽频带阻抗匹配元件，而是靠它特殊的结构形式，因而在 2～30 MHz 实现了宽带阻抗匹配，且有辐射效率高的优点。

　　(3) 由于天线支撑塔接地，容易解决防雷问题。

　　(4) 伞锥由 18～20 根伞线和 18～20 根圆锥线构成，加上在天线中无有耗元器件，因而能承受大功率，虽然输入功率高达 30 kW，但经计算，天线输入端的电压为 1224.7 V，假定个别频点 VSWR≤2.5，则最大输入电压为 1750 V，分担到每个伞线圆锥线上的功率就比较小。

　　(5) 由于伞线顶加载，所以使天线的架设高度变低，不仅降低了成本，而且利于天线的安装架设及维修。

　　(6) 整个天线为上小下大的线网结构，而且用直立塔、伞线、圆锥线的拉线共计 47 根地锚固定，确保了天线能在 250 km/h 风力情况下正常工作，特别适合在易发生台风的沿海地区使用。

4. 几点说明

　　1) 避雷

　　在支撑塔的顶部，加装 1 根 1.5～2 m 长的避雷针。避雷针打孔，通过连接伞线的金属圆盘(与金属圆盘绝缘)下端焊接在连接圆锥锥笼线的金属盘上。由于圆锥锥笼线和天线支撑杆接地，故可以解决避雷问题。

　　2) 天线的安装架设

　　伞锥由 18～20 根伞线和 18～20 根锥笼线组成。由于线条多、接点多、安装相对费工费时，所以一定要安排好安装施工工艺流程。一般有两种安装固定方式。第一种是先把支撑塔安装固定好，在地面把每根伞线及绝缘子接好，在圆锥锥笼线折线的交接点接好线卡，然后在塔顶依次把每根伞线、圆锥的锥笼线固定在塔顶的上下金属圆盘上，装好一根后，再装另一根，这样不会乱，但缺点是需要高空作业。另外一种是支撑杆可以手摇上下伸缩变化，虽然支撑杆设计复杂，成本也会高一些，但利于安装架设和维护、调整。先把支撑杆收缩到最低高度，位于地面 3 m 左右，把全部伞线、圆锥的锥笼线按施工图的尺寸连接好，并固定在上下金属圆盘上，然后手摇支撑杆，将之升到预定高度，升前预先把伞线、锥笼线分别固定在内外地锚上，如果需要调整，则再把支撑杆降下来。这种方式的好处是避免了难操作的高空作业。两种方式都要注意把内外地锚接好，如果接不好，则不仅影响天线的电性能,而且影响天线的结构强度和抗风能力。

　　3)同轴电缆及同轴连接器

　　由于天线的 VSWR 不可能等于 1,个别频点 VSWR 可能到 2.5,所以选用的同轴电缆及同轴连接器所能承受的功率要比要求的大。建议选用空气绝缘皱纹铜管外导体的射频同轴电缆,具体型号如表 7.13 所示。

表 7.13　射频同轴电缆的型号及承受功率

承受功率	选配的同轴电缆及峰值功率	与该型同轴电缆配套的同轴连接器
2 kW	SDY50-23-3 峰值功率:82 kW	L36Q-J(K)126
10 kW	SDY50-37-3 峰值功率:200 kW	L52Q-J(K)127
30 kW	SDY50-80(3-1/8″) 峰值功率:940 kW	LF110-J137

7.2.5　用微波塔或铁塔构成的 HF 折合单极子和单极子

　　图 7.48 是用微波塔构成的 HF 折合单极子。众所周知,粗的天线辐射体有相对宽的阻抗带宽,由于金属塔的直径相对比较粗,为了让折合单极子两个辐射臂有相同的等效直径,故折合单极子另一个臂选用双导线。由于塔接地,所以折合单极子构成一个闭合回路,也可以看成是一个细长矩形环天线,在低频段有一定高仰角分量,如果作为接收天线,则有比较小的接收噪声。如果需要宽的带宽,则在天线底部的馈电端接入自动天线调谐器。

　　塔的高度为 10~15 m 时最适合作为 1.8~30 MHz 短波发射天线。如果塔的高度为 18~25 m,则可以利用折合单极子或部分折合单极子的原理,构成 1.6~18 MHz 的短波天线。

　　虽然用铁塔可以构成如图 7.49 所示的垂直极化 HF 单极子,但由于铁塔的底部必须绝

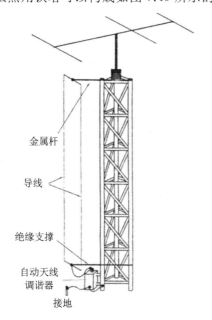

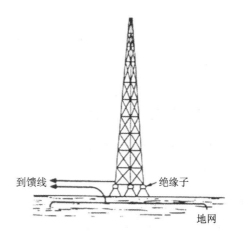

图 7.48　利用微波塔构成的 HF 折合单极子　　　　图 7.49　用铁塔构成的 HF 单极子

缘，不能直接接地，因而在工程上给固定铁塔造成困难。但采用如图 7.50 所示的并馈方法，不仅能充分利用直接接地的铁塔，而且通过调整馈电点的位置，还能展宽天线的带宽。

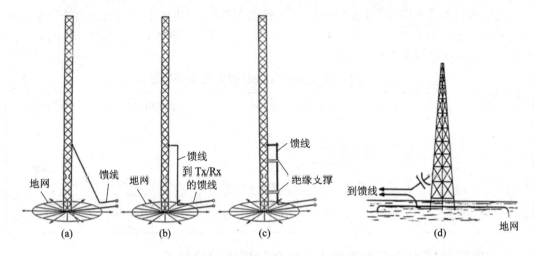

图 7.50　用铁塔构成的并馈 HF 单极子

7.2.6　8 m 高短波宽带折合加载单极子

图 7.51 是由位于馈电点的宽带匹配网络和位于地面的加载电阻构成的 8 m 高短波宽带折合加载单极子。

该天线具有以下特点：

（1）固有的全向性。

（2）高度低、体积小，特别适合在小型舰船、狭小海岛和楼顶等狭小的空间安装。

（3）由于高度低和适当加载，即使在 30 MHz 处方向图也没有裂瓣，而且在整个短波波段天线效率大于 10％。

（4）由于折合，类似变形的环天线，具有一定的高仰角辐射能力。

（5）由于折合臂加载接地，因而具有低的接收噪声。

（6）加载元件和宽带阻抗匹配网络位于天线底部，便于在大功率情况下有耗元件散热及维修。

（7）结构简单，成本低。

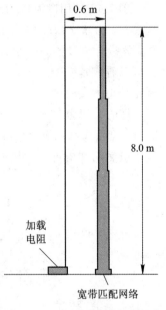

图 7.51　8 m 高短波宽带折合加载
单极子

7.2.7　由双锥偶极子构成的宽带垂直极化全向天线

1. 带短路金属管的双锥偶极子

双锥偶极子是一种宽带全向天线；为了支撑上下锥，常常在馈电区用绝缘材料把上下锥分开，再用 3 根绝缘棒把上下锥连在一起。如果用金属管把上下锥短路连接，除起到支撑上下锥的作用外，还有改善天线带宽和减小共线架设全向天线同轴馈线影响的好处。为了不影响双锥偶极子的全向性，如图 7.52 所示，宜用等间距的 4 根金属管支撑天线。张角 $\alpha =$

120°、高为 69 mm、直径为 120 mm 的双锥偶极子，在 700～6000 MHz(带宽比为 8.57：1)
VSWR≤3；如果用直径为 3.6 mm 的 4 个金属管把上下双锥偶极子短路连接，则在 800～
6000 MHz(带宽比为 7.5：1)VSWR≤3，在 920～6000 MHz VSWR≤2.0(带宽比为
6.52：1)。虽然短路双锥偶极子的带宽比比无短路双锥偶极子的窄，但曲线更平坦。用带短
路金属管双锥偶极子的 VSWR 为 2 的最低工作频率 920 MHz 之波长 λ_L 表示，带短路金
属管双锥偶极子的电尺寸为：$H = 0.21\lambda_L$，$\phi = 0.368\lambda_L$。

2. 缩短尺寸的双锥偶极子

　　根据 Jasik 的天线工程手册，锥角为 65°
的双锥偶极子的输入阻抗近似为 50 Ω。最低
工作频率为 200 MHz、直径为 1472.4 mm
($0.948\lambda_L$)、高为 685.8 mm($0.457\lambda_L$)的双锥
偶极子，由于尺寸太大，不便实际应用。把锥
角为 65°的双锥作为天线馈电的变换段，就能
使双锥偶极子在宽频带范围内与 50Ω 馈线匹
配，为了减小天线的面积，采用图 7.53 所示
的与双锥匹配段相接的、呈指数渐变的等间

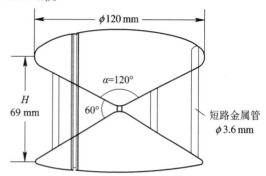

图 7.52　带短路金属管的双锥偶极子

隔为 60°的 6 个翼状辐射体，就能在 130～8000 MHz(带宽比为 61.5：1)使 VSWR≤1.9，
但天线的直径仅为 584.2 mm，高为 635 mm，相对于最低工作频率 130 MHz 之波长 λ_L，
天线的电尺寸为：$\phi = 0.297\lambda_L$，$H = 0.275\lambda_L$。可见体积明显比常规双锥偶极子的小。

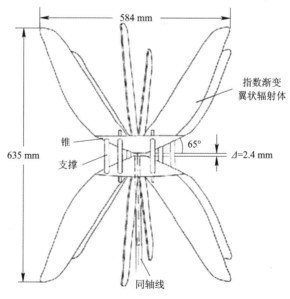

图 7.53　由带双锥变换段和指数渐变翼状辐射体构成的宽带双锥偶极子

3. 由 90°双锥和 V 形锯齿形辐射体构成的双锥偶极子

　　图 7.54 是由夹角为 90°的双锥和 V 形锯齿形辐射体构成的带宽比为 10：1 的宽带双锥
偶极子，与常规双锥偶极子的不同之处如下：

　　(1) 上下锥之间附加套筒，由于对阻抗有补偿作用，因而进一步展宽了阻抗带宽。

（2）辐射体采用 V 形锯齿，不仅重量轻、风阻小，而且有利于展宽天线的阻抗带宽。

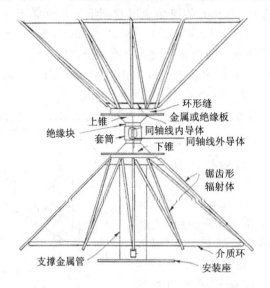

图 7.54　由 90°双锥和 V 形锯齿形辐射体构成的宽带双锥偶极子

4. 位于地面上的双锥

如果双锥位于地面上，则会因地面的影响，使得天线的性能与自由空间的不一样。把双锥的下锥直接与有限大圆地面集成在一起，就能把下限截止频率降低 40%。另外，用波纹地不仅能改进圆锥单极子的性能，而且能得到更稳定的方向图。

图 7.55 是位于水平地面和凹槽形地面上的双锥，在 $V = \lambda_L/69$，$\Delta = \lambda_L/300$（其中 λ_L 为最低工作频率 $f_L = 2 \, \text{GHz}$ 处的波长）时，选择天线的长度 L 就能在 10∶1 的带宽内使 VSWR≤2。

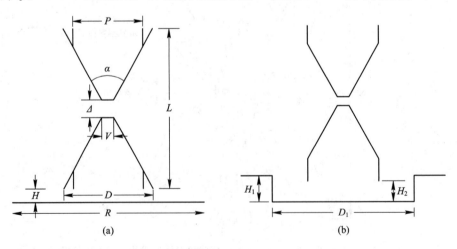

图 7.55　位于水平地面及凹槽形地面上的双锥

双锥位于地面上的好处：由于地面耦合的影响，使天线的总高度降低，地面上双锥的增益比自由空间的平均改善了 2.8 dB。

为了进一步改善位于小直径地面上双锥的性能，可使双锥位于耦合性更强的凹槽地面上。在 $R = 0.25\lambda_L$，$D_1 = \lambda_L/26$，$H_1 = \lambda_L/30$，$H_2 = \lambda_L/33$ 的情况下，在 10∶1 的带宽比内，位于凹槽地面上的双锥的波束效率(把在定向区域内辐射功率与天线总辐射功率之比定义为波束效率)比位于自由空间的双锥的高出 70%。

图 7.56 是位于地面上的不对称双锥。上锥由间距为 90° 的 4 个叶形辐射线组成，下面相交在一起，与中间的 1:4 传输线变压器的输出端相连，长度为 L 的叶片形辐射线与轴线成 10° 夹角张开。下锥由间距 90° 的 4 根与轴线成 45°、长度为 L 的辐射体组成，上端与 1:4 传输线变压器的输出端相连。同轴馈线与位于馈电点的 1:4 传输线变压器的输入端相连。在 $L = 1.2$ m，天线离地面 2 m 高的情况下，在 60~300 MHz 频段实测 VSWR≤3.2。

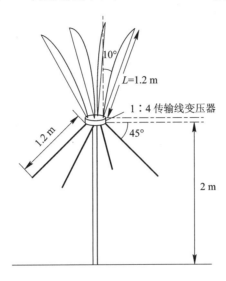

图 7.56　位于地面上的不对称双锥

5. 由变形单锥和变形双锥构成的宽带全向共线天线阵

为了实现宽频，把单极子变成变形单锥，把偶极子变成变形双锥构成如图 7.57 所示的宽带全向共线天线阵。为了把单锥和双锥合成一路输出，由于带宽太宽，需要用如图 7.58 所示的 4 级 Wilkinson 功分器。在中心频率 $f_0 = 1.1$ GHz 条件下设计了变形单锥-双锥共线天线，把共线天线阵放置于直径为 1.2 m 的地板上，在 0.2~2 GHz 频段仿真和实测，得 $S_{11} < -15$ dB。

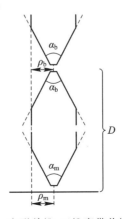

图 7.57　变形单锥-双锥宽带共线天线阵

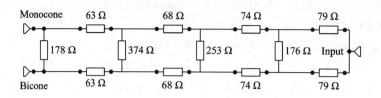

图 7.58　4 级 Wilkinson 功分器

6. 共线双锥的馈电技术

宽带高增益全向天线多采用共线双锥。为克服底馈会造成波束倾斜的缺点，应采用中馈技术。图 7.59 是 2 元中馈双锥。由图可看出，把同轴线 D 的外导体在 A 点断开，信号分成两路。一路沿同轴线 D 的内导体上行，与双锥振子 B 的上锥相连，由于 A 到 B 的路径为 $\lambda/2$，所以上锥上的电流反相向下流，双锥振子 B 的下锥与同轴线的外导体相连，完成用同轴线给双锥振子 B 的馈电。另一路通过同轴线 E 向下传输。同轴线 E 把同轴线 D 的外导体作为内导体与双锥振子 C 的下锥相连；由于同轴线 E 的内导体变粗，为保证同轴线 E 的特性阻抗与同轴线 D 相当，必须把同轴线 E 的外导体变粗，且与双锥振子 C 的上锥相连，完成对双锥对称振子 C 的馈电。

图 7.60 是双频共线全向天线阵。其中发射天线是工作频率为 4.1 GHz、$\text{HPBW}_E=16°$、$G>5.9$ dBi 的中馈 4 元双锥；位于发射天线顶部的是工作频率为 6.3 GHz、$\text{HPBW}_E=32°$、$G>4.3$ dBi 的双模双锥喇叭天线。由图可看出，发射天线用接收天线双同轴线馈线的外导体作为内导体的同轴线馈电，在 0 点把同轴线 A 的外导体断开，此时信号分成两路，分别由同轴线 B、C 向上和向下传输，同轴线 B、C 的外导体在双锥振子 2、3 处开有缝隙，能量经缝隙耦合馈给双锥振子。

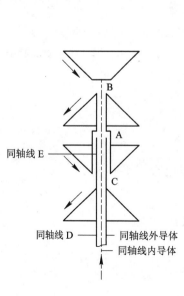

图 7.59　2 元中馈双锥

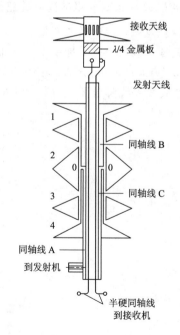

图 7.60　双频共线全向天线阵

7.2.8　双锥电磁喇叭天线

　　雷达信标站需要使用高增益宽带全向天线。由于双锥电磁喇叭不仅频带宽,而且增益高,所以常常把双锥电磁喇叭作为雷达信标机天线。雷达信标机天线的极化可以是水平极化,也可以是垂直极化。图 7.61(a)是用图 7.61(b)所示的由 3 个圆弧形水平对称振子激励的水平极化双锥电磁喇叭天线。

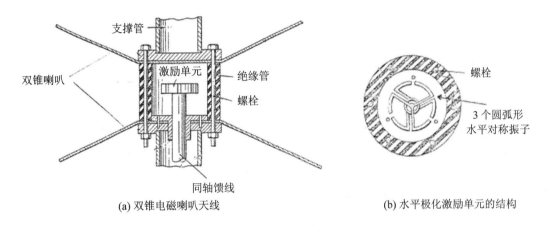

(a) 双锥电磁喇叭天线　　　　　　　　　　　　(b) 水平极化激励单元的结构

图 7.61　水平极化双锥电磁喇叭天线

　　图 7.62 是垂直极化双锥电磁喇叭天线。由图可看出,用硬同轴线连接上下双锥电磁喇叭天线,为了激励垂直极化双锥电磁喇叭天线,只需要在同轴线外导体开一个缝隙,并把同轴线末端短路即可。

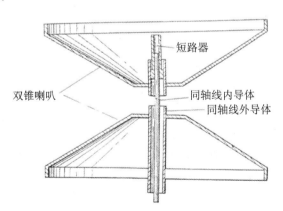

图 7.62　垂直极化双锥电磁喇叭天线

7.2.9　由倒锥和盘锥构成的双频宽带全向天线

　　盘锥是垂直极化宽带全向天线,而且是不需要地的宽带天线。如图 7.63(a)、(b)所示,把宽带倒锥或双锥作为高频段垂直极化宽带全向天线,层叠在低频盘锥天线的顶上,就构成了双频垂直极化宽带全向天线。为了降低低频段盘锥天线的下限工作频率,采用类似老

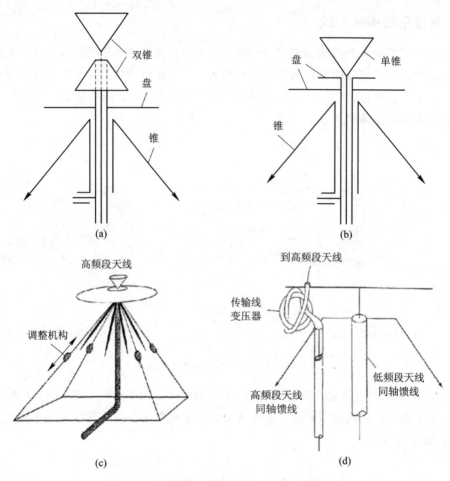

图 7.63　由倒锥和盘锥构成的双频宽带全向天线

式照相机支架的调整结构把锥加长即可，如图 7.63(c) 所示。双频天线均用同轴线馈电，为了减小相互影响，一种方法是把低频天线同轴馈线的外导体与低频盘锥天线的锥相连，把高频段同轴馈线的外导体作为内导体；另外一种方法是使高频同轴馈线穿过低频盘锥天线的盘，再穿过低频盘锥天线的锥，把电缆绕在磁环上，用同轴线外导体绕成线圈形的高阻抗，如图 7.63(d) 所示。（把电缆在外直径为 25.4 mm、内直径为 19 mm、厚为 6.35 mm 的磁环上绕 3 圈，在 20 MHz 时形成的电感量约为 3 μH，等效为 377 Ω。）

参 考 文 献

［1］ 蔡英仪，王坦. 短波天线工程建设与维护［M］. 北京：解放军出版社，2003.

［2］ 尹亚兰，张志刚，姚军. 一种简单有效的双极化天线宽带化方法［J］. 电子工程，2003，29(6)：17 - 19.

［3］ GUERTLE R J F. Travelling-Wave Delta Antennas for short Distance HF Communications ［J］. PIREE, 1974, (5)：127 - 132.

第 8 章　专用移动通信天线

8.1　概　　述

专用移动平台主要有车载、舰载、机载、弹载和便携五种。车载、舰载、机载和便携主要使用 HF、VHF 和 UHF。专用移动平台使用的天线必须具有全向、低轮廓、宽频带、重量轻、高效率、动中通等特性。专用通信最突出的特点是:

(1) 专用战术战略通信都选用了短波波段,因为短波波段不仅能利用地波,特别是能利用近垂直入射天波(NVIS),完成中近距离通信及消除短波通信的盲区,而且能利用低仰角天波完成远距离通信。

(2) 所用天线主要为小天线。这是因为:

① 在 HF 的低频段大天线无法实现;在外部噪声占优势的一些频段,没有必要使用大尺寸天线来实现更好的电性能。

② 对移动和背负式无线电装备,天线的尺寸必须小,以便于移动和背负使用。

短波移动通信使用的天线主要有两类:小电尺寸鞭天线和环天线。

由于舰船天线已在第 6 章作了介绍,所以本章主要介绍车载天线。

8.2　小电尺寸鞭天线和环天线

8.2.1　小电尺寸鞭天线

小电尺寸鞭天线的优点是:其固有的全向性及垂直鞭天线的低仰角方向图,特别适合利用地波和天波完成近距离全向通信;由于其结构简单、外形尺寸不引人注目,所以最适合作为车载天线。

小电尺寸鞭天线的缺点是:直立鞭天线由于受到桥涵的限制,天线不能太高,否则会影响车速,不利于移动通信;对 2～12 MHz 短波通信,由于工作波长很长,所以直立鞭天线往往是小电尺寸鞭天线,辐射电阻很小,天线的效率极低;小电尺寸鞭天线为不对称天线,易受到人为噪声、电动机及其他干扰源的干扰,周围的环境对其辐射特性影响也大。

对 0～300 km 的短波通信,要求天线有高仰角辐射方向图,以便充分利用近垂直入射天波,但直立鞭天线的高仰角辐射最弱,在 80°仰角上的增益要比最大增益低 15 dB。另外,在 30～480 km 的区域用鞭天线通信,由于地波衰减,使信号无法到达,天波反射又跳过了这个区域,因而会造成短波通信的盲区。

地面电导率对垂直极化天线低仰角垂直面影响大,在平均电导率地面上,10°仰角上天线的增益要比在理想地面上低 2～3 dB。

小电尺寸鞭天线的输入电抗主要是容性，必须用电感调谐。

8.2.2　环天线

环天线是磁天线，由于不与电场耦合，因而能消除在性质上属电场的人为噪声干扰。由于环天线是对称天线，相对地是平衡的，因而不易受到开关、火花一类的工业干扰。

短波通信的主要问题是频谱过于拥挤和容易受到干扰，由于小型环天线的谐振带宽特别窄，特别是在短波的低频段，因而能极大地抑制相邻频率的信号对所需频率信号的干扰。垂直地面架设的小环天线，由于水平面方向图呈"8"字形，因而可以通过调整环面的取向来减小干扰。

环面垂直地面或垂直安装在移动车辆、飞机上的环天线，由于最大辐射方向指向高仰角，所以能充分利用近垂直入射天波完成 200 km 的全向通信，而且在 30 km 以内还可以利用地波。

作为车载，环天线能充分利用车的纵向尺寸，在允许的高度情况下，能实现好的天线性能；增加环天线的圈数能增加环天线的有效高度；把环天线绕在高导磁率 μ 的磁棒上，能减小环天线的尺寸；当安装空间受限或要移动通信时，宜用小型环天线；小环天线最适合作为车载 NVIS 天线。小环天线的效率随工作频率的升高而迅速增加，工作频率为 3 MHz 时典型环天线的效率为 5％，10 MHz 时效率为 50％，18 MHz 时效率为 90％。

小环天线是窄带天线，在每个工作频段，必须用微自调电容使环形天线谐振，用小耦合馈电环变换它的电阻。环天线最小可接受的尺寸是由最低工作频率需要的工作带宽决定的，例如用 2 m 宽、1 m 高的环可提供 2 kHz 的带宽。在大多数情况下，噪声系数接近所允许上限的实用天线是小的垂直环天线。安装在距地面上 2 m 高，直径为 1.5 m 的环天线，由于其垂直面方向图既覆盖了低仰角，又覆盖了高仰角，所以是典型的实用环天线。环天线的噪声系数与环的面积和工作频率密切相关，直径为 1.5 m 的环天线，工作频率为 2 MHz 时噪声系数为 50 dB，30 MHz 时噪声系数为 20 dB。

8.2.3　环天线与小电尺寸鞭天线的比较

环天线与小电尺寸鞭天线的不同点如下：

（1）环与磁场响应；鞭与电场响应。

（2）环天线第 1 个谐振点是并联谐振；鞭天线第 1 个谐振点是串联谐振。

（3）小环天线的输入阻抗是电感与电阻串联；小电尺寸鞭天线的输入阻抗是电容与电阻串联。

（4）环平面垂直架设时，水平面方向图呈"8"字形；鞭天线垂直地面架设时，水平面方向图呈全向。

（5）调电容使小环天线谐振；调电感使小电尺寸鞭天线谐振，但可调电容的 Q 值要比可调电感的 Q 值高得多，因而小环天线的效率自然也比小电尺寸鞭天线高。

8.3　车载短波鞭天线

车载短波通信有两种情况：一种情况是由于天线大，车需要停下来升起天线进行通信，称为静中通；另外一种情况是天线车载，称为动中通。

8.3.1　静中通车载短波鞭天线

1. 大功率便携 10 m 短波车载鞭天线

陕西海通采用钛合金管等材料，由天线杆、绝缘座、折倒装置和安装法兰构成的大功率便携 10 m 短波车载鞭天线，具有耐腐蚀、风阻小、强度高、重量轻、拆装方便等特点，适配于各种车载大功率短波通信系统。其主要指标如下：

（1）工作频率：3～30 MHz（与带自动天线调谐器的短波电台配套使用）。

（2）极化：垂直。

（3）功率容量：5 kW。

（4）高度：10 m。

（5）重量：≤45 kg。

（6）抗风能力：20 m/s。

（7）环境适应性：满足军标。

2. 5 m 高车载鞭天线

图 8.1 是由带减震弹簧和倾斜装置底座及由 4 节（每节约 1321 mm 长）靠螺纹连接玻纤构成的 5 m 高车载鞭天线。

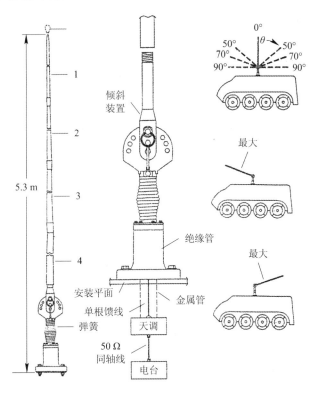

图 8.1　5 m 车载鞭天线

整个天线只有 1.36 kg 重，1 个人在几分钟之内就能将天线连接好并竖起。采用渐变滚压螺纹，不仅确保了电气接触良好，而且确保了仅仅用手就能把天线连接好。导体埋在制造玻纤天线结实坚韧的护套中，保障了天线在弯曲和冲击状态下具有很高的强度。为了获得更高的强度,除了两个螺旋层(一个在里层,另一个在外层)外,所有玻璃丝平行天线轴铺设,天线的铜导线辐射体埋在粗玻璃纱中,在用树脂固化期间将膜压得更坚固。在用玻璃丝沿天线轴绕制的过程中,逐渐减小玻纤粗砂的股数,就能使天线杆锥削变化。天线的效率并不会由于天线暴露在雨水、盐水中或者天线杆外面堆积了灰尘而降低。为了安全,在设计中采用了以下技术:

(1)用橡胶保护罩套在天线底部减震弹簧和倾斜装置上,以便在天线发射时,防止 RF 烧伤接触天线的工作人员。

(2)为防止天线颤动,在第2、3和4节天线杆的上部均附加了橡胶减震垫圈。

(3)提供了高电压保护装置,以防天线碰到高压线时伤害工作人员。

例如,美军在伊拉克的"沙漠风暴"中,最成功的短波通信经验就是采用了带有倾斜装置的5 m 高鞭天线及充分利用了近垂直入射天波的短波通信。

由于天线输入阻抗随频率剧烈变化,为了与50 Ω 馈线匹配,必须在天线的根部附加自动天线调谐器。把带有自动天线调谐器的鞭天线垂直安放在干燥的地面上,实测的天线增益如表8.1所示。

表 8.1　5 m 高鞭天线在不同频率实测的增益及最大辐射仰角

f/MHz	G/dBi	最大辐射仰角/(°)
2	−10	25
6	−6	25
10	−1	28
14	2	27
18	4	27

5 m 高车载鞭天线使用指南如下:

(1)对1~48 km 的近距离短波通信,鞭天线宜垂直架设($\theta=0°$),在1.5~5 MHz 用地波。

(2)在鞭天线48~480 km 的盲区(Dead Area)通信,需要倾斜架设鞭天线,以便形成高仰角方向图,在2~12 MHz 用近垂直入射天波,以使近垂直入射到电离层的信号又近垂直返回到用垂直天线的盲区。

(3)鞭天线的最佳斜角度与通信距离有如下关系:

① 通信距离为30~160 km 时,在多数情况下用 $\theta=70°$(仰角 $\Delta=30°$)孔位;

② 通信距离为160~483 km 时,在多数情况下用 $\theta=50°$(仰角 $\Delta=40°$)孔位;

③ 通信距离大于480 km 时宜用 0°孔位,即垂直架设。

(4)鞭天线向车头方向倾斜最实用,特别是在动中通情况下,5 m 鞭天线倾斜低于 $\theta=40°$时的增益比垂直时的高6 dB。

(5)鞭天线向车尾方向倾斜,在技术上最有效,但最不适合动中通。

(6)在车暂时停止状态下,宜把天线向车尾方向倾斜,如果条件允许,则最好更换长度为10 m 的鞭天线,且让天线与地面平行。

(7)宜用天线倾斜装置使天线倾斜,不宜直接弯曲天线。

图8.2是5 m 高车载鞭天线输入电阻 R_{in} 随天线倾角 β 的变化曲线。由图可看出:

(1)随频率的升高 R_{in} 逐渐增大。

（2）鞭天线垂直安装时 R_{in} 最大。

（3）鞭天线向前倾斜，特别是倾角 β 比较小时 R_{in} 迅速减小。

（4）鞭天线向后倾斜的 R_{in} 大于鞭天线向前倾斜的 R_{in}。

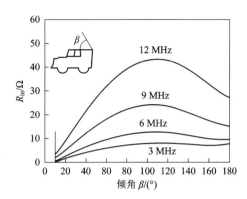

图 8.2　5 m 高车载鞭天线输入电阻 R_{in} 随天线倾角 β 的变化曲线

3. 战术短波小电尺寸车载鞭天线

图 8.3 是车载或地面使用的 1.8 m 高 2～30 MHz 战术小电尺寸鞭天线，其辐射单元由加顶电容、电感以及加载高 h 为 1.8 m 的鞭组成。加顶电容由金属网构成，使用加顶电容可以减小天线的电抗。由于天线的高度远小于 $\lambda/4$，为了在给定频率使天线在 $\lambda/4$ 时谐振，必须使用与固定电感串联的可变电容器。在 2～30 MHz 短波频段内，电感必须具有 1∶225 的变化范围。为了便于用波段开关调整电感，使用了带抽头电感或一组可调电感。为了减小地面损耗的影响，固定在地面上的战术天线至少要铺设 16 根 4 m 长的地网。

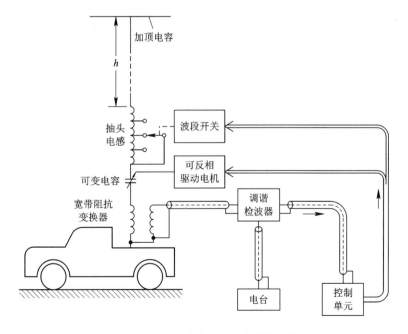

图 8.3　战术短波小电尺寸车载鞭天线

在给定频段，最好利用可变电容器完成调谐，需要的高频 f_H 和低频 f_L 之比，由可变

电容器的最大电容量 $C_{\max}$ 和最小电容量 $C_{\min}$ 及天线的电容 C_a 确定，即

$$\frac{f_H}{f_L}=\sqrt{\frac{C_{\max}}{C_{\min}}\frac{C_a+C_{\min}}{C_a+C_{\max}}} \tag{8.1}$$

电容的典型值为 $C_a=50$ pF，$C_{\max}=300$ pF，$C_{\min}=10$ pF。如果 $f_H/f_L=2.2$，也可以利用可变电感。调谐范围具体计算公式如下：

$$\frac{f_H}{f_L}=\sqrt{\frac{L_F+L_{\max}}{L_F+L_{\min}}} \tag{8.2}$$

式中：L_F 为固定电感，典型值为 $100\ \mu H$；$L_{\max}$ 为最大电感，典型值为 $12\ \mu H$；$L_{\min}$ 为最小电感，典型值为 $1\ \mu H$。

由于在 $\lambda/4$ 谐振情况下，天线输入阻抗小于 $50\ \Omega$，为了在 $2\sim13$ MHz 频段时使天线与 $50\ \Omega$ 匹配，必须附加宽带阻抗变压器。为了检测，最好使用由 RF 相位检测器构成的调谐检波器来测量辐射单元激励的电压和电流之间的相位关系。由于直流输出电压正比于它们的电位差，因此，如果直流输出电压为零，则表示谐振。如果从检测器的正极输出信号，则表示天线谐振，相应的电抗为感性；如果从检测器的负极输出信号，则也表示天线谐振，但相应的电抗为容性。由于调谐检波器与控制单元相连，根据相位检测器的直流输出电压的不同来驱动波段开关、调整电感，以抵消容抗，同时也可驱动电机，调整电容，以抵消感抗。

8.3.2　动中通 3.7 m 高 HF/VHF 车载鞭天线

陕西海通采用优质复合材料和特种金属材料，制成了 3 节可拆卸 3.7 m 高 HF/VHF 车载鞭天线，该天线有以下特点：

（1）具有宽频带、大功率、抗冲击、抗撞击等优点，特别适用于野战环境下使用。

（2）天线各部分之间的连接采用螺纹旋入的配合方法，使天线具有较高的可靠性。

（3）底部加装鼓形弹簧缓冲器，使天线遇到障碍物（如桥梁、树枝等）时，能自适应弯曲脱离障碍物，脱离障碍物后又能自行恢复到原来的直立状态。

该天线的主要战技指标如下：

（1）工作频率：$1.6\sim88$ MHz。

（2）极化方式：垂直。

（3）阻抗特性：$50\ \Omega$。

（4）电压驻波比：95% 频点 $\leqslant4.5$。

（5）功率容量：75 W。

（6）接口：N-K 型。

（7）外观颜色：外表喷涂 GY05 氨基烘干桔纹漆。

（8）外形尺寸：安装底盘尺寸为 $\phi148$ mm，振子长为 3.7 m。

（9）重量：(5.0 ± 0.5) kg。

8.4　车载短波半环天线

短波移动通信，例如车载、机载一般都是采用如图 8.4 所示的由馈电环和辐射环构成的半环天线。为了提高半环天线的效率，宜用粗的铝管制造，最好采用组合梯形半环天线。车载半环

天线由于能充分利用车顶的尺寸,在宽频带范围内提供了增益较高的近垂直入射天波通信,消除了用鞭天线带来的短波通信盲区。该天线还具有轮廓低、结构简单、工作可靠的优点。

图 8.5 是车载 DCH - 1 型双匝环天线,该天线的主要参数如下:

(1) 工作频率:2～15 MHz。

(2) 方向性:接近于全向。

(3) 承受功率:400 W。

(4) 最佳通信距离:300 km 以内。

(5) 调谐方式:用发射机面板装置手动调谐或另加自动天调。

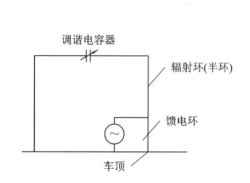

图 8.4　车载短波半环天线　　　　　图 8.5　车载 DCH - 1 型双匝环天线

图 8.6(a)是用 $\phi = 22$ mm 的铜管或铝管制成,直径为 1 m 的 3～10 MHz 垂直环天线。由于垂直小环天线具有高仰角方向图,所以在 3～10 MHz 的工作频段能利用近垂直入射天波反射完成中近距离全向通信。在环天线的底部,用同轴线通过导线直径为 1.5 mm 的耦合环馈电。由于小环天线是窄带天线,所以在它的顶部串联了调谐电容,为了使天线谐振及与 50 Ω 馈线匹配,除调串联电容外,还可以调整耦合环的尺寸。图 8.6(b)为该天线的等效电路,其中 L_1 为主环的自感,L_2 为耦合环的电感,R 为总串联电阻。

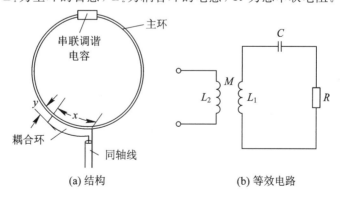

(a) 结构　　　　　　　　　(b) 等效电路

图 8.6　环天线结构及其等效电路

L_1 与环的直径 D、导线的直径 ϕ 有如下关系:

$$L_1 = \frac{MD}{2}\left(\ln\frac{8D}{\phi} - 2\right) \tag{8.3}$$

式中，M 为互感。M 与变压器耦合系数 K、L_1 和 L_2 有如下关系：

$$M = K\sqrt{L_1 L_2} \quad (K < 1) \tag{8.4}$$

在 3.6 MHz 时，耦合环的尺寸为 $x = 680$ mm，$y = 25$ mm，等效电路的参数值为 $L_1 = 2.45\ \mu\mathrm{H}$，$L_2 = 0.14 L_1$，$K = 0.14$，$R = 0.17\ \Omega$，$C = 796$ pF。直径为 1 m 的环天线在 3.6、5.1、7 和 10.1 MHz 实测的带宽、电抗、总电阻、辐射电阻和效率如表 8.2 所示。

表 8.2　直径 1 m 环天线实测的带宽、电抗、辐射电阻及效率

f_0/MHz	带宽/kHz	电抗/Ω	总电阻 R/Ω	辐射电阻/Ω	效率 η/%
3.6	11.05	55.5	0.17	0.42	0.25
5.1	18.35	78.7	0.28	2.4	0.84
7.0	16.90	108	0.26	6.0	2.3
10.1	14.70	155	0.22	40	18

对离开理想地面高度为 h 的垂直小环天线，环面的方向图与 $\cos\left(\dfrac{2\pi}{\lambda}h\sin\Delta\right)$ 成正比（Δ 为仰角），由于 $\dfrac{2\pi}{\lambda}h \ll 1$，所以位于理想地面上（如车顶）垂直小环天线的垂直面方向图呈全向。在自由空间，小环天线的方向系数为 $D = 1.5(1.76\ \mathrm{dB})$，与短偶极子相同；在理想地面，$D_{\max} = 3(4.77\ \mathrm{dB})$。

8.5　30～90 MHz 专用车载鞭天线

8.5.1　对 30～90 MHz 专用车载鞭天线的要求

对 30～90 MHz 专用车载鞭天线的要求如下：

（1）不用调谐即可在 30～90 MHz 的工作频段内工作。

（2）低轮廓、重量轻、结实。

（3）适合在任何恶劣的移动环境中使用，能与高压线隔离。

（4）在整个工作频段内，增益与 $\lambda/4$ 单极子相当。

8.5.2　防高电压 30～90 MHz 车载鞭天线

坦克使用的 30～90 MHz 鞭天线必须有防高电压的装置。如果没有，一旦在前进的过程中碰到悬挂在空中的高压线，不仅会损坏天线，而且会伤害工作人员和车内设备，严重时甚至会造成车毁人亡。美军型号为 AS - 1729/VRC 坦克用天线，虽然有防高压的能力，但高电压不超过 10 kV。为了使 30～90 MHz 坦克用鞭天线能承受 20 kV 的高电压，必须在鞭天线中设置防高电压装置。防高电压装置就是在鞭天线中串联一只在电力频率（如 60 Hz）时耐压大于 20 kV 的电容。

图 8.7 是能近似达到上述要求的 30～90 MHz 防高电压车载鞭天线的结构原理图。在辐射体的上端串联了一只 5 pF 的电容。串联电容除能缩短天线的长度外，还能使天线与高压线隔离。为了实现这个电容，在两个金属管之间填充了聚四氟乙烯，如图 8.8 所示。已知相对介电常数 $\varepsilon_r = 2.1$，聚四氟乙烯的介质强度为 1000 V 每 0.0254 mm，用这种办法构成的电容，其轴向每米长度上的电容 C 可以用下式计算：

$$C(\mathrm{F/m}) = \frac{2\pi\varepsilon_0\varepsilon_r}{\ln(D/d)} \tag{8.5}$$

式中：$\varepsilon_0 = 8.85 \times 10^{-12}$ F/m，D 为外金属管的内直径，d 为内金属管的外直径。

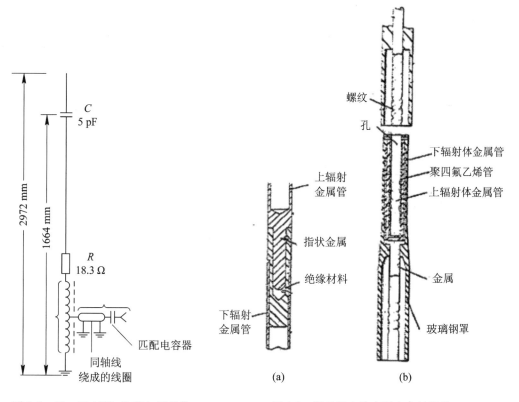

图 8.7　30～90 MHz 防高电压车载　　　　　图 8.8　鞭天线中防高压电容的结构
　　　鞭天线的结构原理图

对 60 Hz 的电源线，用这个电容能提供很大的容抗，但在 30～90 MHz 频段的 RF 则呈现约 100 pF 的电容，使内外导体之间的隔离达到 20 kV。由于 RF 电容量很小，所以容抗也很小。

为了在 30～90 MHz 的频段使 VSWR≤3.5，在天线底部串联了 $R = 18.3$ Ω 的电阻和阻抗变换比为 3.56∶1 的自耦变压器及 LC 串联网络。在鞭天线的底部串联阻值比较小的电阻，目的是增加天线馈电点的电阻，由于这个电阻对天线的电阻影响很小，因而减小了天线在低频段的 VSWR，却没有增大高频段的 VSWR。

为了承受大功率，可以把 12 个 220 Ω 电阻并联来实现 18.3 Ω 的阻值。把两根长度分别为 279 mm 和 387 mm 的导线绕在内径为 25 mm、外径为 39 mm、$\mu = 40$ 的磁环上来构成 3.56：1 自耦变压器。*LC* 匹配网络中的电感是把长度为 1143 mm、型号为 R316/U 的同轴线绕成直径为 37 mm、匝数为 10 的线圈；匹配电容是把两个 180 pF 的电容并联。匹配电容的一端与绕制电感线圈同轴线的内导体相连，电容的另一端与同轴插座的内导体相连，同轴线的外导体接地。

图 8.9 是在 3 m×3 m 的地面上，鞭天线在 30～90 MHz 频段相对 $\lambda/4$ 长单极子实测的增益。由此图可看出，除 30 MHz 增益比 $\lambda/4$ 长单极子低 7.5 dB 外，$f > 35$ MHz 增益仅比 $\lambda/4$ 长单极子天线低 2.5～0.5 dB。在 30～90 MHz 频段鞭天线实测 VSWR≤3.5，该天线虽然在 30～90 MHz 频段实现了宽带匹配，但是当天线的长度超过 0.625λ 时，垂直面方向图裂瓣，水平面增益减小。对高度为 2972 mm 的宽带天线，$f > 63$ MHz 垂直面方向图就会裂瓣，但由于在天线的上端串联了一只电容，使天线的视在电长度减小，维持了天线的低仰角方向图。从图 8.9 所示的天线增益曲线也可以看出，$f > 63$ MHz 时，天线的增益并没有减小。

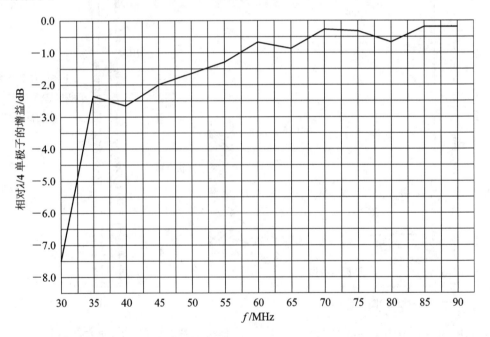

图 8.9 　图 8.7 所示天线位于 3 m×3 m 地面上，相对 $\lambda/4$ 长单极子实测增益的频率特性曲线

8.5.3　缩短尺寸的 30～90 MHz 车载鞭天线

30～88 MHz 鞭天线是坦克、装甲车、水面舰艇必用的全向通信天线。由于载体运动，特别是在加速冲击震动运动的情况下，极容易损坏天线。30～88 MHz 车载天线的高度一般为 3 m，高度低一些，不仅便于移动，而且安全，如不易被敌人发现。缩短天线尺寸的方法很多，如用螺旋鞭、集总元件加载、顶加载和双鞭。

1. 用螺旋线构成的 30～88 MHz 车载鞭天线

由于螺旋线为慢波结构，能缩短波长，所以用螺旋线作为天线的辐射体，就能适当降低天线的高度，采用变螺距螺旋线辐射体还能提高天线的辐射效率。绕制带状螺旋线的直径，从天线的底部到末端要逐渐由粗变细，以便使天线的结构上细下粗呈锥削变化。通过耦合段把天线分成上下两部分，有利于天线的拆收、运输。电缆通过天线底部用不锈钢制造的弹簧要呈弯曲状态，以防天线碰到障碍物弯折拉伤电缆。

图 8.10 是 30～88 MHz 螺旋鞭天线的结构及尺寸图。

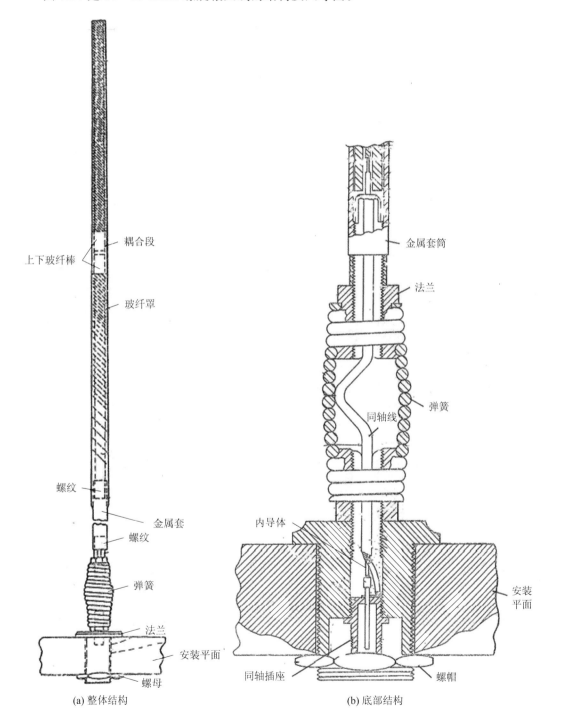

(a) 整体结构　　　　　　　　　　　　(b) 底部结构

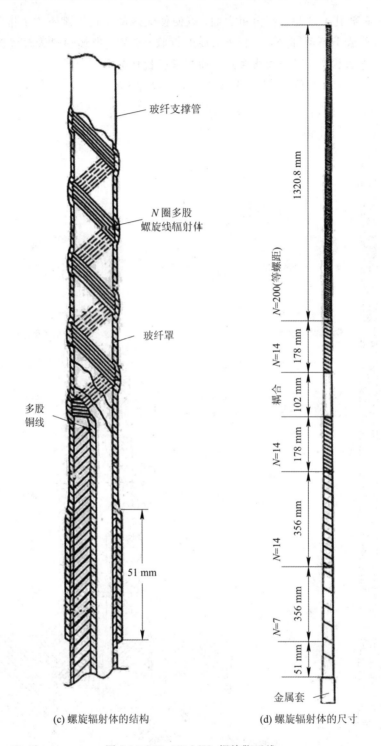

(c) 螺旋辐射体的结构　　　　　(d) 螺旋辐射体的尺寸

图 8.10　30～88 MHz 螺旋鞭天线

　　图 8.11 是 1.8 m 高 30～88 MHz 中馈车载鞭天线。由图 8.11 可看出，天线在近似一半的高度上中馈（严格来讲，上辐射体长 838 mm，下辐射体长 889 mm）。

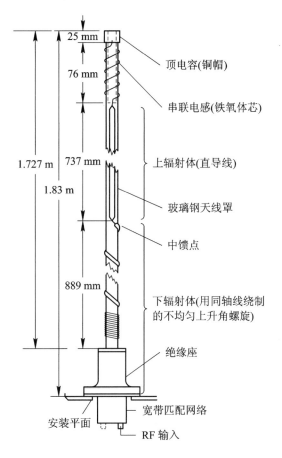

图 8.11 1.8 m 高 30～88 MHz 中馈车载鞭天线

根据天线理论，天线上的电流分布决定了天线的辐射特性。为了尽可能增大天线的辐射电阻，希望极快地提升鞭天线顶部电流的幅度分布，便在鞭天线的顶部附加了带铁氧体芯的串联电感和电容帽。电容帽实际上是长度为 25 mm、直径为 25.5 mm 的铜套，为了防止它变成短路的 1 匝线圈，必须留出 3 mm 多的间隙。铁氧体集总串联电感是用导线在直径为 25.4 mm 的介质支撑管上等间距绕 5 圈构成长度为 76 mm 的线圈。在这个线圈中再放进 1 个直径为 19 mm、长度为 100 mm 的磁棒。线圈的下端与中馈点同轴线的内导体相连，再与宽 12 mm、长 737 mm 的铜带相连构成鞭天线的上辐射体，下辐射体是用长 1905 mm、特性阻抗为 130 Ω 的细同轴电缆，在长度为 889 mm 的支撑管上从下到上先密后稀绕 13 圈的螺旋线构成。在电流幅度分布最小接近零的地方，把电缆密绕成线圈，在电流的波腹点即靠近馈电点；为了减小线圈之间的储能，把线圈的间距即螺距变大。对给定匝数的同轴线绕组，绕组渐变对馈电点阻抗和电流分布影响小，主要影响天线的带宽和效率。为了实现宽频带，在天线的底部，还必须附加宽带阻抗匹配网络。

在天线合适的位置附加合适的电阻值，确实能明显地扩展天线的频率响应，且能提供可接受的天线增益和效率。早在 1953 年，就在线天线中用电阻加载，如菱形天线。由于用电阻加载可以把谐振驻波型天线变成非谐振行波型天线，因而增加了加载天线的带宽。

由于入射波和反射波叠加会形成驻波，在靠近天线辐射单元的末端附加电阻，因为电阻吸收了并不由天线辐射出去的入射能量，因此减小了反射波，使天线变成行驻波或行波天线。

在距离单极子天线距末端 $\lambda/4$ 处，串联一只 $R=240\ \Omega$ 的电阻，就能使加载电阻到馈电点这一段天线上呈现行波电流分布，最终使天线在 3∶1 的频段内 VSWR≤2；不仅如此，还使方向图有较宽的带宽；由于加载电阻吸收功率，所以天线的效率只有 50% 左右。

在坦克、装甲车、战术通信中心、直升机和飞机上都需要列装 30～88 MHz 低轮廓宽带天线。对长度小于 $\lambda/2$ 的天线，很难仅用 LC 匹配电路就能在 3∶1 的频段范围实现匹配。这类天线的另外一个特点是电流呈线性分布，天线尺寸越短，波腹电流和天线输入电阻就越小，而容抗也就越大，辐射效率也就越差。如果在鞭天线的末端附加电容盘，不仅能改善天线的电流分布，同时还可减小天线输入阻抗随频率的变化范围。对小电尺寸鞭天线，还要用匹配网络在宽频带范围内补偿它的电抗，变换它的电阻使其与馈线匹配。在大多数情况下，补偿电抗（或电纳）必须随频率增加而减小，与简单的电感或电容的电抗变化正好相反。如果允许在匹配网络中附加损耗元件电阻 R，那么在小电尺寸鞭天线中用串联 RL 并联电路或并联 RC 串联电路加载或作为匹配网络，就具有补偿电抗随频率增加而减小的特性。

2. 用集总元件加载构成的低轮廓 30～88 MHz 车载鞭天线

天线和电阻类似油和水，在大多数情况下不能混合。具有极低 VSWR 的理想天线是假负载。虽然假负载的响应从 HF 到 UHF 都是相当平坦的，但由于所有输入功率几乎以热损耗 I^2R（焦耳热）的形式被吸收损耗，从实用的观点来看，它的辐射效率为零。

用电阻和电抗对天线加载，是展宽天线带宽最有效的方法之一，自 1980 年以来愈来愈受到人们的关注。在天线中附加电阻必然降低天线的效率，原则上附加的电阻越多，天线的效率就越低。但附加电阻总不都是坏事，正像假负载那样，加载电阻却展宽了天线的阻抗带宽。因为跳频扩频和自动链路建立系统都希望天线有最大的带宽及可接受的增益和方向图。

把电阻 R 与电感 L 并联，并联阻抗如下：

$$Z=R\left(\frac{1}{1+a^2}\right)+\mathrm{j}L\left(\frac{\omega a^2}{1+a^2}\right) \tag{8.6}$$

式中：$\omega=2\pi f$，f 为频率，$a=R/(\omega L)$。

在短鞭天线中串联 RL 并联电路。在低频，RL 并联电路以较大的感抗补偿了天线的大容抗，且用附加的小电阻，有利于阻抗匹配。在高频，RL 并联电路的感抗变小，这是所希望的，因为天线的电尺寸变大，容抗减小，虽然电阻也增加，但辐射电阻也随频率增加，所以不会恶化天线的辐射效率。

图 8.12 是把 6 个 560 Ω 电阻并联，再与 0.34 μH 空芯电感并联构成的 RL 并联电路的电阻 R 及电感 L 在 30～88 MHz 的变化曲线。由图可看出，在频段的低端，感抗比较大，随着频率的增加，感抗逐渐变小。

图 8.13 所示为用集总元件加载和匹配网络构成的低轮廓 30～88 MHz 中馈车载鞭天线。为了宽带匹配，除串联 RL 并联加载阻抗外，在馈电点还并联了一只电容。为了使天线与安装平面隔离，以便使天线的方向图与安装平面无关，在天线的底部附加了把电缆绕在磁棒上构成的电缆扼流线圈。

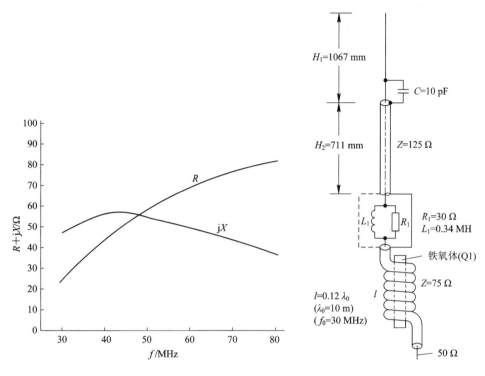

图 8.12 RL 并联电路输入阻抗的频率特性曲线

图 8.13 由集总元件和匹配网络构成的低轮
廓 30～88 MHz 中馈车载鞭天线

图 8.14 所示为双加载 30～88 MHz 低轮廓车载鞭天线。对高 $H=1.8$ m，直径 $\phi=20$ mm 的鞭天线，用 RL 并联电路双加载，加载位置 H_1、H_2 及加载元件值如表 8.3 所示。

表 8.3 30～88 MHz 低轮廓车载鞭天线的双加载元件值及位置

H_1/m	$L_1/\mu\mathrm{H}$	R_1/Ω	H_2/m	$L_2/\mu\mathrm{H}$	R_2/Ω
1.728	1.84	1034	1.152	1.377	145

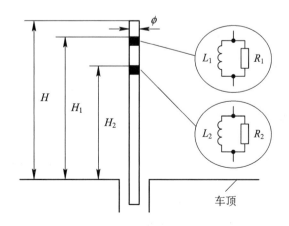

图 8.14 双加载 30～88 MHz 低轮廓车载鞭天线

　　用双 LR 并联电路给鞭天线加载，改善了鞭天线的电流分布和阻抗匹配，为了使天线的 VSWR 在频段内小于 2，还必须附加如图 8.15 所示的匹配网络。附加匹配网络后，在 30～88 MHz 频段 VSWR≤2。

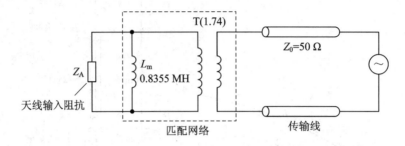

图 8.15　双加载车载鞭天线的匹配网络

3. 顶加载 30～88 MHz 低轮廓鞭天线

　　图 8.16(a) 是 30～88 MHz 低轮廓顶加载鞭天线。为了展宽天线的频带及实现阻抗匹配，除用直径 356 mm 金属盘顶加载外，在天线的底部串联 RL 并联电路，附加长度为 889 mm 的高阻抗电缆及并联电感 L_1。图 8.16(b) 是另外一种顶馈 30～88 MHz 低轮廓顶加载鞭天线。除了在天线底部串联 RL 并联电路及一段高阻抗电缆外，还在高阻抗电缆的末端并联了 LC 并联匹配网络，在顶盘和馈电点串联了 RL 并联加载阻抗。

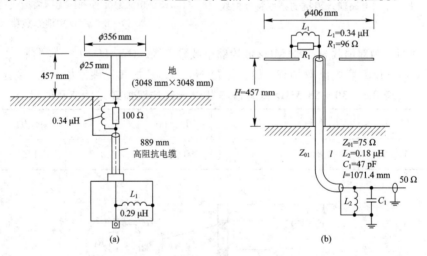

图 8.16　30～88 MHz 顶加载鞭天线

4. 30～88 MHz 双鞭车载天线

　　30～88 MHz 车载天线通常为 3 m 中馈鞭天线。由于高度太高，会给使用带来不便，故而为了降低高度，可以采用如图 8.17(a) 所示的并联双鞭天线。通过优化设计，天线的最佳尺寸为：$H_1 = 1.8$ m，$\phi_1 = \phi_3 = 0.02$ m，$\phi_2 = 0.002$ m，$d = 914$ mm，$H_3 = 109.7$ mm。为了使天线在 30～88 MHz 频段内 VSWR≤3，附加了如图 8.17(b) 所示的阻抗匹配网络。图中，Z_a 为天线输入阻抗，Z_0 为传输线特性阻抗，T 为阻抗变换器，阻抗匹配网络的元件值如表 8.4 所示。加匹配网络后，在 30～88 MHz 频段实测 VSWR≤3，$G≥3$ dBi。

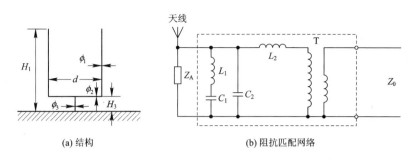

(a) 结构　　　　　　　　　　　　　　(b) 阻抗匹配网络

图 8.17　30～88 MHz 双鞭及阻抗匹配网络

表 8.4　双鞭天线阻抗匹配网络的元件值

$L_1/\mu H$	$L_2/\mu H$	C_1/pF	C_2/pF	T 的阻抗变换比
4.0097	0.0736	7.26	13.68	1 : 1

8.6　由双锥偶极子构成的 VHF/UHF 专用通信天线

8.6.1　数字化战场指挥所使用的 VHF 通信天线

选用战场指挥所 VHF 天线应考虑以下几个因素。

1. 搬运因素

(1) 重量：作为天线，尤其是"轻"装部队或高度机动部队使用的天线，重量是一个重要因素。它不仅影响指挥所快速部署或运输天线的能力，而且还可能限制架设方式的选择和天线的高度。

(2) 天线尺寸：天线的尺寸不仅影响天线架设的简便性和速度，而且在部署指挥所时，如果天线太大，则不仅会占用大量的运输空间，还会产生存放问题。

2. 可部署能力

可部署的天线要求体积较小，重量较轻，部件较少。一种好的指挥所天线应具备合理的高度(9～14 m)，由 1 个人在 10 分钟内就能将它架设起来。车载天线应在 3 分钟内就能进入工作状态，通信天线在指挥所建立和撤收不能要求用车装运。

3. 架设因素

(1) 人员：架设天线所需的人员数量。

(2) 时间：开通使用需要多少分钟。

(3) 复杂性：所需部件和专用工具的数量及装配的简便性。

4. 安全因素

(1) 形状：天线振子的形状(即振子可能对人造成刺伤事故)，以及靠近地面的支撑钢索形状。

(2) 部件：可能滑落在架设天线人员身上的不安全部件。

5.战术因素

（1）隐蔽天线不使敌方发现的能力。

（2）穿透或克服障碍物的能力。

6.电性能特性

（1）低 VSWR。

（2）水平面全向方向图。

（3）尽可能高的天线增益。

基于以上因素，30～88 MHz VHF 数字化战场指挥所宜选用由上下各 3 根金属杆构成的夹角为 60°、直径为 2.1 m、高为 4.5 m 的双锥偶极子天线，如图 8.18 所示。它是美国陆军使用了近 20 年，装备了几十副型号为 OE-254(AS-3166/VRC)的标准指挥所用天线。

图 8.18　OE-254 标准
指挥所用天线

8.6.2　由双锥偶极子构成的 UHF 车载天线

作为车载宽带全向天线，为了防止冲击和震动损坏天线，在天线的底部都装有减震弹簧，如图 8.19 所示。

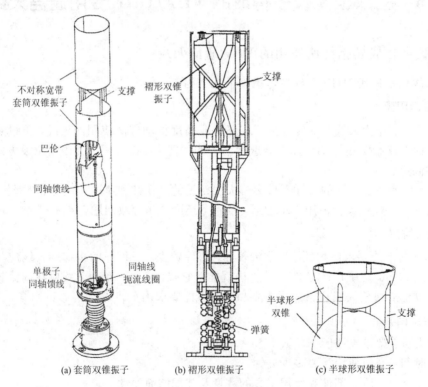

(a) 套筒双锥振子　　(b) 褶形双锥振子　　(c) 半球形双锥振子

图 8.19　由双锥不对称套筒偶极子构成的宽带全向 UHF 车载天线

为了实现宽频带，通常采用双锥套筒偶极子，双锥可以为对称结构，也可以为不对称结构。但通常为不对称结构，因为不对称结构带宽要比对称结构更宽一些。双锥套筒偶极子的双锥部分通常为锥形，但也可以采用如图 8.19(c)所示的半球形。因为在馈电区，半球形过渡更平滑，更利于阻抗匹配。双锥套筒偶极子一臂的长度通常为最低工作频率的 1/4

波长，对工作频率比较低的全向车载天线，由于天线高度过长，会给使用带来不便，所以必须设法降低天线的高度。解决办法有以下两种：

（1）把天线分成两段，高频段用对称或不对称双锥套筒偶极子，低频段采用宽带套筒单极子结构，即把高频段对称或不对称双锥套筒偶极子及支撑结构作为单极子的辐射体。为了减小高频段双锥套筒偶极子同轴馈线对低频段单极子的影响，除对高频段天线采用巴伦外，在高频段天线同轴馈线的根部，还采用了把同轴线在磁棒或磁环上绕 8～12 圈构成的同轴线扼流线圈，如图 8.19(a)所示。

（2）设法降低双锥套筒偶极子的尺寸，例如把双锥偶极子的锥形变成如图 8.19(b)所示的褶形，由于周长变大，因此降低了谐振频率。

8.6.3　圆锥面和水平面都为全向方向图的 UHF 双锥天线

普通的垂直双锥偶极子为宽带全向天线。对地对空车载通信天线不仅需要水平面全向方向图，而且圆锥面也需要全向方向图。为此把图 8.20(a)所示的垂直双锥偶极子下锥倒置变成如图 8.20(b)所示，就能实现圆锥面全向方向图，又保留了固有的水平面全向方向图。为了减小风阻和重量，用 12 根金属线制作上下双锥，为了展宽阻抗带宽，在上双锥振子上附加圆锥，如图 8.20(c)所示。在上下线锥的末端附加半径为 R_b 的圆球等效电容加载，进一步降低了工作频率。适合在 540～850 MHz 频段工作的天线的尺寸为：$\theta_1=40°$，$L_1=260$ mm，$H_1=70$ mm，$R_b=18$ mm，$\theta_2=30°$，$L_2=250$ mm，$H_2=120$ mm，$\phi=18$ mm。为了模拟车顶，把天线安装在 1.8 m×1.2 m 的金属板上。图 8.20(d)、(e)分别是该天线在 450、600 和 800 MHz 的水平面和垂直面方向图。图 8.20(f)是该天线全向圆锥面和水平面增益的频率特性曲线。由图可看出，水平面呈全向，$G=1.3～2.8$ dBi；垂直面最大波束位于不同仰角和水平面，$G=5～9$ dBi。该天线在 560～850 MHz 频段实测 VSWR≤2.0。天线的外形尺寸为：直径 600 mm，高 300 mm。

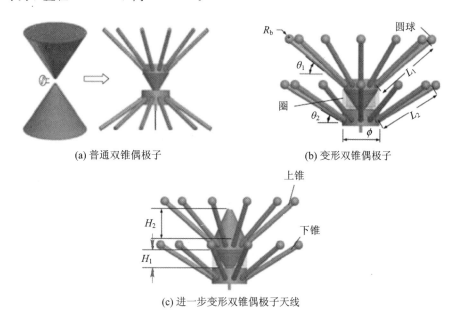

(a) 普通双锥偶极子　　　　　　　　　　(b) 变形双锥偶极子

(c) 进一步变形双锥偶极子天线

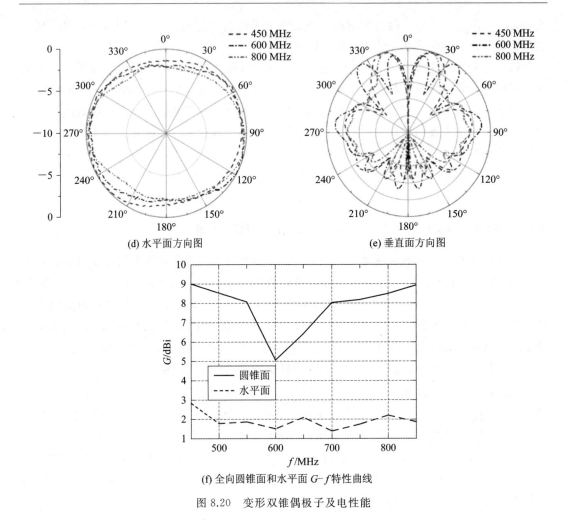

(d) 水平面方向图　　　　　　　　　　(e) 垂直面方向图

(f) 全向圆锥面和水平面 $G-f$ 特性曲线

图 8.20　变形双锥偶极子及电性能

8.7　宽带双频共线车载天线

最常用的 30~88 MHz 车载天线一般为 3 m 高中馈鞭天线。为了减小车体对天线的影响，在天线的底部，把同轴线绕在磁环上用构成的扼流线圈来减小同轴线外导体上电流的影响。用中馈点的宽带阻抗匹配网络实现宽带阻抗匹配，如图 8.21(a)所示。为了使图 8.21(b)、(c)所示 2.4~2.5 GHz UHF 全向天线与 30~88 MHz VHF 全向天线共杆架设，可采用两种实现方法。一种方法是用两根电缆，一根与 VHF 电台和 VHF 天线相连，另一根把 UHF 电台与 UHF 天线相连。为了减小同轴馈线的影响，在进入电台前，都应采用如图 8.21(b)所示的同轴线扼流线圈。另一种方法如图 8.21(c)所示，采用包含 VHF 和 UHF 的宽带电台，再经过由高/低通滤波器构成的双工器，把由一根电缆传送来的两路 VHF/UHF 信号与 VHF 和 UHF 天线相连。由于 2.4~2.5 GHz UHF 天线为窄带天线，所以采用半波长同轴线内外导体交叉换位构成的中增益天线。30~88 MHz VHF 宽带天线由与 UHF 天线复用的长度为 1.6 m 的上辐射体、长度为 1.6 m 的下辐射体及位于中馈点的宽带匹配网络组成。

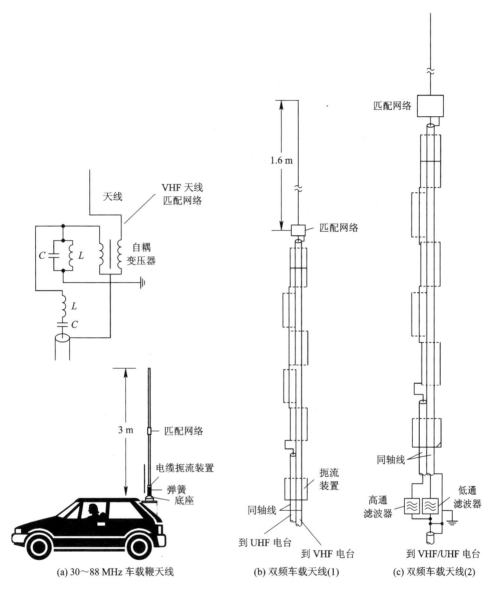

(a) 30～88 MHz 车载鞭天线　　　(b) 双频车载天线(1)　　　(c) 双频车载天线(2)

图 8.21　宽带双频车载天线

8.8　宽带软件无线电天线

由于现代移动通信都采用了扩频、跳频技术，所以要求所用天线不仅要宽频带，而且要全向和低轮廓。单极子由于具有固有的全向性，因而是最适合选用的天线。但单极子属窄带谐振天线，为展宽带宽，在单极子中附加 1 个或多个由 LRC 并联或 LR 并联组成的加载阻抗及附加宽带阻抗匹配网络，不仅减小了单极子的高度，而且展宽了单极子的带宽。常用天线的 VSWR、效率及系统增益来衡量天线性能的好坏，把在给定方向辐射的功率与从发射机得到的有效功率之比定义为天线的系统增益 G_s，即

$$G_S = 10\lg\left[\frac{4\text{VSWR}}{(\text{VSWR}+1)^2}\right]M_eG_a \tag{8.7}$$

式中，M_e 为匹配网络的效率，G_a 为天线的增益。

8.8.1　23～460 MHz 2 m 高加载单极子

图 8.22(a)、(b)是 2 m 高加载单极子和加载阻抗，图 8.22(c)、(d)是附加的阻抗匹配网络(Matching Network，MN)。如图 9.22(b)所示，由 C 与 R 串联再与 L 并联作为加载阻抗，天线的阻抗特性要比用 LRC 并联加载阻抗好。在单极子中附加 4 个加载阻抗，要采用如图 8.22(d)所示的阻抗匹配网络，具体加载阻抗的元件值及在天线中的位置、阻抗匹配网络的元件值如表 8.5 所示。

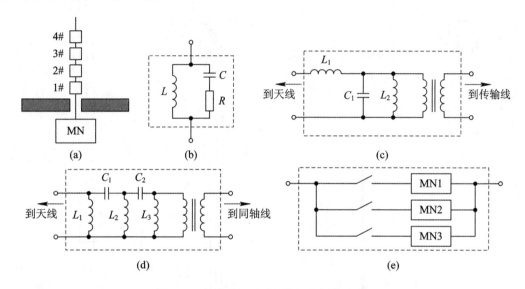

图 8.22　加载单极子及阻抗匹配网络(MN)

表 8.5　单极子加载阻抗及匹配网络的元件值

加载的数量	1#	2#	3#	4#
离地面天线的高度/mm	383	875	1312	1531
R/Ω	1500	1500	750	175.8
$L/\mu\text{H}$	0.21	1.9	1.41	0.02
C/pF	1.6	101.6	1.6	7.8

该天线在 20∶1 的带宽内 VSWR≤3.5，$f>$180 MHz，天线的系统增益 G_S 为 2～6 dBi。为了获得更宽的带宽，在加载阻抗不变的情况下，附加切换有不同阻抗元件值的匹配网络。例如，在 15～25 MHz 频段用图 8.22(c)所示的匹配网络，在 25～400 MHz、400～900 MHz 频段用图 8.22(d)所示的匹配网络，合成的匹配网络如图 8.22(e)所示，这样就能使天线的带宽比达到 64∶1，即 $f=$15～960 MHz。

8.8.2　30～450 MHz 1.75 m 高加载鞭天线

仍然采用如图 8.22(a)所示的加载单极子和图 8.22(d)所示的匹配网络，但加载阻抗由 4 个变成 5 个，而且 5 个均为 LRC 并联电路。由 GA 设计的 1.75 m 高加载鞭天线的加载阻抗及匹配网络的元件值如表 8.6 所示。

表 8.6　用 GA 设计的 1.75 m 高加载鞭天线的加载阻抗及匹配网络元件值

加载的数量	1#	2#	3#	4#	5#
离地面天线的高度/mm	383	875	1094	1312	1531
R/Ω	1500	1500	1500	750	176
$L\ \mu H$	0.21	1.9	1.52	1.41	0.02
C/pF	1.6	101.6	51.6	1.6	7.8
匹配网络　$L_1=82.2$ nH，$L_2=978.6$ nH，$C_1=1.6$ pF					
传输线变压器阻抗变换比为 1 : 1.8					

8.8.3　30～512 MHz 低轮廓宽带单极子

图 8.23 是用两个并联电感、电阻在鞭天线不同位置加载构成的 30～512 MHz 宽带全向天线。在天线底部和同轴传输线之间串接了 1 : 4 传输线变压器。在天线的上辐射体中串联 4 pF 的电容，具有安全防护的优点，以防天线误搭在高压线上，因为在 60 Hz 时最大击穿电压高达 2 kV。沿鞭天线用并联电感、电阻加载来获得所希望的天线带宽。对由 1 个电感和 1 个电阻构成的匹配网络，在任意频率的等效阻抗 Z_e 为

$$Z_e=\frac{R_P X_L^2}{R_P^2+X_L^2}+jR_P^2\frac{X_L}{R_P^2+X_L^2} \tag{8.8}$$

化简，得

$$Z_e=\frac{R_P}{\frac{R_P^2}{X_L^2}+1}+j\frac{X_L}{1+\frac{X_L^2}{R_P^2}}=R_e+jX_e \tag{8.9}$$

在工作频率比较低的情况下，$X_L\to 0$，$R_e\to 0$，$X_e\to X_L$。在工作频率比较高的情况下，$X_L\to\infty$（非常大），$R_e\to R_P$，$X_e\to 0$（非常小）。

可见，在低频段天线用感抗加载，用大感抗来补偿天线低频呈现的大容抗，在高频用电阻加载，由于使加载阻抗以上辐射体上的电流分布很小，因而使天线的有效长度减小。

图 8.23(b)是该天线仿真的 VSWR-f 特性曲线。由图可看出，在 30～530 MHz 频段，VSWR≤3.5；在 170～530 MHz 频段，VSWR≤20。表 8.7 是把该天线架高 3 m，在 3 m×3 m 金属地面上相对 $\lambda/4$ 长单极子的实测增益。

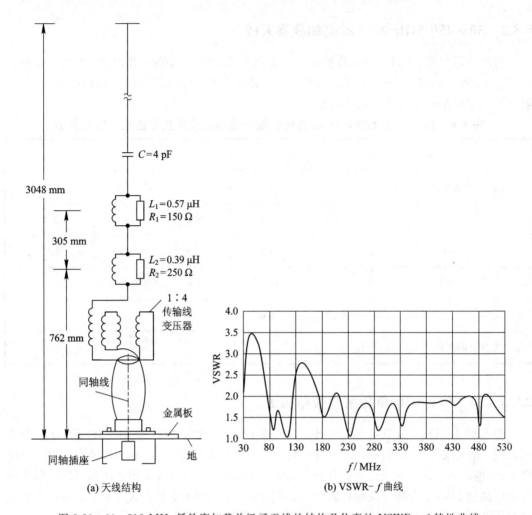

(a) 天线结构　　　　　　　　　　(b) VSWR-f 曲线

图 8.23　30～512 MHz 低轮廓加载单极子天线的结构及仿真的 VSWR-f 特性曲线

表 8.7　30～512 MHz 低轮廓加载单极子相对 λ/4 单极子的实测增益

f/MHz	30	40	50	60	70	80	90	100	110	120	130	140	150
G/dBi	−6.31	−5.21	−4.69	−5.08	−4.27	−2.62	−4.65	−6.26	−4.78	−3.26	−2.54	−3.16	−3.55
f/MHz	160	170	180	190	200	210	220	230	240	250	260	270	280
G/dBi	−4.75	−3.72	−4.18	−5.44	−3.98	−4.40	−4.36	−3.94	−4.15	−4.22	−3.43	−4.73	−3.49
f/MHz	290	300	310	320	330	340	350	360	370	380	390	400	410
G/dBi	−4.93	−6.08	−5.04	−7.19	−10.18	−3.51	−2.64	−1.52	−3.88	−3.11	−3.16	−3.62	−0.96
f/MHz	420	430	440	450	460	470	480	490	500	512			
G/dBi	−3.98	−6.05	−4.63	−2.79	−4.05	−3.06	−1.03	−4.04	0.53	−2.89			

8.8.4　9～60 MHz 坦克用 5 m 高加载鞭天线

图 8.24 是安装在坦克顶上的 9～60 MHz 高 5 m 的加载鞭天线及匹配网络。图中所示匹配网络的元件值及表 8.8 所列加载阻抗的元件值及位置均用最佳 GA 算法得出。

表 8.8　9～60 MHz 5 m 高车载鞭天线加载阻抗的元件值

加载数	到馈电点的距离/m	R/Ω	L/nH	C/pF
1	3.69	66.9	1830	103
2	3.61	356	150	107
3	3.31	168	695	49.1

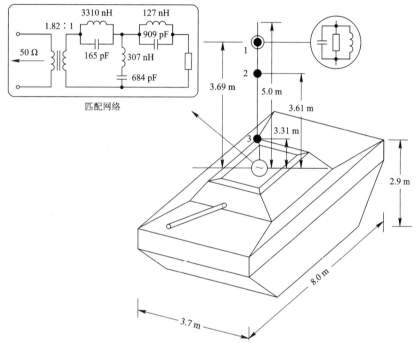

图 8.24　安装在坦克顶上的 9～60 MHz 高 5 m 的加载鞭天线及匹配网络

该天线在 9～60 MHz 频段仿真,增益为 3.5～9 dBi,VSWR≤2.4,带宽比为 6.67∶1。

8.9　专用背负电台天线和手持天线

8.9.1　背负电台天线使用注意事项

使用 20～50 W 背负式短波电台通信往往效果欠佳,造成的原因可能有以下几点:

(1) 小功率电台发射的信号弱,与大功率电台相比,无疑难接收。

(2) 背负式电台采用电池供电,当电池电量接近耗尽时,发射的信号必然很弱。

(3) 小功率背负式电台和车载电台主要配置 3～5 m 长的垂直鞭天线,和短波工作波长相比,由于天线的电长度短,所以在 30～640 km 的超视距通信中,这种天线的性能必然很差。

(4) 电台在战士背负使用过程中,由于电台通过人体与地产生电容耦合,电台几乎所有的输出功率会被损耗很大的地面吸收,因而使电台的性能变差。

改进办法如下:

(1) 只要有可能,就要检查电池充电是否良好;如果电量不足,有条件就要充电,以确保电台处于最佳发射状态。

（2）使鞭天线倾斜，利用近垂直入射天波（NVIS）传播模式。

（3）超视距通信时，需更换天线，采用水平天线并且利用 NVIS 模式。

如果条件允许，则把电台放在地上；为进一步改善通信效果，可采用以下措施：

（1）在电台的下方铺设 X 形地网，并用导线把电台的接地线与 X 形地线的交点相连。

（2）加长天线。在平原地，则把平行地面加长的金属线一端与天线相连，另一端固定在木杆上；在丛林，则把加长金属线的另一端斜拉在树的上方；在野外宿营地，为了安全和隐蔽，则把 9～15 m 长的导线水平挂在离地高 1.5 m 帐篷的木柱上，如图 8.25 所示。

电台在背负使用状态下，在电台的接地端连接两根 1.2 m 长的多股铜线，另一端自由下垂，其作用相当于地网。

对使用如图 8.26 所示环天线的背负电台，战术使用的垂直环天线的尺寸一般为 2 m×1 m；在夜间，由于使用频率降低，为了提高天线的效率，可以附加由铝管构成的 3 m×2 m 大垂直环天线。

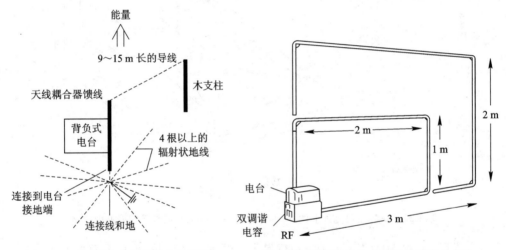

图 8.25　地面背负台天线的安装架设　　　图 8.26　提高背负电台环天线效率的方法

8.9.2　几种实用背负电台天线和手持天线

1. 2.4 m 短波背负鞭天线

陕西海通用可折叠的 7 节不锈钢管、蛇形软管加两端接头构成的变向器和由黄铜制成带锁定内齿的同轴插头构成的 2.4 m 短波背负鞭天线，主要配套短波背负电台使用。该天线具有频带宽，重量轻，携带方便，可任意变换方向，保障天线遇到障碍物（如树枝）时能顺利摆脱障碍物，可靠性高，便于维修等特点，特别适合野战环境下使用。

该天线的主要战技指标如下：

（1）工作频率：2～30 MHz。

（2）极化方式：垂直。

（3）阻抗特性：50 Ω。

（4）功率容量：10 W。

（5）接口：BNC-J。

（6）外形尺寸：$\phi 26$ mm×(2400±20)mm(长)。

（7）收藏尺寸：≤400 mm。

（8）重量：≤800 g。

（9）外观颜色：无光褐绿。

（10）防水性：可在 1 m 深水中浸泡 2 小时，保持无渗水。

2. 2.4 m VHF 背负鞭天线

陕西海通用 7 节不锈钢管制成 2.4 m 高可折叠 VHF 背负鞭天线。为了实现宽频带，用 LC 元件构成低耗匹配网络；为了保障天线遇到障碍物(如树枝等)时能顺利摆脱，附加了由蛇形软管加两端接头构成能任意变换方向的变向器。该天线具有频带宽、重量轻、携带方便等优点，特别适合野战环境使用。

该天线的主要战技指标如下：

（1）工作频率：30～88 MHz。

（2）极化方式：垂直。

（3）阻抗特性：50 Ω。

（4）电压驻波比：≤4.5，95％频带≤3.5。

（5）功率容量：10 W。

（6）接口：BNC-J(带锁定内齿的同轴插头)。

（7）外形尺寸：$\phi 26$ mm×(2400±20)mm(长)。

（8）收藏尺寸：≤400 mm。

（9）重量：≤800 g。

（10）外观颜色：无光褐绿。

（11）防水性：可在 1 m 深水中浸泡 2 小时，保持无渗水。

3. 0.45 m VHF 手持鞭天线

陕西海通用钢丝弹簧外加耐高温橡胶套制成 0.45 m VHF 手持鞭天线。为了实现宽带，用 LC 元件构成低耗匹配网络。该天线具有尺寸小、频带宽、重量轻、携带方便等优点，特别适合野战环境使用。

该天线的主要战技指标如下：

（1）工作频率：30～88 MHz。

（2）极化方式：垂直。

（3）阻抗特性：50 Ω。

（4）电压驻波比：80％频段范围≤4.5。

（5）功率容量：5 W。

（6）接口：BNC-J(带锁定内齿的同轴插头)。

（7）外形尺寸：$\phi 26$ mm×(450±5)mm(长)。

（8）重量：≤200 g。

（9）外观颜色：黑色。

4. 1.5 m VHF 手持鞭天线

陕西海通用 7 节不锈钢管制成 1.5 m 高可折叠 VHF 手持鞭天线。为了实现宽频带，用 LC 元件构成宽带匹配网络；为了保障天线遇到障碍(如树枝等)时能顺利摆脱，附加了由蛇形软管加两端接头构成能任意变换方向的变向器。该天线具有频带宽、重量轻、携带方便等优点,特别适合野战环境使用。

该天线的主要战技指标如下:

(1) 工作频率:30～88 MHz。

(2) 极化方式:垂直。

(3) 阻抗特性:50 Ω。

(4) 电压驻波比:≤4.5,90％频带≤3.5。

(5) 功率容量:5 W。

(6) 外形尺寸:ϕ26 mm×(1500±20)mm(长)。

(7) 收藏尺寸:≤250 mm。

(8) 重量:≤300 g。

(9) 接口:BNC-J(带锁定内齿的同轴插头)。

(10) 外观颜色:无光褐绿

5. UHF 电小手持天线

图 8.27 是用厚 1.57 mm,ε_r=2.33 基板印刷制造,接收 UHF(470～860 MHz)数字电视广播使用的电小手持天线。由于采用了以下技术,因而实现了宽频带小尺寸(20 mm×50 mm)。

(1) 把位于基板正面的单极子折合。

(2) 在基板背面采用伸出地板的双寄生折合单元。

(3) 在双寄生单元合适位置用 L_1=120 nH、L_2=51 nH 电感加载。

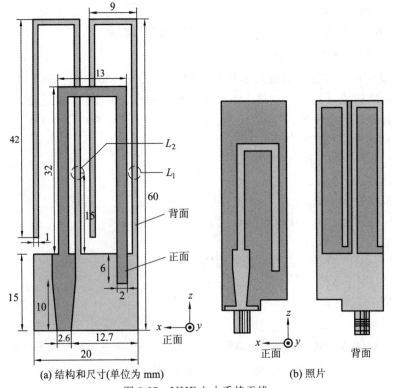

(a) 结构和尺寸(单位为 mm)　　　　　(b) 照片

图 8.27　UHF 电小手持天线

该天线在 $470 \sim 855$ MHz 频段实测 $S_{11} < -6$ dB(VSWR$=3$),相对带宽为 58%。在 500 MHz 和 800 MHz,实测垂直面为"8"字形方向图,水平面为全向,在 500 MHz 和 800 MHz实测天线效率分别为 92% 和 94%。相对最低工作频率的波长 λ_L,该天线的最大电尺寸为 $0.031\lambda_L \times 0.078\,\lambda_L$。

8.9.3 便携无线设备使用的差馈小天线

便携无线设备广泛使用差馈小天线。差馈(Differentially Fed)天线就是用平衡馈线馈电的天线。用平衡馈线馈电的天线容易与带芯片电路的收发设备集成。由于不需要巴伦或匹配电路,因而使天线尺寸更紧凑,生产成本更低。偶极子和环天线是便携无线设备最常用的差馈平衡天线,具有结构简单、低轮廓和容易制造等优点。

偶极子的长度通常为半波长。在 VHF 以下频段,由于尺寸太长,不适合便携式无线产品使用。图 8.28 给出了缩短尺寸的偶极子及环天线。由图可看出,有许多方法都可以减小偶极子和环天线的尺寸,但由于天线有效辐射面积减小,因而使天线的辐射效率大大降低。

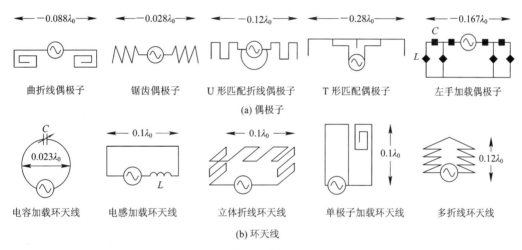

图 8.28 差馈小尺寸偶极子和环天线

8.10 移动用户使用的宽带低轮廓全向天线

许多移动无线通信系统,例如无人机、航空飞行器都希望使用重量轻、低轮廓宽带全向天线。实现的方法很多,例如采用平面倒 F 天线、变形单极子、偶极子和贴片等构成垂直极化全向天线;有些用户还需要使用由 $2 \sim 4$ 个并联水平偶极子、Alford 环天线构成的水平极化全向天线。

8.10.1 平面倒 F 天线

水平面方向图呈全向的垂直单极子特别适合移动用户使用。为实现高辐射效率,天线的高度应接近 $\lambda/4$。但对工作频率比较低的用户,由于天线的长度太长而无法使用,把单极子弯曲变成倒 L 形,虽能降低高度,但却会导致天线的辐射电阻也变低。在倒 L 形天线馈电点附近附加短路针能增加倒 L 形单极子的辐射电阻,短路针的作用相当于升阻变压器,可把天线的辐射电阻提高 4 倍，通常把这种天线称为倒 F 天线（IFA）。为了展宽倒 F 天线的阻抗带宽，可用金属板代替倒 F 天线的水平辐射线，如图 8.29（a）所示。对高 $0.03 \lambda_0$ 水平金属板宽度为 $0.15\lambda_0$ 的倒 F 天线（PIFA），相对带宽可以达到 10%。为了进一步展宽平面倒 F 天线的带宽，可采用以下方法：在辐射单元的末端容性加载和容性耦合馈电，如图 8.29（b）所示；附加短路寄生单元，如图 8.29（c）所示；在水平金属板上切割 L 形缝隙，如图 8.29（d）所示；在水平金属板上切割缝隙和附加金属条，如图 8.29（e）所示；还可以构成多频平面倒 F 天线。

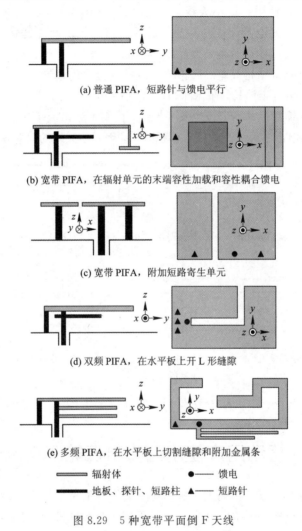

(a) 普通 PIFA，短路针与馈电平行

(b) 宽带 PIFA，在辐射单元的末端容性加载和容性耦合馈电

(c) 宽带 PIFA，附加短路寄生单元

(d) 双频 PIFA，在水平板上开 L 形缝隙

(e) 多频 PIFA，在水平板上切割缝隙和附加金属条

辐射体　　　　　　　● 馈电
地板、探针、短路柱　　▲ 短路针

图 8.29　5 种宽带平面倒 F 天线

8.10.2　变形单极子

1. 折叠圆锥螺旋天线

小电尺寸鞭天线的主要缺点是效率低。由于输入阻抗为小电阻，大容抗，因而频带窄，故难匹配已成为小电尺寸鞭天线的另外一个缺点。利用倒锥的宽带特性和螺旋鞭天线能降低谐振频率的特点，把多根折叠螺旋线绕成圆锥形，再把每根折叠圆锥螺旋线一根接地，另一根接馈电点，就构成了如图 8.30（a）、（b）所示的折叠圆锥螺旋天线。折叠圆锥螺旋天

线虽为小电尺寸鞭天线，但由于采用本身就具有宽带特性的圆锥螺旋线结构，再加上把螺旋线折叠，既提高了输入电阻，又用螺旋降低了谐振频率，所以不用介质和集中元件加载，就能使天线宽带匹配，又具有比较高的辐射效率。

当 f_0＝110 MHz 时，用 16 根间距为 6.3 mm，每根 610 mm 长折叠线绕成的圆锥螺旋天线的尺寸为：锥角 α＝74.6°，高 H＝241 mm，最大直径 ϕ＝368 mm，斜高 L＝303 mm，绕角 ＝344°，接地板的尺寸为 2 m×2 m。图 8.30(c)是该天线用不同馈线特性阻抗 Z_0 实测的 VSWR‑f 特性曲线。由图可看出，Z_0＝50 Ω，VSWR≤3 的频率范围为 102～122 MHz，相对带宽为 17.8％。在此频段，实测天线效率超过 90％，方向图类似单极子，水平面为全向，基本上为垂直极化(垂直极化比水平极化高 22 dB)，实测增益 4.7 dBi(含失配损耗)。

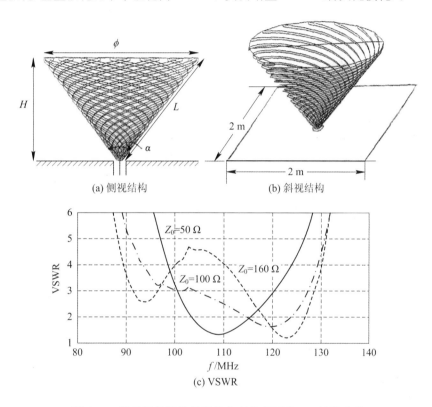

图 8.30　折叠圆锥螺旋天线及仿真的 VSWR‑f 特性曲线

2. 用顶板和中板加载构成的低轮廓单极子

受空间限制，机载全向天线常用金属板顶加载和用短路柱来降低单极子的高度，不仅高度要低，而且顶加载金属板的直径也要尽可能地小。图 8.31(a)、(b)是用顶板、中板加载构成的低轮廓单极子。为了进一步降低单极子的高度，用短路柱把顶板与地板短路。在 L 波段，天线的尺寸为：ϕ＝60.2 mm，ϕ_1＝52 mm，H_1＝8 mm，H_2＝6 mm，H_3＝2 mm，R＝180 mm。图 8.31(c)、(d)分别是该天线仿真和实测 S_{11} 及 G 的频率特性曲线。由图可看出，S_{11}＜−6 dB(VSWR＝3)的相对带宽为 17％。图 8.31(e)、(f)是该天线在 1.16～1.36 GHz实测垂直面和水平面方向图。由图可看出，垂直面方向图上翘，为了与地面通信，宜把天线安装在机翼的下方。该天线虽然 VSWR＝3 的带宽只有 17％，但相对最低工作频

率的波长 λ_L，天线的电高度只有 $0.03\lambda_L$，最大电直径为 $0.226\lambda_L$，在 $1.16\sim1.36$ GHz 频段内 $G_{min}=1$ dB。

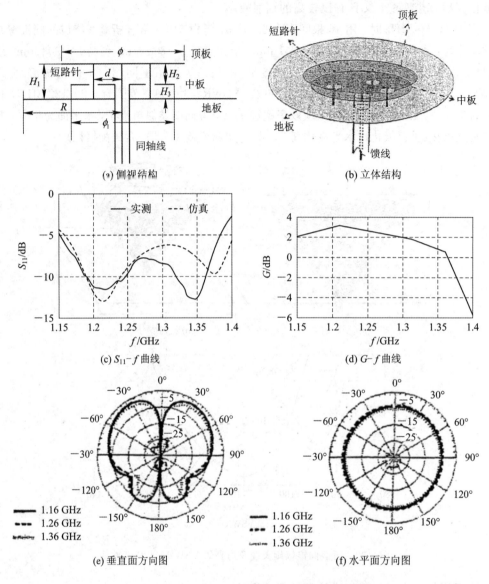

图 8.31　顶板和中板加载低轮廓单极子及主要电参数

3. 宽带低轮廓短路顶帽倒锥

图 8.32 是适合在 $800\sim2400$ MHz 使用的一种低轮廓短路顶帽倒锥，天线的具体尺寸和相对最低工作波长 $\lambda_L(\lambda_L=375$ mm$)$ 的电尺寸为：$DF=25.4$ mm$=0.0677\lambda_L$，$AC=45.77$ mm$=0.122\lambda_L$，4 根短路针到中心的距离为：$AD=AC+CD=65.2$ mm$=0.174\lambda_L$，$AE=AD+DE=68.34$ mm $=0.182\lambda_L$，顶帽的直径为 $0.364\lambda_L$，地板的直径为 $2\times AG=253.26$ mm$=0.675\lambda_L$，该天线实测 $S_{11}<-10$ dB 的频率范围为 $800\sim2400$ MHz，宽频比为 $3:1$，在阻抗带宽内，增益由 1 dB 线性增加到 9 dB。

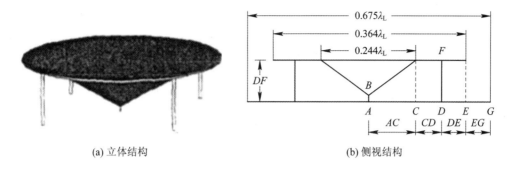

(a) 立体结构　　　　　　　　　　　　　　　　　　　　(b) 侧视结构

图 8.32　宽带低轮廓短路顶帽倒锥

4. 带双套筒的圆锥单极子

圆锥单极子为宽带天线。为了进一步扩展它的带宽，且实现低轮廓，除给圆锥单极子用短路圆贴片顶加载外，还附加了寄生圆环套筒和 4 个圆柱套筒，如图 8.33(a)、(b)所示。倒锥的半径为 R_3，圆贴片的半径为 R_1，高度为 H_1，4 个短路柱的半径为 R_2，圆环形套筒的半径为 R_C，高度为 H_C，宽为 W，4 个圆柱套筒的半径为 R_P，高度为 H_P。在 730～3880 MHz 频段天线的尺寸为：$R_1=65$ mm，$R_2=58$ mm，$R_3=53$ mm，$R_C=45$ mm，$R_P=56$ mm，$H_C=9$ mm，$H_P=14$ mm，$H_1=29$ mm，$W=2$ mm。该天线在 730～3880 MHz 频段实测 VSWR≤2，带宽比为 5.3∶1。相对最低工作频率 730 MHz 的波长 λ_L（$\lambda_L=411$ mm），天线的电高度为 $0.07\lambda_L$，最大电直径为 $0.27\lambda_L$，地板的电直径为 $0.73\lambda_L$。

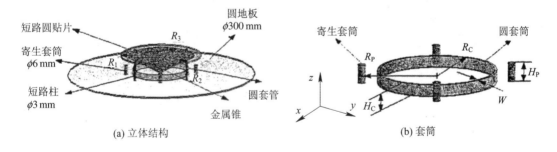

(a) 立体结构　　　　　　　　　　　　　　　　　　　　(b) 套筒

图 8.33　带双套筒和顶板的圆锥单极子

5. 背腔不突起倒帽单极子

在航空电子设备中，L 波段广泛用于距离测量设备、防交通碰撞系统(TCAS)、空中交通管制等方面。完成上述功能广泛采用 H 面呈全向方向图的垂直极化刀形单极子。由于天线伸出机舱，不仅会带来航空阻力，增加舱内的噪声，而且容易腐蚀损坏。与飞机骨架蒙皮复用的共形天线阵虽然不突起，但带宽太窄；环形缝隙为垂直极化低轮廓全向天线，但带宽太窄，不仅如此，设计匹配网络也很麻烦。采用图 8.34 所示的背腔不突起倒帽单极子(IHA)，不仅不突起，在 960～1220 MHz 频段还能满足距离测量设备的要求，该天线只有 70 mm 高。由图可看出，倒帽单极子由 3 部分椭圆组成，具体尺寸为：$a_{mz}=2.2$ mm，$a_{my}=4.8$ mm，$a_{uy}=4.4$ mm。该天线实测 $S_{11}<-15$ dB 的相对带宽为 31%，$\theta=90°$ 倒帽单极子的增益比单极子低 1 dB，但在 $\theta=110°$～$180°$ 角域内，倒帽单极子的增益均高于单极子。

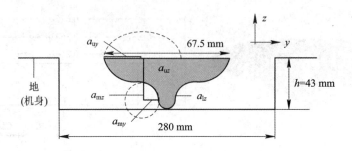

图 8.34　背腔不突起倒帽单极子

6. 折叠 UWB 单极子

图 8.35 是宽带比为 3.4 : 1 的折叠 UWB 单极子。在 3.1～10.6 GHz 频段，$S_{11} <$ 10 dB 时的尺寸为：$H = 25$ mm，$W_1 = 7.5$ mm，$W_2 = 2.5$ mm，$R = 12.5$ mm，$R_1 = R_2 = 3.5$ mm，$R_3 = 7.5$ mm，$S = 0.5$ mm。该天线在阻抗带宽内实测 $G = 2\sim5$ dBi，在 2.58 : 1 的带宽比内，不仅水平面全向方向图好，而且垂直面最大波束也指向水平面。

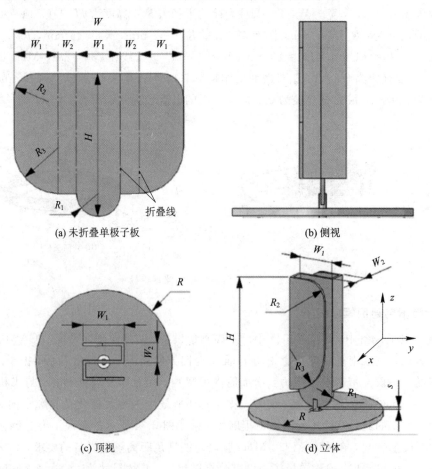

(a) 未折叠单极子板　　　　(b) 侧视

(c) 顶视　　　　(d) 立体

图 8.35　UWB 折叠单极子

7. 共面波导馈电 UWB 单极子

图 8.36 是 UWB 共面波导馈电单极子，在 3.1～11 GHz 频段实测 $S_{11}<-10$ dB，能实现 UWB，主要是由于使用了带寄生单元和带缝隙的单极子。该天线在 3～8 GHz 频段实测垂直面为"8"字形方向图，水平面呈全向。

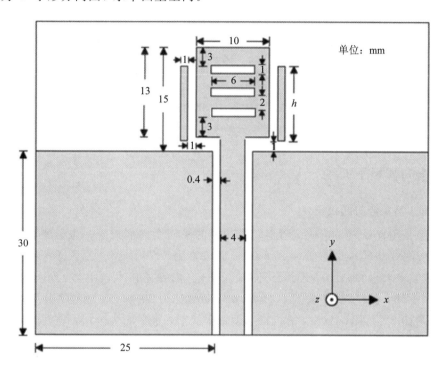

图 8.36　共面波导馈电 UWB 单极子

8. UWB 椭圆单极子

图 8.37(a)是用 1.5 mm 厚，$\varepsilon_r=3.48$ 的基板制成的超宽带单极子。由于采用椭圆单极子、梯形地、渐变微带线变换段和半环馈电 4 个技术，所以在 25∶1 的带宽比内使 VSWR≤2.0。在 1.08～27.4 GHz，天线的尺寸为：$D_{max}=124$ mm，$D_{min}=10$ mm，$H=65$ mm，$t=3$ mm，$d=4$ mm，$a=110$ mm，$b=50$ mm，$L=120$ mm，$W_{top}=0.7$ mm，$W_{bot}=3.6$ mm。

用渐变微带线把 50 Ω 阻抗变换成椭圆单极子的 110 Ω，梯形地也是天线阻抗匹配的一部分。该天线在 1.08～27.4 GHz 频段实测 VSWR≤2.0，在 1.08～5 GHz 频段水平面方向图呈全向，但 $f>5$ GHz；由于高次模的影响，水平面和垂直面方向图起伏变化，在阻抗频段内实测增益如表 8.9 所示。

表 8.9　椭圆单极子在不同频率实测的增益

F/GHz	1.5	5	10	15	20
G/dBi	0.2	5.9	6.2	4.3	3.8

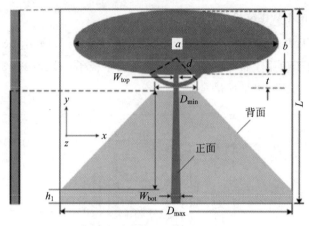

图 8.37　UWB椭圆单极子

8.10.3　全向偶极子天线

1. 平面 UWB 全向偶极子

图 8.38 是用直径为 540 mm 圆金属片构成的平面全向偶极子。为了展宽带宽，把图 8.38(a)变成图 8.38(b)，仅在 0.2～0.6 GHz 频段实测 VSWR≤2，为了进一步展宽阻抗带宽，再变成图 8.38(c)那样，该天线用同轴线馈电（内导体接上辐射体，外导体接下辐射体），在 0.2～10 GHz 实测频段 S_{11}＜－10 dB，带宽比为 50∶1。G 随频率升高，由 2 dB 变到 10 dB，在 0.2～1 GHz 频段，方向图与偶极子类似，水平面为全向，垂直面为"8"字形，但 2～10 GHz 频段方向图起伏变化，水平面不再呈全向。与 0.2 GHz $\lambda/2$ 长偶极子相比，该天线长度缩短了 22.8%。

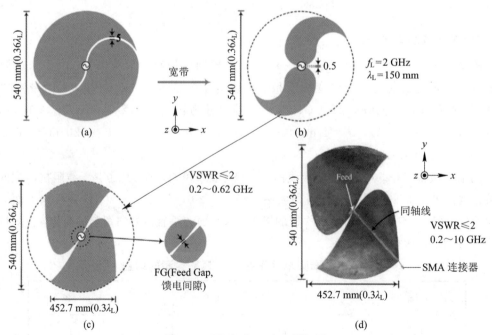

图 8.38　平面 UWB 全向偶极子

2. UWB 全向笼形偶极子

用金属线制成的全向笼形偶极子,具有重量轻、风阻小、成本低、结构简单等优点。图 8.39(a)、(b)是用 2 mm 粗金属线制造的 0.45～28.4 GHz(带宽比为 63:1)UWB 全向笼形偶极子。相对最低工作频率 $f_L = 450$ MHz($\lambda_L = 666.7$ mm),天线的电高度为 $0.2445\lambda_L$,电直径为 $0.24\lambda_L$。由图可看出,偶极子的上下臂近似对称,每部分都是由半径为 80 mm,在中心交叉在一起的 4 个半圆金属线构成的。在每根闭合金属线上连接了两根 68 mm 长,距中心 40 mm 的垂直金属线。把同轴线的内导体与笼形偶极子上辐射臂的底端相连,同轴线的外导体与笼形偶极子下辐射臂的顶端相连。馈电区的形状及上下辐射体的间隙 g 对天线的 VSWR 影响很大,图 8.39(c)把馈电区的结构为球冠、圆柱和圆锥三种情况下笼形偶极子的 S_{11} 频率特性曲线做了比较,馈电区为球冠结构在频段内 S_{11} 频率特性曲线好,特别是高频段最好。间隙 $g = 0.8$ mm 馈电区为球冠结构偶极子在 $0.45～28.5$ GHz 频段实测 VSWR≤2。在 18.3:1 的带宽比内,H 面(水平面)基本为全向。

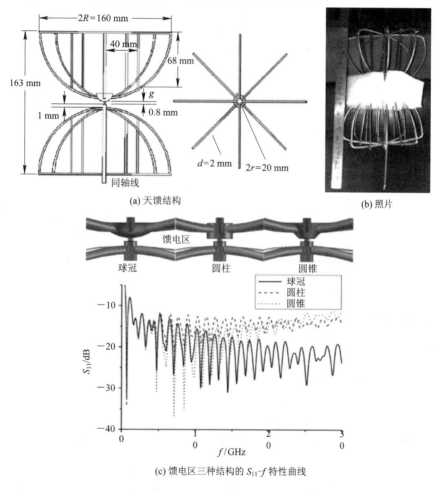

(a) 天馈结构　　　　　　　　(b) 照片

(c) 馈电区三种结构的 S_{11}-f 特性曲线

图 8.39　UWB 笼形偶极子及电性能

3. UWB 平面印刷不对称垂直偶极子

图 8.40(a)是由平面印刷不对称垂直偶极子构成的超宽带全向天线的结构及尺寸。

图 8.40(b)、(c)分别是该天线仿真和实测的 S_{11} 和增益的频率特性曲线。由图可看出，在 $3\sim50$ GHz 频段 S_{11} 几乎小于 -10 dB，带宽比为 $16.67:1$；在 $3\sim11$ GHz 频段，$G=1.5\sim5.5$ dBi，垂直面方向图为"8"字形，水平面呈全向。

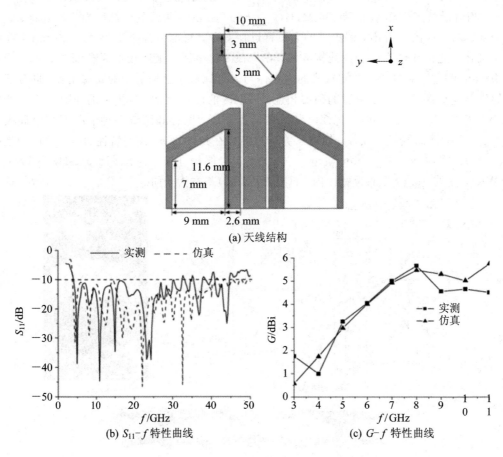

(a) 天线结构

(b) S_{11}-f 特性曲线　　　(c) G-f 特性曲线

图 8.40　UWB 平面印刷不对称垂直偶极子及电性能

8.10.4　超宽带垂直极化全向天线

1. 超宽带垂直极化全向天线

在 HF、VHF 和 UHF 频段，专用通信广泛使用鞭状天线。但鞭状天线不仅高度高，而且频带窄。现代专用通信天线都希望使用小尺寸 UWB 全向天线。图 8.41 是由上下两个弯曲成菱形三维并联半环构成的低轮廓垂直极化全向天线。在两个三维半环并联点馈电，两维半环的另一端与地板短路，为了降低工作频率，大小并联半环均用顶帽（平面金属板）加载。为了实现低轮廓，把小并联半环部分伸进大并联半环中。位于直径 700 mm 圆形地板上的加载顶帽，其大小并联半环的外形尺寸分别为 121 mm×121 mm×18 mm 和 40 mm×40 mm×9 mm，其最低和最高工作频率分别为 0.6 GHz 和 2.0 GHz。天线的具体尺寸为：$L_1=L_2=30.2$ mm，$L_3=15.1$ mm，$L_4=4.5$ mm，$L_5=109$ mm，$L_6=36.3$ mm，$d=6$ mm，$W=L=121$ mm。为了在 8.5：1(0.66~5.6 GHz)带宽比内具有全向水平面方向图，由于大、小顶帽加载半环天线分别工作在低频段和高频段，所以分别用同轴线给它们馈电，再通过如图 8.42 所示的由高低通滤波器构成的双工器合成一路。由图 8.41(d)可看出，把通过大半环板上偏离中心直径为 8.4 mm 孔的半硬同轴线的内导体与并联小半环相连，同轴线的外导体与大并联半环天线的顶帽和地板相连，给小并联半环天线馈电。小天线的同轴馈线虽然位于大天线的近区，但对大天线的性能影响不大，这是因为这根电缆位于大天线电场为零的区域内，但毕竟靠近大天线的馈电区会对大天线的 VSWR 有一定影响，为此在大天线的末端串联了 $C_m = 4.4$ pF 的电容来改善对 VSWR 的影响。图 8.42(b)所示 $0.6 \sim 2.0$ GHz 低通滤波器(LPF)的元件值为：$L_1 = 3.3$ nH，$C_1 = 1.0$ pF；图 8.42(c)所示 $2 \sim 2.65$ GHz 高通滤波器(HPF)的元件值为：$L_1' = 1.6$ nH，$C_1' = 0.7$ pF。

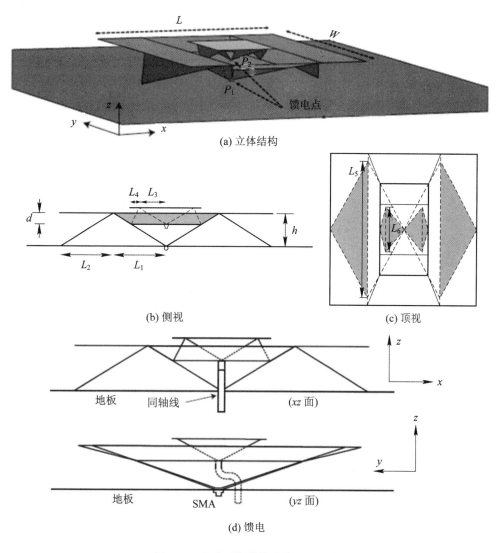

(a) 立体结构

(b) 侧视

(c) 顶视

(d) 馈电

图 8.41 大小顶加载并联菱形环天线

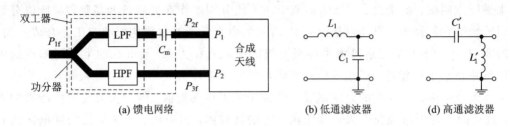

图 8.42　由高低通滤波器构成的馈电网络

2. 有类似单极子辐射特性的 UWB 垂直极化天线

图 8.43(a)是由上宽为 W_1、下宽为 W_2、高为 H_1 的平面三角形单极子，相距 H_3、边长为 D 的双顶帽，两个宽为 W_2、斜高为 H_2 的短路金属带，以及地板上位于单极子馈电点周围、宽为 W_4 的矩形环形缝隙构成的有类似单极子辐射特性的 UWB 垂直极化天线。

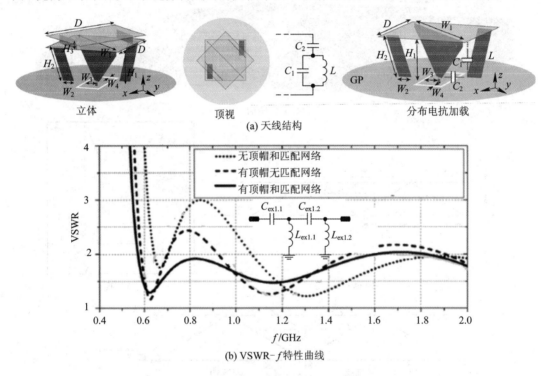

(a) 天线结构

(b) VSWR-f 特性曲线

图 8.43　UWB 垂直极化天线及 VSWR-f 特性曲线

在 $600\sim3200$ MHz 频段，天线的具体尺寸和相对最低频率之波长 λ_L 的电尺寸为：$W_1=84.8$ mm$(0.169\lambda_L)$，$W_2=12$ mm$(0.024\lambda_L)$，$W_3=16.3$ m$(0.0326\lambda_L)$，$W_4=2.3$ mm$(0.0046\lambda_L)$，$H_1=33.3$ mm$(0.0666\lambda_L)$，$H_2=41.99$ mm$(0.0838\lambda_L)$，$H_3=9.2$ mm$(0.0189\lambda_L)$，$d=66.9$ mm$(0.0133\lambda_L)$，天线总高 $=H_3+H_4=0.085\lambda_L$，长×宽 $=0.189\lambda_L\times0.189\lambda_L$。

由于采用了由顶板与地板之间的分布电容 C_1、短路金属带构成的电感 L 和地板上矩形环形缝隙构成的分布电容 C_2 组成的串并联谐振电路，因而扩展了平面三角形单极子的阻抗带宽。为了进一步展宽该天线的阻抗带宽，还附加了 4 单元匹配网络(参看图 8.43(b))，匹配网络元件的具体值为：$L_{ex1.1}=14$ nH，$L_{ex1.2}=36$ nH，$C_{ex1.1}=C_{ex1.2}=9$ pF。图 8.43(b)是把有和无顶帽及有无匹配网络的平面三角形单极子 VSWR 的频率特性做了比较。由图可看出，附加了顶帽和匹配网络之后，在 0.6～4 GHz，VSWR≤2.2，带宽比为 6.6∶1。该天线实测增益、效率和方向图的特性为：低频段平均增益为 3 dBi，效率为 60％；高频段 $G=5$～9 dBi，平均效率为70％。水平面方向图呈全向，垂直面方向图为"8"字形，但最大波束偏离水平面。

8.10.5　由贴片构成的全向天线阵

在空间应用方面，例如无线电导航、导弹控制、遥测卫星、机场控制飞机等，多用安装在圆柱体表面能产生全向方向图的矩形贴片天线阵。安装在半径为 a 的圆柱体表面的矩形贴片，可以是如图 8.44(a)所示的垂直极化，也可以是如图 8.44(b)所示的水平极化。图8.44(c)是 6 元并联垂直极化矩形贴片天线阵及在直径 $2a=0.5$ m 的圆柱体表面实测 $f=2.225$、2.275 和 2.325 GHz 时的水平面方向图。

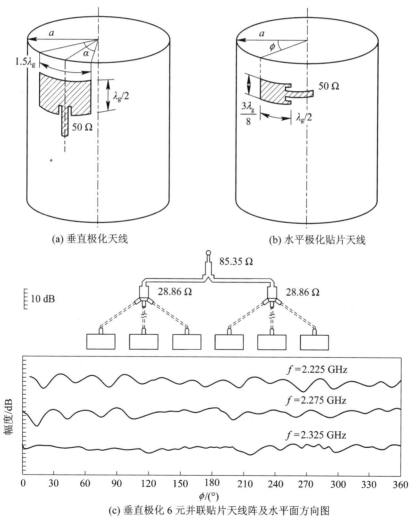

(a) 垂直极化天线　　　　　　　　　　(b) 水平极化贴片天线

(c) 垂直极化 6 元并联贴片天线阵及水平面方向图

图 8.44　矩形贴片天线、垂直极化 6 元并联贴片天线阵及水平面方向图

8.11　水平极化全向天线

用两个或 4 个并联圆弧形偶极子可以构成水平极化全向天线，也可以用 Alford 环天线构成水平极化全向天线，下面详细介绍 6 种构成方法。

1. 用两个并联十字形圆弧形偶极子构成水平极化全向天线

图 8.45 是用厚 1 mm FR4 基板印刷制造的 2.4 GHz，由两个并联十字形圆弧形偶极子构成的水平极化全向天线。天线的尺寸为：$L_p = 13.8$ mm，$\alpha = 38.6°$，$\Delta\alpha = 5.6°$，$P_o = 1.5$ mm，$L_f = 1.7$ mm，$W_p = 0.9$ mm，$L_1 = 32$ mm。该天线用同轴线馈电，为遏制同轴线外导体上的电流，可以在同轴线外导体上套磁环，或采用分支导体型巴伦。该天线实测 $S_{11} < -10$ dB 的频率范围为 2.26~2.53 GHz，相对带宽为 11%，在阻抗带宽内，实测增益为 1.1~1.7 dBi，在 2.37~2.45 GHz 频段实测水平面方向图为全向，圆度稍差。

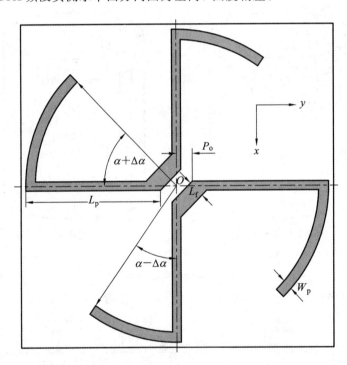

图 8.45　并联十字形圆弧形水平极化偶极子

2. 用 3 个 $\lambda_0/2$ 长圆弧形偶极子构成水平极化全向天线

图 8.46(a) 是位于直径为 $0.56\lambda_0$ 圆周上，用矩形金属管制成的由 3 个并联 $\lambda_0/2$ 长圆弧形偶极子构成的水平极化全向天线。每个 $\lambda_0/2$ 长偶极子均用 3 线巴伦馈电；3 线巴伦与中心支撑管相连，其中两侧的两根矩形金属管与偶极子两个臂相连，它既是巴伦的一部分，又起到支持天线的作用。3 线巴伦中间的金属棒，一端与左边（也可以是右边）的偶极子的一臂相连，另一端与中心作为同轴传输线的内导体相连。图 8.46(b) 是工作频率为 1 GHz 左右，由矩形金属管制成的 3 个圆弧形偶极子构成的水平极化全向天线的正视平面尺寸图。

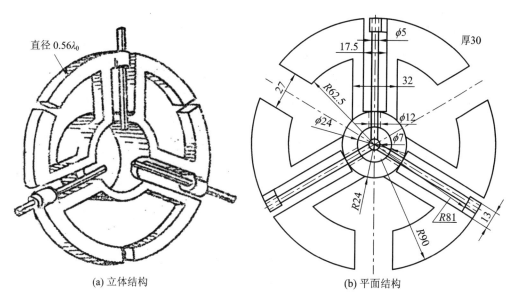

图 8.46 由 3 个并联 $\lambda_0/2$ 长圆弧形偶极子构成的水平极化全向天线(单位:mm)

通过调整偶极子的长度来控制天线的输入阻抗。为了实现高增益,把多单元用同轴线并联共线组阵,在 10% 的相对带宽内,VSWR≤1.4。该天线具有全向性好、频带宽、效率高、结构强度高等优点,特别适合作为双极化全向天线中的水平极化全向天线。

3. 用双金属圆板和并联 4 个圆弧形偶极子构成水平极化全向天线

图 8.47(a)、(b)是用直径为 $0.855\lambda_0$ 的上下金属圆板和中间由 4 个并联印刷圆弧形偶极子构成的水平极化全向天线。用平行双微带线给微带偶极子反相馈电(差馈)来改善天线的交叉极化性能。用顶和底双金属板的好处是可通过调整它们的大小来改变天线最大波束的指向。中心设计频率 $f_0=2.85$ GHz($\lambda_0=105$ mm),上下金属圆板的直径均为 90 mm,最大波束位于水平面;如果上金属圆板的直径仍然为 90 mm,下金属圆板直径为 200 mm,

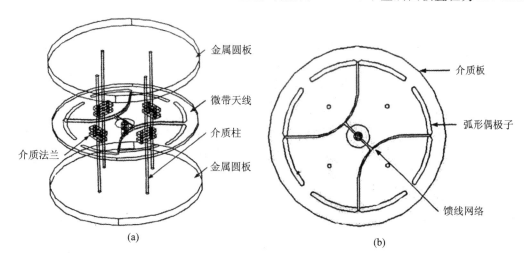

图 8.47 由带双金属圆板和并联 4 个圆弧形偶极子构成的水平极化全向天线

则天线的最大波束指向 60°仰角。在上下金属圆板直径均为 90 mm 的情况下，该天线在 2.7～3 GHz 频段实测垂直面方向图呈"8"字形，水平面呈全向，圆度小于 2 dB。

4. 用 4 个寄生金属带和 4 个带缺口圆弧形偶极子构成水平极化全向天线

图 8.48(a)是由 4 个寄生金属带和 4 个带缺口圆弧形偶极子构成的 1.76～2.68 GHz 水平极化全向天线。该天线用与中心半径为 R_2 圆金属片相连的 4 个径向渐变双线微带线馈电，图 8.48(b)为具有与顶面相同结构尺寸的地板。把半径为 R_3 的中心圆金属片与同轴线的内导体及顶面圆金属片相连，同轴线外导体与底面圆金属片相连。采用寄生金属带和让偶极子带有缺口，都是为了展宽天线的阻抗带宽。经过仿真优化，天线的尺寸为：$R_1=50$ mm，$L_1=23.5$ mm，$R_2=3$ mm，$R_3=10.6$ mm，$W_1=5.75$ mm，$W_2=2.75$ mm，$W_3=2$ mm，$W_4=1.45$ mm，$W_5=0.5$ mm，$A=3.4°$，$B=43.2°$，$C=46.7°$，$D=22°$。该天线主要实测电参数如下：

(1) 在 1.76～2.68 GHz 频段，实测 $S_{11}<-10$ dB，相对带宽为 41%。

(2) 水平面方向图呈全向。

(3) 在阻抗频带内，E 面和 H 面交叉极化电平均低于 -15 dB。

(4) 在 1.75、2 和 2.5 GHz，实测增益分别为 3.6、4 和 4.2 dBi。

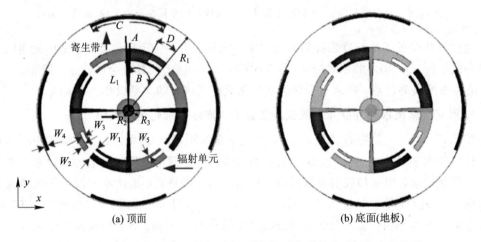

图 8.48　由寄生金属带和带缺口圆弧形偶极子构成的水平极化全向天线

5. 用 Alford 环天线构成水平极化全向天线

图 8.49 是由 Alford 环天线构成的双频水平极化全向天线，其中图 8.49(a)、(b)分别是顶面和底面双频 Alford 环天线的结构及电流分布，图 8.49(c)是组合天线的结构及电流分布。在基板正面和背面，由 8 个位于不同半径 r_1 和 r_2 外向翼上，两个反向流动的环流产生了两个不同频率的全向辐射场。用 $\varepsilon_r=2.2$、厚 1.57 mm 基板构成的 $f_1=2.45$ GHz 和 $f_2=3.9$ GHz双频水平极化全向 Alford 环天线的尺寸为：$L_1=19.0$ mm，$L_2=8.4$ mm，$r_1=23.7$ mm，$r_2=10.8$ mm，$W=1.9$ mm，$t_1=0.4$ mm，$t_2=0.0$ mm。翼的长度 L_1 和 L_2 决定了谐振频率，翼的宽度 W 对谐振频率影响不大，但用最佳宽度而不用匹配电路和寄生单元就能实现良好的匹配。调整翼末端支节的长度 t_1 和 t_2，还可以实现更好的全向性。

该天线在 2.45 GHz 和 3.9 GHz 时，实测 S_{11} 分别为 -18 dB 和 -19 dB；在 2.45 GHz 和 3.9 GHz 时，实测增益分别为 1.7 dBi 和 1.2 dBi；水平面方向图呈全向，垂直面呈"8"字形，极化纯度约 18 dB。

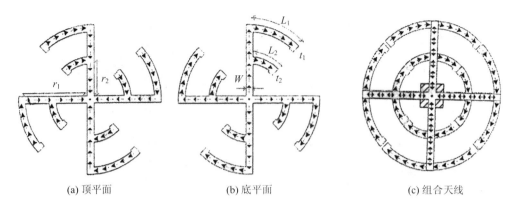

| (a) 顶平面 | (b) 底平面 | (c) 组合天线 |

图 8.49　双频 Alford 环天线的结构及电流分布

6. VHF 水平极化全向大功率发射天线

图 8.50(a)是 174～222 MHz，中心工作频率 $f_0=198$ MHz($\lambda_0=1515$ mm)，相对带宽为 24.2% 水平极化全向大功率发射天线的辐射单元结构。由图可看出，把用平衡双导线并联馈电的两个平行全波长弯曲偶极子作为辐射单元，固定在既作为天线支撑结构，又作为天线反射器使用的圆柱形金属支撑管上。在全波长偶极子两个臂的电压波节点，把金属管固定在圆柱形金属支撑管上，使天线直流接地，起到防雷的作用。在两个全波长偶极子并联馈电的中心，把带巴伦同轴线的内外导体与 F 和 F′ 相连给全波长偶极子馈电。

为了实现宽频带，采用 $\phi=60$ mm 的金属管制作全波偶极子的辐射臂，由于使用了直径比较粗的辐射单元，所以波长缩短比较大，全波长偶极子的长度 $2L=1122$ mm($0.74\lambda_0$)，单元间距 $d=835$ mm($0.55\lambda_0$)。具有上述尺寸辐射单元的电参数如下：

(1) 频率范围：174～222 MHz。

(2) G：约 5 dBi。

(3) 承受功率：$P=2$ kW。

(4) 输入阻抗：60 Ω。

(5) VSWR：<1.1∶1。

由于把圆柱形金属支撑管作为天线的反射器使用，所以必须用外直径为 762 mm 粗的金属管支撑整个天线。为了实现水平面全向方向图，每层采用间隔 120° 的 3 个基本辐射单元。为了实现高增益，在垂直面采用多个全向辐射单元组阵。图 8.50(b)是两层水平极化全向天线阵的照片。为了使全向水平面方向图的圆度在 ±2 dB 以内，除每层按 120° 间距配置辐射单元外，在相邻 1 层，应在方位面错开 60° 配置 3 个辐射单元，如图 8.50(c)所示。例如，在 1 层，把 3 个辐射单元配置在 0°、120° 和 240° 的圆周上；在 2 层，相对 1 层要错开 60°，即把 3 个辐射单元配置在 60°、180° 和 300° 的圆周上。

也可以用多层构成水平极化全向天线阵。图 8.50(d)是 8、9、10 层水平极化全向天线阵增益的频率特性曲线。采用同轴线并联馈电方式，即把每层输入阻抗为 60 Ω 的 3 根同轴线并联变成 20 Ω，由于要实现宽带匹配，用两节 $\lambda/4$ 阻抗变换段变为 100 Ω，再把 1、2 层并联变成 50 Ω，依照同样的办法，把 3、4 层并联变成 50 Ω，再把 1、2 和 3、4 层并联，变成 25 Ω，最后再用两级 $\lambda/4$ 阻抗变换段变成 50 Ω。8 层和 10 层水平极化全向天线阵的主要电气和机械参数如表 8.10 所示。

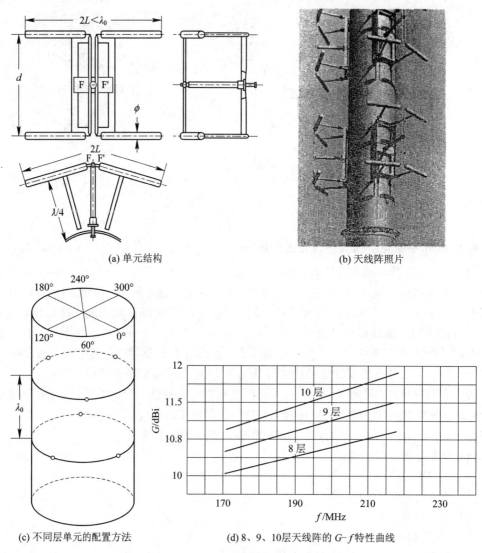

(a) 单元结构　　　　　　　　　　(b) 天线阵照片

(c) 不同层单元的配置方法　　　(d) 8、9、10层天线阵的 $G-f$ 特性曲线

图 8.50　VHF 水平极化全向天线及天线阵

表 8.10　8 层和 10 层水平极化全向天线的电参数

参　　　数	8 层	10 层
G/dBi	10~11	11~11.8
承受功率/kW	12	12
输入阻抗/Ω	50	50
VSWR	1.05：1	1.05：1
支撑金属管的高度/m	14.7	18.6
支撑金属管的外径/mm	762	762

如果要求波束下倾，应采用不等功率分配及改变馈电电缆长度，实现不同相位的馈电方法。

参 考 文 献

[1]　BOSWELL A，TYLER A J，WHITE A. Performance of a small loop antenna in the 3 - 10 MHz band. IEEE Antenna Propag Magazine，2005，47，(2)：51 - 55.

[2]　ZHANG C H，et al. An UHF tree-like biconical antenna with both conical and horizontal omnidirectional radiations. IEEE Antennas and Wireless Propag Lett，2015，14：187 - 189.

[3]　RASLAN A R，et al. N-Internal port design for wideband electrically small antennas with application for UHF band. IEEE Trans Antennas Propag，2013，61 (9)：4431 - 4437.

[4]　DOBBINS J A，ROGERS R L. Folded conical helix antenna. IEEE Trans Antennas Propag，2001，49(12)：1777 - 1781.

[5]　AKHOONDZADEH-ASL L，et al. Novel low profile wideband monopole antenna for avionics applications.IEEE Trans Antennas Propag，2013，61(11)：5766 - 5770.

[6]　ZHANG Z Y，et al. A wideband dual-sleeve monopole antenna for indoor base station application. IEEE Antennas Wireless Propag Lett 2011，10：45 - 48.

[7]　RUFAIL L，LAURIN J J，Aircraft cavity-backed nonprotruding wideband antenna. IEEE Antennas Wireless Propag Lett，2012，10：1108 - 1111.

[8]　TENI G，et al. Research on a novel folded monopole with ultrawideband bandwidth. IEEE Antennas Wireless Propag Lett，2014，13：802 - 804.

[9]　CHUNG K，YUN T，CHOI J. Wideband CPW-fed monopole antenna with parasitic elements and slots. ELECTRONICS LETT，2004，40(17)：1038 - 1040.

[10]　LIU J J，et al.Achieving ratio bandwidth of 25：1 from a printed antenna using a tapered semi-ring feed. IEEE Antennas Wireless Propag Lett，2011，10：1333 - 1336.

[11]　JUNG T H，et al. Ultrawideband planar dipole antenna with a modi fied taegeuk structure. IEEE Antennas Wireless Propag Lett，2015，14：194 - 197.

[12]　YANG Z，et al. Design of a novel ultrawideband wire antenna with enhanced bandwidth. IEEE Trans. Antennas Propag，2012，11(9)：624 - 627.

[13]　GHAEMI K，BEHDAD N. A low-profile vertically-polarized ultra-wideband antenna with monopole-like radiation characteristics.IEEE Trans Antennas Propag，2015，63(8)：3699 - 3704.

[14]　MOHAMAD S，et al. An electrically small vertically polarized ultrawideband antenna with monopole-like radiation characteristics.IEEE Trans Antennas Propag，2014，13：742 - 745.

[15]　PAN G P，et al.Isotropic radiation from a compact planar antenna using two crossed dipoles. IEEE Antennas Wireless Propag Lett，2012，11：1338 - 1341.

[16]　高国明，等，一种双金属板加载的水平极化全向天线. RADAR & ECM，2012，32(1)：33 - 35.

第 9 章　盘锥天线和全向宽带盘笼天线

9.1　盘锥天线

9.1.1　概述

盘锥天线是用同轴线直接馈电的垂直极化宽带全向天线，其最大的特点是结构简单和频宽带。图 9.1 是盘锥天线的结构。盘锥天线主要由直径为 D 的盘和斜高为 L、锥角为 ϕ 的锥组成。锥的最小和最大直径分别为 W 和 W_2，盘与直径为 W 的锥间隙为 S。同轴线的内导体与盘相连，同轴线的外导体与直径为 W 的锥相连。

大锥角 $\phi(\phi \geqslant 60°)$ 盘锥天线，在 $L \geqslant \lambda/4$ 以上频率，VSWR 的频率特性都相当好，即具有高通滤波特性。盘锥天线的方向图的特点如下：

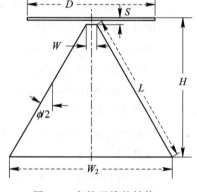

图 9.1　盘锥天线的结构

（1）H 面与锥角无关。

（2）当 $f=f_0$ 时，E 面与振子相同，与锥角几乎无关。

（3）当 $f>f_0$ 时，随频率增加，E 面最大辐射方向偏离水平面，逐渐下倾。

（4）随锥角 ϕ 的增大，E 面波束宽度逐渐变宽。

（5）对大锥角，如 $\phi=90°$，盘锥天线 E 面最大波束方向偏离水平面的角度比锥角小的盘锥天线小。

9.1.2　盘锥天线的设计原则及主要特点

1. 盘锥天线尺寸之间的关系

表 9.1 是盘锥天线锥角 ϕ 与斜高 L 之间的关系。

表 9.1　盘锥天线的锥角 ϕ 与斜高 L 之间的关系

ϕ	25°	35°	60°	70°	90°
L	0.318λ	0.290λ	0.255λ	0.305λ	0.335λ

盘锥天线的尺寸与 λ_{max} 有如下关系：

$S=(0.3\sim0.5)W$，或 $S=0.027\lambda_{max}$，或 $S=0.2\times2b$（$2b$ 为同轴线外导体内直径）；

$D=(0.15\sim0.18)\lambda_{max}$，$D=0.7W_2$，$H=0.23\lambda_{max}$，$L=0.25\lambda_{max}$。

最佳设计：$L/W>22$，$\phi=60°$。

2. 盘锥天线的主要特点

盘锥天线的主要特点如下：

（1）盘锥天线工作时，可以远离地面或与地面无关。

（2）由于盘锥天线电流的最大值不是位于天线根部，而是位于天线顶部，因而可以把盘锥天安装在支撑杆的顶部或建筑物的顶上。

（3）盘锥天线为垂直极化宽带全向天线，阻抗的带宽比为 10∶1，方向图的带宽比为 3∶1～4∶1，增益为 $G=1.8～5$ dBi。

9.1.3　改进型盘锥天线

在有些场合，典型盘锥天线的高度过高，会受到使用空间的限制。对此可以用较大锥角来降低天线高度，也可以用不同锥角的锥构成，靠近馈电点用锥角较大的锥，底部则用锥角较小的锥。采用此结构既可以降低 VSWR，又不致因采用大锥角使锥底部直径过大。

图 9.2 是改进型盘锥天线的结构示意图，把普通盘锥天线的圆盘用上锥代替，上锥是用 3 个自上而下逐渐增大锥角的锥构成的。该天线为垂直极化不对称结构，与普通盘锥天线一样，用同轴线直接馈电。它兼有盘锥天线和套筒天线的优点，上锥可以看成套筒不对称振子的上辐射体，下锥可以看成不对称振子的下辐射体，由于起套筒作用的下辐射体的

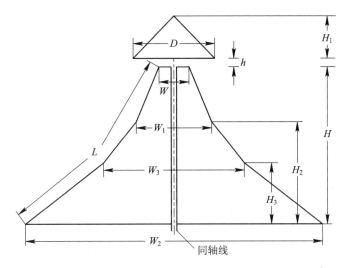

图 9.2　改进型盘锥天线结构示意图

直径是渐变的，而且直径比普通套筒振子的直径大得多，因而等效特性阻抗相当低，其带宽比普通盘锥天线更宽。

表 9.2 是改进型盘锥天线相对 λ_{max} 的电尺寸，表中符号的意义见图 9.2。图 9.3 是 5.5～75 MHz改进型盘锥天线相对 75 Ω 实测的 VSWR－f 特性曲线。

表 9.2　改进型盘锥天线的电尺寸

参　数	H	W	W_2	D	H	H_1	H_2	H_3	W_1	W_3
电尺寸(λ_{max})	0.004	0.0147	0.28	0.1	0.12	0.04	0.079	0.0395	0.0385	0.165

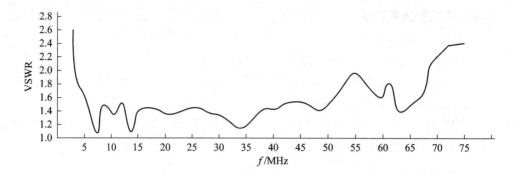

图 9.3　改进型盘锥天线相对 75 Ω 实测的 VSWR-f 特性曲线

图 9.4 是 13.6～1300 MHz 尺寸为高×最大直径＝1.625 m×5.18 m，陆军用盘锥天线的工作照片，在工作频段 VSWR≤2.0，功率容量为 2 kW，增益为 2～5 dBi。15～50 MHz、20～50 MHz 和 27～150 MHz 盘锥天线的主要尺寸如表 9.3 所示。

图 9.4　13.6～1300 MHz 盘锥天线的照片

表 9.3　15～50 MHz、20～50 MHz 和 27～150 MHz 盘锥天线的主要尺寸

频段/MHz	15～50	20～50	27～150
D/m	3.66	2.438	1.83
L/m	5.486	3.657	2.896
S/mm	254	224	102
W_2/m	5.486	3.657	2.896
H/m	4.75	3.175	2.504

图 9.5 是 7～30 MHz 盘锥天线的结构及尺寸，由图可看出，盘锥天线的盘是由 8 根金属管构成直径为 8.11 m、高为 0.91 m 的笼形锥。盘锥天线的锥是由 8～16 根长度为 11.58 m 的金属管制成的。该天线在 7～23 MHz 频段实测 VSWR≤1.5，在 23～30 MHz 频段实测 VSWR≤3.0。

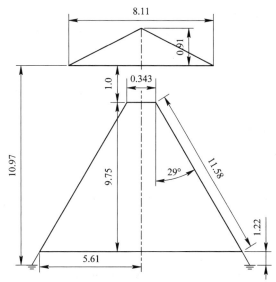

图 9.5　7～30 MHz 盘锥天线的结构及尺寸(单位：m)

9.1.4　高架 HF 盘锥天线

在海岸，可用铁塔把盘锥天线高架，如图 9.6 所示。其好处是：由于盘锥天线带有隔电子，所以固定到地面上的许多锥线既是天线的辐射体，又兼作铁塔的拉线，具有固定天线的作用。特别是由于地面反射，使盘锥天线的垂直面方向图与自由空间不一样，而变成如图 9.7 所示那样，在 HF 垂直面主要为低仰角方向图，这些低仰角垂直面方向图适合海岸与舰船通信。盘锥天线由于靠天线结构实现了宽带匹配，所以具有辐射效率高，又能承受大功率的优点。

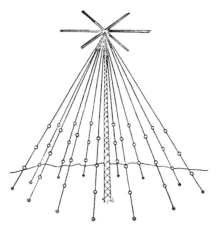

图 9.6　位于地面上的高架 HF 盘锥天线

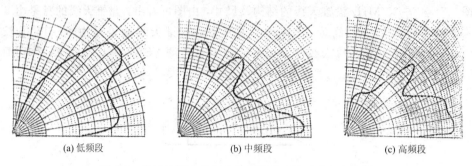

(a) 低频段　　　　　　　　　　(b) 中频段　　　　　　　　　　(c) 高频段

图 9.7　位于地面上高架盘锥天线典型的垂直面方向图

9.1.5　HF 舰载盘锥天线

图 9.8 所示的 HF 盘锥天线一般都安装在舰艇船首的甲板上，作为 10～30 MHz 的全向收发天线。盘锥天线的盘用直径为 4.267 m 的 12 根铝合金管制成，支撑桅杆顶端的直径为 305 mm，盘锥天线的锥由 8～16 根金属管制成。在频段内，天线的 VSWR＜3.0，平均承受功率为 10 kW。

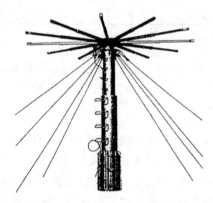

图 9.8　安装在军舰上的 HF 盘锥天线

500～1500 MHz 三种锥角盘锥天线的具体尺寸如表 9.4 所示。

表 9.4　500～1500 MHz 三种盘锥天线的尺寸

锥角 ϕ	L/mm	W_2/mm	W/mm	D/mm	S/mm
25°	249	117.8	10	82.5	3
60°	208	218	10	152.6	3
90°	201	294	10	206	3

9.1.6　宽带 VHF/UHF 盘锥天线

盘锥天线为宽带全向天线，为了适合机载使用，天线的轮廓必须低，为此把盘锥天线的锥变平，并附加背腔、短路和双板结构，使盘锥天线的电高度变为 $h = 0.087\lambda_{\max}$（$\lambda_{\max}$ 为最低工作频率之波长），具体结构如图 9.9 所示。

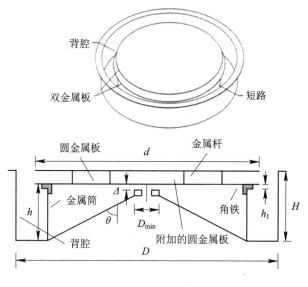

图 9.9　低轮廓盘锥天线

仅把盘锥天线锥角 θ 变大，虽能降低盘锥天线的高度，但阻抗带宽变窄，为此采用了以下结构加以改进：

（1）在锥的周围附加背腔；

（2）附加与锥底部相连的金属短路壁；

（3）在盘锥天线圆盘上面间隔 120°附加 3 个金属支撑杆，在金属支撑杆的上面再附加 1 个金属盘。

中心设计频率 $f_0 = 323$ MHz 天线的具体尺寸为：$h = 96$ mm，$H = 130$ mm，$D_{\min} = 40$ mm，$d = 540$ mm，$D = 700$ mm，$\Delta = 2$ mm。该天线仿真和实测 VSWR$\leqslant$2 的频率范围为 200～447 MHz。相对带宽为 76％。在阻抗带宽内，其水平面方向图呈全向，圆度小于 3 dB。

9.1.7　结构紧凑的盘锥天线

为了使图 9.10(a)所示盘锥天线的结构更紧凑，把盘锥天线的锥与盘变成圆弧形，一方面可使天线的直径减小，另一方面有利于改进天线的性能。把圆弧形盘和圆弧形锥的盘锥天线称作变形盘锥天线，如图 9.10(b)所示。普通盘锥天线和变形盘锥天线的最佳尺寸如表 9.5 所示。

表 9.5　普通和变形盘锥天线的最佳尺寸　　　　　　　　　　　　　　mm

盘锥天线	R_D	R_C	α	C	G	ρ_D	ρ_C	H
普通盘锥天线	70	100	45°	9.0	8.0	—	—	100
变形盘锥天线	62	62	45°	9.0	7.1	3.6	2.7	140

图 9.10(c)是有上述尺寸普通和变形盘锥天线仿真 $S_{11} - f$ 特性曲线。由图可看出，VSWR$\leqslant$1.5 的带宽比，普通盘锥天线为 2.09：1；变形盘锥为 5.0：1。就天线的体积而言，变形盘锥几乎比普通盘锥的体积缩小了一半。

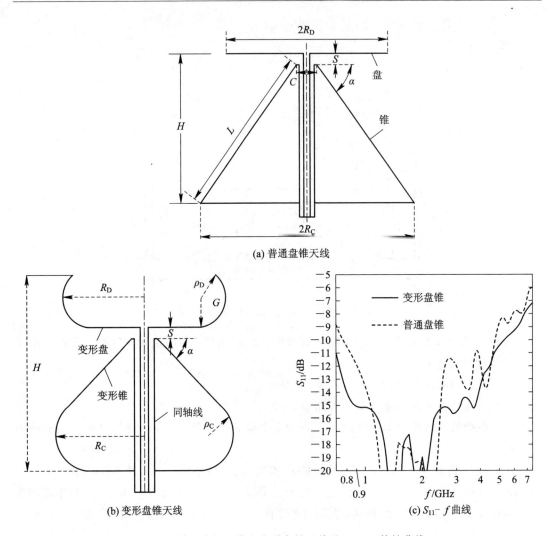

图 9.10 普通盘锥天线和变形盘锥天线及 S_{11}-f 特性曲线

9.1.8 超宽带盘锥天线

  盘锥天线的盘与锥的间隙 h 限制了盘锥天线的高频特性。另外，由于盘锥天线锥的宽度 W 与宽带成反比，即 W 越小带宽就越宽。倒锥是宽带垂直极化全向天线，为了把盘锥天线的带宽向高频扩展，把在高频段具有宽带特性的倒锥（如图 9.11(a) 所示）与盘锥天线组合，就构成了如图 9.11(b) 所示的倒锥盘锥天线，把盘锥天线宽度 W 的上平台作为倒锥天线的地，与盘锥天线共用，用倒锥的高度 h 就能克服盘锥天线要求 h 尽可能小的矛盾。原来只能在 300 MHz～2.4 GHz 频段工作的盘锥天线，由于与 2.4～9 GHz 的倒锥相组合变成倒锥盘锥天线，使天线的工作频段变为 300 MHz～9 GHz。在此频段倒锥盘锥天线的最佳尺寸为：$D=290$ mm，$\theta=55°$，$h=25$ mm，$W=70$ mm，$W_2=345$ mm，$h_2=230$ mm，$\phi=60°$。该天线在 282 MHz～8.93 GHz 频段实测 VSWR≤2.5，带宽比为 31.67：1，在 1～8 GHz 实测增益大于 4 dBi。

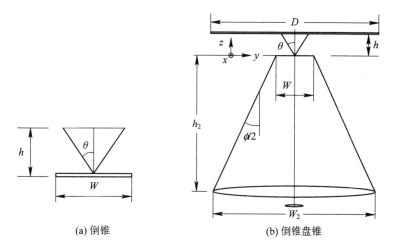

图 9.11　倒锥与倒锥盘锥

　　为了进一步展宽倒锥盘锥天线的带宽，可把倒锥盘锥天线的盘变成倒锥，如图 9.12 所示。把图 9.12(c)所示双盘锥天线可以看成是由图 9.12(a)所示的不对称双锥与图 9.12(b)所示的倒锥组合而成的。为了减轻重量和风阻，不对称双锥均用 12 根金属棒制成，下锥是天线的地，它不仅影响天线的阻抗带宽，而且对方向图也有很大影响。为了进一步展宽倒锥盘锥天线的带宽，上锥线的直径由中心向外逐渐变粗。宜用直径为 5.9 mm、$\varepsilon_r = 2.9$ 的介质制成的 4 根绝缘棒支撑上锥和倒锥，绝缘棒到中心的距离为 30.45 mm。用同轴线给双盘锥天线馈电，即把同轴线内导体与倒锥的锥相连，同轴线的外导体与宽带为 W 倒锥的地相连，超宽带双盘锥天线的最佳尺寸为：$W_1 = 370$ mm，$h_1 = 95$ mm，$\theta_1 = 20°$，$h = 35$ mm，$\theta_2 = 45°$，$W = 70$ mm，$\theta = 60°$，$h_2 = 270$ mm，$W_2 = 360$ mm。

　　对于不均匀上线锥双盘锥天线，实测 VSWR≤2.5 的频段为 180 MHz～18 GHz，带宽比为 100∶1。对于均匀上线锥双盘锥天线，实测 VSWR≤2.5 的带宽比为 66.7∶1。

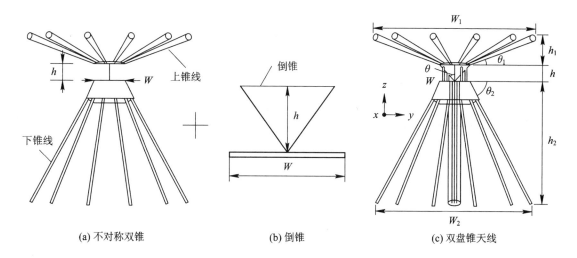

图 9.12　不对称双锥、倒锥与双盘锥天线

不均匀上线锥双盘锥天线的特点如下：

（1）在频段的低端，E 面方向图与振子类似。

（2）当 $f>2\sim18$ GHz 时（除 12 GHz 外），最大辐射方向都位于水平面。

（3）超宽带，VSWR≤2.5 的带宽比为 100∶1。

（4）天线的尺寸：高×直径＝400 mm×370 mm，相对最低工作频率 180 MHz 之波长 λ_L，天线的电尺寸高为 $0.24\lambda_L$，直径为 $0.22\lambda_L$。

9.1.9　倒置结构及倒置馈电的宽带盘锥天线

盘锥天线是宽带全向天线，其缺点是随着频率升高，波束下倾。如果把盘锥天线倒置，即把盘锥天线的锥置于盘之上，把同轴馈线也颠倒，即把同轴线内导体接盘改为接锥，把同轴线外导体接锥改为接盘，则可变成如图 9.13（a）所示那样。该结构虽然类似倒锥单极子，但设计方法不同，盘锥天线的锥大于盘，倒锥单极子的盘（地板）却大于锥。倒置及颠倒馈电的盘锥天线，在 800～15 000 MHz 频段 VSWR≤2（带宽比为 18.75∶1），天线的结构尺寸及相对最低工作波长 λ_L 的电尺寸为：锥的最大直径 $\phi_1=91.4$ mm（$0.2437\lambda_L$），锥的高度 $H=88.9$ mm（$0.237\lambda_L$），盘的直径 $\phi_2=61$ mm（$0.163\lambda_L$）。图 9.13（b）是有上述尺寸倒置及颠倒馈电盘锥天线在 150 MHz（虚线）和 1500 MHz（实线）的垂直面方向图。由图可看出，在 10∶1 带宽比内，垂直面方向图不裂瓣，最大辐射方向均指向水平面。

图 9.14（a）是给定尺寸的倒置结构倒置馈电的宽带盘锥天线，在 500 MHz～8 GHz 频段 90% 频点 VSWR≤3.5 的情况下，天线的最大直径 $D=482.6$ mm（$0.8\lambda_{max}$），高度 $H=228.6$ mm（$0.38\lambda_{max}$）。如果让该天线工作在比较低的频率，由于直径变得比较大而不实用，但采用图 9.14（b）所示变型倒置结构倒置馈电的盘锥，在最大直径 $D=278.6$ mm（$0.46\lambda_{max}$），高 $H=285.2$ mm（$0.475\lambda_{max}$）的情况下，在 500 MHz～7 GHz 频段 VSWR≤3.0，带宽比为 14∶1。

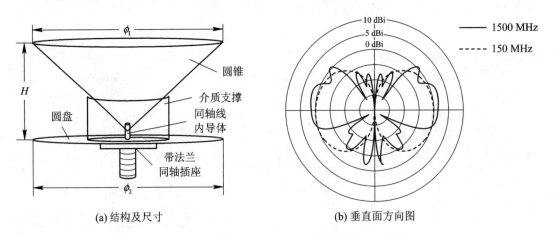

(a) 结构及尺寸　　　　　　　(b) 垂直面方向图

图 9.13　倒置结构及倒置馈电的宽带盘锥天线及垂直面方向图

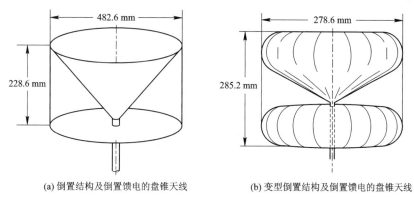

(a) 倒置结构及倒置馈电的盘锥天线　　　　　(b) 变型倒置结构及倒置馈电的盘锥天线

图 9.14　倒置结构及倒置馈电和变型倒置结构及倒置馈电的盘锥天线

9.1.10　双盘锥天线

为了提高普通盘锥天线的增益,可以采用如图 9.15 所示的双盘锥天线。按照盘锥天线盘的直径 $D \geqslant 0.15\lambda_{max}$, 锥角 $\phi = 58°$, 高 $H \geqslant 0.2\lambda_{max}$ 设计了 $200 \sim 600$ MHz 尺寸为 $D = 240$ mm, $H = 360$ mm 的双盘锥天线。为了保证双盘锥天线同相馈电,除采用分支同轴馈线外,还必须让盘锥I和盘锥II的相位差为零。由图可看出,盘锥I的相位为 $\phi_1 = K(L+d)$, 盘锥II的相位为 $\phi_2 = KL$, $\phi_1 - \phi_2 = \Delta\phi = Kd$, 而且在 $d = n\lambda$ 时 $\Delta\phi = 0$, 由此可以求得 $L = d/(\sqrt{\varepsilon_r} - 1)$, 其中 ε_r 是长度为 L 外同轴线中填充介质的相对介电常数。为减小介质端面突变引起的反射,介质两端呈长度为 L_1 的锥削形,为避免 d/λ 在频率低端和高端变化范围太大,选取 $d = 600$ mm, 外同轴线的长度为 $L + L_1 = 1200 + 200 = 1400$ mm。

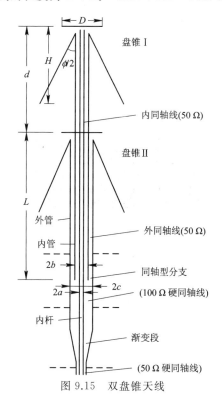

图 9.15　双盘锥天线

为了与 50 Ω 同轴线匹配，内外同轴线的特性阻抗皆按 50 Ω 设计，由于分支同轴线的阻抗是串联的，故分支前主同轴线的特性阻抗取 100 Ω，因而内外同轴线的直径分别为 $2a =$ 4.94 mm，$2b = 11.4$ mm，$2c = 26$ mm。在 200、400 和 600 MHz 仿真了双盘锥天线的垂直面增益方向图（方向图略），由仿真的方向图可看出：最大辐射方向均位于水平面，增益为 4~6 dBi。

9.2　全向宽带盘笼天线

9.2.1　HF 全向宽带盘笼天线

把 1 个盘加到双锥单极子的顶端，再把盘锥天线和双锥单极子巧妙地结合在一起，就构成了双频天线。图 9.16 是用双锥单极子的上锥和盘构成的 10~30 MHz HF 盘笼天线，为了减轻天线重量及减小风阻，盘和双锥均用 16 根铜包钢线和铝管制成。天线高 10 m，盘的直径为 5.486 m，双锥的最大直径为 6.4 m。10~30 MHz 盘锥天线直接用 50 Ω 同轴线馈电就能实现低的 VSWR。4~12 MHz 顶加载双锥单极子天线在底部馈电，通过宽带匹配网络实现 VSWR≤3.0。天线的平均功率容量为 12 kW。

图 9.16　HF 盘笼天线

设计 2~32 MHz 盘笼天线的原则为：工作频段的划分要保证天线的总电高度在盘笼天线的高频段低于 0.625λ，以避免垂直面方向图裂瓣。按以下尺寸设计盘锥天线：盘的直径 $D = 0.7\phi_2$；锥的斜高 $L = 0.25\lambda_{\max}$；锥角 $\phi = 60°$。结合这些参数，把盘笼天线的工作频段划分为 2~8 MHz 的低频段和 8~30 MHz 的高频段。图 9.17(a) 是 2~32 MHz 盘笼天线的结构和尺寸。为了减轻天线的重量和风阻，锥形顶盘由 12 根 ϕ38 mm 的铝合金管构成，双锥单极子的锥面及中间的横杆由 12 根 ϕ51 mm 铝合金管构成。盘锥天线由穿过中心直径为 203 mm 接地支撑管的同轴线，在双锥单极子的顶端馈电，同轴线的内导体与顶盘相连，同轴线的外导体与双锥单极子顶端相连，如图 9.17(b)所示。低频段天线在双锥单极子的底部馈电。

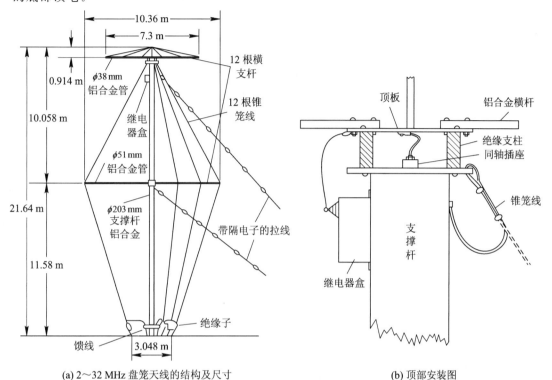

(a) 2～32 MHz 盘笼天线的结构及尺寸　　　　　　(b) 顶部安装图

图 9.17　2～32 MHz 盘笼天线的结构及尺寸与顶部安装图

　　为了减小高低频段天线的相互干扰，在盘锥天线中间支撑杆顶端同轴馈线与锥之间附加高通滤波器；在笼形双锥单极子的馈线中附加低通滤波器。使用高通滤波器让圆锥盘作为低频段双锥单极子的顶加载。在盘锥天线工作时，切换安装在支撑杆顶端侧面的继电器，让顶盘和双锥单极子短路。该双频天线在 2～8 MHz 和 8～32 MHz 频段实测 VSWR＜2.5。如果允许 VSWR＜3.0，则最低工作频率可以扩展到 1.8 MHz；如果让最低工作频段为3.5 MHz，把整个天线缩小为原来的 0.57 倍，则天线的高度变为 12 m；如果天线的最低工作频率为 7 MHz，则天线的高度只有 6 m。盘锥天线馈电点短路时，笼形双锥单极子在2.5、4、5.5 MHz具有低仰角垂直面方向图；盘锥天线在 9、14、22、29 MHz 既有中仰角，又有低仰角垂直面方向图，所以特别适合通过天波反射完成中远距离全向通信。

9.2.2　全向双频宽带盘笼天线

　　图 9.18 是由盘和笼形双锥构成的双频宽带全向天线。由图可看出，顶馈为高频段使用的盘锥天线，它是把盘和双锥单极子的上锥作为盘锥天线的辐射体，用中间支撑管中的同轴线直接馈电，即把同轴线的内导体接盘，同轴线的外导体接锥。把底馈盘加载双锥单极子作为低频段宽带全向天线。为了进一步展宽低频段天线的阻抗带宽，把馈电点适当抬高到 h，且在底馈同轴线的外面附加套筒。经过优化，在 $14.9～494.9$ MHz 频段天线的结构尺寸及相对最低工作波长 λ_L 的电尺寸为：$d = 270$ mm$(0.0134\lambda_L)$，$D = 340$ mm $(0.0169\lambda_L)$，$H = 1000$ mm$(0.04966\lambda_L)$，$h = 115$ mm$(0.0057\lambda_L)$，$\theta_u = 60°$，$\theta_b = 35°$。

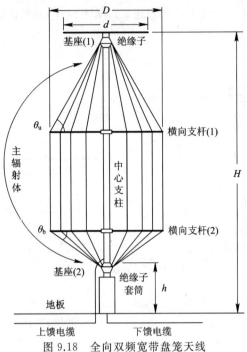

图 9.18　全向双频宽带盘笼天线

盘锥天线在 165.7～494.9 MHz 频段实测 VSWR≤3.0，带宽比为 2.98∶1；底馈盘加载双锥单极子天线在 14.9～210.9 MHz 频段实测 VSWR≤3.0，带宽比为 14.1∶1。

全向双频宽带盘笼天线的最大特点是低轮廓、体积相对小，仅用天线结构就实现了宽带匹配。由于其轮廓低，在整个频段内垂直面方向图无裂瓣，所以可广泛作为舰载 HF、VHF/UHF 宽带全向天线，也可以作为坦克用 30～88 MHz 或 30～512 MHz 频段软件无线电用全向天线。在 3～30 MHz 和 30～512 MHz 频段天线的结构尺寸如表 9.6 所示。

表 9.6　HF 和 30～512 MHz 全向舰载或车载天线的尺寸

频段/MHz	D	D	H	H
3～30	1.34 m	1.67 m	5 m	0.57 m
30～512	134 mm	169 mm	496 mm	57 mm

参 考 文 献

[1]　NAIL J J. Designing discone antenna. Electronics，1953(8)：167 – 169.

[2]　浙江省广播科学研究所. 5.5～75 MHz 低高度宽频带套筒天线，1980.

[3]　BERGMANN J R.On the design of broadband omnidirectional compact antennas. Microwave Opt Technol Lett，2003，39(5)：418 – 422.

[4]　杨思耀，李思敏. 一体化双盘锥天线的研制. 桂林电子工业学院学报，1996，16(4)：6 – 11.

[5]　宗显政，聂在平，杨学恒. 船用双馈笼锥组合式宽带天线. 电波科学学报，2007，22(1)：91 – 94.

第 10 章　定向 HF、VHF/UHF 宽带天线

10.1　对数周期天线

对数周期天线(由于对数周期天线多数由偶极子构成,所以把偶极子构成的对数周期天线简称为偶极对数周期天线)基于以下相似概念:当天线按比例因子 τ 变换后仍等于它原来的结构,则天线的频率 f 和 τf 的性能相同。对数周期天线按其偶极子的形状分为锯齿型、阶梯型、偶极型等。最常用的对数周期天线是偶极对数周期天线(Log-Periodic Dipole Antenna,LPDA),以其极宽的频带特性,在短波、超短波和微波波段得到了广泛应用。图 10.1 是由若干个偶极子组成的偶极对数周期天线。

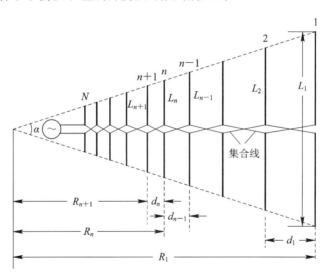

图 10.1　偶极对数周期天线

偶极对数周期天线具有以下特点:

(1) 振子尺寸及其之间的距离都有确定的比例关系。

(2) 相邻振子交叉馈电,通常把给振子馈电的平行线称为“集合线”。

(3) 馈电点位于最短振子处,天线的最大辐射方向由最长振子指向最短振子。

(4) 具有极宽的工作带宽,带宽比达到 10∶1 或更宽。

根据对数周期天线上各部分振子的工作情况,如图 10.2 所示分成 3 个工作区:辐射区、传输区、非激励区。

(1) 辐射区:长度在 $\lambda/2$ 附近的 3~5 个振子具有较强的激励,对辐射作出主要贡献。当工作频率变化时,该区在天线上前后移动,使天线的电性能保持不变。“辐射区”后面较

长振子激励的电流则迅速下降。

（2）传输区：振子的电长度很短，输入容抗很大，激励电流很小，辐射很弱，主要起传输线的作用。

（3）非激励区：由于辐射区振子处于谐振状态，激励电流很大，已将大部分能量辐射出去，到非激励区剩下的能量很少，所以该区振子激励的电流很小，辐射自然也很弱。

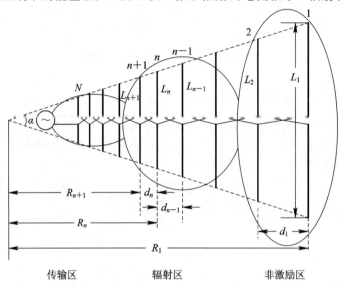

图 10.2　偶极对数周期天线的 3 个工作区

10.1.1　固定架设的偶极对数周期天线

通常偶极对数周期天线的增益约为 8～10 dB，为了得到更高的增益，可以将几副对数周期天线组阵，天线数增加 1 倍，天线增益提高 2～3 dB。

偶极对数周期天线，其振子垂直架设为垂直极化，水平架设为水平极化。参数相同时，对于垂直面方向图的辐射仰角，垂直偶极对数周期天线比水平偶极对数周期天线的低。由于对数周期天线为单向辐射，所以多副不同指向的天线可以共杆架设，相邻天线夹角为 60°～120°。偶极对数周期天线的技术指标如下：

（1）频率范围：3～30 MHz。

（2）VSWR：一般小于 2，最大不超过 2.5。

（3）增益：8～10 dB。

（4）方向性：水平面 HPBW 约为 70°，最大辐射仰角取决于高度。

（5）极化形式：水平极化/垂直极化。

（6）功率容量：10 kW（或根据用户要求设定）。

（7）馈线：300 Ω 双导线或 50 Ω 同轴线。

（8）天线面尺寸：50 m×70 m。

（9）架高：取决于对辐射仰角的要求。

（10）主支撑杆：500 m 边宽的三角截面圆钢塔。

（11）抗风能力：10 级风时能正常工作，12 级风时不受破坏。

10.1.2　转动对数周期天线

转动对数周期天线由于能灵活地改变通信方向，所以提高了天线的利用率。该天线由辐射体、馈电系统、塔架、机械转动系统和自动控制系统组成，如图 10.3 所示。转动对数周期天线的辐射振子有管式振子(硬对数周期天线)和线式振子(软对数周期天线)两种。不论哪种天线面，都需要用 1 个桁架把天线面支撑成形；桁架可以是两根钢管，也可以是 1 个钢架结构。天线输出端安装有阻抗变换器，用 50 Ω 低损耗同轴线输出 VSWR(小于 2)。为了保证天线 360°自由转动，在塔楼中心转轴上安装了同轴旋转关节。

图 10.3　转动对数周期天线组成

转动对数周期天线的技术指标如下：

(1) 频率范围：6～26 MHz。

(2) VSWR：一般小于 2，最大不超过 2.5。

(3) 增益：6～8 dB。

(4) 方向性：辐射仰角为 30°～10°，水平面 HPBW 约为 70°。

(5) 极化形式：水平极化。

(6) 功率容量：10 kW(或根据用户要求设定)。

(7) 馈线：50 Ω 同轴线天线面尺寸为 27 m×27 m。

(8) 架高：最高端为 25 m。

(9) 主支撑杆：拉线塔或自立塔。

(10) 抗风能力：10 级风时能正常工作，12 级风时不受破坏。

10.1.3　垂直极化对数周期天线

当敷设有适当大的地网时，地面上架设的短波垂直极化对数周期天线比水平极化对数周期天线有更低的辐射仰角。垂直极化对数周期天线可以是偶极型的，也可以是单极型的，图 10.4 是单极型垂直极化对数周期天线。

图 10.4　单极型垂直极化对数周期天线

单极型垂直极化对数周期天线的馈电方式有 50 Ω 同轴线和 300 Ω 平衡线两种。单极型垂直极化对数周期天线与其镜像构成 1 个完整的对数周期天线。有理想导电地网时，单极型垂直极化对数周期天线具有与偶极型对数周期天线相近的性能。地网能有效降低天线的辐射仰角，其大小、形式与埋设深度对辐射场有重要影响。好的地网还可以改善大地干湿程度变化引起的场强变化。

单极型垂直极化对数周期天线适合地波近距离通信和天波远距离通信。单极型垂直极化对数周期天线的技术指标如下：

（1）频率范围：3～26 MHz。

（2）VSWR：一般小于 2，最大不超过 2.5。

（3）增益：6～8 dB。

（4）方向性：水平面 HPBW 约为 70°，垂直面低仰角辐射。

（5）极化形式：垂直极化。

（6）功率容量：10 kW（或根据用户要求设定）。

（7）馈线：300 Ω 双导线或 50 Ω 同轴线。

（8）天线面尺寸：25 m×70 m。

10.2　角反射器天线

把偶极子置于夹角为 α、长为 L、高为 H 的两块板之中，就构成了具有定向方向图的角反射器天线。两块板之间的夹角可以为任意值，但夹角 α 通常为 90°、65° 和 45°。利用镜像原理可以分析如图 10.5(a) 所示金属板角反射器天线。对于工作频率比较低的角反射器天线，为了减小风阻和天线的重量，往往用间距小于 $0.1\lambda_{min}$ 的金属管取代金属板，构成角反射器天线，如图 11.5(b) 所示。为了实现更大的增益，可以把多个偶极子共线组阵置于角反射器中。

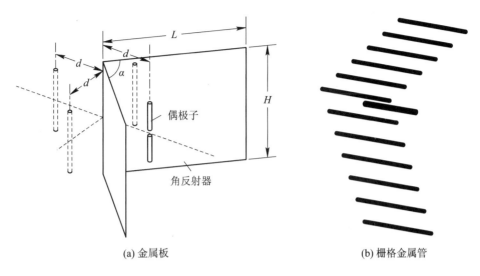

(a) 金属板   (b) 栅格金属管

图 10.5 角反射器天线

10.2.1 90°角反射器天线

表 10.1 为长 0.42λ、直径为 0.02λ 偶极子到无限大 90°角反射器顶点的不同距离 d/λ 的方向系数 $D(\text{dB})$、HPBW 和输入阻抗 Z_{in}。由表 10.1 可看出，方向系数 D 随 d 的减小而增加，在 $d = 0.37\lambda$ 时，$Z_{\text{in}} \approx 50\ \Omega$。

表 10.1 长 0.42λ、直径为 0.02λ 偶极子到无限大 90°角反射器顶点的
不同距离 d/λ 的方向系数 D、HPBW 和 Z_{in}

d/λ	D/dB	HPBW/(°)	Z_{in}/Ω	d/λ	D/dB	HPBW/(°)	Z_{in}/Ω
0.30	12.0	44.7	29:1 − j1.1	0.46	11.6	42.9	72.7 − j14.9
0.32	12.0	44.6	34.9 − j0.4	0.48	11.5	42.4	75.7 − j20.3
0.34	11.9	44.5	40.9 − j1.1	0.50	11.4	41.8	77.7 − j26.2
0.36	11.9	44.3	47.0 − j0.8	0.52	11.4	41.1	78.6 − j32.2
0.37	11.9	44.2	50.0 − j0.3	0.54	11.3	40.2	78.4 − j38.4
0.38	11.8	44.1	53.0 − j0.5	0.56	11.2	39.2	77.0 − j44.3
0.40	11.8	43.9	58.8 − j2.8	0.58	11.1	38.1	74.6 − j49.8
0.42	11.7	43.6	64.1 − j6.0	0.60	10.9	36.8	71.3 − j54.8
0.44	11.7	43.3	68.8 − j10.0				

表 10.2 是偶极子距 90°角反射器距离 $d = 0.37\lambda$ 时的 HPBW、F/B 和方向系数 D。

表 10.2　偶极子距 90°角反射器距离 $d = 0.37\lambda$ 时的 HPBW、F/B 和 D

L/λ	H/λ	$\text{HPBW}_E/(°)$	$\text{HPBW}_H/(°)$	$(F/B)/\text{dB}$	D/dB
0.75	0.75	70.4	97.4	18.4	7.7
1.00	0.75	73.6	72.4	17.3	8.8
1.50	0.75	72.6	50.8	18.2	10.0
0.75	1.00	60.2	91.6	23.4	8.5
1.00	1.00	61.0	62.8	22.7	10.1
1.50	1.00	58.5	46.0	23.8	11.4
0.75	1.50	53.4	81.6	34.0	9.3
1.00	1.50	51.6	60.0	39.0	11.0
1.50	1.50	48.2	42.6	46.3	12.6
5.00	5.00	68.8	43.4	63.5	10.8

由表 10.2 可看出，H 面 HPBW 随角反射器的边长 L 增加而变窄，$L \geqslant 1.5\lambda$ 时，HPBW 在 45°左右波动，即使 $L = 5\lambda$，HPBW 也略低于 45°，所以一般不设计大边长角反射器天线，因为增益有限。

在 VHF 的低频段，由于尺寸相对比较大，为了减小风阻、重量及节约成本，角反射器宜用栅格金属管制作。图 10.6(a)是用栅格金属管作反射器构成的角反射器天线。为了实现宽频带，用宽带双锥振子作为激励单元，该天线在 300～1000 MHz 频段的 VSWR≤3。对 VHF 角反射器天线，用简单的 $\lambda/2$ 长偶极子作为激励单元，用金属管作角反射器就能构成如图 10.6(b)所示的 100～156 MHz 频段的角反射器天线，该天线在频段内的 VSWR≤1.5。

(a) 300～1000 MHz 频段　　　　(b) 100～156 MHz 频段
图 10.6　用栅格金属管制作的角反射器天线

10.2.2　中间带平板的角反射器天线

中间带平板的角反射器天线由于能利用中间的平板固定偶极子的天线罩及固定架设角反射器天线，因而更适合工程应用。图 10.7 所示为中间宽度 $B=0.2\lambda$、尺寸为 $L\times H=0.9\lambda\times\lambda$ 的角反射器，偶极子到平板的间距 $d=0.3\lambda$；夹角 β 为不同角度时天线的主要电参数如表 10.3 所示。

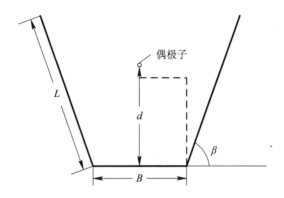

图 10.7　中间带平板的角反射器天线

表 10.3　$(B=0.2\lambda\,,\,L\times H=0.9\lambda\times\lambda\,,\,d=0.3\lambda\,)$ 平板与斜边夹角 β 为不同角度时角反射器天线的主要电参数

$\beta/(°)$	$\mathrm{HPBW_E}$ /(°)	$\mathrm{HPBW_H}$ /(°)	G/dB	(F/B) /dB	$\beta/(°)$	$\mathrm{HPBW_E}$ /(°)	$\mathrm{HPBW_H}$ /(°)	G/dB	(F/B) /dB
60	58.1	59.4	9.1	21.7	14	59.2	65.9	9.5	19.3
55	57.1	56.0	9.9	22.6	10	61.6	83.3	8.7	26.3
50	56.3	52.3	10.5	23.0	5	64.7	99.2	7.8	25.1
45	55.8	49.1	10.8	23.4	0	67.8	108.6	7.5	23.6
40	55.4	46.8	11.1	22.8	−5	70.2	117.0	7.2	22.0
35	55.4	45.5	11.2	24.3	−10	71.5	125.8	6.9	16.5
30	55.6	45.6	11.0	24.9	−15	71.8	135	6.6	19.0
25	56.2	47.9	10.7	25.5	−20	71.7	143.8	6.3	17.8
20	57.4	53.7	10.2	20.3	−25	71.8	152.2	5.4	16.1

【例 10.1】　有一 $B=80$ mm$(0.238\lambda_0)$，$L=488$ mm$(1.45\lambda_0)$，$H=1340$ mm$(3.98\lambda_0)$，$\beta=60°$ 的角反射器，用单元间距为 340 mm$(1.01\lambda_0)$ 的 3 元偶极子作为激励源，在 $d=130$ mm$(0.386\lambda_0)$ 及 824～960 MHz 频段角反射器天线实测的主要电参数如表 10.4 所示。

表 10.4　在 824~960 MHz 频段角反射器天线实测的主要电参数

f/MHz	$\text{HPBW}_{\text{H}}/(°)$	$\text{HPBW}_{\text{E}}/(°)$	G/dBi
824	60	13.8	16.5
870	62.4	13.3	16
915	62	12.2	16.2
960	61	12.4	16.2

10.2.3　60°角反射器天线

图 10.8 是用间隙为 e 的栅格角反射器构成的夹角为 60°、尺寸为 $L \times H$ 的角反射器天线，在 50 MHz、144 MHz、220 MHz 和 420 MHz 时的增益均为 12 dBi，馈电点阻抗均为 75 Ω 的角反射器天线的尺寸如表 10.5 所示。

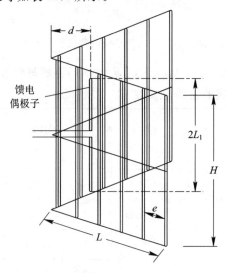

图 10.8　栅格角反射器天线

表 10.5　在 50 MHz、144 MHz、220 MHz 和 420 MHz 时的角反射器天线的尺寸

频率/MHz	夹角/(°)	$2L_1$/mm	d/mm	H/mm	L/mm	e/mm
50	60	2794	2920	3556	5840	457
144	60	965	1016	1219	2540	76
220	60	622	635	762	1830	76
420	60	330	356	457	915	76

当 $B = 80$ mm，$L = H = 255$ mm 时，用 2 元偶极子激励的 60°角反射器天线，在 3.4~3.7 GHz 频段实测的主要电参数如表 10.6 所示。

表 10.6　60°角反射器天线在 3.4～3.7 GHz 频段实测的主要电参数

f/GHz	H 面		E 面		平均 G/dBi
	HPBW/(°)	(F/B)/dB	HPBW/(°)	(F/B)/dB	
3.4	22.9	34	37.7	29.5	13.8
3.5	24	31.8	36.9	35	14.9
3.6	23.8	27	38.4	32.4	14.8
3.7	24.9	30.9	39.7	38.1	13.9

图 10.9 是用夹角 $\alpha=60°$、尺寸 $L\times H=3\lambda\times5\lambda$ 的 4 元全波长偶极子构成的间隙 $e=0.017\lambda$ 的高增益栅格角反射器天线。天线的主要电参数为：$G=19.7$ dBi，$\mathrm{HPBW_E}=11.5°$，$\mathrm{HPBW_H}=23°$。

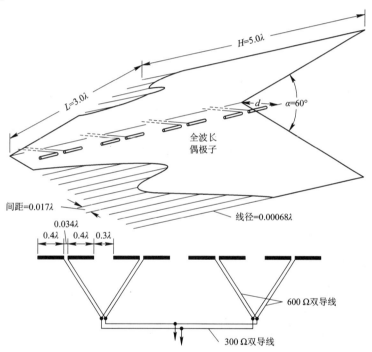

图 10.9　由 4 元全波长偶极子构成的高增益角反射器天线

10.2.4　240～400 MHz 频段宽带角反射器天线

在 VHF/UHF，把角反射器天线广泛作为中增益定向天线。用 $\lambda/2$ 长偶极子作角反射器天线的激励单元，只能实现 15% 的相对带宽；为了覆盖 240～400 MHz 频段 50% 的相对带宽，宜采用如图 10.10 所示用带开式套筒 $\lambda/2$ 长偶极子激励的角反射器天线。为了便于安装激励单元，把用夹角为 90° 的两块长×宽＝$L\times W=1219$ mm×1044.7 mm 的铝合金板制成的角反射器的顶点截去一部分，留出 50 mm 宽的平面，使偶极子距角反射器真正顶角的距离变成 14.28″(362.7 mm)，相对 240 MHz，$d=0.291\lambda$；相对 400 MHz，$d=0.484\lambda$。该天线在 240～400 MHz 频段实测 VSWR≤2.5，$G=10.5～12$ dBi。

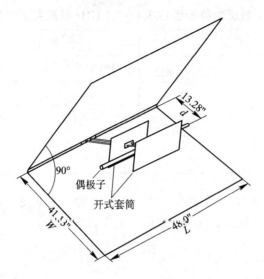

图 10.10   240～400 MHz 频段角反射器天线的结构及尺寸

【例 10.2】   为了构成 220～290 MHz 频段相对带宽为 27.5% 的角反射器天线，如图 10.11(a)所示，用不等直径折合振子作为馈电振子，用直径 $d=13.9$ mm 的内导体构成宽度 $W=25$ mm 的板线巴伦，完成用 50 Ω 同轴馈线给折合振子的不平衡—平衡变换及阻抗匹配。不等直径折合振子的尺寸为 $\phi_1=24$ mm，$S=120$ mm，$\phi_2=8$ mm，$L_1=484$ mm，激励振子到角反射器顶点的距离 $d=570$ mm 角反射器的尺寸为 $L=1680$ mm，$h=1560$ mm，$\alpha=90°$。图 10.11(b)是该天线实测增益的频率特性曲线，由图可看出，$G_{max}=12$ dBi。在 220～290 MHz 频段实测 VSWR≤2.5。

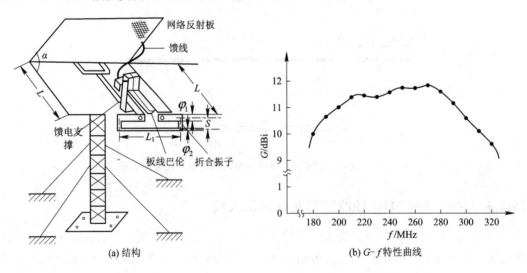

(a) 结构   (b) G-f 特性曲线

图 10.11   220～290 MHz 频段角反射器天线及实测 G-f 特性曲线

10.2.5   带圆柱面的三维角反射器天线

图 10.12 是带圆柱面的三维角反射器天线，它是由 4 块金属板和 1 个 $3\lambda/4$ 长单极子组成

的。R 为馈电单极子到 z 轴的距离，a 是圆柱面的直径，用同轴线直接馈电。在 $a = 1.5\lambda$，$R = 2.125\lambda$ 时，夹角为 60° 带圆柱面的三维角反射器天线的增益为 24.4 dBi，输入阻抗 $Z_{in} = 55.5\ \Omega + j15.5\ \Omega$。不带圆柱面的三维角反射器天线，在 $R = 1.25\lambda$ 时的增益为 20 dBi，可见使用圆柱面后三维角反射器天线的增益提高了 4.4 dBi。

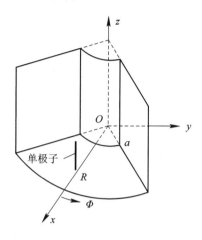

图 10.12　带圆柱面的三维角反射器天线

10.2.6　X 波段用矩形介质棒馈源激励的宽带角反射器天线

图 10.13(a) 是把用低耗聚四氟乙烯材料制成的矩形介质插入矩形波导构成的 X 波段宽带角反射器天线。将矩形介质馈源 1 端进行渐变，是为了实现宽带匹配。图 10.13(b) 是 $L = 4\lambda_0$，$S = \lambda_0$，夹角 α 为 60° 和 90° 时角反射器天线的 S_{11}-f 特性曲线；由图可看出，$\alpha = 60°$ 时，VSWR≤2 的频率范围为 8.3～11.7 GHz，相对带宽为 34%。图 10.13(c) 是 $\alpha = 60°$，f 分别为 9.6 GHz、10.4 GHz 和 11.2 GHz 时角反射器天线的 H 面增益方向图；由图可看出，方向图的 HPBW 几乎与频率和馈源位置无关，而且具有特别低的副瓣。图 10.13(d) 是 α 分别为 60°、90° 时角反射器天线 HPBW 的频率特性曲线；由图可看出，在阻抗带宽内，平均 HPBW 为 20°。

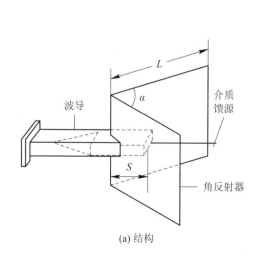

(a) 结构

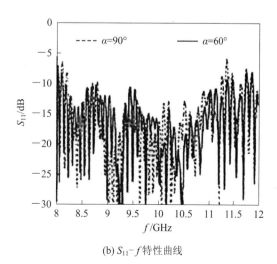

(b) S_{11}-f 特性曲线

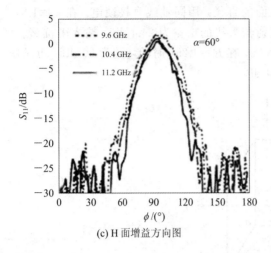

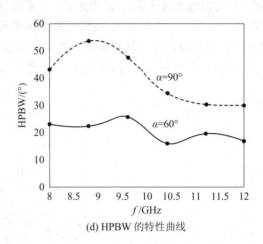

(c) H 面增益方向图　　　　　　　　(d) HPBW 的特性曲线

图 10.13　X 波段用矩形介质作为馈源的角反射器天线及主要电参数

10.3　V 形天线和菱形天线

电流呈驻波分布的天线叫驻波天线。驻波天线输入阻抗具有明显的谐振特性。电流呈行波分布的天线叫行波天线。行波天线具有较好的单向辐射特性、较高的增益及宽的阻抗特性。

V 形天线按电流分布的不同,分为驻波和行波两大类。V 形天线有水平 V 形和斜 V 形之分;用水平 V 形还可构成斜 V 形天线和菱形天线,既可以作为 HF 宽带定向天线,也可以作为 VHF/UHF 宽带定向天线。

偶极子每臂的长度 $L>0.625\lambda$ 时,不仅方向图裂瓣,而且副瓣电平增大。为了获得单向辐射,把偶极子变成如图 10.14 所示的 V 形,调整张角 2α,就能保证最大辐射方向位于张角 2α 的角平分线上。V 形天线的臂长 L/λ、张角 2α 及最大方向系数 D_m 如表 10.7 所示。

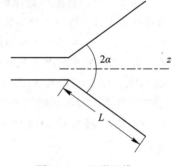

图 10.14　V 形天线

表 10.7　V 形天线的臂长 L/λ、张角 2α 与最大方向系数 D_m

L/λ	0.5	0.75	1.0	1.25	1.5	1.75	2.0	2.25	2.5	2.75	3.0
$2\alpha/(°)$	180	114.5	90	78.5	85	75	68.5	62	59	55	60
D_m	2.41	3.12	3.38	3.53	4.61	5.02	6	6.2	6.95	7.07	7.94

工程上近似用下式计算 V 形天线的方向系数 D:

$$D=\frac{2.94L}{\lambda}+1.15 \quad (0.5\leqslant\frac{L}{\lambda}\leqslant 3.0) \tag{10.1}$$

10.3.1　行波 V 形天线

为了说明行波 V 形天线的特点，先简单介绍行波单导线的特点。在一根长导线的一端馈电，在另一端接匹配负载，由于负载吸收了反射波，线上的电流呈行波分布，把这种端接匹配负载的单导线叫作行波单导线天线。如果将长度为 L 的单导线沿 z 轴设置，按照天线理论，可以把行波单导线看成由基本辐射单元构成的直线式端射天线阵。尽管阵因子在 $\theta=0°$ 的 z 轴方向出现最大值，但基本单元在此方向为零，因而行波单导线在 z 轴方向（$\theta=0°$）的辐射也为零。第 1 个主瓣角度 θ 与导线的电长度有如下关系：

$$\theta = \arccos\left(1 - \frac{\lambda}{2L}\right) \tag{10.2}$$

图 10.15 是 L 为 λ、1.5λ 和 3λ 时行波单导线的方向图。

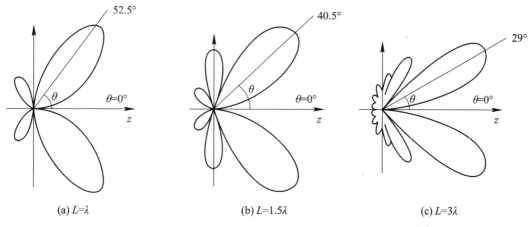

(a) $L=\lambda$　　　　　　　　(b) $L=1.5\lambda$　　　　　　　　(c) $L=3\lambda$

图 10.15　行波单导线的方向图

由图可看出行波单导线的方向图有如下特点：

(1) 沿轴线的辐射为零。

(2) L/λ 越大，最大波束方向越贴近导线轴线方向，θ 越小，主瓣变窄，副瓣数目增多，且电平变大。

(3) 当 L/λ 很大时，θ 随 L/λ 的变化很小，对天线的方向图带宽有利。

在工程上，可以近似用下式计算行波单导线的方向系数 D：

$$D = 10\lg\left(\frac{L}{\lambda}\right) + 5.97\text{dB} - 10\lg\left[\lg\left(\frac{L}{\lambda}\right) + 0.915\right] \tag{10.3}$$

为了克服行波单导线天线主瓣最大波束方向 θ 随 L/λ 的变化及副瓣多且电平高的缺点，宜用由两根行波单导线构成如图 10.16 所示的行波 V 形天线。当 L/λ 给定时，适当选择张角 2α，就可以在张角 2α 的角平分线上获得最大辐射。虽然 V 形天线两个辐射臂的对称位置 A、B 极化方向相反，但由于馈电点 FF' 反相，恰好补偿了因极化方向相反引起的相位差；同时在 z 轴方向上，又由于两根导线的辐射场无波程差，因而在张角平分线的 z 轴方向，两根导线的辐射场同相合成辐射最大。

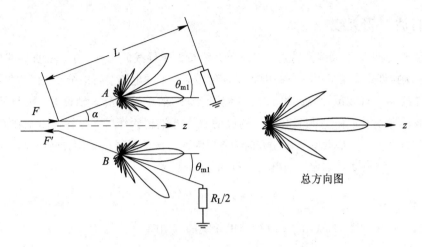

图 10.16　行波 V 形天线（$L=6\lambda$，$\alpha=16°$）

当 L/λ 较大时，由于频率改变后最大辐射方向 θ 变化不大，因而 V 形行波天线不仅具有宽的阻抗带宽，而且具有宽的方向图带宽。V 形行波天线有如图 10.17 所示的 4 种形式。

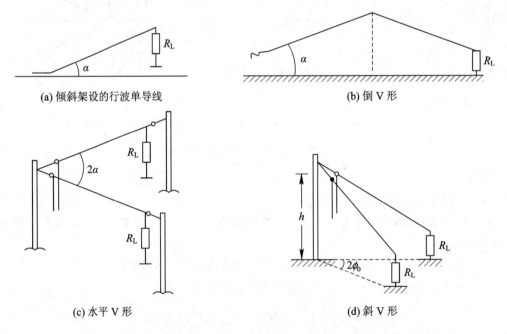

图 10.17　V 形行波天线的 4 种形式

图 10.17(a)是倾斜架设的行波单导线，它与地面构成 V 形行波天线，令 $\alpha=\theta$，则最大辐射方向沿地面；图 10.20(b)为倒 V 形行波天线；图 10.17(c)为水平 V 形行波天线，最大辐射方向位于 2α 角平分线上，该天线为水平极化；图 10.17(d)为斜 V 形行波天线，最大辐射方向位于夹角 $2\phi_0$（$2\phi_0$ 为两根辐射导线在水平面内投影线的夹角）角平分线的垂直平面内，经过地面反射，形成作为短波中近距离通信使用的高辐射仰角，该天线为斜线极化，既有水平极化，又有垂直极化。水平 V 形行波天线边长与夹角 2α 之间的关系如表 10.8 所示。

表 10.8　水平 V 形行波天线边长与夹角 2α 之间的关系

边长	1λ	2λ	3λ	4λ	6λ	8λ	10λ
2α	90°	70°	58°	50°	40°	35°	33°

天线离地面 $\lambda/2$ 时，最大辐射仰角 Δ 与边长 L 之间的关系如表 10.9 所示。

表 10.9　水平 V 形行波天线离地面 $\lambda/2$ 时最大辐射仰角 Δ 与边长 L 的关系

L	1λ	4λ	10λ
$\Delta/(°)$	31°	20°	13°

用 V 形天线可以构成增益更高、如图 10.18 所示在短波段使用的定向菱形天线。

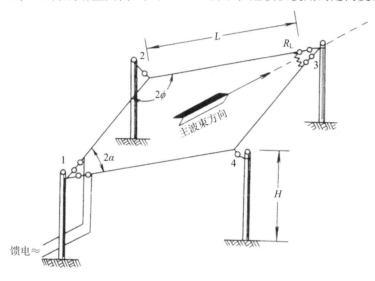

图 10.18　菱形天线

【**例 10.3**】　图 10.19 是 10～30 MHz 频段边长均为 40.5 m 的单线菱形天线。表 10.10 列出了架设高度为 15.2 m 单线菱形天线的增益、辐射仰角、HPBW；表 10.11 把不同架设高度的单线菱形天线和偶极子在 14.15 MHz 的性能作了比较。

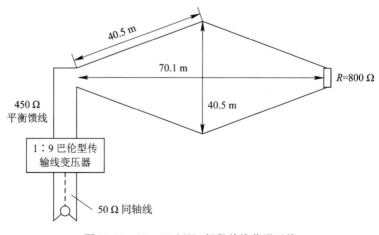

图 10.19　10～30 MHz 频段单线菱形天线

表 10.10　架高 15.2 m 的 10~30 MHz 频段单线菱形天线的主要电参数

f/MHz	最大增益/dBi	Δ/(°)	10°仰角增益/dBi	HPBW/(°)
10	12.5	30	5.2	35.4
15	15.6	20	12.1	23.8
17.6	17.7	15	16.4	18.4
20	18.7	13	18.3	15.6
25	19.4	10	19.4	12.8
30	19.5	9	19.3	10.6

表 10.11　不同架设高度单线菱形天线和偶极子在 14.15 MHz 的性能比较

架高/m	单线菱形天线			偶极子		
	最大增益/dBi	Δ/(°)	10°仰角增益/dBi	最大增益/dBi	Δ/(°)	10°仰角增益/dBi
21.3	15.3	15	14.3	7.7	14	7.0
18.3	15.6	17	13.5	6.9	16	5.4
15.2	15.6	20	12.3	7.6	19	5.0
12.2	15.4	24	10.6	8.2	24	4.2
9.1	14.6	27	8.3	6.3	32	0.4

10.3.2　垂直半菱形天线

　　垂直半菱形天线也叫倒 V 形天线，天线的最大辐射方向由馈电端指向负载端，图 10.20 所示为其结构示意图，中间的支撑杆为非金属材质的。倒 V 形天线的架设高度为 H，边长为 L，负载电阻 R_L＝400~500 Ω。该天线带有地线，可以用特性阻抗为 400~500 Ω 的双线传输线直接馈电；如果用 50 Ω 同轴线馈电，需要在同轴线与天线输入端串接 1∶9 传输线变压器。

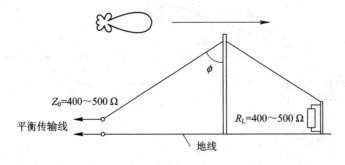

图 10.20　垂直半菱形天线结构示意图

　　垂直半菱形天线的边长 L、倾角 ϕ、架设高度 H、地线的长度和 HPBW 如表 10.12 所示。

表 10.12　垂直半菱形天线的电参数及 HPBW

边长 $L(\lambda)$	$\phi/(°)$	$H(\lambda)$	地线的长度(λ)	HPBW/(°)
1	30	0.87	1	
2	49	1.3	3	72
3	57	1.6	5	66
4	62	1.9	7	58
5	65	2.1	9	52
6	67	2.3	11	40
7	68	2.6	13	30
8	70	2.7	15	22

根据表 10.12 很容易设计出所需的倒 V 形天线。例如已知 $f = 41$ MHz，试设计 $L = 2\lambda$ 的倒 V 形天线。

由 $f = 41$ MHz，求出 $\lambda = 7.3$ m，$L = 2\lambda = 14.6$ m，由表 10.12 查出 $\phi = 50°$，$H = 1.3\lambda = 9.5$ m，地线长度 $3\lambda = 21.9$ m。

图 10.21 是 1.8～30 MHz 频段倒 V 形天线的结构及尺寸。如果使用同轴线馈电，必须附加 9：1 传输线变压器。

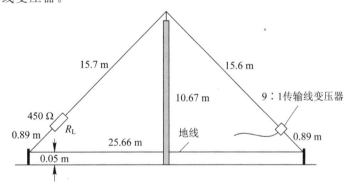

图 10.21　1.8～30 MHz 频段倒 V 形天线的结构及尺寸

10.3.3　UHF 高增益双菱形天线

菱形天线由于结构简单、频带宽、增益高，因而过去在短波段广泛作为远距离通信使用的宽带行波高增益天线，但其占地面积大，所以如今很少使用。由于 UHF 波长变短，因此可以把双菱形天线作为高增益宽带定向天线。

图 10.22 是双菱形天线的结构，每个菱形的短边长 3.5λ，长边长 6λ，中间的支撑杆总长约 8.6λ，其中 $FA = 3.02\lambda$，$FB = 5.5\lambda$，$FC = 8.46\lambda$，$MN = 3.354\lambda$，$OP = 4.673\lambda$，$RR = 1.319\lambda$。双菱形天线的每个菱形都端接 1/4 输入功率的 600 Ω 无感电阻。如果输入功率为 400 W，必须用能承

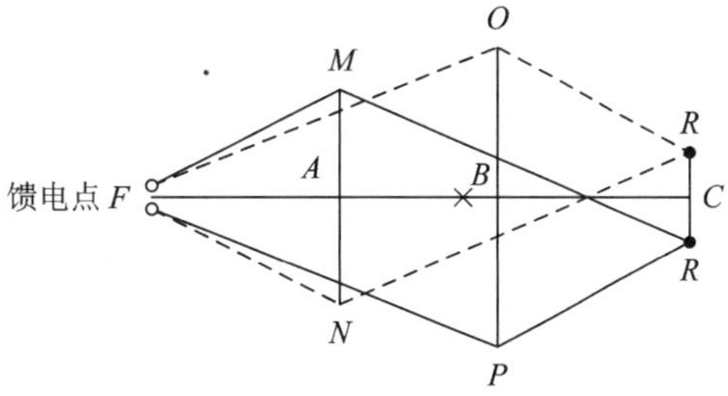

图 10.22　双菱形天线的结构

受 100 W 功率的无感电阻。如果没有大功率电阻，可以把几个低功率大电阻并联起来，例如把 5 个 20 W 阻值为 3000 Ω 的电阻并联起来。由于两个菱形天线的输入端并联，故输入阻抗为 300 Ω，如果用 50 Ω 同轴线作为馈线，必须附加 1 : 4 巴伦，例如 U 形管巴伦。双菱形天线由于是把两个菱形天线组合而成的，因而性能超过单菱形天线。双菱形天线不仅频带宽，带宽比达到 5 : 1，而且增益高。双菱形天线水平放置时为水平极化，垂直放置时为垂直极化。

双菱形天线的中心频率 $f_0 = 1296$ MHz，具体尺寸如下：$FA = 698.5$ mm，$FB = 1270$ mm，$FC = 1955.8$ mm，$FP = 1386$ mm，$FM = 808.5$ mm，$MN = 774.7$ mm，$OP = 107.9$ mm，$RR = 304.8$ mm。

10.3.4 斜 V 形行波天线

1. HF 斜 V 形行波天线

HF 斜 V 形行波天线是只需要 1 个支撑杆的战术定向天线，有以下特点：

(1) 价格低；

(2) 结构简单；

(3) 易运输和安装架设，特别适合野外环境；

(4) 斜 V 形天线由于是末端端接电阻的行波天线，因而具有特别好的宽带特性。

图 10.23 是斜 V 形行波天线的结构，图中 H_1 为支撑杆高度，H_2 为 400～500 Ω 加载电阻 R_L 离地面的高度，V 形辐射线的边长为 L，线径为 $2a$，两根线的夹角为 2α。由于斜 V 形行波天线为对称天线，用 50 Ω 同轴线馈电时，必须通过 1 : 9 或 1 : 12 传输线变压器，完成宽带阻抗匹配。负载电阻 R_L 承受的功率为最大输入功率的 10%～20%；在某些情况下，50% 的输入功率都损耗在端接电阻 R_L 上。

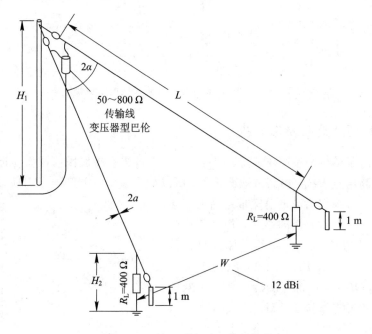

图 10.23　斜 V 形行波天线的结构

在 $2\alpha=45°$，$L=150$ m，$H_1=15$ m，$W=80$ m 的情况下，斜 V 形行波天线的主要电参数为：VSWR≤2.5(2～30)MHz 时，$f=5$ MHz，$G=1.5$ dBi；$f=8$ MHz，$G=4$ dBi；$f=12$ MHz，$G=6.5$ dBi；$f=16$ MHz，$G=5.5$ dBi；$f=30$ MHz，$G=7$ dBi。

在 $2\alpha=60°$，$L=120$ m，$H_1=12$ m 的情况下，斜 V 形行波天线仿真的主要电参数为：VSWR≤2(2～30 MHz)，$G=0.7～11$ dBi(5～23 MHz)，$G=-4～11$ dBi(3～23 MHz)，$G=-1.2～11$ dBi(4～23 MHz)。

在 $2\alpha=45°$，$L=150$ m，$H_1=15$ m 的情况下，斜 V 形行波天线仿真的主要电性能为：VSWR≤2(2～30 MHz)，$G=1～11.8$ dBi(5～23 MHz)，$G=-4～11.8$ dBi(3～23 MHz)，$G=-1.3～11.8$ dBi(4～23 MHz)。

以上天线的辐射仰角均为 $10°～30°$。

【**例 10.4**】　图 10.24 是 2.5～18 MHz 频段斜 V 形行波天线的结构及尺寸，斜 V 形天线的辐射仰角 $\triangle$、夹角 A、工作频率范围和增益如表 10.13 所示。

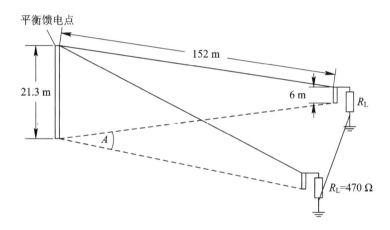

图 10.24　2.5～18 MHz 频段斜 V 形行波天线的结构及尺寸

表 10.13　斜 V 形天线辐射仰角 $\triangle$、夹角 A、工作频率范围和增益

$\triangle/(°)$	工作频率范围/MHz	$A/(°)$	增益/dB
30	4～8	30	3
25	4～8	30	4
20	5～10	40	4
	5～12	30	4
	4～8	50	1
15	10～16	40	3
	8～14	30	3
10	10～18	30	4
	8～16	40	4

2. HF/VHF 斜 V 形行波天线

1) 5～30 MHz 频段斜 V 形行波天线

5～30 MHz 频段斜 V 形行波天线的设计参数为：$f=5～30$ MHz，$H_1=12$ m，$H_2=4$ m，$2\alpha=60°$。平均地面电参数 $\sigma=0.005$ s/m，$\varepsilon_r=8$。

L 分别为 40 m 和 120 m，$2a=3.2$ mm，$R_L=400$ Ω 时，5～30 MHz 频段斜 V 形行波天线的主要电参数如下：在 f 分别为 5 MHz、7.5 MHz、15.0 MHz、22.5 MHz 和 30 MHz 时，天线仿真的最大增益 G_m、最大辐射仰角 Δ 和第 1 副瓣电平(SSL)的值如表 10.14 所示。

表 10.14　HF 斜 V 形行波天线仿真的主要电参数

f/MHz	L/m	G_m/dBi	Δ/(°)	SSL/dB
5.0	40	−2.5	51	—
	120	1.8	28	−4.0
7.5	40	1.9	38	—
	120	4.4	21	0.3
15.0	40	8.1	22	−3.8
	120	7.0	28	−0.4
22.5	40	10.3	15	3.3
	120	10.6	15	2.5
30.0	40	10.1	11	6.7
	120	8.6	8	6.2

由表可看出，当 $L=40$ m 时，G_m 由 5 MHz 的 −2.5 dBi 变成 30 MHz 的 10.1 dBi，辐射仰角 Δ 由 51°变为 11°；当 $L=120$ m 时，G_m 由 1.8 dBi($f=5$ MHz)变成 10.6 dB($f=22.5$ MHz)，辐射仰角 Δ 由 28°变成 15°。

2) 10～60 MHz 频段 HF/VHF 斜 V 形行波天线

10～60 MHz 频段 HF/VHF 斜 V 形行波天线的尺寸如下：$L=20$ m，$2a=32$ mm，$H_1=6$ m，$H_2=0$，$2\alpha=70°$，$R_L=300$ Ω(100 W 无感电阻)。

10～60 MHz 频段 HF/VHF 斜 V 形行波天线的主要电参数如下：$G=4～8$ dBi($f=20～60$ MHz)，VSWR≤2.5($f=7～60$ MHz)；在巴伦输入端测量，平均 VSWR=1.7，功率容量 $P=800$ W。

3) 48～56 MHz 频段斜 V 形行波天线

48～56 MHz 频段斜 V 形行波天线的尺寸如下：L 可为 20 m、40 m 和 60 m，$H_1=6$ m，$H_2=8$ m，$2\alpha=15°$。

由设计参数可看出，VHF 斜 V 形行波天线的架设高度不像 HF 斜 V 形行波天线那样是 $H_1>H_2$，而是 $H_2>H_1$，这是因为根据经验，这样安排 VHF 斜 V 形行波天线的架设高度，天线的性能会更好一些。

在 48 MHz、52 MHz 和 56 MHz 实测 VHF 斜 V 形行波天线的输入阻抗，分别为 455 Ω、446 Ω 和 437 Ω，平均输入电阻为 446 Ω；由于端接电阻是输入阻抗的一半，所以每个端接电阻 R_L 应为 223 Ω 无感电阻；实用中，$R_L = 200 \sim 250$ Ω 均可。

48～56 MHz 斜 V 形行波天线的主要电性能如下：在 L 分别为 20 m、40 m 和 60 m，f 分别为 48 MHz、52 MHz 和 56 MHz 时，天线仿真的最大增益 G_m、辐射仰角 Δ 和 HPBW 及最大 SLL 如表 10.15 所示。

表 10.15　VHF 斜 V 形行波天线仿真的主要电参数

f/MHz	L/m	G_m/dBi	Δ/(°)	HPBW/(°)	最大 SLL/dB
48	20	7.7	12	12.6	−7.2
	40	13.3	11	12.0	−15.6
	60	16.3	11	10.6	−17.4
52	20	8.5	11	11.9	−6.6
	40	14.2	10	10.4	−15.7
	60	17.2	10	9.9	−16.9
56	20	9.3	10	11.0	−6.0
	40	15.0	10	10.4	−15.9
	60	18.0	9	9.5	−16.2

图 10.25(a)、(b) 分别是该天线在 L 分别为 20 m、40 m 和 60 m，f 分别为 48 MHz 和 56 MHz 时仿真的垂直面增益方向图。由图可看出，边长 L 越长，频率越高，天线的增益越大，第 1 副瓣电平越小，辐射仰角也越小。

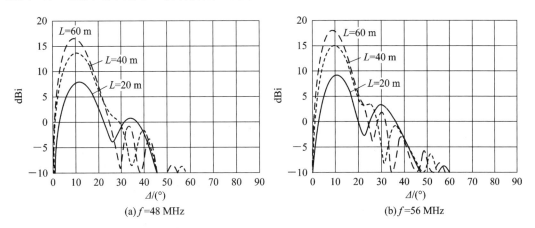

图 10.25　斜 V 形行波天线仿真的垂直面增益方向图

10.4　470～790 MHz 频段定向和全向天线

图 10.26 是由蝶形振子构成的 470～790 MHz 频段（BW＝50.8％）水平极化 4 元定向板状天线的结构。用 $\lambda_0/4$ 长金属绝缘子把蝶形振子固定在有缺口的矩形反射板上，用平衡双导线分别把 1 和 2、3 和 4 蝶形振子相连，在它们的中心再与有巴伦的同轴线相连。

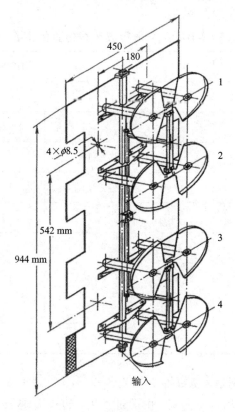

图 10.26　由 4 元蝶形振子构成的宽带水平极化板状天线结构

4 元蝶形振子的主要电参数如下：

(1) 频率范围：470～790 MHz。

(2) 相对带宽：50％。

(3) 最大功率容量：＞1 kW。

(4) 输入阻抗：50 Ω。

(5) 极化：水平（把天线旋转 90°，也可以变成垂直极化）。

(6) $G＝13$ dBi。

用图 10.26 所示单元可以构成如图 10.27 所示全向、定向和双向水平面方向图，其中图 10.27(a)(R 形)是用 4 元板状天线构成的圆度小于 2 dB 的全向水平面方向图；图 10.27(b)(F 形)是用 3 元板状天线构成的定向水平面方向图；图 10.27(c)(C 形)是用 2 元 90°板状天线构成的定向水平面方向图；图 10.27(d)(E 形)是用两个背向配置板状天线构成的双向水平面方向图。

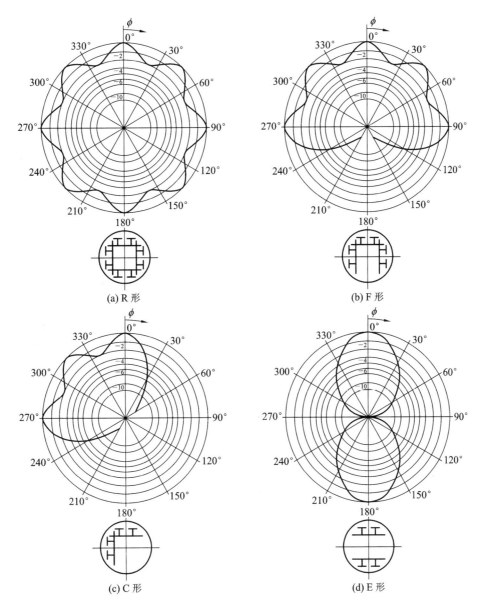

图 10.27　用不同配置的基本辐射单元构成的全向、定向和双向水平面方向图

全向、定向和双向天线阵在不同层的单元数量及在不同频率的增益如表 10.16 所示。

表 10.16　470~790 MHz 频段全向、定向和双向天线阵在不同层的单元数量及增益

水平面方向 图的类型	层数	天线的单元数	G/dB		
			470 MHz	630 MHz	790 MHz
全向 R 形	4	16	9.3	9.8	10.7
	8	32	12.3	12.8	13.7
	12	48	14.1	14.6	15.5
	16	64	15.3	15.8	16.7

水平面方向图的类型	层数	天线的单元数	G/dB		
			470 MHz	630 MHz	790 MHz
定向 F 形	4	12	10.6	10.7	11.8
	8	24	13.6	13.7	14.8
	12	36	15.3	15.8	16.7
	16	48	16.6	16.7	17.8
定向 C 形 双向 E 形	4	8	12.3	12.8	13.7
	8	16	15.3	15.8	16.7
	12	24	17.1	17.6	18.5
	16	22	18.3	18.8	19.7

10.5　渐变缝隙天线

渐变缝隙天线是由渐变辐射轮廓构成的一种端射定向行波天线，不仅具有对称的 E 面和 H 面方向图，而且具有宽带、高增益、易与电路集成等优点，因而在微波波段，如雷达系统中得到广泛应用。超宽带天线阵也广泛采用渐变缝隙天线作为基本辐射单元。渐变缝隙天线也叫张开的缺口天线，通常用微带线馈电。大多数情况下，单元渐变缝隙天线的长度在低频段大于 $\lambda/2$，在高频段大于 2λ。渐变缝隙天线有线性椭圆渐变缝隙天线及其变形结构，如兔耳天线。

10.5.1　用椭圆金属片构成的超宽带渐变缝隙天线

图 10.28(a)是由椭圆金属片构成的超宽带渐变缝隙天线。椭圆辐射体左右对称地分别印刷制造在 ε_r 基板的正反面，椭圆辐射体的长、短轴半径之比 $R_2/R_1=1.3$。用渐变微带巴伦馈电，按最低工作频率 $f_L=400$ MHz 和 $f_L=830$ MHz 设计了天线 1 和 2，天馈的具体参数及尺寸如表 10.17 所示。

表 10.17　椭圆渐变缝隙天馈的参数及尺寸

参数	天线 1	天线 2
	尺寸($f_L=400$ MHz)/mm	尺寸($f_L==830$ MHz)/mm
W	$D+8$	$D+8$
D	$2R_1+E$	$2R_1+E$
L	$2R_2+L_s+L_p+L_t+L_m+4$	$2R_2+L_s+L_p+L_t+L_m+4$
R_1	68	32.5
R_2	$1.3R_1$	$1.3R_1$
E	$2R_1+S$	$2R_1+S$
S	2	2

续表

参数	天线 1	天线 2
	尺寸(f_L=400 MHz)/mm	尺寸(f_L==830 MHz)/mm
r_1	43.2	43.2
r_2	27	27
(x_1, y_1)	(2.975, 60)	(2.975, 60)
(x_2, y_2)	(12, 110)	(10, 70)
(x_3, y_3)	(69, 126.6)	(33.5, 72.75)
L_s	66.6	12.75
L_p	10	10
L_t	42.5	42.5
L_m	7.5	7.5
W_p	5.95	5.95
W_m	4.65	4.65
W_{gp}	60	60
g_t	8	8

图 10.28(b)是天线 1 仿真和实测 G-f 特性曲线，由图可看出，f>1 GHz，G 为 5～10 dBi。

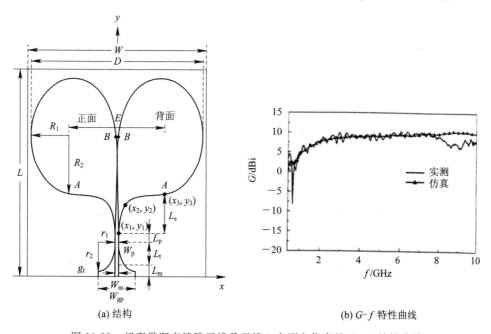

(a) 结构　　　　　　　　　　　　　(b) G-f 特性曲线

图 10.28　超宽带渐变缝隙天线及天线 1 实测和仿真的 G-f 特性曲线

在 400～9800 MHz 频段和 830～9794 MHz 频段，天线 1 和天线 2 实测 VSWR≤2 的

带宽比分别为 24.5:1 和 11.8:1。

图 10.29(a)是在 $3.1 \sim 10.6$ GHz 频段用厚度 $h=0.81$ mm，$\varepsilon_r=3.38$ 基板印刷制造的椭圆渐变缝隙天线，图 10.29(b)、(c)分别是椭圆渐变缝隙天线及偏置渐变微带馈线的结构及参数，图中无黑色半圆为普通渐变缝隙天线。

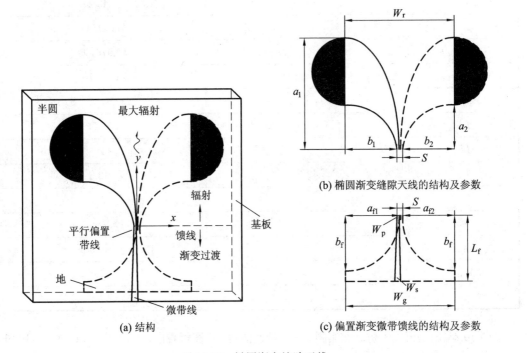

(a) 结构

(b) 椭圆渐变缝隙天线的结构及参数

(c) 偏置渐变微带馈线的结构及参数

图 10.29　椭圆渐变缝隙天线

椭圆渐变缝隙天线和馈线的具体尺寸为：$a_1=50$ mm，$b_1=25$ mm，$a_2=20$ mm，$b_2=24$ mm，$W_g=51$ mm，$L_f=31$ mm，$W_s=1.86$ mm，$W_p=1$ mm，$S=0.5$ mm，$a_{f1}=26$ mm，$a_{f2}=24$ mm，$b_f=25$ mm。

具有上述尺寸的椭圆渐变缝隙天线在 $2.35 \sim 20$ GHz 频段的实测 $S_{11} \leqslant -10$ dB，带宽比为 8.51:1；在阻抗带宽内，$G=4 \sim 8$ dBi。该天线有对称的 E 面和 H 面方向图。

普通渐变缝隙天线虽然具有与椭圆渐变缝隙天线类似的定向 E 面和 H 面方向图，但普通渐变缝隙天线 $S_{11} < -10$ dB 的最低工作频率为 3.8 GHz，$S_{11} \leqslant -10$ dB 的带宽比为 5.26:1，明显比椭圆渐变缝隙天线的阻抗带宽窄。

10.5.2　小尺寸渐变缝隙天线

为了减小渐变缝隙天线的尺寸，如图 10.30 所示，把渐变缝隙天线的边缘变成渐变缝隙，在 $f_0=3.1$ GHz，用厚 1 mm、$\varepsilon_r=4.6$，尺寸为 48 mm×60 mm 的 FR4 基板按下式曲线设计制造（为了与 50 Ω 同轴线匹配，采用 1.9 mm 宽的微带线馈电）：

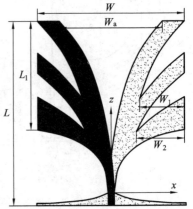

图 10.30　边缘带渐变缝隙的渐变缝隙天线

$$Z = \pm(1.2259\mathrm{e}^{0.05X} - 2.1759) \tag{10.4}$$

式中，$-17 \text{ mm} \leqslant X \leqslant 0.95 \text{ mm}$，$0 \leqslant Z \leqslant 55 \text{ mm}$。

通过优化设计，边缘带渐变缝隙的渐变缝隙天线的最佳尺寸如表 10.18 所示。

表 10.18　边缘带渐变缝隙的渐变缝隙天线的最佳尺寸

参数	L	W	L_1	W_a	W_1	W_2
尺寸/mm	60	48	35	34	16.8	15.4

该天线主要的实测电参数如下：在 2.4～14 GHz 频段，VSWR≤2，带宽比为 5.83∶1；E 面和 H 面呈单向；在阻抗带宽内，实测增益为 3.8～10 dBi，其中，在 6.5～14 GHz 频段，$G \geqslant 8$ dBi。

10.5.3　宽带兔耳天线

由于渐变缝隙天线长度超过 2λ，不仅尺寸相对长，而且纵向表面电流也易产生大的交叉极化分量，但采用渐变缝隙天线的变形结构长度缩短的兔耳天线后，由于忽略了纵向表面电流，因而不会产生大的交叉极化分量。

图 10.31(a)是由平衡馈线、阻抗过渡段和渐变翼形偶极子组成的兔耳天线。它们均对称地位于基板的正反面。设计缝隙线，以便与 50 Ω 输入阻抗匹配；为了与 100 Ω 辐射电阻匹配，线的形状按照切比雪夫渐变设计；为了获得宽频带，把偶极子的翼制作成扇形，以维持表面电流。在 0.5～18 GHz 频段，该天线实测 VSWR≤2 的尺寸如图 10.31(b)所示。

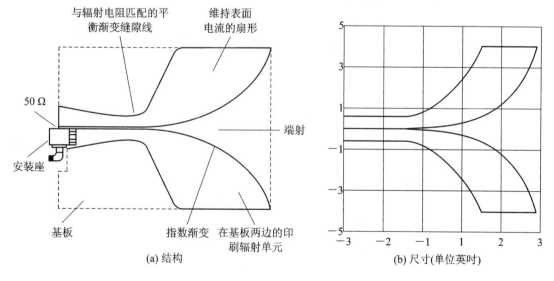

图 10.31　兔耳天线及在 0.5～18 GHz 频段的尺寸

10.5.4　由外边缘带波纹兔耳天线构成的天线阵

为了让用兔耳天线构成的双极化天线阵更紧凑，宜用如图 10.32 所示外边缘带波纹的兔耳天线。在 0.3～1 GHz 频段，外边缘带波纹兔耳天线的尺寸如下：缝隙馈线的宽度 $S =$

3 mm，单元的深度 $d=280$ mm，单元的高度 $b=170$ mm，开口的宽度 $H=117$ mm，渐变段的高度 $c=40$ mm。

波纹的尺寸为：$a=5$ mm，$S_1=10$ mm，$S_2=10$ mm，$S_3=2$ mm。

渐变缝隙线的曲率由下式确定：

$$X=(1-\mathrm{e}^{-0.52})^{2.5} \tag{10.5}$$

外边缘带波纹兔耳天线的输入阻抗为 150 Ω，用地板下面阻抗变换比为 3∶1(150 Ω 到 50 Ω)的巴伦馈电。图 10.33(a)、(b)是 L 形和 X 形天线。L 形是把正交单元在每个单元的外边缘相交，X 形是沿它们的轴相交。图 10.34(a)、(b)分别是单元间距为 170 mm、E 面 45° L 形、X 形天线的 VSWR 和 G 的频率特性曲线。由图可看出，L 形不管是 VSWR，还是增益都优于 X 形，在 0.3～1 GHz 频段，VSWR≤2.5，带宽比为 3.3∶1，增益为−4.2～6 dBi。

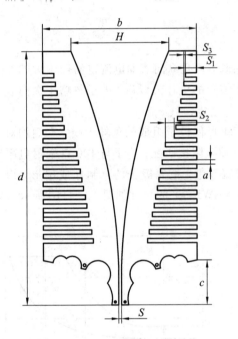
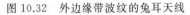

图 10.32　外边缘带波纹的兔耳天线

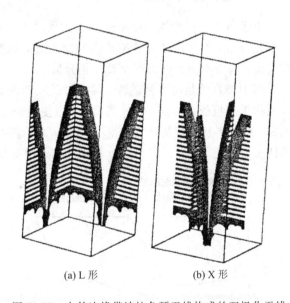

(a) L 形　　　　　　　(b) X 形

图 10.33　由外边缘带波纹兔耳天线构成的双极化天线

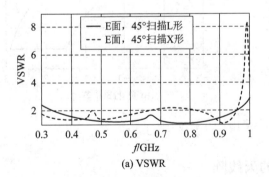

(a) VSWR

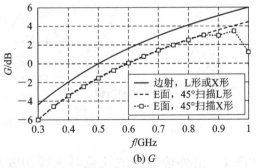

(b) G

图 10.34　由外边缘带波纹兔耳天线构成的双极化天线的 VSWR 和 G 的频率特性曲线

10.6　TEM 喇叭天线

10.6.1　TEM 喇叭天线的结构和特性

　　TEM 喇叭天线用 TEM 模双线传输线馈电，基本结构如图 10.35(a) 所示，由两块渐变金属板组成。TEM 喇叭天线的电参数主要由金属板的张角、板的斜长 S 及两块板的张角 β 决定。在 $S \to \infty$ 的情况下，把 Z_C 定义为喇叭的 TEM 传输线模特性阻抗，Z_C 仅是 α 和 β 的函数。图 10.35(b) 为 Z_C 与 α、β 的关系曲线，$Z_C = 100\ \Omega$ 的 TEM 喇叭最常用。图 10.35(c) 是 $Z_C = 100\ \Omega$，不同 S/λ 情况下 G 与 β 的关系曲线；由图可看出，$S/\lambda > 3$，$15° < \beta < 20°$，G 最大。图 10.35(d) 是 $Z_C = 100\ \Omega$ 时，不同 α、β 情况下，G 与 S/λ 的关系曲线；由图可看出，G 随 β、α 和 S/λ 的增加而变大。TEM 喇叭天线的增益为 5～15 dBi。

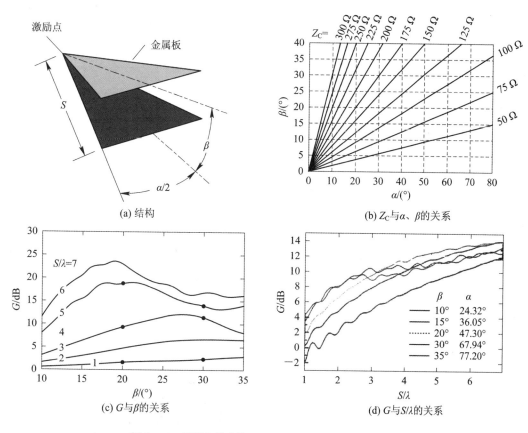

图 10.35　TEM 喇叭的 Z_C、G 与尺寸之间的关系曲线

10.6.2　指数渐变 TEM 喇叭天线

　　TEM 喇叭天线是由两块金属板构成的端射宽带行波天线，金属板可以是线性的，也可以呈指数渐变。对图 10.36(a) 所示张角和喇叭的宽度均呈指数渐变的 TEM 喇叭天线，指数渐变段的特性阻抗 $Z(y)$ 为

$$Z(y) = Z_0 e^{\alpha y} \quad (0 \leqslant y \leqslant L) \tag{10.6}$$

$$\alpha = \frac{1}{L} \ln\left(\frac{Z_L}{Z_0}\right) \tag{10.7}$$

式中，Z_0 为 50 Ω 馈线的特性阻抗，Z_L 为固有特性阻抗（$Z_L = 120\pi\,\Omega = 377\ \Omega$），$L$ 为喇叭天线的长度。

在馈电区，天线的结构通常为平行金属板。基于此，用平行带线设计公式设计 TEM 喇叭天线的宽度：

$$W(y) = 377 d(y) Z(y) \quad (0 \leqslant y \leqslant L) \tag{10.8}$$

式中，$d(y)$ 为 TEM 喇叭两块渐变板的间距，按中心频率 $f_0 = 610$ MHz（$\lambda_0 = 491.8$ mm）设计制造了如图 10.36(b)所示长度 $L = 600$ mm（$1.22\lambda_0$），口面尺寸为 750 mm×750 mm（$1.525\lambda_0 \times 1.525\lambda_0$），用同轴线馈电的指数渐变 TEM 喇叭天线。馈电区平行金属板的尺寸为长×宽=120 mm×76 mm（$0.244\lambda_0 \times 0.15\lambda_0$），间距为 18 mm（$0.0366\lambda_0$）。指数渐变 TEM 喇叭天线的特性阻抗 $Z(y)$、间距 $d(y)$ 和宽度 $W(y)$ 的尺寸如表 10.19 所示。

表 10.19　指数渐变 TEM 喇叭天线的尺寸

y/mm	$Z(y)$/Ω	$d(y)$/mm	$W(y)$/mm	y/mm	$Z(y)$/Ω	$d(y)$/mm	$W(y)$/mm
−120	50.0	18	76	240	136.9	93	241
0	50.0	18	76	280	158.7	121	292
40	60.7	22	92	320	170.4	157	333
80	69.9	28	117	360	209.5	231	401
120	76.2	36	131	400	250.3	320	482
160	93.0	44	159	440	303.6	511	567
200	110.1	66	189	480	377.0	750	750

该天线在 74.4～1190 MHz 频段，实测 VSWR≤2，带宽比为 16∶1；在 200 MHz 和 1100 MHz 时，实测增益分别为 8.3 dBi 和 13.7 dBi。相对最低工作频率 74.4 MHz 的波长 λ_L（$\lambda_L = 4032$ mm），天线的电尺寸为：长为 $0.149\lambda_L$，口面尺寸为 $0.186\lambda_L \times 0.186\lambda_L$。

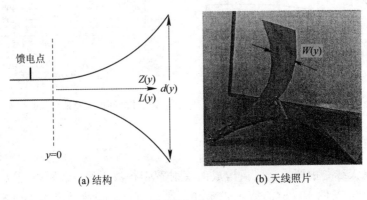

(a) 结构　　　　　　　　(b) 天线照片

图 10.36　指数渐变 TEM 喇叭天线

为了进一步改善长度为 650 mm，口面尺寸为 800 mm×800 mm，指数渐变 TEM 喇叭天线 VSWR 的频带特性，在天线的馈电区，采用了如图 10.37(a)所示的微带渐变巴伦，指数渐变 TEM 喇叭天线的尺寸如表 10.20 所示。图 10.37(b)为该天线的照片。

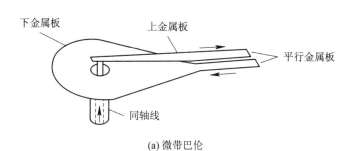

(a) 微带巴伦

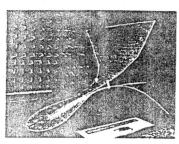

(b) 天线照片

图 10.37　带微带渐变巴伦的指数渐变 TEM 喇叭天线

表 10.20　指数渐变 TEM 喇叭天线的尺寸

y/mm	−150	0	50	100	150	200	250	300	350	400	450	500
$Z(y)$/Ω	50	50	61.2	74.9	91.6	112.2	137.3	168	205	251.6	308	377
$d(y)$/mm	13	13	20	30	43	65	94	142	212	342	530	800
$W(y)$/mm	73	73	92	116	153	196	238	305	393	498	630	800

微带渐变巴伦的输入阻抗与 50 Ω 同轴线相同，输出阻抗应该等于指数渐变 TEM 喇叭天线的输入阻抗。具有上述尺寸的天线在 600～1000 MHz 频段仿真的输入阻抗 R_{in} 约为 30 Ω，$X_{in} \approx 0$ Ω。按表 10.21 所示巴伦的尺寸，把上金属板的宽度按指数逐渐加宽，把下金属板的宽度按指数逐渐变窄来实现不平衡—平衡变换及阻抗匹配。

表 10.21　巴伦的尺寸

y/mm	0	50	100	150	200	250
$Z(y)$/Ω	50	45	40.8	36.8	33.2	30
$d(y)$/mm	11	11	11	11	11	13
$W(y)$/mm	45	45	48	56	65	73

该天线实测主要电参数如下：在 81～1310 MHz 频段的 VSWR≤2，带宽比为 16.17∶1，$f>300$ MHz，$G \geq 8$ dBi；$f=400$ MHz，$G=8.5$ dBi；$f=1100$ MHz，$G=13$ dBi。

相对最低工作频率 81 MHz 的波长 λ_L，天线的电尺寸为：长为 $0.175\lambda_L$，口面尺寸为 $0.229\lambda_L \times 0.229\lambda_L$。

10.6.3　椭圆 TEM 喇叭天线

图 10.38(a)、(b)是 0.5～18 GHz 频段的 TEM 喇叭天线。喇叭呈椭圆形,其好处是天线的输入阻抗及增益具有极宽的带宽。该天线在 0.5～18 GHz 频段 E 面、H 面均呈单向。

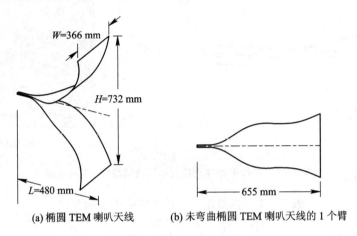

(a) 椭圆 TEM 喇叭天线　　　(b) 未弯曲椭圆 TEM 喇叭天线的 1 个臂

图 10.38　TEM 喇叭天线

固定 TEM 喇叭天线的长度 $L=480$ mm,但如图 10.39(a)所示,改变 TEM 喇叭的带宽 W 和高度 H,可以得出如表 10.22 所示 4 组喇叭的尺寸。

表 10.22　4 组椭圆 TEM 喇叭天线的尺寸

频率范围/MHz	长度 L/mm	高度 H/mm	宽度 W/mm	H/L
240～480	480	240	120	0.50
480～480	480	480	240	1.00
732～480	480	732	366	1.525
960～480	480	960	480	2.00

图 10.39(b)、(c)分别是 4 组等长但不等高椭圆 TEM 喇叭天线仿真的 VSWR 和 G - f 的频率特性曲线。由图可看出,高度越低,增益越高;除高度为 240 mm 组的低频 VSWR 稍大外,4 组在 1～12 GHz 频段的 VSWR≤2,但 $f>$ 12 GHz 时,VSWR 变大,直到为 18 GHz 时为 3.2。

在 1～18 GHz 频段对不同 H/L 椭圆 TEM 喇叭的 E 面和 H 面进行仿真,结果表明,不管 TEM 喇叭多高,E 面 HPBW 基本不变(HPBW=20°),对高度最小的 TEM 喇叭,E 面变化最小,3～18 GHz 频段几乎与频率无关;H 面在 H/L 比较小时随频率变化,在 $H/L=1$ 时变化最小,但随着频率的增加,H 面 HPBW 变宽,天线增益下降。相对最低工作频率 1 GHz 的波长 $\lambda_L(\lambda_L=300$ mm),天线的电尺寸为:$L=1.6\lambda_L$,$H=2.44\lambda_L$,$W=1.22\lambda_L$。

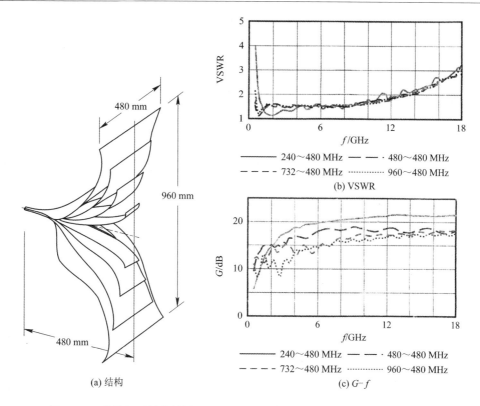

图 10.39　等长但不等高椭圆 TEM 喇叭天线仿真的 VSWR 和 G–f 特性曲线

10.6.4　UWB 雷达使用的 TEM 喇叭天线

与窄带雷达相比，UWB 雷达有更好的成像分辨率、更好的穿透能力和优良的检测隐藏目标能力。UWB 雷达广泛用于防汽车碰撞、机载成像、隐藏目标成像、过墙跟踪、监测呼吸等军用和民用领域。

图 10.40 是由张开的两块金属板和巴伦组成的 TEM 喇叭天线，它们的宽度 $a(x)$、间距 $b(x)$ 沿长度变化，输入端位于 P 点，辐射口面位于 $L=x$ 与 yz 面平行的平面。

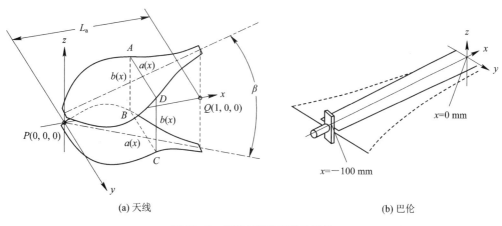

图 10.40　TEM 喇叭天线及巴伦

要构成 TEM 喇叭金属板的理想形状，其阻抗应当由输入端的 50 Ω 连续变化到自由空间的 377 Ω，但存在端口、渐变段和口面的 3 种反射。表 10.23 为 TEM 喇叭天线的不同尺寸及口面阻抗。

表 10.23　TEM 喇叭天线的不同尺寸及口面阻抗

口面阻抗 b/a		377 Ω 5.78	240 Ω 1.78	180 Ω 1.00	150 Ω 0.75	120 Ω 0.53
x/mm	b/mm	a_1/mm	a_2/mm	a_3/mm	a_4/mm	a_5/mm
0.0	7.0	42.0	42.0	42.0	42.0	42.0
19.6	16.7	96.0	96.8	97.4	97.8	98.2
39.2	26.3	143.0	146.1	148.2	149.6	151.2
58.8	36.0	180.4	187.8	192.7	195.8	199.7
78.4	45.6	206.6	220.2	229.3	235.2	242.6
98.0	55.3	220.8	242.4	257.0	266.6	278.8
117.6	64.9	223.6	254.2	275.5	289.7	308.0
137.2	74.6	216.6	256.6	285.2	304.7	330.0
156.8	84.2	201.8	251.0	287.2	312.2	345.3
176.4	93.9	181.8	239.3	282.8	313.4	354.6
196.0	103.5	159.4	223.6	273.7	309.8	359.2
215.6	113.2	136.6	205.7	261.7	302.9	360.2
235.2	122.8	114.8	187.4	248.3	294.1	358.9
254.8	132.5	95.2	169.9	234.9	284.8	356.5
274.4	142.1	78.4	154.1	222.4	275.9	354.1
294.0	151.8	64.6	140.6	211.7	268.5	352.6
313.6	161.4	53.8	129.6	203.3	263.0	352.8
333.2	171.1	45.8	121.4	197.5	260.0	355.1
352.8	180.7	40.2	115.8	194.4	259.7	360.0
372.4	190.4	36.6	112.8	194.0	262.3	367.7
392.0	200.0	34.6	112.2	196.4	267.6	378.2

注：x、b 分别代表 x、z 轴天线的尺寸。

　　由表 10.23 可看出，377 Ω 表示 TEM 喇叭有大的间距/宽度比(b/a)；180 Ω 表示有相同的间距/宽度比(b/a)；120 Ω 则表示有小的间距/宽度比(b/a)。研究表明，TEM 喇叭天线的最佳口面阻抗不是 377 Ω，而是 180 Ω。

　　端口反射主要由馈电结构失配引起。由于 TEM 喇叭为对称天线，如果用同轴线作为馈线，必须附加如图 10.40(b)所示巴伦。由图可看出，50 Ω 同轴线与微带线相连，通过指数渐变把微带线变为平板传输线与 TEM 喇叭相连，巴伦的长度为 100 mm，巴伦顶板和底板的尺寸为

$$y_t = \pm(2.94e^{0.0108x} + 6.05) \tag{10.9}$$

$$y_b = \pm(e^{-0.03x} + 8) \tag{10.10}$$

式中，x、y_t、y_b 为顶和底金属板的坐标，单位为 mm。

　　TEM 喇叭天线的长度会影响辐射方向图的形状。为了使 TEM 喇叭天线的方向系数最佳，喇叭天线的口面高度 b 要满足下式：

$$b = \sqrt{2\lambda L_a} \tag{10.11}$$

式中，L_a 为喇叭天线的轴长，λ 为工作波长。

　　含巴伦在内，在 0.75～12 GHz 频段 TEM 喇叭天线的尺寸为 429 mm×268 mm×200 mm，相对最低工作频率 0.75 GHz 的波长 λ_L（$\lambda_L = 400$ mm），该天线的电尺寸为 $1.0725\lambda_L × 0.67\lambda_L × 0.5\lambda_L$。该天线在 0.75～12 GHz 频段的实测 $G = 3$～13 dBi，方向图呈单向；在增益带宽内，实测 $S_{11} < -10$ dB，带宽比为 17.14：1。

10.6.5　大功率超宽带 TEM 喇叭天线

　　常用超宽带天线中，由于 Bowtie 天线要引入阻抗变换器和屏蔽腔，结构略显复杂；渐变槽缝天线和 Vivaldi 天线都属于平面喇叭天线，但对馈电方式要求比较严格，且具有较大的交叉极化分量；双锥天线虽然结构简单，但增益较低。可见，设计低频段 TEM 喇叭天线更具有挑战性。为了满足天线的功率要求，采用大功率同轴宽带巴伦直接馈电。

　　TEM 喇叭天线由同轴宽带巴伦和辐射喇叭两部分组成。其中同轴宽带巴伦是采用指数渐变切割同轴线的介质和外导体，内导体固定不变构成的一种宽带馈电装置。辐射喇叭分别由和同轴宽带巴伦的内、外导体相连的两块逐渐张开的平滑金属板组成。TEM 喇叭天线及同轴宽带巴伦的基本结构和参数分别如图 10.41 及图 10.42 所示。

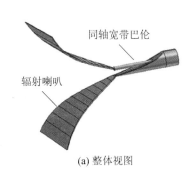
(a) 整体视图

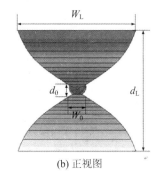
(b) 正视图

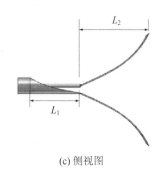
(c) 侧视图

图 10.41　TEM 喇叭天线

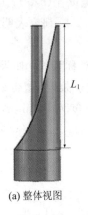
(a) 整体视图

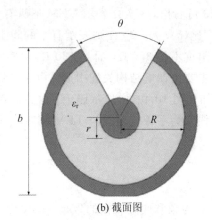
(b) 截面图

图 10.42　同轴宽带巴伦

考虑到天线的尺寸及功率容量，通过仿真优化同轴宽带巴伦末端的阻抗，即用同轴宽带巴伦将同轴线的 50 Ω 渐变到天线输入端的 150 Ω。

辐射喇叭张面的形状、长度、宽度和高度都会影响电气性能。TEM 喇叭张面的形状可以是线性、指数和 Chebyshev 式。线性较其他形状容易加工，Chebyshev 式则可以提高天线的方向性，由于指数渐变结构具有更平滑的阻抗特性，还能减小回波损耗和增大阻抗带宽，所以本设计采用指数渐变结构。

同轴宽带巴伦变换段的长度 L_1 由低频决定，L_1 越长，阻抗变换越平滑，VSWR 越小，但受天线尺寸的限制，通常选取 $L_1 = 0.27\lambda$。辐射喇叭的长度 L_2 也是越长，低频 VSWR 越小，但太长，尺寸就太大，故一般选择 $L_2 = 0.37\lambda$。在辐射喇叭高宽度比为 1，其他参数不变的前提下，辐射喇叭的口面尺寸小于 $0.5\lambda \times 0.5\lambda$，低频 VSWR 较差，口面尺寸为 $0.5\lambda \times 0.5\lambda$；虽然在 $0.2\sim6$ GHz 频段，VSWR<2，但考虑天线增益不能太低，故最终选择辐射喇叭的口面尺寸为 $0.57\lambda \times 0.57\lambda$。经过优化设计，$0.2\sim6$ GHz 频段 TEM 喇叭天线的尺寸如表 10.24 所示，其中部分尺寸用最低频率 0.2 GHz 的波长 λ_L 表示。

表 10.24　$0.2\sim6$ GHz 频段 TEM 喇叭天线的尺寸

参数	R	ε_r	d_0	W_0	L_1	L_2	d_1	W_1
尺寸/mm	15.9	2.2	$52.5\lambda_L$	31.8	$0.27\lambda_L$	$0.37\lambda_L$	$0.57\lambda_L$	$0.57\lambda_L$

根据表 10.24 的尺寸加工了 TEM 喇叭天线，图 10.43(a) 是天线的照片，在加工过程中，用双脊固定辐射喇叭，脊和辐射张面用绝缘支撑；在 $0.2\sim6$ GHz 频段对天线的电参数进行实测，图(b) 为 $S_{11}\text{-}f$ 特性曲线，图(c) 为 $G\text{-}f$ 特性曲线，图(d)、(e) 分别为 f 为 1.3 GHz 和 5 GHz 时仿真和实测的 E 面和 H 面方向图，由图可看出，该天线在 $0.2\sim6$ GHz 频段的 VSWR≤2，平均增益≥9 dB，增益平坦度≤±1 dB，E 面和 H 面方向图也较好。另外，该天线还能承受 MW 级瞬时功率。

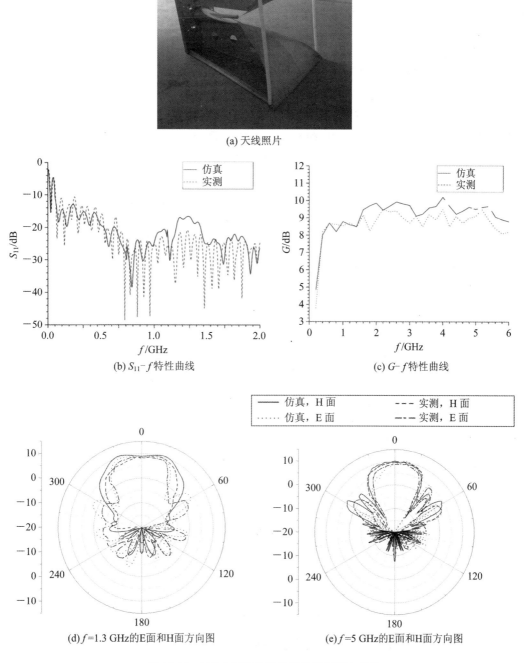

(a) 天线照片

(b) S_{11}-f特性曲线

(c) G-f特性曲线

(d) f=1.3 GHz的E面和H面方向图

(e) f=5 GHz的E面和H面方向图

图 10.43　TEM 喇叭天线的照片及实测电参数

10.7　由偶极子构成的 UWB 微波定向天线

超宽带(UWB)天线大致可以分成四类：第一类结构是按一定比例进行的分类，如双锥偶极子、对数周期偶极子天线；第二类是互补结构，如互补螺旋天线；第三类为行波结构，如渐变缝隙天线；第四类为多谐振结构。

10.7.1　平面短路蝶形偶极子

图 10.44 是利用互补天线原理，由两个短路蝶形磁偶极子和两个平面电偶极子、U 形反射板和同轴到微带馈线构成的低轮廓宽带天线。短路蝶形磁偶极子由两个短路 $\lambda/4$ 长 4 角贴片组成。两个平面电偶极子和短路蝶形磁偶极子的水平部分是用厚 0.79 mm、$\varepsilon_r =$ 2.33 基板的背面印刷制造的，沿蝶形磁偶极子的边缘用 5 个金属柱把蝶形磁偶极子短路，U 形反射板的尺寸为 95 mm($0.836\lambda_0$)×120 mm($1.056\lambda_0$)×10.79 mm($0.095\lambda_0$)。微带馈线由 $F_2 =$ 2.4 mm 宽特性阻抗为 50 Ω 线和 $F_1 =$ 1 mm 宽特性阻抗为 82 Ω 的 $\lambda/4$ 长阻抗变换段组成。位于基板正面的微带馈线过孔与背面的天线相连。同轴线的内导体穿过 U 形反射板与基板正面的 50 Ω 微带馈线相连，同轴线外导体与背面短路蝶形磁偶极子的水平部分相连，同时还兼作短路柱。表 10.25 为该天线的尺寸及相对中心频率 $f_0 =$ 2.6 GHz 的电尺寸。该天线在 1.96～3.32 GHz 频段实测 VSWR≤1.5，相对带宽为 51.5%，在阻抗带宽内实测增益为 5.8～8.3 dBi。

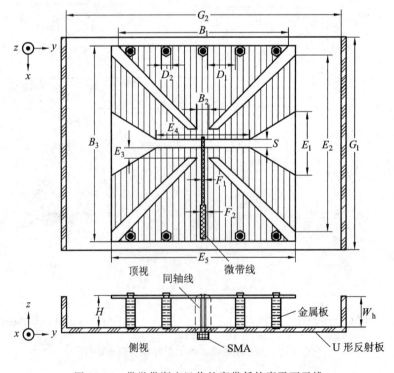

图 10.44　带微带渐变巴伦的宽带低轮廓平面天线

表 10.25　带微带渐变巴伦的宽带低轮廓平面天线的尺寸及电尺寸

参数	E_1	E_2	E_3	E_4	E_5	S
尺寸/mm	23.2	81.2	5	40	88	3.2
电尺寸	$0.20\lambda_0$	$0.71\lambda_0$	$0.04\lambda_0$	$0.35\lambda_0$	$0.77\lambda_0$	$0.03\lambda_0$
参数	B_1	B_2	B_3	G_1	G_2	D_1
尺寸/mm	$0.77\lambda_0$	$0.04\lambda_0$	$0.77\lambda_0$	$0.84\lambda_0$	$1.06\lambda_0$	$0.10\lambda_0$
电尺寸	88	5	87.2	95	120	11
参数	D_2	F_1	F_2	H	W_h	
尺寸/mm	4	1	2.4	10.79	10.79	
电尺寸	$0.04\lambda_0$	$0.01\lambda_0$	$0.02\lambda_0$	$0.09\lambda_0$	$0.09\lambda_0$	

10.7.2　UWB 小尺寸蝶形自互补天线

理论上用自互补天线能实现频率无关的阻抗特性，图 10.45 是用厚 1.6 mm，$\varepsilon_r=4.4$，尺寸为 35 mm×10 mm 的 FR4 基板印刷制造的 3.04～11.47 GHz 频段的 UWB 蝶形自互补天线。由图可看出，该天线辐射部分由 3 角贴片和相应的 3 角形缝隙组成，用中心金属带和 4 角形金属片构成共面波导 CPW 馈电并完成阻抗匹配。仅用中心金属带（$\theta_1=0$）只能在 6～12 GHz 频段使 VSWR≤2，增加 $\theta_1=50°$ 的 3 角金属片，$\theta_2=18°\sim28°$ 时，在 3～12 GHz 频段就能使 VSWR≤2。该天线实测 VSWR≤2.0 的频率范围为 3.04～11.47 GHz，带宽比为 3.77：1；在阻抗带宽内，实测 $G=2\sim5.7$ dBi，H 面基本上为全向，E 面为 8 字形。

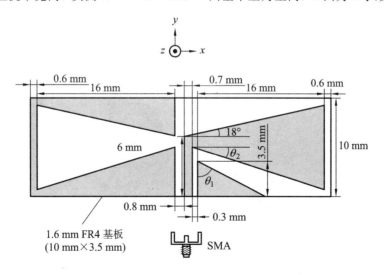

图 10.45　蝶形自互补 UWB 天线

10.7.3　宽带 T 形匹配蝶形偶极子

为了在 2.89～6.5 GHz 频段（带宽比为 2.249）实现 VSWR≤2.0，$G=6\sim9.4$ dBi 的宽

带定向天线，宜采用有宽带特性的平面蝶形偶极子；为了进一步展宽阻抗带宽，还给蝶形偶极子附加了如图 10.46 所示 T 形或倒 T 形匹配，通过调整蝶形偶极子的长度 L 和 T 形匹配的距离 D，就能进一步展宽蝶形偶极子的阻抗带宽。用厚为 1 mm、$\varepsilon_r = 2.65$ 基板印刷制造了如图 10.47 所示用微带渐变巴伦馈电的带倒 T 形匹配宽带的蝶形偶极子。把倒 T 形匹配可以看成与平面偶极子并联连接的短路传输线，用短路传输线的感抗补偿了缩短尺寸偶极子的容抗。用厚为 0.8 mm、$\varepsilon_r = 2.65$ 基板制造的微带渐变巴伦把 50 Ω 变为 120 Ω，实现了馈线与天线的阻抗匹配。

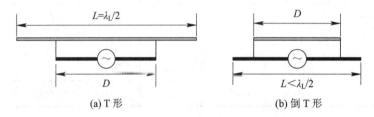

(a) T 形　　　　　　　　　　　(b) 倒 T 形

图 10.46　T 形和倒 T 形匹配偶极子

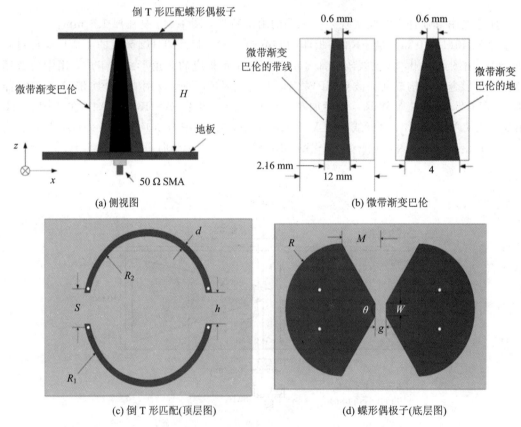

(a) 侧视图　　　　　　　　　　　　　(b) 微带渐变巴伦

(c) 倒 T 形匹配(顶层图)　　　　　　　　(d) 蝶形偶极子(底层图)

图 10.47　带微带渐变巴伦的宽带倒 T 形匹配蝶形偶极子

带微带渐变巴伦和宽带倒 T 形匹配蝶形偶极子的尺寸如下：$R = 10$ mm，$M = 6$ mm，$\alpha = 120°$，$g = 0.8$ mm，$R_1 = 11.5$ mm，$R_2 = 10.5$ mm，$h = 4$ mm，$S = 6$ mm，$H = 18$ mm，$d = 1$ mm。

该天线实测的主要电参数如下：

(1) 在 2.89~6.5 GHz 频段 VSWR≤2.0，相对带宽为 76.9%。

(2) 在阻抗带宽内，$G = 6 \sim 4$ dBi。

(3) E 面和 H 面均呈单向。

10.7.4　用阶梯形带线馈电的 E 形偶极子

图 10.48 是用阶梯形带线给由两个 E 形短路贴片馈电构成的宽带偶极子。由耦合带线和传输线组成的阶梯带线馈线，实际上是由两个长度不相等的 L 形耦合带线组合而成的。传输线呈顶窄(2.3 mm)下宽(3.3 mm)的梯形，使用梯形而不用矩形，是为了实现更好的阻抗匹配。中心设计频率 $f_0 = 2.64$ GHz，天线的参数及尺寸如图所示。该天线在 1.845~3.435 GHz 频段实测 VSWR<1.5，相对带宽为 60.3%；在阻抗带宽内的实测平均增益为 8 dBi；该天线还具有低后瓣(−17 dB)和低交叉极化电平(−18 dB)的特点。

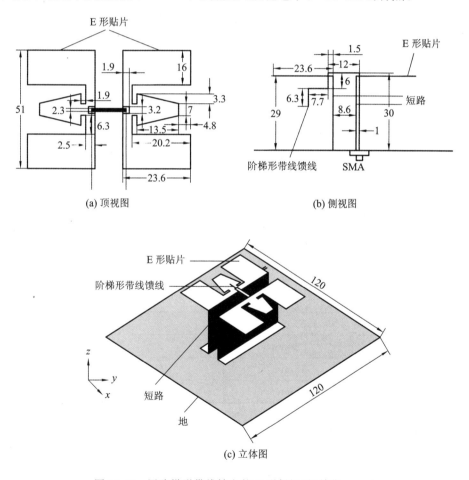

图 10.48　用阶梯形带线馈电的 E 形偶极子(单位：mm)

10.7.5　宽带折叠偶极子

图 10.49 是由折叠偶极子构成的宽带基站天线。为实现宽频带，基本辐射单元是用基板

正面的 L 形微带线给位于基板背面耦合馈电的折叠偶极子。把 50 Ω 同轴线的内导体与 L 形微带线相连,同轴线的外导体与共面带线相连。折叠偶极子的参数及尺寸如表 10.26 所示。

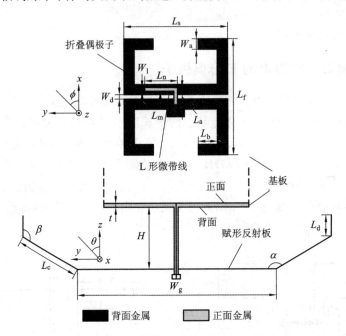

图 10.49　宽带折叠偶极子基站天线

表 10.26　宽带折叠偶极子的参数及尺寸

参　数	尺　寸	参　数	尺　寸
L_n	16.85 mm	W_d	2.1 mm
L_a	8.4 mm	W_e	1.7 mm
L_s	50 mm	W_4	3 mm
L_b	11 mm	t	0.76 mm
L_f	53.6 mm	α	150°
L_c	30 mm	β	120°
W_g	130 mm	S	63 mm
L_d	15 mm	H	42 mm
W_a	5 mm		

　　共面微带线缝隙的宽度 W_2、L 形耦合带线的长度(L_n+L_a)是调节阻抗匹配的关键参数。天线到赋形反射板的高度 H 也影响阻抗匹配。该天线在 1.65～2.8 GHz 频段实测 $S_{11}<$ -15 dB,相对带宽为 53%,在相对阻抗带宽内实测 $G=9$ dBi。

　　为了提高增益,把 8 元折叠偶极子按单元间距 110 mm 组阵,8 元天线阵实测的主要参数如下($S_{11}<-15$ dB 的频带范围为 1.56～2.9 GHz,相对带宽为 60%):

　　(1) $\text{HPBW}_H=62°\pm8°$,$\text{HPBW}_E=8°\pm2°$;

　　(2) 实测平均增益为 16 dBi。

用折叠偶极子可以构成如图 10.50 所示的单元间距 $S=63$ mm 的 ±45°双极化天线。调整 $d_s=0$，可以实现最大端口隔离度为 −30 dB。

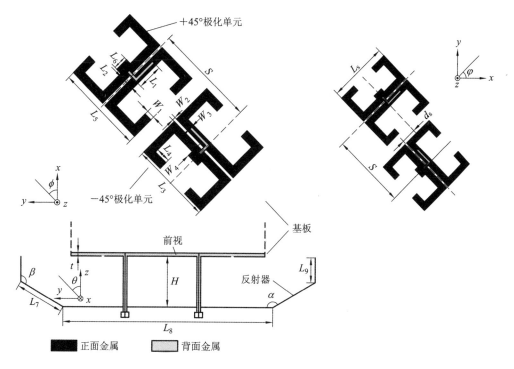

图 10.50　±45°双极化折叠偶极子

在 1.7～2.7 GHz 频段，±45°双极化折叠偶极子和馈线的参数及尺寸如表 10.27 所示。

表 10.27　±45°双极化折叠偶极子的参数及尺寸

参数	L_1	L_2	L_3	L_4	L_5	L_6	L_7	L_8	L_9
尺寸/mm	16.8	8.4	50	11	53.6	8	30	130	15

参数	W_1	W_2	W_3	W_4	T	S	H
尺寸/mm	5	2.1	1.7	3	0.76	43	42

±45°双极化折叠偶极子实测的主要电参数如下：在 1.69～2.78 GHz 频段实测 S_{11}、$S_{22}<-15$ dB，相对带宽为 48.8%；端口隔离度 $S_{21}<-30$ dB，$G=8.5\pm0.5$ dBi。

让单元间距 $d=105$ mm，可以构成 8 元 ±45°双极化折叠偶极子天线阵。该天线阵的主要电参数如下：在 1.6～2.9 GHz 频段实测 S_{11}、$S_{22}<-15$ dB，相对带宽为 58%；端口隔离度 $S_{21}<-30$ dB，$\mathrm{HPBW_H}=65°\pm10°$，$\mathrm{HPBW_E}=10°$，$G=15.5$ dBi。

10.7.6　H 面宽波束变形偶极子

如图 10.51 所示的变形偶极子，在 41% 的相对带宽内，实测 VSWR≤2，$\mathrm{HPBW_H}=120°$。由于该天线采用了以下技术，因而展宽了 H 面 HPBW：

（1）把平面反射板向两侧弯折成梯形，并附加调整 H 面 HPBW 高度为 h_G 的侧壁。

（2）用中间和左、右两侧长度和高度不等的 3 个偶极子作为辐射单元。

（3）在整个工作频段，为了维持较宽的波束宽度，在左、右偶极子附加长 L_s、宽 W_s 的 4 个缺口。

（4）为了展宽阻抗带宽，用宽度为 d_1 和 d_2 的 Γ 形带线耦合馈电。

中心频率 $f_0 = 3$ GHz（$\lambda_0 = 100$ mm）时，该天线的尺寸和电尺寸如表 10.28 所示。

表 10.28　H 面宽波束变形偶极子的尺寸和电尺寸

参数	L_1	L_2	L_s	L_G	W_1	W_2	W_s	W_G	h_1	h_2	h_G	a
尺寸/mm	23	34	5	100	10	8	5.2	46	30	22	15	22
电尺寸(λ_0)	0.23	0.34	0.05	1	0.1	0.08	0.05	0.46	0.3	0.22	0.15	0.22
参数	b	c	d_1	d_2	d	S_1	S_2	S_3	S_4	θ		
尺寸/mm	11	29	13	1.8	2.4	1	1	4	1	15°		
电尺寸(λ_0)	0.11	0.29	0.13	0.018	0.024							

该天线在 2.43 GHz 和 3.6 GHz 时 E 面和 H 面均呈单向，交叉极化电平低于 −20 dB。在 2.42～3.7 GHz 频段，实测 VSWR≤2，相对带宽为 40%；在 2.52～3.59 GHz 频段，实测 VSWR≤1.5，相对带宽为 35%；在阻抗带宽内，实测 $G = 3～6$ dBi；$\text{HPBW}_H = 120°$，$\text{HPBW}_E = 75°$，$F/B \geqslant 17$ dB。

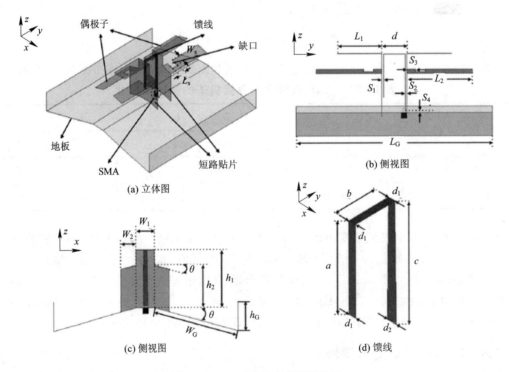

图 10.51　H 面宽波束变形偶极子

只要改变左、右偶极子的宽度 W_2、长度 L_2 及地板高度 h_2，就能实现 HPBW_E 约为 73°，HPBW_H 为 120°、100°、90°。3 种 H 面宽波束变形偶极子的尺寸和电参数如表 10.29 所示。

表 10.29 3 种 H 面宽波束变形偶极子的尺寸及电参数

尺寸与电参数	天线 1	天线 2	天线 3
W_2/mm	8	12	16
h_2/mm	22	24	32
L_2/mm	16	28	30
VSWR≤2 的相对带宽	45.4%	46.5%	49.6%
HPBW_H	$118°\pm5°$	$103°\pm2°$	$91°\pm4°$
HPBW_E	$73°\pm5°$	$72°\pm5°$	$73°\pm4°$
$(F/B)/\text{dB}$	>15	>15	>15

10.8 由差馈贴片和偶极子构成的 VHF/UHF 宽带单极化定向天线

在射频集成电路、微波电路的设计中，由于差动电路具有低噪声、谐波扼制、高线性、大动态范围等特性，因而得到了广泛应用。差馈天线由于能极大地减小交叉极化辐射，扼制共模电流，减小由互耦和噪声引起的干扰，扼制谐波和提高极化纯度等优点，因而越来越得到业界的关注。

差馈(Differential-Fed)天线就是用反相馈电的天线，如用平衡双导线馈电的偶极子和环天线。在 VHF/UHF 频段用差馈贴片、偶极子都可以构成宽带单极化定向天线，具体实现的方法如下。

10.8.1 用 L 形平板传输线耦合差馈方贴片

增强贴片天线阻抗带宽最简单的方法就是增加贴片天线离地板的高度，但馈电探针会引入过大的感抗，不利于阻抗匹配。虽然利用容性探针能抵消一部分感抗，例如用 L 形探针，允许把贴片的电高度增加到 $0.12\lambda_0$，在 30% 的相对带宽内，使 $S_{11}<-10$ dB。但当电高度超过$0.12\lambda_0$时，阻抗带宽反而变窄，此时需要使用差馈(反相馈电)贴片天线。由于反相馈电贴片天线使用了平衡传输线，平衡传输线固有的优点是不会引入额外的电感，即使电高度只有 $0.1\lambda_0$，还能在 34.5%的相对带宽内使 $S_{11}<-10$ dB。

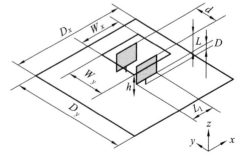

图 10.52 平板传输线直接差馈的矩形贴片天线

图 10.52 是由特性阻抗为 100 Ω、两块平板传输线直接差馈的矩形贴片天线。

中心设计频率 $f_0=1.66$ GHz($\lambda=187.5$ mm)时，差馈矩形贴片天线的尺寸及电尺寸如表 10.30 所示。

表 10.30　平板传输线直接差馈的矩形贴片天线的尺寸及电尺寸

参数	$D_x = D_y$	L_1	L	h	d	W_y	W_x	D
尺寸/mm	300	74	32.5	38	30	100	110	5.5
电尺寸/(λ_0)	1.6	0.39	0.17	0.2	0.16	0.53	0.59	0.029

该天线仿真时 $S_{11} < -10$ dB 的频率范围为 $1.05 \sim 2.15$ GHz，相对带宽为 69%。由于矩形贴片到地板的高度增大到 $0.2\lambda_0$，所以增益增加，最大为 10.3 dBi。

由于采用了 L 形平板传输线耦合馈电，所以展宽了阻抗带宽，相对带宽达到 83%（$0.86 \sim 2.08$ GHz），最大增益为 9.8 dBi。

为了进一步展宽 L 形平板传输线耦合馈电矩形贴片天线的阻抗带宽，如图 10.53 所示，在贴片上切割 H 形缝隙。中心设计频率 $f_0 = 1.8$ GHz（$\lambda_0 = 166.7$ mm），该天线的具体尺寸及电尺寸如表 10.31 所示。

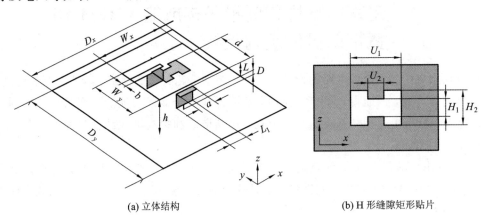

(a) 立体结构　　　　　　　　　　　　　　(b) H 形缝隙矩形贴片

图 10.53　L 形平板传输线耦合差馈 H 形缝隙矩形贴片天线

表 10.31　L 形平板传输线耦合差馈 H 形缝隙矩形贴片天线的尺寸及电尺寸

参数	$D_x = D_y$	L_1	L	D	d	h	b	a	W_y	W_x	U_1	U_2	H_1	H_2
尺寸/mm	300	60	34	3	42	43	6	20	100	150	60	20	20	40
电尺寸(λ_0)	1.8	0.36	0.2	0.018	0.25	0.26	0.036	0.12	0.3	0.9	0.36	0.12	0.12	0.24

L 形平板传输线耦合差馈 H 形缝隙矩形贴片天线，在 $0.8 \sim 1.9$ GHz 频段（相对带宽为 81.5%）具有定向方向图，交叉极化电平低于 -18 dB。在 $0.79 \sim 2.94$ GHz 频段，实测 $S_{11} < -10$ dB，相对带宽为 115%，实测最大增益为 9.9 dBi；在阻抗带宽内，输入阻抗近似 $100 \ \Omega$。

10.8.2　由边缘带均匀波纹的 4 贴片构成的 UWB 定向天线

图 10.54 是用 0.8 mm 厚 $\varepsilon_r = 2.65$ 基板背面制造的 UWB 定向天线。由图可看出，辐射单元是由渐变微带巴伦过渡到平行带线，反相馈电的一对边缘带波纹的贴片和另外一对边

缘带波纹的寄生贴片组成的。贴片边缘带波纹，由于电流路径加长，使谐振频率降低，因而减小了天线的尺寸。引入了感抗，有利于展宽阻抗带宽。

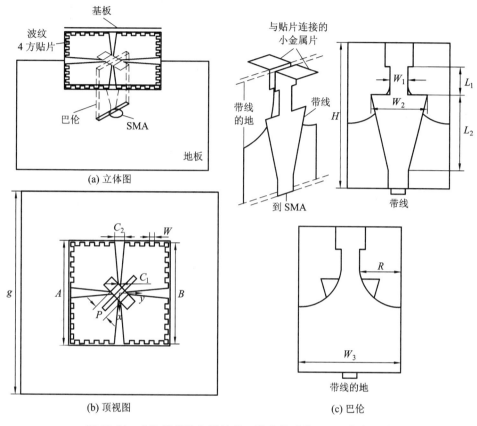

图 10.54　由边缘带均匀波纹的 4 贴片构成的 UWB 定向天线

在 4.18～10.2 GHz 频段，该天馈的参数如下：$g=40$ mm，$A=20.47$ mm，$B=19.28$ mm，$C_1=0.56$ mm，$C_2=1.8$ mm，$P=3.04$ mm，$W=1$ mm，$W_1=1.5$ mm，$W_2=5$ mm，$L_1=3$ mm，$L_2=6.5$ mm，$H=12.5$ mm，$R=3.75$ mm，$W_3=9$ mm。

该天线的主要实测电参数如下：在 4.18～10.2 GHz 频段，实测 VSWR≤2，带宽比为 2.44∶1；在 83.7% 的相对带宽内，有稳定的 E 面和 H 面单向方向图；在 4.36～9.68 GHz 频段，实测 HPBW 及 G 如表 10.32 所示。

表 10.32　边缘带均匀波纹的 4 贴片天线实测 HPBW 及 G

f/GHz	HPBW$_E$/(°)	HPBW$_H$/(°)	G/dBi	
			仿真	实测
4.36	66	98	7.91	6.59
6.56	68	82	7.30	7.26
9.68	62	171	7.73	6.11

10.9　UWB 双极化定向天线

UWB 通信由于具有高数据速率和低频谱功率密度，因而得到迅速发展。相对单极化 UWB 天线，双极化 UWB 天线更具吸引力，极化分集技术使通道容量增加了。对双极化 UWB 天线，不仅要宽带匹配，两极化端口之间有高隔离度，而且要低交叉极化，在宽频带内有稳定的辐射性能，还需成本低。

图 10.55 是由厚 1.6 mm FR4 基板制成的 575～722 MHz 频段带缝隙的双极化蝶形偶极子天线，天线的高度仅为 80 mm；相对最低工作频率为 575 MHz 的波长 λ_L，电高度为 0.15λ_L。在 575～722 MHz 频段，实测 VSWR≤1.5，端口隔离度 S_{21}＜－35 dB，交叉极化为－30 dB。之所以能有以上性能，主要是采用了以下两个关键技术：

(1) 沿平面偶极子臂的轴线切割了长 L_3＝126 mm、宽 W_2＝5 mm 的缝隙，这是降低交叉极化电平的关键参数。

(2) 用方环形缝隙把偶极子臂的外边缘连接在一起，改进了双极化端口隔离度。

由于把偶极子的末端连接在一起，因而由相邻偶极子的边缘构成了短路缝隙传输线。调整传输线的长度 L_1＝81.6 mm，宽度 W_1＝3 mm，到中心的距离 L_2＝124 mm，使偶极子的馈电点呈现开路；由于扼制了馈电点的电流，因而改进了端口的隔离度。该天线两个端口均用同轴线分支导线巴伦馈电。

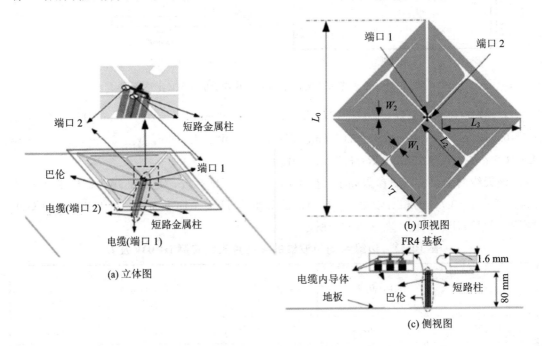

图 10.55　带缝隙的双极化蝶形偶极子天线

该天线两个端口在 575～722 MHz 频段的实测 VSWR≤1.5，相对带宽为 22.7%；在阻抗带宽内，实测端口隔离度 S_{21}＜－35 dB，实测增益为 8～8.7 dBi。

10.10　双极化基站天线

10.10.1　小尺寸宽带双极化基站天线

如图 10.56 所示的双极化基站天线，在 $1.71\sim2.69$ GHz 频段，VSWR$\leqslant1.5$，电尺寸仅为 $0.513\lambda_0\times0.513\lambda_0\times0.388\lambda_0$，$G=8$ dBi，HPBW$_\mathrm{H}=70\pm5°$，$S_{21}=-22$ dB。

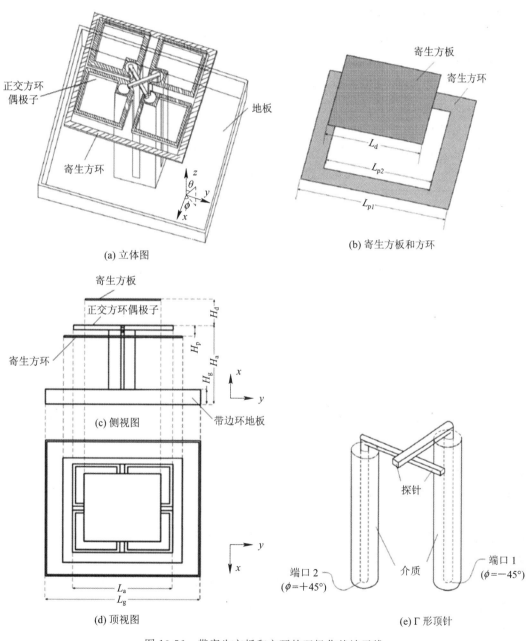

图 10.56　带寄生方板和方环的双极化基站天线

该天线之所以有 44.5% 的带宽及小尺寸，主要是采用了以下技术：

（1）正交方环偶极子。

（2）在方环偶极子周围附加了能展宽工作带宽的寄生方环。

（3）在方环偶极子上方，附加了能实现合适 $HPBW_H$ 方向图作为引向器使用的寄生方板。

（4）两个正交端口均用 Γ 形同轴探针馈电。

为了获得低后瓣单向方向图，在天线下方采用带有侧壁的反射板。在 $1.71 \sim 2.69$ GHz 频段，天线的尺寸如下：$L_g = 70$ mm，$L_{p1} = 55$ mm，$L_{p2} = 41$ mm，$L_d = 34$ mm，$H_a = 37$ mm，$H_d = 13$ mm，$H_p = 4$ mm，$H_g = 10$ m。该天线的主要实测电参数如下：

（1）两个端口在 $1.71 \sim 2.69$ GHz 频段的实测 VSWR$\leqslant 1.5$，相对带宽为 44.5%。

（2）在阻抗带宽内，实测 $G \approx 8$ dBi。

（3）在工作频段内，实测端口隔离度 $S_{21} < -22$ dB。

（4）在 1.79 GHz、1.92 GHz、2.17 GHz 和 2.58 GHz，实测了两个端口的 E 面和 H 面主极化和交叉极化方向图，交叉极化在轴线低于 -25 dB 时的 HPBW 摘录在表 10.33 中。

表 10.33　双极化天线两个端口在不同频率的实测 HPBW

频率 f/GHz	端口 1		端口 2	
	$HPBW_H$/(°)	$HPBW_E$/(°)	$HPBW_H$/(°)	$HPBW_E$/(°)
1.79	73.9	70.8	73.9	71.4
1.92	74.8	67.8	75	68.1
2.17	74.5	71.0	74	72.5
2.58	69.7	71.0	72.1	69.2

10.10.2　低成本宽带±45°双极化贴片天线

图 10.57 为用曲折探针和一对双 L 形探针，给位于方地板之上高度为 H、边长为 L 的正方形贴片耦合馈电构成的 ±45° 低成本双极化基站天线。为了实现宽频带，端口 2（$-45°$ 极化）采用两个等长水平单元 W_{m1}、W_{m2} 和 3 个垂直单元 h_{m1}、h_{m3} 和 h_{m2} 构成的曲折探针馈电；端口 1（$+45°$）用 4 个尺寸相同的 L 形探针耦合馈电。每个 L 形探针水平长度为 L，垂直长度为 h_1，宽度为 W_1。一对双 L 形探针的每一端分别与用 1 mm 厚 $\varepsilon_r = 2.65$ 基板制造的宽带微带功分器的端口 A、B、C、D 相连，另一端开路。为了提高端口隔离度，使用了差馈技术，即让 AB 端口与 BC 端口反相 180°。

在 $1.71 \sim 2.69$ GHz 频段，该天线的尺寸及相对 λ_0 的电尺寸如下：$G_L = 170$ mm $(1.25\lambda_0)$，$L = 50$ mm $(0.37\lambda_0)$，$H = 25$ mm $(0.18\lambda_0)$，$S = 28$ mm $(0.21\lambda_0)$，$d = 86$ mm $(0.63\lambda_0)$，$W_1 = 2$ mm，$h_1 = 11$ mm $(0.08\lambda_0)$，$h_{m1} = 19$ mm $(0.14\lambda_0)$，$h_{m3} = 13$ mm $(0.095\lambda_0)$，$L_1 = 22$ mm $(0.16\lambda_0)$，$L_2 = 20$ mm $(0.15\lambda_0)$，$W_{m2} = W_{m1} = 11$ mm $(0.08\lambda_0)$。

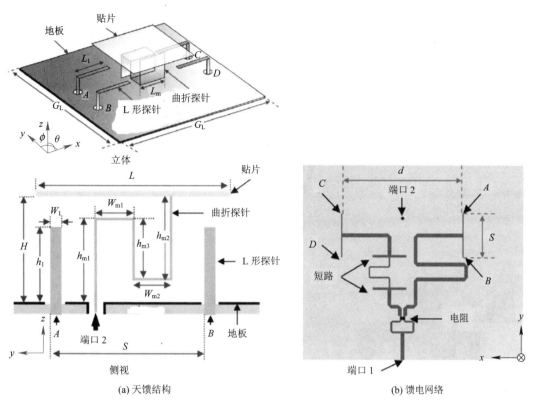

图 10.57　双极化贴片天线及馈电网络

该天线的主要实测参数如下：

(1) $S_{11} < -10$ dB 的频率范围和相对带宽分别为：端口 1，1.69～2.79 GHz 和 49.1%；端口 2，1.66～2.69 GHz 和 47.3%。

(2) 端口 1，$G_{max} = 9$ dBi；端口 2，$G_{max} = 9.5$ dBi。

(3) 在阻抗带宽内，实测 $S_{21} = -37$ dB。

(4) 在 1.71 GHz、2.2 GHz 和 2.69 GHz 时，实测 HPBW 分别为 $65°±1°$、$53°±1°$、$65°±2°$。

10.10.3　用带 Y 形馈线的环形正交偶极子构成的宽带±45°基站天线

图 10.58 是 2G(1710～1920 MHz)、3G(1880～2170 MHz)、LTE(2300～2400 MHz)、(2570～2690 MHz)相对带宽为 44.5% 移动通信使用的±45°基站天线，能实现宽频带，主要是因为采用了 Y 形馈线和由张角为 135°的 8 角环形正交偶极子。Y 形馈线和环形正交偶极子均用厚 0.8 mm 的 $\varepsilon_r = 4.4$ 的 FR4 基板制造。把 Y 形馈线与同轴线内导体相连，同轴线外导体与环形偶极子相连给偶极子馈电。环形偶极子辐射臂的周长约为 68 mm $(0.5\lambda_0)$，中心频率 $f_0 = 2200$ MHz，到反射板的距离 $H = 34$ mm$(0.25\lambda_0)$。经过优化设计，天馈的具体尺寸如下：$L_g = 140$ mm，$L_d = 55.7$ mm，$L = 6$ mm，$L_1 = 12.2$ mm，$L_2 = 14.1$ mm，$L_3 = 9.2$ mm，$L_4 = 4.4$ mm，$L_5 = 5.8$ mm，$L_w = 6$ mm，$W = 2$ mm，$W_1 = 6$ mm，$W_2 = 2$ mm，$W_3 = 1.2$ mm，$W_4 = 1.6$ mm，$W_5 = 2$ mm，$R = 1.76$ mm，$R_1 = 0.3$ mm，$D = 0.64$ mm。该天线在 1.7～2.7 GHz 频段两个端口实测 VSWR<1.5(图中仅给出了一个端口)，相对带宽

为 45%，G 约为 8 dBi，$S_{12}=-25$ dB，在 1.7～2.7 GHz 频段两个端口实测的 HPBW 如表 10.34 所示。

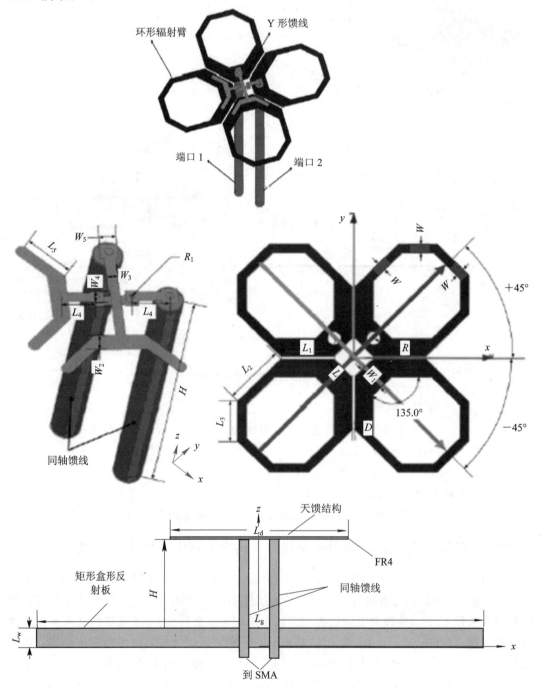

图 10.58　带 Y 形馈线的环形正交偶极子

为了提高增益，在中心频率 $f_0=2.2$ GHz，以单元间距 $d=120$ mm（$0.88\lambda_0$）在垂直面组阵，5 元天线阵主要的实测电参数如下：

端口 1，VSWR<1.5，相对带宽为 52%；端口 2，VSWR<1.5，相对带宽为 47%。

实测增益：端口 1 为 14.8±1.4 dBi，端口 2 为 14.5±1.4 dBi。在 1.7～2.7 GHz 频段，垂直面 HPBW=15.9°～10.3°。

表 10.34　带 Y 形馈线的环形正交偶极子两个端口实测 HPBW

f/GHz	HPBW/(°)			
	端口 1		端口 2	
	水平面	垂直面	水平面	垂直面
1.7	70.1	69.5	67.5	67.9
1.9	69.3	68.6	66.3	66.3
2.1	67.8	67.5	64.7	64.4
2.2	67.5	67.2	63.7	63.4
2.3	66.3	66.3	62.9	62.9
2.5	68.9	67.4	61.5	61.8
2.7	69.2	69.2	62.3	62.3

10.10.4　小尺寸宽带高性能±45°双极化基站天线

图 10.59 是 1710～2170 MHz 频段使用的小尺寸、宽带高性能双极化基站天线。天线相对中心波长 λ_0 的电尺寸为 $0.766\lambda_0 \times 0.766\lambda_0 \times 0.17\lambda_0$，主要电参数如下：在 23.7% 的相对带宽内，VSWR≤1.5；$G=8.2\pm0.5$ dBi；HPBW=66°±6°；$S_{21}<-30$ dB。

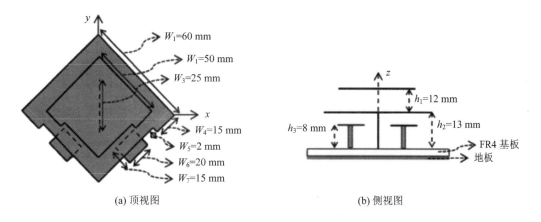

(a) 顶视图　　　　　　　　　　(b) 侧视图

图 10.59　高性能双极化贴片天线

之所以能在 23.7% 的相对带宽内实现好的性能，是因为采用了以下技术：用空气介质层叠方形贴片和 T 形探针耦合馈电技术，展宽了阻抗带宽，把层叠方形贴片天线相邻两个边切掉一部分，使端口隔离度改善了 3～4 dB；在馈电贴片的下面，沿 y 轴附加了不接地的垂直金属板，使端口隔离度改善了 7～10 dB，该垂直不接地金属板，还具有调整阻抗匹配及展宽方向图波束宽度的功能。

该天线在 1710～2170 MHz 频段，两个端口实测 $S_{11}<-15$ dB，$S_{21}<-30$ dB；在阻抗频带内，实测 $G=8.2\pm0.5$ dB。

10.11　带金属框偶极子在 VHF/UHF 专用中继通信系统中的应用

10.11.1　对中继通信天线的要求

现代专用 VHF/UHF 中继通信系统使用的天线，多数采用的都是位于车顶的安装在天线支撑杆顶端的定向天线，利用电动或液压控制天线支撑杆伸缩，把天线升起来或缩回，从而实现工作或不工作。对中继通信系统天线的要求如下：

(1) 宽频带。

(2) 重量轻、风阻小。

(3) 易操作使用，在天线支撑杆升高后，只能有小的弯曲和扭弯。

(4) 能用于恶劣的环境中。

(5) 不工作时缩回的天线支撑杆及天线不应占有大面积，且不能有引人注目的外形，还应能进入车库。

过去多使用角反射器天线，但大的尺寸和反射器大的风阻面在很宽的工作频段范围内很难提供稳定的天线增益和 VSWR 特性，而且天线的重心不容易靠近天线支撑杆的轴线安装，会导致大的弯矩。对数周期天线虽然是宽带天线，但结构尺寸不够紧凑，而且 E 面和 H 面波束宽度不相等。位于金属网反射器前面带金属框的偶极子天线由于具有以下特点，因而可以作为专用 VHF/UHF 中继通信天线：

(1) 在宽频带范围内，有稳定的辐射方向图、增益和输入阻抗特性。

(2) 有几乎完全相同的 E 面和 H 面方向图。

(3) 只有 1 个馈电点。

(4) 低的副瓣和尾瓣。

(5) 紧凑的结构。

专用 VHF/UHF 中继通信天线的工作频段及对电参数的要求如表 10.35 所示。

表 10.35　专用 VHF/UHF 中继通信天线的频段及电参数

频段/MHz	225~400	610~960	1350~1850
G/dBi	≥9	13.5~16	20~21
SLL/dB	−16	−9	−9
(F/B)/dB	14	20	20
极化	垂直/水平	垂直/水平	垂直/水平
VSWR	≤2	≤2	≤2
带宽比	1.78∶1	1.57∶1	1.37∶1

10.11.2　带金属框偶极子

图 10.60(a)是用带金属框偶极子构成的 225～400 MHz 频段中继通信天线的照片，图 10.60(b)、(c)分别是该天线在 f 为 225 MHz、300 MHz 和 400 MHz 时的实测方位面归一化方向图和 S_{11}-f 特性曲线；由图可看出，SLL＜－16 dB，在 225～400 MHz 频段，VSWR≤2。

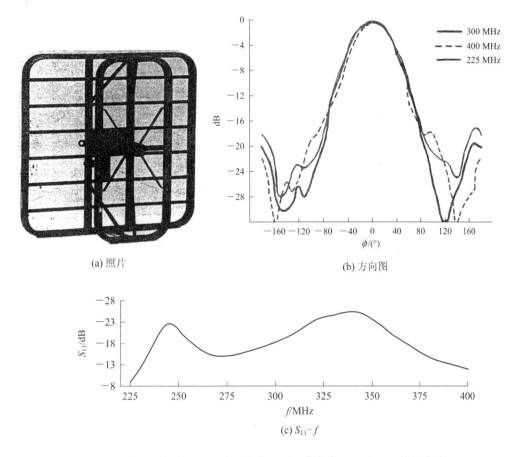

(a) 照片

(b) 方向图

(c) S_{11}-f

图 10.60　带金属框偶极子及实测方位面归一化方向图和 S_{11}-f 特性曲线

在有些 VHF/UHF 中继通信天线中，还使用如图 10.61(a)所示带边长为 $\lambda/2$ 的方金属框的正交 $\lambda/2$ 长偶极子。由于结构对称，也可以只用 1 个极化，如图 10.61(b)所示垂直极化，图 10.61(c)是图 10.61(b)所示带边长为 $\lambda/2$ 的方金属框垂直极化 $\lambda/2$ 长偶极子上的电流分布，由电流分布可看出，两侧与 $\lambda/2$ 长偶极子平行的金属框上的电流为 I，与电流为 $2I$ 偶极子上的电流同相，但上下与 $\lambda/2$ 长偶极子垂直的水平金属框上的电流却反相抵消，故为垂直极化波。可见，带方金属框的偶极子变成间距为 $\lambda/4$ 的 3 元 $\lambda/2$ 长偶极子天线阵，正是由于具有这种电流分布，因而导致位于反射网前面带方金属框偶极子具有如图 10.61(e)所示正比于 $\cos^2\phi$ 的单向归一化方向图，而且 E 面和 H 面波束宽度几乎相等。如图10.61(d)所示，以 90°相差给带方金属框正交偶极子馈电，还能构成圆极化天线。

对宽频带应用,宜采用带金属框的蝶形偶极子。在 UHF 频段,蝶形偶极子可以用金属板制造;但在 VHF 频段,为了减小天线的重量和风阻及节约成本,宜用如图 10.61(f)所示金属管制造,天线电尺寸如图所示。

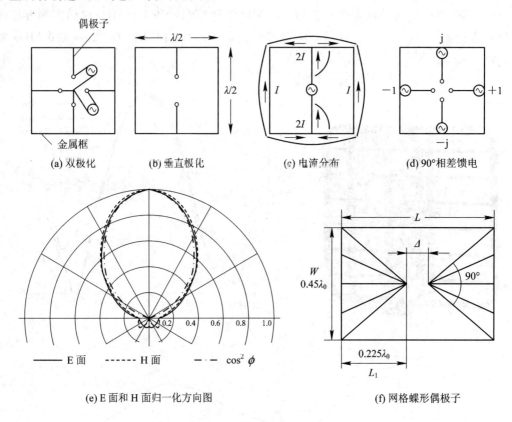

图 10.61　带金属框偶极子

【例 10.5】　由带金属框蝶形偶极子构成 225~512 MHz 频段中继通信天线,为了提高带金属框蝶形偶极子的增益,可以把它置于角反射器中,也可以附加 1 个网格反射板。按图 10.61(f)所示电尺寸,求得 225~512 MHz 频段带金属框蝶形偶极子的尺寸为 $W=366$ mm, $L_1=183$ mm, 取 $e=50$ mm,则 $L=2L_1+e=416$ mm。为了提高增益,在距带金属框蝶形偶极子 230 mm 处附加边长 1 m 的栅格方反射板。经实测,在 225~512 MHz 频段,VSWR≤2.5,其中 90% 频段的 VSWR≤2;在阻抗频段,实测 $G=8.5~11$ dBi。

10.11.3　由带金属框蝶形偶极子和阶梯带线馈线构成的 UWB 定向天线

图 10.62 是由带金属框蝶形偶极子、折叠短路贴片和阶梯形带线馈线构成的 UWB 定向天线,阶梯形带线馈线由耦合带线和传输带线两部分组成。为了实现宽带匹配,传输带线的宽度呈渐变式;中心设计频率 $f_0=3150$ MHz($\lambda_0=95$ mm),天馈的尺寸及相对 λ_0 的电尺寸如表 10.36 所示。

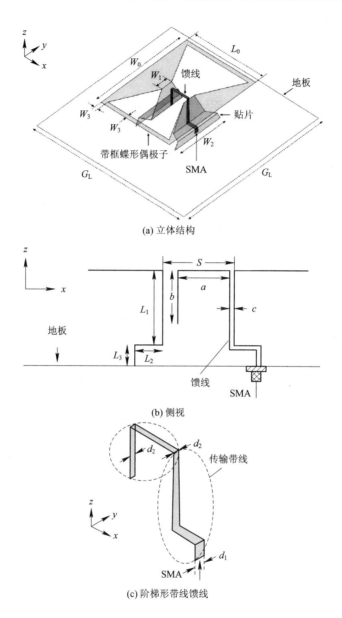

(a) 立体结构

(b) 侧视

(c) 阶梯形带线馈线

图 10.62　带金属框蝶形偶极子折叠短路贴片和阶梯形带线馈线构成的 UWB 定向天线

表 10.36　带金属框蝶形偶极子的尺寸及电尺寸

参数	W_0	W_1	W_2	W_3	L_0	L_1	L_2	L_3
尺寸/mm	76	9	40	3	56	18	7	5
电尺寸/λ_0	0.798	0.095	0.42	0.032	0.588	0.189	0.074	0.053
参数	a	b	c	d_1	d_2		S	G_L
尺寸/mm	13	13	1	2.8	1.6		18	120
电尺寸/λ_0	0.137	0.137	0.011	0.029	0.017		0.189	1.26

该天线仿真和实测 VSWR≤2 的频段为 3.08～10.6 GHz，相对带宽为 110%；在工作频段内，仿真 $G=9.5\pm2.3$ dBi，实测 $G=6.8～10.6$ dBi，E 面和 H 面均呈单向性，F/B 比为 20 dB，交叉极化<-20 dB。

参 考 文 献

[1] SIDDIQUI J Y, et al. Design of an Ultrawideband Antipodal Tapered Slot Antenna Using Elliptical Strip Conductors, IEEE Antennas Wireless Propag. Lett, 2011, 10: 251-254

[2] PENG F, et al. A Miniaturized Antipodal Vivaldi Antenna With Improved Radiation Characteristics. IEEE Antennas Wireless Propagation Lett, 2011, 10: 127-130.

[3] ZHANG Y W, BROWN ANTHONY K. Bunny Ear Combine Antennas for Compact Wide-Band Duai-Polarized Aperture Array, IEEE Trans. Antennas Propag, 2011, 59 (8): 3037-3075.

[4] CHUNG K H, et al. Design of a wideband TEM horn antenna. IEEE Antennas and Propagation Society International Symposium, 2003, 1(6): 229-232.

[5] CHUNG K H, et al. The Design of a Wideband TEM Horn Antenna with a Microstrip-Type Balun IEEE Antennas and Propagation Society International Symposium. 2004, 1899-1902.

[6] MALIIERBE, JAG. Frequency-undependent performance of elliptic profile TEM horns. Microw. Opt. Technol. Lett, 2009, 51(3): 607-612.

[7] ADRIAN ENG-CHOON TAN, et al. Design of Transverse Electromagnetic Horn for Concrete Penetrating Ultrawideband Radar. IEEE Trans, Antennas Propag, 2012, 61(4): 1736-1743.

[8] 李其信，伍捍东，高宝建，等. 一种适用于电磁脉冲测量的超宽带大功率 TEM 喇叭天线. 西北大学学报，2016.

[9] LI M J. A Low-Profile Wideband Planar Antenna IEEE Trans, Antennas Propag, 2013, 61(9): 4411-4417.

[10] LIN C C. Compact Bow-Tie Quasi-Self-Complementary Antenna for UWB Applications. IEEE Antennas Wireless Propag. Lett, 2012, 11: 987-989.

[11] WANG S R, WU Q, DONGLIN S. A Novel Reversed T-Match Antenna With Compact Size and Low Profile for Ultrawideband Applications. IEEE Trans, Antennas Propag, 2012, 60(10): 4933-4936.

[12] AN W X, et al. Wideband E-shaped dipole antenna with staircase-shaped feeding strip. Electronics Letters, 2010, 46(24): 1583-1584.

[13] YUE H C, et al. A Novel Broadband Planar Antenna for 2G/3G/LTE Base Stations. IEEE Trans, Antennas Propag, 2013, 61(5): 2767-2773.

[14] LI Y J, LUK, KWAI-MAN. A Linearly Polarized Magnetoelectric Dipole With Wide H-Plane Beamwidth. IEEE Trans, Antennas Propag, 2014, 62(4): 1830-1836.

[15]　SHAO W L, et al. Parallel-Plate Transmission Line and L-Plate Feeding Differentially Driven H-Slot Patch Antenna. IEEE Antennas Wireless Propag. Lett, 2012, 11: 640 - 644.

[16]　ZHOU S G, et al. Low-Profile, Wideband Dual-Polarized Antenna With High Isolation and Low Cross Polarization. IEEE Antennas Wireless Propagation Lett, 2012, 11: 1032 - 1035.

[17]　LIU Y, et al. A Novel Miniaturized Broadband Dual-Polarized Dipole Antenna for Base Station. IEEE Antennas Wireless Propagation Lett, 2013, 12: 1335 - 1338.

[18]　KA MING MAK, GAO XIA, HAU WAH LAI. Low Cost Dual Polarized Base Station Element for Long Term Evolution. IEEE Trans, Antennas Propag, 2014, 62(11): 5861 - 5865.

[19]　CHU Q X, et al. A Broadband ± 45°, Dual-Polarized Antenna With Y-Shaped Feeding Lines. IEEE Trans, Antennas Propag, 2015, 63(2): 483 - 489.

第 11 章　新型专用天线及相关技术

11.1　天线调谐器与天线一体化设计构成的新型专用短波天线

传统的舰船短波 10 m 鞭天线和车载短波鞭天线，由于都是把天线调谐器和天线独立设计的，因而存在以下缺点：

（1）自动天线调谐器存在损耗，匹配效率相对较低。由于要在 2～30 MHz 频段将每个频点与天线匹配，因而自动天线调谐器不仅设计难度大，而且尺寸和重量均大。

（2）由于 10 m 鞭天线高度固定不动，在短波的高频段，造成垂直面方向图裂瓣，所以存在远距离通信能力差的缺陷。

把天线调谐器与天线进行一体化设计，既调整匹配网络，又调整天线高度，因而不仅天线和馈线系统效率高，而且垂直面方向图无裂瓣，既适合中近距离全向通信，也适合远距离全向通信。

11.1.1　2～30 MHz 频段电调并馈螺旋鞭天线

为消除现有舰船 10 m 鞭天线自动天线调谐器效率低的缺点，采用电调并馈螺旋鞭天线，只要用 PIN 二极管调整并馈螺旋鞭天线的长度，使其谐振在 $\lambda/4$ 或 $3\lambda/4$，就能使 VSWR≤2，因而辐射效率高。使用电调并馈螺旋鞭天线还有以下特点：

（1）把天线调谐匹配装置置于天线中，与天线设计成一体，除能极大提高天线的匹配效率外，还能减小调谐匹配装置的设计难度、尺寸和重量。

（2）由于没有随温度变化的 LC 调谐元件，因而天线不仅具有稳定的幅相特性，而且能承受大的功率。

（3）电调并馈螺旋鞭天线为垂直极化，方向图与普通金属鞭天线相同。

（4）利用螺旋慢波结构缩短了天线的尺寸。

由于电磁波在螺旋线中的传播速度 v 比光速 c 慢，因而螺旋鞭天线的几何长度远小于 $\lambda/4$ 标准单极子的长度。常用 c/v 表示谐振螺旋天线的缩短系数：

$$\frac{c}{v}=\sqrt{1+20(ND)^{2.5}\left(\frac{D}{\lambda}\right)^{0.5}} \tag{11.1}$$

式中：N 为螺旋天线的匝数，D 为螺旋天线的直径。

典型设计中的缩短系数为 3～30。

螺旋鞭天线的输入阻抗为 $Z_{in}=R_{in}+jX_{in}$，在谐振时，由于 $X_{in}=0$，$R_{in}=R_r+R_L$，在天线长度 $h<\lambda/8$ 的情况下，辐射电阻 R_r 可近似表示为

$$R_r=\left(25.3\frac{h}{\lambda}\right)^2 \tag{11.2}$$

损耗电阻为

$$R_{\mathrm{L}} = R_{\mathrm{w}} L_{\mathrm{w}}$$

式中：R_{w} 为绕制螺旋鞭天线导线的电阻（单位长度）；L_{w} 为绕制螺旋鞭天线导线的长度，其计算式为

$$L_{\mathrm{w}} = h \sqrt{1 + (N \pi D)^2} \tag{11.3}$$

　　电调并馈螺旋鞭天线由 5 m 的上辐射金属管、3 m 的带多组 PIN 二极管的并馈螺旋辐射鞭和位于底部的频率控制器三部分组成。通过频率控制器电调并馈螺旋鞭天线的长度，使其在 $\lambda/4$ 和 $3\lambda/4$ 上谐振，不用附加任何匹配网络，就能实现与 50 Ω 同轴线匹配。

　　为了重构 2～30 MHz 频段 VSWR≤2 的并馈螺旋鞭天线，如图 11.1 所示，在并馈螺旋鞭天线的合适位置设置多组 PIN 二极管，控制 PIN 二极管的直流偏压。在加正偏压情况下 PIN 二极管导通，用一部分螺旋线短路的方式调整并馈螺旋鞭天线，使其谐振在 $\lambda_1/4$ 或 $3\lambda_1/4$ 上，实现 VSWR≤2；给 PIN 二极管加负偏压，二极管断开，电控位于并馈螺旋鞭天线不同位置上的 PIN 二极管，调整长度使其谐振在 $\lambda_2/4$ 或 $3\lambda_2/4$ 上，依次类推。如果把 PIN 二极管直流偏压线直接暴露在并馈螺旋鞭天线旁边，由于耦合的影响，螺旋鞭天线上

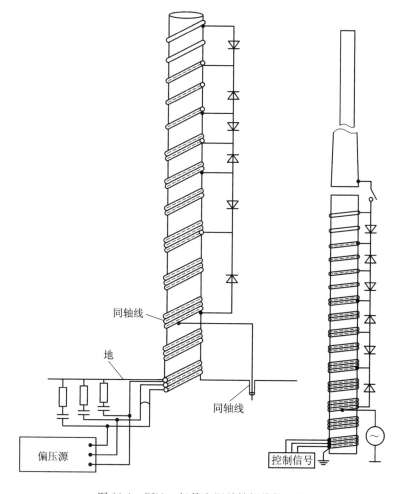

图 11.1　PIN 二极管电调并馈螺旋鞭天线

的高频电流就会感应在 PIN 二极管直流偏压的电源线上,不仅增加了 RF 损耗,而且影响天线的性能,使阻抗失配。解决办法是把 PIN 二极管的直流偏线穿进用铜管绕制的螺旋鞭天线的金属管中,或用半刚性同轴线绕制螺旋鞭天线,用同轴线的外导体作为螺旋辐射体,在天线底部把同轴线外导体和螺旋线直流接地,把同轴线的芯线作为 PIN 二极管直流偏压电源线,上端与一对极化相反的 PIN 二极管相连,下端通过与容抗很大的电容串联 50 Ω电阻到地,同时与直流偏压电源及控制电路相连。采用这种偏压电源线的另外一个好处是在 PIN 二极管开关的连接处,偏压电缆两端的 RF 电压为零,这样就保证了沿偏压电源线 RF 电流最小,把偏压供电网络与天线 RF 隔离了。

之所以用 PIN 二极管作为上千瓦功率重构短波螺旋鞭天线的开关,不仅因为 PIN 二极管尺寸小、开关速度快,而且反向偏压达到了 2000 V。把多组极性相反的一对阴极—阴极(或阳极—阳极)串联 PIN 二极管作为开关电路,是因为这种连接方法是大功率 PIN 二极管开关电路的标准接法,其好处是信号失真最小,采用 100 W 的连续波,在 10～100 MHz频段谐波失真信号电平比载波低 90 dB。通过仿真,用 8 个 PIN 二极管开关通过组合切换,在 4～30 MHz 频段使 VSWR≤2。

11.1.2　3.5～30 MHz 频段便携可调电感鞭天线

对车载 HF 鞭天线的要求是:尺寸相对短,以便动中通;包括 HF 3.5～29 MHz 频段的所有频点能很容易谐振和匹配;有合适的辐射效率。

由于受高压线等的限制,车载 HF 鞭天线的高度必须远小于 $\lambda_{max}/4$。实际上车载 HF 鞭天线是电小天线,输入阻抗为小电阻、大容抗;为了与 50 Ω 馈线匹配,必须附加匹配网络,例如用调感的方法来抵消容抗;虽然调感线圈可以位于鞭天线的根部、中间和顶端,但位于中间效果最好,故采用了如图 11.2(a)所示调感鞭天线。虽然用调感的方法能抵消容抗,但由于天线的输入电阻很小,例如在 3.5 MHz,R_{in} 约为 5.5 Ω;在 29 MHz,谐振λ/4车载单极子的 R_{in} 约为 36 Ω。由于 R_{in} 太小,仍然不能与 50 Ω 馈线匹配,因此需要在馈电点附加如图 11.2(b)所示匝数比为 9∶16 的宽带自耦变压器;根据传输线变压器的阻抗与匝数平方成正比的原理,在短波的低频段,馈电点的阻抗为 16 Ω。由于天线要在整个短波频段工作,随着频率的增加,天线的输入电阻也随之增加;为了在短波的高频段使阻抗降低,需要把 1 个可调电容与传输线变压器并联,使 VSWR 在所有频点小于 1.5。

下辐射体是 900 mm 长的内、外直径分别为 51 mm 和 54 mm 的铝管,在这个管子里,有不锈钢杆与电机。电感线圈不要用 RF 损耗大的 PVC 作为骨架,要用实心聚乙烯,铣出 1 mm 深、螺距为 2.54 mm 的 150 圈槽,再把 φ1.5 mm 的镀银铜线绕在上面,就构成了可调电感;用步进电机驱动螺纹杆,使鞭天线下辐射体顶端的电感线圈上、下移动,达到调感的目的。

该天线有以下特点:

(1) 垂直面方向图不裂瓣,适合利用地波和天波完成近、中、远距离全向通信。

(2) 工作频段为 3.5～29 MHz,几乎包含了 HF 的全频段。

(3) 低轮廓,便于移动通信。

(4) 不用昂贵的自动天调,就能比较容易地调谐和匹配,使所有频点 VSWR≤1.5。

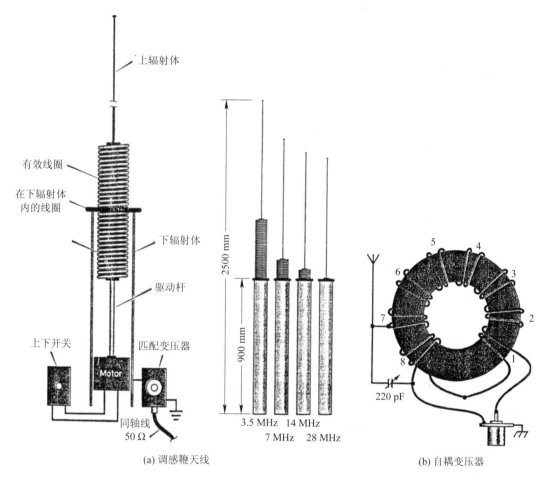

(a) 调感鞭天线　　　　　　　　　　(b) 自耦变压器

图 11.2　车载 HF 鞭天线

11.2　可重构舰船天线

随着无线技术的飞速发展和通信业务量的不断攀升，通信系统正朝着小型化、多频段、大容量、多功能、超宽带的方向演进。为了满足这种要求，需要在同一通信平台上搭载多种天线和信息处理子系统；这不仅使系统的生产成本增大，总体积和总重量也显著增加，而且不同子系统之间电磁干扰日益严重。这些问题对许多通信系统是致命的。为此，人们迫切需要用可重构天线技术来提供多频段、多极化和多方向图天线。

可重构天线用单元天线或阵列天线，通过开关来动态改变天线的物理结构及尺寸，使其具有多天线的功能。可重构天线按功能有如下分类：

1. 极化可重构天线

极化可重构(Polarization Reconfigurable)天线有时也叫跳极化天线，因为极化方向图能实时变化。在无线通信中，用极化分集来减小由多径效应引起的衰落；极化分集使频谱加倍，实现了频率复用。可见，用可重构极化天线，通过极化分集和频率复用，能有效改善通信系统的性能。可重构极化天线也可以用于 MIMO 系统。

2. 频率可重构天线

频率可重构(Freguency Reconfigurable)天线就是通过切换位于天线结构或匹配网络中的 PIN 二极管开关，改变天线的结构尺寸和匹配网络，用一副或一组天线来实现高/低双频段或多频段全向或定向天线。

3. 方向图可重构天线

方向图可重构(Pattern Reconfigurable)天线就是通过切换附加在寄生单元中 PIN 二极管开关，改变天线方向图的波束指向，如在全向天线的圆周附加寄生单元，通过切换位于寄生单元中 PIN 二极管开关，把全向天线变为定向天线；或在全向天线的周围，附加圆柱形频率选择平面，通过切换串联在频率选择平面中的 PIN 二极管开关，把全向天线变成一个或几个扇区定向天线。

11.2.1　频率重构短波高低频段宽带中馈鞭天线

受舰船狭小安装空间的限制，中小型舰船迫切希望使用 3～30 MHz 频段 10 m 宽带单鞭天线，以便利用跳频、扩频技术完成抗干扰短波通信。为了使 10 m 窄带鞭天线在 3～30 MHz 频段实现宽带匹配，只能附加一些有耗阻抗匹配元件。有耗阻抗匹配元件确实把天线的 VSWR 降了下来，但由于有耗元件存在损耗，不仅降低了天线的效率，而且使天线很难承受大功率。为了克服现有短波宽带单鞭天线效率低、不易承受大功率的缺点，利用频率重构，把带宽比为 10∶1 的 3～30 MHz 频段分成带宽比为 3∶1 的 3～9 MHz 和 10～30 MHz 两个子频段，使天线匹配的难度大大降低；即使在 3～9 MHz 的低频段，使用一点儿有耗阻抗匹配元件，也不会影响 10～30 MHz 高频段天线的效率。

1. 频率重构双频短波宽带中馈鞭天线和中馈螺旋鞭天线

图 11.3(a)为频率重构双频短波宽带中馈鞭天线和中馈螺旋鞭天线。10～30 MHz 频段采用中馈鞭天线；为遏制同轴线外导体上的电流，宜在同轴线外导体上套磁环，用 1∶4 传输线变压器实现宽带阻抗匹配；低频段的寄生螺旋有利于高频段中馈鞭天线的阻抗匹配。3～10 MHz 频段采用中馈螺旋鞭天线，上、下辐射体用慢波结构螺旋线，是为了降低天线的高度；用 1∶4 传输线变压器及辐射体末端带加载电阻的倒 V 形线来展宽阻抗带宽；用靠近地面的并联电阻，是因为电阻更容易承受功率。

通过单刀双掷开关来重构双频中馈宽带鞭天线。为了承受大功率，应采用大功率传输线变压器或同轴线变压器。为了防止低频段螺旋鞭天线与高频段上、下金属管辐射鞭天线短路，除在高频段中馈鞭天线上、下金属管外涂复绝缘材料或绕玻纤外，绕制低频段螺旋鞭天线的导线，如铜包钢线也应套上耐高温的聚四氟乙烯护套。中馈鞭天线和中馈螺旋鞭天线均用位于中馈鞭天线下金属管辐射体中的同轴线馈电。双频段同轴线的内导体分别与宽带传输线变压器相连，高频段同轴馈线的外导体与高频段下辐射金属管相连，低频段同轴馈线的外导体与下螺旋辐射线及 V 形加载相连。

2. 频率重构双频短波宽带螺旋鞭天线和中馈鞭天线

图 11.3(b)为频率重构双频短波宽带螺旋鞭天线和中馈鞭天线。高口(10～30 MHz 频

段)采用中馈宽带鞭天线，利用传输线变压器实现宽带阻抗匹配；为扼制同轴线外导体上的电流，在同轴线外导体上套磁环；低频段螺旋线对高频段天线寄生加载，有助于高频段天线阻抗匹配。低口(3~10 MHz 频段)采用螺旋鞭天线，用螺旋来缩短天线的尺寸及抵消天线的容抗，用 LC 匹配网络和自耦变压器实现宽带阻抗匹配。高/低口鞭天线通过切换开关与 3~30 MHz 频段电台相连。

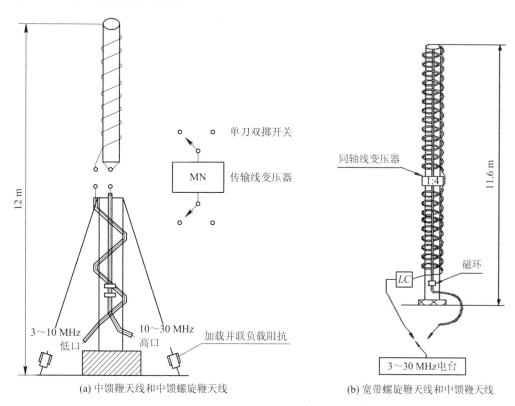

(a) 中馈鞭天线和中馈螺旋鞭天线　　　　　　(b) 宽带螺旋鞭天线和中馈鞭天线

图 11.3　频率重构双频短波宽带鞭天线

3. 由分频段匹配网络和 LC 陷波电路构成的频率重构 HF 双鞭天线

高效率宽带 HF 天线是由长度不等的两个鞭及位于天线不同位置、能把天线分成不同谐振频段的 LC 陷波电路和分频段匹配网络组成的。如图 11.4(a)、(b)所示，把电台(Tx 或 Rx)通过频率不同的带通滤波器和分频段滤波器与带有陷波电路的鞭天线相连，分频段鞭天线的长度通常为 $\lambda/4$。在最低工作频率，所有的 LC 并联陷波电路均不谐振，电台通过带通滤波器和频段 1 匹配网络与最长鞭天线相连；随着频率的升高，最长鞭天线不再谐振，但通过频段 1 匹配网络仍能使天线与电台匹配。只有长度远远偏离谐振长度，且匹配网络不再保证电台与天线匹配时，才通过滤波器过渡到相邻频段，使短鞭天线工作。频率进一步升高，通过带通滤波器又回到长鞭天线，此时最上边的 LC 并联谐振电路谐振，呈现很大阻抗，阻止电流向上流。由图 11.4(a)可看出，用 4 个带 LC 陷波电路和长度不等的两根鞭天线以及 6 个分频段滤波器和匹配网络，就能构成 2~30 MHz 频率重构 HF 天线。

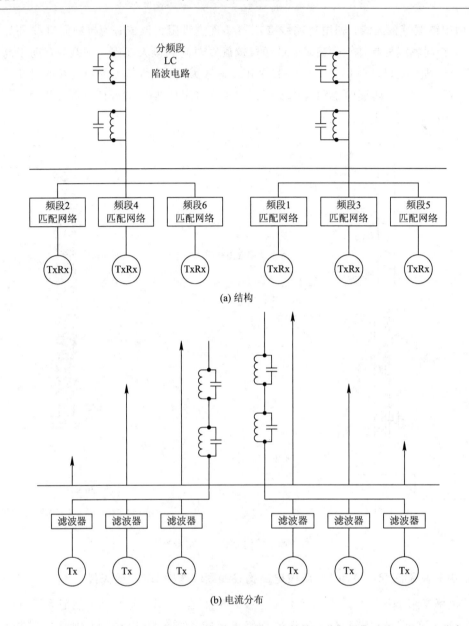

图 11.4　带分频段 LC 陷波电路和匹配网络的双鞭天线结构及分频段鞭天线上的电流分布

图 11.5 是带 4 个 LC 陷波电路的 HF 双鞭天线。长鞭天线的工作频段为 2～3.5 MHz、6.5～10.5 MHz 和 19.5～26.5 MHz；短鞭天线的工作频段为 3.5～6.5 MHz、10.5～19.5 MHz 和 26.5～30 MHz。RF 陷波电路由具有低阻抗的 LC 并联电路组成，只有在谐振时才呈现高阻抗。由于普通电感不能承受大功率，只能利用式(11.4)和式(11.5)所计算的数据自行绕制。匝数 n 与需要的电感 $L(\mu\mathrm{H})$ 有如下关系：

$$n=\frac{22.9L(d+e)+\sqrt{[22.9L(d+e)]^2+4R^2(25.4RL)}}{2R^2} \tag{11.4}$$

式中：d 为电感导线的直径，单位为 cm；e 为绕组的间隔，单位为 cm；R 为线圈的半径，单位为 cm。

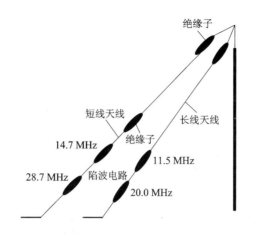

图 11.5　带 4 个 LC 陷波电路的 HF 双鞭天线

为了使陷波电路在 14.739 MHz 谐振，利用下式确定 L 和 C：

$$f = \frac{1}{\sqrt{2\pi LC}} \tag{11.5}$$

经计算，$L=5.3\ \mu\text{H}$，$C=22\ \text{pF}$，陷波电路电感线圈的半径 $R=1.39\ \text{cm}$，绕制电感导线的直径 $d=0.2794\ \text{cm}$，绕组的间隔 $e=0.127\ \text{cm}$，$n=29$，图 11.6 是陷波电路的外形尺寸及内部结构。

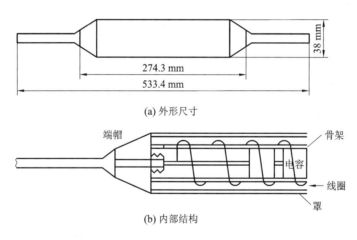

(a) 外形尺寸

(b) 内部结构

图 11.6　陷波电路

11.2.2　方向图重构天线

为了增加通信距离，提高抗干扰能力和改善通信效果，用户希望提供比现在列装增益更高的 VHF/UHF 全向天线。具体实现方法是把现有列装的 1 单元宽带全向天线变成两单元。该方法的缺点是天线的高度太高。另外一种方法是利用现在列装的 VHF/UHF 全向天线，采用方向图重构技术，把全向天线变成增益更高的定向天线。该方法的好处是天线的高度不变，工作模式有两种，平时仍然为全向天线工作模式，必要时才由全向模式快速变为定向工作模式。

1. 用有源圆柱形 FSS 结构重构的高增益重构扇区天线

扇区天线是一面为宽波束、另一面为窄波束的定向天线。方向图重构天线扩展了天线的功能，使天线更加灵活；它允许用定向波束指向需要的用户，既节约了能量，又提高了抗干扰能力。

用具有重构方向图的频率选择平面(Frequency Selective Surfaces，FSS)就能构成高增益扇区天线。FSS 是由反射和传输系数与频率有关的相同单元构成的周期阵。

重构的扇区高增益天线是由位于圆柱形上的许多不连续直线阵列金属带构成的 FSS 结构、在不连续处插入的 PIN 二极管和位于圆柱形 FSS 结构中心的全向天线阵组成的。为了重构扇区方向图，把圆柱形 FSS 等分成两半，让位于一半圆柱形 FSS 中的二极管导通，让位于另一半圆柱形 FSS 中的二极管关闭；二极管导通的一半圆柱形 FSS 为半圆形反射体，二极管关闭的另外一半圆柱形 FSS，由于不连续金属带的长度远小于谐振长度，因而允许入射电磁波通过。因此用 FSS 结构就把全向天线变成了扇区定向天线。

为了用 FSS 结构重构方向图天线，必须设计能重构传输和反射系数的 FSS 单元。图 11.7(a)为 2.1 GHz，由宽 6 mm、长 14.5 mm、中间有 1.5 mm 间隙的金属带和插入间隙的二极管组成的 FSS 单元。PIN 二极管等效 RC 电路，在导通状态下，二极管等效 $R_{on}=2.3\ \Omega$ 的小电阻；在关闭状态下，等效 $R_{off}=30\ k\Omega$ 和 $C_{off}=180\ fF$ 的 RC 并联电路，如图 11.7(b)、(c)所示。注意，FSS 单元的间隙应等于二极管的尺寸。

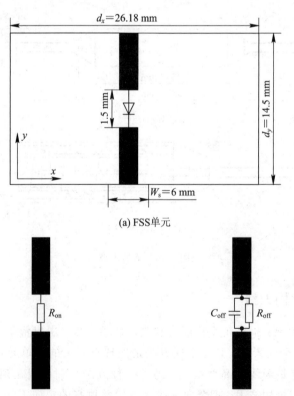

(a) FSS单元

(b) 二极管导通状态下的等效电路　　　　(c) 二极管关闭状态下的等效电路

图 11.7　FSS 单元及二极管在导通及关闭状态下的等效电路

图 11.8 是由圆柱形 FSS 结构和位于圆柱形 FSS 结构中心的由 4 个 $HPBW_E=20°$ 电磁耦合同轴振子(ECCD)组成的中增益全向天线阵重构的 H 面宽波束、E 面窄波束扇区方向图天线。FSS 是由位于半径 R 为 50 mm、$\varepsilon_r=3$、厚度为 0.254 mm 圆柱基板上角周期 $\theta_{FSS}=30°$ 的许多 FSS 单元组成的。横向周期为

$$d_x=R\theta_{FSS}\frac{\pi}{180°}\approx26.18 \text{ mm}$$

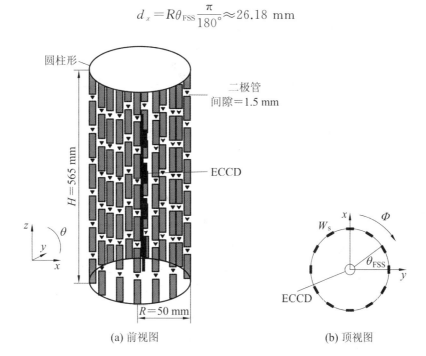

(a) 前视图　　　　　　　　　　(b) 顶视图

图 11.8　用圆柱形 FSS 重构的扇区天线

圆柱形 FSS 结构共 12 列，把相邻 5 列 FSS 中的二极管关闭、7 列 FSS 中的二极管导通，就能给出最好的方向图和最大方向系数。$N=12$，$R=50$ mm，可以得出最佳结果。用金属带两端两根窄的直流馈线为二极管提供直流偏压，在金属带和直流馈线之间每根线的顶端附加 5 kΩ 的高电阻，使所有二极管产生相同的电流，以获得相同的性能并保护二极管。

给 5 列 FSS 中的二极管加 0 V 直流偏压，给相邻 7 列 FSS 中的二极管加 37 V 直流偏压。FSS 重构扇区天线仿真和实测 $S_{11}<-10$ dB 的相对带宽为 6%；在 2.1 GHz，实测 $HPBW_E=20°$，$HPBW_H=70°$，$SLL=-13$ dB，$G_{max}=13$ dB，比全向天线增益提高了 7 dB。

2. 用有源圆柱形 FSS 结构重构的定向方向图天线

用带有 PIN 二极管的 FSS 结构让二极管开或关，能把天线的全向方向图变成定向方向图，但限制在一定的方向上。采用带有变容二极管的 FSS 结构构成中间有全向天线的圆柱形 FSS 结构，从 0 到 30 V 连续改变变容二极管的反向偏压，就能在 360° 连续电控天线的方向图上使其由全向变为定向。相对 PIN 二极管，用变容二极管不仅消耗功率低，而且漏泄电流也很小。

FSS 结构通常以谐振模式工作，结构的尺寸与波长相当，在谐振状态下，大部分功率被反射，大部分表面电流都通过变容二极管，调谐范围也最大。研究表明，把变容二极管

的反向偏压调到 6 V 为反射模式，相当于 PIN 二极管导通；调到 30 V 为透过模式，相当于 PIN 二极管关闭；调到 12 V 为部分透过。图 11.9(a)是让 10 列圆柱形 FSS 结构中的 5 列为反射模式、5 列为透过模式，就能重构出 0°方向定向波束；让 6 列为反射模式、4 列为透过模式，就能重构出 18°方向定向波束；让 5 列为反射模式、1 列为部分透过模式、4 列为透过模式，就能重构出 0°～18°方向定向波束。用同样的方法，也可以构成如图 11.9(b)所示等波束宽度的双波束和不等波束宽度的双波束。

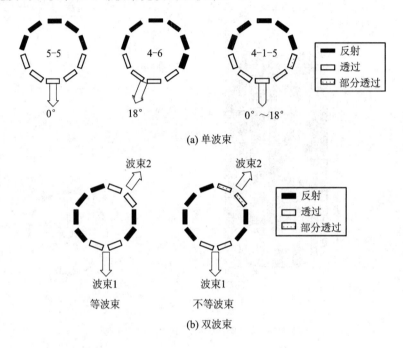

图 11.9　由 FSS 重构的单波束和双波束

3. 用可调电抗寄生单元重构的宽带定向天线

225～450 MHz 频段全向天线通常采用双锥振子或套筒振子；为了提高增益和抗干扰能力，需把低增益全向天线变成中增益定向天线。采用图 11.10(a)所示方案，用双锥线网振子作为激励单元，用可调电抗(短路、开路和电感)寄生单元来重构水平面中增益定向天线。为了实现宽频带，采用两层寄生单元，每层寄生单元都由位于半径 r_1 和 r_0 圆周上的 12 个 30°等角度 V 形线单元组成。内层寄生单元的工作频段为 350～450 MHz 的高频段，外层寄生单元的工作频段为 225～350 MHz 的低频段。

为了在低频段重构定向波束，通过开关使所有的内寄生单元和 6 个相邻外寄生单元均开路，其余 6 个外寄生单元与 68 nH 电感相连，构成如图 11.10(b)所示低频段波束形成结构；在这种工作模式中，所有开路寄生单元几乎不起作用，但与电感相连的寄生单元起反射器的作用。为了在高频段重构定向方向图，通过开关使所有外寄生单元开路，6 个相邻的内寄生单元与 100 nH 电感相连，其余 6 个内寄生单元短路构成如图 11.10(c)所示高频段波束形成结构；在这种工作模式中，短路寄生单元和开路外寄生单元直接位于激励单元的前面，起引向器的作用。

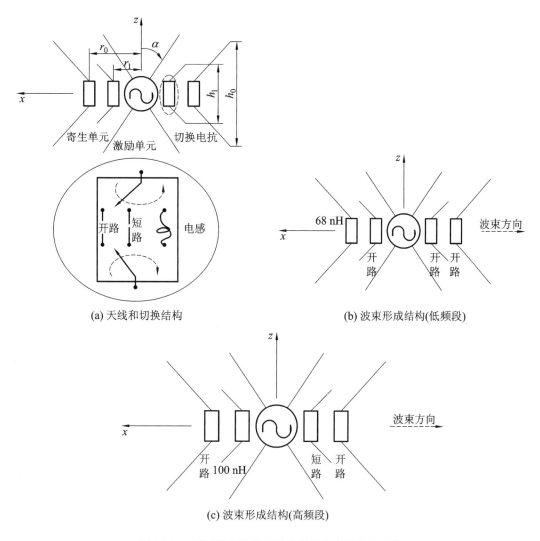

图 11.10　用可调电抗寄生单元重构的宽带定向天线

可调电抗寄生单元重构的宽带定向天线的主要尺寸如下：

激励单元：$h_0 = 0.418\lambda_0$，$\alpha = 35°$；

外层：$h_0 = 0.357\lambda_0$，$r_0 = 0.165\lambda_0$，$L_2 = 68$ nH；

内层：$h_1 = 0.5h_0$，$r_1 = 0.5r_0$，$L_1 = 100$ nH；

在 225～400 MHz 频段，该天线仿真的 $G = 6 \sim 10$ dBi，VSWR $\leqslant 3.5$。

11.3　新型短波宽带高增益天线

11.3.1　3～15 MHz 频段 2 元水平分支笼形天线阵

图 11.11(a)是挂高为 20 m、长为 83 m 的 2 元水平并馈分支笼形天线阵结构，图 11.11(b)、(c)是该天线位于无限大理想导电地面上仿真的 G 和 VSWR 的频率特性曲线。

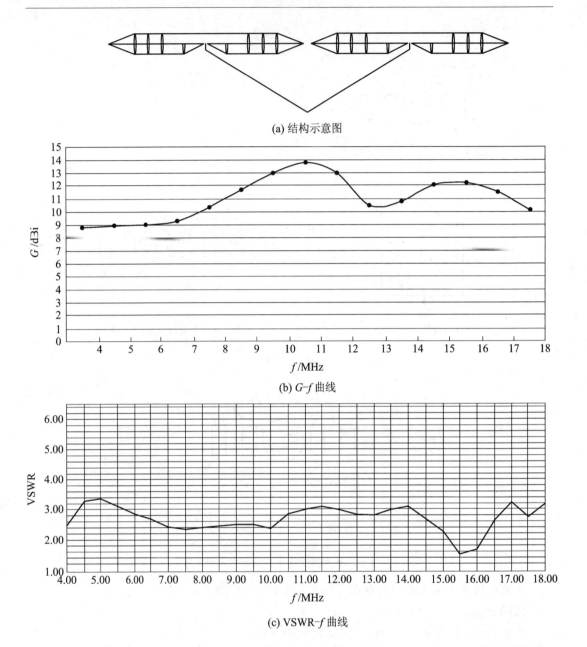

(a) 结构示意图

(b) G–f 曲线

(c) VSWR–f 曲线

图 11.11　2 元水平分支笼形天线阵及位于无限大理想导电地面上仿真的 G 和 VSWR 的频率特性曲线

在 3～15 MHz 频段，对 2 元水平分支笼形天线阵的水平面和垂直面增益方向图进行了仿真，结果如下：

（1）在 4～8 MHz 频段，辐射仰角 $\Delta > 70°$，垂直面最大波束指向高辐射仰角，适合利用近垂直入射天波反射完成中近距离全向通信和夜间远距离通信。

（2）当 $f > 8$ MHz 时，垂直面最大波束指向中辐射仰角，通过天波反射完成中距离双向通信。

在无限大理想导电地面上，对高为 15 m（如图 11.12 所示）的分支笼天线阵及高分别为 15 m 和 18 m 的 2 元分支笼形天线阵也进行了仿真，在 4～16 MHz 频段 2 元分支笼天线阵的增益与辐射仰角如表 11.1～表 11.3 所示。

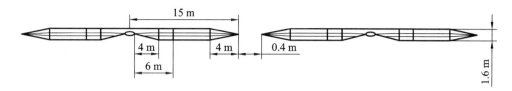

图 11.12　分支笼形天线阵的结构及尺寸

表 11.1　1 元分支笼形天线阵增益与仰角的频率特性(架高为 15 m)

f/MHz	4	5	6	7	8	9	10	11	12	13	14	15	16
G/dB	7.91	7.51	7.18	7.28	7.8	8.68	9.84	11	11.9	11.2	6.86	5.41	0.554
辐射仰角/(°)	90	90	56.3	45.3	40.3	34.8	29.9	27.1	25	24.4	19.2	19.5	20

表 11.2　2 元分支笼形天线阵增益与仰角的频率特性(架高为 15 m)

f/MHz	4	5	6	7	8	9	10	11	12	13	14	15	16
G/dB	9.05	9.12	9.31	9.95	10.9	11.9	13	14	14.3	13.4	11.5	9.01	4.8
辐射仰角/(°)	90	90	57.4	44.1	38.9	34.1	30	27	23.8	23.5	20.7	19.1	19.9

表 11.3　2 元分支笼形天线阵增益与仰角的频率特性(架高为 18 m)

f/MHz	4	5	6	7	8	9	10	11	12	13	14	15	16
G/dB	8.58	8.67	9.44	10.7	12.1	13.2	13.8	13.6	12.8	11.8	10.5	8.45	4.34
辐射仰角/(°)	90	56	44.4	34.6	30	28.4	24.5	21.7	19.6	19.4	19.6	15	14.6

2 元水平分支笼形天线阵有以下特点:

(1) 用天线结构实现宽带匹配,由于无损耗元件,因而效率高。

(2) 由于主要为高辐射仰角,所以特别适合利用近垂直入射天波反射,完成近距离全向短波通信。

(3) 由于把 2 元分支笼形天线组阵,故比常规分支笼形天线增益提高 2～3 dBi,用增益更高的 2 元分支笼形天线阵,不仅通信稳定、可靠、距离远,而且抗干扰能力强。

(4) 2 元分支笼形天线阵为水平极化,对地面导电性能好坏不敏感,不需敷设地网。

(5) 高辐射仰角全向性能好,特别适合点对多点中近距离短波通信。

(6) 天线为线网结构,具有风阻小、易承受大功率的优点。

11.3.2　由 TEM 喇叭构成的短波宽带定向天线

在微波波段,增益为 5～15 dBi 的宽带 TEM 喇叭天线得到了广泛应用。图 11.13 所示为利用镜像原理,把微波波段 TEM 喇叭天线用于短波的情形。为了减小重量、风阻及节约成本,TEM 喇叭天线的一个臂用间隔小于 $0.1\lambda_{min}$ 的网线构成;按镜像原理,另外一个臂用敷设金属地网的地面来代替。对位于无限大理想导电地面上，尺寸为 $L=46$ m、$W=40$ m、$H=15$ m 的 HF TEM 喇叭天线进行了仿真，表 11.4 为不同频率垂直面的最大增益 $G_{\text{垂max}}$、辐射仰角、半功率波束宽度 $\text{HPBW}_{\text{垂}}$，以及水平面的平均增益 $G_{\text{水}}$、最大增益 $G_{\text{水max}}$ 及半功率波束宽度 $\text{HPBW}_{\text{水}}$。

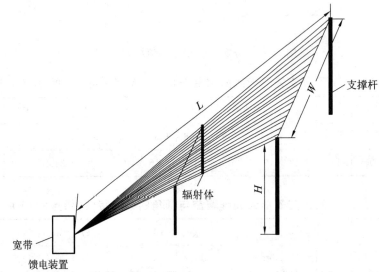

图 11.13　短波 TEM 喇叭天线

表 11.4　短波 TEM 喇叭天线仿真主要电参数的频率特性

f/MHz	垂直面			水平面		
	$G_{\text{垂max}}/\text{dB}$	辐射仰角/(°)	$\text{HPBW}/(°)$	$G_{\text{水}}/\text{dB}$	$G_{\text{水max}}/\text{dB}$	$\text{HPBW}_{\text{水}}/(°)$
3	6.6	90	100	2.69	2.69	
4	7.53	85	65	5.15	5.15	110
5	7.47	65	95	6.42	6.42	102
6	8.68	60	76	7.36	7.36	84
7	9.18	55	70	8.79	8.79	74
8	9.77	0	67	9.77	9.77	68
9	10.6	—	60	10.6	10.6	60
10	11.6	—	52	11.6	11.6	54
11	12.4	—	45	12.4	12.4	50
12	13.1	—	35	13.1	13.1	46
13	13.7	—	15	13.7	13.7	42
14	13.8	—	15	13.8	13.8	42
15	14.4	—	14	14.4	14.4	38
16	14.9	—	13	14.9	14.9	38

续表

f/MHz	垂直面			水平面		
	$G_{垂max}$/dB	辐射仰角/(°)	HPBW/(°)	$G_水$/dB	$G_{水max}$/dB	HPBW$_水$/(°)
17	15.2	—	12	15.2	15.2	37
18	15.6	—	11	15.6	15.6	35
19	15.9	—	10	15.9	15.9	35
20	16.2	—	10	16.2	16.2	35
21	16.5	—	9.5	16.5	16.5	34
22	16.7	—	9	16.7	16.7	34
23	16.8	—	8.5	16.8	16.8	36
24	16.9	—	8	16.9	16.9	40
25	17.1	—	7.5	17.1	17.1	40
26	17.2	—	7.5	17.2	17.2	42
27	17.3	—	7	17.3	17.3	44
28	17.5	—	7	17.5	17.5	42
29	17.4	—	6.5	17.4	17.4	44
30	17.5	—	6	17.5	17.5	46

短波 TEM 喇叭天线的主要特点如下:

(1) 频带宽。工作频段为 3～30 MHz,宽带比为 10∶1。

(2) 增益高。3～30 MHz 频段仿真的最大增益为 6.6～17.5 dBi。

(3) 抗干扰能力强。由于水平面和垂直面方向图为中波束和窄波束,因而天线增益高。天线增益高,抗干扰能力必然强,可见用中高增益定向短波天线,能有效克服短波通信存在干扰大的难题。

(4) 有高仰角、中仰角特别是有低仰角垂直面方向图,适合近、中距离通信,特别适合远距离弱信号通信。

3～6 MHz 频段天线垂直面为 60°～90°高仰角方向图,可以利用近垂直入射天波完成中近距离全向通信;7～11 MHz 频段利用中仰角垂直面方向图,通过天波反射完成中距离通信;9～24 MHz 频段主要利用低仰角垂直面方向图,通过天波反射完成远距离通信,由于垂直面波束宽度较宽,也可以完成中距离通信。

(5) 3～6 MHz 频段特别适合夜间利用低仰角垂直面方向图进行远距离通信;白天也可以利用地波完成信噪比比较高的近距离定向通信。

(6) 由于水平面有宽的波束宽度(HPBW$_水$=34°～110°),所以适合宽角域的用户使用,例如对海通信,不仅适合南海,也适合东南海、西南海的宽海域远距离通信。

(7) 承受功率大。天线结构无有耗元件,效率高,特别适合作为短波宽带定向发射天线。

(8) 电压驻波比低。3～30 MHz 频段 VSWR≤2.5,4.5～30 MHz 频段 VSWR≤2;在

机房中测量，3～30 MHz 频段 VSWR≤2。

（9）天线结构简单，占地面积相对少，造价相对低。

（10）天线为网线结构，抗风能力强，特别适合易发生台风的沿海地区使用。

11.4　低成本多波束天线

波束切换天线是智能天线的一种，由于能把定向信号直接指向用户，不仅节约了能量，而且减小了多径衰落，天线更加灵活。多波束切换的实现方法如下：

（1）采用相控阵。相控阵不仅能切换波束，而且能控制波束；由于必须使用移相器，因而不仅成本高，而且复杂且难度大。

（2）把 Butler 矩阵和天线阵进行集成，能构成多波束；但结构复杂，而且需要较大的空间。

（3）用重构 FSS 可实现多波束切换。

11.4.1　用有源 FSS 构成的多波束天线

图 11.14 是用图 11.7 所示 FSS 基本单元重构的频段为 2.3～3 GHz（中心频率 $f_0 =$ 2.65 GHz，$\lambda_0 = 113.2$ mm）、相对带宽为 26.4% 的切换多波束天线。它是把带有 PIN 二极管的圆柱 FSS 放在宽带圆锥振子的周围，再用金属板把圆柱 FSS 分成 6 个扇区，在圆柱 FSS 的顶上和底部，附加两个圆金属板的金属锥；让一个扇区的二极管关闭，另一个扇区的二极管导通，全向天线辐射的电磁波就被导通二极管的 FSS 扇区反射，通过关闭二极管的 FSS 扇区向外辐射，把全向方向图变为定向方向图。

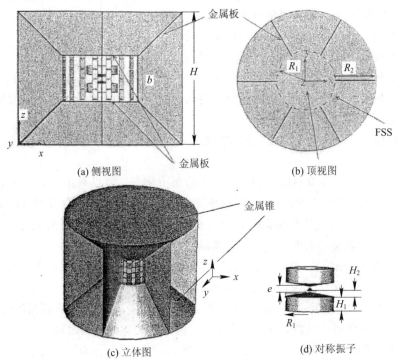

(a) 侧视图　　　　　　　(b) 顶视图

(c) 立体图　　　　　(d) 对称振子

图 11.14　用 FSS 基本单元重构的多波束天线

圆柱 FSS 有 18 列，每列有 6 个金属带及位于 11.2 mm 间隙的 5 个 PIN 二极管。FSS 天线的尺寸如下：$b=76$ mm，$H=190$ mm，$R_2=75$ mm，$R_1=45$ mm，$e=4$ mm，$H_2=3$ mm，$H_1=8$ mm。

天线的最大尺寸及相对 λ_0 的最大电尺寸为：高 $H=190$ mm$(1.68\lambda_0)$，直径 $=2\times(R_1+R_2)=240$ mm$(2.12\lambda_0)$；二极管采用 Microsemi GMP - 4201 型，在每根线的顶部和底部，均附加了 5 kΩ 电阻来保护二极管，并为每根线提供相同的电流；每列带线独立地用顶部和底部的直流偏压馈电，控制 PIN 二极管上的直流偏压，就能使全向方向图变成 6 个定向方向图。

该天线在 2.3~3 GHz 频段实测 $S_{11}<-8.5$ dB（VSWR$\leqslant2.2$），在 $f=2.5$ GHz 时实测 $G=10$ dBi，$HPBW_E=30°$，$HPBW_H=60°$，$F/B=18$ dB，SLL$=-15$ dB，采用交叉极化电平，E 面和 H 面分别为 -40 dB 和 -60 dB。

11.4.2　战场内部通信使用的双锥多波束天线

视频图像传输在民用市场最重要的应用是视频会议和其他影视应用。例如，在医学领域能提供带宽足够的更快、更好的数据传输网络。这些应用涉及用光缆和数字传输系统实现宽带传输的固定网络。高数据速率传输受到了战场应用方面的关注，数据流由实时视频、三维图形和其他多种多样的传感器生成。军用方面要求高动态，因此需要使用安装在不同车上的高机动性通信网络终端。视频和数据传输、点对点和点对多点传输、移动网络终端、地面和卫星通信线路、避免接收不需要的信号及有选择性的无线覆盖，都是现代军队内部通信网络在战场应用方面的基本要求。因此研究军队内部战场应用通信网络必须考虑以下几点：

(1) 宽的带宽；

(2) 无线；

(3) 作用距离的选择性；

(4) 自动终端配置的自适应性；

(5) 网络终端的机动性。

宽带无线电导致系统工作在 3 GHz 以上频段，权衡和比较在微波波段具有宽的带宽，但传输损耗会增加的矛盾之后，决定在 SHF 波段 3 GHz 和 30 GHz 之间研制合适的无线系统。为了在这个波段的固定和移动终端之间、移动与移动终端之间，提供可靠的无线链路，在 SHF 波段多用途应用中，像无线中继系统和空中交通管制雷达一样，必须使用定向天线。无线中继系统用固定天线完成无线通信；空中交通管制高频雷达系统用连续机械调整的定向天线覆盖整个方位面。但军队内部战场应用系统要完全满足上述要求是很困难的；战场通信系统要求使用体积小、结实、重量轻、有一定增益、易自适应控制波束的天线。

图 11.15(a)、(b)是军队内部使用的自适应专用无线网络及双锥多波束天线。采用自适应多波束无线网络，用 1 个天线在不同频率独立产生的几个波束来完成 3 辆战车之间的通信，由于能把发射和接收波束的最大辐射方向彼此对准，因而增加了无线链路的裕量；由于战车独立行驶，因此必须在方位面电控天线的波束。

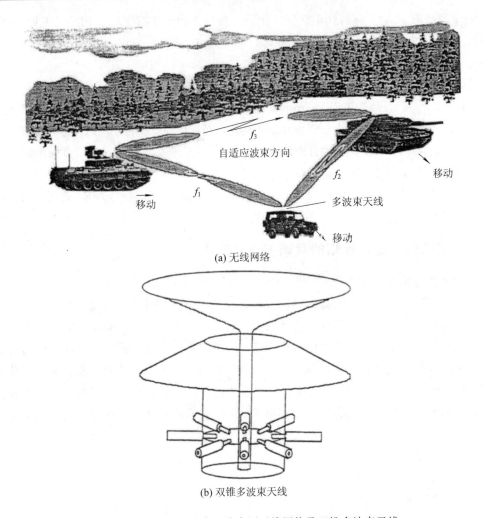

(a) 无线网络

(b) 双锥多波束天线

图 11.15　自适应多波束天线专用无线网络及双锥多波束天线

　　双锥多波束天线不用成本昂贵的波束形成网络,仅用最简单的低成本方法在方位面电控双锥多波束天线,就能实现自适应需要独立的多波束方向图,为实际应用创造有利条件。多模双锥天线的水平面波束宽度,主要由同轴波导中传输的 TEM 模和 TE_{11} 模的模数决定。用赋形垂直面方向图可以增加天线的增益,只需要改变双锥波导的张角和长度,就能独立地用水平面方向图来实现。

　　采用普通 TEM 模的双锥喇叭天线,由于用同轴馈线激励,因而在方位面有独立的场分布;用 TEM 模和 TE_{01} 模的混合模激励,就能够在方位面产生受控的定向波束。图 11.15 中的多波束天线的方位面有 8 个间隔 45° 的同轴馈线,同轴波导的尺寸决定了给定频率的传输模。8 个同轴馈线中的每一个都与空间辐射方向相关,因此用同轴开关激励不同的同轴馈线,就能选择不同的波束方向。

　　用 TEM 模、TE_{11} 模和 TE_{21} 模,在 $f = 10.25$ GHz 的情况下设计制造了相对带宽为 5%、水平面和垂直 HPBW 分别为 85° 和 70°、$F/B \geqslant 30$ dB、SLL<-17 dB 的 8 波束双锥天线,在 $f = 17.3$ GHz 的情况下设计了水平面 HPBW$= 40°$ 的 12 波束双锥天线,由于传播

模数增加了，所以带宽变窄，只有 1.2%。

　　由于所有模双锥天线在双锥部分的传播常数相同，因而水平面方向图几乎与双锥几何尺寸的变化无关，这就允许通过改变双锥波导天线的口径尺寸及张角，来规范垂直面方向图。固定双锥波导的张角为 44°，把锥半径 R 从 50 mm 变到 145 mm，图 11.16(a)、(b)、(c)给出了口径高度 b 分别为 2λ、2.5λ 和 3λ 时在 $f = 10.25$ GHz 实测和仿真的垂直面方向图；图 11.16(d)是仿真的方向系数 D 和实测增益 G 与锥半径 R 的关系曲线。

　　为了扼制双锥波导多波束天线 E 面的副瓣，宜采用如图 11.17(a)所示带波纹的多波束双锥波导天线，图 11.17(b)为波纹的参数。图 11.17(a)中共用了 7 个 $N/\lambda = 3.8$、深度 $d = 0.34\lambda$、$W/T_{\mathrm{C}} = 0.7$ 的波纹。位于支节和同轴插座之间的高阻抗同轴线为阻抗匹配用的阻抗变换段。图 11.17(c)是有和无波纹多波束双锥波导天线实测的垂直面方向图；由图可看出，有波纹使副瓣电平减小了 5 dB，但 HPBW 稍微变宽，由 25° 变到 30°。

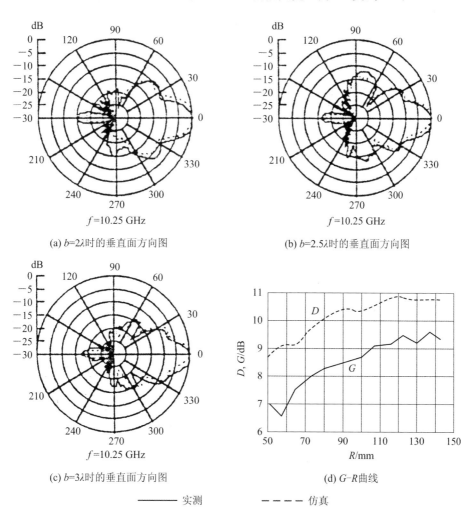

(a) $b=2\lambda$ 时的垂直面方向图　　　　　　(b) $b=2.5\lambda$ 时的垂直面方向图

(c) $b=3\lambda$ 时的垂直面方向图　　　　　　(d) G-R 曲线

———— 实测　　　　　———— 仿真

图 11.16　张角为 44°、不同口径高度 b 的双锥波导多波束天线在 $f = 10.25$ GHz 时仿真和实测的垂直方向图(表达时省去圆周边单位"度"(°))及实测 G 与半径 R 的关系曲线

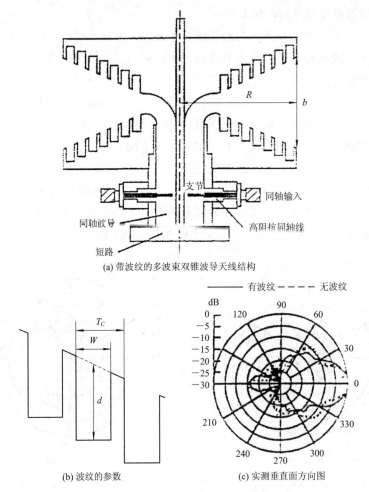

(a) 带波纹的多波束双锥波导天线结构

(b) 波纹的参数　　　　　　(c) 实测垂直面方向图

图 11.17　带波纹的双锥波导多波束天线结构、波纹的参数及实测垂直面方向图（圆周略去单位"度"（°））

11.5　提高共站通信天线隔离度的方法

用同轴线直接给对称天线馈电，会产生不平衡现象；外导体上感应的寄生电流，不仅使天线的方向图不对称，而且输入阻抗也会发生变化；在共站多天线中，还会相互耦合影响，使多天线端口隔离度变差。

收、发天线之间的互耦，取决天线周围的场分布、频率和天线的取向及间距。众所周知，两个相距一定间隔共线安装的全向天线之间的辐射耦合最小，这是因为沿轴线电场分量非常小、磁场分量为零的缘故。全向天线也会与感应在同轴馈线外导体上或附近的金属结构如支撑杆上的电流耦合，这种耦合效应比辐射效应更严重，更难控制。如果使用大功率发射机，收、发天线之间必须有足够高的隔离度，以防阻塞接收机或在接收机中产生交调。

提高共站通信天线隔离度最有效的方法是加大它们之间的间距。由于受有限安装空间的限制，实际工程中往往不能用此方法，但可以采用以下方法。

11.5.1 在同轴线外导体上附加 λ/4 长度的同轴扼流套

在同轴线外导体上附加 λ/4 长度的同轴扼流套,利用 λ/4 长度的扼流套呈现的高阻抗来扼制同轴线外导体上的电流。该方法最简单。为了减小 λ/4 长同轴扼流套的尺寸,在同轴扼流套里填充了介质;为了获得宽频带,除尽量利用直径比较粗的同轴扼流套外,还应该多加几个 λ/4 长度的同轴扼流套。

11.5.2 在同轴线外导体上套磁环

在同轴线外导体上套上磁环;由于磁环阻止和吸收了同轴线外导体上的电流,因而扼制了同轴线外导体上的电流。这种方法在工程上大量采用,如在图 11.18(a)所示用同轴线馈电 λ/2 长度的宽带套筒振子,及由它构成的共线 UHF/VHF 全向天线阵中,在同轴馈线的外导体上均套有磁环,用来扼制同轴线外导体上的电流,提高 VHF 和 UHF 天线之间的隔离度。对多单元双频共线全向天线阵,可以使上、下 UHF 全向天线的隔离度达到—55 dB,UHF 和 VHF 共线全向天线阵的隔离度达到—33 dB。

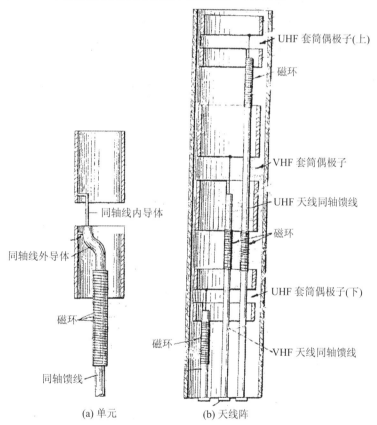

图 11.18 用磁环扼制同轴馈线外导体电流的 λ/2 长度的宽带套筒振子及多频段共线天线阵

在同轴馈线外导体上套上磁环,扼制套筒天线同轴馈线外导体上电流的方法只适合 VHF 低频段和 HF 天线,因为扼流的程度取决于磁环的磁导率;由于常用磁环的磁导率不适合 VHF 以上频率的天线使用,不仅因为不能有效扼制同轴馈线外导体上的电流,而且由于磁环比较重、易碎,给制造带来不便。

11.5.3　用同轴线绕成的扼流线圈

对共线收发天线系统，为了减小收、发天线之间的耦合，提高收、发天线之间的隔离度，最简单、实用的方法是把给天线馈电的同轴馈线，沿长度按照 $\lambda/4$ 间距绕成几个线圈，用同轴线扼流线圈形成的高阻抗来扼制同轴线外导体上的电流。

对直径为 40 mm、中间相距 1.5 m 的 225～400 MHz 频段收、发共线天线，用 5 个同轴线绕成的电感量为 0.44 μH、并联谐振为 282 MHz 的同轴线扼流线圈，就能使收、发天线之间的隔离度仿真达到 −40 dB 以上，实测达到 −35 dB 以上。

11.5.4　用金属盘和 $\lambda/4$ 长度的同轴扼流套

车用 VHF(108～174 MHz) 和 UHF(225～400 MHz) 频段地对空和地对地(或海对海)通信，既要使用全向发射天线，又要使用全向接收天线。为了减小交调干扰，收、发天线之间必须有足够大的隔离度。对 VHF 天线，如果不采用去耦措施，隔离度要达到 −50 dB；收、发天线必须相距 50 m。但利用如图 11.19 所示由多个金属盘和 $\lambda/4$ 长度的同轴扼流套构成的去耦单元，只要把 VHF/UHF 宽带全向收、发(Rx、Tx)天线安装在 10 m 高的支撑杆上，就能使 VHF/UHF 宽带全向收、发天线之间的隔离度达到 −50 dB；能实现的天线主要电性能如表 11.5 所示。

表 11.5　10 m 高共线 VHF/UHF 宽带全向收、发天线主要电性能

频率范围/MHz		VHF	UHF
		108～174	225～400
G/dBi		2	2～4
隔离度	Tx～Tx	−23 dB	−28 dB
	Tx～Rx	−50 dB	−55 dB
方向图圆度		±1 dB	±0.5 dB
VSWR		≤2.5	≤2.0
功率容量		1 kW(rms)	4 kW(最大)

由图 11.19 可看出：

(1) 3 种共线阵接收天线均位于发射天线之上。

(2) 不同频段的 Tx 和 Rx 天线共线架设；由于 VHF 的频率比 UHF 的低，为提高 VHF Tx 和 VHF Rx 天线之间的隔离度，需要让 VHF Rx 位于 UHF Rx 天线之上，UHF Tx 位于 VHF Tx 天线之上。

(3) 1 个 VHF Rx 与 2 个 VHF Tx 天线共线架设；共用了 6 个金属圆盘和两个 $\lambda/4$ 长度的同轴扼流套，使 Rx～Tx 的隔离度大于 −50 dB，Tx～Tx 的隔离度为 −23 dB。

(4) 两个 UHF Rx 和 4 个 UHF Tx 天线共线架设；共用了 9 个金属盘和 4 个 $\lambda/4$ 长度的同轴扼流套构成的去耦单元，使 Rx～Tx 的隔离度达到 −55 dB，Rx～Rx 和 Tx～Tx 的隔离度达到 −28 dB。

(5) 1 个 VHF Rx、1 个 UHF Rx、1 个 VHF Tx、1 个 UHF Tx 天线共线架设；共用了 7 个金属盘和 4 个 $\lambda/4$ 长度的同轴扼流套构成的去耦单元，使 VHF Rx～Tx 的隔离度

达到 -52 dB，UHF Rx～Tx 的隔离度达到 -55 dB，VHF Rx～UHF Rx 的隔离度达到 -30 dB。

为确保收、发天线之间有足够大的隔离度，除要求 VHF/UHF 频段全向共线天线之间有合适的间距，在它们之间，特别是收、发天线之间附加用金属盘和 $\lambda/4$ 长度的同轴扼流套构成的去耦单元外，还要求在天线周围 5 m 之外，不得有大的障碍物，如建筑，否则周围障碍物的反射也会恶化收、发天线之间的隔离度。另外，在地面 VHF/UHF 发射机和接收机的机房内，尽可能配置 VHF/UHF 多路耦合器和性能好的可调滤波器。

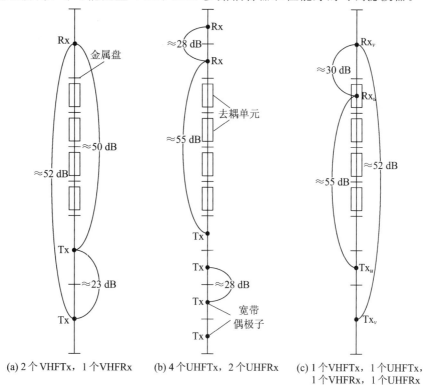

(a) 2 个 VHFTx，1 个 VHFRx　　　(b) 4 个 UHFTx，2 个 UHFRx　　　(c) 1 个 VHFTx，1 个 UHFTx，
1 个 VHFRx，1 个 UHFRx

图 11.19　VHF/UHF 共线收、发天线之间的布局及隔离度

11.5.5　正确选择 VHF、UHF 宽带全向收、发天线在共线天线阵的位置

在多副共线 VHF、UHF 宽带全向天线阵中，让 UHF 天线位于 VHF 天线之上，还是相反？让接收天线位于发射天线之上，还是相反？从结构上看，UHF 天线位于 VHF 天线之上，共线天线阵的结构上小下大有好处，但从减小 VHF 和 UHF 天线的互耦来看，应按以下原则配置：

(1) 对 VHF 和 UHF 共线全向收、发天线，VHF 天线应位于 UHF 天线之上。

(2) 对 VHF 和 UHF 共线全向接收天线，VHF 天线应位于 UHF 天线之上。

(3) 对 VHF 和 UHF 共线全向发射天线，UHF 天线应位于 VHF 天线之上。

这样配置不仅互耦小，不同频段及收、发天线之间的隔离度大，而且高频段天线的副瓣个数相对较少。

【例 11.1】　同轴馈线外导体上套磁环在 3 个 VHF/UHF 同频段专用天线中的应用。

　　机场控制中心往往需要 3 部 UHF(225～400 MHz)或 VHF(108～174)无线设备在同一频段同时工作。3 个 UHF 或 VHF 全向天线均为 $\lambda/2$ 长度的垂直套筒振子，它们共轴固定在中心支撑金属管上，支撑金属管接地。为了安全，天线杆的顶端设有安全指示灯，指示灯的电源线及馈电电缆从金属管内穿过。每个 $\lambda/2$ 长度的垂直套筒振子在中间用金属盘把它与中间的支撑管短路连接，馈电同轴线由支撑管上的孔穿出，同轴线的外导体与支撑金属盘相连，同轴线的内导体与套筒振子相连而构成 Gamma 馈电；调整同轴线内、外导体的间距 d，使 VSWR 最小，d 最佳近似为 0.05λ。采用 Gamma 给套筒振子馈电，由于天线与地短路连接，直流接地起到了防雷的作用，还能减小高电磁脉冲的不利影响。为了展宽 $\lambda/2$ 长度垂直套筒振子的带宽，在每个振子中间附加了 $\lambda/4$ 长度的金属套筒，该套筒可以固定在天线罩的里层。

　　为了减小 3 个共线套筒振子之间的相互耦合影响，除把它们按轴向间隔 1 个波长安装外，在支撑金属管的外表面套上磁环来扼制支撑管外面的电流，进一步改善层与层之间天线的隔离度。

【例 11.2】　金属圆盘在低增益全向收、发天线中的应用。

　　为了减小共线全向收、发天线之间的隔离度，如图 11.20(a)所示，在收、发天线之间附加金属圆盘；由于附加的水平金属圆盘对天线的阻抗有影响，故在开始设计时就要附加上，以便与天线和馈线进行一体化设计。为了使 $\lambda/2$ 长度宽带垂直套筒振子水平面全向方向图的圆度小于 2 dB，宜采用图 11.20(b)所示在圆周上间隔 120° 的 3 馈电技术。3 馈电技术不仅使天线有好的全向性，而且加强了天线的结构强度。

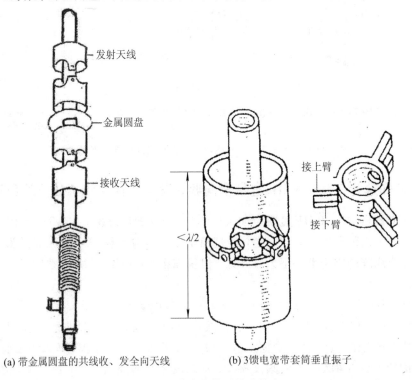

(a) 带金属圆盘的共线收、发全向天线　　　　(b) 3馈电宽带套筒垂直振子

图 11.20　全向天线及馈电技术

11.6　RF 扼流线圈和陷波器

11.6.1　RF 扼流线圈的设计原理

对工作频段给定的电感和规定的基本谐振频率，需要设计在 MF、HF 或 VHF 频段宽频带范围要求的扼流线圈；考虑到损耗，在某些情况下，还要考虑扼流线圈的第二个自谐振频率。线圈的基本自谐振为并联谐振，一层螺线管的阻抗非常高，第二个自谐振线圈的阻抗非常低，相当于串联谐振。在 MF、HF 或 UHF 电路和天线中，对扼流线圈有如下要求：

(1) 在工作频段内有足够高的阻抗，所设计扼流线圈的感抗不能低于最低工作频率所要求的值，第一个自谐振频率可以高于最高工作频率，也可以适当低一些。

(2) 损耗要尽可能地低。

长螺线管的电感 L_0 为

$$L_0 = \frac{0.1\pi^2 n^2 d^2}{b}(\mu H) \tag{11.6}$$

式中：n 为匝数；d 为绕组的平均直径，单位为 m；b 为绕组的长度，单位为 m。

如果把绕组的长度 b 与绕组的直径 d 之比用 R 表示，即 $R = b/d$，如果 R 不是很大，则螺线管的实际电感 L 为

$$L = \frac{K}{L_0} \tag{11.7}$$

式中，K 是取决于 R 的形状系数。表 11.6 给出了不同 R 值与 K 值的对应关系。

表 11.6　不同 R 值所对应的 K 值

$R = b/d$	50	25	10	5	2.5	2	1.33	1
$L = K/L_0$	0.992	0.982	0.962	0.923	0.85	0.82	0.748	0.69

如果设计的扼流线圈的电阻太高，可以选择更小的 $R = b/d$，这就意味着要用更短的绕组长度 b、更大的绕组直径 d，显然，线的长度也将减小很多。

RF 扼流线圈可以把同轴电缆绕成线圈，或把同轴电缆绕在磁环上；也可以把漆包线绕在磁环上。RF 扼流线圈允许直流通过，但阻止交流或 RF 能量通过，它必须具有大的电感和传送电流的能力，也可以把 RF 扼流线圈看成阻止交流的电阻。把同轴电缆绕成线圈，或把细且易弯曲的 RF 同轴电缆绕在磁环上构成电缆扼流线圈，其等效电路近似为由线圈的电感 L 与绕组间电容 C 构成的并联电路，在谐振时呈现无限大阻抗。电缆扼流线圈正是利用了高的 RF 阻抗，才有效扼制了电缆外皮上的电流。常用的 RF 扼流线圈有如图 11.21 所示的 3 种形式，即螺线管、π 形和环形。单层螺线管和多层 π 形绕组也可采用绝缘非磁性骨架，例如陶瓷或高介质塑料骨架绕制；如果需要大电感、小尺寸，则需要把绕组绕在磁环上，环扼流线圈为防止电路不稳定提供了自保护特性。为了防止绕组磨损、沾上灰尘和受湿气的影响，最好把扼流线圈进行密封；最简单的办法就是浸漆处理，也可以用多股高强度漆包线绕制。为了承受大功率，扼流线圈往往用线径比较粗的外面套有耐高温聚四

氟乙烯的线绕制成自支撑结构。

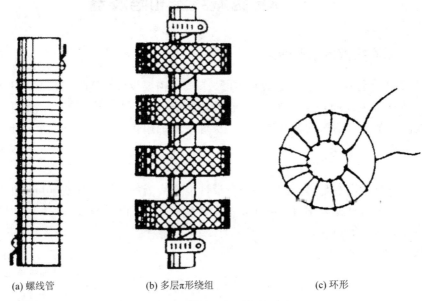

(a) 螺线管　　　　　(b) 多层π形绕组　　　　　(c) 环形

图 11.21　扼流线圈的结构形式

11.6.2　陷波器

　　RF 陷波器（Trap）是由电感电容组成的并联低阻抗电路。当陷波器达到谐振频率时，其阻抗迅速增加，变成一个高阻抗器件，限制电流流过它。元件值由式（11.5）决定。

　　为了能承受大功率，在市场买来的电感往往不能用，为此必须自己绕制电感。获得合适电感值需要的匝数 n 可由式（11.4）确定。

参 考 文 献

［1］　EDALATI A，DEMDM T A. High-gain reconfigurable sectoral antenna using an active cylindrical FSS structure. IEEE Trans. Antennas Propag，2011，59(7).

［2］　ZHANG L，et al. Electronically Radiation Pattern Steerable Antennas Using Active Frequency Selective Surfaces. IEEE Trans. Antennas Propag，2013，61(12)：6000 – 6006.

［3］　SUTINGO A E，et al. An Octare Band Switched Parasitic Beam Steering Arrag. IEEE Antennas Wireless Propag. Lett，2007：211 – 214.

［4］　EDAIATI A，et al. Freguency Selective Surfaces for Beam-Switching Applications. IEEE Trans. Antennas Propag，2013，61(1)：195 – 200.

第 12 章 雷 达 天 线

12.1 概 述

雷达用双极化天线能同时获得电磁波的水平面和垂直面的信息。双极化雷达有两种工作模式，即交替的水平/垂直模式和混合模式，在混合模式中同时使用双极化天线。为了减小雷达的测量误差，双极化天线不仅要有宽频带、高端口隔离度，还要有低交叉极化电平。贴片天线由于具有低轮廓、低成本及易批量生产等优点，因此广泛用作雷达天线。

贴片天线沿正方形贴片或圆形贴片的正交位置，分别用同轴线或微带线（简称微带）馈电，就能在同一频率激励两个正交模实现双线极化。微带线给正方形贴片天线馈电可采用边馈，也可用角馈，还可用间隙耦合边馈（微带线不直接与贴片相连，而是留一点间隙），例如用厚为 0.787 mm，$\varepsilon_r=2.5$ 基板制造的耦合边馈双极化正方形贴片天线，VSWR$\leqslant$2 的相对带宽为 4.15%，在阻抗带宽内，$S_{21}<-30$ dB，在中心频率 f_0 处，$S_{21}=-38$ dB。相对双边馈，双角馈更利于提高双极化天线的端口隔离度。例如用厚为 0.8 mm，$\varepsilon_r=2.78$ 基板制造的角馈双极化正方形贴片天线，VSWR$\leqslant$2 的相对带宽为 6.8%，在阻抗带宽内，隔离度 $S_{21}<-25$ dB，在中心频率 f_0 处，$S_{21}=-37$ dB，相对边馈，角馈时隔离度提高了 10 dB。

用两个正交容性探针给空气悬浮正方形贴片天线耦合馈电可以实现双线极化。容性探针可以是 Γ 形、钩形或曲折形。这种馈电方法不仅能使贴片天线实现宽频带、高端口隔离度、高 F/B 特性，而且能使贴片天线承受大功率。

用微带线通过地板上的偏置正交缝隙或正交缝隙给正方形贴片或圆形贴片天线耦合馈电，也可实现双线极化。图 12.1 是双极化缝隙耦合馈电贴片天线常用的位于地板上的缝隙。狗骨头形缝隙，不仅能更好地与辐射单元（或称单元天线）耦合，而且由于缝隙缩短了尺寸，增加了两个正交缝隙之间的空间，因此改善了贴片天线的端口隔离度（$S_{21}<-30$ dB）；用变形 H 形缝隙，相对用 H 形缝隙，端口隔离度改善了 $-10\sim-35$ dB。

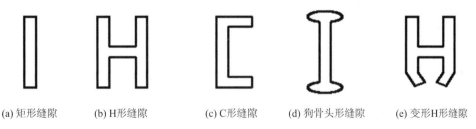

(a) 矩形缝隙   (b) H形缝隙   (c) C形缝隙   (d) 狗骨头形缝隙   (e) 变形H形缝隙

图 12.1 双极化缝隙耦合馈电贴片天线常用的位于地板上的缝隙

图 12.2 是用底层馈电网络通过地板中心的正交缝隙给顶层正方形贴片耦合馈电构成的双线极化天线。其中，端口 1 用两个 100 Ω 微带线，端口 2 用 1 个 50 Ω 微带线。该天线端口隔离度 $S_{21}<-35$ dB，交叉极化电平小于 -30 dB。

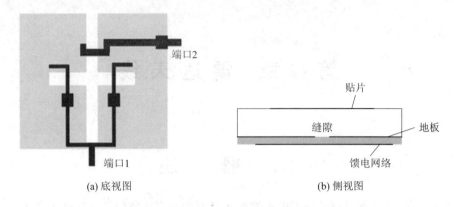

(a) 底视图   (b) 侧视图

图 12.2 正交缝隙耦合馈电正方形贴片构成的双线极化天线

为了进一步改善双线极化正方形贴片天线两个端口之间的隔离度和交叉极化电平，贴片天线宜在两个正交线极化端口分别反相双馈。

12.1.1 用不同馈电网络构成的 4×4 元贴片天线阵

宽带贴片天线阵，不仅要求辐射单元具有宽频带，而且它与采用何种馈电网络密切相关。下面利用 4 种不同馈电网络构成的 4×4 元贴片天线阵为例来说明。图 12.3(a)是用 $\varepsilon_r=2.65$，

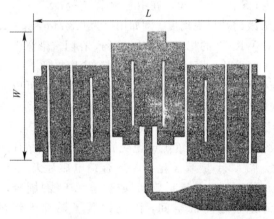

(a) 带共面寄生单元的贴片天线

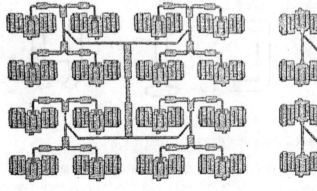

(b) 并联贴片天线阵A

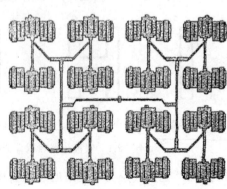

(c) 单元反相并联贴片天线阵B

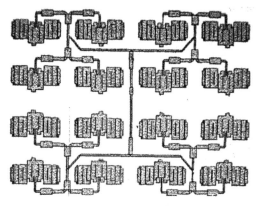 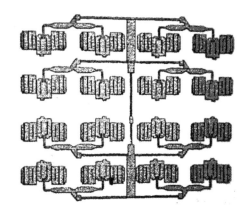

(d) 反相并联贴片天线阵C   (e) 反相串并联贴片天阵D

图 12.3   带共面寄生单元的贴片天线及由不同馈电网络构成的 4×4 元贴片天线阵

厚为 2 mm 基板印刷制造成尺寸为长×宽＝$L×W$＝44 mm($0.66\lambda_0$)×22 mm($0.36\lambda_0$)带共面寄生单元的贴片天线。为了展宽带宽，该天线还附加了便于调整的支节和缝隙，缝隙不仅能降低谐振频率，还能稍微缩小尺寸。图 12.3(b)、(c)、(d)、(e)分别是由基本辐射单元和不同馈电网络构成的 4×4 元贴片天线阵。其中，图 12.3(b)所示为并联贴片天线阵 A，图 12.3(c)所示为单元反相并联贴片天线阵 B，图 12.3(d)所示为反相并联贴片天线阵 C，图 12.3(e)所示为反相串并联贴片天线阵 D。上述 4 种贴片天线阵仿真的电性能如表 12.1 所示。

表 12.1   由不同馈电网络构成的 4 种贴片天线阵仿真的电性能

4×4 元天线阵	$S_{11}<-10$ dB 的相对带宽/%	G/dBi	SLL/dB	交叉极化电平/dB	HBPW$_E$/(°)	HBPW$_H$/(°)
A	10.6	17.2	H 面：小于−13，E 面：小于−13	<−19	15.2	13.0
B	6.2	16.8	H 面：小于−8，E 面：小于−14	<−20	20.0	12.6
C	9.5	17.1	H 面：小于−12，E 面：小于−15	<−37	13.1	13.1
D	10.2	18.7	H 面：小于−12，E 面：小于−17	<−36	20.0	13.1

由表 12.1 可看出，天线阵 D 不仅阻抗带宽较宽，增益高，而且交叉极化电平低。

图 12.4(a)是由图 12.3(e)所示的反相串并联 4×4 元贴片天线阵构成的水平间距 H＝$0.86\lambda_0$，垂直间距 V＝$0.63\lambda_0$ 的 16 元天线阵，地板的尺寸为 $D_1×D_2$＝216 mm×276 mm。图 12.4(b)所示为该天线阵仿真和实测 S_{11}、G 的频率特性曲线。由图看出，实测 $S_{11}<-10$ dB 的相对带宽为 12%，在 4.5 GHz 处，实测 G＝20.2 dBi，另外，在 4.5 GHz 处实测了主极化和交叉极化方向图，并求得，HPBW$_E$＝20°，HPBW$_H$＝13°，E 面 SLL<−14 dB，交叉极化电平小于−19 dB。

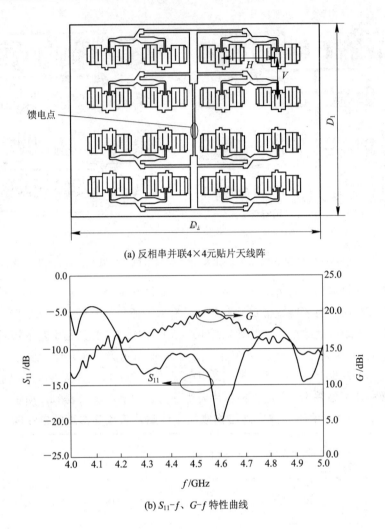

(a) 反相串并联4×4元贴片天线阵

(b) S_{11}-f、G-f 特性曲线

图 12.4　反相串并联 4×4 元贴片天线阵及 S_{11}-f、G-f 特性曲线

12.1.2　超宽带(UWB)雷达天线的辐射单元

超宽带(UWB)雷达要求雷达天线的辐射单元为 UWB,如 UWB 成像雷达就把位于角锥形反射器中的定向缝隙形蝶形振子作为辐射单元。

超宽带高分辨率成像雷达是许多超宽带雷达应用领域中最有前途的一种。其中,天线是关键的 1 个部件,如果单个天线能覆盖 3.1~10.6 GHz 带宽,UWB 雷达就能实现20 mm的超高距离分辨率。贴片形蝶形振子天线因有尺寸小、重量轻、成本低、频带宽、全向方向图而成为最常用的 UWB 天线。但缝隙形蝶形振子天线比贴片形蝶形振子天线具有更多的优点,如更宽的带宽、易馈电、结构简单而且成本低。为了进一步展宽缝隙形蝶形振子天线的带宽,并克服全向缝隙形蝶形振子天线因周围多目标、多路径反射造成的天线性能变化,UWB 雷达可采用低 VSWR、高 F/B 的 UWB 定向天线。为了实现高 F/B,UWB 定向天线可采用图 12.5 所示的用厚 $h=1.6$ mm、$\varepsilon_r=4.55$ 基板制造的带角锥形反射器的缝隙形蝶形振子天线。其中心频率 $f_0=7.25$ GHz,经过优化设计,天线的具体尺寸如下:$L_1=$

15.8 mm，$L_2 = 11.8$ mm，$L_3 = 1.0$ mm，$L_4 = 14.1$ mm，$L_5 = 3.2$ mm，$W_1 = 9.6$ mm，$W_2 = 6.6$ mm，$W_3 = 1.4$ mm，$W_4 = W_5 = 2.8$ mm，$\theta = 104°$，$S_1 = 2$ mm，$S_2 = 4$ mm，$S = 6$ mm。基板的尺寸：长×宽$= A_1 \times B_1 = 48$ mm×32 mm。角锥形反射器的尺寸：长×宽×高$= A_2 \times B_2 \times d = 60$ mm×44 mm×20 mm。该天线在 3 GHz、6 GHz 和 9 GHz 实测了 E 面和 H 面归一化方向图，在低频段 F/B 达到 30 dB；在 3～11.7 GHz 频段内，实测 $S_{11} <$ −10 dB，带宽比为 3.9∶1。

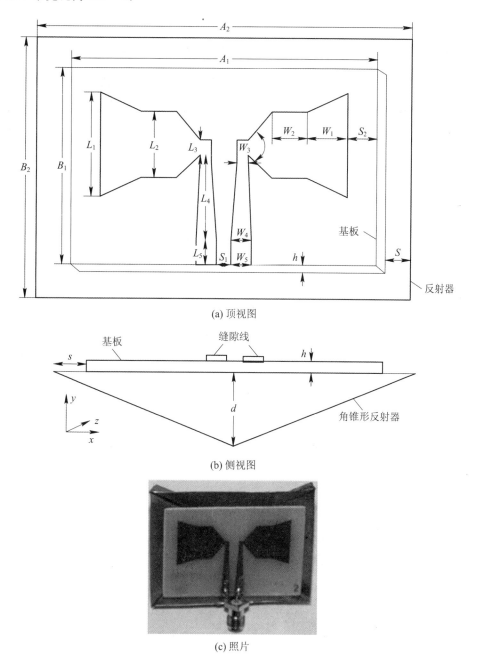

(a) 顶视图

(b) 侧视图

(c) 照片

图 12.5　带角锥形反射器的缝隙形蝶形振子天线

　　图 12.6 所示为用 $\varepsilon_r = 4.4$ FR4 基板印刷制造的尺寸为 $R_2 = 8.5$ mm，$R_3 = 2$ mm，$L_1 = 16$ mm，$W_1 = 2.4$ mm 的 UWB 椭圆单极子，其体积较小，结构简单，可作为机载雷达使用的 UWB 辐射单元。该天线在 1.65～13.15 GHz 频段内，$S_{11} < -10$ dB，方位面基本上呈全向，垂直面 3 dB 波束扫描范围大于 60°。

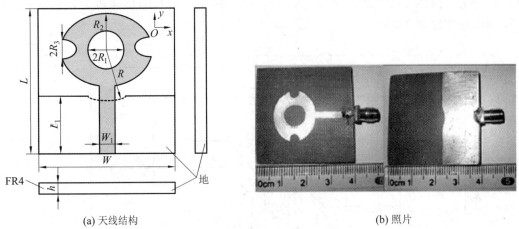

(a) 天线结构　　　　　　　　　　　　　　　　　　(b) 照片

图 12.6　UWB 椭圆单极子

12.2　单频雷达天线

12.2.1　能卷起来的 L 波段充气综合口径雷达天线阵

　　NASA 航天器需要使用口径为 10 m×3 m，重量小于 100 kg 的综合口径雷达（SAR）天线阵，并要求天线阵使用时能展开，不用时能卷起来，为此可采用如图 12.7(a)所示的天

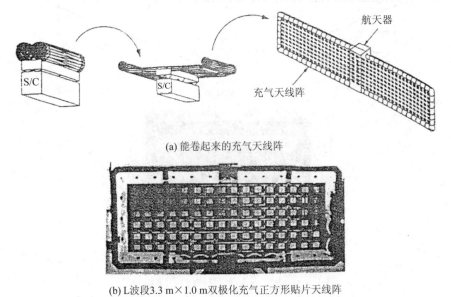

(a) 能卷起来的充气天线阵

(b) L波段3.3 m×1.0 m双极化充气正方形贴片天线阵

图 12.7　能卷起来的 L 波段充气正方形贴片天线阵

线阵。图 12.7(b)所示是由矩形充气边框、贴片天线、馈电网络薄膜层、中心支撑板、带充气瓶的支撑盒及薄膜支撑结构组成的 3.3 m×1.0 m 天线阵。3.3 m×1.0 m 辐射平面可由图 12.8 所示的 3 个薄膜层组成。其中，顶层为 6×16 元贴片天线阵及水平极化微带馈电网络；中层为地板；底层为垂直极化天线阵的微带馈电网络，它通过地板上的缝隙给顶层贴片天线阵耦合馈电。每个极化有 6 个 RF 探针和 T/R 模块。天线总重 15 kg，其中充气系统和支撑单元共 9 kg，10 m×3 m 天线平均重 1.7 kg/m²。水平极化天线阵实测 VSWR≤2 的绝对带宽超过 80 MHz，在 1.25 GHz 处实测方位面和俯仰面 SLL 分别为 −14 dB 和 −12 dB，交叉极化电平小于 −20 dB，最大增益为 25.2 dBi，口面效率为 52%，端口隔离度小于 −40 dB。

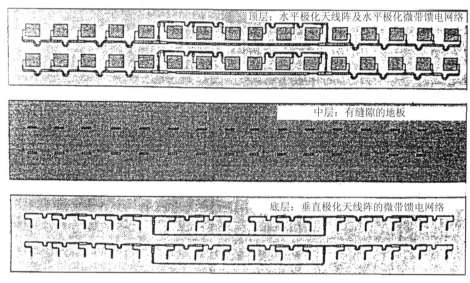

图 12.8　有 3 个薄膜层的天线阵及馈电网络

12.2.2　位于同一块基板上的低成本双极化天线

双极化天线是指 1 个天线能同时提供两个独立信道的天线，它不但可以增加信道容量，而且可以扼制多径效应。图 12.9 所示为中心频率 $f_0 = 2.5$ GHz 的低成本双极化天线，其辐射单元是由 1 mm 厚、$\varepsilon_r = 4.4$ 的 FR4 基板背面印刷制造成半径为 R、夹角为 α 的 4 个叶片形缝隙及位于基板正面的两个正交微带馈线(简称微带线)组成的。由于天线和馈线是在同一块基板上制成的，因而该天线成本特别低。水平极化端口 1 的微带馈线过孔与底层地板相连，垂直极化端口 2 的微带馈线也过孔与长度为 L_2 的 CPW(共面波导)相连。基板背面 4 个叶片形缝隙之外的金属为微带馈线的地。调整 L_1 和 L_2，可以使天线阻抗匹配。为了使方向图呈单向，可在天线面下方 $H = 20$ mm 处，放一块 300 mm 大的正方形反射板。天线的尺寸如下：$L = W = 120$ mm，$G = 300$ mm，$H = 20$ mm，$h = 1$ m，$R = 41$ mm，$d = 0.8$ mm，$L_1 = 10$ mm，$L_2 = 11$ mm，$L_3 = 1$ mm，$W_1 = 0.45$ mm，$W_a = 1.5$ mm，$W_b = 2$ mm，$W_c = 2.4$ mm。该天线以单元间距 $d = 0.73\lambda_0$ 构成 1×4 元尺寸为 384 mm×123 mm 的天线阵，反射板的尺寸为 564 mm×300 mm。该天线阵仿真 $S_{11} = S_{22} < -10$ dB 的频率范围为 2.18~2.75 GHz。该天线阵端口 1 实测 $S_{11} < -10$ dB 的频率范围为 2.4~

2.675 GHz；端口 2 实测 S_{22}＜−10 dB 的频率范围为 2.305～2.77 GHz，S_{21}＝−30 dB；在阻抗带宽内端口 1 和端口 2 的实测增益分别为 9～12 dB 和 13～14.5 dB。

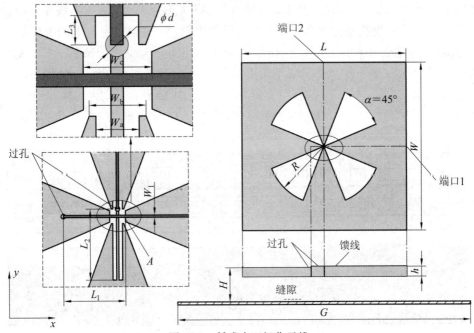

图 12.9　低成本双极化天线

12.2.3　适合航天器使用的 S 波段多层双极化雷达天线阵

近几年，航天器使用的综合口径雷达（SAR）天线的工作波段多为 S 波段，与常用的 L 或 C 波段正好相反。对于低成本火箭发射安装在小航天器上的雷达系统，选用工作波段要折中考虑，这是因为在 L 波段，存在增加大功率放大器和天线材料的问题，在 C 波段，存在顾及雷达入射角的更高接入性能和更高分辨力的问题。由于 S 波段介于 L 与 C 波段之间，因此工作波段为 S 波段，小且不复杂的雷达就能提供满意的分辨率、足够的灵敏度和更高的接入性能，而且满足了低成本火箭发射的需要。但 S 波段航天器使用的天线仍具有挑战性，与 C 波段相比，该天线只能用少量的辐射单元，且只能用适合航天器使用的材料来设计制造天线阵。SAR 使用的天线还必须有双极化、低轮廓和相对低成本的特点。贴片天线适合作为航天器 SAR 使用，为实现双极化，可在正方形贴片天线的相邻两个边的中间位置用微带线馈电或用双探针激励有正交极化的横磁波 TM_{01} 和 TM_{10} 波导模。

图 12.10 是中心频率 f_0＝3.2 GHz（λ_0＝93.75 mm）的 S 波段航天器使用的综合口径雷达天线阵，该天线阵以发射/接收双模式工作。其中，图 12.10(a)所示为顶层，即沿水平 x 轴的垂直（YP）和水平（HP）线极化子阵，每个子阵都由单元间距为 82.2 mm（$0.88\lambda_g$，λ_g 为介质波长）的 6 元串联谐振正方形贴片组成。相邻天线的具体尺寸如下：L＝518.08 mm，W＝187.2 mm，C＝14.95 mm，W_p＝36.57 mm，L_p＝40.12 mm，D_p＝42.2 mm，E＝62.24 mm，D_v＝3.6 mm，D_{w1}＝23.87，D_f＝16.64 mm，E_p＝12.83，E_c＝8.19 mm，W_h＝5.09 mm，D_h＝7.07 mm，D_q＝20 mm，D_n＝13.14 mm，W_v＝3 mm，D_b＝16.33 mm，D_c＝4.78 mm。

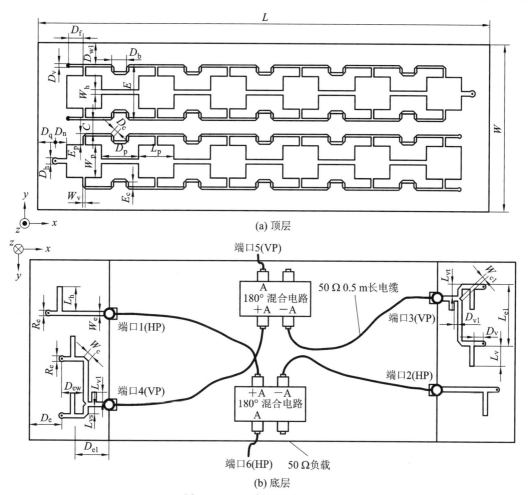

(a) 顶层

(b) 底层

图 12.10　S 波段 SAR 天线阵

　　为了改善贴片天线的对称场分布及减小副瓣电平，垂直线极化采用对称微带线并联正方形贴片天线阵。为了增加贴片天线的阻抗带宽，贴片天线采用低 ε_r 的基板制造。

　　图 12.10(b) 是天线阵底层，它有两个完全相同的 50 Ω 阻抗匹配网络。阻抗匹配网络通过直径为 0.8 mm 的过孔与天线阵的馈线相连，且用末端为 90° 的 SMA 同轴插座把微带线与 50 Ω 同轴线相连，该同轴线(长：0.5 m)的另一端与 180° 混合电路相连。阻抗匹配网络的具体尺寸如下：$L_h = 24.75$ mm，$W_e = 4.86$ mm，$L_v = 21$ mm，$R_e = 5.86$ mm，$W_c = 7.69$ mm，$W_{cl} = 3.43$ mm，$D_{vl} = 3.88$ mm，$L_{vl} = 9.79$ mm，$L_{el} = 64.10$ mm，$D_v = 8.78$ mm，$L_{vs} = 7.12$ mm，$L_{vt} = 12.533$ mm，$D_e = 35.07$ mm，$D_{ew} = 22.75$ mm，$D_{el} = 27.07$ mm。由于 S 波段 SAR 天线阵用垂直微带线反相激励贴片天线，因此把两条垂直极化微带线合成 1 路时，使用了 180° 混合电路。为了防止带宽的边缘方向图倾斜，把两个子阵旋转 180°(两个子阵相距 77.1 mm$(0.82\lambda_0)$)，且在水平极化子阵的馈电端口也使用 180° 混合电路。

　　图 12.11 所示为上述贴片天线的多层结构，在 L6、L7、L8 和 L9 层信号过孔的周围，有半径为 6.93 mm 的圆缺口。为了避免出现平行板波模，用直径为 0.8 mm 的接地过孔把 L6、L9 的两个地线连在一起。为使贴片天线适合航天器的工作环境，印刷制造天线的基板材料不但要轻、结实，而且要能耐压缩，这是因为在粘胶固化过程中整个结构必须承受一

定压力。表 12.2 列出了适合航天环境的多层贴片天线每层基板的 ε_r 和厚度。注意：胶的 ε_r 对天线的谐振频率影响很大。

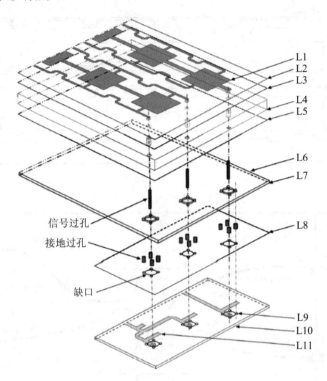

L1
L2
L3
L4
L5
L6
L7
信号过孔
L8
接地过孔
缺口
L9
L10
L11

图 12.11　贴片天线的多层结构

表 12.2　多层贴片天线每层基板的 ε_r厚度和材料

层	厚度/mm	材料	相对介电常数 ε_r	电导率 σ/(S/m)
L1	0.034	铜	—	5.8×10^7
L2	0.127	聚酰亚胺胶带	3.3	0.08
L3	0.05	黏胶	3.1	0.01
L4	6	泡沫	1.048	11×10^{-5}
L5	0.05	黏胶	3.1	0.01
L6	0.034	铜	—	5.8×10^7
L7	0.127	聚酰亚胺胶带	3.3	0.08
L8	0.05	黏胶	3.1	0.01
L9	0.017	铜	—	5.8×10^7
L10	1.6	杜劳特铬合金钢	2.3	12×10^{-4}
L11	0.017	铜	—	5.8×10^7

该天线阵在 3.1~3.5 GHz 频段，实测 $S_{11} < -10$ dB，相对带宽为 6%，$S_{21} < -18.6$ dB。在 3.1~3.3 GHz 频段，端口 5 和端口 6 垂直/水平极化天线阵实测的 G 和 SLL 如表 12.3 所示。

表 12.3　端口 5 和端口 6 垂直(VP)/水平(HP)极化天线阵实测 G 和 SLL

f/GHz	G/dBi		SLL/dB	
	VP	HP	VP	HP
3.1	17.26	15.14	−12.6	−5.8
3.15	19.06	17.2	−12.8	−10.1
3.2	17.98	17.52	−12.95	−10.6
3.25	16.97	15.4	−14.2	−11.16
3.3	14.35	10.25	−13.52	−11.8

12.2.4　高隔离度 X 波段船用雷达天线

船用雷达是船用于避免与海岸线、冰山或与其他船碰撞而发生危险的基本设备和辅助导航设备。船用雷达的工作波段包括 S、X 和 Ku 波段。与 S 波段相比，船用雷达采用 9.3~9.4 GHz 的 X 波段，具有紧凑、机动、灵活等优点。

船用雷达天线的副瓣电平、F/B 和 HPBW 都会影响雷达的性能，例如天线发射的信号通过副瓣或后瓣照射散射体，接收模式会以同样的方式接收反射信号。垂直极化天线相对水平极化天线能相对减小海杂回波的影响。

贴片天线由于具有低轮廓、低成本、重量轻、易精确控制方向图等优点，因而在雷达系统被广泛采用。常用的天线阵有并联、串联和串并联。就并联而言，由于天线阵包含许多不连续和较长的馈线，因此易产生杂散辐射，存在介质损耗。串联天线阵由于使用短传输线，因此辐射效率较高。串联天线阵分为谐振和行波两种，行波串联天线阵的带宽比谐振串联天线阵的宽，但由于串联天线阵主波束方向随频率倾斜变化，因而易产生测量误差，特别是在调频连续波系统中。为此宜在串联天线阵中心再采用并联方式。

图 12.12 是用 $\varepsilon_r = 2.2$ 基板制造的中心频率 $f_0 = 9.35$ GHz($\lambda_0 = 32$ mm)的天线阵。它是由 32 元完全相同贴片构成的两行左右各 8 元串联，中间再并联的天线阵。沿馈线用 $\lambda_0/4$ 长变换段实现行波渐变幅度分布使 SLL < -25 dB。用串联微带线实现切比雪夫渐变幅度分布。将 4 段 $\lambda_0/4$ 长变换段构成的两个 T 形微带馈线分别与两行串联微带线相连，将同轴探针与两个并联 T 形微带馈线相连。天线阵由于头对头，顶层和底层天线阵反相馈电，因而改善了 y 向交叉极化电平。

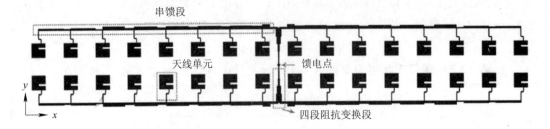

图 12.12　由 32 元尺寸完全相同贴片构成的两行串并联天线阵

　　微带天线的极化与馈电位置相关。传统的水平极化贴片天线都是由图 12.13(a)所示的微带线沿贴片天线的侧面馈电，由于贴片与馈线的耦合加大，恶化了天线性能。为了使馈线位于贴片天线的下边缘，并维持水平极化，如图 12.13(b)所示，在距离边长为 $W_p =$ 9.9 mm 的贴片下边缘 $d_s = 3$ mm 处切割宽为 1 mm、长 $L_s = 5$ mm 的缝隙，在贴片边缘 $d_f = 2.5$ mm 处用微带线馈电，这不仅能实现水平极化，而且在 9.2～9.5 GHz 频段内使 $S_{11} < -10$ dB。

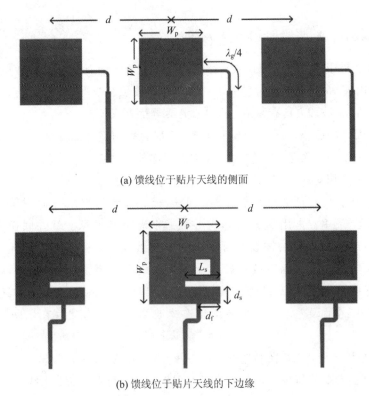

(a) 馈线位于贴片天线的侧面

(b) 馈线位于贴片天线的下边缘

图 12.13　水平极化贴片天线

　　图 12.14 所示为串联微带线。为了保证单元之间等相位延迟，相邻馈电点的间距均为 λ_g，且相邻两个输出获得渐变幅度分布，使输入端反射最小，因此在单元之间用了两节 $\lambda_g/4$ 和 $3\lambda_g/4$ 阻抗变换段。将串联微带线段看成级联的 T 形功分器，相邻端口的功分比取决于相互连接微带线的特性阻抗。

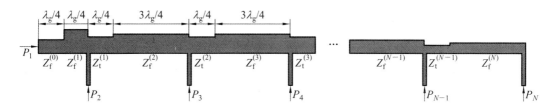

图 12.14　天线阵的串联微带线

经过优化设计，串联微带线每段线的最佳特性阻抗及线宽(括号内)如表 12.4 所示。

表 12.4　串联微带线每段线的最佳特性阻抗及线宽

名称	阻抗/Ω(线宽/mm)	名称	阻抗/Ω(线宽/mm)
$Z_f^{(0)}$	65.9(1.53)	$Z_t^{(1)}$	50.7(2.35)
$Z_f^{(1)}$	40.2(5.3)	$Z_t^{(2)}$	54.5(2.10)
$Z_f^{(2)}$	48.0(2.55)	$Z_t^{(3)}$	57.8(1.91)
$Z_f^{(3)}$	49.0(2.47)	$Z_t^{(4)}$	61.8(1.71)
$Z_f^{(4)}$	49.2(2.46)	$Z_t^{(5)}$	64.5(1.59)
$Z_f^{(5)}$	50(2.4)	$Z_t^{(6)}$	92(0.80)
$Z_f^{(6)}$	47(2.61)	$Z_t^{(7)}$	77.4(1.14)
$Z_f^{(7)}$	62.6(1.67)		
$Z_f^{(8)}$	67.4(1.47)		

32 元贴片天线阵的外形尺寸为长×宽＝376 mm×68.8 mm，在 9.26～9.4 GHz 频段内，实测 VSWR≤1.5，当频率为 9.35 GHz 时，实测 $G=22$ dB，HPBW＝5.3°，SLL＝−26.4 dB，$F/B=38.5$ dB。为了改善收发贴片天线之间的隔离度，如图 12.15 所示，在天线阵的两侧把高为 50 mm、长为 376 mm 的金属隔板连接到地板上。表 12.5 是有、无金属隔板收发贴片天线阵实测主要电参数。

表 12.5　有、无金属隔板收发贴片天线阵实测主要电参数

电参数	无隔板		有隔板	
中心频率 f_0/GHz	9.3	9.4	9.3	9.4
G/dBi	21.1	22.2	21.9	22.7
SLL/dB	−27.3	−26.6	−21.5	−26.3
(F/B)/dB	41.1	37.5	42	43.5
$HPBW_H$(水平面)/(°)	5.8	5.2	5.6	5.2
$HBPW_E$(垂直面)/(°)	35	33.5	29	29.5
交叉极化电平/dB	−36.3	−35.9	−35.4	−38.8

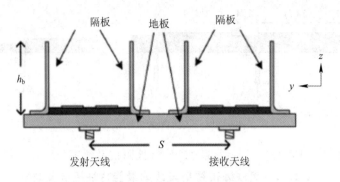

图 12.15　有金属隔离板的收发贴片天线

12.2.5　零填充汽车雷达天线

长距离汽车雷达天线不但要求高增益，而且要求低副瓣。为了减小干扰，汽车雷达天线可使用 45° 线极化。雷达天线广泛使用串联贴片天线阵。这是因为在垂直面雷达天线要实现低副瓣，所以采用泰勒分布。又因为线阵方向图耦合系数的范围变化非常大，所以微带天线阵广泛采用图 12.16(a) 所示的直接耦合 45° 贴片天线，由于受制造线宽度的限制，直接耦合贴片并不提供低耦合系数。图 12.16(b) 所示的间接耦合贴片则能提供低耦合系数。为了减小雷达传感器的数量，降低系统的复杂性，方位面用零填充方向图，为了扼制副瓣，垂直面用泰勒分布综合方向图。

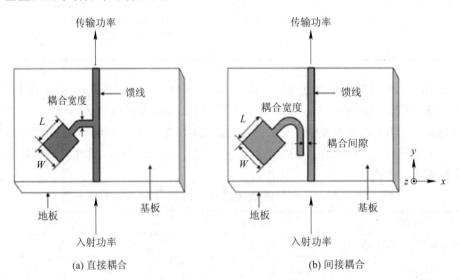

(a) 直接耦合　　　　　　　　　　　　　　(b) 间接耦合

图 12.16　直接和间接耦合贴片天线

长距离雷达用窄波束天线能灵敏地检测前方的障碍物，但由于方向图的零深使窄波束天线无法检测到公路侧面的行人或障碍物。为了克服这个缺点，方位面采用零填充方向图，经计算 SLL<−30 dB，在 −40°~40° 方位面无很深的零深，最大输出幅度与最小输出幅度之比应小于 10∶1

图 12.17(b) 示出了中心频率 $f_0=76$ GHz，用厚为 0.127 mm，$\varepsilon_r=9.2$ 的基板制造的 8

行，每行 18 元总数 144 元的零填充汽车雷达天线。串线功分器的尺寸为 23 mm×58 mm，整个天线的外形尺寸为 35 mm×100 mm。每 1 行由 4 元低耦合系数间接耦合馈电贴片和 14 元高耦合系数直接耦合馈电贴片组成。前 8 元位于馈线左侧，后 8 元位于馈线右侧。通过优化每个贴片的长度 L、宽 W 及耦合宽度来实现低副瓣。为了在方位面实现零填充方向图，可将图 12.17(a)所示的串线功分器与 8 行串联天线阵相连。虽然在微波波段广泛使用分支线功分器，但由于分支线功分器馈线长、损耗大，因而不适合用于毫米波波段。串线功分器、分支线功分器所有端口同相位。8 行串线和泰勒分支线功分器的归一功率分配比如表 12.6 所示。

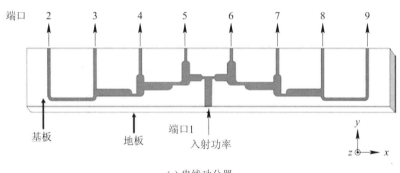

(a) 串线功分器

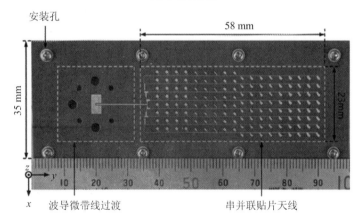

(b) 串并联贴片天线阵

图 12.17 串线功分器及串并联贴片天线阵

表 12.6 串线和泰勒分支线功分器的归一功率分配比

端口	串线功分器	泰勒分支线功分器
5、6	1	1
4、7	0.2985	0.9050
3、8	0.1316	0.5853
2、9	0.1286	0.3775

图 12.18(a)、(b)分别是零填充和泰勒分布贴片天线阵在 76 GHz 处实测和仿真的方位面归一化方向图，其他实测电参数列在表 12.7 中。

表 12.7 零填充和泰勒分布贴片天线阵的电参数

电参数	零填充贴片天线	泰勒分布贴片天线
S_{11}/dB	−12.5	−11.7
G/dBi	19.7	21.3
SLL/dB	−20.2(俯仰)、−25(方位)	−19.9(俯仰)、−20.2(方位)
HPBW	4.38°(俯仰)、15.4°(方位)	4.26°(俯仰)、12.5°(方位)

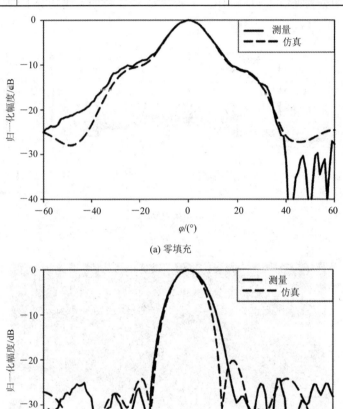

(a) 零填充

(b) 泰勒分布

图 12.18 零填充和泰勒分布贴片天线阵的方位面归一化方向图

由表 12.7 和图 12.8 所示的方位面归一化方向图可以看出,相比泰勒分布贴片天线阵,零填充贴片天线阵不仅方位面 HPBW 展宽了 2.7°,在 $\varphi=-40°\sim40°$ 方位面也无很深的零深,盲区由 19 m 减小至 2.38 m。

12.2.6 频扫雷达使用的双极化贴片天线阵

1. 高极化双极化串联贴片天线阵

雷达的脉冲-脉冲波束控制比机械波束控制具有更短的数据更新时间,因而多用于高精度气象测量。能同时发射和接收双极化信号的双极化雷达天线必须具有特别低的交叉极化电平，双极化端口之间还必须具有足够大的隔离度。

平面和圆柱面相阵雷达是雷达的发展方向，不管哪一种都需要大量 T/R 组件，为了减少 T/R 组件和移相器的数量以降低雷达的成本，它们宜采用扫频天线阵，且位于平面或圆柱面上的垂直阵列天线必须串联。平面和圆柱面相阵雷达由于用扫频来实现俯仰面的波束控制，因此每 1 列只需要 1 个 T/R 组件，通过改变每 1 列天线的相位就能完成方位面扫描。气象测量需要的俯仰角扫描范围为 20°～30°，频率范围为 2.7～3.1 GHz。

图 12.19 所示的双极化贴片天线，在 2.7～3 GHz 频段内，隔离度大于－40 dB，主平面交叉极化电平小于－30 dB。用串联层叠矩形贴片天线构成的双极化天线阵，就能满足气象测量的要求。该天线在 2.7～3 GHz 频段内用蛇形带线通过口面耦合馈电，层叠矩形贴片天线的尺寸如下：$h_1 = 5$ mm，$h_2 = 3.175$ mm，$h_3 = h_4 = 0.787$ mm，$a = 27.1$ mm，$b = 26.47$ mm，$c = 27.4$ mm，$d = 26.87$ mm，$G_1 = G_2 = 70$ mm。

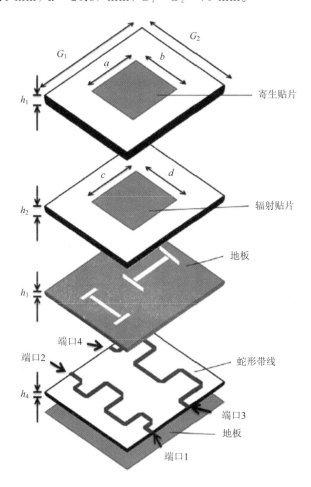

图 12.19　由 5 层基板构成的双极化贴片天线

图 12.19 所示的双极化贴片天线的辐射单元均用 $\varepsilon_r = 2.55$ 的基板制造。该天线用比较厚（$h_1 = 5$ mm）的寄生贴片和 $h_2 = 3.175$ mm 的馈电贴片是为了实现宽的带宽和高增益。最底层的地板是为了减小背向辐射及两个带线之间的耦合，这是因为相比微带线，带线

更容易影响相邻线之间的耦合，左边和右边的蛇形带线分别实现水平和垂直极化。将带线的宽度适当加宽到 2.37 mm，有利于带线与贴片之间的耦合。第 4 层的蛇形带线通过第 3 层地板上正交工形缝隙给贴片耦合馈电，可使耦合的功率最大，有利于减小交叉极化电平。

串联贴片天线阵单元之间的相移由主传输线的长度控制，主传输线的电长度为 2λ（此时 λ 为 2.73 GHz 的波长），相移量为 720°（用 720°移相代替 360°移相，是为了用更长的馈线在有限的频率范围内实现更多的可控波束），单元间距 $d=70$ mm（0.64λ）。由于改变频率相当于改变了单元之间的相移，因而实现了波束扫描。因为在 3 GHz 处最大扫描角为 20°，所以沿俯仰角方向波束不会产生栅瓣。第 3 层缝隙用于控制贴片的激励幅度。每个单元从馈线上得到的功率与地板上缝隙的尺寸有关，起初几个缝隙用矩形，由于耦合的能量很低，因此后来改用 H 形缝隙。注意：馈线耦合给贴片天线的功率不但会随频率变化，还会引起失配，大的失配不仅给激励系数造成误差，还使方向图失真。为了避免这种失真，应采用小耦合功率长串联贴片天线阵。短串联贴片天线阵，为了维持给每个辐射单元耦合馈电时的耦合功率小于 20%，必须在馈线末端附加片形电阻或采用匹配负载把剩余的部分功率吸收掉。假定欧姆损耗忽略不计，考虑介质损耗，则从主传输线耦合到第 n 单元，耦合功率的传输系数 G_n、激励系数 a_n、匹配负载的吸收功率 P_L 有如下关系：

$$G_n = \frac{a_n^2}{P_L + \sum_{n=1}^{N} a_n^2} \tag{12.1}$$

式中，N 为单元总数。

表 12.8 所示是 10 元串联贴片天线阵的激励系数 a_n。

表 12.8　10 元串联贴片天线阵的激励系数 a_n

单元	1	2	3	4	5	6	7	8	9	10
a_n	1.000	1.066	1.172	1.278	1.344	1.344	1.278	1.172	1.066	1.000

有人用相同方法设计了尺寸为 1.53 mm×0.065 mm 的 19 元双极化串联贴片天线阵，表 12.9 所示为采用 25 dB 泰勒分布的 19 元贴片天线阵的激励系数 a_n 和功率传输系数 G_n。

表 12.9　19 元双极化贴片天线阵的激励系数 a_n 和功率传输系数 G_n

单元	1	2	3	4	5	6	7	8	9	10
a_n	1.0000	1.0973	1.2826	1.5354	1.8232	2.1070	2.3508	2.5312	2.6389	2.6744
G_n	0.0122	0.0149	0.0206	0.0302	0.0439	0.0613	0.0812	0.1025	0.1241	0.1456

单元	11	12	13	14	15	16	17	18	19	
a_n	2.6389	2.5312	2.3508	2.1070	1.8232	1.5354	1.2826	1.0973	1.0000	
G_n	0.1659	0.1830	0.1932	0.1923	0.1783	0.1539	0.1269	0.1064	0.0989	

2. 气象测量使用的低交叉极化双极化贴片天线阵

和 50 多年前使用的反射面天线相比，气象雷达使用的相控阵天线由于有脉冲到脉冲电波束控制能力，能允许更短的数据更新时间，能更详细观察强暴雷的发展过程，因此相控阵天线受到气象部门高度重视，他们希望用相控阵天线获得更多关于云彩和降雨的信息。

　　由于扫频天线阵是通过改变激励源的频率来实现波束扫描的，因而扫频天线阵是串联相控阵天线的一种特殊形式。虽然其扫描的范围受到频带的限制，但采用双波束和使用带通滤波器都能增大扫描范围。

　　图 12.20 是用厚为 3.175 mm，$\varepsilon_r = 2.55$ 的基板制造成在 2.7～3 GHz 频段内气象测量使用的双极化单元贴片天线及 10 元串联贴片天线阵。该天线由正方形贴片、定向耦合器、两个耦合臂和两个主传输线组成。微带定向耦合器将能量从主传输线耦合至贴片，定向耦合器的长度为中心频率的 $\lambda_0/4$ 时，耦合功率最大。主传输线的特性阻抗为 100 Ω，线宽 $W_M =$ 2.51 mm，定向耦合器的特性阻抗为 150 Ω，线宽 $W_L = 0.8$ mm，正方形贴片的边长 $L =$ 29.9 mm。在定向耦合器中必须附加作为匹配负载的片形电阻，否则从这个端口反射的功率就会影响定向耦合器的性能，进而影响天线的性能，使 SLL 变大。改变定向耦合器的间距 d_1，就能使每个单元获得所需要的耦合能量，由于耦合能量随频率变化很小，因此在频段内可以实现低的 SLL。10 元串联贴片天线阵采用主传输线的长度来控制辐射单元到辐射单元的相移，在 2.7 GHz 处，单元间距 $d = 78.5$ mm(0.7λ)，相移为 360°，由于带线的波长小于自由空间波长，所以改变频率，必然使单元之间的相移改变，实现波束扫描。

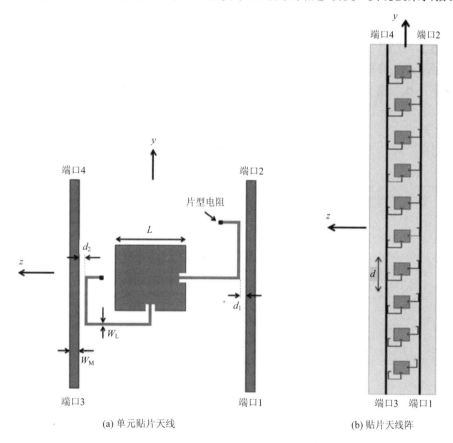

(a) 单元贴片天线　　　　　　　　　　　(b) 贴片天线阵

图 12.20　双极化单元贴片天线及 10 元串联贴片天线阵

　　用定向耦合器控制贴片天线的激励幅度，耦合能量随频率变化会引起失配，大的失配会引起激励系数误差，使方向图失真，为了避免这些失真，气象测量采用从主传输线低耦合串联贴片天线阵。短串联贴片天线阵，为了维持给每个单元小于 20% 的低耦合功率，可用馈线末端的匹配负载(50 Ω 端接负载)把馈线末端的功率吸收掉。要使 SLL<－20 dB，10 元串联贴片天线阵必须使用 20 dB 的泰勒分布。设每个单元的辐射功率 P_r，由图 12.20 所示的端口网络的散射参数求得

$$P_r=1-|S_{12}|^2-|S_{11}|^2 \tag{12.2}$$

图 12.20 中端口 1 和端口 3 为输入端，端口 2 和端口 4 为接 50 Ω 负载的匹配端。10 元串联贴片天线阵的激励系数 a_n、功率传输系数 G_n 和间隙 d_1 列在表 12.10 中。

表 12.10　　10 元串联双极化贴片天线阵的激励系数 a_n、功率传输系数 G_n 和间隙 d_1

单元	激励系数 a_n	功率传输系数 G_n	间隙 d_1/mm	单元	激励系数 a_n	功率传输系数 G_n	间隙 d_1/mm
1	1	0.0168	3.54	6	2.842	0.2219	0.31
2	1.607	0.0441	2.067	7	2.606	0.2398	0.254
3	2.171	0.0842	1.24	8	2.171	0.2189	0.3
4	2.606	0.1324	0.74	9	1.607	0.1535	0.55
5	2.842	0.1816	0.46	10	1	0.072	1.34

主传输线与贴片天线耦合，使天线阵的交叉极化电平变高，为了改善天线阵的交叉极化电平，对端口 3 的垂直极化宜采用图 12.21 所示的差馈矩形贴片天线，这是因为用反相双馈扼制了高次模造成的交叉极化。差馈矩形贴片天线的尺寸如下：$W_M=2.51$ mm，$W_L=0.8$ mm，$L_1=30$ mm，$L_2=32$ mm。该天线功率传输系数 G_{n2} 和 G_{n3} 可以用下式计算：

$$G_{n2}=\frac{a_n^2/2}{P_L+\sum_{n=1}^{N}a_n^2} \tag{12.3}$$

$$G_{n3}=\frac{a_n^2/2}{P_L-a_n^2/2+\sum_{n=1}^{N}a_n^2} \tag{12.4}$$

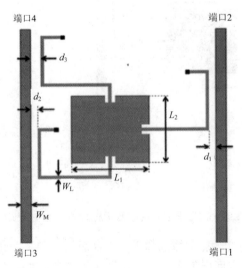

图 12.21　差馈的 4 端口矩形贴片天线

差馈 4 端口矩形贴片天线的激励系数 a_n，功率传输系数 G_{n2} 和 G_{n3}，以及尺寸 d_1、d_2 和 d_3 列在表 12.11 中。在 2.7~3 GHz 频段差馈 4 端口矩形贴片天线实测 S_{11}、$S_{33}<-10$ dB，隔离度 $S_{13}>-25$ dB。

表 12.11　差馈 4 端口矩形贴片天线阵的激励系数 a_n、功率传输系数 G_{n2} 和 G_{n3}，以及尺寸 d_1、d_2 和 d_3

单元	a_n	G_{n2}	G_{n3}	d_1/mm	d_2/mm	d_3/mm
1	1	0.0093	0.0093	3.4170	4.5580	4.5422
2	1.607	0.0243	0.0249	1.9719	2.9029	2.8651
3	2.171	0.0467	0.0490	1.1572	1.9320	1.8649
4	2.606	0.0742	0.0801	0.6653	1.3006	1.1997
5	2.842	0.1037	0.1157	0.3838	0.8713	0.7435
6	2.842	0.1308	0.1505	0.2436	0.6029	0.4477
7	2.606	0.1489	0.1749	0.1655	0.4590	0.2900
8	2.171	0.1471	0.1725	0.1726	0.4715	0.3029
9	1.607	0.1142	0.1289	0.3254	0.7582	0.6190
10	1	0.0573	0.0608	0.9288	1.6463	1.5640

为了进一步改善交叉极化电平，气象测量还可采用图 12.22 所示的 10 元镜像贴片天线阵。端口 1 和端口 5 相距 35 mm，在这种情况下，端口 5 相对端口 1 反相馈电。对激励的水平极化波，由于两列主极化分量同相相加，因而交叉极化彼此抵消。用同相激励端口 3 和端口 7 的垂直极化波，仿真的垂直极化和水平极化方向图表明，其交叉极化电平均低于 -50 dB。

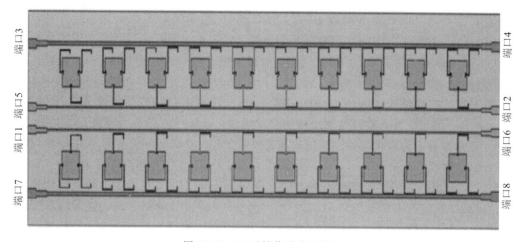

图 12.22　10 元镜像贴片天线阵

12.2.7　机载雷达天线

1. C 波段高效率低交叉极化串并联贴片天线阵

　　机载 C 波段综合口径雷达需要使用尺寸为 1.7 m×0.17 m 的垂直极化 2°×50°扇形波束天线。为了实现边射波束，用薄基板制造的贴片是最适合安装在飞机表面的共形天线。贴片天线阵最短的馈电网络是串联馈电网络。串联馈电网络不仅有相对低的介质损耗，与并联馈电网络相比，还能减小因馈线造成的漏辐射。另外，串联天线阵也能很好适应所给定的空间。

　　串联天线阵有谐振和行波两种。谐振天线阵虽不需要对单元天线进行阻抗匹配，但其带宽窄，故本节所述天线采用行波天线阵。由于行波天线阵不仅在输入端阻抗匹配，而且在所有功率分配点和所有单元，阻抗都匹配，因此只有很小的一部分功率损耗在行波天线阵末端的匹配负载上。在天线阵的末端附加 $\lambda_g/2$ 长开路支节，使通过最后一个辐射单元的剩余功率被开路支节反射，再通过贴片辐射到空间中。由于需要边射波束，因此单元间距 $d=\lambda_g$。图 12.23(a)所示的两行串并联贴片天线阵，由于从相反位置反相激励贴片天线，不但抵消了贴片天线的高次模辐射，而且减小了传输线的杂散漏泄辐射，因此天线阵有低交叉极化垂直极化波辐射。

　　在串联贴片天线阵中，串联辐射单元行波相位的变化会使主波束的方向随频率而变化，为了防止主波束随频率倾斜变化，宜采用串并联馈电网络。对中间并联、两端串联的天线阵，虽然每半个串联天线阵的主波束随频率倾斜变化，但从中间把两个串联天线并联，就能使主波束位于边射方向。由于把两个偏离边射方向的主波束组合会减小增益，因而此串并联天线阵增益带宽的乘积很窄，如果能增加并联的数量，就能改善天线阵的增益带宽。图 12.23(a)所示的天线阵使用了 3 次并联，因此实现了宽的增益带宽。

　　设计中心频率 $f_0=5.3$ GHz，用厚为 1.6 mm、$\varepsilon_r=2.17$ 的基板制成水平单元间距 $d=\lambda_g=0.74\lambda_0$ 两行共 72 元正方形贴片天线阵。为了在边射方向实现最大增益，所有串联单元同相馈电。让垂直方向单元间距 $d=0.56\lambda_0$ 来实现 50°垂直面波束宽度。包括安装支架，整个天线阵长为 1.68 m、宽为 0.17 m。因为基板太长，所以整个天线阵分成两半，再用同轴功分器和两根电缆把它们并联。每 1 行，中间 12 单元为等功率分布；两端的 12 单元，采用能实现 SLL=−20 dB 的渐变幅度分布。图 12.23(b)所示为右半边贴片天线阵及馈电网络。由图看出，在水平方向第 6 个和第 7 个辐射单元之间，用同轴馈线给上下两行串联正方形贴片从反方向反相馈电，不但抵消了高次模辐射，减小了交叉极化电平，而且为阵中心到有合适反射的末端提供了渐变功率分布。图 12.23(c)所示为半个天线阵的相对功率与单元数(从阵中心往外数)的关系曲线，在该设计中，让两端 $\lambda_g/2$ 长开路支节反射的功率仅为输入功率的 11%。另外要避免使用特别细的带线，以防产生制造公差或损坏。图 12.23(b)所示馈电探针右边有相同传输线段的渐变幅度分布。根据不等功分电流与传输线特性阻抗成反比(即 300/50=6)，50 Ω 主传输线与每 1 个单元上的电流幅度为 1/6。为了实现这种功率分配，该天线阵需要用线宽为 0.05 mm、特性阻抗为 266 Ω 高阻抗变换段把 300 Ω 变到贴片的 236 Ω 高输入阻抗。为了避免使用特别细的微带线，该天线阵采用了特性阻抗为 173 Ω(线宽为 0.3 mm，公差小于 0.05 mm)和特性阻抗为 154 Ω 的两段阻抗变换段，如图 12.23(d)所示。如果把探针移到图 12.23(b)的左边以实现类似的渐变幅度分布，由于每个单元辐射的功率更小，因此带线的宽度小于 0.3 mm，难以实施；如果把探针移到右端,不但末端反射功率变大引起阻抗失配,而且把两个半天线阵用同轴线并联时使用的同轴线长度更长,损耗也会变得更大。此外由于天线阵太长,也无法用一块基板制造。

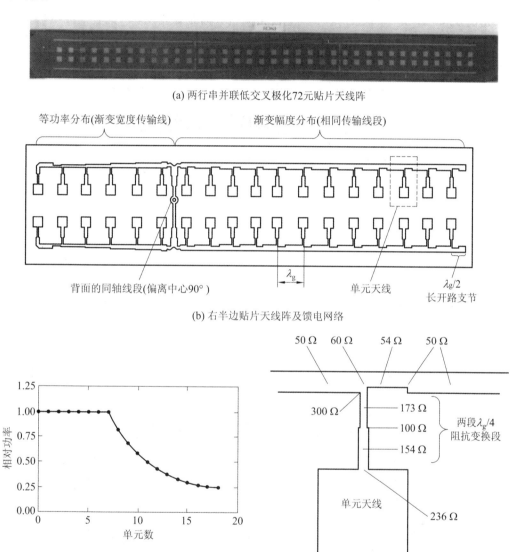

(a) 两行串并联低交叉极化72元贴片天线阵

(b) 右半边贴片天线阵及馈电网络

(c) 半天线阵相对功率分布

(d) 单元天线与主传输线之阻抗关系

图 12.23 串并联贴片天线阵

图 12.23 所示天线阵中,每一个结点传到阵两端所有的传输线阻抗都是匹配的,结点阻抗 60 Ω 与 300 Ω 并联等效为 50 Ω((300×60)/(300+60)=50),但从左边看阻抗为 58.3 Ω (54²/50=58.3)稍微有点失配。该天线阵在中心频率 f_0 处,实测 $\text{HPBW}_E = 2.1°$, $\text{HPBW}_H = 57.2°$;VSWR≤1.5 的绝对带宽为 58 MHz;VSWR≤2 的绝对带宽为 120 MHz; $G = 23.8$ dB;效率为 92%;交叉极化电平为 −45 dB。

2. X 波段机载综合口径双极化宽带平面贴片天线阵

图 12.24 示出了 X 波段(9.5～10.5 GHz)机载综合口径双极化宽带天线阵,它由 3 个

16×4元共192元缝隙耦合馈电正方形贴片组成，尺寸为1200 mm×200 mm。为了减小不对称馈电产生的交叉极化电平，对2×2元正方形贴片子阵，采用顺序旋转馈电技术。为了简化馈电网络设计，实现高端口隔离度，垂直方向采用串联微带馈电网络。由于双极化2×2元正方形贴片子阵，从反方向馈电，波束倾斜方向正好相反，因此合成波束仍然位于天线阵的边射方向。该双极化宽带天线阵结构对称，端口隔离度小于−40 dB，交叉极化电平低于−25 dB，为了承受大功率，宜采用同轴功分馈电网络。

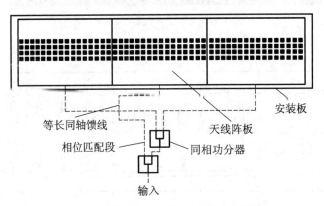

(a) 垂直极化3个16×4元正方形贴片天线阵

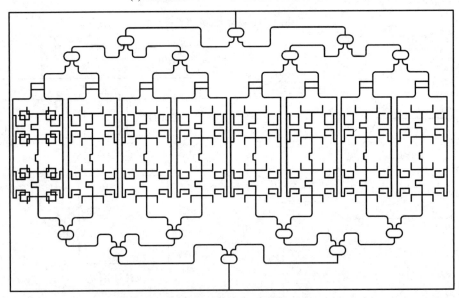

(b) 16×4元正方形贴片天线阵双极化馈电网络(图中左边仅表示顶层的2×2元正方形贴片子阵)

图 12.24　双极化正方形贴片天线阵及馈电网络

3. C 波段双极化缝隙耦合馈电正方形贴片天线阵

图 12.25(a)是 C 波段双极化缝隙耦合馈电正方形贴片天线阵的辐射单元。为了把交叉极化电平降低到−30 dB 以下，正方形贴片上切割了无源缝隙。图 12.25(b)、(c)分别是 4元缝隙耦合馈电正方形贴片天线阵的馈电网络和 32 元正方形贴片天线阵的不等幅馈电网络。

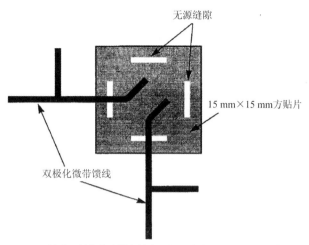

无源缝隙

15 mm×15 mm方贴片

双极化微带馈线

(a) C波段双极化缝隙耦合馈电正方形贴片天线阵的辐射单元

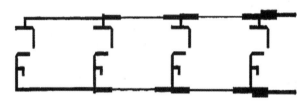

(b) 4元缝隙耦合馈电正方形贴片天线阵的馈电网络

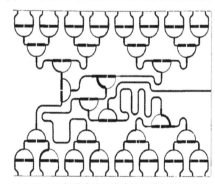

(c) 32元正方形贴片天线阵的不等幅馈电网络

图 12.25 C 波段双极化辐射单元及 4 元、32 元缝隙耦合馈电正方形贴片天线阵的馈电网络

12.3 适合雷达使用的双频双极化贴片天线阵

12.3.1 概述

现代雷达都希望使用轮廓低、重量轻、成本相对低的双频双极化天线阵,因为使用双极化天线有以下好处:

(1) 避免了单极化系统需要严格对准天线。

(2) 为雷达提供了更多的信息。

(3) 提高了收、发系统的隔离度。

（4）利用频率复用使通信系统的容量加倍。

（5）在同时发射/接收系统中，避免使用笨重的双工器把收、发信号分开。

（6）双极化天线提供了极化分集，防止在复杂传播环境中，因多径衰落造成系统性能恶化。

双极化多频综合口径雷达（SAR），为空间遥感卫星应用提供了两个主极化和两个交叉极化散射数据，所以增加了信息。大入射角、高交叉极化对 SAR 也很重要。多频工作为雷达提供了更高的扫描分辨率、更好的穿透力和更多的各种散射物体的反射数据。多频工作的雷达天线阵复用同一口径，这有利于减小移动平台的尺寸和重量。当工作频率移到更高频率时，要对天线阵面的平坦度提出精确的表面公差要求，以便改进成像分辨率，这就要求既要控制口面相位误差和扫描分辨率，又要保持稳定的天线阵增益。

对于双频贴片天线，低频段天线用 H 形、十字形、方环形贴片天线；高频段天线用正方形贴片天线，且把高、低频段天线交错配置就能用同一块基板制成。在同一块基板上用偏置的缝隙耦合矩形贴片也能实现双频工作。双频双极化雷达天线可以用层叠贴片/贴片、贴片/缝隙复用口面、层叠打孔正方形贴片、菱形贴片构成；也可以用方环形贴片/贴片构成；还可以用梳状缝隙加载贴片、L 形交叉线条贴片构成。

12.3.2　共面双频贴片天线

1. 由低频 H 形线条贴片和高频矩形贴片构成的共面双频贴片天线

图 12.26 是用同一块 $\varepsilon_r=3.2$ 的基板印刷制造的 GSM900/GSM1800 共面双频贴片天线。由图看出，相对带宽为 7.6% 的低频 GSM900 天线是容性探针耦合馈电的 H 形线条贴片。该天线在 850～990 MHz 频段内，VSWR<2，实测增益为 7.5～8.25 dBi。相对带宽为 10.6% 的高频 GSM1800 天线是用同轴线或微带线馈电的双矩形贴片。为了实现宽频带，两个矩形贴片的尺寸稍微不同，在 1850～1950 MHz 频段内，VSWR<2，$G=5.9～6.75$ dBi。图 12.26 所示共面双频贴片天线结构紧凑，频带宽。由于它只用一块基板制造，因此特别适合用于天线阵，但缺点是端口隔离度差（高频段 $S_{21}=-12$ dB）。为了增加该双频贴片天线的端口隔离度，可附加两个简单的微带低通/高通滤波器。

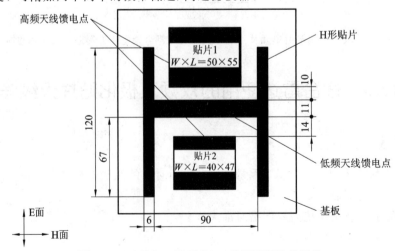

图 12.26　GSM900/GSM1800 共面双频贴片天线

2. 由十字形贴片和正方形贴片交错配置构成的 C/Ku 波段共面双频贴片天线

图 12.27(a)是用 $\varepsilon_r=2.2$，厚 $t=0.8$ mm 的聚四氟乙烯基板制成的共面双频贴片天线。该天线由 C 波段($f_{01}=4.4$ GHz)十字形贴片和位于十字形贴片四周 4 个 Ku 波段($f_{02}=13$ GHz)正方形贴片构成，其频段比为 3.1∶1。为了防止出现栅瓣，单元间距应小于 $0.65\lambda_0\sim0.7\lambda_0$。正方形贴片对十字形贴片影响比较小，但十字形贴片对正方形贴片影响较大，特别是在十字形和正方形贴片之间距 g 小于基板厚度 t 时。经过优化，该贴片天线的尺寸如下：$D_x=D_y=24$ mm，$d_x=d_y=5$ mm，$P_x=P_y=8$ mm，$g=1$ mm，$A_x=10.5$ mm，$a_x=2.5$ mm。

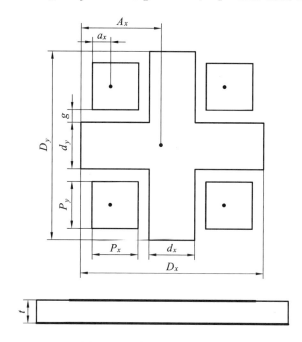

图 12.27　共面双频贴片天线

3. 由方环形贴片和正方形贴片构成的共面 L/S 波段双频天线阵

对多功能系统，例如长、短距离监视、通信、跟踪和识别系统，不同工作频段复用同一个系统是非常必要的。为了避免不利的干扰，舰载和机载系统，最有效的解决方法就是设法减小天线的尺寸和重量，例如采用重新组合的相控阵天线。

波束扫描对单元天线的尺寸、馈电技术、辐射方向图都提出了极高的要求。双频天线，为避免在高频段出现栅瓣，低频段天线的单元间距必然非常小。由于低频段天线增大耦合使双频天线的辐射效率降低，因此双频天线必须对高频段天线的最大扫描和低频段天线的耦合进行折中考虑。

图 12.28 是用厚 $h=9.144$ mm，$\varepsilon_r=3.55$ 的基板制造的 L(1.4 GHz)和 S(2.9 GHz)波段双频贴片天线阵，由图看出，S 波段为边长 $W_S=24$ mm 的正方形贴片天线；L 波段为边长 $W_L=50$ mm 的方环形贴片天线。通过偏压控制 PIN 二极管的导通和关闭，达到 L/S 波段双频贴片天线功能最佳，实现重新组合的目的。让单元间距 $d_S=52$ mm，$d_L=104$ mm 分别为 L 波段(1.4 GHz)和 S 波段(2.9 GHz)的 $\lambda_0/2$ 长，以得较大的扫描角。相控阵天线另外一个重要参数是有源阻抗，也叫扫描阻抗。大耦合将极大地改变阻抗和不同扫描角的

匹配状态。由于天线阵有合适的单元间距，单元之间的耦合小于−15 dB，因而可在宽的扫描角内给出了可以接受的扫描阻抗。L/S波段双频贴片天线仿真结果：单元天线增益为6～7 dBi，交叉极化电平小于−20 dB，$S_{11} < -10$ dB，L波段相对带宽为3.5％，S波段相对带宽为5.8％。

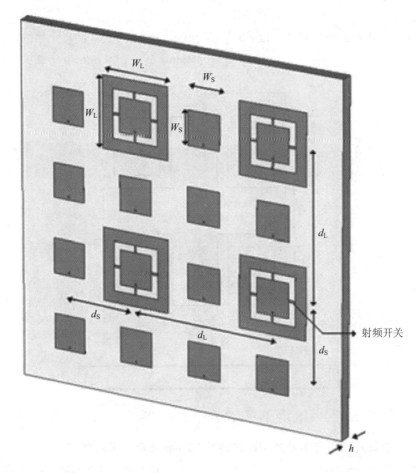

图 12.28　L/S波段双频贴片（共面正方形/方环形贴片）天线阵

4. 由缝隙耦合馈电矩形贴片构成的C/S波段双频双极化复用口面天线阵

世界各地每年都大量增加易安装、多用途的小口径卫星通信终端，因为许多卫星通信业务都需要使用这种终端，例如私人或专用网络、军用通信网络、乡村电话、远程教育、卫星电视广播，宽带互联网等。上述卫星通信业务都以双频双极化方式工作在S波段、C波段或X波段，并要求天线增益达30 dB以上，收、发正交极化端口隔离度在−30 dB以上。过去，卫星通信的终端天线多使用抛物面天线、卡式双反射面天线。这些天线不仅笨重，而且成本很高。贴片天线由于具有轮廓低、重量轻、成本低、易于微波电路集成等优点，因此近几年多用作卫星通信的终端天线。

图 12.29 示出了位于手提皮箱盖下面用于卫星通信的小口径宽带复用口径双频双极化共面贴片天线阵。该天线阵的双频段为 $f_0 = 3.55$ GHz 的 S 波段（3.625～4.2 GHz）和 $f_0 = 6.137$ GHz 的 C 波段（5.85～6.425 GHz）。为了实现21％的相对带宽，该天线阵可采用图

12.30所示的天线。图 12.30 所示天线是用 ε_r＝2.45、厚为 0.63 mm 的基板制造微带馈线,用厚为 0.63 mm 泡沫隔开的层叠矩形贴片天线。微带馈线通过地板上的狗骨头形、C 形及矩形缝隙给矩形贴片天线耦合馈电。矩形贴片天线和地板之间用 4 mm 厚的泡沫隔开。调整垂直缝隙的尺寸使之长×宽＝12 mm×2 mm,狗骨头形缝隙的尺寸为 2.27 mm×3.5 mm,矩形贴片长边的尺寸 L_1＝27.4 mm,微带馈线及支节的长×宽度分别为 30 mm×2.27 mm、3.5 mm×2.27 mm,此时矩形贴片天线谐振在 S 频段。调整水平缝隙的尺寸使之长×宽＝16 mm×2 mm,微带馈线及支节的尺寸长×宽分别为 30 mm×2.27 mm,1.9 mm×2.27 mm,矩形贴片短边的长度 L_2＝14 mm,垂直/水平缝隙的偏置距离 y_1＝13.5 mm,y_2＝3 mm,此时矩形贴片天线谐振在 C 波段。为了增加 S 波段接收和 C 波段发射时端口之间的隔离度和阻抗带宽,把垂直极化缝隙和水平极化缝隙都设置偏离矩形贴片中心。单元天线工作在 S 和 C 波段时,实测 S_{11}、S_{22} 小于－10 dB 的相对带宽均超过 21%,S 和 C 波段端口之间的隔离度 S_{21}＞－30 dB。单元天线实测增益,在 6.275 GHz 处为 8 dBi,在 3.9 GHz 处为 7 dBi。

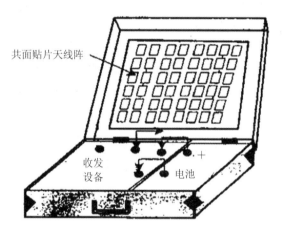

图 12.29　便携式小尺寸卫星通信终端贴片天线阵

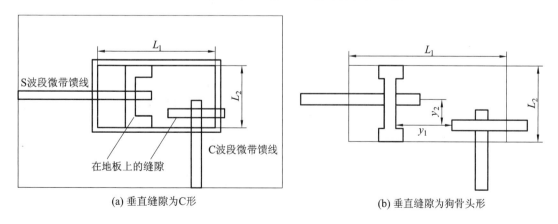

(a) 垂直缝隙为C形　　　　　　　　　　　(b) 垂直缝隙为狗骨头形

图 12.30　双频双极化缝隙耦合馈电矩形贴片天线

为了实现－30dB 的副瓣电平,图 12.31 所示的单元间距 d＝0.76λ_{min} 的 8×8 元缝隙耦合馈电矩形贴片天线阵,采用－17.7,11.74,－7.8,－6,－6,－7.8,－11.74,－17.7 dB 的渐变幅度分

布。为了易于实现串并联馈电,该矩形贴片天线阵宜用低 ε_r 的基板实现 200 Ω 高阻抗线。

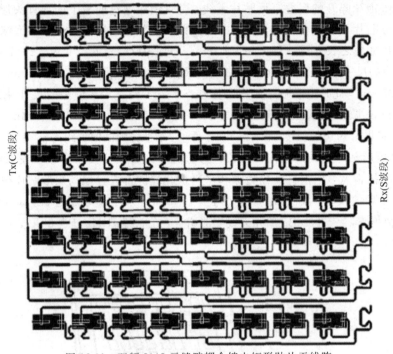

图 12.31　双频 8×8 元缝隙耦合馈电矩形贴片天线阵

12.4　层叠双频复用贴片天线阵

12.4.1　频率间隔比较大的 L/X 波段层叠复用贴片天线

图 12.32(a)采用层叠的方法,把高频段(C 波段)贴片位于低频段(L 波段)贴片之上,L波段贴片还兼作 C 波段贴片的地。图 12.32(b)也采用层叠的方法,但把低频段(L 波段)双功能网格贴片位于高频段(X 波段)贴片之上。由于 L 波段贴片兼作 X 波段的频率选择平面,因此允许 X 波段信号通过,X 波段贴片同时还兼作 L 波段贴片的一部分地。

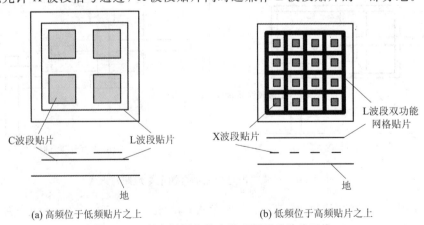

(a) 高频位于低频贴片之上　　　　　　　　　(b) 低频位于高频贴片之上

图 12.32　频率间隔比较大的双频层叠贴片天线

12.4.2　由层叠贴片构成的 L/C 波段双频双极化复用口面天线阵

为了使 L/C 波段双频贴片天线复用同一口面，L/C 波段双极化复用口面天线阵将 L 波段贴片位于 C 波段贴片之上，馈电网络位于地板之下，如图 12.33(a)所示。图 12.33(b)所示是 C 波段 VP/HP 正方形贴片天线阵及馈电网络，水平极化和垂直极化微带馈线通过地板上宽为 1.5 mm、长为 8.5 mm 的缝隙，给正方形贴片耦合馈电，实现了水平/垂直双线极化。调整微带馈线开路支节的长度使之为 5.8 mm，并使阻抗匹配。图 12.33(c)示出了位于 16 元 C 波段正方形贴片上面，开 4 个方孔的 L 波段双极化正方形贴片天线。其中，垂直极化通过地板上宽为 4 mm、长为 30 mm 的水平缝隙耦合馈电；水平极化则通过偏离中心且与垂直极化具有相同尺寸的垂直缝隙耦合馈电。为了让位于 L 波段正方形贴片下面 4 元 C 波段正方形贴片有效辐射，在 L 波段正方形贴片的对应位置切割了 4 个边长为 27 mm 的方孔。调整微带馈线开路支节的长度使之为 27 mm，并使阻抗匹配。图 12.34 所示是 L/C 波段双频贴片天线阵合成馈电结，由于左右传输线 C、B 的传输阻抗均为 50 Ω，所以合成馈电结构附加了特性阻抗为 70.7 Ω 的 $\lambda_g/4$ 长阻抗变换段。L 波段的信号直接由输入端传到微带线，不会传到 C 波段馈线。原因是在 L 波段时，C 波段贴片实际上相当于开路。

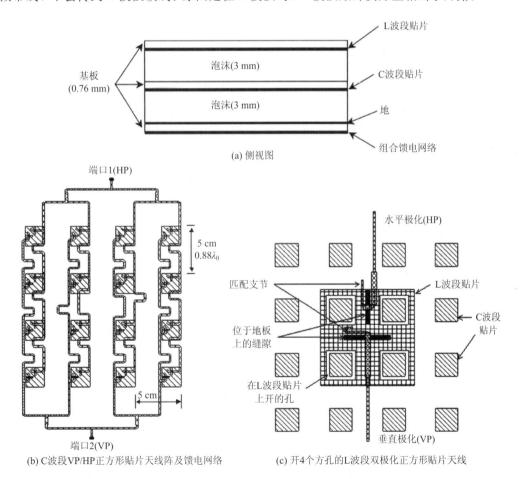

图 12.33　层叠 L/C 波段双频双极化贴片天线

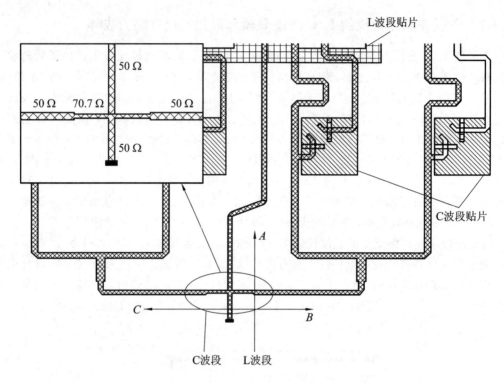

图 12.34　L/C 波段双频贴片天线阵合成馈电结

12.4.3　适合 SAR 使用的 L/C 波段双频双极化层叠打孔正方形贴片天线阵

传统的 SAR 天线阵都是波导缝隙天线阵，但对空间应用而言，它重量太重，制造重量小的波导缝隙天线阵又困难重重。而贴片天线有许多优点，故可作为 L/C 波段双频双极化 SAR 天线。表 12.12 列出了 L/C 波段双频双极化 SAR 天线的设计要求。

表 12.12　L/C 波段双频双极化 SAR 天线的设计要求

参数	f_0/GHz	带宽/MHz	极化	扫描范围/(°)	交叉极化/dB
C 波段	5.3	100	双线极化	±25	<−25
L 波段	1.275	100	双线极化	±25	<−25

为了防止出现栅瓣，天线阵的单元间距设为 $d = 0.7\lambda_0$，即在 L 和 C 波段，$d_L =$ 160 mm，$d_C = 39.6$ mm，为了方便天线组阵，取 $d_L = 160$ mm，$d_C = 40$ mm。如果让双频复用同一个天线口径，在 C 波段，单元间距为 0.7λ 的情况下，1 个 L 波段单元天线的周围就应该有 16 个 C 波段单元天线，这是因为 L 波段波长比 C 波段波长大 4 倍。由于 C 波段单元天线必须位于 L 波段单元天线之中，因此，天线阵不能用正方形贴片作为基本单元天线，可用环形、网格和打孔 3 种贴片。本节 C 波段辐射单元采用打孔正方形贴片。人们设计双频复用口径天线阵时，必须解决以下两个问题：

(1) 馈线辐射。

解决办法：把馈线置于地板下面，通过缝隙耦合馈电。考虑到低交叉极化及结构简单的要求，双频实用口径天线阵宜采用共面馈电网络和双缝隙耦合馈电。

(2) 双频单元天线之间的相互影响。

解决办法：把 C 波段单元天线对称位于 L 波段单元天线之中。

图 12.35(a)是 L/C 波段层叠双频双极化 SAR 天线的结构。为了增加带宽，把 3 层基板进行了层叠。L 波段采用开 4 个正方形孔的正方形贴片。C 波段是由位于 L 波段所打 4 个正方形孔的正方形贴片之中的 4 元及周围 12 元，共 16 元正方形贴片组成，它们分别位于顶层和中层。顶层为寄生单元，中层为馈电单元，中层还包含直接给 L 波段正方形贴片馈电的平衡馈线。底层的正面为切割正交矩形缝隙的地板，底层的背面为 C 波段通过地板上正交缝隙给 C 波段正方形贴片耦合馈电的微带馈电网络。图 12.35(b)、(c)分别是顶层和中层(顶层为 L/C 波段寄生天线阵，中层为 L/C 波段有源天线及馈电网络)。

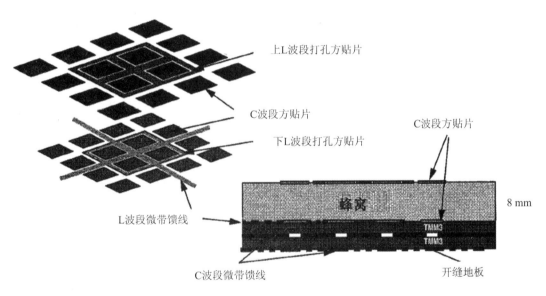

(a) L/C波段层叠双频双极化SAR天线的结构

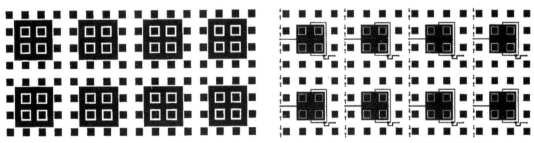

(b) 顶层(L/C波段寄生天线阵)　　　(c) 中层(L/C波段有源天线阵及馈电网络)

图 12.35 层叠 L/C 波段双频双极化单元天线及天线阵

由于上述 L 波段的辐射单元为打 4 个正方形孔的正方形贴片，因此只要打孔对称，感应电流就对称，就能维持低交叉极化电平。为了进一步降低交叉极化电平，除必须给打孔正方形贴片反相平衡馈电外，顶层和底层打孔正方形贴片还必须对称。由于打孔使天线的带宽变窄，还会产生高次模电流，因此人们设计时一定要精心设计，特别是维持结构对称。

12.4.4　适合 SAR 使用的 S/X 波段双频双极化层叠打孔菱形贴片天线阵

军舰上层建筑上的各种天线或天线阵可实现各种功能，在先进的多功能 RF（AMRFC）概念中，例如用雷达把 Tx、Rx 分开以提供双功能，AMRFC 雷达系统需要使用多频多极化天线。双频双极化天线广泛用于卫星、无线通信，特别适合用于综合口径雷达（SAR）。表 12.13 是 AMRFC S/X 波段雷达的技术要求：

表 12.13　AMRFC S/X 波段雷达的技术要求

参数	性能参数	
波段	S 波段	X 波段
频率范围/GHz	3～3.5	9～10
S_{11}/dB	<−10	<−10
相对带宽/%	15	10
隔离度/dB	>−15	>−15
天线阵	2×2 元	8×8 元
极化	双线极化	双线极化
交叉极化电平/dB	<−10	<−10
天线阵增益/dBi	>9	>18

图 12.36 是用 4 层厚度为 0.762 mm，ε_r＝3.2 的基板印刷制造的 S/X 波段双频双极化层叠打孔菱形贴片天线阵。X 波段馈电贴片位于底层基板 1 的顶面，X 波段寄生菱形贴片和 S 波段变形耦合馈电贴片分别位于基板 2 的背面和正面；S 波段馈电贴片位于尺寸为 28.5 mm×28.5 mm 中间有 4 个孔的基板 3 的顶面，S 波段的寄生贴片位于厚为 0.508 mm，ε_r＝3.2，切掉边缘且打了 35 个孔的基板 4 的顶面。双频双极化单元菱形贴片的单元天线都有两个位于基板下面的同轴插头，因此 S/X 波段双频双极化 2×2 元/8×8 元菱形贴片天线阵共有 136 个同轴插头。由于 SMA 插座尺寸太小，放不下这些同轴插头，因此该天线阵只能采用型号为 AMB 的同轴连接器。

由于上述 S/X 波段双频双极化层叠打孔菱形贴片天线阵要在方位面和俯仰面扫描，因此没有把功率合成器与天线阵印刷在同一层。为了满足 ±45°扫描和低副瓣，X 波段单元间距为 $d_X = 15$ mm$(0.5\lambda_X)$，S 波段单元间距为 $d_S = 60$ mm$(0.65\lambda_S)$。

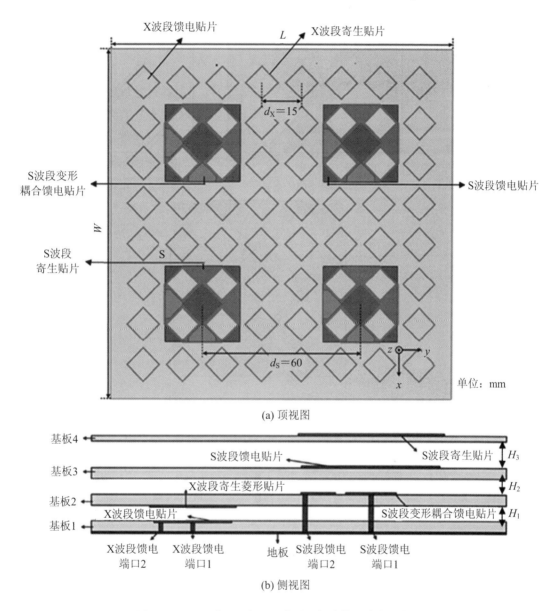

(a) 顶视图

(b) 侧视图

图 12.36　S/X 波段双频双极化层叠打孔菱形贴片天线阵

图 12.37(a)是 S 波段变形耦合馈电贴片，图 12.37(b)、(c)分别是中间打了 4 个菱形孔的 S 波段馈电贴片和切了 4 个角且中间打了 5 个菱形孔的 S 波段寄生贴片。由于 S 波段的辐射信号必须让 X 波段的辐射信号透过，否则 S 波段辐射单元将恶化 X 波段天线的性能，因此 S 波段的辐射单元采用了两个有不同结构尺寸的打孔菱形贴片。S 波段单元天线、2×2 元天线阵 $S_{11} < -10$ dB 的频率范围为 $2.9\sim3.57$ GHz，相对带宽为 20%。

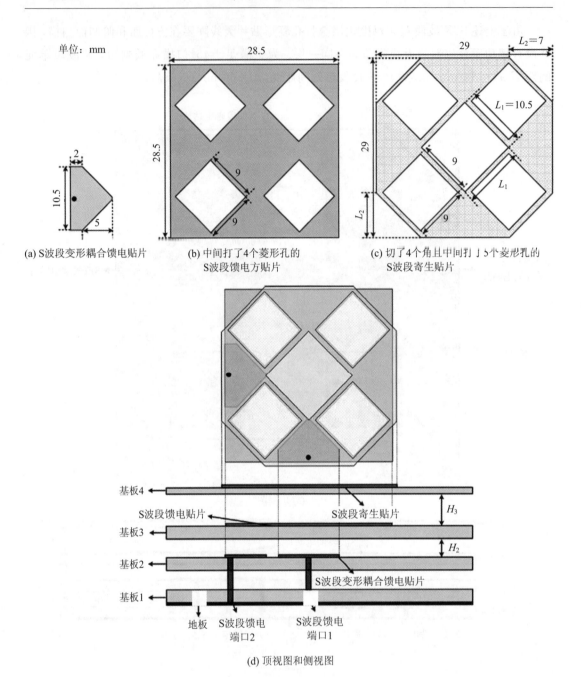

(a) S波段变形耦合馈电贴片　　(b) 中间打了4个菱形孔的　　(c) 切了4个角且中间打了5个菱形孔的
　　　　　　　　　　　　　　　　　S波段馈电方贴片　　　　　　　　S波段寄生贴片

(d) 顶视图和侧视图

图 12.37　S 波段双极化菱形贴片天线

　　图 12.38 是 X 波段双频双极化层叠菱形贴片天线阵。馈电贴片和寄生贴片边长分别为 8.5 mm 和 9 mm。由于增大馈电贴片和寄生贴片天线的间距 H_1，阻抗带宽会变窄，因此可通过控制馈电贴片和寄生贴片之间的耦合来实现所需要的阻抗带宽。在 H_1＝2.5 mm 的情况下，X 波段 8×8 元菱形贴片天线阵仿真 S_{11}＝－10 dB 的相对带宽为 31.8%（8.7～12 GHz）。表 12.14 所示为 S/X 波段双频双极化菱形贴片天线阵实测电参数。

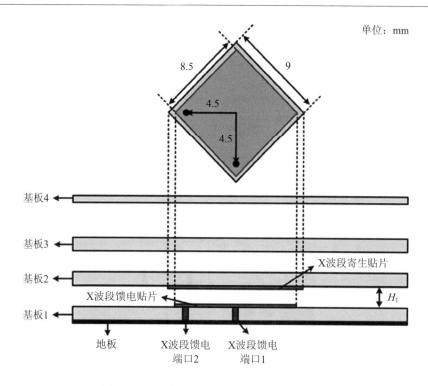

图 12.38　X 波段双极化层叠菱形贴片天线阵

表 12.14　S/X 波段双频双极化菱形贴片天线阵实测电参数

电参数	性　能			
波段	S 波段		X 波段	
频率范围/GHz	2.28～3.44		9～11.7	
S_{11}/dB	<−10		<−10	
相对带宽/%	19.8		25.7	
隔离度/dB	>−15		>−15	
天线阵	2×2 元		8×8 元	
极化	双线极化		双线极化	
	水平	垂直	水平	垂直
交叉极化电平/dB	<−15	<−18	<−15	<−17.5
SLL/dB	<−15	<−17	<−10	<−10
G/dBi	>9	>11	>18	>18.5

12.4.5　由方环和圆形贴片构成的 S/X 波段双频双极化机载雷达复用口面天线阵

　　为了实现双极化，圆形贴片天线需要在边缘、中间的正交位置馈电。为了减小两正交馈线之间的耦合，S/X 波段双频双极化机载雷达复用口面天线阵宜采用口面耦合馈电技术，以防止微带线辐射；为了增加端口隔离度，该天线阵宜使用多层天线结构。

　　对于机载应用，天线阵应具有高隔离度、高辐射效率的特点，应有低损耗简单的馈电网络，如用非常薄和轻便的基板制作的串联贴片天线阵。和并联贴片天线阵相比，串联贴片天线阵馈线长度短，损耗小，平面结构也不影响天线的外形。机载贴片天线阵使用的基板必须考虑温度和湿度变化的影响。

　　图 12.39 是 S/X 波段双频双极化方环和圆形贴片复用的 3 层单元天线。S 波段方环天线位于厚 $h_3=0.13$ mm，$\varepsilon_r=2.2$ 基板的顶层，底层是用与顶层一样的基板制造的 X 波段半径为 R 的圆形贴片天线，S 波段天线和 X 波段天线之间为 $h_2=1.6$ mm 的泡沫层。

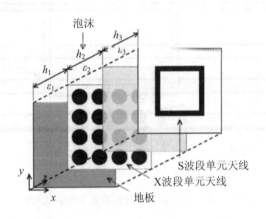

图 12.39　S/X 波段双频双极化方环和圆形贴片复用的 3 层单元天线

　　图 12.40 是 X 波段 4×8 元双极化圆形贴片天线阵。垂直极化和水平极化均用 7 个 T 形微带馈线与 8 列 4 元串联辐射单元相连。单元间距为 λ_g（在 $f_0=10$ GHz 时，$\lambda_g=21.5$ mm），其他尺寸：$L=106$ mm，$W=183$ mm，$R=5.82$ mm，$L_{X1}=22$ mm，$W_{X1}=0.17$ mm。

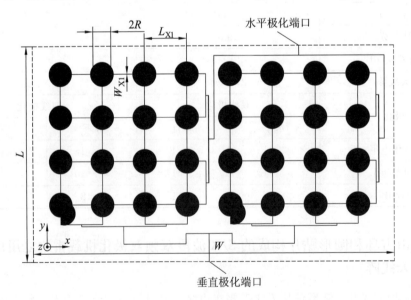

图 12.40　X 波段 4×8 元双极化圆形贴片天线阵

为了减小对 X 波段天线的阻挡，S 波段的天线采用图 12.41 所示的方环天线，具体尺寸如下：$L=106$ mm，$W=183$ mm，$L_{S1}=53.89$ mm，$L_{S2}=44.6$ mm，$L_{S3}=0.94$ mm，$L_{S4}=19.31$ mm，$L_{S5}=34.17$ mm，$W_{S1}=4.9$ mm，$W_{S2}=7.8$ mm。图 12.42 所示是 S/X 波段双频双极化复用口径天线阵。由图看出，方环天线仅覆盖底层 X 波段天线的馈线，没有阻挡 1 个辐射单元。但该方环天线的周长已由普通环形天线的 λ_g 变为 $2\lambda_g$（在 3 GHz 时，$\lambda_g=82.44$ mm）。为此方环天线在两个对边用间隙加载，在第 3 个边的边缘馈电，以实现 50 Ω 阻抗匹配。S 波段方环天线虽然尺寸大了些，但好在天线的增益也变大了。S/X 波段双频复用口面天线地板的尺寸为 183 mm×106 mm。该双频双极化天线阵主要实测电参数列在表 12.15 中。

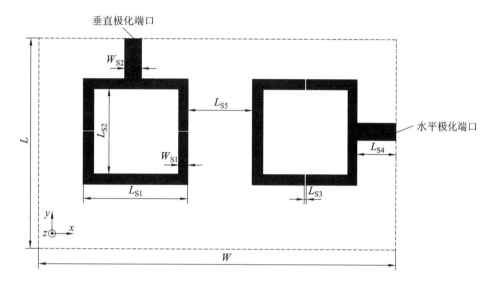

图 12.41   S 波段方环天线

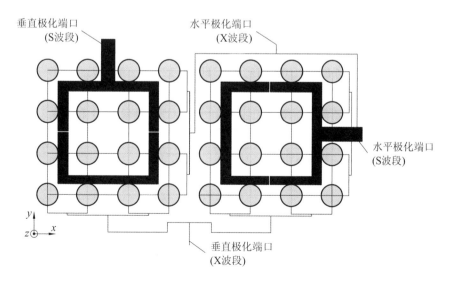

图 12.42   S/X 波段双频双极化复用口径天线阵

表 12.15　S/X 波段双频双极化天线阵主要实测电参数

电参数		X 波段		S 波段	
		垂直极化	水平极化	垂直极化	水平极化
频率范围/GHz		9.8~9.98	9.81~10.0	2.94~2.96	2.94~2.96
相对带宽/%		1.8	2.3	1.03	1.03
G/dBi		18.3	17.3	9.5	7.9
效率/%		32.4	28.8	96.8	66.8
HPBW/(°)	E 面	17	8.9	58	59
	H 面	9.5	17.4	53	52
SLL/dB		−12.3	−10	—	—
(F/B)/dB		30	30	−34.8	−25.5
S_{21}/dB		>−31 (X 到 S)	>−25.3 (X 到 S)	>−36.4 (S 到 X)	>−33.8 (S 到 X)

12.4.6　适合多模雷达使用的 X/Ku 波段偏置缝隙耦合馈电矩形贴片天线阵

X/Ku 双波段是导弹制导系统、警戒雷达、海上民用导航雷达、SAR 雷达使用最多的频段。在这些应用中,为了满足系统要求,天线阵不仅要尺寸小,轮廓低,重量轻,增益高,而且要频带宽,特别是机载雷达。许多多模雷达天线的工作频段为 8.75~12.25 GHz(相对带宽近似为 41%),在 500 MHz 的带宽内至少要求 300 mm 的距离分辨率。对电高度比较薄($h/\lambda_g<1$)的矩形(长×宽=$L×W$)贴片天线,其带宽主要与电高度成正比。

为了实现宽频带和 15 dBi 的边射增益,X/Ku 波段双频雷达天线的基本辐射单元可采用图 12.43(a) 所示的 W/L 比值为 2.1 和 2.62 的缝隙耦合馈电层叠矩形贴片天线。天线的具体尺寸和相对 λ_0($f_0=10.5$ GHz,$\lambda_0=28.57$ mm)的电尺寸如下:$L_{off}=0$ mm,$L_{RP}=11.9$ mm($0.416\lambda_0$),$L_{PP}=11.9$ mm($0.325\lambda_0$),$W_{RP}=25$ mm($0.875\lambda_0$),$W_{PP}=24.4$ mm($0.854\lambda_0$),$W_1=1.12$ mm($0.0392\lambda_0$),$W_2=0.5$ mm($0.0125\lambda_0$),$L_1=7.4$ mm($0.259\lambda_0$),$h_1=1$ mm($0.035\lambda_0$),$h_2=2$ mm($0.07\lambda_0$)。

缝隙的位置不偏置,最大波束位于边射方向;缝隙的位置偏置,波束倾斜,倾角取决缝隙的偏置距离 L_{off}。不同 L_{off} 对 10 GHz、11 GHz 和 12 GHz 单元天线的 G 和倾角影响如表 12.16 所示。

表 12.16　不同 L_{off} 单元天线在 10~12 GHz 频段的 G 和倾角

L_{off}/mm	10 GHz		11 GHz		12 GHz	
	G/dBi	倾角/(°)	G/dBi	倾角/(°)	G/dBi	倾角/(°)
3	11.5	15	9.9	28	10.0	28
4	11.5	21	9.8	29	10.2	29
5	11.4	25	9.8	30	10.2	30
6	11.4	27	9.9	31	10.3	30
7	11.4	28	9.9	31	10.4	30
8	11.3	29	9.9	31	10.4	31
9	11.3	31	10.0	31	10.4	31
10	11.2	32	10.1	32	10.3	32

图 12.43(b)是单元天线在 11 GHz 时，不同 L_{off} 的归一化方向图。图 12.43(c)示出了单元天线在 $\theta=0°$ 和 $\theta=20°$ 处增益 G 随频率的变化曲线。图 12.43(d)是单元天线 $S_{11}-f$ 特性曲线，由图看出，在 9.2~12.9 GHz 频段，$G>10$ dBi，在 8.7~12.25 GHz 频段内，$S_{11}<-9.5$ dB。在 8.8~12.2 GHz 频段内，$L_{off}=5$ mm，波束倾斜，天线 $G>9.5$ dBi，在 8.7~12.5 GHz频段内，$S_{11}<-10$ dB。

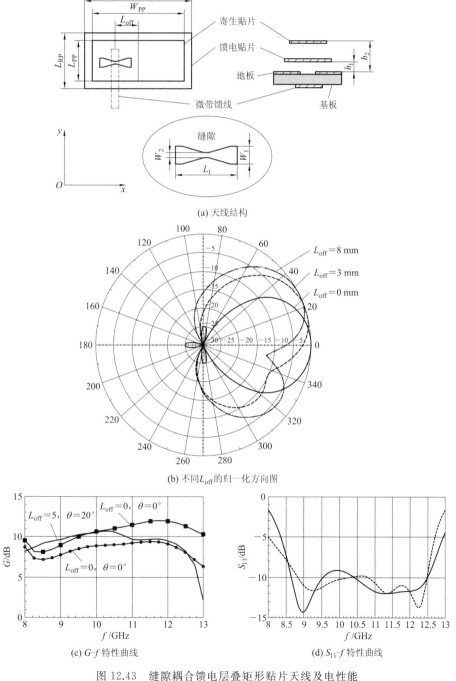

(a) 天线结构

(b) 不同L_{off}的归一化方向图

(c) G–f 特性曲线

(d) S_{11}–f 特性曲线

图 12.43　缝隙耦合馈电层叠矩形贴片天线及电性能

倾斜波束矩形贴片天线增益比边射方向增益低，如倾角 20°时的增益几乎比 $\theta=0°$ 低 3 dB，倾角 40°时的增益比 $\theta=0°$ 时小 10 dBi。为了克服增益下降的缺点，有些雷达利用机械倾斜使波束指向所希望的角度，这既降低了成本，又降低了硬件的复杂性。如图 12.44 (a)所示，机械倾斜使位于边射方向($\theta=0°$)天线的高度升高。但对图 12.44(b)所示有固定倾斜波束的天线阵，机械倾斜就能降低天线的高度。

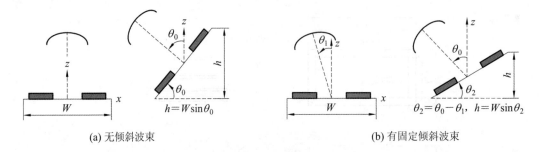

(a) 无倾斜波束　　　　　　　　　　　　　　(b) 有固定倾斜波束

图 12.44　有无倾斜波束天线高度的比较

图 12.45 是用渐变 T 形微带馈线和合适相位(单元波束已倾斜 20°)并联馈电网络通过缝隙耦合馈电构成的 4×4 元并联矩形贴片天线阵。天线阵的尺寸如下：$W\times L\times H=128\ \text{mm}\times 128\ \text{mm}\times 3.5\ \text{mm}(4.48\lambda_0\times 4.48\lambda_0\times 0.1225\lambda_0)$，$S_y=25\ \text{mm}(0.875\lambda_0)$，$S_x=22\ \text{mm}(0.77\lambda_0)$。图 12.43(a)所示单元天线的尺寸为：$L_{RP}=11.5$，$L_{PP}=9$，$W_{RP}=20.5$，$W_{PP}=19.5$，$W_1=2$，$W_2=0.5$，$h_1=1$，$h_2=2$(以上参数单位均为 mm)。虽然并联馈电网络的损耗比串联馈电网络的大，但为了实现宽频带只能用并联馈电网络。为了减小单元之间的互耦，单元边缘隔开 14 mm。在 8.75~12.25 GHz 频段内，该天线阵实测 $G=18\sim20.5$ dBi。和无耗天线阵相比，馈电网络损耗使该天线阵增益下降了 1.9 dB。

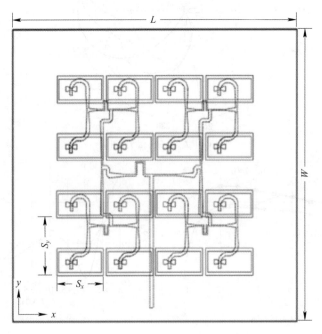

图 12.45　4×4 元并联矩形贴片天线阵

12.5　多功能雷达使用的双频宽角扫描相阵天线

12.5.1　X 波段平面双频宽角扫描相阵天线

重构多功能雷达是下一代雷达的发展方向，通信和导航可能共用一个口径，这就要求天线能双频或多频工作。图 12.46 是用同一个口径天线构成的频率比为 1∶3 的双频（低频：8.4 GHz，高频：11 GHz）矩形贴片天线。为了在矩形贴片天线上实现磁辐射，该天线用 4 臂梳状缝隙对贴片进行加载，从而实现了基于缝隙的磁辐射和基于贴片的电辐射。选择电磁辐射的形状和尺寸，改变 W_1 和 W_2 的宽度，双频矩形贴片天线就能用同一个口径天线实现双频工作，改变 L_2、L_1 的长度可实现阻抗匹配。该天线采用如图 12.47(a) 所示的带有容性匹配环的变形 L 形探针馈电。馈电装置除具有直径为 d_p 的匹配环外，还有过孔板圆柱体和过渡带线，它用梳状缝隙带线的介质层把金属贴片隔开。把直径为 1.28 mm SMA 插座的探针作为过孔板圆柱体的内直径。由于匹配环和过渡带线引入的容抗抵消了过孔板圆柱体引入的感抗，因而展宽了该天线带宽。图 12.47(b) 所示是天线的立体结构。背腔是为了减小天线阵元之间的互耦。

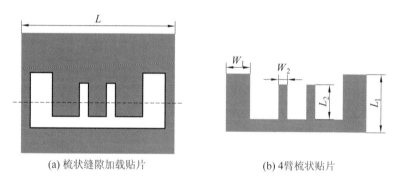

(a) 梳状缝隙加载贴片　　　　　　　　　(b) 4 臂梳状贴片

图 12.46　双频矩形贴片天线

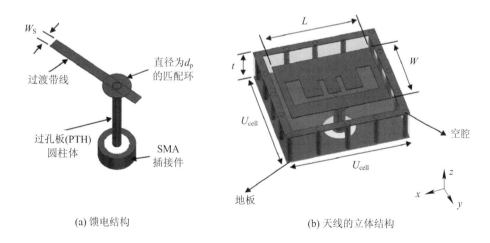

(a) 馈电结构　　　　　　　　　　　　(b) 天线的立体结构

图 12.47　双频梳状缝隙加载贴片天线及馈电结构

8.4 GHz 低频段天线，$S_{11}<-10$ dB 的相对带宽为 7.7%。用 $\varepsilon_r=2.2$ 的基板制造的 11 GHz高频段天线的最佳尺寸如下：$L=12.5$ mm，$W=10.5$ mm，$U_{cell}=14.2$ mm，$t=4.2$ mm，$d_p=2.5$ mm，$W_s=0.45$ mm。9×9 元双频天线阵的厚度仅为 4.3 mm，该天线阵低、高频段扫描角分别为 $60°$ 和 $50°$。

12.5.2　X/Ku 波段双频宽角扫描平面相阵天线

具有重构特性的多功能雷达将作为下一代雷达系统。它采用同一口面复用天线来实现不同频段的功能。图 12.48(a)给出了低轮廓并在 $\pm60°$ 扫描的单元天线，该天线用偏离中心的馈电激励线条贴片，以支持两个可以使用的工作模。为了让位于方网格中线条贴片双频工作，如图 12.48(b)、(c)所示，把像带子一样的贴片变成 L 形线条贴片，分别实现垂直和水平极化。在高频段，大线的电尺寸大于 $0.6\lambda_H$，由于大电尺寸会抵消天线阵在工作频段的扫描功能，因此为了减小单元天线的电尺寸，把 L 形线条贴片变成交叉 L 形，如图 12.49(a)所示。图 12.49(b)是把馈电探针穿过基板中圆柱体的孔并与基板顶面有匹配环的交叉 L 形线条贴片相交构成的馈电装置。双频交叉 L 形线条贴片天线整个装置位于高度为 t 的空腔中，如图 12.49(c)所示。空腔不是起辐射作用，只是用来减小阵单元之间的耦合。要使天线性能最佳，可适当调整长度 L_1/L_2 和宽度 W_1/W_2 之比。X 波段中心谐振频率为 9.9 GHz，Ku 波段中心谐振频率为 17.1 GHz，频率比近似为 1.7 : 1。用 $\varepsilon_r=2.2$，$t=1.57$ mm 的基板制造的天线最佳尺寸如下：$L_1=8.3$ mm，$L_2=6.6$ mm，$W_1=1.35$ mm，$W_2=1.75$ mm，$d_r=1.9$ mm，$U=10$ mm。相对高、低频率，单元的电尺寸分别为 $0.58\lambda_H\times0.58\lambda_H$ 和 $0.33\lambda_L\times0.33\lambda_L$。用这么小的电尺寸在高频段（$16.2\sim17.4$ GHz）扫描角最大为 $50°$ 仍不出现栅瓣，这是因为单元间距 d 与工作波长 λ 及无栅瓣的最大扫描角 θ_{max} 存在如下关系：

$$d=\frac{\lambda}{1+\sin\theta_{max}} \tag{12.5}$$

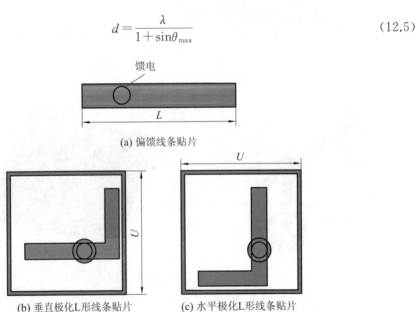

(a) 偏馈线条贴片

(b) 垂直极化L形线条贴片　　　(c) 水平极化L形线条贴片

图 12.48　线条贴片

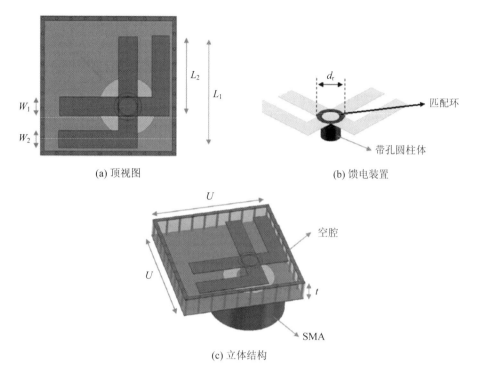

(a) 顶视图　　　　　　　　　　　　　　(b) 馈电装置

(c) 立体结构

图 12.49　双频交叉 L 形线条贴片天线

参 考 文 献

[1]　MISHRA P K, JAHAGIRDAR D R, KUMAR G. A Review of Broad Band Dual-Linearly Polarized Microstrip Antenna Design with High Isolation. IEEE Antennas and Propagation Magazine, 2014, 56(6): 238-250.

[2]　KWAG Y K, HASSANEIN A D, EDWARDS D J. A High-Directive Bowtie Radar Antenna with A Pyramidal Reflector for Ultra Wideband Radar Imaging Applications. Microwave and Optical Technology Letters, 2009, 50(2): 387-390.

[3]　BARI R D, BROWR T, GAO S. Dual-Polarized Printed S-Band Radar Array Antenna for Spacecraft Application. IEEE Antennas and Wireless Propagation Letters, 2011, 1(10): 987-990.

[4]　KUO F Y, HWANG R B. High-Isolation X-Band Marine Radar Antenna Design. IEEE Transactions on Antennas and Propagation, 2014, 62(5): 2331-2337.

[5]　SHIM D H, KIM K B, PARK S O. Design of Null-Filling Antenna for Automotive Radar Using the Genetic Algorithm. IEEE Antennas and Wireless Propagation Letters, 2014, 1(13): 738-741.

[6]　KARIMAKASHI S, ZHANG G.A Dual-Polarization Series-Fed Microstrip Antenna Array with Very High Polarization purity for Weather Measurements. IEEE Transactions on Antennas and Propagation, 2013, 61(10): 5315-5319.

[7]　KARIMKASHI S K, ZHANG G F, KISHK A A, et al. Dual-Polarization Frequency Scanning Microstrip Array Antenna with Low Cross-Polarization for Weather Measurements. IEEE Transactions on Antennas and Propagation, 2013, 61(11): 5444 – 5448.

[8]　HUANG J. A Parallel-Series-Fed Microstrip Array with High Efficiency and Low Cross-Polarization. Microwave & Optical Technology Letters, 1992, 5(5): 230 – 233.

[9]　GADZINA A, OBODZIAN P S. A Compact Dual-Port Dual-Band Planar Microstrip Antenna. Microwave and Optical Technology Letters, 2002, 134(4): 302 – 305.

[10]　SHAFAI L L, CHAMMA W A, BARAKAT M, et al. Dual-Band Dual-Polarized Perforated Microtip Antennas for SAR Applications IEEE Transactions on Antennas and Propagation, 2000, 48(1), 58 – 65.

[11]　LEE Y, DEUKHYEON G A, PARK D, et al. Design of a Dual-Band Dual-Polarization Array Antenna with Improved Bandwidth for AMRFC Radar Application. IEICE Transactions on Communications, 2013, E96-B (1): 183 – 188.

[12]　HSU S H, REN Y J, KAI C. A Dual-Polarized Planar-Array Antenna for S-Band and X-Band Airborne Applications. IEEE Antennas and Propagation Magazine, 2009, 51(4): 70 – 77.

[13]　BILGIC M M, YEGIN K. Wideband Offset Slot-Coupled Patch Antenna Array for X/Ku-Band Multimode Radars. IEEE Antennas and Wireless Propagation Letters, 2014, 13: 157 – 160.

[14]　VALAVAN S E, TRAN D, YAROVOY A G, et al. Planar Dual-Band Wide-Scan Phased Array in X-Band. IEEE Transactions on Antennas and Propagation, 2014, 62(10): 5370 – 5375.

[15]　VALAVAN S E, TRAN D, YAROVOY A G, et al. Dual-Band Wide-Angle Scanning Planar Phased Array in X/Ku-Bands. IEEE Transactions on Antennas and Propagation, 2014, 62(5): 2514 – 2520.

第 13 章　微波天线和毫米波天线

13.1　概　　述

本章主要介绍用喇叭、缝隙、矩形或方形波导、贴片和径向线等构成的微波高增益定向天线阵。喇叭天线具有高效率、高定向性和高极化纯度的优点，但尺寸较大，结构笨重，可用微带馈电网络克服其缺点，然而微带馈电网络的效率低。喇叭天线用矩形波导馈电使其具有高效率高增益的优点，但不满足轮廓低、重量轻的要求；用轮廓低、重量轻与普通金属波导有类似性能的基片集成波导（SIW）馈电，但在毫米波段，仍然损耗较大。为此喇叭天线宜采用将金属波导的低损耗优点与微带/SIW 的轮廓低、重量轻、可平面设计的优点相结合构成的间隙波导馈电。

波导缝隙阵天线具有结构简单、低耗、能精确控制口面分布、结构强度高等优点，常用波导馈电网络通过口面耦合给背腔波导缝隙阵馈电。如果将波导宽边上与纵轴成 45°的倾斜缝隙作为电跟踪天线，那么，由于波导宽边具有较大的电尺寸，因此扫描角度被限制在很窄的范围内。为实现宽扫描角，波导缝隙阵天线宜使用在矩形同轴线上的倾斜缝隙阵。

为了减小馈线损耗，亚毫米波天线宜采用不带介质的 TEM 传输线，如悬浮带线、低损耗的空心矩形同轴线。

径向线天线有低轮廓、低成本、高效率和易批量生产的优点。其辐射单元可以是缝隙、贴片或螺旋天线。径向线天线可以是线极化天线，也可以是圆极化天线。贴片天线具有轮廓低、重量轻、成本低、易批量生产等优点。为了克服贴片天线微带馈电网络损耗大的缺点，贴片天线宜采用微带/波导组合馈电网络。

宽带微波天线阵的单元天线必须具有宽频带的特点，如采用由蝶形偶极子激励的波导口天线，在 4.5∶1 的带宽比内，VSWR≤2.5，$G=5\sim11$ dBi。大型毫米波、亚毫米波天线阵宜采用波导并联口面天线阵。本章还将介绍双频微波天线阵、双向微波天线、微波单脉冲天线、微波多波束天线阵和 SIW 全向滤波天线阵、微波毫米波扇形波束和赋形波束天线等。

13.2　由喇叭构成的微波天线

13.2.1　由喇叭构成的 X 波段双极化低副瓣天线阵

双极化天线主要有波导和贴片两种形式，波导天线一般采用分口径，但分口径利用率较低；贴片天线虽然可以利用全口径，但天线辐射效率低，馈电网络损耗大，极化纯度不高，极化隔离度通常为−20 dB 左右，随频率的升高，馈电网络的寄生辐射、色散特性越来越严重，设计难度加大。

角锥喇叭天线可作为辐射单元构成共口径辐射的双极化天线阵，由于单元天线之间排列紧密，因而可大大提高天线阵的有效辐射面积。另外双极化天线阵若采用损耗低、屏蔽效果好的空气同轴线馈电的角锥喇叭天线，则其还具有高定向性和极化纯度高的优点。

图 13.1 是由辐射层、馈电层、背腔构成的中心频率 $f_0=9.5$ GHz($\lambda_0=31.85$ mm)的双极化喇叭天线。辐射层是口径尺寸为 $a=24$ mm($0.76\lambda_0$)、$b=32$ mm($1.005\lambda_0$)、过渡高度 $h_6=25$ mm($0.785\lambda_0$)的角锥喇叭天线。馈电层是用厚为 0.127 mm，$\varepsilon_r=2.2$ 的基板制造的同轴线悬浮探针。由于基板特别薄，同轴线可近似视为空气同轴线，这可降低馈线的介质损耗。为了实现双极化，水平和垂直探针位于间距 $h_5=3.5$ mm 的上、下两层，通过调整线宽和调配盘的尺寸，使同轴线与喇叭匹配。虽然上层探针对下层探针有影响，使下层端口 VSWR 变坏，但调整位于背腔层中匹配块的高度(如 $h_4=6$ mm)，就能使下层端口匹配。

根据 $f_0=9.5$ GHz，选择方波导的宽度 $W=18$ mm，背腔的高度 $h_2=22$ mm，单元天线的总高度 $h_1=50$ mm，同轴线外导体高为 4.6 mm，宽为 2.8 mm，同轴线内导体线宽为 0.5 mm，调配盘半径 $r=1.4$ mm。

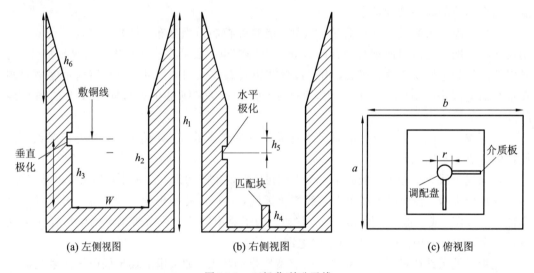

(a) 左侧视图　　　　　　　(b) 右侧视图　　　　　　　(c) 俯视图

图 13.1　双极化喇叭天线

为了满足在方位面上，HBPW=21°，SLL<−16 dB，X 波段双极化低副瓣天线阵宜采用图 13.2 所示的 2×4 元喇叭天线阵。虽然该天线阵的方位面只有两元，无法实现加权设计，但该天线阵可以采用沿喇叭外沿切割宽为 4.5 mm、深为 8 mm、间距为 9 mm 的双扼流槽来扼制流到喇叭外臂上的电流，达到减小方位面上副瓣电平的目的。俯仰面为 4 元喇叭天线阵，为实现俯仰面上−16 dB 副瓣电平，它采用 0.741∶1∶1∶0.741 加权泰勒幅度分布。为实现上述幅度分布，该 4 元喇叭天线阵可使用不等功分微带馈电网络。为提高双极化天线端口的隔离度、减小交叉极化电平，方位面两元水平极化天线阵和俯仰面 4 元垂直极化天线阵均采用反相馈电。该 2×4 元的喇叭天线阵实测电性能如下：方位和俯仰面上 SLL<−16 dB，S_{11}、S_{22}<−10 dB 的相对带宽为 5%，在阻抗带宽内，S_{21}<−30 dB，交叉极化电平小于−35 dB。

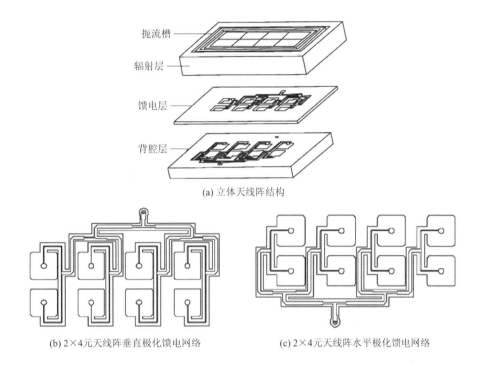

(a) 立体天线阵结构

(b) 2×4元天线阵垂直极化馈电网络　　　　　(c) 2×4元天线阵水平极化馈电网络

图 13.2　2×4 元喇叭天线阵及馈电网络

13.2.2　微带馈电背腔圆极化喇叭天线

在毫米波频段，天线阵经常使用具有高辐射效率的喇叭天线，但喇叭天线的尺寸较大，结构也比较复杂，特别是在圆极化相控阵天线的应用中。由于大多数喇叭天线都使用了辐射体尺寸比较长的波导极化器，因而相控阵天线很笨重。但用微带线给喇叭天线馈电就能克服这些缺点。图 13.3 是用厚 $h = 0.508$ mm，$\varepsilon_r = 2.22$ 的基板制造并用微带线馈电的背腔喇叭天线。天线的中心频率 $f_0 = 20.5$ GHz($\lambda_0 = 14.6$ mm)，电尺寸为：$D_h = 1.2\lambda_0$，$D_c = 0.75\lambda_0$，$R = 29$ mm($1.986\lambda_0$)，$h_c = 0.4\lambda_0$。

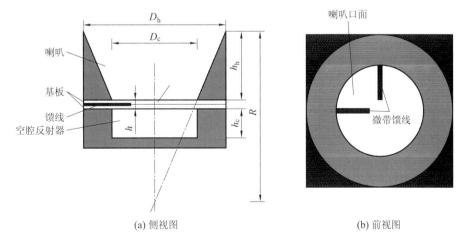

(a) 侧视图　　　　　　　　　　　　　　　　(b) 前视图

图 13.3　微带线馈电的背腔喇叭天线

经过仿真，上述背腔喇叭天线的电参数为 HBPW$=53°×53°$，$G=9.4$ dBi。如果 $D_h=2.4\lambda_0$，$R=500$ mm，其他尺寸不变，则 HBPW 变为 $26°×30°$，$G=14.5$ dBi。

图 13.4 是 $2×2$ 元微带线馈电的背腔喇叭天线阵。为了实现圆极化，微带线的长度 L_2-L_1 和 L_6-L_7 均等于 $\lambda_g/4$，同时微带线以 $0°$、$90°$、$180°$ 和 $270°$ 相差顺序旋转给 $2×2$ 元背腔喇叭天线阵馈电以实现 HBPW$=22°×22°$，$G=15.2$ dBi 的圆极化。

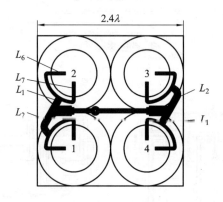

图 13.4　$2×2$ 元微带线馈电的背腔喇叭天线阵

13.2.3　C 波段同轴支节喇叭天线

图 13.5 是圆柱波导馈电的同轴支节喇叭天线。该天线为了实现低交叉极化电平，可用 TE_{11} 模激励，并将 TE_{11} 模与高次模 TM_{11}、TM_{21} 混合。C 波段（$3.7\sim4.2$ GHz）喇叭天线应达到以下要求：口面效率大于或等于 70%，$S_{11}\leqslant-20$ dB，SLL$\leqslant-25$ dB，交叉极化电平小于 -28 dB。喇叭天线的口面效率 Ae 的表达式：

$$Ae=\frac{D(f)×\lambda_0^2}{4\pi S} \tag{13.1}$$

式中，$D(f)$ 为天线方向系数；λ_0 为中心波长；S 为口面面积（$S=\pi r_a^2$）。

经过优化设计，同轴支节喇叭天线的最佳尺寸如表 13.1 所示。波导的尺寸：$r_g=29.225$mm，$h_g=25$ mm。在 $f_0=3.95$ GHz（$\lambda_0=75.9$ mm）处，天线高度为 λ_0，喇叭的口面尺寸 $2r_a$ 在 λ_0 到 $2.5\lambda_0$ 范围变化。在 $3.5\sim4.5$ GHz 频带内，实测 $S_{11}<-15$ dB，口面效率 Ae$>70\%$，SLL<-24 dB，方向系数 D 随频率升高和口径尺寸增加而线性增加。

表 13.1　同轴支节喇叭天线的尺寸

尺寸	口面直径/mm						
	1.0	1.2	1.5	1.85	2.0	2.2	2.5
$2r_a$	76	92	115	142	154	169	192
r_h	34.5	40.8	46.4	52.8	55.3	73.4	82.8
h_h	23.9	36.2	44.4	35.2	36.8	73.5	70.1
h_s	21.7	18.6	16.5	15.3	18.8	21.5	18.3
h_c	22.4	20.0	40.3	56.2	47.3	40.3	40.5
d_s	3.9	5.3	11.3	18.3	21.6	11.2	13.3

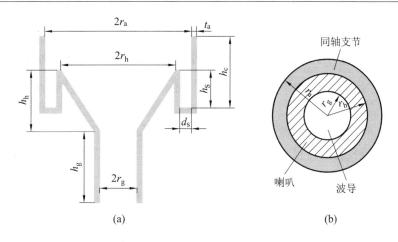

图 13.5   圆柱波导馈电的同轴支节喇叭天线

为了适合作多波束反射面天线的馈源，同轴支节喇叭天线可制成如图 13.6 所示的口面尺寸为 $1.5\lambda_0$，高为 $1.26\lambda_0$ 的六边形同轴支节喇叭天线。除六边形边长 $L = 63.5$ mm 外，该天线的其他尺寸与表 13.1 所示相同。图 13.6(c) 是该天线在 4.2 GHz 不同口面尺寸的 E 面归一化方向图

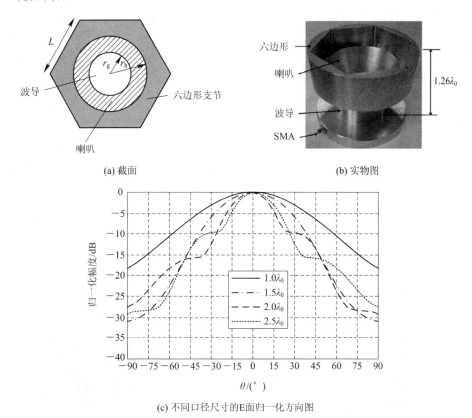

(a) 截面   (b) 实物图

(c) 不同口径尺寸的E面归一化方向图

图 13.6   六边形同轴支节喇叭天线及 E 面归一化方向图

六边形同轴支节喇叭天线在 3.7~4.2 GHz 频段内，实测电参数如下：$G = 11.4 \sim 12.4$ dBi，

$S_{11} < -17$ dB，交叉极化电平小于 -28 dB，Ae$>80\%$。

13.2.4　用倒置微带间隙波导并联馈电网络馈电的 X 波段双模喇叭天线阵

　　毫米波雷达和通信都需要使用体积小、成本低的天线阵。贴片天线阵虽然具有许多优点，但其馈电网络损耗大。介质损耗是制约高增益天线阵的重要因素，特别是高 ε_r 介质材料，另外薄基板材料的不均匀性也会产生介质损耗。在毫米波段，由于微带馈线的宽度变得很窄，因此介质损耗变得很大，导体损耗也变得很大；另外馈线辐射不仅降低了天线和馈线系统的效率，而且天线产生了较大的副瓣电平。

　　虽然用矩形波导馈电的喇叭天线损耗低，但不满足轮廓低、重量轻的要求。SIW 波导的性能虽然与普通空心波导类似，但在毫米波段仍然存在大的损耗。在毫米波段如果采用倒置微带间隙波导馈电网络就能避免介质和辐射损耗。间隙波导有脊形、开槽和微带间隙波导三种形式。在间隙波导的两个平板中，1 个为光滑金属板，另 1 个为与光滑金属板相距远小于 $\lambda_0/4$ 长由人造磁导体(AMC)构成的网纹平面。间隙波导中使用的 AMC 大多数是金属钉子平面，也叫钉子床。

　　对平板模式，由于两平板产生阻带，因此毫米波沿网纹平面中的金属脊、开槽或带线传输，在其他方向，阻带将防止任何漏泄损耗。

　　微带间隙波导将波导的低损耗、高 Q 值、可金属制造的优点与微带/SIW 的低轮廓、可平面设计的优点相结合了。微带间隙波导与倒置悬浮微带线类似，由于其光滑金属板与网纹板之间存在阻带，因此毫米波在金属板和上光滑平面之间的空隙中传输，故也叫倒置微带间隙波导。

　　图 13.7 是中心频率 $f_0 = 10$ GHz($\lambda_0 = 30$ mm)，用微带间隙波导馈电的双模喇叭天线。采用倒置微带间隙波导馈电比用普通微带馈电网络馈电，天线不仅尺寸更紧凑，而且由于使用了比微带线更宽的线，因而导体损耗更小。使用口面尺寸为 $2\lambda_0 \times 2\lambda_0$ 的方喇叭是为了减小在栅瓣中的功率损耗。位于微带线下面的均匀网格金属针 AMC 使毫米波在 $h = 1.5$ mm

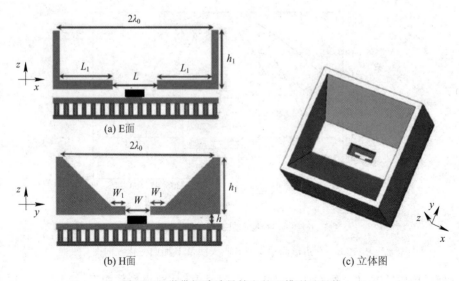

(a) E面　　　　　　　　　　　(b) H面　　　　　　　　　　(c) 立体图

图 13.7　微带间隙波导馈电的双模喇叭天线

的空气间隙中传输并激励上盖中长 $L = 15.96$ mm、宽 $W = 8.82$ mm 的缝隙，最后毫米波通过口面尺寸为 58.68 mm×58.68 mm 的双模喇叭辐射出去。喇叭的其他尺寸为 $h_1 = 30$ mm，$W_1 = 6$ mm，在 H 面引入 $L_1 = 21.36$ mm 的台阶是为了让喇叭有双模功能，以便激励与主模 TE_{10} 组合的 TE_{30} 模。带钉子床的双模喇叭天线在 $10 \sim 11$ GHz 频段内的仿真增益为 $13.8 \sim 14.3$ dBi。

　　为了在 $8.5 \sim 13$ GHz 频段实现 10% 的阻抗带宽，用 $\varepsilon_r = 3$ 的基板制造成尺寸如图 13.8(a)所示的 T 形微带馈电喇叭天线和图 13.8(b)所示的宽为 2.4 mm，长为 6 mm，周期为 5.4 mm，空气间隙为 1.5 mm 的阻带单元钉子床。

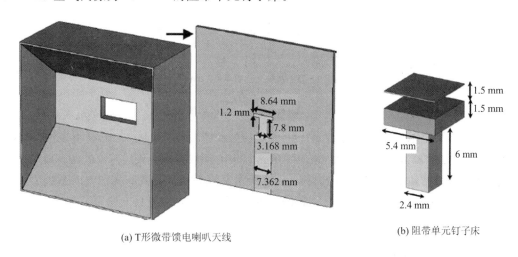

(a) T形微带馈电喇叭天线　　　　　　　　　(b) 阻带单元钉子床

图 13.8　T 形微带线馈电喇叭天线和阻带单元钉子床

图 13.9(a)是用 T 形微带馈线和 $\lambda_0/4$ 长阻抗变换段构成的 4×4 元双模喇叭天线阵的

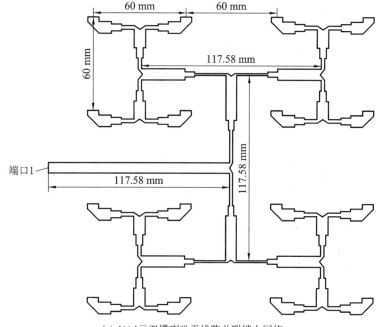

(a) 4×4元双模喇叭天线阵并联馈电网络

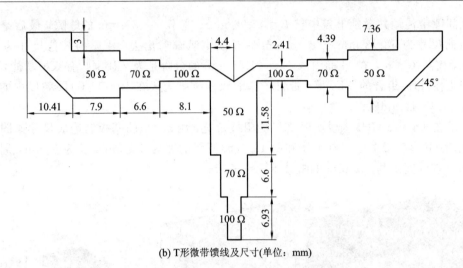

(b) T形微带馈线及尺寸(单位：mm)

图 13.9　T 形微带馈线构成的馈电网络

馈电网络，图 13.9(b)是与辐射单元相连的 T 形微带馈线及尺寸。图 13.10 是由 4×4 元双模喇叭构成的 $8\lambda_0 \times 8\lambda_0$，尺寸为 240 mm×240 mm 的 16 元双模喇叭天线阵。在 10~11.16 GHz 频段，该天线阵实测 $S_{11} < -10$ dB。图 13.11 所示是该天线阵仿真和实测方向系数 D 和增益 G 的频率特性曲线，由图看出，实测最大增益为 25 dBi，由仿真方向系数和增益可知天线效率大于 60%。

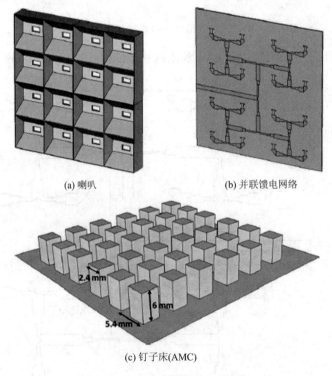

(a) 喇叭　　　　　　　　　　　(b) 并联馈电网络

(c) 钉子床(AMC)

图 13.10　16 元双模喇叭天线阵

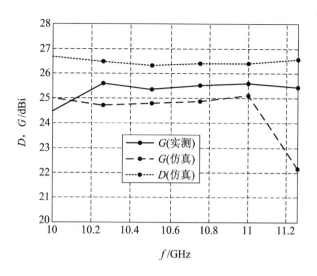

图 13.11　16 元双模喇叭天线阵仿真和实测方向系数 D 和增益 G 的频率特性曲线

13.3　由缝隙构成的微波天线阵

13.3.1　S 波段 2×4 元背腔缝隙天线阵

图 13.12 是由同轴波导转换器、矩形背腔、2×4 元缝隙和 1 个垂直反射板构成的 S 波段 (2630～2655 MHz) 2×4 元背腔缝隙天线阵。天线阵的外形尺寸为 260 mm×400 mm×85.4 mm，缝隙和馈电波导分别位于矩形背腔的顶面和底面，馈电波导的尺寸为 72.12 mm×36.06 mm，截止频率为 2070 MHz。附加高度分别为 h_3 和 h_4 的矩形背腔和垂直反射板，不仅增加了前向增益，而且提高了 F/B。背腔的高度 $h_3=0.3\lambda_0$，这不仅减小了缝隙与背腔之间的

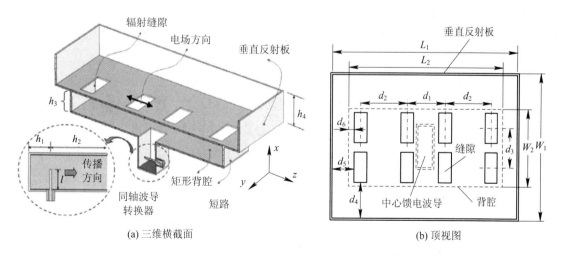

(a) 三维横截面　　　　　　　　　　　　　　　(b) 顶视图

图 13.12　S 波段 2×4 元背腔缝隙天线阵

电纳,而且使缝隙的电导最大。由于 8 元缝隙的尺寸完全相同,为此要获得所需要的辐射性能就只能选择 $d_1=0.71\lambda_0$,$d_2=0.88\lambda_0$,由此使缝隙的幅度比为 0.429:1.0:1.0:0.429,电磁波从左到右有几乎完全相同的相位(154.6°,155.7°,155.7°和154.6°)。经过优化设计,天线阵的具体尺寸如下:$h_1=25.0$ mm,$h_2=70.0$ mm,$h_3=33.4$ mm,$h_4=50.00$ mm,$l=21.0$ mm,$L_1=394.0$ mm,$L_2=327.6$ mm,$d_1=80.8$ mm,$d_2=100.0$ mm,$d_3=74.5$ mm,$d_4=63.5$ mm,$d_5=43.2$ mm,$d_6=10.0$ mm。由于每个缝隙实现了最佳幅度比且天线阵使用了垂直反射板,因而天线阵具有低副瓣电平。

该天线阵在 2570～2740 MHz 频段内,实测 VSWR<1.5,相对带宽为 6.4%,在 2630～2655 MHz 频段内,实测电参数(G、HPBW、SLL 和 F/B)列在表 13.2 中。

表 13.2　2×4 元背腔缝隙天线阵实测电参数

电参数	f/MHz	G/dBi	HBPW/(°)	SLL/dB	(F/B)/dB
H 面	2630	17.9	31.3	−34.4	41.3
	2642	18.0	31.4	−34.2	40.1
	2655	18.0	31.3	−33.3	40.6
E 面	2630	17.7	20.3	−37.5	39.7
	2642	17.8	20.2	−39.0	39.5
	2655	17.9	20.0	−35.8	37.8

13.3.2　用弯折脊形波导馈电的 S 波段平面缝隙天线阵

波导缝隙天线阵由于具有馈电简单、低损耗、能精确控制口面分布、机械强度高等优点,因而被广泛用于雷达和通信领域。其主要缺点是比较重的重量和较宽的宽度限制了 E 面最大扫描角度,此缺点可以用脊形波导和图 13.13(a)所示的弯折脊形波导馈电来克服。

图 13.13(b)是按照道尔夫—切比雪夫分布设计的 E 面和 H 面 SLL=−20 dB 的 4×5 元平面缝隙天线阵的照片,图 13.13(c)是该天线阵的几何参数,具体尺寸如下:$l_1=24.3$,$l_2=24.40$,$l_3=24.35$,$l_4=24.47$,$l_5=24.2$,$l_5=24.2$,$l_6=24.44$,$x_1=5.96$,$x_2=9.38$,$x_3=11.15$,$x_4=5.77$,$x_5=8.92$,$x_6=10.70$,$t=5.06$(以上参数单位为 mm),相邻缝隙相距 $\lambda_g/2$(即 60.46 mm),最后 1 个缝隙与短路端相距 $\lambda_g/4$。该天线阵用图 13.14 所示的 4 波导功分器馈电。在中心频率 $f_0=3$ GHz 时,4 波导功分器的尺寸为:$l_1=16.75$ mm,$l_2=15.06$ mm,$h_4=10$ mm,$h_5=16$ mm,$h_1=15$ mm,$h_2=14.5$ mm,$h_3=20.75$ mm,其他尺寸如图 13.14 所示。该天线阵在 2.9～3.17 GHz 频段内实测 $S_{11}<−10$ dB,相对带宽为 8.9%,实测 $G=18.4$ dBi,SLL=−20 dB。

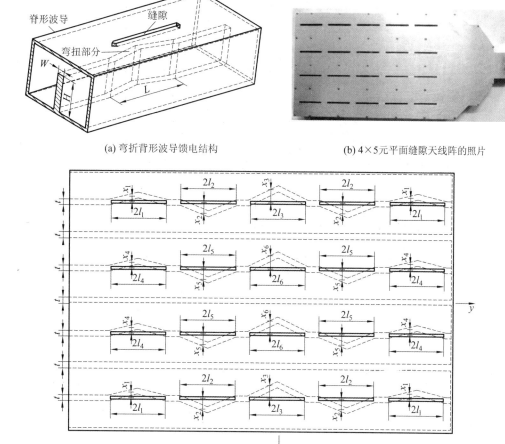

(a) 弯折背形波导馈电结构　　　　　　　　　(b) 4×5 元平面缝隙天线阵的照片

(c) 4×5 元平面缝隙天线阵的几何参数

图 13.13　弯折脊形波导馈电结构及 4×5 元平面缝隙天线阵

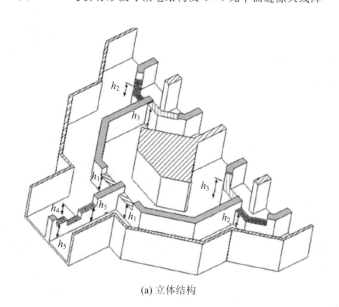

(a) 立体结构

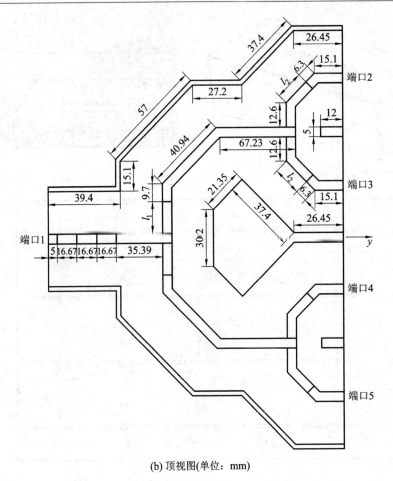

(b) 顶视图(单位: mm)

图 13.14　中心频率 $f_0 = 3$ GHz 的 4 波导功分器及尺寸

13.3.3　低副瓣 S、C、X 波段波导缝隙天线阵

雷达、遥感、通信广泛采用波导缝隙天线阵,由于该天线阵把低耗馈电网络与辐射单元集成了,因而呈现高辐射效率。适合射电应用的波导缝隙天线阵的工作波段为 S、C 和 X 波段,中心频率分别为 2.6 GHz、5.2 GHz 和 10 GHz,$S_{11} < -10$ dB 的相对带宽为 4%,平均副瓣电平如下:

SLL $\leqslant -34$ dB	$20° \leqslant \theta \leqslant 30°$	SLL $\leqslant -36$ dB	$30° \leqslant \theta \leqslant 40°$,
SLL $\leqslant -38$ dB	$40° \leqslant \theta \leqslant 70°$	SLL $\leqslant -38$ dB	$70° \leqslant \theta \leqslant 90°$,
SLL $\leqslant -40$ dB	$90° \leqslant \theta \leqslant 150°$,	SLL $\leqslant -30$ dB	$150° \leqslant \theta \leqslant 180°$,

S、C 和 X 波段天线的壁厚分别为 0.762 mm、1.016 mm、1.27 mm,公差分别为 0.127 mm、0.0508 mm 和 0.0254 mm。

基于 HPBW=13° 的要求,低副瓣 S、C 和 X 波段波导缝隙天线阵采用图 13.15 所示由两个 4×8 元缝隙构成的 8×8 元波导缝隙天线阵,整个结构是由 4 个机加层构成的(构成了 3 个电气层)。从输入端到两个缝隙阵的波导输入端,包括 8 个辐射波导、两个馈电波导、1 个 3 dB 功分波导。主体位于中层,顶层是用悬浮带线耦合馈电的 4×4 元缝隙天线阵,底层是由 16 元中心倾斜耦合缝隙构成的馈电波导,包含 H 面 3 dB 功分波导和向上弯曲的铝板。去掉大约 1/3 边宽把铜焊短路置于辐射和馈电波导的末端。第三层是由两个输入并串联的耦合缝隙组成的输入铝板。

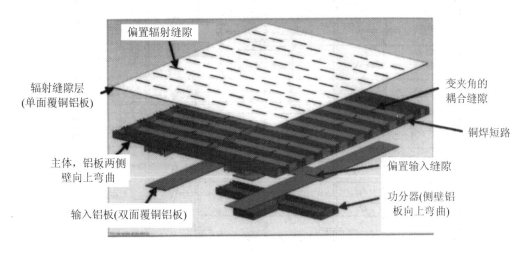

图 13.15　波导缝隙天线阵

天线阵单元间距为 $0.71\lambda \times 0.71\lambda$($\lambda$ 为自由空间波长),让馈电波导的边长 a 为 $\lambda_g/2$,正好为天线阵 E 面单元间距(即相邻辐射波导宽边中心之间距),天线阵 H 面单元间距为 1/2 辐射波导波长。为实现低副瓣,E 面和 H 面均采用 35 dB 泰勒分布,单元幅度分布沿主平面从中心依次为 0 dB、-2.06 dB、-6.55 dB、-13.86 dB。天线阵整个动态范围为 -27.7 dB。

图 13.16(a)是由两个 4×8 元缝隙天线构成的不对称缝隙天线阵,图 13.16(b)是由两个 4×8 元缝隙天线构成且相对中心垂直线对称的对称缝隙天线阵。

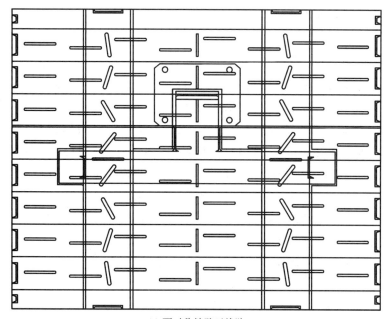

(a) 不对称缝隙天线阵

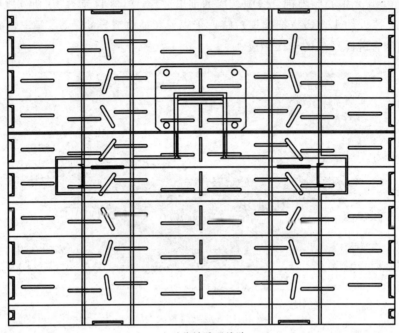

(b) 对称缝隙天线阵

图 13.16　由两个 4×8 元缝隙天线构成的不对称和对称缝隙天线阵

13.3.4　用正方形缝隙构成的 C 波段高增益天线阵

相对微带馈线而言，悬浮带线有以下优点：

（1）馈线辐射小。

（2）介质和欧姆损耗小。

（3）有更好的色散特性。

（4）相同特性阻抗时，悬浮带线的宽度更宽，且在更宽的温度变化范围内性能更稳定。

图 13.17 示出了用悬浮带线给正方形缝隙耦合馈电构成的高增益天线阵。由图看出，天线阵由 3 层组成，底层为金属地；中层为用厚为 0.5 mm，$\varepsilon_r = 2.65$ 的基板印刷制造的悬浮带线；顶层是用悬浮带线耦合馈电的 4×4 元正方形缝隙。3 层之间为 $h = 2$ mm 的空气，为了给每个辐射单元同相馈电，该天线阵使用了带线末端截断且并联的 1 分 4 T 形微带馈线。为了实现低 S_{11}，1 分 4 T 形微带馈线拐角的带线宽度由 W_1 渐变到 W_2（$W_1 = 4.2$ mm，$W_2 = 2.1$ mm，相当于特性阻抗分别为 50 Ω 和 70 Ω）。由于悬浮带线为不平衡馈线，因而可以直接把同轴线内导体穿过底层、中层并与 1 分 4 T 形微带馈线的输入端 A 相连，同轴线外导体与地相连。

图 13.17 所示天线阵中心频率 $f_0 = 5.8$ GHz，最佳尺寸如下：$d_1 = 42.5$，$d_2 = 1$，$d_3 = 33.3$，$L_1 = 5.7$，$L_2 = 4.4$，$L_3 = 7.9$，$L_4 = 37.8$，$W_s = 3.7$，$W_3 = 3.7$，$W_1 = 4.2$，$W_2 = 2.1$（以上参数单位为 mm）。该天线阵主要实测电参数如下：

（1）$S_{11} < -10$ dB 的相对带宽为 5.7%。

（2）在 f_0 时，$G=18.7$ dBi。

（3）SLL$=-12.7$ dB，交叉极化电平为-20 dB。

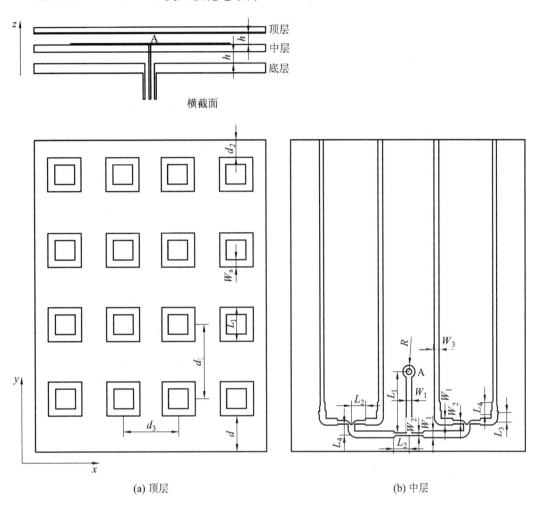

(a) 顶层   (b) 中层

图 13.17 悬浮带线给正方形缝隙耦合馈电构成的高增益天线阵

13.3.5 由波导馈电网络馈电构成的 Ku 波段宽带缝隙天线阵

图 13.18 是由辐射缝隙④、背腔③、口径②、波导馈电网络①共 4 板构成的低轮廓、低副瓣的 2×2 元波导缝隙天线阵。为了实现低副瓣，天线阵采用由不等功分比的 H 面 T 形波导构成的同相幅度渐变波导馈电网络，通过口径、背腔给辐射缝隙耦合馈电。中心频率 $f_0=15$ GHz($\lambda_0=20$ mm)，为了扼制栅瓣，缝隙间距 s 应小于 λ_0($s=15$ mm)。中心频率和带宽主要由缝隙的尺寸 m、n 和背腔的高度 e 决定。为了扼制不需要的高次模，在背腔中附加了两组墙，通过调整 x 和 y 方向墙的位置 l、k 来改善阻抗匹配。口径的长度 c 与墙在 x 方向的位置 l 有关。经过优化设计，2×2 元波导缝隙天线阵的具体尺寸如下：$a=12$，$b=4.4$，$c=10.5$，$d=4.1$，$e=5.0$，$i=5.25$，$f=g=2.0$，$j=3.95$，$k=9.5$，$l=c/2$，$m=11.5$，$n=6.8$，$p=q=2.5$，$s=15.0$(以上参数单位为 mm)。经仿真 2×2 元波导缝隙天线阵

在 14.2～15.9 GHz 频段内，VSWR＜2，交叉极化电平小于−33 dB，$G=13.5$ dB。

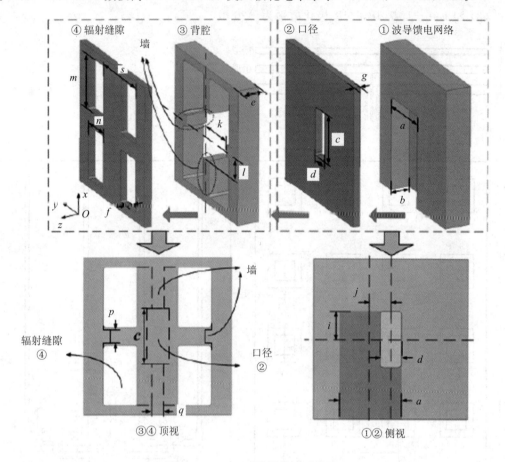

图 13.18　2×2 元波导缝隙天线阵

图 13.19 是同相不等功分 H 面 T 形波导。该波导需要的功分比由隔板偏离端口中心的距离 d 来实现，调整窗口的尺寸 h_1 和 W_1 以实现阻抗匹配。由于端口 2、3 输出相位的平衡度受隔板偏离端口中心的距离影响，因此需要通过调整端口的宽度 a_2 来解决。同相不等功分 H 面 T 形波导的具体尺寸如下：$a_1=a_2=12$，$a_3=12.9$，$h_1=2$，$h_2=5.5$，$W_1=0.5$，$W_2=2$，$r=1$，$d=1.25$，$L_1=20$，$L_2=18.75$，$L_3=21.25$（以上参数的单位为 mm）。

图 13.20 所示为 8×8 元并联波导馈电网络。由于天线阵的馈电网络在 x、y 方向对称，所以图中只给出了 1/4（即 4×4 元）馈电网络，图中括号中的值为所需要的幅度。虽然馈电网络需要用很多不等功分的 T 形功分波导来实现 30 dB 的泰勒分布，但实际只需要三种功分比，即 1.77 dB、5.58 dB、7.14 dB 的 T 形功分波导。

用铣床和铝板加工的 8×8 元波导缝隙天线阵的尺寸为 240 mm×240 mm×14.4 mm。4 块板用螺钉固定，层与层之间不能有间隙，否则泄漏不仅会增加传输线的损耗，还会降低天线的增益，为此在天线阵的边缘，距离波导 $\lambda_B/4$ 的位置设置了深度为 $\lambda_B/4$ 长的扼流槽。在 14.15～16.25 GHz 频段内，天线阵实测 VSWR＜2 的相对带宽为 13.8%；在 14.5～16 GHz 频带内，实测 G 大于 29.5 dBi，效率大于 70%。其他实测电参数见表 13.3。

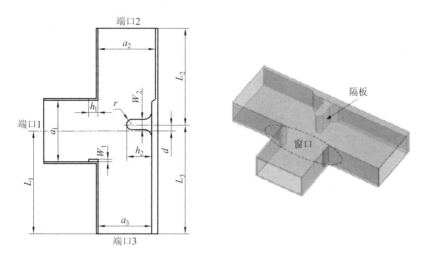

图 13.19　同相不等功分 H 面 T 形波导

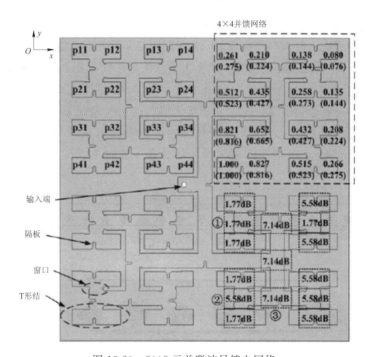

图 13.20　8×8 元并联波导馈电网络

表 13.3　8×8 元波导缝隙天线阵实测电参数

f/GHz	HPBW$_E$/(°)	E 面 SLL/dB	HPBW$_H$/(°)	H 面 SLL/dB
14.2	5.5	−24.1	5.3	−29.4
15.0	5.3	26.5	5.1	30.4
16.2	5.2	−25.0	5.1	27.5

13.3.6　用串联贴片天线阵构成的 Ku 波段宽带低副瓣缝隙天线阵

在点对点、点对多点的电信系统，微波雷达和毫米波系统多用印刷天线阵，这是因为印刷天线阵具有尺寸小、重量轻、成本低、易制造、馈电网络与辐射单元可以用一块基板制造等优点。但由于贴片天线阵和微带馈电网络存在互耦、表面波效应和馈线辐射，因此要用印刷天线阵实现 SLL<-25 dB 和高 F/B 是相当困难的。印刷天线阵最常用的馈电网络有并联和串联馈电网络。由于并联馈电网络不连续，弯曲和其他器件都会引起杂散辐射，因而限制了最小 SLL。和并联天线阵相比，串联天线阵的馈线长度更短，天线阵有较小的基板空间，进一步使天线阵具有低介质损耗和低馈线杂散辐射的特点。

图 13.21(a)示出了用长 $L=310$ mm，宽 $W=20$ mm，厚为 0.508 mm，$\varepsilon_r=2.2$ 的基板印刷制造的中心频率 $f_0=16.28$ GHz$(\lambda_0=18.45$ mm$)$的菱形贴片构成的普通串联等尺寸22 元菱形贴片天线阵，该天线阵在中间并联馈电点分成两个对称的子阵。对称结构不仅有利于改善天线阵的交叉极化电平，而且防止了波束方向随频率倾斜变化。这是因为在并联馈电点左侧菱形贴片天线阵产生的交叉极化电平与并联馈电点右侧菱形贴片天线阵产生的交叉极化电平在边射方向彼此抵消。采用角馈菱形贴片是因为它具有高输入阻抗，更适合构成串联贴片天线阵。为了在边射方向同相辐射，单元间距必须相等，且等于 λ_g。为了实现 SLL$=-35$ dB，采用切比雪夫渐变幅度分布，具体实现方法是沿馈线用 $\lambda_g/4$ 长阻抗变换段，对中馈点每 1 侧的 6 元菱形贴片用两个 $\lambda_g/4$ 长和 1 个 $\lambda_g/2$ 长阻抗变换段，7～11 元菱形贴片之间用 4 个 $\lambda_g/4$ 长阻抗变换段，最后 1 个单元馈线的尺寸要足够长一些。$\lambda_g/2$ 长阻抗变换段的特性阻抗为 115 Ω，$\lambda_g/4$ 长阻抗变化段的特性阻抗为 80～125 Ω。研究表明，缝隙天线阵只要有合适馈电，就能实现渐变口面场分布，进而不仅能实现低副瓣，还能提供较宽的阻抗带宽。

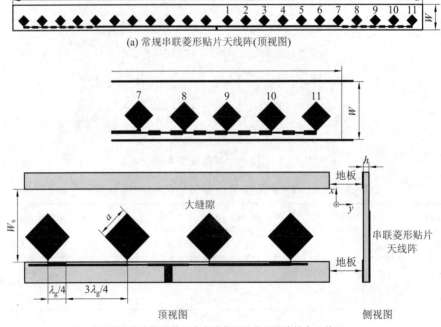

(a) 常规串联菱形贴片天线阵(顶视图)

顶视图　　　　　　　　　　　　　　　　侧视图

(b) 在地板上有大缝隙的双向串联菱形贴片天线阵的中心单元

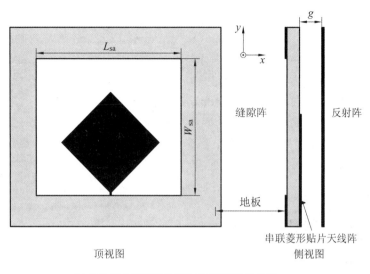

(c) 在地板上有缝隙的单向串联菱形贴片天线

图 13.21　三种串联菱形贴片天线阵

为此在串联印刷菱形贴片天线阵的地板上切割较大的缝隙来实现更低的 SLL 和更宽的阻抗带宽。通过优化设计，缝隙的宽度 W_s＝13 mm，长度 L_s＝308 mm，缝隙与主馈线相距 t＝0.2 mm。用线宽 W_f＝1.53 mm 的 50 Ω 微带线与天线阵并联。由于在地板上切割了 1 个大缝隙，因而天线变成双向辐射，如图 13.21(b)所示。为了将天线变成单向辐射，可在距串联天线阵 g＝1.5 mm 位置附加面向天线的反射板，如图 13.21(c)所示。为了改善 F/B，可用缝隙阵代替大缝隙。缝隙阵单元缝隙的尺寸为长 L_{sa}＝13 mm，宽 W_{sa}＝13 mm。

普通串联菱形贴片天线阵实测 S_{11}＜−10 dB 的相对带宽仅为 3％，在中心频率 f_0 处，SLL＝−24 dB，F/B＝23 dB，交叉极化电平小于−33 dB，HPBW＝4.9°，G_{max}＝18.9 dBi，SLL＜−20 dB 的相对带宽为 1.2％。在地板上切割大缝隙的双向串联菱形贴片天线阵，实测 S_{11}＜−10 dB 的相对带宽为 72％，比普通串联菱形贴片天线阵阻抗带宽展宽了 24 倍，交叉极化电平小于−50 dB，HPBW＝5.8°，G_{max}＝15.9 dB，SLL＜−20 dB 的相对带宽为 5.6％。用串联菱形贴片激励的单向串联菱形贴片天线，实测 S_{11}＜−10 dB 的相对带宽为 78％，SLL＜−32.5 dB，SLL＜−20 dB 的相对带宽为 5.6％，G_{max}＝18.5 dBi，交叉极化电平小于−50 dB，HPBW＝4.5°，F/B＝40 dB。

13.3.7　高增益低副瓣宽带 Ku 波段 SIW 背腔缝隙天线阵

定向通信和雷达都需要高增益低副瓣天线。虽然低轮廓、低损耗、高效空心波导天线是高增益天线。但该天线加工工艺复杂，成本高，不适合批量生产。平面贴片天线阵由于存在互耦和表面波效应，所以要实现低副瓣仍具有挑战性。基板集成波导(SIW)由于具有低损耗、低成本和易与平面电路集成等优点，因而最适合构成高增益低副瓣天线阵。当采用 SIW 并联馈电网络时，由于 SIW 馈线的宽度太宽，因此相邻辐射单元之间的距离超过 λ_0，为此高增益低副瓣天线阵宜采用图 13.22(a)所示的用厚为 1.5 mm，ε_r＝2.2 的高频基板在中心频率 f_0＝20 GHz 处，印刷制造成尺寸 f_d＝3.5 mm 的感性窗口与 4 个 SIW 背腔(顶面上有 4 个 45°线极化辐射缝隙)构成的 2×2 元 SIW 背腔缝隙天线阵。因为单元间距减小了，所以栅瓣明显减小了。45°线极化辐射缝隙的尺寸为 $L_s = 7.6$ mm，$W_s = 1.7$ mm，为了同相激励，每个缝隙都偏离 SIW 中心 1.9 mm（$S = 1.9$ mm）。2×2 元 SIW 背腔缝隙天线用基板中心的同轴探针激励，能量通过感性窗口耦合到 4 个 SIW 背腔。2×2 元 SIW 背腔缝隙天线阵在 19.3～21.6 GHz 频段内，实测 $S_{11} < -10$ dB；在 19～22 GHz 频段内，实测 $G = 9.5$ dBi。

图 13.22(b) 是用双层（顶层厚为 1.5 mm，底层厚为 0.5 mm）$\varepsilon_r = 2.2$ 的基板制造的 16×16 元 SIW 背腔缝隙天线阵。底层为 8×8 元 SIW 并联网络。该天线阵在 18.8～22.5 GHz 频段内实测 $S_{11} < -10$ dB 的相对带宽为 18%；在 20.5 GHz 处，实测 $D = 29$ dBi；在 19.5 GHz、20.5 GHz、和 21.5 GHz 处，实测 E 面和 H 面 HPBW 约为 5°，交叉极化电平小于 -26 dB，SLL < -24 dB。

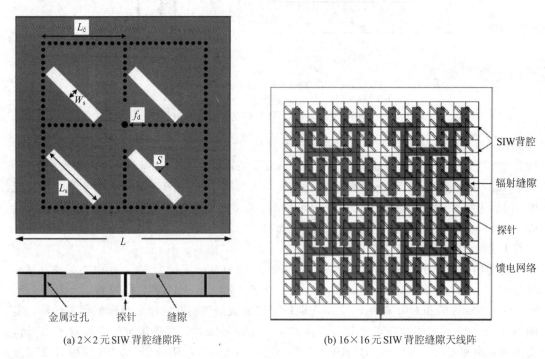

(a) 2×2 元 SIW 背腔缝隙阵　　　　　　　　(b) 16×16 元 SIW 背腔缝隙天线阵

图 13.22　2×2 元 SIW 背腔缝隙天线阵和 16×16 元 SIW 背腔缝隙天线阵

13.3.8　位于空心矩形同轴线上的倾斜缝隙天线阵

毫米波段广泛采用低耗缝隙波导天线阵，如把切割在波导宽边上与纵轴成 45°的缝隙天线阵作为电跟踪天线阵。由于宽边具有较大的电尺寸，如 $0.7\lambda_0 \sim 0.8\lambda_0$，因此扫描角被限制在很窄的范围内。为了实现宽角扫描，天线阵宜采用空心矩形同轴线上的缝隙，这是因为同轴线是 TEM 传输线，即使同轴线的直径远比波导小，也能引导波传播。因此用空心矩形同轴线上的缝隙作为跟踪天线阵的单元，跟踪天线阵就能实现宽角扫描。此外，使用空心同轴线也是为了减小介质损耗。图 13.23(a) 示出了位于空心矩形同轴线中心与轴线倾角为 α（即 45°）的谐振缝隙天线阵。由于单元间距为 λ_g，最后 1 个缝隙距短路端 $\lambda_g/2$，因此可采用驻波型激励。由于 $\lambda_g = 0.9\lambda_0$，所以该天线阵不会产生栅瓣。为了实现上述缝隙间

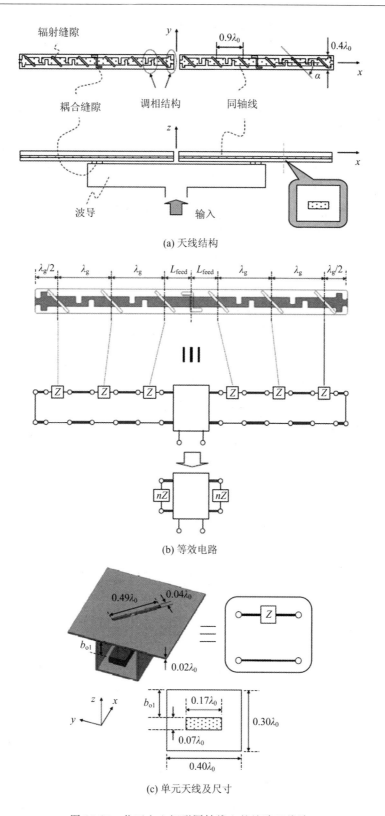

(a) 天线结构

(b) 等效电路

(c) 单元天线及尺寸

图 13.23　位于空心矩形同轴线上的缝隙天线阵

距，该天线阵采用了调相结构，即在辐射缝隙之间采用曲折形内导体，在短路端把内导体的宽度展宽/变窄，在辐射波导后面的馈电波导窄边上切割曲柄形耦合缝隙。同轴线和馈电波导的电尺寸分别为 $0.4\lambda_0 \times 0.3\lambda_0$ 和 $0.34\lambda_0 \times 0.76\lambda_0$。图 13.23(b)为该天线阵的等效电路，辐射缝隙用阻抗为 Z 的串联电路表示，由于所有波导缝隙同相激励，所以阻抗 Z 都相同。把同轴线看成有归一化特性阻抗 $Z_0 = 1$，传播常数为 β_0，长度为 λ_g 或 $\lambda_g/2$ 的分布常数电路。调相结构并不特别靠近长度为 $2L = 0.9\lambda_0$ 的曲柄形耦合缝隙，如果曲柄形耦合缝隙位于辐射缝隙的中心，就可以把几个辐射缝隙连接到耦合缝隙的两个输出端。由于输入阻抗为 $nZ = 1+j0$，图中 $n = 3$，为实现阻抗匹配，因此 $3Z$ 必须等于 $1+j0$，图 13.23(c)中单元辐射缝隙的阻抗 $Z = 0.33+j0$。改变辐射缝隙与导体之间距 b_{01}，就能调整 Z 的实数部分，改变缝隙的长度(几乎等于 $\lambda_0/2$)就能调整 Z 的虚数部分。

为了防止 xz 面副瓣电平变大，波导缝隙的间距应适当小些。图 13.24(a)是位于辐射缝隙之间的调相结构；图 13.24(b)是位于短路端和缝隙之间的调相结构。经过优化设计，调相

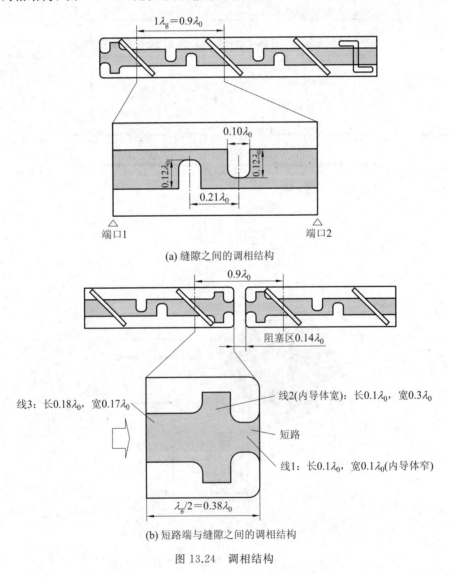

(a) 缝隙之间的调相结构

(b) 短路端与缝隙之间的调相结构

图 13.24　调相结构

结构的宽度为 $0.1\lambda_0$，深度为 $0.12\lambda_0$，中心间距为 $0.21\lambda_0$；子阵之间的分段距离为 $0.14\lambda_0$，短路端的几何长度为 $0.38\lambda_0$，缝隙间距为 $0.9\lambda_0$。为了实现驻波激励，必须把短路端的长度调到 $\lambda_g/2$。用 Z_0 归一后，线 1 和线 2 的阻抗分别为 $1.31\ \Omega$ 和 $0.6\ \Omega$。

图 13.25 是波导至同轴线的过渡结构，其具体尺寸为：耦合缝隙与内导体之间距 $b_{o2}=0.07\lambda_0$，耦合缝隙的夹角 $\theta=0°$，宽 $W=0.05\lambda_0$，壁厚 $t=0.02\lambda_0$，中间的长度 $L_1=0.13\lambda_0$，末端的长度 $L_2=0.22\lambda_0$，靠近短路端辐射缝隙的长度为 $0.47\lambda_0$，其余辐射缝隙为 $0.5\lambda_0$。

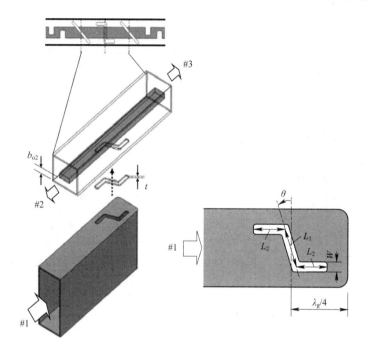

图 13.25　波导至同轴线的过渡结构

图 13.26 是位于空心矩形同轴线上的 12 元缝隙天线阵仿真和实测主极化和交叉极化的 G 与 f/f_0 的特性曲线。由图 13.26 看出，在 $f/f_0=1$ 处，$G>15$ dBi(主极化)，其他实测电性能为：$S_{11}<-10$ dB 的相对带宽为 2.4%，SLL<-15 dB。

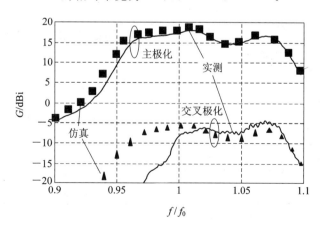

图 13.26　12 元缝隙天线阵仿真和实测主极化和交叉化的 G-f/f_0 特性曲线

13.3.9　用并联空心矩形同轴线构成的亚毫米波单层缝隙天线阵

在毫米波段，雷达和无线通信广泛采用高增益天线阵。由于毫米波具有较大的传输损耗，贴片天线阵不适合作为毫米波段高增益天线阵。为了减小介质损耗，天线阵宜把带线作为馈线，如极薄基板支撑内导体的悬浮带线，不带介质的 TEM 传输线，空心矩形同轴线。

图 13.27 是由空心矩形同轴线（图中空腔）、2×2 元缝隙阵、T 形结、波导至同轴线的过渡结构构成的单层并联缝隙天线阵，在中心频率 60 GHz 时，标准矩形波导通过波导到同轴线过渡结构给天线阵馈电。由 T 形结构成的并联电路每一端都与均匀幅度且同相激励的 2×2 元缝隙阵相连。为了给空心矩形同轴线的内导体提供支撑，将内导体与部分外导体相连。图 13.28 是由 0.1 mm、0.2 mm 和 0.3 mm 不同厚度的 4 块板构成的单元间距为 $0.86\lambda_0$ 的 2×2

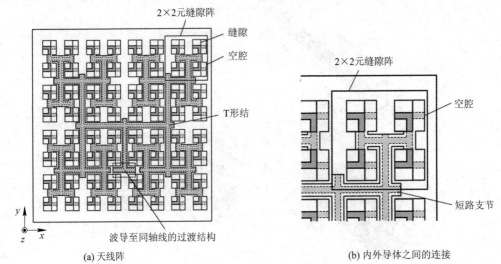

(a) 天线阵　　　　　　　　　　　　　　　　　　　(b) 内外导体之间的连接

图 13.27　单层并联缝隙天线阵

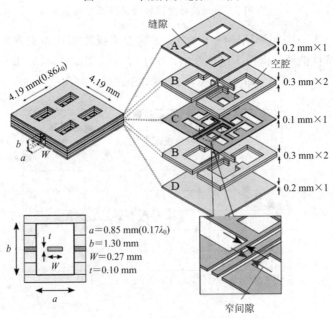

图 13.28　2×2 元缝隙阵

元缝隙阵。由于该缝隙阵使用了矩形同轴线，因此减少了内、外导体之间的间隙。为了使内、外导体间隙很小，矩形同轴线把 0.1 mm 厚、0.27 mm 宽的金属条作为其内导体。

图 13.27 所示天线阵外形尺寸为 67 mm($13.8\lambda_0$)×67 mm($13.8\lambda_0$)，厚为 1.7 mm，电参数为 G＝32.4 dBi，效率为 72.6%，导体损耗为 0.86 dB。

空心矩形同轴线的导体损耗主要取决于外导体的尺寸。虽然外导体宽度 a、高度 b 采用较大的数能减小导体损耗，但对于单层并联电路并没有增大缝隙间隔，且外导体宽度为 a 已作为空心矩形同轴线的参数，因此不能通过增大宽度 a 来减小导体损耗。另外，内、外导体的厚度 t 已固定为 0.1 mm，因此只能通过改变空心矩形同轴线外导体的高度 b 和内导体的宽度 W 来减小导体损耗。结合制造工艺，当选择 a＝0.85 mm，W＝0.27 mm，b＝1.3 mm，在 60 GHz 时，按铜的电导率 σ＝5.8×10^7 S/m 计算，空心矩形同轴线的导体损耗为 0.065 dB/cm（空心矩形波导的导体损耗为 0.015 dB/cm，ε_r＝2.17，$\tan\delta$＝6.5×10^{-4} PTFE 为 0.24 dB/cm）。

图 13.29 是位于空腔中 x 和 y 方向间隔为 $0.86\lambda_0$（f_0＝61.5 GHz）的 2×2 元缝隙阵仿真模型，由于 2×2 元缝隙阵用均匀幅度和同相激励，因此它有两个谐振频率，1 个来自缝隙，另 1 个来自空腔。调整缝隙的宽度 S_W、长度 S_L 和空腔的长度 C_L 可控制谐振频率；调整 2×2 元缝隙阵外导体的宽度 a_1 和 a_2，内导体的宽度 W_1、W_2 和 W_3，可以实现阻抗匹配。经过优化设计，在 8.1% 的相对带宽内，实测 VSWR＜1.5 的天线尺寸：S_L＝2.8 mm，S_W＝1.48 mm，C_L＝2.71 mm，a_1＝0.85 mm，a_2＝0.88 mm，W_1＝0.29 mm，W_2＝W_3＝0.27 mm。

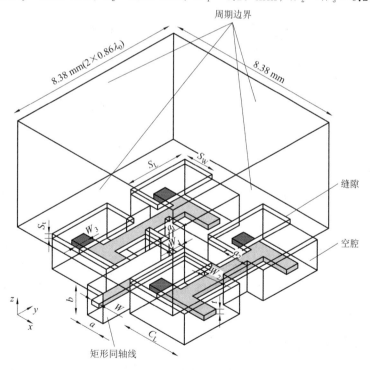

图 13.29　2×2 元缝隙阵仿真模型

图 13.30 是由短路支节及在内导体上的阶梯结构组成的 T 形结。为了减小不连续和反射，T 形结的直角变成圆弧形。在 57～66 GHz 频段内，S_{11}＜－35 dB T 形结的最佳尺寸为，

支节长度 $L_{stub}=0.52$ mm；角的半径：$r_{in1}=0.69$ mm，$r_{out1}=0.4$ mm，$r_{in2}=0.57$ mm，$r_{out2}=0.28$ mm，$r_{out3}=0.24$ mm；阶梯结构的尺寸：$d_{steb}=1.07$ mm，$L_{step}=0.07$ mm。

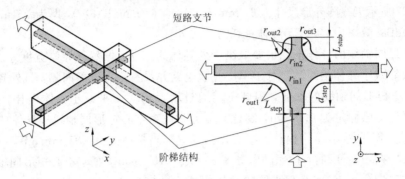

图 13.30　阶梯结构的 T 形结

图 13.31 是由十字棒和容性阶梯结构构成的波导至同轴线的过渡结构，十字棒是为了支撑内导体及展宽带宽，阶梯结构是为了扼制十字棒的反射。在 57～66 GHz 频段内，实测 $S_{11}<-20$ dB。波导至同轴线过渡结构的具体尺寸：外导体的宽度 $a_{cross}=0.83$ mm，内导体的宽度 $W_{cross}=0.35$ mm，内导体的位置 $q_{cross}=0.24$ mm，角的圆弧半径 $r_{in}=0.15$ mm，$r_{out}=0.4$ mm，容性阶梯结构的尺寸 $d_{step}=0.82$ mm，$L_{step}=0.08$ mm。

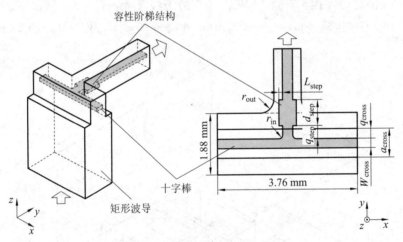

图 13.31　波导至同轴线的过渡结构

空心矩形同轴线的内导体可以用 2×2 元缝隙阵、T 形结和波导至同轴线的过渡结构支撑。在大型如 16×16 元缝隙天线阵中，由于相邻 T 形结的间距太大，馈电电路既要作为天线阵部件，又要支撑内导体，因此天线阵还需要使用由两个支撑结构和内导体上的台阶结构组成的内导体支撑对。

13.3.10　亚毫米波空心波导缝隙天线阵

71～76 GHz 和 81～86 GHz 的点对点无线通信线路，需要使用高增益、宽频带、低交叉极化、低副瓣天线阵。紧凑的无线终端宜采用波导缝隙阵或微带贴片天线阵这两类天线阵，但由于在毫米波段，微带贴片天线阵的传输损耗太大，无法实现 30 dB 的高增益，因此亚毫米波无线终端只能使用空心波导缝隙天线阵。图 13.32(a)是由顶层辐射部分和底层馈

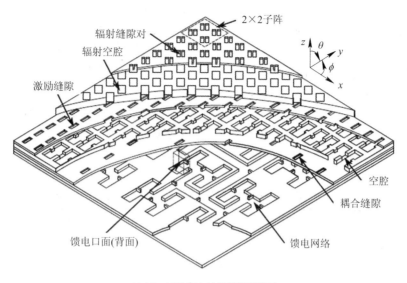

(a) 16×16元空心波导缝隙天线阵

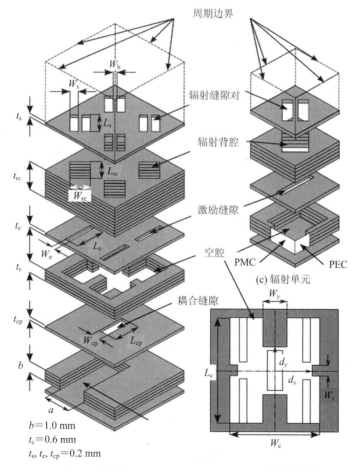

$b=1.0$ mm
$t_c=0.6$ mm
$t_s, t_e, t_{cp}=0.2$ mm

(b) 2×2元子阵

(c) 辐射单元

(d) 空腔横截面

图 13.32　空心波导缝隙天线阵

电部件构成 45°线极化的 16×16 元空心波导缝隙天线阵。背面的馈电部件通过标准波导馈电的 H 面 T 形结。辐射部分如图 13.32(b) 所示，是用耦合缝隙馈电的等间距的 2×2 元子阵。在空腔中，2×2 元激励缝隙通过辐射背腔激励辐射缝隙。耦合缝隙、空腔和 2×2 元激励缝隙相对 xy 方向对称配置，由于结构对称，因此辐射缝隙被均匀激励。为了实现 45°线极化，要把辐射缝隙对相对耦合缝隙倾斜 45°。为了扼制交叉极化，在普通子阵中只需要附加窄辐射缝隙对，在宽辐射缝隙中，需要附加与交叉极化分量正切的交叉板。由于主极化分量不受交叉板的影响，因而辐射缝隙对的 Q 值很低。

在中心频率 $f_0 = 78.5$ GHz 处，2×2 元波导缝隙阵可用 GA 法设计，表 13.4 为其设计参数及上、下限。

表 13.4　2×2 元波导缝隙阵的设计参数及上、下限

部件	参数	下限/mm	上限/mm	设计值/mm	部件	参数	下限/mm	上限/mm	设计值/mm
馈电波导	a	2.250	2.460	2.398	插入壁	d_y	1.450	1.800	1.509
耦合缝隙	L_{cp}	2.100	2.900	2.271		W_y	0	1.200	0.598
	W_{cp}	0.250	0.800	0.291	激励缝隙	L_e	2.300	2.600	2.452
空腔	L_c	5.900	6.100	6.041		W_e	0.240	0.400	0.383
	W_c	4.700	5.200	4.786	辐射缝隙对	l_s	2.170	2.700	2.699
插入壁	d_x	1.900	2.300	1.98		W_s	0.600	0.755	0.702
	W_x	0.250	0.750	0.712					

辐射背腔的高度 $t_{rc} = 0.8$ mm 时，相对带宽最大达到 25.7%，交叉极化电平低于 −30 dB。用尺寸为 60 mm×61 mm×0.2 mm 的薄铜板制造的 16×16 元空心波导缝隙天线阵的总高度为 3.2 mm。该天线阵实测 VSWR<2 的频段为 70.7~86.8 GHz，相对带宽为 20.4%，在中心频率 $f_0 = 78.5$ GHz 处，实测 $D = 33.2$ dBi，$G = 32.9$ dBi，交叉极化低于 −30 dB，效率为 90%。导体损耗为 0.28 dB。16×16 元空心波导缝隙天线阵在不同频率处仿真和实测的 SLL 和 HPBW 如表 13.5 所示。

表 13.5　16×16 元空心波导缝隙天线阵在不同频率处仿真和实测的 SLL 和 HPBW

f/GHz	SLL/dB		HPBW/(°)	
	实测	仿真	实测	仿真
71.0	−27.2	−26.4	4.2	4.3
73.5	−27.3	−26.7	4.1	4.1
78.5	−27.1	−26.2	3.8	3.8
83.5	−29.4	−26.7	3.6	3.7
86.0	−27.9	−26.7	3.5	3.5

13.3.11　120 GHz 分层波导缝隙天线阵

高于 100 GHz 的毫米波和亚毫米波，由于具有宽频带，可满足几千兆比特数据通信的需要，因而具有极强的吸引力。但其大气层衰减特别大，不仅限制了通信距离，而且恶化了信噪比(SNR)。天线是毫米波和亚毫米波数据通信的关键部件，为了克服毫米波和亚毫米波在自由空间存在的大损耗，天线需具有高增益、高效率特点。对实用数据线路系统，天线还必须具有小尺寸、轻重量、宽频带和低成本的特点。

抛物面天线具有高增益，但轮廓大。无线通信系统宜采用低轮廓、高效率、宽频带双层并联波导缝隙天线阵。

图 13.33 示出了 120 GHz 的双层并联空心波导缝隙天线阵，底层的空心波导并联馈电网络(馈电波导)给顶层的单元间距为 $0.86\lambda_0$ 的 2×2 元辐射缝隙馈电。并联的馈电波导由几个 H 面 T 形波导组成。

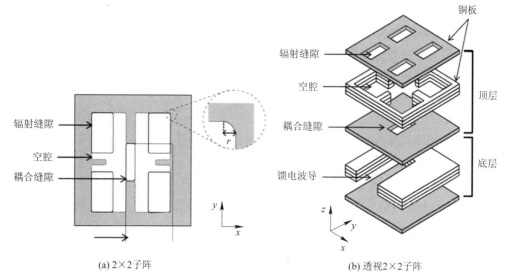

(a) 2×2 子阵　　　　　　　　　　　(b) 透视 2×2 子阵

图 13.33　由辐射缝隙、空腔、耦合缝隙和馈电波导构成的双层并联空心波导缝隙天线阵

采用漫射(扩散)黏结(Diffusion Bonding)的生产工艺，不仅能确保精加工，而且能实现理想的电接触，与普通模具生产工艺相比，在高频该生产工艺仍然具有低成本。

漫射黏结多层薄金属板的生产过程如下：

(1) 在铜板上腐蚀所需天线和馈电图形。

(2) 在真空中校准层叠图形。

(3) 加高温(近似 $1000°$)高压。

天线加工主要受腐蚀过程的限制，金属板的厚度及缝隙的圆角也限制了设计参数。表 13.6 列出了 60 GHz 和 120 GHz 天线金属板的厚度。

表 13.6　60 GHz 和 120 GHz 天线金属板的厚度

名称	60 GHz	120 GHz
辐射缝隙层	0.3 mm×1	0.2 mm×1
空腔层	0.3 mm×4	0.2 mm×3
耦合缝隙层	0.3 mm×1	0.2 mm×1
馈电波导层	0.3 mm×4	0.2 mm×3

120 GHz 的波导缝隙天线阵的尺寸如下：辐射缝隙的长度及宽度分别为 1.37 mm 和 0.88 mm；y 方向空腔的长度和宽度分别为 3.47 mm 和 0.38 mm；x 方向空腔的长度和宽度分别为 1.05 mm 和 0.40 mm；耦合缝隙宽度为 0.50 mm；馈电波导的宽度为 1.47 mm；缝隙圆角的半径为 0.16 mm。

天线阵主要实测电参数如下，2×2 元波导缝隙阵：VSWR<1.5 的相对带宽为 8.4%；16×16 元波导缝隙天线阵：VSWR<1.5 的相对带宽为 8.6%，$G_{\max} = 33.1$ dBi，$\text{HPBW}_\text{H} = 3.5°$，E 面和 H 面几乎完全相同。按铜的电导率 5.8×10^7 S/m 计算，在 123 GHz 处，天线阵的导体损耗为 0.36 dB，在 60 GHz 处，天线阵的导体损耗为 0.26 dB。

13.3.12　用双层空心波导并联缝隙构成的 64×64 元和 32×32 元天线阵

室外点对点中继高速无线系统要求天线具有高增益、高效率的特点。抛物面和介质透镜天线虽然能同时满足高增益和高效率，但由于其需要大的焦距，因而无法实现平面结构。宽带贴片天线阵虽然为低轮廓平面结构，但由于其馈电网络存在较大的损耗，因而很难实现高效率。

空心波导缝隙天线阵具有高增益、高效率，如果采用多层馈电技术，空心波导缝隙天线阵还能克服窄带的缺点。

图 13.34 是 120 GHz 且有双层馈电网络的波导缝隙天线阵。顶层是单元间距为 $0.86\lambda_0$ 的 2×2 元波导缝隙子阵，底层为等幅同相波导并联馈电网络。每个 8×8 元波导缝隙天线阵的波导馈电网络位于第一层，与它们连接的馈电网络位于第二层。辐射缝隙层高为 0.2 mm，空腔高为 0.6 mm，耦合缝隙高为 0.2 mm，馈电波导高为 1.4 mm，总高为 2.4 mm。

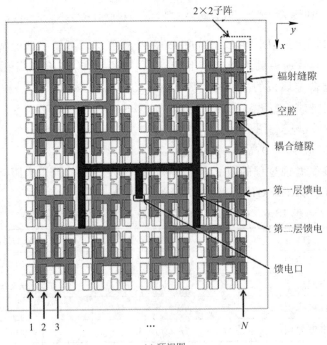

(a) 顶视图

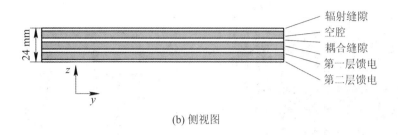

(b) 侧视图

图 13.34　120GHz 且有双层馈电网络的波导缝隙天线阵

图 13.35 是普通 32×32 元波导缝隙天线阵的馈电网络，在 119～134 GHz 频段内，该 32×32 元波导缝隙天线阵实测 S_{11}＜－10 dB 的相对带宽为 8.5%，实测增益为 38 dBi。

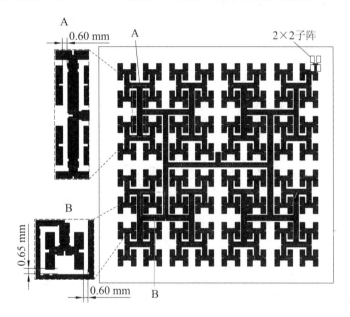

图 13.35　普通 32×32 元波导缝隙天线阵的馈电网络

　　大尺寸天线阵，为了降低馈电网络的复杂性，宜采用图 13.36 所示的双层馈电网络。8×8 元波导缝隙天线阵的局部馈电网络位于第一层，8×8 元波导缝隙天线阵之间相互连接的馈电网络位于第二层。分开的馈电层，既减小了馈电网络的复杂程度，又减小了馈电网络的长度，虽然附加第二层馈电网络使总馈电层厚度由 1.6 mm 变到 2.4 mm，但仍然很薄。如图 13.37 所示，把 E 面弯曲波导与 T 形结组合，可使第一层和第二层馈电网络相互连接。信号由连接装置的 1♯端口输入，通过耦合缝隙再分成向两个方向传输的同相信号。第二层馈电网络的每一端（如图 13.36 所示的 D）与图 13.37 所示的连接装置的输入端相连，连接装置的输出端（2♯、3♯）与图 13.36 所示的第一层 8×8 元波导缝隙阵的局部馈电网络的 C 端相连。

　　64×64 元波导缝隙天线阵在 118.5～133 GHz 频带内，实测 G＝43 dBi，效率超过 50%，导体损耗为 1.2 dB，E 面 HPBW＝0.8°。

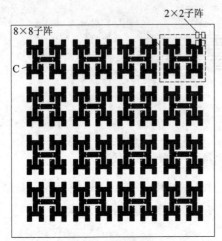
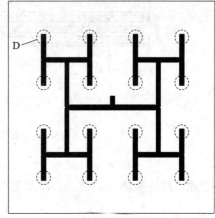

(a) 第一层馈电网络   (b) 第二层馈电网络

图 13.36   64×64 元波导缝隙阵的双层馈电网络

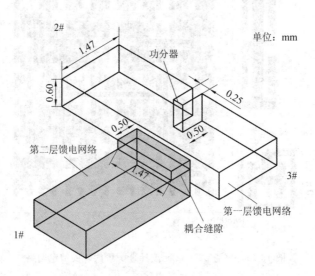

图 13.37   双层馈电网络之间的连接装置

13.3.13   毫米波波导窄边部分并联波导缝隙天线阵

高速无线通信系统和毫米波雷达都要求天线具有高增益、低轮廓的特点。由于毫米波波导缝隙天线阵具有低损耗、高效率的特点,因此是最有吸引力的天线阵,但与平面贴片天线阵相比,生产成本太高。为了维持天线性能而又降低生产成本,毫米波波导缝隙天线阵宜采用喷射膜压工艺生产。平面波导缝隙天线阵的馈电系统,采用行波激励更有效,因为它比并联系统具有更低损耗、更简单的馈电结构。但行波激励天线阵当从波导边缘馈电时,由于波束随频率倾斜变化会恶化增益,即所谓的长线效应,因此可以用部分并联系统来减小行波激励波导天线阵的长线效应。

图 13.38(a)是用部分并联波导构成的 76.5 GHz 在波导窄边有 45°线极化缝隙的并联波导缝隙天线阵。顶面是由两端部分馈电波导从中间并联构成的两行波导缝隙天线。顶面

每行波导缝隙天线都由两个矩形波导组成。为了扼制栅瓣,所有辐射缝隙都位于辐射波导的窄边。按极化要求,缝隙与波导的轴线均倾斜 45°。由于到达顶面波导缝隙天线的功率从中间朝 4 端传输,并用行波激励缝隙,因此 24 元波导缝隙天线阵可由 8 个并联的 3 元线阵组成。所用波导功分器尺寸要小,因为大尺寸波导功分器会增大波导缝隙天线阵中间缝隙的间距,使副瓣电平增大。为了使 xz 平面具有低副瓣,天线采用泰勒分布设计,为此天线需要采用不对称 4 波导功分器。内区 2,外区 1、3 也应有不同的缝隙。图 13.38(b) 是该并联波导缝隙天线阵的实物图。

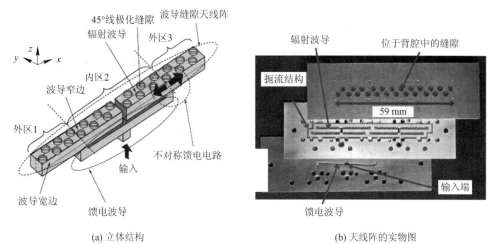

(a) 立体结构   (b) 天线阵的实物图

图 13.38 并联波导缝隙天线阵

利用两个波导宽边的槽可把每个辐射波导和馈电波导组装在一起,因为这里的电流横向 z 分量等于零。该天线阵实际上是由图 13.39(a) 所示三层结构组成。顶层是位于背腔中24 元波导缝隙天线阵的上半部,中层为辐射波导的下半部和馈电波导的上半部,底层是馈电波导的下半部。总厚度为 13.3 mm。图 13.39(b) 是实现边射波束的双波导缝隙天线阵。为了减小在 $k-k'$ 方向的栅瓣,该双波导缝隙天线阵采用了交替相位馈电且在末端开口背腔中用金属块对波导缝隙进行加载。用缝隙的长度 L_s 和金属块的高度 h_P 来控制辐射,缝

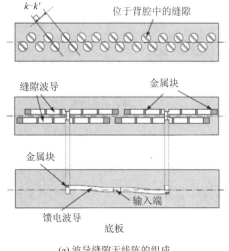

(a) 波导缝隙天线阵的组成

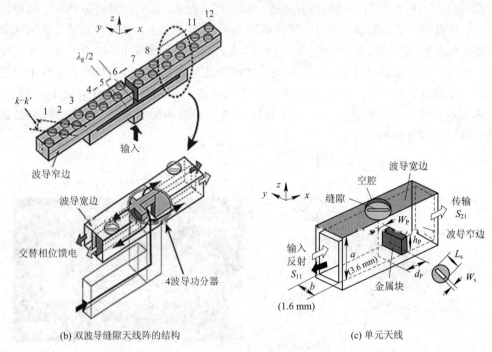

(b) 双波导缝隙天线阵的结构　　　　　　　(c) 单元天线

图 13.39　双波导缝隙天线阵的组成和结构

隙的宽度为 $W_s = 0.4\ \text{mm}$，为了方便制造，缝隙边缘有半径为 0.2 mm 的半圆。波导窄边的宽度 $b = 1.6\ \text{mm}$，以便切割最大长度为 2 mm 倾斜 45° 的缝隙，调整金属块的高度 h_P 及偏离缝隙中心的距离 d_P 使反射最小。

　　图 13.40 示出了耦合功率 C 与缝隙长度 L_s，金属块高度 h_P 及偏离中心的距离 d_P 之间的关系曲线。大的耦合功率要求有大的缝隙耦合长度。为了抵消缝隙和金属块的反射，反射的幅度应该相等，相位反相 180°。

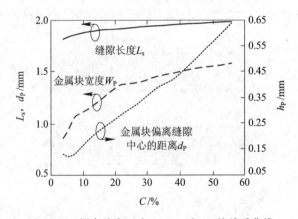

图 13.40　耦合功率 C 与 L_s、h_P 和 d_P 的关系曲线

　　双波导缝隙天线阵由于在 76.5 GHz 用泰勒分布设计并且 SLL<−20 dB，因此采用图 13.41 所示不对称 4 波导功分器。两个辐射波导平行排列，输入波导在与缝隙相反的窄边，并与辐射波导垂直相连，输入波导的 E 面与辐射波导的 H 面平行。为了在端口 1、3 和端

口 2、4 之间获得不等功分比，膜片穿过端口 2、4 给辐射波导馈电。调整膜片和位于端口 1、3 辐射波导中耦合窗口的尺寸，就能获得所需的功分比。由于双波导缝隙天线阵外区 3 个辐射单元 1、2、3 与内区 3 个辐射单元 4、5、6 的辐射功率之比为 3∶7，因此对这种泰勒分布，双波导缝隙天线阵需要采用功分比为 3∶7 的不对称 4 波导功分器。为了让缝隙交叉排列，端口 1、3 之间和端口 2、4 之间激励相位差为 180°。通过优化设计，获得 3∶7 不等功分比和低反射的膜片在 x 和 z 轴方向的尺寸分别为 0.52 mm 和 0.6 mm。耦合窗口的宽度（x 向）和高度（z 向）h 分别为 0.45 mm 和 1 mm。h 增大，传输端口 1、3 的功率就变大，可见耦合窗口的高度 h 是功分比的决定参数。辐射单元 3 和 4 之间的间距为 5.7 mm，其他缝隙单元相距为 4.7 mm。匹配金属块在 z 方向的高度 m 调到 1.65 mm，反射最小。

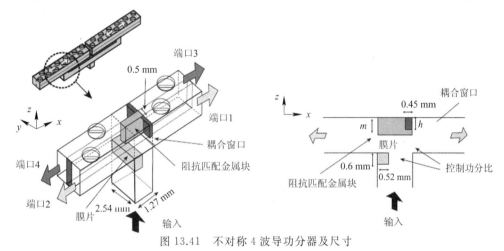

图 13.41　不对称 4 波导功分器及尺寸

　　图 13.42 所示为馈电波导及尺寸，由图看出，$a = 2.54$ mm，$b = 1.27$ mm。馈电波导的输入端位于波导缝隙天线阵的中心，输入端通过 H 面 T 形结给波导天线阵馈电。T 形结的两个输出端通过 H 面和 E 面组合弯头与输出端 1 和 2 相连，组合弯头由馈电波导和输出波

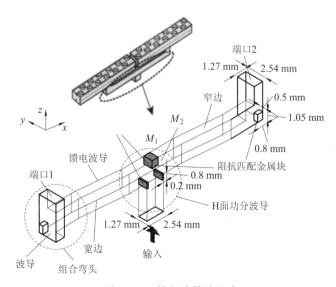

图 13.42　馈电波导及尺寸

导组成。在连接部分，因为 H 面馈电波导与输出端口 1 的 E 面波导平行，所以组合弯头和中心的 H 面功分波导要与渐变馈电波导相连。馈电波导的截面与端口 1 一半短路波导重叠，因为在馈电波导中向外的磁力线与输出波导耦合，所以阻抗匹配金属块位于馈电波导弯头的角上。为了使两个端口同相馈电，端口 2 的馈电电路与端口 1 的馈电电路必须对称。

为了使反射最小，对膜片、阻抗匹配金属块的尺寸进行了优化，H 面 T 形结及组合弯头中膜片的尺寸如图 13.42 所示。调整阻抗匹配金属块的尺寸 M_1 和 M_2 可以使反射最小，但 M_2 的作用远大于 M_1。在 76.5 GHz 处使 S_{11} 最小的尺寸为 $M_1=M_2=1$ mm。对单元间距为 2.6 mm，长度为 59 mm 的天线阵进行了实测，其主要参数如下：$S_{11}<-11$ dB，$G=21.1$ dB，效率为 51%。

13.3.14　脊形波导宽边纵向并联缝隙天线阵

普通矩形波导宽边纵向并联缝隙天线阵大都选用能传输 TE_{10} 模的波导，这就意味着波导宽边的内尺寸 $a \approx 0.7\lambda_0$。但扫描平面波导天线阵，为了避免出现多余的主瓣，E 面只限在 $\pm 25°$ 的角度内扫描。为了在 $\pm 90°$ 的角度扫描且不出现栅瓣，必须把 a 减小到 $0.5\lambda_0$，为此平面波导天线阵必须使用图 13.43 (a) 所示的脊形波导。为了保留上壁，并让切割的纵向缝隙有较大的偏移，只能把下壁作为脊形。实践证明，限制 $a=0.5\lambda_0$，使用或不使用主模截止的脊形波导都是可行的。

图 13.43(b) 是中心频率 $f_0=9$ GHz，尺寸为 $a_1=1.473$ mm，$a_2=9.550$ mm，$a_3=4.039$ mm，$a_4=9.855$ mm 的 1 元脊形波导宽边的纵向缝隙的结构。

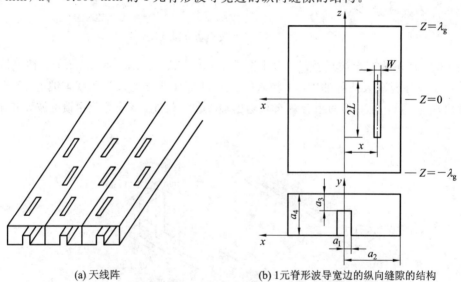

(a) 天线阵　　　　　　　　　(b) 1元脊形波导宽边的纵向缝隙的结构

图 13.43　脊形波导宽边纵向并联缝隙天线阵

图 13.44 所示的 2×8 元脊形波导纵向缝隙天线阵的相对激励幅度和相位是按副瓣电平 -20 dB 的切比雪夫分布设计的。在 $f_0=9$ GHz 处，考虑互耦并利用相应的公式，可计算出如表 13.7 所示的 2×8 元脊形波导纵向缝隙的长度 L、偏移 x、电长度 L/λ_0 和电偏移 x/λ_0。

馈电网络通过魔 T 的 Σ 端给（和端）图 13.43 所示的脊形波导宽边纵向并联缝隙天线阵馈电，该波导缝隙天线阵可放在 305 mm×305 mm 地板上，在 8.7～9.3 GHz 频段内，其实测 VSWR<2。

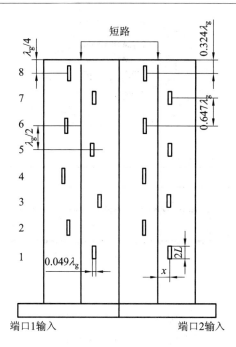

图 13.44　2×8 元脊形波导纵向缝隙天线阵

表 13.7　2×8 元脊形波导纵向缝隙的长度、偏移、电长度和电偏移

缝隙		偏移 x/mm	电偏移 x/(λ_0)	长度 L/mm	电长度 L/(λ_0)
端口 1	端口 2				
1	8	1.193	0.036	16.637	0.499
2	7	1.219	0.037	16.815	0.505
3	6	2.083	0.063	16.891	0.507
4	5	1.854	0.056	17.043	0.512
5	4	2.413	0.072	17.018	0.511
6	3	1.651	0.050	16.967	0.509
7	2	1.499	0.045	16.688	0.501
8	1	1.092	0.033	16.713	0.502

13.3.15　环形缝隙天线阵

图 13.45 是由开缝径向波导构成的环形缝隙天线阵。径向波导作为馈电网络，同心环形缝隙的间距为 λ_0，缝隙的宽度为 $0.1\lambda_0$，在径向波导的中心，馈电用单极子激励。为了提高增益，在离环形缝隙 $0.5\lambda_0$ 处，给环形缝隙天线阵附加半径为 r_d，厚度为 t_r，$\varepsilon_r=2.5$ 的介质天线罩，如图 13.45 所示。

图 13.46(a)是带寄生环的环形缝隙天线阵。该天线阵在环形缝隙的上面，且距环形缝隙 $0.05\lambda_0$ 处，附加宽度为 L 的寄生环。介质天线罩及环形缝隙天线的尺寸为：$r_c=1.5\lambda_0$，$r_d=1.7\lambda_0$，$t_r=0.2\lambda_0$。

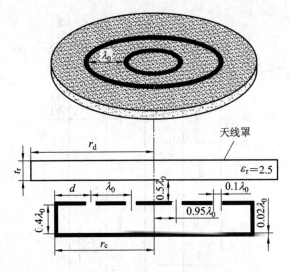

图 13.45　环形缝隙天线阵

图 13.46(b)示出了单个环形缝隙在没有介质天线罩情况下，有、无寄生环($L = 0.6\lambda_0$)的 E 面和 H 面归一化方向图。由图看出，E 面的副瓣电平有寄生环的比无寄生环的低。表 13.8 给出了在单个环形缝隙上面附加不同尺寸寄生环时，环形缝隙天线阵的方向系数 D。

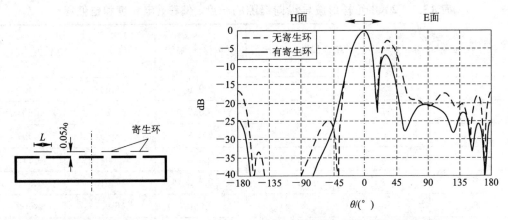

(a) 带寄生环的环形缝隙天线阵　　　　(b) 单个环形缝隙的E面和H面归一化方向图

图 13.46　带寄生环的环形缝隙天线阵及单个环形缝隙的归一化方向图

表 13.8　附加不同尺寸寄生环时环形缝隙天线阵的方向系数 D

寄生环的电宽度 $L(\lambda_0)$	D/dBi （无介质天线罩）	D/dBi （有介质天线罩）
0	13.39	15.7
0.4	15.13	16.78
0.5	15.76	17
0.55	16.05	17.07
0.6	16.24	17.13

在环形缝隙天线上面附加空腔也能提高天线的增益。图 13.47 给出了有尺寸为 $H=1.2\lambda_0$，$d=0.6\lambda_0$ 的空腔和无空腔的环形缝隙天线阵的 E 面和 H 面归一化方向图。空腔尺寸对环形缝隙天线阵的方向系数的影响如表 13.9 所示。

表 13.9　有介质天线罩及在不同空腔尺寸情况下，环形缝隙天线阵的方向系数 D

$H(\lambda_0)$	d/λ_0	D/dBi	备注
0	0	19.63	
1.1	0.5	19.95	
1.1	0.6	20.3	$r_c=2.5\lambda_0$
1.2	0.5	20.87	$r_d=2.7\lambda_0$
1.2	0.7	18.68	$t_r=0.2\lambda_0$
1.3	0.6	19.95	
1.4	0.6	20.39	

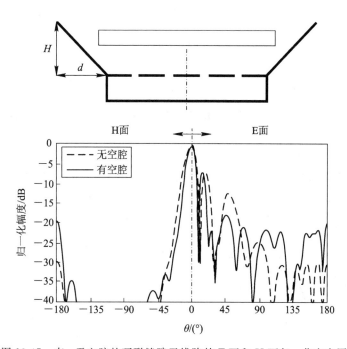

图 13.47　有、无空腔的环形缝隙天线阵的 E 面和 H 面归一化方向图

13.3.16　缝隙线天线

图 13.48 所示为位于矩形波导顶壁纵轴中心线上且用双探针反相激励的缝隙线天线。机载综合口径雷达，利用尺寸紧凑的 VHF 高增益天线可发现隐藏在树丛和森林中的目标。把波导折叠并安装在飞机的机翼下方，天线将产生向下和向侧面的水平极化波。

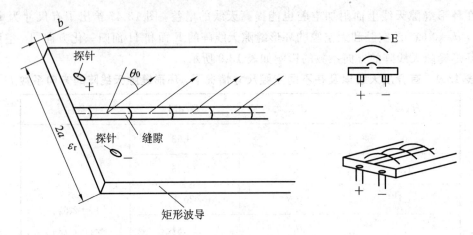

图 13.48　双探针反相激励的缝隙线天线

为了更好理解缝隙线天线的原理，下文先回顾波在波导中的传播。在波导的 1 端位于中心线上的探针将激励起 TE_{10} 波。对很薄的矩形波导，偏离中心线上的两个反相探针激励起 TE_{20} 波，TE_{20} 波可看成两个对称偏离的平面波在相对波导中心线 $\pm\theta$ 角上叠加的结果。按下式定义 θ 角（参见图 13.49(a)）：

$$\cos\theta = \frac{\lambda'}{\lambda_B} \tag{13.2}$$

$$\lambda_B = \frac{\lambda'}{\sqrt{1-(\lambda'/2a)^2}} \tag{13.3}$$

式中，$\lambda' = \lambda_0/\lambda_B$；$\lambda_B$ 为波导波长，$2a$ 为波导宽边的尺寸。

由式(13.2)和式(13.3)就能确定 θ 角。如果在导波宽边顶壁中心线上切割宽度为 W 的缝隙线，如图 13.49(b)所示，那么缝隙将切断表面电流，使得位移电流通过缝隙线。图 13.49 中实线表示在 $+\theta$ 方向的表面电流，虚线表示在 $-\theta$ 方向的表面电流，$\pm\theta$ 方向上的表面电流反相。这两组电流感应的电场通过缝隙，成为缝隙线天线的激励源。

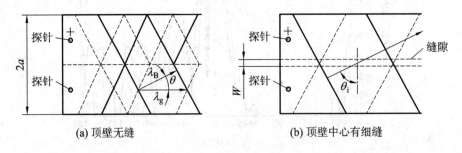

图 13.49　两个探针反相激励矩形波导时波在波导中的传播

当波由缝隙线向外辐射时，波前与法线成 θ_0 角，按照 Snell 定律：

$$\sin\theta_0 = n\sin\theta_i, \quad \cos\theta = \sin\theta_i \tag{13.4}$$

式中，n 为折射指数（$n = \sqrt{\varepsilon_r}$，ε_r 为波导中填充介质的相对介电常数）。

对给定 a、工作频率 f、加载介质材料的 ε_r，利用式(13.2)、式(13.3)和式(13.4)就能计算出 θ_0。

为了减小波导的宽度，波导可以采用折叠形式。图 13.50(a)所示为未折叠开缝波导，图 13.50(b)所示为折叠开缝波导。为了减小波导的厚度，波导中可填充介质。

(a) 未折叠开缝波导

(b) 折叠开缝波导

图 13.50　开缝波导

天线的增益及 H 面波束宽度由缝隙线的轴长 L 决定。辐射波相对波导里面场的耦合系数可以通过两种方法来控制，第一种方法是改变波导的宽度，如图 13.51(a)所示，波导的宽度从输入端到末端逐渐由宽变窄；第二种方法是改变缝隙的宽度，如图 13.51(b)所示，从输入端到末端，缝隙的宽度逐渐变宽。

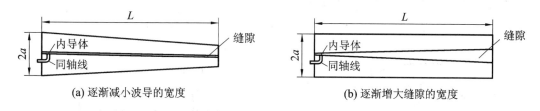

(a) 逐渐减小波导的宽度　　　　　　　　(b) 逐渐增大缝隙的宽度

图 13.51　控制辐射波相对波导里面场的耦合系数的方法

反相馈电可以实现反相激励。具体激励的方法：用同轴探针激励，即把同轴线的内导体在波导内垂直宽边伸出，同轴线的外导体与波导宽边的下壁相连；用同轴线从波导宽边的上壁直接激励，即把同轴线的外导体与缝隙一边的波导相连，同轴线的内导体则垂直通过缝隙并与缝隙另一边的波导相连。

对 X 波段(9～12 GHz)缝隙线天线，可在 VHF 做缩尺实验。天线的具体尺寸如下：波导的口面尺寸 $2a = 49.53$ mm，$b = 15.875$ mm，缝隙的宽度 $W = 5.715$ mm，缝隙的轴长 $L = 700$ mm。图 13.52(a)、(b)分别是缝隙线天线在 11 GHz 处通过主波束的 E 面和 H 面归一化方向图。

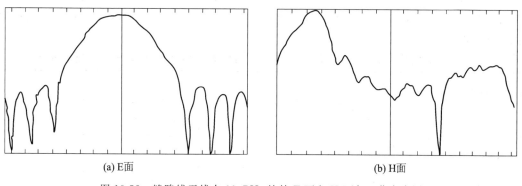

(a) E面　　　　　　　　　　　　　　　(b) H面

图 13.52　缝隙线天线在 11 GHz 处的 E 面和 H 面归一化方向图

13.4　径向线天线阵

由于径向线天线阵(Radial Line Antenna Array)具有低轮廓、低成本、高效率和易批量生产等特点，因而在微波和毫米波段得到广泛应用。其辐射单元可以是缝隙、贴片或螺旋天线，天线可以是线极化，也可以是圆极化。应用最多的是径向线缝隙天线阵。

13.4.1　用径向波导馈电构成的耦合圆阵天线

在毫米波段，天线阵可以用如图 13.53 所示的同轴探针激励径向波导耦合馈电构成的低轮廓、低成本和高效率的圆阵天线。耦合探针激励的辐射单元可以是线极化贴片天线，也可以是圆极化天线，如低轮廓两圈螺旋天线、Curl 天线。图 13.53 中 h 为波导的高度，通常 $h=0.25\lambda_0$，单元径向间距为 $S_r(0.5\lambda_0<S_r<\lambda_0)$，沿圆周 ϕ 的间距为 S_ϕ；圆阵天线阵的直径为 $2\rho_{max}$，同心圆的圈数为 $M=2\rho_{max}/S_r$，径向波导的内直径为 $\rho_{min}=0.5\lambda_0+2L_t$（$L_t$ 为吸波材料的径向尺寸），L_i 为耦合探针的长度。

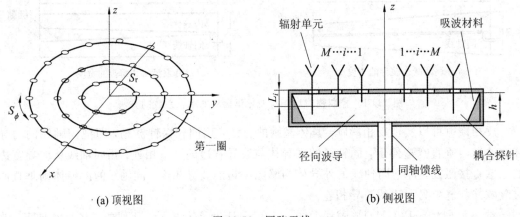

(a) 顶视图　　　　　　　　　　　　(b) 侧视图

图 13.53　圆阵天线

在径向波导中，同轴探针激励的 TEM 外向波通过径向波导给辐射单元耦合馈电，入射功率通过辐射单元辐射出去。把单元辐射功率与入射功率之比定义为功率耦合系数，通过调整耦合探针的长度 L_i 来实现所需的辐射单元幅度分布(功率耦合系数)。表 13.10 是中心频率 $f_0=12\,\text{GHz}$，1~11 圈均匀口径分布每个辐射单元的功率耦合系数及对应耦合探针的长度 L_i。

表 13.10　1~11 圈均匀口径分布每个辐射单元的功率耦合系数及对应耦合探针的长度 L_i

同心圆 i	1	2	3	4	5	6	7	8	9	10	11
功率耦合系数/dB	−26	−25.9	−25.8	−25.6	−25.3	−24.9	−24.3	−23.6	−22.6	−21	−18.2
L_i/mm	2	2.5	3	3	3.5	3.5	3.75	4.5	4.5	5.5	7
电尺寸	0.082	0.096	0.094	0.116	0.128	0.138	0.152	0.168	0.184	0.206	0.298

13.4.2　线极化径向线缝隙天线阵

12.5 GHz 直接广播电视使用的天线增益高达 30 dB。高增益天线可以用直径为 0.6 m 或尺寸更小的反射面天线，但因其照射器口面被遮挡，故应尽量避免选用；也可以使用消除了口面被遮挡的偏馈反射面天线，但其馈源暴露在外面，容易损坏。虽然反射面天线辐射效率高，但造价相对高，体积大。为了扩大民用市场，高增益天线应该使用低空气阻力、低轮廓、低重量的贴片天线来取代反射面天线。但高增益毫米波贴片天线阵，其馈电网络存在大的损耗，使天线的效率降低 50% 或更低。对相同应用，贴片天线阵的效率要比反射面天线的低 65%。为了维持高辐射效率，且具有低轮廓，高增益天线宜采用图 13.54 所示的径向线缝隙天线阵(RLSA)。由图看出，该天线阵由间距为 d 的两块圆金属板组成，上板为辐射缝隙，下板为反射板。为了扼制栅瓣，在上、下两块金属板形成的径向空腔中填充 $\varepsilon_r >$ 1 的慢波材料，使波导波长 λ_g 小于自由空间波长 λ_0，实际应用中，$\varepsilon_r = 1.5 \sim 2.5$ 的介质材料为慢波材料。

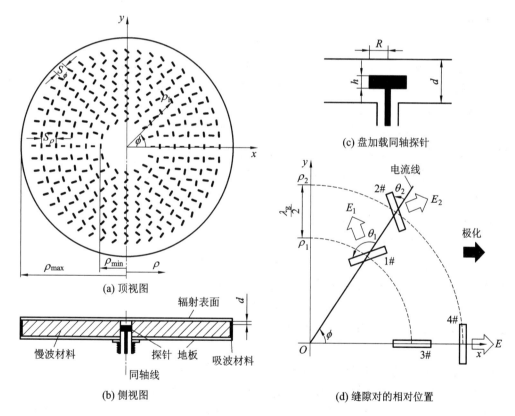

图 13.54　径向线缝隙天线阵

当平面电磁波入射到天线辐射平面，许多缝隙则把入射的平面波变换成径向传播的对称波，控制这些缝隙的取向就能实现所需的线极化或圆极化。为了在靠近探针的区域内建立起稳定的轴对称波，在辐射平面 ρ_{min} 的区域内不切割缝隙。

把沿 ϕ 方向配置的相邻缝隙对(1♯ 和 2♯)作为基本辐射单元。为了把每个缝隙辐射的场合成并在轴向产生线极化，要求长度为 L_1、L_2 缝隙的激励相位差为 0° 或 180°。相邻缝

隙对之间距 S_r，缝隙对与径向电流线的夹角 ϕ_1、ϕ_2 还必须满足如下关系：

$$L_1 = L_2 \approx L_R \tag{13.5}$$

$$S_r = \rho_2 - \rho_1 = \frac{\lambda_g}{2} \tag{13.6}$$

$$\phi_1 = -\frac{\phi}{2} \tag{13.7}$$

$$\phi_2 = \frac{\pi}{2} - \frac{\phi}{2} \tag{13.8}$$

可见辐射平面上辐射缝隙对的几何位置随方位角 ϕ 而变化，为了同相激励所有辐射缝隙对，辐射缝隙对必须按径向间距为 $\lambda_g/2$ 呈环形配置。为了获得轴向辐射，顺序环形缝隙对必须满足 $0°$ 相移，为此必须用下式计算径向间距 ρ：

对 $2m-1$ 缝隙：

$$\rho_{2m-1} = \rho_1 \pm n\lambda_g \tag{13.9}$$

对 $2m$ 缝隙：

$$\rho_{2m} = \rho_2 \pm n\lambda_g \tag{13.10}$$

式中，m、n 为整数；n 表示环的序列；m 表示在给定环上缝隙对的数目。

在 x 方向，$\phi=0°$，$\theta_1=0°$，$\theta_2=\pi/2$，所以缝隙对以"-1"形式排列；$\phi=90°$，$\theta_1=-45°$，$\theta_2=45°$，缝隙对以"$>$"形式排列。

径向线缝隙天线阵可用如图 13.54(c)所示的盘加载同轴探针馈电，也可以用圆锥形探针馈电。同轴探针把在径向空腔中发射的轴对称外向行波耦合给缝隙，并把功率辐射出去。探针的长度近似与空腔高度相等，即为 $\lambda_g/2$。在 12.5 GHz 处，为了降低成本，该天线阵可采用 $d=6$ mm，$\varepsilon_r=2.33$ 聚丙烯作为径向波导中填充的慢波材料。加载同轴探针的盘的高度 $h=3.6$ mm，盘的半径 $R=1.415$ mm。

由于缝隙对在径向方向相距 $\lambda_g/2$，两个缝隙的反射波同相叠加，又由于所有缝隙对的反射波在输入端同相叠加，因而线极化径向线缝隙天线阵的反射损耗比较大。为了减小单层线极化径向缝隙天线阵的反射损耗，常用以下 3 种方法：

(1) 在上辐射平面中附加如图 13.55 所示的抵消反射缝隙对。此方法虽然能改善天线的反射损耗，但辐射平面缝隙太多，不仅复杂，而且辐射缝隙和抵消反射缝隙之间存在大的耦合影响。

(2) 在辐射平面的背面附加非辐射缝隙，避免缝隙重叠。

(3) 让主波束偏离轴线，并重新配置辐射缝隙对的几何位置。

图 13.55(a)是附加了抵消反射缝隙对(3♯、4♯)的单层线极化径向线缝隙天线阵。图 13.55(b)是辐射缝隙对和抵消反射缝隙对的相对几何位置。为抵消反射缝隙对的轴向辐射，抵消反射缝隙对的间距 d_2，与 ρ 的夹角 θ_3、θ_4 必须满足：

$$d_2 = \frac{\lambda_g}{2} \tag{13.11}$$

$$\theta_3 = \theta_4 = \frac{\pi}{2} \tag{13.12}$$

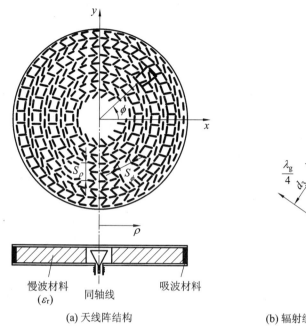
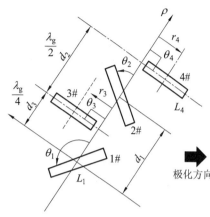

(a) 天线阵结构　　　　　　　(b) 辐射缝隙对和抵消反射缝隙对的相对几何位置

图 13.55　带反射缝隙对的单层线极化径向线缝隙天线阵

为了抵消反射，让 $d_3 = \lambda_g/4$ 和抵消反射缝隙对的长度 $L_3 = L_4 \approx L_D$；为了防止辐射缝隙对和抵消缝隙对相互重叠，把抵消反射缝隙对偏置，偏置距离 r_3、r_4 由下式确定：

$$r_3 = r_4 = \pm \frac{S_\phi}{2} \mp \frac{\lambda_g}{4\left(\tan\dfrac{\phi}{2}\right)} \qquad -\frac{\pi}{2} \leqslant \phi \leqslant \frac{\pi}{2} \tag{13.13}$$

$$r_3 = r_4 = \pm \frac{S_\phi}{2} \mp \frac{\lambda_g}{4}\left(\tan\frac{\pi-\phi}{2}\right) \qquad \frac{\pi}{2} \leqslant \phi \leqslant \frac{3\pi}{4} \tag{13.14}$$

式中，S_ϕ 为缝隙方位的间距；ϕ 为缝隙在辐射表面的方位角。

例如，在中心频率 $f_0 = 12$ GHz($\lambda_0 = 25$ mm)处，采用 $\varepsilon_r = 1.48$ 的基板作为慢波材料，制造的 A 型和 B 型线极化径向线缝隙天线阵的尺寸如表 3.11 所示，其实测结果：在 $\phi = 45°$，

表 3.11　A 型和 B 型线极化径向线缝隙无线阵尺寸

参数	（A 型）	（B 型）
天线直径 $2\rho_{max}$/mm	400(即 $19.46\lambda_g$)	600(即 $20.2\lambda_g$)
天线直径 $2\rho_{min}$/mm	30(即 $1.46\lambda_g$)	30(即 $1.46\lambda_g$)
波导高度 S_w/mm	7.5(即 $0.365\lambda_g$)	7.5(即 $0.365\lambda_g$)
波导高度 S_ϕ/mm	12.5(即 $0.608\lambda_g$)	12.5(即 $0.608\lambda_g$)
辐射缝隙长度/mm	7.9(即 $0.384\lambda_g$)	10.1(即 $0.49\lambda_g$)
抵消反射缝隙长度/mm	6.6(即 $0.321\lambda_g$)	9.2(即 $0.448\lambda_g$)
缝隙的数量 N	2022	4592
$\lambda_g = \lambda_0/\sqrt{\varepsilon_r} = 25/\sqrt{1.48} = 20.55$ mm		

S_{11} 由 -2 dB 变为 -10 dB，SLL $=-15$ dB，交叉极化电平小于 -20 dB，$G=30.4$ dBi（A 型），$G=34.6$ dBi(B 型)。

例如，在中心频率 $f_0=12.5$ GHz($\lambda_0=24$ mm)处，用 $\varepsilon_r=2.33$ 聚丙烯板作为慢波材料，制造的线极化径向线缝隙阵的尺寸和实测结果如下：

(1) $\lambda_g=\lambda_0/\sqrt{\varepsilon_r}=24/\sqrt{2.33}=15.72$ mm，波导厚度 $d=6$mm（无抵消反射缝隙对），$2\rho_{max}=50$ mm，$2\rho_{min}=400$ mm，缝隙长度为 5.27 mm，缝隙宽度为 1 mm，$S_\rho=\lambda_g=15.7$ mm，$S_\phi=13.35$ mm，辐射缝隙的总数 $N=1200$，在 12.5 GHz 处实测 $G=32$ dBi。

(2) 对 $2\rho_{max}=600$ mm 且带有抵消反射缝隙对的径向缝隙天线阵，$f_0=11.64$ GHz 处，辐射缝隙长度 $L_R=5.3\sim7.8$ mm，缝隙宽为 1 mm，$S_r=\lambda_g/2=8.44$ mm，$S_\phi=13.35$ mm，辐射缝隙数为 2350，总缝隙数为 4700。

虽然把抵消缝隙对置于辐射平面的背面，避免了缝隙对的重叠，但线极化径向线缝隙天线阵仍然需要大量缝隙，制造成本高，为此宜采用波束倾斜技术来改善其反射损耗。假定波束倾斜角度为 θ_r、ϕ_r，缝隙的倾角 θ_1、θ_2 和相邻缝隙对之间的径向间距 S_r 分别为

$$\theta_1=-\frac{\pi}{4}+\frac{1}{2}\left[\arctan\left(\frac{\cos\theta_r}{\tan\phi_r}\right)-(\phi-\phi_r)\right] \tag{13.15}$$

$$\theta_2=-\frac{\pi}{4}+\frac{1}{2}\left[\arctan\left(\frac{\cos\theta_r}{\tan\phi_r}\right)-(\phi-\phi_r)\right] \tag{13.16}$$

$$S_r=\frac{\lambda_g}{1-\sqrt{\varepsilon_r}\sin\theta_r\cos(\phi-\phi_r)} \tag{13.17}$$

式(13.17)表明，径向方向相邻缝隙的间距不再是 ϕ 的固定函数。由于波束倾斜技术避免了所有缝隙对的反射同时到达馈电点，因而消除了反射损耗。

用 $\varepsilon_r=2.23$，厚 $d=6$ mm 的聚丙烯制造了 Ku 波段（12.25$\sim$12.75 GHz）$\rho_{min}=30$ mm 的 4 种直径为 550 mm 的径向线缝隙天线阵，第 1 种为标准型，第 2 种和第 3 种分别在辐射缝隙表面和背面有抵消反射缝隙对，第 4 种为波束倾斜 20°径向线缝隙天线阵。前 3 种在 12.25 GHz 处实测电参数如下：两个主平面 HPBW $=4°$，$D=33$ dBi，口面效率为 39%。第 4 种实测电参数如下：HPBW $=3.3°$，$D=34.7$ dBi，口面效率为 57%。当 $f<12$ GHz 时，4 种天线阵 $S_{11}<-10$ dB，在 12.5$\sim$12.7 GHz 感兴趣的频段，第 4 种的 S_{11} 最差，其余 3 种的 S_{11} 都有明显改善。

13.4.3　用层叠圆形贴片构成的线极化径向线天线阵

图 13.56(a)示出了由圆形贴片天线阵和径向波导组成的高增益、高效率线极化径向线天线阵。圆形贴片天线阵呈同心圆并位于基板顶面，采用耦合探针在径向波导中激励外向波耦合馈电。调整耦合探针的长度以实现贴片天线阵需要的幅度分布，调整圆形贴片天线的取向角来控制径向线天线的激励相位。但不能用旋转圆形贴片天线的方法来控制线极化径向线天线的激励相位，因为所有圆形贴片天线的取向必须与所需要的线极化一致。按同相激励设计线极化径向线天线阵的反射特性时，由于圆形贴片天线在径向方向以半波长组阵，两个相邻圆形贴片的偏置馈电点正好位于反方向，因而在径向波导中常常激励起驻波导致天线性能恶化。避免这个问题的方法是调整圆形贴片天线的径向间距使之偏离 $\lambda_g/2$。为了设计同相激励，线极化径向线天线阵只能靠控制圆形贴片本身的相位。

为了调整激励相位及实现高增益，线极化径向线天线阵宜采用图 13.56(b)所示的用 $\varepsilon_r = 2.6$ 的基板制成的层叠圆形贴片作为辐射单元。其中位于顶层，厚为 0.6 mm，$\varepsilon_{r1} = 2.6$ 基板上半径为 b 的圆形贴片为寄生贴片；位于底层，厚 $h_1 = 1.2$ mm，$\varepsilon_{r2} = 2.6$ 基板上半径为 a 的圆形贴片为馈电贴片。馈电点到中心的距离为 x，通过调整层叠圆形贴片的半径和馈电点的距离，就能实现线极化径向线天线阵所需要的相位分布。图 13.56（a）是中心频率 $f_0 = 12$ GHz($\lambda_0 = 25$ mm)，单元间距为 $S_r = 0.65\lambda_0$ 的 3 圈同心环形层叠圆形贴片天线阵。第 1 圈到中心的距离为 $S_1 = 0.65\lambda_0$，最外圈探针到径向波导边缘的距离为 $S_2 = 0.25\lambda_0$，激励探针的长度 $L_0 = 0.22\lambda_0$，$a = b = 3.8$ mm($0.152\lambda_0$)，$x = 1.1$ mm($0.04\lambda_0$)。图 13.56(c) 是层叠圆形贴片天线的辐射相位随半径的变化曲线，由图看出，$a = b = 3.8$ mm 时，相位约为 $-160°$。层叠圆形贴片天线阵的激励幅度通过调整 3 圈同心环形层叠圆形贴片耦合探针的长度($L_1 = 3.3$ mm，$L_2 = 3.6$ mm，$L_3 = 4.7$ mm)来实现。该天线阵在 12 GHz 处，实测 $S_{11} < -12$ dB，$G = 22.3$ dBi，效率为 89%。

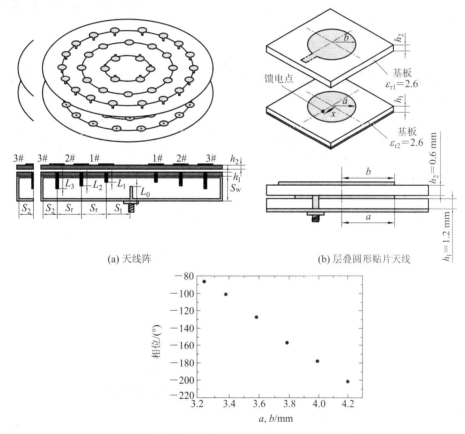

(a) 天线阵　　　　　　　　　　　　　　　(b) 层叠圆形贴片天线

(c) 层叠圆形贴片天线的辐射相位随半径的变化曲线

图 13.56　3 圈同心环形层叠圆形贴片天线阵及层叠贴片天线的辐射相位随半径的变化曲线

13.4.4　大功率径向线缝隙天线阵

图 13.57 是由三块基板构成的低轮廓大功率双层径向线缝隙天线阵。顶板为辐射口

面，通过波导中心的 TEM 模同轴波导转换器把功率馈入，且用径向内向波耦合激励缝隙。为了扼制栅瓣，该天线阵在波导中使用了径向线慢波结构。由于截断会引起较大的反射，因此波导中附加了抵消反射缝隙。为承受大功率，该天线阵采用了抽真空介质天线罩。

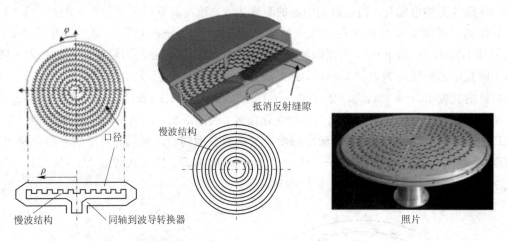

图 13.57　双层径向线缝隙天线阵

为了让图 13.57 所示天线阵承受大功率，不能用介质材料制作慢波结构来扼制栅瓣，要用图 13.58(a)所示的径向线慢波结构。中心设计频率 f_0＝9.42 GHz，径向慢波结构的尺寸：p＝7 mm，H＝10 mm，h＝3.5 mm，d＝4.4 mm，L＝16 mm，t＝5 mm。

由于图 13.58(b)所示的传统径向线缝隙天线阵的缝隙边缘比较陡、口面小，不适合大功率应用，因此图 13.57 所示的天线阵采用了图 13.58(c)所示的宽缝隙，图 13.58(c)中 r_1 等于缝隙宽度 W 的一半，L 为缝隙的长度。

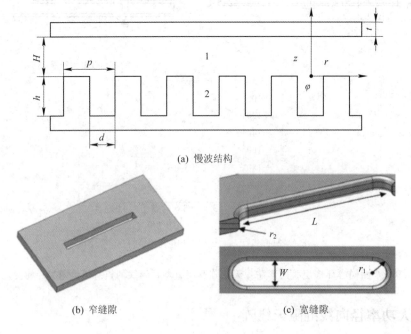

(a) 慢波结构

(b) 窄缝隙　　　　　　　　　　(c) 宽缝隙

图 13.58　径向线缝隙天线阵的慢波结构及基本辐射单元

中心设计频率 $f_0=9.4$ GHz，慢波结构、宽缝隙和天线阵的具体尺寸如下：① 波导的高度 $H=10$ mm，波纹的周期 $P=7$ mm，波纹的深度 $h=3.5$ mm，波纹的间隔 $d=4.4$ mm，板的厚度 $t=5$ mm；② 宽缝隙的宽度 $W=6$ mm，宽缝隙长度 $L=16$ mm，宽缝隙弯曲边缘半径 $r_1=3$ mm；③ 沿 ρ 方向相邻缝隙对的间距 $S_\rho=28$ mm，沿 φ 方向相邻缝隙对的间距 $S_\varphi=28$ mm，缝隙对的数目 $N=231$，缝隙对始端轨迹的半径 $r_0=30$ mm，天线罩的材料为 $\varepsilon_r=2.3$ 的介质，天线罩高度为 31.6 mm，天线阵的直径为 540 mm。

径向线缝隙天线阵在 $9.3\sim9.45$ GHz 频段内，主要实测电参数如下：$S_{11}<-10$ dB，$G=29$ dBi，AR<1.6 dB，辐射效率为 99%，承受功率达 1 GW。

13.5　由贴片天线构成的微波天线阵

13.5.1　由带 U 形缝隙贴片和带 π 形支节微带线耦合馈电构成的 C 波段天线阵

图 13.59 是由 $\varepsilon_r=2.33$ 的基板背面印刷制造的带 U 形缝隙的贴片及与之相距 5.5 mm

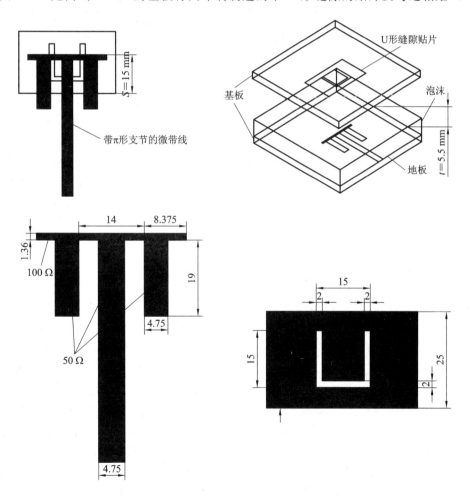

图 13.59　由带 U 形缝隙的贴片和带 π 形支节微带线耦合馈电构成的 C 波段单元天线（单位：mm）

(0.0788λ_0)的基板正面印刷制成的带 π 形支节微带线耦合馈电构成的中心频率
$f_0=4.3$ GHz($\lambda_0=69.8$ mm)的 C 波段单元天线。图 13.60(a)、(b)分别是间距 $d=$
55.82 mm(0.8λ_0)的2×2元带 U 形缝隙的贴片天线阵及馈电网络。

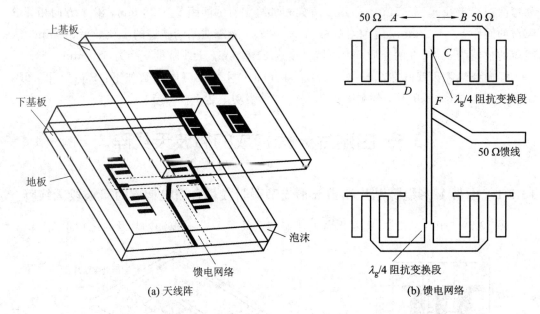

(a) 天线阵   (b) 馈电网络

图 13.60   2×2 元带 U 形缝隙的贴片天线阵及馈电网络

单元天线的输入阻抗为 50 Ω,如图 13.60(b)所示的 A、B。把 A、B 并联,输入阻抗
变为 25 Ω,可通过特性阻抗为 50 Ω 的 $\lambda_g/4$ 长阻抗变换段变到 C 点的 100 Ω(50²/25＝
100)。因为 2×2 元带 U 形缝隙的贴片天线反相并联,所以附加了 $\lambda_g/2$ 延迟线实现移相
180°,使所有单元同相馈电。在馈电点 F 处,把两个 100 Ω 并联变为 50 Ω 使之正好与 50 Ω
馈线匹配。2×2 元带 U 形缝隙的贴片天线阵,在 3.42~4.48 GHz 频段内,VSWR<2,相
对带宽为 27%,在中心频率处,实测 G＝14 dBi,HPBW$_\text{H}$＝29°,交叉极化电平低
于−20 dB。

13.5.2 S 波段宽带高增益贴片天线阵

传统的贴片天线阵都采用 2×2 元、2×4 元或 4×4 元天线阵,受空间限制,有时也需
要 3×2 元或 3×3 元天线阵。

图 13.61(b)是 S 波段 3×2 元带 U 形缝隙的矩形贴片天线阵。它用图 13.61(a)距离贴
片边缘 21.4 mm 的微带线馈电,输入阻抗为 128 Ω 带 U 形缝隙的矩形贴片作为基本辐射
单元。单元间距 $d=68.6$ mm(0.8λ_0)。微带线馈线位于贴片下 3.5 mm 处。

3×2 元带 U 形缝隙的矩形贴片天线阵可以看成 2×2 元和 1×2 元两个子阵组成。为
了给 6 元带 U 形缝隙加载矩形贴片同相馈电,在 50 Ω 同轴线和子阵之间使用了功分比
为 2:1 的 T 形微带馈线。T 形微带馈线的两个输出微带线的特性阻抗分别为 $Z_A=75$ Ω、
$Z_B=150$ Ω。对 1×2 元子阵,通过 98 Ω 的 $\lambda_0/4$ 长阻抗变换段,把 150 Ω 变成 64 Ω。对
2×2 元子阵,通过 98 Ω 的 $\lambda_0/4$ 长阻抗变换段,把两单元并联阻抗(128/2＝64 Ω)变为
150 Ω,两个 150 Ω 并联等于 75 Ω,阻抗正好匹配。图 13.61(b)中③、⑤和④、⑥单元反相

馈电。为了实现同相馈电，⑤、⑥辐射单元微带馈线的长度要比到③、④辐射单元微带馈线的长度长 $\lambda_0/2$。图 13.61(b)、(c)、(d)分别是 3×2 元天线阵和实测 S_{11}、G、η 的频率特性曲线。由图看出，在 $3.295\sim3.807$ GHz 频段内，实测 $S_{11}<-14$ dB，相对带宽为 14.4%，最大增益为 17.6 dBi，$\eta=86\%\sim97\%$，交叉极化电平大于 -20 dB。

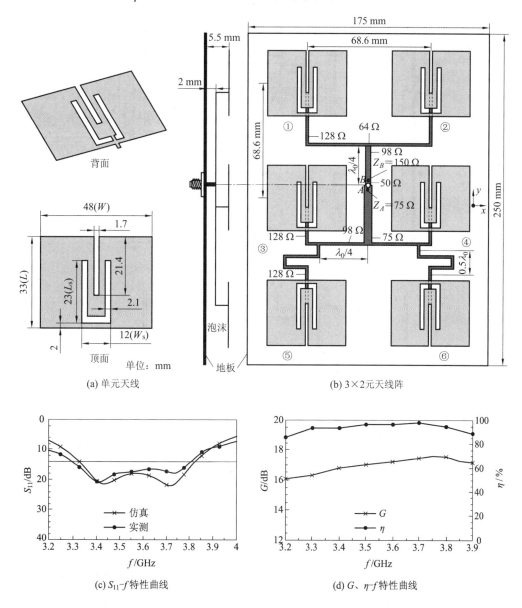

图 13.61　S 波段 3×2 元带 U 形缝隙的矩形贴片天线阵及电性能

图 13.62(a)所示的 3×3 元带 U 形缝隙的矩形贴片天线阵也可以看成由 3×2 元和 3×1 元子阵组成。为了给所有单元同相馈电，该天线阵使用了 3 个功分比为 2∶1 的微带馈电网络。A 点为第 1 个微带馈电网络，输入阻抗为 50 Ω，输出阻抗为 75 Ω 和 150 Ω；B 点为第 2 个微带馈电网络，采用特性阻抗为 80 Ω 的 $\lambda_g/4$ 长阻抗变换段，把 A 点的 150 Ω 变为 42.7 Ω，把 128 Ω 和 64 Ω 并联阻抗正好变为 42.7 Ω；C 点为第 3 个微带馈电网络，使用了两个 $\lambda_g/4$ 长

阻抗变换段，具体阻抗如图 13.62(b)所示。图 13.62(c)、(d)分别示出了 3×3 元带 U 形缝隙的矩形贴片天线阵实测 S_{11}、G、η 的频率特性曲线，由图看出，实测 $S_{11}<-14$ dB 的相对带宽为 20%，$G=19.4$ dBi，效率大于 90%。

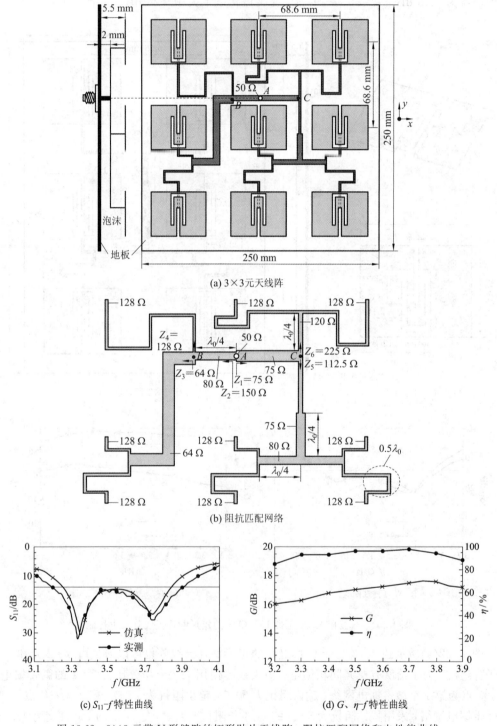

(a) 3×3 元天线阵

(b) 阻抗匹配网络

(c) S_{11}-f 特性曲线

(d) G、η-f 特性曲线

图 13.62　3×3 元带 U 形缝隙的矩形贴片天线阵、阻抗匹配网络和电性能曲线

13.5.3　用倾斜缝隙构成的串联贴片天线阵

图 13.63(a)、(b)是用两层厚 $h=0.508$ mm，$\varepsilon_r=3.38$ 的基板制造的倾斜缝隙耦合馈电矩形贴片天线。位于地板下面的底层微带线反相通过地板上的耦合缝隙给顶层相邻 3♯和 4♯矩形贴片耦合馈电。为了实现端口 1♯和 2♯之间的功率传输，耦合缝隙相对微带线倾斜。图 13.63(c)是端口 1♯和端口 2♯微带线之间的功率传输与耦合缝隙倾角 α 的关系曲线，由图看出，α 不同，功率传输不同，$\alpha=0°$ 或 90°，功率传输最大，可见调整倾角 α，就能使所有辐射单元等幅。为了同相激励所有线阵，相邻线阵之间的长度都应该等于 λ_g。

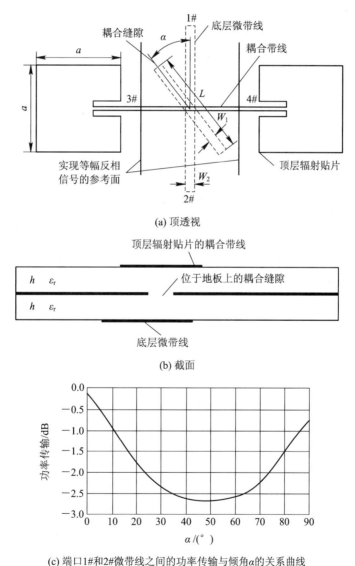

(a) 顶透视

(b) 截面

(c) 端口1#和2#微带线之间的功率传输与倾角α的关系曲线

图 13.63　倾斜缝隙耦合馈电矩形贴片天线及端口 1♯和 2♯微带线之间功率传输与
倾角 α 之间的关系曲线

图 13.64 是用 1 根直传输线构成的中心频率 $f_0 = 10.5$ GHz 的 2×8 元串并联贴片天线阵，图中 4♯缝隙是按反射最小设计的。表 13.12 所示为缝隙的倾角及辐射单元的幅度系数。

表 13.12　缝隙的倾角及辐射单元的幅度系数

缝隙	$\alpha/(°)$	幅度系数
1	52	1
2	35	0.71
3	28	0.52
4	19.5	0.63

2×8 元串并联贴片天线阵的具体尺寸如下：$d_1 = 16.87$ mm，$d_2 = 20.13$ mm；耦合带线的特性阻抗为 100 Ω，带线的宽度为 0.3 mm；微带馈线的宽度 $W_2 = 1.18$ mm，特性阻抗为 50 Ω。该天线阵实测 $G = 14.5$ dB，E 面 SLL $= -15$ dB，H 面 SLL $= -12$ dB。

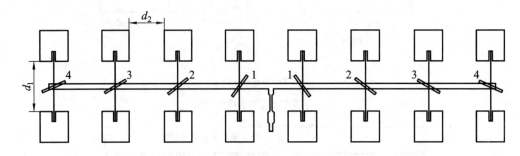

图 13.64　2×8 元串并联贴片天线阵

13.5.4　毫米波中馈组合贴片天线阵

车载雷达广泛采用毫米波贴片天线阵。由于贴片天线阵存在大的馈电网络损耗，因此只适合低增益天线阵，如数字波束形成。由于串联贴片天线阵和中馈组合贴片天线阵馈电网络的损耗相对并联组合贴片天线阵的小，因而毫米波贴片天线阵目前广泛采用图 13.65(b) 所示的中馈组合贴片天线阵。为了比较，图 13.65(a) 还给出了串并联贴片天线阵。如图 13.65(b) 所示，为了减小馈电网络的损耗和展宽带宽，中馈组合贴片天线阵把一块基板附加在波导口上，并通过波导至双微带线的过渡结构，实现中馈。由图 13.65(c) 看出，微带线、探针和短路波导位于基板的顶面，短路波导中有两个对称辐射缝隙。矩形贴片和贴片周围的地位于基板背面，过孔使波导短路。波导输入的功率激励了与微带线、探针耦合的矩形贴片上的 y 向电流，在短路波导上的电流同时穿过辐射缝隙。调整矩形贴片的谐振长度以实现从波导到微带线的模式变换，即把波导的 TE_{10} 模变换为微带线的准 TEM 模。过渡结构的工作频率由矩形贴片的长度 L 控制。图 13.65(d)、(e)、(f) 所示分别为过渡结构的上基板、下基板、yz 面截面。在 76~77 GHz 频带内，天线阵的具体参数及尺寸如下：贴片的宽度 $W = 2.07$ mm，长度 $L = 0.725$ mm；波导宽边的长度 $a = 3.1$ mm，窄边的长度

$b=1.55$ mm；辐射缝隙的长度 $L_s=1.6$ mm，宽度 $W_s=0.2$ mm，间距 $s_s=1.6$ mm，倾角 $D_s=45°$；微带线的宽度 $W_m=0.3$ mm；探针的宽度 $W_p=0.2$ mm，间隙 $G=0.1$ mm，探针插入贴片的重叠长度 $\rho=0.15$ mm；基板的厚度 $T=0.115$ mm。

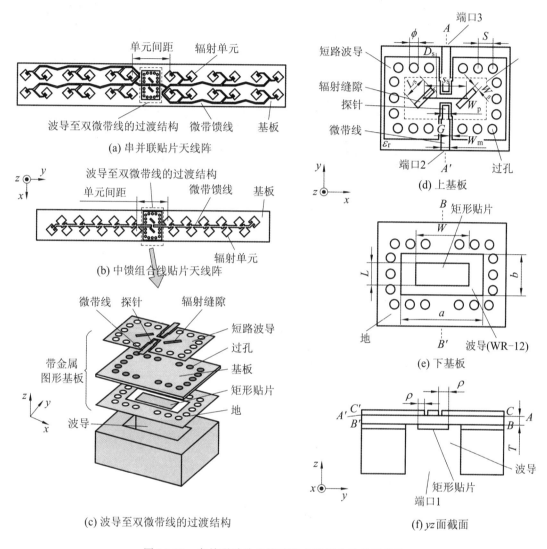

(a) 串并联贴片天线阵

(b) 中馈组合线贴片天线阵

(c) 波导至双微带线的过渡结构

(d) 上基板

(e) 下基板

(f) yz 面截面

图 13.65　串并联贴片天线阵和中馈组合贴片天线阵

　　基板的相对介电常数 $\varepsilon_r=2.33$，过孔的直径 $\phi=0.35$ mm，间距 $S=0.6$ mm。探针插进贴片的重叠长度 ρ 不仅影响耦合，而且影响阻抗。加长 ρ 和增大探针的宽度 W_p 就会增加天线的容抗，反之则增加天线的感抗，所以通过调整 ρ 和 W_p 就能实现阻抗匹配。调整两个辐射缝隙的间距 s_s 可控制辐射缝隙的耦合功率，增加缝隙的长度 L_s 和宽度 W_s，辐射缝隙的耦合功率会变大，但阻抗带宽会变窄，所以要折中考虑。图 13.66 是带有抵消反射支节的基本辐射单元及 22 元中馈组合线贴片天线阵。

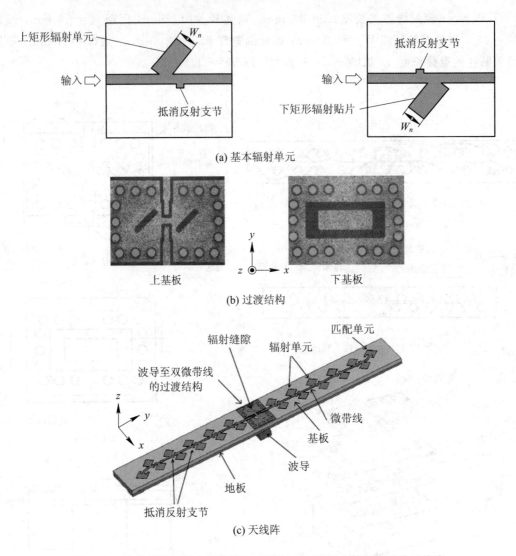

(a) 基本辐射单元

(b) 过渡结构

(c) 天线阵

图 13.66　带有抵消反射支节的基本辐射单元和 22 元中馈组合贴片天线阵

13.5.5　由圆极化贴片天线构成的 Ku 波段多用途卫通天线阵

图 13.67 是 Ku 波段(上行：11.7～12.75 GHz，下行：14.0～14.5 GHz)128 元圆极化贴片天线阵及馈电网络。由图看出，整个天线阵由 4 个 4×8 元并联圆极化贴片子阵组成，微带线并联馈电网络馈电的 4 个 1×4 元贴片与 1×4 元波导馈电网络相连。这种混合馈电网络的损耗较小，因为低损耗波导并联馈电网络是该混合馈电网络的主体。由于低损耗馈电网络降低了天线阵的噪声温度，因而天线阵的 G/T 值增大了。由于 T 形和弯曲波导均为 E 面波导，因而把波导馈电网络的制造过程简化了。为了降低成本，圆极化贴片及并联馈电网络均用 FR4 基板印刷制造。为了展宽轴比带宽，2×2 元贴片子阵采用了顺序旋转技术，轴向 AR<1.5 dB。

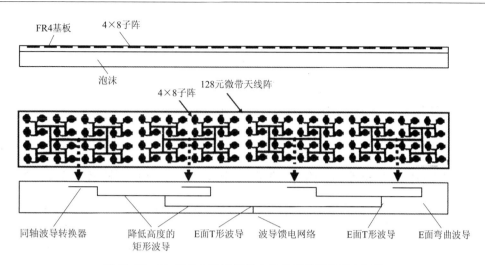

图 13.67　Ku 波段 128 元圆极化贴片天线阵及馈电网络

　　为了降低天线阵的高度，以利于车载，矩形天线阵可分成 N 个平行子阵，如图 13.68 所示。

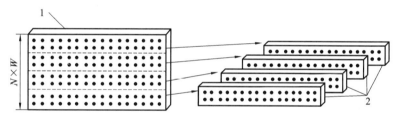

图 13.68　矩形天线阵分解成 N 个子阵

　　为了避免后面的辐射单元被前面辐射单元的阻挡，阵的间距 D 必须大于 $D_{\min}$，$D_{\min}$ 由所希望的仰角范围决定。假定 Δ 为平均仰角，W 为每个子阵的宽度，$D_{\min}$ 则由下式确定（参见图 13.69）：

$$\sin\Delta = \frac{W}{D_{\min}} \tag{13.18}$$

　　假定 $D > D_{\min}$，分解后阵的辐射特性与原天线阵接近，仰角 Δ 的范围如下：

$$\arctan\left(\frac{H}{2D - \sqrt{W^2 - H^2}}\right) < \Delta < \arctan\left\{\frac{H}{2D - \sqrt{W^2 - H^2}}\right\} + \pi/2 \tag{13.19}$$

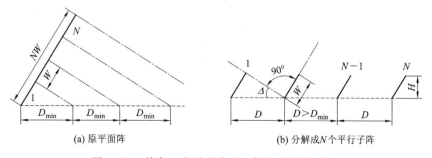

(a) 原平面阵　　　　　　　　　　　　(b) 分解成 N 个平行子阵

图 13.69　仰角 Δ 与阵的宽度、高度、间距的关系

注意：分解后的两个平行子阵之间的空间波程差($\cos\Delta\,(2\pi D/\Lambda)$)必须用电相移补偿。

阵的间距 D、仰角 Δ 和阵的宽度 W 有如下关系：

$$D = \frac{W}{\sin\Delta} \tag{13.20}$$

假定机械倾角为 θ，天线的仰角为 $\Delta = 90° - \theta$，则

$$D = \frac{\cos\theta}{\sin\Delta} \times W \tag{13.21}$$

13.5.6 由贴片和波导馈电网络构成的低轮廓 Ku 波段卫星接收天线阵

安装在移动平台上的 Ku 波段卫星广播和通信(简称卫通)系统发展迅速，特别是车载信息系统，除需要直接接收来自卫星的广播外，还要为用户提供不同的业务。天线是这些系统的核心部件，不仅要具有宽频带、低轮廓、高增益的特点，而且要具有低成本特点。反射面天线虽然是理想的稳定接收系统，但其尺寸大，高度过高，都不适合车载使用。

受成本的制约，大部分 Ku 波段移动平台使用的天线都采用方位面机械扫描、俯仰面电跟踪的方案。由于移相器要用电路控制，因此用移相器和低噪声放大器的电跟踪方案并不能作为优选方案。但对某些固定仰角波束的电跟踪，由于其使用的移相器较少，系统相对简单，故电跟踪可以作为优选方案。该方案的关键是在满足温度条件下，实现主要由馈线损耗决定的低损耗天线阵的增益。

卫通天线两个面均用电跟踪并不可取，因为它需要大量的移相器，不仅成本增大，而且系统变得更复杂。

假定最小载噪比(CNR)为 7 dB，32 MHz 中频带宽锁定卫星(跟踪和接收)对 Ku 波段天线阵的技术要求如表 13.13 所示。

表 13.13　Ku 波段天线阵的技术要求

频率范围	10.8~12.75 GHz
极化	垂直/水平(双极化)
天线 G/T	>5.5 dB/°K(45°仰角)
EIRP	>54 dBW
G	29 dBi(每个极化)
空间覆盖	俯仰 35°~75°
方位扫描	方位 0°~360°(机械)
俯仰扫描	波束倾斜 20°(机械)
天线高度	<70 mm
系统直径	<75 mm
重量	<3 kg

由上述技术要求看出，Ku 波段天线阵只能用波导缝隙天线阵和贴片天线阵来达到低轮廓的要求。由于系统的带宽远大于许多卫星广播常用的带宽，因此 Ku 波段天线阵不能使用常规波导缝隙天线阵，需要使用特殊的波导结构，如脊形或介质加载波导，但必然增加系统的成本。贴片天线由于具有轻重量、低轮廓、低成本的特点，因而具有吸引力。用合

适数量的平面贴片天线阵，可以实现方位面 HPBW＝3°的高增益，但边射天线阵，却无法在低仰角时实现高增益。最有效的解决方案是把天线安装在平板上，机械倾斜一定仰角，如让天线倾斜 22°就能很容易覆盖仰角。其实这种方法在许多卫星通信系统已被广泛应用，同时它还展宽了仰角的电跟踪范围。图 13.70 给出了 Ku 波段卫通天线阵的布局，为了在宽频带实现较好的电性能，该天线阵采用缝隙耦合层叠正方形贴片天线。图 13.70 中，平板 1 为垂直极化，平板 2 为水平极化，垂直/水平极化天线阵均由 8 元组成。图 13.71 是由 2×2 元并联正方形贴片构成的单元间距沿长轴方向为 $0.82\lambda_0$、沿短轴方向为 0.73λ 的 32 元双极化正方形贴片天线阵。垂直和水平极化天线阵分别有 256 个辐射单元。该天线阵在 $10.8\sim12.75$ GHz 频段内，实测 $G>18$ dBi，$S_{11}<-10$ dB。

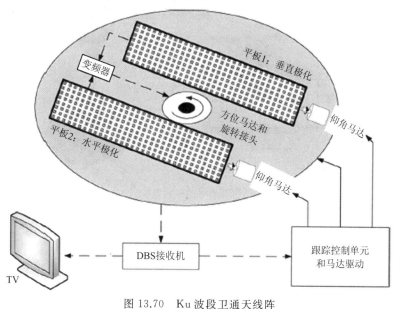

图 13.70　Ku 波段卫通天线阵

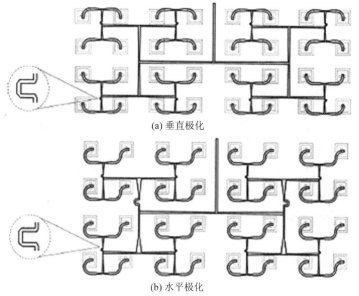

(a) 垂直极化

(b) 水平极化

图 13.71　32 元双极化正方形贴片天线阵

　　在毫米波段，大型天线阵馈电网络的介质和欧姆损耗非常大，大型天线阵还必须考虑微带馈电网络的辐射和激励的表面波损耗。为此不可能用较长的微带并联网络给 256 元天线阵馈电。为了减小馈电网络的损耗，大型天线阵必须使用微带和波导混合馈电网络。波导的损耗主要来自微带至波导的过渡结构和 T 形波导结。由于波导不能直接位于微带馈线的下面，而是在 6 mm 以下反射板的另一面，因而必须采用如图 13.72(a)所示的微带至波导的过渡结构。为了实现带宽匹配及低损耗，探针末端用铜圆板及介质加载。图 13.72(b)、(c)分别是给 8 个 2×2 元正方形贴片子阵馈电且有 1 个输入端和 8 个输出端的波导合成器及天线阵实物图。

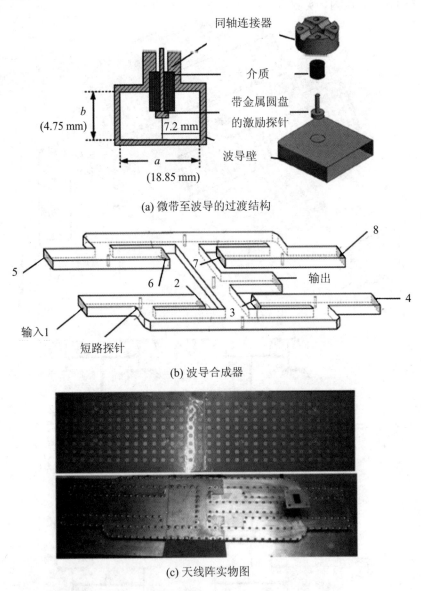

(a) 微带至波导的过渡结构

(b) 波导合成器

(c) 天线阵实物图

图 13.72　微带至波导的过渡结构、波导合成器和天线阵实物图

　　天线阵馈电网络部件的损耗如表 13.14 所示。

表 13.14 天线阵馈电网络部件的损耗

部件	微带线	微带 T 形结	微带至波导的过渡结构	T 形波导结
损耗/dB	0.32	0.11	0.78	0.12

该天线阵主要实测电性能如下：在 $10.8\sim12.8$ GHz 频段内，$S_{11}<-10$ dB，相对带宽为 16.9%；垂直和水平极化增益分别为 29.4 dBi 和 28.5 dBi；在 11.9 GHz 处，$\mathrm{HPBW_H}=8°$，$\mathrm{HPBW_E}=2.5°$。

13.6 由波导构成的微波天线

13.6.1 由矩形波导构成的 L/S 波段 UWB 天线

超宽带(UWB)天线在地面防碰撞雷达、医学造影、短距离和 MIMO 通信中都有广泛应用。最典型的 UWB 天线有 Vivadi 天线、双脊喇叭天线。Vivadi 天线为了得到好的阻抗匹配和合适的增益，通常需要几个波长，因而不适合在低频便携式 UWB 雷达和通信系统中的应用，脊形喇叭天线虽然能以小尺寸提供高增益，但比较重。为了克服上述不足，超宽带天线宜采用图 13.73 所示的用蝶形偶极子激励的矩形波导口天线。用蝶形偶极子而不用探针激励矩形波导天线是为了实现宽频带，而且避免了探针在 E 面不对称激励造成的方向图倾斜。蝶形偶极子的顶角和底角与波导侧边相连，但它的翼与波导的顶边和底边分开，以便利用顶边和底边构成的缝隙在蝶形偶极子的翼上建立驻波电流来提供最佳匹配。但这些缝隙在频段内产生不希望的谐振频率，为此两个翼之间采用了短路柱。波导的长度为 L_2，蝶形偶极子到波导短路端的距离为 L_1。天线的工作频段为 $1.08\sim4.9$ GHz，表13.15为蝶形偶极子激励的矩形波导口天线的具体参数及尺寸。

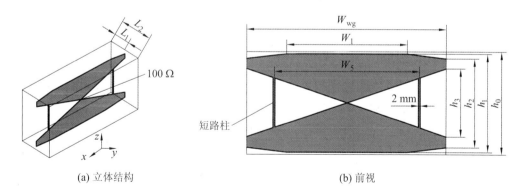

(a) 立体结构　　　　　　　　　　　　(b) 前视

图 13.73 用蝶形偶极子激励的矩形波导口天线

表 13.15 蝶形偶极子激励的矩形波导口天线的参数及尺寸

参数	W_{wg}	W_1	W_5	L_2	L_1	h_0	h_1	h_2	h_3
尺寸/mm	150	90	108	50	25	75	72	65	50

　　由于蝶形偶极子为平衡天线，输入阻抗为 100 Ω，因此必须采用带阻抗变换段的巴伦，把 50 Ω 不平衡同轴馈线变成阻抗为 100 Ω 的平衡带线。由于蝶形偶极子馈电点的电场为零，因此在它的馈电点引入与蝶形偶极子垂直且用微波基板制作的平面不会影响天线的性能。图 13.74 是微带渐变巴伦的结构示意图。为了把 50 Ω 不平衡同轴馈线变成阻抗为 100 Ω 的平衡带线，不仅带线的宽度要渐变，而且带线的地也要指数渐变。为了加长渐变段使低频段匹配得更好，又不使尺寸变大，把带线弯成 U 形。微带渐变巴伦的具体尺寸如下：$L_f = 250$ mm，$W_{ms} = 1.9$ mm，$W_{me} = 1$ mm，$W_g = 15$ mm，$d_w = 18$ mm。该天线在 1.08～4.9 GHz 频段内，实测 VSWR<2.5，带宽比为 4.5∶1，实测增益为 5～11 dBi。

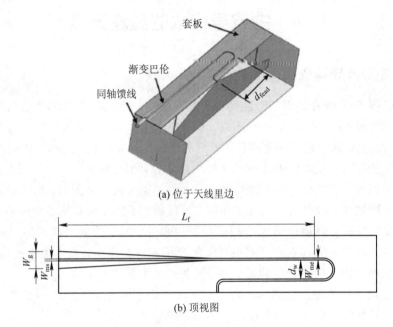

(a) 位于天线里边

(b) 顶视图

图 13.74　微带渐变巴伦的结构示意图

13.6.2　由方波导构成的 Ku 波段平板天线阵

　　用方波导和悬浮带线探针沿辐射单元对角线或与波导臂平行进行馈电，可以构成低轮廓 Ku 或 Ka 波段平板天线阵。天线阵的厚度在 Ku 波段为 25 mm，在 Ka 波段为 15 mm。该天线阵由于用低轮廓、低损耗方波导作为天线阵的辐射单元，用低损耗带线波束形成网络，因而具有以下特征：

　　(1) 高效率(直到 Ka 波段)。

　　(2) 双频或双极化(任选)。

　　(3) 线极化/圆极化(任选)。

　　(4) 相对普通印刷天线损耗低。

　　(5) 结构紧凑、重量轻、结构强度高。

　　(6) 厚度仅为普通双极化波导天线的 25%。

　　(7) 尺寸易改装，可满足不同用户的使用要求。

　　(8) 天线阵的外形尺寸为：300 mm×300 mm×25 mm。

上述天线阵主要电气指标如下：

(1) $G=30$ dBi(收)(11.45 GHz)；

(2) $G=31$ dBi(发)(14.5 GHz)；

(3) 效率 $\eta=60\%$(低成本悬浮带线基板)；

(4) 增益噪声温度比 $G/T=80$ dBK；

(5) $S_{21}>-30$ dB。

13.6.3　用并联波导馈电网络构成的 Ku 波段口面天线阵

增益高达 30 dBi 的喇叭口天线阵，因容易安装而得到广泛应用。串联天线阵的馈电网络简单，特别是波导馈电网络还有特别小的损耗。

并联天线阵常用并联微带线馈电网络。并联微带线馈电网络虽使天线阵的厚度非常薄，但存在大的介质损耗和辐射损耗，导致并联天线阵不适合作为毫米波段大型天线阵，也不适合作为大功率发射天线阵。

用并联波导构成的大型天线阵，不仅效率高，而且频带宽。图 13.75 是 Ku 波段用单元间距为 $0.9\lambda_0$ 的 4 个 2×2 元波导口子阵构成的 16 元宽带波导口天线阵。H 形波导并联馈电电路中的 1 个波导口通过空腔激励每个子阵中的 4 个波导口。图 13.76 所示为 2×2 元波导口天线阵，每个波导口均与带台阶型阻抗匹配段的 L 形拐角的矩形波导馈电网络相连。每个辐射单元的上面附加了栅格框，用来改进与自由空间的阻抗匹配。

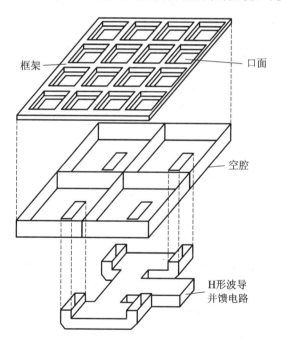

图 13.75　由并联波导构成的 16 元宽带波导口天线阵

由于并联波导构成的 4 个波导口天线阵成方形，因此天线阵的馈电网络是由 4 个 L 形拐角和 3 个 T 形结构成的 H 形矩形波导组成。与 L 形拐角相连的每个结的分支都要偏离中心 $\lambda_B/4$(λ_B 为波导波长)，以便同相激励 4 个波导口天线阵。大型天线阵需要把两个以上

H 形波导并联电路组合。

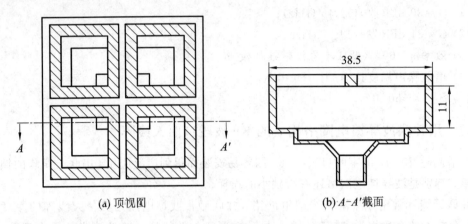

(a) 顶视图　　　　　　　　　　　(b) A-A'截面

图 13.76　2×2 元波导口天线阵

16 元宽带波导口天线阵在 11.9～13.0 GHz 频段内，实测 $S_{11}\leqslant-20$ dB，相对带宽为 9%；在 12.25～12.7 GHz 频段内，$S_{11}\leqslant-30$ dB，相对带宽为 4%；在 11.7～2.4 GHz 频段内，效率高达 90%，$G=20～21$ dBi。

13.7　微波单脉冲天线

13.7.1　用 SIW 馈电八木天线构成的 X 波段单脉冲天线

传统的金属波导缝隙天线阵具有许多优点，因而广泛用于毫米波雷达和通信，但天线阵体积较大，重量重，加工精度要求高，难与介质基板上的平面毫米波电路集成。若采用性能与金属波导类似，重量更轻，成本低的基片集成波导（SIW）则能克服金属波导的缺点。SIW 是在上、下金属层的低耗介质片上，利用周期金属过孔构成的。由于 SIW 是把平面技术和波导技术相结合的新技术，具有许多优点，因此已得到广泛应用。

八木天线结构简单、重量轻、成本低，但需要用结构相对较复杂，尺寸较大的巴伦馈电。在毫米波段，为了减小巴伦的尺寸，八木天线宜采用 SIW 馈电。图 13.77 是用 $\varepsilon_r=4.6$ 的基板以直径为 0.6 mm，间距为 1 mm 过孔制成的 SIW 及用它馈电的 X 波段八木天线。八木天线的有源振子用一段斜平行线，通过 SIW 至平行带线的过渡结构馈电。位于基板正反面的引向器与有源振子类似，但长度逐渐减小。反射器是由直径为 0.5 mm，间距为 0.8 mm 的过孔金属带构成。天线的外形尺寸为 40.1 mm×20 mm，其他尺寸如下：$a=10.4$ mm，$h=1$ mm，$W_1=3.1$ mm，$W_2=1.7$ mm，$r=12$ mm，$W_3=2.6$ mm，$W_r=1.4$ mm，$d_0=2.6$ mm，$d_1=4.6$ mm，$L_0=4$ mm，$L_1=4.75$ mm，$L_2=4.65$ mm，$L_3=4.55$ mm，$L_4=4.45$ mm，$L_r=3.3$ mm，$t_r=1.5$ mm。该天线仿真 $S_{11}<-10$ dB 的频率范围为 9.28～11.85 GHz；相对带宽为 25.7%；在 9.5 GHz、10 GHz、10.5 GHz 处，天线有 HPBW 分别为 66°、61°和 57°且几乎对称的 E 面和 H 面归一化方向图，增益分别为 8.7 dBi、9.5 dBi 和 9.5 dBi。

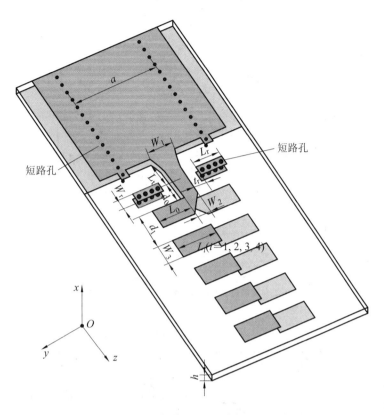

图 13.77　SIW 馈电的 X 波段八木天线

为了构成单脉冲天线，八木天线需要使用在原理上与矩形波导环形耦合器(环形耦合器简称环形器)相同的(如图 13.78(a)所示)SIW 混合环形耦合器。直径为 1 mm 的过孔 1 等效环的内壁，环的外半径 $R=10.6$ mm，在环中设置直径为 0.4 mm 的过孔 2、3 是为了减小微带馈线到输出端的反射，等间距孔 2 离过孔 1 的距离为 1.8 mm，且位于过孔 1 的周围，相对 z 轴对称的过孔 4 距原点 9.7 mm，过孔 3 的坐标位置为(± 8.1 mm，4.9 mm)。端口 1、3 是环形器的和端，端口 2、4 是环形器的差端。SIW 混合环形耦合器实测 $S_{11}<-10$ dB 的频率范围为 9.1~10.7 GHz，相对带宽为 16%，在 9.5~10.5 GHz 频段内，损耗为(1.8±0.3) dB。图 13.78(b)是由 SIW 混合环形耦合器、T 形微带馈线和 SIW 馈电的八木天线构成的单脉冲天线。距原点 27 mm 的端口 1 为和端。相邻 SIW 的宽度 $a_1=9.8$ mm，为了阻抗匹配，a_1 比 a 小很多。馈电 SIW 的长度 $t_1=6.4$ mm，过渡长度 $t_2=5.7$ mm。端口 2 为差端。微带至 SIW 的过渡结构用微带线连接环形耦合器，两个 T 形微带馈线把环形耦合器的输出与天线阵相连。在 T 形微带馈线中，直径分别为 0.6 mm 和 1.4 mm 且到波导边间距分别为 5.2 mm 和 3.6 mm 的过孔 5 和 6 用来减小反射。

在 $t=30$ mm，$r_2=19.3$ mm，$r_3=9.4$ mm，$\alpha_1=60°$，$\alpha_2=30°$ 的情况下，该天线在 9.5~10 GHz 频段内，主要实测电参数如下：S_{11}、$S_{22}<-10$ dB；相对带宽为 5.1%；在 9.5 GHz 处，最大和增益为 13 dBi，差增益为 10.5 dBi，零深为 -22.1 dB，和方向图两个面的 HPBW 分别为 $HPBW_E=13°$，$HPBW_H=71°$；在 10 GHz 处，该天线和、差增益分别为 13.1 dBi 和 10.4 dBi，零深为 -33.8 dB，和方向图两个面的 HPBW 分别为 $HPBW_E=12°$，

$HPBW_H = 64°$。

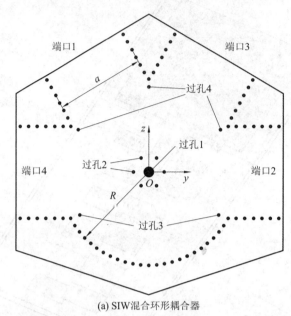

(a) SIW混合环形耦合器

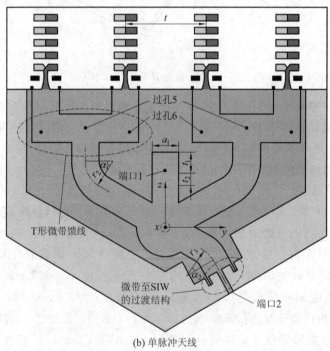

(b) 单脉冲天线

图 13.78　SIW 混合环形耦合器和单脉冲天线

13.7.2　L 波段单脉冲波束扫描天线阵

　　信号识别系统的平面天线有单脉冲方向图,因为该平面天线在扫描的边缘只允许接收电平下降 3 dB 的信号,所以要用单脉冲天线的主波束扫描来实现±45°方位覆盖,并用波束扫描功能来测量接收信号的角度。在方位面，能提供单脉冲性能的相阵天线可用来实现天线阵的波束扫描功能。在这种情况下，用和、差(Σ、Δ)方向图就能更精确地测量接收信号的到达方向：

$$\frac{\Sigma}{\Delta} = K\theta \tag{13.22}$$

式中，θ 是参照 Σ 方向图指向的接收信号的角度，K 是常数。参看图 13.79(a)，用俯仰方向图实现最大方向性，整个天线放在飞机顶部吊舱中。图 13.79(b)是系统的组成方框图，由图看出，整个系统由混合网络、功分网络、移相器和天线阵共 4 部分组成。为了实现 L 波段($1.02 \sim 1.1$ GHz)7.5% 的相对带宽，天线阵由 6×3 元贴片组成，辐射单元采用图 13.80(a)所示的同轴线耦合馈电的层叠矩形贴片天线。天线阵要用尺寸为 $L_1 = 144$ mm，$W_1 = 35$ mm，$H_1 = 27$ mm，$L_u = 115$ mm，$W_u = 18$ mm，$H_s = 13$ mm 的层叠矩形贴片天线实现水平面 HPBW$= 90°$。

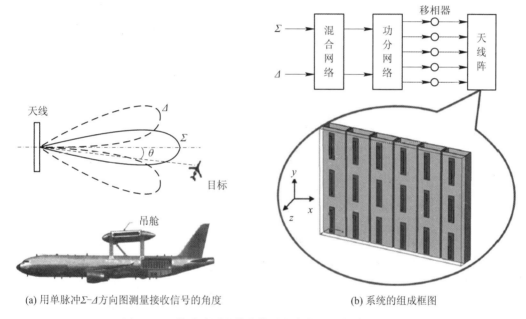

(a) 用单脉冲Σ-Δ方向图测量接收信号的角度　　　　　　(b) 系统的组成框图

图 13.79　单脉冲测量接收信号的角度和天线系统的组成

同 1 列 3 个层叠矩形贴片天线用与 1 分 3 微带馈电网络器连接的 50 Ω 同轴线同相馈电。图 13.80(b)是 6 列天线阵和馈电网络。每列辐射单元间距为 $0.75\lambda_0$，水平辐射单元间距为 $0.56\lambda_0$，天线阵辐射单元之间的耦合同 1 列垂直耦合比水平耦合小。$C_1 \sim C_6$ 天线分别与由延迟微带线构成且随方位角变化有合适相位的 6 个移相器相连。用两个对称的 1 分 3 微带馈电网络提供-6，-3，0，0，-3，-6 dB 的方位幅度系数，馈电网络的每 1 个输出端($P_1 \sim P_6$)再与相应的移相器相连。图 13.80(b)所示的混合网络可用来实现有 Σ、Δ 方向图的单脉冲系统。把混合网络的两个左右输出端与两个左右对称 1 分 3 微带馈电网络的输入端相连，用和端口(S_{port})就能得到 Σ 方向图；用差端口(D_{port})就能得到 Δ 方向图。差端口把混合网络左右输出端微带线长度设计成相差 $\lambda_g/2$ 以实现 $180°$ 相差。

为了减少损耗，功分网络和混合网络均用低耗 $\varepsilon_r = 2.45$ 的 PTFE 基板制造，除此之外，它们之间均用 50 Ω 电缆连接。表 13.16 把层叠矩形贴片天线阵的技术要求与实测结果做了比较。

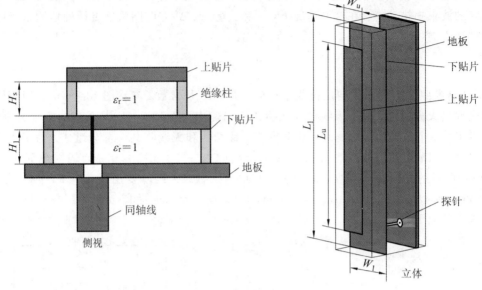

(a) 层叠矩形贴片天线

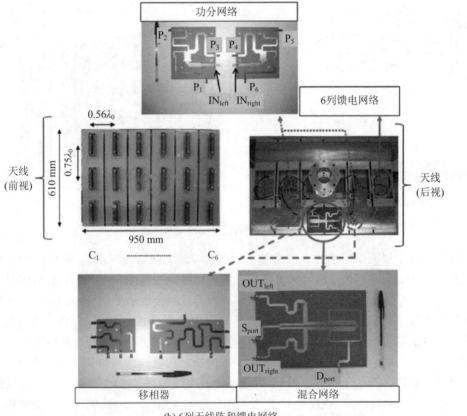

(b) 6列天线阵和馈电网络

图 13.80　层叠矩形贴片天线及 6 列天线阵和馈电网络

表 13.16　层叠矩形贴片天线阵的技术要求和实测结果

参数	要求	实测		
频率/GHz	—	1.02	1.06	1.1
长/mm 宽/mm 高/mm	950 70 610	—	—	—
方向系数/dBi	18.6	18.9	19.1	19.4
损耗/dB	2	0.58	—	—
G/dBi	16.6	18.35	18.54	18.79
$HPBW_H$/(°)	12～20	19	18.5	19
$HPBW_E$/(°)	20～40	25.5	24	21
零深(单脉冲)/dB	−25	−35	−32	−35
S_{11}/dB	−10	−11.5	−18	−13.5
方位扫描/(°)	90	—	—	—
频率范围/GHz	1.02～1.1	—	—	—
极化	垂直	—	—	—
方位方向图	单脉冲	—	—	—
俯仰方向图	最大方向性			

13.8　双向微波天线

13.8.1　适合煤矿/隧道通信使用的小尺寸双向端射天线阵

在地下矿井，电磁波由于隧道壁介电常数或电导率相对高而存在大的衰减，因而不能有效传输。隧道壁的反射和其他物体的绕射也会造成严重的多径效应。隧道通信多用成本比较高的泄漏同轴电缆。如果工作面连续移动，那么使用泄漏同轴电缆就极不方便。在发生事故，例如火灾、隧道侧墙倒塌时，用泄漏同轴线构成的通信系统极易损坏。为此隧道通信近十年多用既能减小路径损耗，又能减小多径效应的无线基站双向高增益天线。

在大多数隧道中，易燃气体漏出，如甲烷在高压浓度情况下爆炸产生的高浓度一氧化碳极容易使人窒息死亡。为了维持单位体积 19.5%～23.5%氧气的安全水准和减小其他有害气体的容积，隧道必须用风速为 2～6 m/s 的通风设备。由于许多平面结构的双向天线的主波束均垂直天线平面，如果把它们安装在隧道，就会对空气的流动带来不利影响，而且煤炭极容易吸附在天线上，使天线的性能恶化，为此煤矿/隧道通信希望使用小尺寸、低轮廓天线。

众所周知，同相激励的天线阵具有边射方向图，如果反相激励间距为 $0.5\lambda_0$ 相邻辐射单元的天线阵，则天线阵会产生端射方向图。图 13.81(a)是适合隧道通信的小尺寸，用空气传输线串联构成的相邻单元间距为 165 mm($0.47\lambda_0$)的 6 元双向端射天线阵，图 13.81(b)

所示为其等效电路。中心频率 $f_0=860$ MHz($\lambda_0=348.8$ mm)。为了结构对称,天线阵在中间馈电。为了使结构紧凑,所有辐射单元均为尺寸完全相同的折合曲线偶极子。

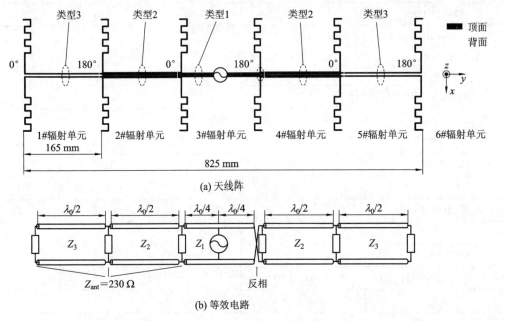

(a) 天线阵

(b) 等效电路

图 13.81　串联折合曲线偶极子构成的 6 元双向端射天线阵及等效电路

折合曲线偶极子的输入阻抗为 230 Ω,双向端射天线阵可用图 13.82(a)所示的双侧面平行传输线(类型 I)来实现特性阻抗 $Z_1=87$ Ω,该传输线既作为巴伦,又为 3# 辐射单元和 4# 辐射单元提供 180°反相信号。由于相邻辐射单元的间距为 $\lambda_0/2$,因此从中心到 3# 或 4# 辐射单元,还具有 $\lambda_0/4$ 长阻抗变换段的作用。图 13.82(b)、(c)所示的共面

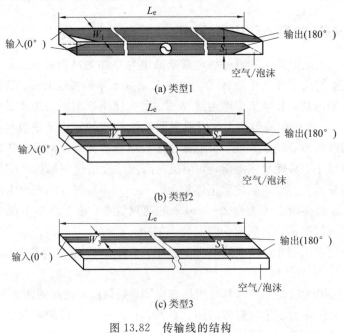

(a) 类型1

(b) 类型2

(c) 类型3

图 13.82　传输线的结构

传输线(类型 2 和类型 3)可用来实现特性阻抗分别为 $Z_2=115\ \Omega$，$Z_3=230\ \Omega$。为了使传输线上的驻波最小，双向端射天线阵可设计串联馈电网络。传输线的具体尺寸如下：$L_e=165\ \text{mm}$，$W_1=W_2=2.2\ \text{mm}$，$S_1=S_2=1\ \text{mm}$，$W_3=1.2\ \text{mm}$，$S_3=2\ \text{mm}$。

为了简化馈电网络，双向端射天线阵把具有高输入阻抗的折合曲线偶极子作为辐射单元。折合曲线偶极子的长度对阻抗带宽有很大影响，为了实现更好的阻抗匹配，应增加折合曲线偶极子的长度。兼顾阻抗匹配和天线的尺寸，双向端射天线阵选取折合曲线偶极子的长度约为 $0.28\lambda_0$。

图 13.83(a)是用厚 $h=1\ \text{mm}$，$\varepsilon_r=4.4$ 的 FR4 基板制造的折合曲线偶极子无线。为了减小传输线通过空气/泡沫到 FR4 基板的不连续，折合曲线偶极子采用哑铃形基板。所有金

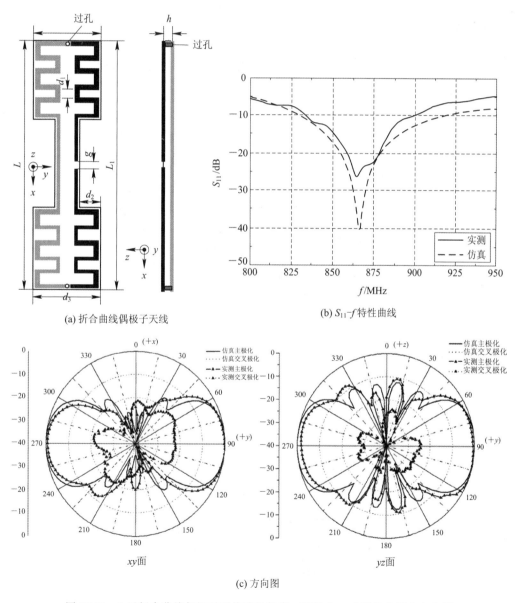

(a) 折合曲线偶极子天线   (b) $S_{11}\text{-}f$ 特性曲线

(c) 方向图

图 13.83　6 元折合曲线偶极子天线阵及仿真、实测 $S_{11}\text{-}f$ 特性曲线和方向图

属线的宽度定为 1 mm，曲折线边缘和基板边缘间的距离为 0.5 mm，间隙 g 采用图 13.82 中的 S_1、S_2 或 S_3，辐射单元的具体尺寸为 $L_1=99$ mm，$d_3=28$ mm，$L=100$ mm，$d_1=5$ mm，$d_2=12$ mm。图 13.83(b)、(c)分别是 6 元折合曲线偶极子天线阵仿真、实测 S_{11}-f 特性曲线和方向图，由图看出，实测 $S_{11}<-10$ dB 的频率范围为 834～899 MHz，相对带宽为 7.5%，方向图为端射双向，在阻抗带宽内，实测 $G=8～9$ dBi。

13.8.2　位于高阻地面上有双向端射方向图的水平偶极子

隧道通信需要使用低轮廓双向天线。为了实现低轮廓，天线可位于高阻地面上。图 13.84(a)是位于高阻地面上有双向端射方向图的长 $\lambda_0/2$ 的水平偶极子。中心频率 $f_0=2.81$ GHz($\lambda_0=106.7$)，长×宽 $=21$ mm×2 mm 的水平偶极子是用厚 $h_1=0.276$ mm，$\varepsilon_r=10.04$ 的基板制造的，它位于图 13.84(b)所示的用厚 $h_2=4$ mm，$\varepsilon_r=2.2$ 的基板制造的 5× 3 元矩形贴片构成的高阻地面上。高阻地面的尺寸：$L_g=85.5$，$W_g=85$，$L=27.5$，$W=15$，$g_1=1$，$g_2=2$，$d=2.6$(以上参数单位为 mm)。水平偶极子用同轴线馈电，同轴线的内导体与水平偶极子相连，同轴线的外导体与地板相连。距离馈电点 $D=6$ mm 的短路柱把水平偶极子与地板短路连接。图 13.84(c)是水平偶极子在 f_0 处仿真、实测的方位面和垂直面方向图，由图看出，两个面方向图均呈 8 字形，最大辐射方向均沿水平面，HPBW 分别为

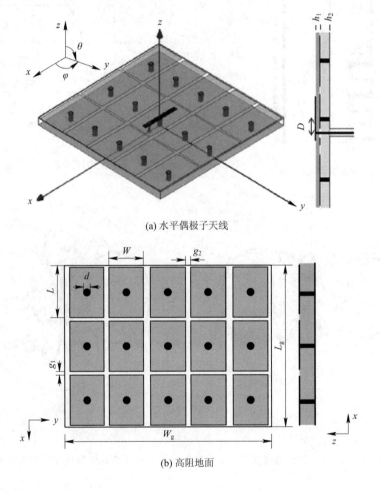

(a) 水平偶极子天线

(b) 高阻地面

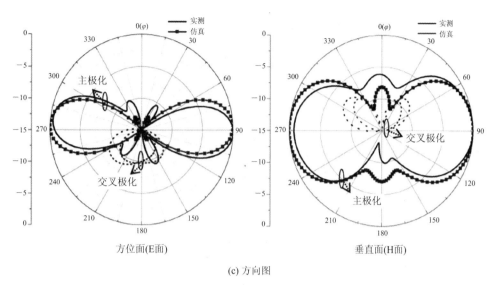

(c) 方向图

图 13.84　具有双向端射方向图且位于高阻地面上的水平偶极子

$38°$ 和 $74°$，$G=4$ dBi。该天线最大缺点是阻抗带宽太窄，实测 $S_{11}<-6$ dB 的相对带宽只有 2.6%。

13.9　多波束微波天线

13.9.1　3 波束天线阵

多波束天线由于能增加通信容量、改善传输质量，因而得到广泛应用。大多数多波束天线阵的波束形成网络(BFN)均采用 Butler 矩阵。普通 Butler 矩阵通常使用两路定向耦合器，如果把图 13.85(a)所示的 3 路定向耦合器作为 $3×3$ 波束形成网络，就能构成位于 $\pm\theta=25°$ 和 $\theta=0°$ 的 3 波束天线阵。由图 13.85(a)看出，3 路定向耦合器由 TL1~TL10 共 10 个传输线组成。传输线 TL1~TL3 的特性阻抗为 $50/3$ Ω，传输线 TL4~TL7 的特性阻抗为 50 Ω。TL8、TL9 是 TL2、TL3 之间的分支线，它们的长度和特性阻抗决定了 TL2、TL3 之间的耦合系数，调整传输线 TL8、TL9 的参数，可以使端口 1、端口 2 和端口 4、端口 6 之间的隔离度最佳。传输线 TL10 作为移相器，它可以调整 3 个输出端之间的相位差。图 13.85(b)是用厚 $h=0.8$ mm，$\varepsilon_r=2.65$ 的基板制造成中心频率 $f_0=5.8$ GHz 的 3 路定向耦合器的结构。经过优化设计，3 路定向耦合器各段传输线的特性阻抗 Z_0 及电长度如表13.17所示。传输线的宽度、长度如下：$W_1=4.8$，$W_2=5.0$，$W_3=2.2$，$W_4=2.3$，$W_5=W_6=2.1$，$L_1=11.5$，$L_2=10.5$，$L_3=23$(以上参数单位为 mm)。

表 13.17　3 路定向耦合器各段传输线的特性阻抗及电长度

传输线	TL1	TL2	TL3	TL4	TL5	TL6	TL7	TL8	TL9	TL10
Z_0/Ω	28	31	31	51	51	49	49	52	52	50
电长度	0.278	0.278	0.278	0.264	0.264	0.264	0.264	0.764	0.764	0.167

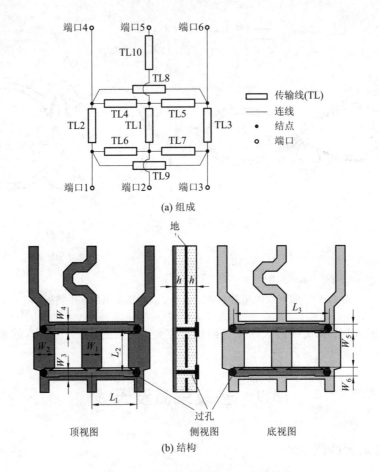

(a) 组成

(b) 结构

图 13.85　3 路定向耦合器的组成和结构

经过仿真，在 $0.95f_0 \sim 1.05f_0$ 频段内，3 路定向耦合器的主要特性如下：

(1) 所有端口，$S_{11} < -10$ dB。

(2) 输入/输出端隔离度小于 -15 dB。

(3) 从任意 1 个输入端输入的信号等分到 3 个输出端，误差小于 ±1 dB。相对输入端，3 个输出端（端口 4～6）有 120°固定相差。

图 13.86(b)是单元间距为 L（如图 13.86(a)所示）的 3 个变形八木天线构成的 3 波束变形八木天线阵，该天线阵用 3 路定向耦合器作为波束形成网络。图中 $\theta_{\max}$ 为最大波束方向，θ_{10}、θ_{20} 为零辐射方向。

$L = \lambda_0/3$，3 波束的方向为 $\theta = 0°$，$\theta = \pm90°$。3 波束变形八木天线阵实测电性能列在表 13.18 中。

表 13.18　3 波束变形八木天线阵实测电性能

激励端口	$\theta_{\max}$	$G_{\max}$	θ_{10}（零深）	θ_{20}（零深）
端口 1	25°	10 dB	0°（−17 dB）	−32°（−27 dB）
端口 2	0°	11 dB	30°（−23 dB）	−31°（−19 dB）
端口 3	−25°	10 dB	32°（−41 dB）	0°（−22 dB）

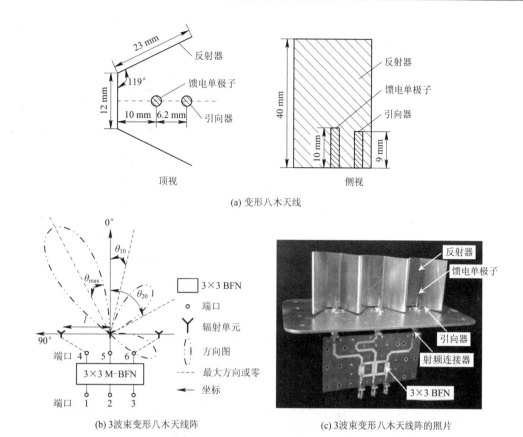

(a) 变形八木天线

(b) 3 波束变形八木天线阵　　　　(c) 3 波束变形八木天线阵的照片

图 13.86　3 波束变形八木天线阵

13.9.2　简单切换多波束天线

Butler 矩阵可以构成多波束天线。在 Butler 矩阵 4 波束天线中，馈电网络由 4 个 90°电桥和两个开关组成，不仅结构复杂，而且恶化天线的相位特性。图 13.87 所示为由 1 个 90°电桥、两个开关和一根 45°延迟线构成的简化波束形成网络，它不仅比 Butler 矩阵 4 波束天线简单，而且容易制造。

图 13.87 是用 $\varepsilon_r = 2.2$ 的基板印刷制造的简化波束形成网络和贴片天线，由图 13.87（a）看出，简化波束形成网络有 1 个输入端、3 个输出端。开关 1 位于 90°电桥的前面，开关 2 位于由两个长度均为 $\lambda/2$ 的长合成器的前面。90°电桥提供两个 90°相差信号，合成器提供 180°相差。开关 1 和开关 2 置于 0 或 1 时，天线的相位关系如表 13.19 所示。

表 13.19　开关 1 和 2 置于 0 或 1 时，天线的相位

开关 1	开关 2	天线的相位/(°)		
		天线 1	天线 2	天线 3
0	0	0	−45	−90
0	1	0	135	270
1	0	−90	−45	0
1	1	270	135	0

在 $f_0=11$ GHz 处，图 13.87(b)所示的贴片天线的尺寸如下：$W_1=9.6$ mm，$W_2=10$ mm，$W_3=2.5$ mm，$W_4=1$ mm，$W_5=1.56$ mm，$h=15$ mm。

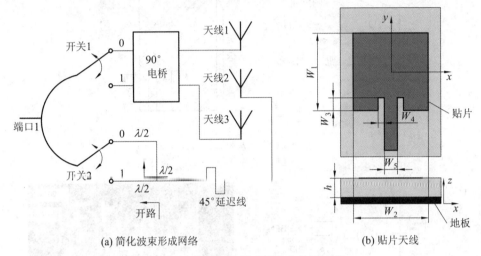

(a) 简化波束形成网络　　　　　　　　　(b) 贴片天线

图 13.87　简化波束形成网络和贴片天线

图 13.88 是开关位于 1/0、1/1 时多波束天线的照片。开关位于 1/0，主波束位于 −12°；开关位于 1/1，主波束位于 35°；开关位于 0/0 和 1/0，多波束天线也有两个波束。

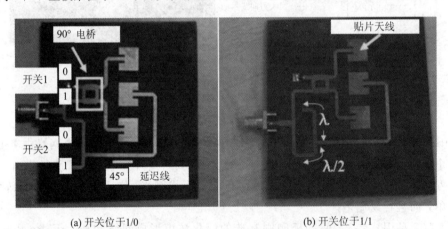

(a) 开关位于1/0　　　　　　　　　　(b) 开关位于1/1

图 13.88　多波束天线的开关位于 1/0 和 1/1 位置的照片

13.10　毫米波 SIW 全向滤波天线阵

13.10.1　Ku 波段 SIW 全向滤波贴片天线阵

Ku 波段的无线通信与 C 波段、Ka 波段的无线通信在容量、雨衰和电路尺寸方面相比，更具有优势，越来越引起人们的关注。Ku 波段制造器件的精度尤为关键。滤波器和天线一体化设计可制成滤波器天线，滤波器天线可用来减小 RF 滤波器和天线之间的传输线引起的插损，扼制带外不需要的杂散信号。基片集成波导(SIW)由于具有低损耗、低成本、易集成和易制造等优点，因而得到广泛应用。平面印刷共线全向天线和 SIW 带通滤波器可集成在一块基板上,制成共线全向滤波天线阵。该天线阵由于不用电缆连接,因而无传输线损耗。为了实现阻抗匹配,平面印刷共线全向天线和 SIW 滤波器必须用渐变耦合双线连接,因此 SIW 也作巴伦使用。

图 13.89(a)是交替印刷在基板正反面,由相邻间距近似为 $\lambda_g/2$ 串联贴片构成的共线全向天线阵。调整正反面相邻辐射单元的间距 L_2,可使天线阻抗匹配。调整贴片天线的宽度 W_1 和微带馈线的宽度 W_2,可使天线获得最好的全向方向图。图 13.89(b)是由串联全向贴片天线和 3 级 SIW 感性窗口带通滤波器集成在一起构成的共线全向滤波天线阵。SIW 用基板的金属过孔来实现,SIW 的宽度 W_9 为两行金属过孔的间距。3 级 SIW 感性窗口带通滤波器由宽度为 W_4 和 W_5 的感性窗口,长度为 L_5、L_6 的空腔谐振器组成。

用 $\varepsilon_r=2.5$,厚为 1 mm 的基板印刷制作的 $f_0=14.4$ GHz 共线全向天线阵及共线全向滤波天线阵的尺寸分别如下:

共线全向天线阵:$W_1=2.7$ mm,$W_2=0.5$ mm,$W_3=2.8$ mm,$W_4=12$ mm,$L_1=6.45$ mm,$L_2=0.5$ mm,$L_3=3.5$ mm,$L_4=3$ mm,$L_5=80$mm。

共线全向滤波天线阵:$W_1=2.7$ mm,$W_2=0.5$ mm,$W_3=2$ mm,$W_4=5.36$ mm,$W_5=3.57$ mm,$W_6=4.5$ mm,$W_7=2.8$ mm,$W_8=12$ mm,$W_9=9.4$ mm,$D=1$ mm,$d=0.6$ mm,$L_1=6.45$ mm,$L_2=0.6$ mm,$L_3=2$ mm,$L_4=5$ mm,$L_5=8.59$ mm,$L_6=9.44$ mm,$L_7=1.5$ mm,$L_8=3$ mm,$L_9=120$ mm。

共线全向天线阵,在 13.36～14.98 GHz 频段内,实测 $S_{11}<-10$ dB,相对带宽为11.4％;在 14.3～14.5 GHz 频段内,实测增益为 8.8～9.0 dBi。共线全向滤波天线阵,在14.2～4.58 GHz 频段内,实测 $S_{11}<-10$ dB,相对带宽为 2.6％;在 14.3～14.5 GHz 频段内,实测 $G=7.7～7.9$dBi。

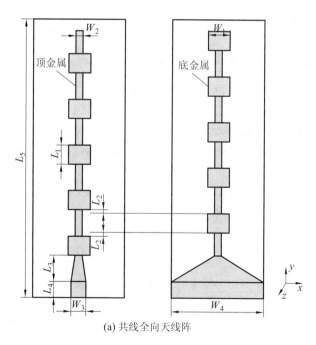

(a) 共线全向天线阵

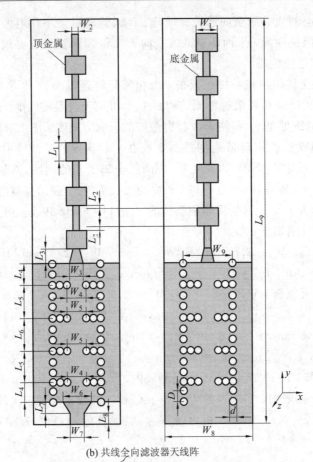

(b) 共线全向滤波器天线阵

图 13.89　共线全向天线阵及共线全向滤波天线阵

13.10.2　一维微波相控阵 SIW 缝隙天线

SIW 微带集成波导缝隙天线，由于具有低剖面、高增益、轻重量等特点，因而在微波、毫米波段得到了广泛应用。本节介绍一款 Ku 波段用于一维小型相控阵的线极化 SIW 缝隙天线阵。该天线阵由若干列单元（单元数由方位方向图的波束宽度决定）组成。每列单元采用中心馈电，总缝隙数根据俯仰波束宽度的要求设计，本例缝隙数为 10，上下各 5 个。图 13.90 是由 SIW 缝隙阵、天线底座和 SMP 连接器组成的相对带宽为 8.5% 的 SIW 缝隙天线阵。该天线阵的优点：天线剖面低，易于与其他系统集成，PCB 制作较简单。其缺点：介质波导的损耗略大于空气波导，导致增益减小。

列单元数由天线方位波束宽度和最大电扫描角度 θ_m 决定，后者决定了列单元的间距 d_x，即

$$d_x \leqslant \left(\frac{\lambda_+}{(1+\sin\theta_m)} \right) \tag{13.23}$$

受列单元间距 d_x（在这里就是 SIW 波导宽度）的限制，SIW 介质波导尺寸的宽边必须小于等于 d_x。SIW 缝隙天线阵采用 PCB 板制造，TE_{10} 介质波导截止波长 λ_c 为

$$\lambda_c = \frac{2a}{\sqrt{\varepsilon_r}} \tag{13.24}$$

相对介电常数 ε_r 与天线尺寸、天线增益、工作带宽都有关系。PCB 的相对介电常数越高，SIW 的宽边尺寸 a 越小。图 13.90 所示的 SIW 缝隙天线阵采用了相对介电常数为 2.55 的双面覆铜板，并按照 25 dB 的泰勒分布仿真得到所需要的电导值，通过改变缝隙偏移量实现低副瓣性能。为了直接获得列单元的辐射参数和互耦参数，仿真时在设计模型两边各增加 1 个（最好是两个）相同的单元。

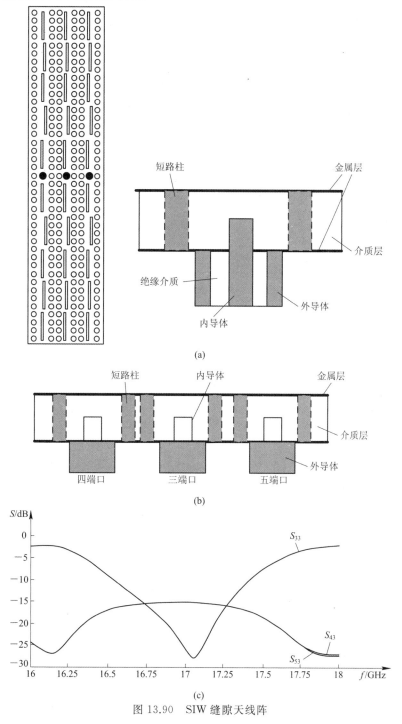

图 13.90　SIW 缝隙天线阵

图 13.90(c)示出了 SIW 缝隙天线阵的阵中和两边列单元之间仿真的隔离度参数 S_{33}、S_{43}、S_{53}。由图看出，在 16.55～17.4 GHz 频段内，$S_{33}<-10\text{dB}$ 的相对带宽为 5%，互耦 S_{43}、S_{53} 均小于 -15 dB。

图 13.91 示出了 SIW 缝隙天线阵中和两边列单元在低频、中频、高频的 E 面（方位面）、H 面（俯仰面）增益方向图。由图可见，在三个频段，E 面 HPBW 均为 90°，H 面 HPBW 均为 12°，H 面副瓣电平均小于 20 dB。

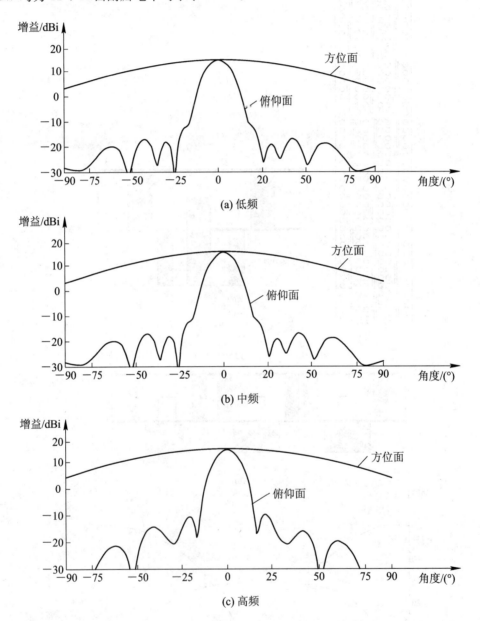

图 13.91　SIW 缝隙天线阵中和两边列单元在低频、中频、高频的 E 面、H 面方向图

13.11　微波毫米波扇形波束和赋形波束天线

扇形波束是对一维窄波束、一维宽波束的形象化描述。扇形波束天线是机场跑道异物探测的毫米波雷达(FOD)、港管雷达(VTS)、船用导航(防撞)雷达、远程及超远程警戒雷达常用的天线形式。为了在搜索类、警戒类雷达和特殊场合得到的更好的应用，把按给定某函数描述的特殊形状的波束统称为赋形波束，如 $F(\theta) = \mathrm{COSEC}^2(\theta)$ 的扇形方向图，就称为余割平方赋形方向图。

扇形波束天线分为普通扇形波束天线与赋形扇形波束天线。普通扇形波束天线是指天线主波束的扇面有 $F(\theta) = \cos^n(\theta)$ 的波束形状。赋形扇形波束天线是指天线主波束的扇面有 $F(\theta) = \mathrm{COSEC}^2(\theta)$ 的波束形状或其他函数所描述的扇形波束形状，前者即是著名的余割平方赋形扇形波束天线，它充分利用了雷达合理分配的收发信号能量，在不失目标灵敏度的情况下提高了有效作用距离。普通扇形波束天线在港管雷达、船用导航(防撞)雷达、毫米波雷达(FOD)领域得到了广泛的应用。余割平方赋形扇形波束天线则在远程及超远程警戒雷达中常用。一些特殊的应用场合，还需要平顶赋形、平顶梯形赋形或窄余割平方赋形波束天线。

13.11.1　普通扇形波束天线

普通扇形波束天线的主瓣波束宽度用 3 dB 波束宽度来描述。当两个正交方向(俯仰方向 θ 和方位方向 ϕ)的波束宽度相差明显时，天线主波束就出现像扇子一样的波束形状。天线具体采用什么形式来实现，还要看两维波束宽度的具体要求、频率范围与相对带宽、极化方式、使用场合、外形、重量等。

常用的普通扇形波束天线有扁喇叭天线、喇叭阵列天线、偏馈切割反射面天线、波导缝隙喇叭天线、盒式(抛物短柱面)天线、抛物柱面天线、微带阵列天线、波导缝隙阵列天线等。

13.11.2　W 波段 FOD 扇形波束偏馈切割反射面天线

机场跑道异物探测的 FOD，需要采用俯仰面扇形波束照射，方位面窄波束提供增益和方位鉴别，通过方位机械扫描探测异物目标。对于这种近、中距离的雷达系统，FMCW 是低射频功率、高测距精度的首选。缺点是天线需要收发分置，即需要两副天线、同时需要高的收发隔离度。因为收发隔离度决定了系统的检测噪声，从而决定了雷达的最大检测作用距离。

图 13.92(a)是作者伍捍东设计的 W 波段窄扇形波束天线，该天线采用偏馈反射面，将收发两个馈源放在上、下天线中间。增益≥48 dB、方位和俯仰半功率波束宽度分别为 0.2°和 2°。图 13.92(b)、(c)分别是该天线的 H 面和 E 面归一化方向图。由于毫米波收发机的前端和馈源都屏蔽在馈源支撑体内，再加上在馈源支撑体表面贴或喷涂吸收材料，因而收发天线之间的隔离达到 80 dB 以上。

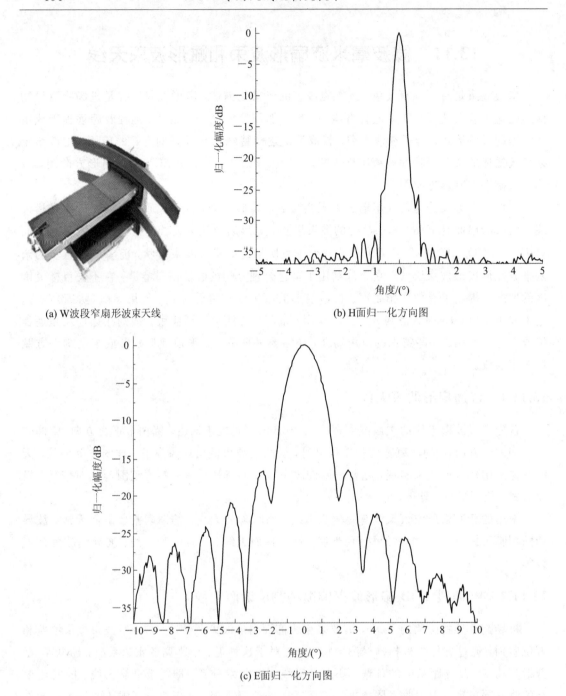

(a) W波段窄扇形波束天线　　　　　　　(b) H面归一化方向图

(c) E面归一化方向图

图 13.92　W 波段窄扇形波束天线及实测 H 面和 E 面归一化方向图

13.11.3　W 波段扇形波束盒式天线

图 13.93(a)是作者伍捍东设计的 W 波段中等距离 FOD 收发天线的实物图，图中面板上黑色扁条状是天线的辐射面。由于天线外形像盒子，所以也叫盒式天线。盒式天线是由 1 个柱面高度 H 比较小的抛物柱面天线，以及两块金属平板封堵在柱面两端构成的。由于

盒式天线的辐射只限于天线口径面,因此该天线减少了空间馈电带来的杂散电磁波的多重反射干扰。盒式天线整体结构设计紧凑,收发天线的调整和安装更为方便。盒式天线较好地解决了宽扇面与低副瓣窄波束面之间的技术矛盾,具有宽带、高增益、低副瓣、高隔离度、线或圆极化、低电磁漫射、低高度、多天线可直接堆叠放置等优点。

图 13.93(b)、(c)分别是该天线 VSWR－f 特性曲线和隔离度 S_{21}－f 特性曲线,图 13.93(d)、(e)分别是实测的低频和高频归一化方向图。由图看出,在 92～95 GHz 频段内,实测 VSWR≤1.4,S_{21}≤－70 dB,E 面和 H 面 HPBW 分别为 0.8°和 6.5°,增益≥37 dB。

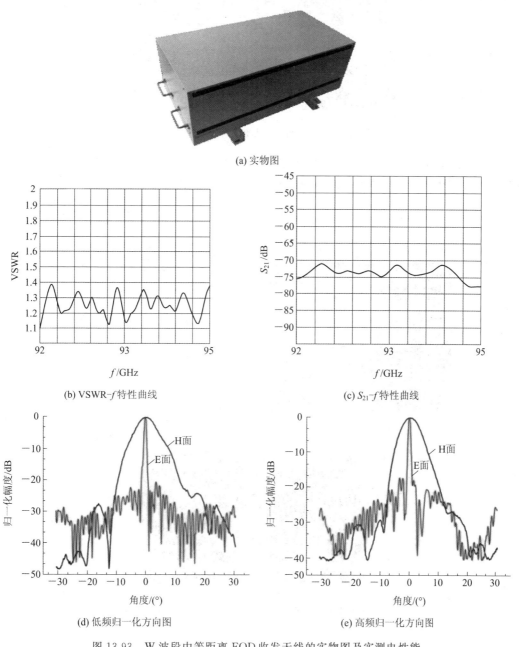

(a) 实物图

(b) VSWR-f 特性曲线

(c) S_{21}-f 特性曲线

(d) 低频归一化方向图

(e) 高频归一化方向图

图 13.93　W 波段中等距离 FOD 收发天线的实物图及实测电性能

13.11.4　圆极化扇形波束盒式天线

采用抛物柱面＋喇叭阵列＋圆极化阵列＋喇叭阵列的设计方案，可以实现全波导带宽圆极化扇形波束天线。图 13.94 是在 18～26.5 GHz 频段内和 26.5～40 GHz 频段内全波导带宽圆极化扇形波束盒式天线。

图 13.94　全波导带宽圆极化扇形波束盒式天线

不同频段或同频段天线可以直接堆积，其好处是大大减小了多频段天线的高度。图 13.95是圆极化扇形波束盒式天线（抛物柱面＋圆极化喇叭阵列）。

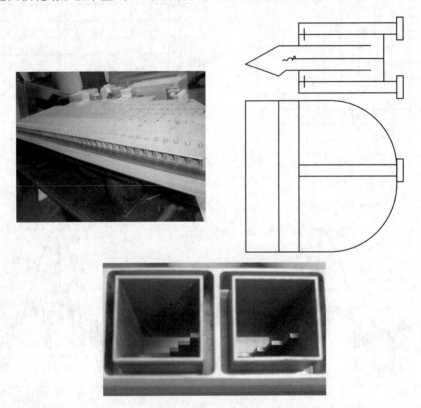

图 13.95　圆极化扇形波束盒式天线（抛物柱面＋圆极化喇叭阵列）

13.11.5　扇形波束阵列天线

船用导航(防撞)雷达大量使用串馈波导缝隙阵列天线,以形成方位面上窄波束低副瓣,俯仰面 20°的扇形波束,该扇形波束是由缝隙阵列馈电的长喇叭提供的。图 13.96 所示的扇形波束阵列是指在形成扇形波束的方向上将上下 5～8 个行单元(串馈波导缝隙天线)组阵,从而形成所需要的扇形波束宽度。

图 13.96　俯仰面用阵列合成所需扇形波束宽度的防撞雷达天线

13.11.6　赋形波束天线

赋形波束天线是以给定特殊波束形状设计的天线。宽角赋形波束采用中截线概念设计,即在中截线焦点放置馈源,馈源向中截线照射(球面波),通过中截线反射后,在俯仰面上形成预定形状的方向图,如 $F(\theta) = \mathrm{COSEC}^2(\theta)$ 方向图。这条俯仰方向的反射线称为赋形波束中截线。以中截线为母线横向平移后会形成柱面结构,中截线的焦点因平移形成焦线。设计直线状馈源使其位于赋形柱面的焦线上。方位面波束方向图可按项目要求设计,俯仰面波束按照中截线照射角度和照射电平设计。

作者伍捍东采用图 13.97 所示的宽带大功率弓形馈源和中截线赋形柱面设计方案,在相对带宽为 28.5% 的 L 波段,成功研制出承受连续波功率达 3000 W、俯仰面有 0°～80°余割平方赋形方向图、方位面 HPBW 为 2° 的赋形波束天线。该赋形波束天线由于其反射面采用了栅格设计,因而大大降低了产品重量、制造反射面的模具费用和工艺费用。图 13.97 是余割平方赋形波束单弯曲栅格反射面天线的实物图与实测归一化方向图。

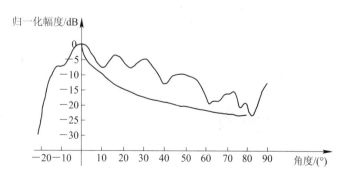

(a) 实物图　　　　　　　　　　　　(b) 俯仰面归一化方向图

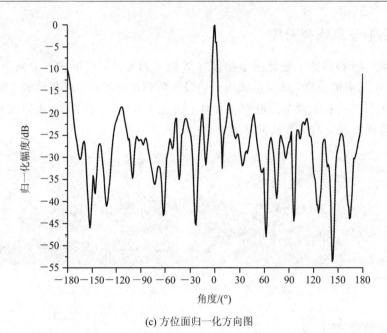

(c) 方位面归一化方向图

图 13.97　余割平方赋形波束单弯曲栅格反射面天线的实物图与实测归一化方向图

13.11.7　赋形波束双弯曲反射面天线

传统的余割平方天线多采用双弯曲反射面来实现。俯仰面的余割平方方向图由中截线决定，方位面的方向图由镶嵌在中截线上的一系列抛物线条带实现，各条带的焦点与中截线的焦点重合。图 13.98 是作者伍捍东设计的 C 波段赋形波束双弯曲反射面天线的实物图及实测归一化方向图。

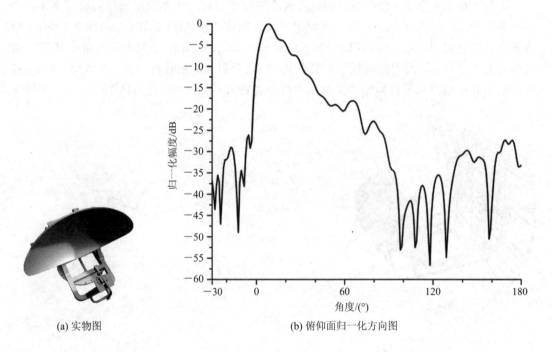

(a) 实物图　　　　　　　　　　(b) 俯仰面归一化方向图

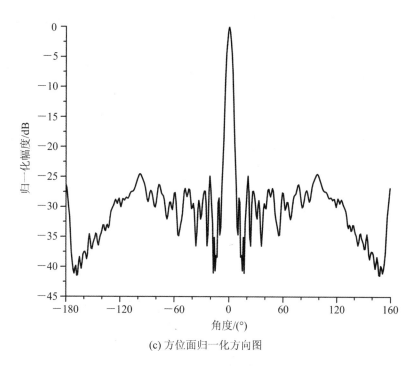

(c) 方位面归一化方向图

图 13.98　C 波段赋形波束双弯曲反射面天线的实物图及实测归一化方向图

13.11.8　用遗传算法设计平面阵列赋形波束天线

　　阵列天线是由各个单元天线按照一定规律排列以获得所需方向图和更高增益的天线。一维窄波束、一维赋形波束天线,分别在两维单独设计。方位面窄波束低副瓣和俯仰面赋形宽波束的天线,需首先设计符合方位面的波束宽度和低副瓣的行单元,其次将行单元在俯仰面合成所需要的赋形波束,得到各行单元(或列单元)天线的阵中方向图,最后用遗传算法寻找一组幅度和相位与期望的目标方向图比较接近的阵列天线方向图。按照图 13.99 所示的流程框图,编写程序来实现阵列天线方向图。遗传算法通过对整个群体搜索,将问题用种群来代表,初始种群经过个体选择、染色体交叉、染色体变异等操作产生新的一代种群,并逐渐使种群内包含有最接近目标的个体。

　　群体相关参数设置:考虑到计算结果的准确性以及遗传算法的效率,群体数量设置为 200;交叉概率决定着在遗传算法中交叉算子被使用的频率,交叉概率取 0.6;变异操作是对遗传算法搜索操作的补充,目的是增加种群中的个体染色体的多样性,但是低频度的变异会减小染色体中重要基因丢失的概率,而高频度的变异会破坏遗传算法的计算,通常变异概率取 0.2;算法的迭代数是运算完成的重要参数,表示群体的进化代数,为了避免计算结果和最优解效率有较大的差异以及确保计算效率,将算法的迭代数设置为 1000。

　　使用遗传算法来完成阵列天线的波束赋形,需要把天线方向图与目标方向图对比作为遗传算法中的适应度,把每个单元天线的幅度和相位的集合作为群体中的个体。

因天线需在 0～45°实现余割方向图，并使近区旁瓣尽量低，所以目标方向图被分成两个区域，即主瓣区和近区旁瓣区。目标幅度方向图的函数表示为

$$mb = \begin{cases} \csc(\dfrac{\theta}{180°} \times \pi + \dfrac{10}{180°} \times \pi) & (-5° \leqslant \theta \leqslant 45°) \\ 0 & (\theta > 45°, \theta < -5°) \end{cases} \qquad (13.25)$$

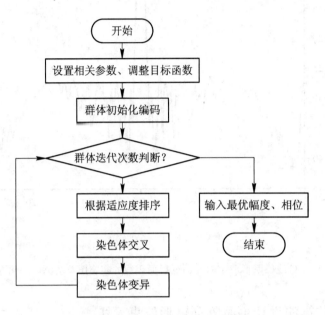

图 13.99　遗传算法波束赋形流程框图

依据阵列天线方向图的乘积定理，即把单元天线方向图乘以阵因子，阵列天线的方向图为

$$F(\phi, \theta) = f(\phi, \theta)S \qquad (13.26)$$

其中，$f(\phi, \theta)$ 为单元的天线方向图；S 为阵列天线的阵因子。

遗传算法进行波束赋形的程序可使用 MATLAB 软件编写，该遗传算法的主程序如下：

```
init(population_size, chromosome_size);
for G=1：generation_size
    fitness(population_size, chromosome_size, NN, FBL, f, d);
    disp('计算完适应度');
rank(population_size, chromosome_size);
disp('排序完成');
    selection(population_size, chromosome_size, elitism);
    crossover(population_size, chromosome_size, cross_rate);
    mutation(population_size, chromosome_size, mutate_rate);
    disp('迭代数');
    disp(G);
end
```

其中，init 是完成群体中的个体的染色体基因初始化；rank 是将种群中的个体按照适应度从小到大的顺序排列；selection 是对群体的个体按照适应度进行选择操作；crossover 是对群体按照交叉概率选择一对个体进行染色体交叉的操作；mutation 是对群体中的个体的染色体上的基因数值按照变异概率进行选择并改变。

遗传算法的运行结果如图 13.100 所示。

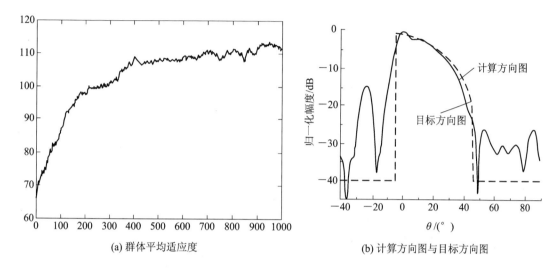

(a) 群体平均适应度　　　　　　　　　(b) 计算方向图与目标方向图

图 13.100　运行结果

由图 13.100(a)看出，群体的平均适应度在 380 代后开始收敛，并且在 946 代出现适应度最高为 114.68 的个体。将目标方向图与计算方向图对比，见图 13.100(b)，计算方向图与目标方向图在 -5 度到 45 度的范围内非常接近余割函数。表 13.20 是经过遗传算法优化后，$N=16$ 单元的归一化幅度和相位。

表 13.20　遗传算法优化后，$N=16$ 单元的归一化幅度和相位

单元	1	2	3	4	5	6	7	8
归一化幅度	0.198 54	0.120 84	0.105 08	0.161 09	0.409 19	0.550 10	0.110 73	0.558 96
相位	1.142 23	2.093 06	77.190 1	91.222 5	64.407 8	22.447 4	3.074 79	178.543
单元	9	10	11	12	13	14	15	16
归一化幅度	0.992 62	0.994 69	0.624 11	0.577 15	0.582 46	0.316 01	0.108 06	0.177 75
相位	134.458	90.006 8	67.214 8	90.735 3	58.542 3	1.571 55	32.948 3	26.491 2

将计算得到的最优幅度、相位分布值输入电磁仿真软件中模型的各相应端口，得出天线的仿真方向图。由图 13.101 可见，电磁仿真方向图与计算方向图赋形吻合得相当好。

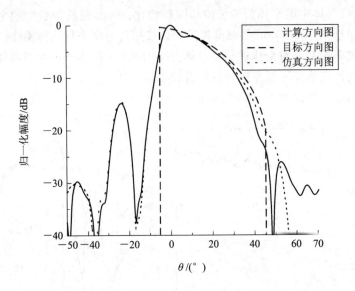

图 13.101　电磁仿真方向图与程序计算方向图、目标方向图的赋形吻合度

　　图 13.102 是作者伍捍东设计的 X 波段 8 元平面阵列赋形波束天线和实测 E 面、H 面归一化方向图。行单元是用波导宽边缝隙串联馈电的行波导阵列。俯仰面通过正交波导宽边缝隙馈电网络或 TR 收发组件控制每个行单元的幅度和相位赋值，从而实现俯仰面波束的赋形。天线的行单元间距依照标准波导管 BJ - 100 的外形宽边尺寸设置为 25 毫米。电磁仿真软件通过对各个单元幅度激励和相位赋值以便得到所期望的赋形波束。该天线设计加工后实测性能：垂直极化、水平面 HPBW 波束宽度为 1°，俯仰面按余割平方从 0°扩展到 45°；最大增益≥34 dBi，45°仰角增益≥17 dBi。

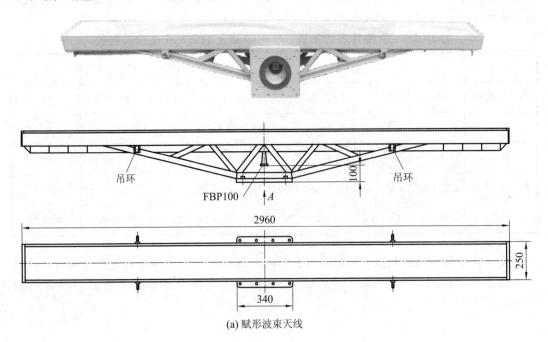

(a) 赋形波束天线

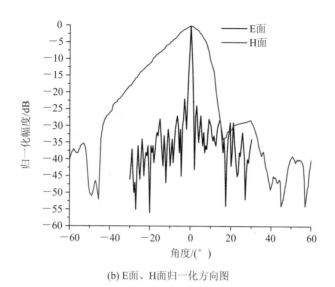

(b) E面、H面归一化方向图

图 13.102　X 波段 8 元平面阵列赋形波束天线和实测 E 面、H 面归一化方向图

13.11.9　抛物柱面天线

在许多工程应用中，天线要求具有多波段、超宽带、高增益的特点。高增益的天线广泛使用反射面天线和阵列天线。阵列天线的优势在于低剖面，反射面天线除剖面较高外，其他方面的优势是明显的。但点焦抛物反射面，只有 1 个焦点用于放置馈源，所以多波段只能靠超宽带馈源来实现。为了有效利用天线口径，满足超宽带的应用要求，抛物柱面反射面天线应运而生。它有 1 个焦线，在这个焦线上可布置多个馈源，如布置 1～4 GHz、4～18 GHz、18～40 GHz、40～60 GHz 的双极化馈源可形成 1～60 GHz 的双极化高增益天线。

图 13.103(a)是作者伍捍东设计的 1 个超宽带多波段的抛物柱面天线及转台伺服控制系统，该天线覆盖了 1～60 GHz 的 4 个频段，在各频段，VSWR≤2.5。转台运动范围：≥±200°

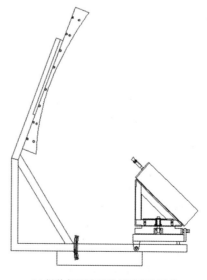

(a) 抛物柱面天线及转台伺服控制系统　　　　　　　　(b) 抛物柱面多基线精确测向天线

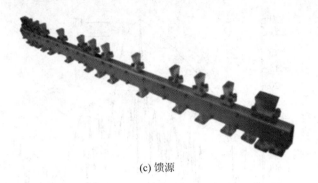

(c) 馈源

图 13.103　抛物柱面天线及抛物柱面多基线精确测向天线

（方位），0°～＋90°（俯仰）。转台控制精度：0.2°。重复定位精度：0.2°。控制通信接口：
RA232/RS485/RS422/CAN/LAN 可选。

　　图 13.103(b) 是抛物柱面多基线精确测向天线。抛物柱面的焦线上不等间距地排列着
同频段馈源或不同频段（如图 13.103(c)所示）的馈源。不等基线的测向信号经过处理，就能
精确测量出目标的来波方向。俯仰上的抛物线提高了天线的增益，方位上的扇形波束保证
了方位向上精确测向目标的角度范围。

参 考 文 献

[1]　宋长宏，吴群，张文静，等. 一种双扼流槽双极化低旁瓣阵列天线. 电波科学学报，
　　　2013，28(5)：858－861.

[2]　MUHAMMAD S A，ROLLAND A，DAHLAN S H，et al. Hexagonal Shaped
　　　Broadband Compact Scrimp Horn Antenna for Operation in C-Band. IEEE Antennas
　　　and Wireless Propagation Letters，2012，11：842－845.

[3]　PUCCI E，RAJO-LGLESIAS E，VAZQUEZ-ROY J，et al. Planar Dual-Mode Horn
　　　Array with Corporate-Feed Network in Inverted Microstrip Gap Waveguide. IEEE
　　　Transactions on Antennas and Propagation，2014，62(7)：3534－3542.

[4]　LEE B，HARACKIEWICZ F J，JUNG B，et al. Cavity-Backed Slot Antenna Array
　　　for the Repeater System of a Satellite Digital Multimedia Broadcasting Service. IEEE
　　　Antennas and Wireless Propagation Letters，2005，14：389－392.

[5]　MORADIAN M，TAYARANI M，KHALAJ-AMIRHOSSEINI M. Planar Slotted
　　　Array Antenna Fed by Single Wiggly-Ridge Waveguide. IEEE Antennas and
　　　Wireless Propagation Letters，2011，10：764－767.

[6]　RENGARAJAN S R，ZAWADZKI M S，HODGES R E. Waveguide-Slot Array
　　　Antenna Designs for Low-Average-Sidelobe Specifications. IEEE Antennas and
　　　Propagation Magazine，2010，52(6)：89－92.

[7]　HE J T，CHEN X，HUANG K. A Novel Suspended Stripline-Fed Printed Square
　　　Slot Array Antenna with High-Gain. International Journal of RF and Microwave

Computer-Aided Engineering, 2009, 19(6):712 - 716.

[8] HUANG G L, ZHOU S G, CHIO T H, et al. A Low Profile and Low Sidelobe Wideband Slot Antenna Array Feb by an Amplitude-Tapering Waveguide Feed-Network. IEEE Transactions on Antennas and Propagation, 2015, 63(1): 419 - 423.

[9] BAYDERKHANI R, HASSANI H R. Wideband and Low Sidelobe Slot Antenna Fed by Series-Fed Printed Array. IEEE Transactions on Antennas and Propagation, 2010, 58(12): 3898-3904.

[10] GUAN D, QIAN Z, ZHANG Y, et al. High-Gain SIW Cavity-Backed Array Antennawith Wideband and Low Sidelobe Characteristics. IEEE Antennas and Wireless Propagation Letters, 2015, 14: 1774 - 1777.

[11] YAMAGUCHI S, TAHARA Y, NISHIZAWA K, et al. Inclined Slot Array Antennas on a Hollow Rectangular Coaxial Line, IEICE Transactions on Communications, 2012, E95-B (9): 2870 - 2876.

[12] SANO M, HIROKAWA J, ANDO M. Single-Layer Corporate-Feed Slot Array in the 60GHz Band Using Hollow Rectangular Coaxial Lines. IEEE Transactions on Antennas and Propagation, 2014, 62(10): 5068 - 5075.

[13] TOMURA T, HIROKAWA J, HIRANO T, et al. A 45 Degrees Linearly Polarized Hollow-Waveguide 16 × 16-Slot Array Antenna Covering 71 - 86 GHz Band. IEEE Transactions on Antennas and Propagation, 2014, 62(10): 5061 - 5067.

[14] KIM D, HIROKAWA J, SAKURAI K, et al. Design and Measurement of the Plate Laminated Waveguide Slot Array Antenna and Its Feasibility for Wireless Link System in the 120GHz Band. IEICE Transactions on Communications, 2013, E96 - B (8): 2102 - 2109.

[15] KIM D, HIROKAWA J, ANDO M, et al. 64 × 64-Element and 32 × 32-Element Slot Array Antennas Using Double-Layer Hollow-Waveguide Corporate-Feed in the 120GHz Band. IEEE Transactions on Antennas and Propagation, 2014, 62 (3): 1507 - 1512.

[16] IKENO Y, SAKAKIBARA K, KIKUMA N, et al. Narrow-Wall-Slotted Hollow-Waveguide Array Antenna Using Partially Parallel Feeding System in Millimeter-Wave Band. IEICE Transactions on Communications, 2010, E93-B (10): 2545 - 2552.

[17] KIM D, ELLIOTT S R. A Design Procedure for Slot Arrays Fed by Single-Ridge Waveguide. IEEE Transactions on Antennas and Propagation, 1988, 36(11): 1531 - 1536.

[18] TAKADA J, ANDO M, GOTO N. A Reflection Cancelling Slot Set in a Linearly Polarized Radial Line Slot Antenna. IEEE Transactions on Antennas and Propagation, 1982, 140(4): 433 - 438.

[19] DAVIS P W, BIALKOWSKI M E. Experimental Investigations into a Linearly Polarized Radial Slot Antenna for DBS TV in Australia. IEEE Transactions on Antennas and Propagation, 1997, 45(7): 1123 - 1129.

[20] DAVIS P W, BIALKOWSKI M E. Linearly Polarized Radial-Line Slot-Array Antennas

with Improved Return-Loss Performance. IEEE Antennas and Propagation Magazine，1999，41(1)：52 – 61.

[21] KIMURA Y, SAITO S. Radiation Properties of a Linearly Polarized Radial Line MSA Array with Stacked Circular Patch Elements. IEICE Transactions on Communications，2013，E90-B (10)：2440 – 2446.

[22] YUAN C W, PENG S R, SHU T, et al. Designs and Experiments of a Novel Radial Line Slot Antenna for High-Power Microwave Application. IEEE Transactions on Antennas and Propagation，2013，61(10)：4940 – 4945.

[23] SLOMIAN I, WINCZA K, GRUSZCZYNSKI S. Series-Fed Microstrip Antenna Array With Inclined-Slot Couplers as Three-Way Power Dividers. IEEE Antennas and Wireless Propagation Letters，2013，12：62 – 64.

[24] KUNITA A, SAKAKIBARA K, SEO K, et al. Broadband Millimeter-Wave Microstrip Comb-Line Antenna Using Corporate Feeding System with Center-Connecting. IEICE Transactions on Communications，2012，E95-B (1)：41 – 49.

[25] ELSHERBINI A. Compact Directive Ultra-Wideband Rectangular Waveguide Based Antenna for Radar and Communication Applications. IEEE Transactions on Antennas and Propagation，2012，60(5)：2203 – 2208.

[26] XIONG Z, TONG C M, BAO J S, et al. SIW-Fed Yagi Antenna and Its Application on Monopulse Antenna. IEEE Antennas and Wireless Propagation Letters，2014，13：4035 – 4038.

[27] MASA-CAMPOS J L, SANCHEZ-SEVILLEJA S S, SIERRA-PEREZ M，et al. Monopulse Beam - Scanning Planar Array Antenna in L Band. Microwave & Optical Technology Letters，2008，50(7)：1812 – 1818.

[28] LIU L, ZHANG Z, TIAN Z, et al. a Bidirectional Endfire Array with Compact Antenna Elements for Coal Mine/Tunnel Communication. IEEE Antennas and Wireless Propagation Letters，2012，11：342 – 345.

[29] DING K, FANG X X, WANG Y Z, et al. Printed Dual-Layer Three-Way Directional Coupler Utilized as 3×3 Beam forming Network for Orthogonal Three-Beam Antenna Array. IEEE Antennas and Wireless Propagation Letters，2014，13：911 – 914.

[30] KIM J H, PARK W S. A Simple Switched Beam Forming Network for Four-Beam Butler Matrix. Microwave & Optical Technology Letters，2009，51(6)：1413 – 1416.

[31] CHEN Y, WEI H, KUAI Z, et al. Ku-Band Linearly Polarized Omnidirectional Planar Filtenna. IEEE Antennas and Wireless Propagation Letters，2012，11：310 – 313.

[32] 任宇辉，高宝建，伍捍东，等.基于单脊波导的缝隙阵列天线研究[J].电波科学学报，2014，29(2)：391 – 396.

[33] 伍捍东，潘云飞，崔锋，等.W波段天线远场(幅度)测量系统[J].微波学报，2012，S1：83 – 85.

[34] 任宇辉，高宝建，伍捍东，等.基于CST的波导窄边缝隙天线的分析与设计[J].西北大学学报，2010 ，40(5)：798 – 801.

第 14 章　全向波导缝隙天线阵和区域覆盖天线

14.1　全向高增益波导缝隙天线阵

一般天线，无法在全方位提供高增益。但若天线在俯仰面采用口径型天线组阵便可实现全向高增益。在实现的过程中，主要技术难度是如何减少馈电网络的损耗。在相对带宽不宽的情况下（如小于或等于 8%），全向高增益天线可以考虑串馈方案或串馈加并馈的组合方案。采用最佳波导缝隙阵列和独特的馈电设计方案，可使天线辐射效率高，VSWR 低，天线增益达 5~16 dB，承受功率达 300 W 以上。采用定制铝波导、浸胶玻璃钢防护罩和较大的安装法兰，可使天线具有重量轻、密封性能好、安装使用方便、性价比高、工程费用低等特点。

如果标准波导的两个宽边同时采用平行于波导轴向的缝隙，那么两边的辐射可以形成"8"字形和花生形方向图。如果压缩波导的窄边，使其接近四分之一波导的宽边或更窄，那么由于两边缝隙之间的距离很小，互耦增加，因而缝隙的辐射方向图受到影响。通过优化，波导缝隙天线阵可以获得圆度小于 3 dB 甚至 1 dB 的方位面全向方向图。其纵向缝隙的个数则根据增益的要求而设置。

按同样的原理，在波导的两个窄边开缝，用波导缝隙天线阵可以获得垂直极化全向辐射。如果只在波导的一边开缝，那么用波导缝隙天线阵可以获得半向辐射，即在方位面有 100°~180° 的扇形波束。图 14.1 为全向波导缝隙天线阵的结构、极化样图及实物图。表 14.1 描述了全向和半向波导缝隙天线阵纵向缝隙数量 n 与天线增益、俯仰角 A 的基本关系。

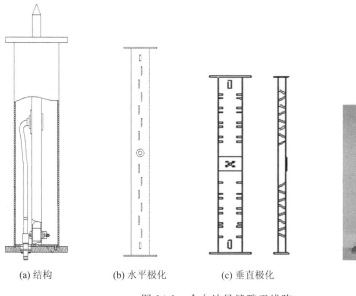

(a) 结构　　　　(b) 水平极化　　　　(c) 垂直极化　　　　(d) 实物图

图 14.1　全向波导缝隙天线阵

表 14.1　全向和半向波导缝隙天线阵纵向缝隙数量 n 与天线增益、俯仰角 A 的基本关系

全　向　天　线			半　向　天　线		
n	G/dB	$A/(°)$	n	G/dB	$A/(°)$
12	12	5	12	15	5
16	13	4	16	16	4
20	14	3.2	20	17	3.2

14.1.1　驻波型全向波导缝隙天线阵

在微波波段，水平极化全向天线多采用波导缝隙天线阵。在波导的一端激励，在另一端接可调短路活塞。常用波导宽边双纵向缝隙天线阵如图 14.2 所示，每面有 8 个缝隙，双面共 16 个缝隙用来实现 12~13 dBi 的增益。表 14.2 给出了该双纵向缝隙天线阵在不同频率缝隙的尺寸和相对位置(单位：mm)。

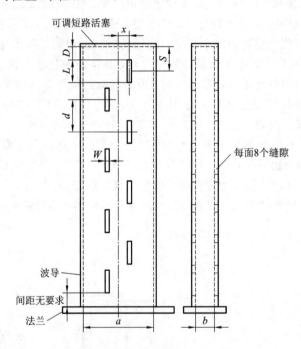

图 14.2　波导宽边双纵向缝隙天线阵

表 14.2　双纵向缝隙天线阵在不同频率缝隙的尺寸和相对位置

f/GHz	波导尺寸		缝隙尺寸		缝隙相对位置	
	a/mm	b/mm	L/mm	W/mm	x/mm	D/mm
1.296	165.100	—	113.28	82.55	12.45	162.31
2.304	86.360	43.180	65.02	9.91	5.33	99.06
3.456	72.136	34.036	43.43	6.60	7.87	65.28
3.456	58.166	29.210	43.43	6.60	3.81	65.28
5.760	47.498	22.098	25.91	3.05	6.35	31.24

f/GHz	波导尺寸		缝隙尺寸		缝隙相对位置	
	a/mm	b/mm	L/mm	W/mm	x/mm	D/mm
5.760	40.386	19.304	26.16	3.30	3.81	34.04
10.368	25.908	12.954	14.48	1.78	3.56	17.53
10.368	22.860	10.160	14.48	1.78	2.03	18.80
10.368	19.050	9.652	14.48	2.29	1.27	22.35
24.192	10.668	4.318	6.10	0.76	1.27	7.62

图 14.3 示出了 10.368 GHz 波导宽边锥削幅度分布的双面共 16 个纵向缝隙的尺寸和相对位置。图 14.3 所示缝隙组成的天线阵的方位面和俯仰面 SLL≤−20 dB，方位面方向图的圆度为 ±2.5 dB。图 14.4 示出了 10.368 GHz 波导宽边有翼且为均匀幅度分布，双面共 12 个纵向缝隙的缝隙尺寸和相对位置。由于波导宽边带有翼，因此使图 14.4 所示缝隙组成的天线阵的方位面方向图的圆度变为 ±2 dB。

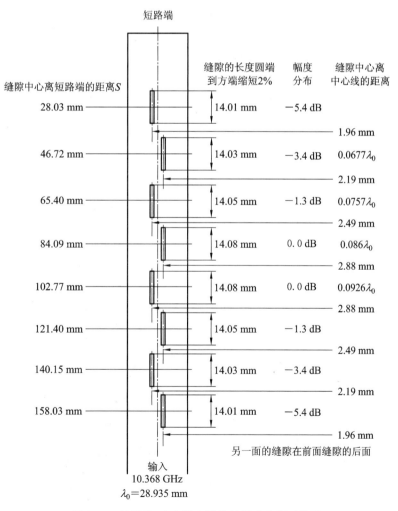

图 14.3　双面共 16 个纵向缝隙的尺寸和相对位置

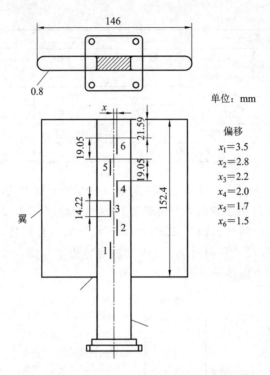

图 14.4　双面共 12 个纵向缝隙的缝隙尺寸和相对位置

　　图 14.5 示出了 24 GHz 波导宽边有翼，每面 12 个纵向缝隙（双面共 24 个缝隙）的缝隙尺寸、相对位置，以及纵向缝隙天线阵的实物图。该天线阵可以实现 13 dBi 的增益，在中心线上，可以用 M2 螺钉调天线的 VSWR。

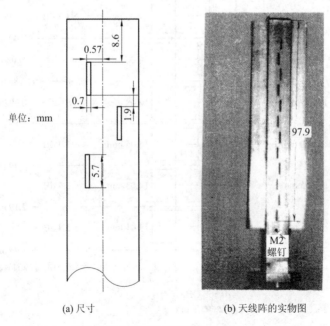

(a) 尺寸　　　　　　　　　　(b) 天线阵的实物图

图 14.5　纵向缝隙天线阵的实物图及缝隙尺寸、相对位置

在波导缝隙天线阵中，大的缝隙间距会引起俯仰方向图有大的副瓣。有两种方法可减小副瓣。如果相邻缝隙的间距 $d=\lambda_B/2(d>\lambda/2$，$\lambda$ 为自由空间波长)，那么可用减小单元间距的方法减小方向图的副瓣。另外一种方法是采用泰勒分布对阵列天线方向图赋形，从而实现低副瓣。表 14.3 是 20 dB 泰勒分布波导缝隙天线阵的相对幅度和相应缝隙的电导。

表 14.3　20 dB 泰勒分布波导缝隙天线阵的相对幅度和相应缝隙的电导

缝隙序号#	双面共 8 个		双面共 12 个		双面共 20 个		双面共 24 个		双面共 32 个	
	相对幅度/dB	电导/S	相对幅度/dB	电导/S	相对幅度/dB	电导/S	相对幅度/dB	电导/S	相对幅度/dB	电导/S
1	−4.4	0.0943	−5.1	0.0594	−5.5	0.0346	−8.1	0.0287	−5.6	0.0214
2	0.0	0.1557	−2.2	0.0833	−4.2	0.0405	−6.7	0.0322	−5.1	0.0229
3	0.0	0.1557	0.0	0.1073	−2.3	0.0500	−4.5	0.0382	−4.1	0.0257
4	−4.4	0.0943	0.0	0.1073	−0.8	0.0595	−2.4	0.0451	−2.9	0.093
5			−2.2	0.0833	0.0	0.0654	−0.8	0.0511	−1.8	0.0332
6			−5.1	0.0594	0.0	0.0654	0.0	0.0546	−1.0	0.0368
7					−0.8	0.0595	0.0	0.0546	−0.3	0.0396
8					−2.3	0.0500	−0.8	0.0511	0.0	0.0411
9					−4.2	0.0405	−2.4	0.0451	0.0	0.0411
10					−5.5	0.0346	−4.5	0.0382	−0.3	0.0396
11							−6.7	0.0322	−1.0	0.0368
12							−8.1	0.0287	−1.8	0.0322
13									−2.9	0.0293
14									−4.1	0.0257
15									−5.1	0.0229
16									−5.6	0.0214

14.1.2　改进矩形波导缝隙全向天线不圆度的方法

图 14.6 (a)示出了在矩形波导宽边上的 3 个缝隙 A、B 和 C。由于 A 和 B 组成的缝隙对同相，因而用它们作为全向辐射单元能构成全向方向图；由于 B 和 C 组成的缝隙对反

相，故不能用它们作为全向辐射单元。

　　利用矩形波导宽边上的双缝隙，可以实现好的全向水平面方向图。其有两种方法。第一种方法是采用图 14.6(b)所示的大地板，因为在无限大金属平面上缝隙的理想辐射方向图为半圆形。实验表明，当地面为 $3\lambda_B$ 大时，全向水平面方向图的圆度为 6 dB。第二种方法是采用图 14.6(c)所示的薄矩形波导，即降低波导的高度，因为在无限薄金属平面上，缝隙的理想辐射方向图是一个圆。

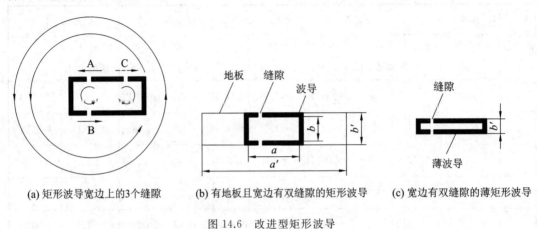

(a) 矩形波导宽边上的3个缝隙　　(b) 有地板且宽边有双缝隙的矩形波导　　(c) 宽边有双缝隙的薄矩形波导

图 14.6　改进型矩形波导

　　对图 14.7 所示尺寸的矩形波导宽边双缝隙天线，实验研究了在不同地板宽度 a' 及不同高度 b' 情况下的水平面方向图的圆度。结果表明，即使没有地板，只要矩形波导窄边的宽度为 $0.1\lambda_B$，那么由矩形波导宽边上的双缝隙构成的全向天线，圆度也在 1 dB 以内，可见圆度是相当好的。

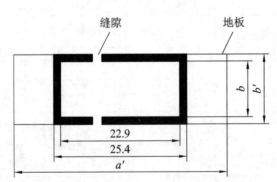

图 14.7　宽边有双缝隙的矩形波导及尺寸(单位：mm)

　　图 14.8 示出了(中心频率 $f_0=10$ GHz，$\lambda_0=30$ mm，$\lambda_B=44.75$ mm)由 BJ-100 型号的矩形波导构成的波导宽边纵向缝隙天线阵的尺寸。其中宽度 $a=22.86$ mm，高度 $b=10.16$ mm，壁厚 $t=1.27$ mm。由图 14.8 可看出，波导宽边上面和下面缝隙的长度分别为 15.35 mm、15.15 mm；偏移分别为 8 mm、6 mm。相邻单元间距 $d=19.88$ mm。用双面共 24 个缝隙制成的天线阵可以实现 11~12 dBi 的全向天线增益，天线的垂直面半功率波束宽度约 6°。

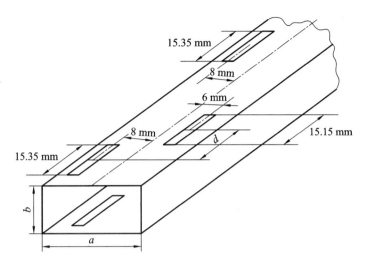

图 14.8　10 GHz 波导宽边双纵向缝隙天线阵的尺寸

为了改善图 14.8 所示的 10 GHz 波导宽边双纵向缝隙天线阵水平面方向图的圆度，还可以采用降低波导高度的方法。在中心频率 $f_0 = 9375$ MHz（$\lambda_0 = 32$ mm）处，对不同电高度的图 14.8 所示的 10 GHz 波导宽边双纵向缝隙天线阵的水平面方向图进行了仿真和实测，结果如表 14.4 所示。波导的外宽度 $= a + 2t = 25.4$ mm $= 0.794\lambda_0$。

表 14.4　10 GHz 波导宽边双纵向缝隙天线阵在不同电高度情况下，
水平面方向图的圆度

波导的电高度 b	水平面方向图的圆度/dB	
	仿真	实测
$0.387\lambda_0$	9.7	8.2
$0.199\lambda_0$	3.6	3.8
$0.100\lambda_0$	0.8	1.0

14.1.3　波导缝隙天线阵的特点

不管是线性还是平面驻波型（谐振式）矩形波导缝隙天线阵，不管是纵向还是横向谐振式缝隙，波导缝隙天线阵都具有以下特点：

（1）在同一波导上，相邻缝隙均相距 $\lambda_B/2$，最末 1 个缝隙的中心距短路端 $\lambda_B/4$ 或 $3\lambda_B/4$。

（2）在天线阵中，所有缝隙都是谐振的，在中心频率 f_0 处，缝隙等效电路的电纳或者电抗均为零。

（3）缝隙总位于驻波电压的波峰点，所有缝隙同相辐射，波束位于天线阵的法线方向。

（4）由于每隔 $\lambda_B/2$，波导壁表面电流的相位反相，因此相邻纵向并联缝隙均要偏移，并位于波导宽边中心线的两侧，以保证所有缝隙同相辐射。对由波导宽边上纵向并联缝隙或窄边上并联缝隙构成的天线阵，纵向并联缝隙产生辐射波的极化方向与波导阵的轴线垂直，而窄边并联缝隙产生辐射波的极化方向与波导阵的轴线平行。

（5）为保证在中心频率处，阻抗完全匹配，对一端馈电的波导缝隙天线阵，所有的缝隙谐振电导之和等于 1；对中馈矩形波导天线阵，电导之和应等于 2。

（6）波导宽边纵向谐振缝隙天线阵的优点是有非常低的交叉极化电平。

（7）驻波波导缝隙天线阵的缺点是带宽太窄，相对带宽只有百分之几。偏离中心频率 f_0 时，由于频率变化使缝隙不再处于驻波的波腹点，因而缝隙中的场产生的相位差会使天线性能变差。

（8）为了展宽带宽，驻波波导缝隙天线阵可以采用哑铃形缝隙。另外，当每段波导缝隙的数目增加时，驻波图形会发生位移，从而引起更大的相位变化。为减小这种变化，波导可使用子阵，从而减少波导段缝隙的数目。

（9）为了实现低轮廓，波导需要降低高度。

14.1.4　有不对称副瓣的波导缝隙天线阵

设计有不对称副瓣的波导缝隙天线阵时，在理论上要求激励相位不均匀、不对称。这种要求可以用几乎是谐振的缝隙达到，每个缝隙的长度可调，以满足正确的相移。对波导宽边上的纵向并联缝隙，当这些缝隙谐振时，则呈现纯电导特性。当偏离谐振频率时，缝隙则包含一部分电纳，电纳的大小取决于缝隙的长度偏离谐振长度的增量，电纳的正负号则对应于增量的正负号。缝隙的电纳为缝隙的辐射场提供了一个相移。为了获得不对称相位分布，应使天线阵一半缝隙的谐振频率适当高于设计频率，天线阵另一半缝隙的谐振频率适当低于设计频率。

BJ-100 矩形波导宽边上的 19 个纵向缝隙可用来实现不对称副瓣。在中心频率 $f_0=$ 9.375 GHz 处，波导的内尺寸为宽度 $a=22.86$ mm，高度 $b=10.16$ mm，壁厚 $t=1.27$ mm，缝隙的宽度 $W=1.587$ mm。每个缝隙的相对幅度和相位如表 14.5 所示。根据相对幅度和相位计算的各缝隙的偏移 x_n 和长度 L_n 列在表 14.6 中。图 14.9（a）、（b）分别是 19 元波导缝隙天线阵在 9.375 GHz 和 9.50 GHz 处实测垂直面归一化方向图。由图看出，两个方向图均有不对称副瓣电平。该天线阵实测 VSWR≤2 的相对带宽为 1.7%，VSWR≤1.5 的相对带宽为 0.9%。

表 14.5　不对称副瓣 19 元波导缝隙天线阵的相对幅度和相位

缝隙序号 n	相对幅度	相位/(°)	相对功率
1	0.645	0	0.416
2	0.610	0.85	0.372
3	0.595	10	0.354
4	0.665	14	0.442
5	0.745	12	0.555
6	0.815	9.75	0.664
7	0.880	6.75	0.773
8	0.935	4.25	0.874
9	0.975	2	0.950

缝隙序号 n	相对幅度	相位/(°)	相对功率
10	1.000	0	1.000
11	0.975	−2	0.950
12	0.935	−4.25	0.874
13	0.880	−6.75	0.773
14	0.815	−9.75	0.664
15	0.745	−12	0.555
16	0.665	−14	0.442
17	0.595	−10	0.354
18	0.610	−0.85	0.372
19	0.645	0	0.416

表 14.6　不对称副瓣 19 元波导缝隙天线阵在中心频率 $f_0 = 9375$ MHz 处的尺寸

缝隙序号 n	偏移 x_n/mm	缝隙长度 L_n(设计)/mm	实际长度/mm
1	1.260	15.481	15.474
2	1.189	15.461	15.469
3	1.178	15.303	15.308
4	1.341	15.255	15.253
5	1.488	15.288	15.291
6	1.618	15.352	15.339
7	1.735	15.418	15.418
8	1.841	15.451	15.443
9	1.918	15.514	15.519
10	1.966	15.550	15.557
11	1.918	15.575	15.570
12	1.841	15.606	15.608
13	1.735	15.634	15.641
14	1.618	15.662	15.659
15	1.488	15.692	15.687
16	1.341	15.720	15.722
17	1.178	15.644	15.656
18	1.189	15.646	15.646
19	1.260	15.481	15.479

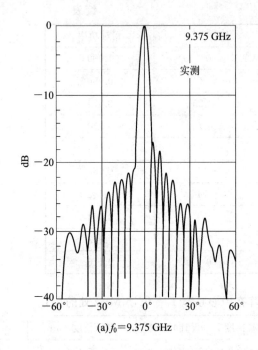

(a) $f_0 = 9.375$ GHz

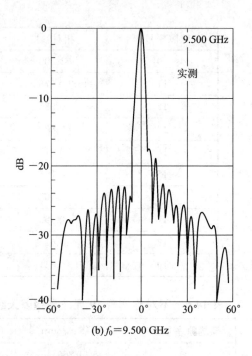

(b) $f_0 = 9.500$ GHz

图 14.9 不对称副瓣 19 元波导缝隙天线阵实测垂直面归一化方向图

调整波导宽边上 19 个并联纵向缝隙的偏移 x_n 及长度 L_n 可实现一边有 -20 dB 副瓣，另一边有 3 个靠近主瓣且副瓣电平小于 -30 dB 的垂直面方向图。表 14.7 给出了在 $f_0 = 9.375$ GHz 处对应的波导宽边上 19 元并联纵向缝隙的偏移 x_n 和长度 L_n。

波导尺寸：宽度 $a = 22.86$ mm，高度 $b = 10.16$ mm，壁厚 $t = 1.27$ mm，缝隙宽度 $W = 1.587$ mm，单元间距 $d = 0.7\lambda_0 = 22.4$ mm，$\lambda_B/2 = 22.377$ mm。

表 14.7 波导宽边上 19 元并联纵向缝隙的偏移 x_n 和长度 L_n

缝隙序号 n	1	2	3	4	5	6	7	8	9	10
偏移 x_n/mm	1.422	-0.838	1.067	-1.397	1.498	-1.651	1.727	-1.829	1.981	-1.981
缝隙长度 L_n/mm	15.570	15.951	16.078	15.90	15.824	15.773	15.773	15.773	15.672	15.672
缝隙序号 n	11	12	13	14	15	16	17	18	19	—
偏移 x_n/mm	1.956	-1.803	1.702	-1.626	1.499	-1.372	1.092	-0.838	1.397	—
缝隙长度 L_n/mm	15.570	15.494	15.469	15.418	15.342	15.189	14.986	15.189	15.469	—

在 $f_0 = 9.375$ GHz 处，该天线阵实测 H 面方向图，靠近主瓣的 3 个副瓣电平分别为 -28.6 dB、-31 dB 和 -27.4 dB，其余副瓣电平均小于 -20 dB。该天线阵实测 VSWR$\leqslant 2$ 的频段为 $9.3 \sim 9.45$ GHz，相对带宽为 1.6%。

用表 14.7 所示缝隙的长度和偏移，在 $f_0 = 9.375$ GHz 仿真计算了双面共 6、8 和 10 元波导宽边纵向缝隙全向天线阵。仿真结果如表 14.8 所示。

表 14.8　双面 6、8 和 10 元波导宽边纵向缝隙全向天线阵仿真结果

缝隙总数 n	$HPBW_H/(°)$	G_{max}/dBi	VSWR≤1.5 的频率范围
6	22.2	8.0	—
8	16.4	9.5	9.360～9.405 GHz
10	13.3	10.5	9.360～9.435 GHz

由于天线阵水平面方向图的圆度约为 4.5 dB，因此天线阵的平均增益要比最大增益小 1.5～2 dB。

14.1.5　低副瓣 21 元行波纵向并联波导缝隙天线阵

在中心频率 $f_0=9.375$ GHz 处，用 BJ－100 型矩形波导(波导的尺寸：宽度 $a=22.86$ mm，高度 $b=10.16$ mm，壁厚 $t=1.27$ mm)制成的天线阵希望有－30 dB 的副瓣电平且其主波束指向 45°。为了实现低的 VSWR 和－30 dB 的低副瓣，且让主束指向 45°，天线阵采用单元间距 $d=17.4$ mm($d=0.398\lambda_B$)和表 14.9 所示幅度分布(泰勒分布)的 21 元行波纵向并联波导缝隙。通过计算，21 元缝隙的偏移 x_n 和长度如表 14.10 所示。

表 14.9　－30 dB 副瓣电平行波纵向并联波导缝隙天线阵 21 元缝隙的幅度分布

缝隙序号 n	幅度分布	缝隙序号 n	幅度分布	缝隙序号 n	幅度分布
1	0.3370	8	0.8829	15	0.7995
2	0.2789	9	0.9465	16	0.7014
3	0.3780	10	0.9864	17	0.5946
4	0.4849	11	1.000	18	0.4849
5	0.5946	12	0.9864	19	0.3780
6	0.7014	13	0.9465	20	0.2789
7	0.7995	14	0.8829	21	0.3337

表 14.10　21 元缝隙的偏移及长度(缝隙宽度 $W=1.587$ mm)

缝隙序号 n	偏移 x_n/mm	缝隙长度 L_n/mm	缝隙序号 n	偏移 x_n/mm	缝隙长度 L_n/mm	缝隙序号 n	偏移 x_n/mm	缝隙长度 L_n/mm
1	1.981	15.367	8	2.057	15.545	15	1.397	15.57
2	0.711	15.342	9	2.057	15.570	16	0.762	15.672
3	1.549	15.316	10	2.007	15.570	17	0.686	15.722
4	1.803	15.418	11	1.905	15.545	18	0.660	15.748
5	1.981	15.469	12	1.778	15.545	19	0.610	15.722
6	2.057	15.494	13	1.676	15.570	20	0.559	15.646
7	2.057	15.494	14	1.575	15.570	21	0.635	15.773

该天线阵归一化理论输入导纳为$(0.955+j0.009)$ S，预计 12.3% 的功率被末端的负载吸收。除靠近主瓣的 3 个副瓣电平为 $-22\sim-24$ dB 外，其余所有副瓣电平都低于 -25 dB。在 5% 的相对带宽内，VSWR 都相当好，在中心频率 f_0 处，VSWR$=1.05$，在 $f=9.675$ GHz 处，VSWR$=1.01$。

14.1.6　低副瓣 7 元纵向并联波导缝隙天线阵

在 X 波段，7 元纵向并联波导缝隙天线阵能实现副瓣电平为 -20 dB，主波束指向角为 $8°(\theta_0=8°)$，HPBW$_H=13°$ 的技术要求。波导缝隙的电尺寸如表 14.11 所示，单元间距 $d=0.669\lambda_0$。

表 14.11　波导缝隙的电尺寸

缝隙序号 n	1	2	3	4	5	6	7
缝隙电长度 $L_n(\lambda_0)$	0.460	0.460	0.467	0.478	0.501	0.538	0.594
电偏移 $x_n(\lambda_0)$	0.0157	0.0284	0.0714	0.0714	0.1000	0.132	0.164

14.1.7　毫米波低副瓣 25 元准行波纵向波导缝隙天线阵

毫米波段，对天线的要求如下：波束指向角 $\theta_0=8°$，HPBW$_H=3°$，SLL$=-20$dB，HPBW$_E=120°$。用具有泰勒分布加权幅度分布的 25 元准行波纵向波导缝隙天线阵可实现上述要求。所谓准行波，是指末端不接负载，最后 1 个缝隙距短路端 $\lambda_B/4$。经计算，波导长度与宽度之比为 4.74：1，厚度 $t=0.0575\lambda_0$，缝隙的电长度 L_n/λ_0 和电偏移 x_n/λ_0 如表 14.12 所示。

该天线阵在 1.400 GHz 的绝对带宽内，实测 VSWR<1.4，HPBW$_E=3.2°$，HPBW$_H>120°$，$\theta_0=8°$，$G>15$ dBi。

表 14.12　25 元准行波纵向波导缝隙天线阵的缝隙电长度和电偏移

缝隙序号 n	缝隙电长度 $L_n(\lambda_0)$	电偏移 $x_n(\lambda_0)$
1	0.5317	0.3084
2	0.5156	-0.1864
3	0.5041	0.1519
4	0.5018	-0.1404
5	0.4995	0.1404
6	0.5018	-0.1427
7	0.4995	0.1404
8	0.4995	-0.1358
9	0.4972	0.1277
10	0.5156	-0.1185

缝隙序号 n	缝隙电长度 $L_n(\lambda_0)$	电偏移 $x_n(\lambda_0)$
11	0.4903	0.1105
12	0.488	-0.1024
13	0.4857	0.0944
14	0.4834	-0.0863
15	0.4811	0.0783
16	0.4811	-0.0714
17	0.4788	0.0633
18	0.4765	-0.0564
19	0.4765	0.0483
20	0.4742	-0.0414
21	0.4742	0.0345
22	0.4742	-0.0299
23	0.4742	0.0276
24	0.4742	-0.0253
25	0.4742	0.0253

14.1.8　扫频低副瓣 21 元行波纵向并联波导缝隙天线阵

在中心频率 $f_0=9.375\,\text{GHz}(\lambda_0=32\,\text{mm})$ 处，用一面低副瓣 21 元行波纵向并联波导缝隙天线阵，可满足副瓣电平小于或等于 $-30\,\text{dB}$，波束在 $-15°\sim15°$ 范围内扫描的技术要求。

设计该天线阵的步骤如下：

(1) 根据工作频段选用 $a=22.86\,\text{mm}$，$b=10.16\,\text{mm}$ 的 BJ - 100 型矩形波导。

(2) 确定缝隙的尺寸，长×宽$=L×W$。

按 $L=\lambda_0/2=16\,\text{mm}$ 确定缝隙的长度，选缝隙的宽度 $W=1.5\,\text{mm}$。

(3) 确定单元间距 d。

原则上 $d\neq\lambda_\text{B}/2$，且 $d>\lambda_\text{B}/2$，为此，利用 a 和 λ_0 可求出 λ_B 和 $\lambda_\text{B}/2$，即

$$\lambda_\text{B}=\frac{\lambda_0}{\sqrt{1-\left(\frac{\lambda_0}{2a}\right)^2}}=44.8\,\text{mm},\quad\frac{\lambda_\text{B}}{2}=22.4\,\text{mm}$$

由于 $d>\lambda_\text{B}/2$，所以选 $d=22.9\,\text{mm}$。

（4）根据－30 dB 的副瓣电平，确定缝隙的激励系数 a_n 和偏移 x_n，选负载吸收的功率 $r=0.05$。由于计算过程比较复杂，表 14.13 只给出了缝隙的激励系数 a_n 及偏移 x_n。

表 14.13　21 元缝隙的激励系数和偏移

缝隙序号 n	a_n	x_n/mm	缝隙序号 n	a_n	x_n/mm
1	1.00	0.82	12	11.2	2.57
2	1.92	1.55	13	10.62	2.28
3	3.06	2.33	14	9.72	1.98
4	4.37	3.01	15	8.55	1.68
5	5.78	3.46	16	7.19	1.38
6	7.19	3.65	17	5.78	1.09
7	8.55	3.66	18	4.37	0.82
8	9.72	3.54	19	3.06	0.57
9	10.62	3.35	20	1.92	0.36
10	11.2	3.11	21	1	0.19
11	11.39	2.85			

该天线阵在两个边频为 8.00 GHz 和 11.25 GHz 处，仿真副瓣电平均小于－30 dB，实测副瓣电平最差时为－20 dB。

14.1.9　改进型波导宽边横向缝隙天线阵

波导宽边横向缝隙天线阵是极化方向与纵向并联缝隙垂直的一种线极化天线阵。它可以作为垂直极化基站天线和水平极化船用雷达天线。边射波束波导宽边横向缝隙天线阵，要求横向缝隙的间距为 λ_B。由于空心波导波长 λ_B 总比自由空间波长 λ_0 长，因而该天线阵极容易产生栅瓣。另外，该天线阵输入端的反射也变大。在横向缝隙上面 $\lambda_0/2$ 处附加了一对寄生偶极子，用寄生偶极子产生的双波束来抵消栅瓣方向缝隙的辐射，以便达到扼制栅瓣的目的。该天线阵还附加了感性柱来抵消反射。这样基本辐射单元就变成由横向缝隙、感性柱和寄生偶极子对 3 部分组成。图 14.10 是用 6 元基本辐射单元组成的改进型波导宽边横向缝隙天线阵，天线阵单元间距为 λ_B，以均匀相位产生边射波束。

由于单元间距大于自由空间波长，因此图 14.10 所示横向缝隙天线阵产生了如图 14.11(a)所示的离开法线位于 $\pm50°$ 的栅瓣（图中用"＋"表示）。由寄生偶极子对产生的双寄生波束（图 14.11(b)中用"－"表示）也正好位于栅瓣方向。数值计算表明，双寄生波束的极性正好与栅瓣相反，因而扼制了栅瓣。

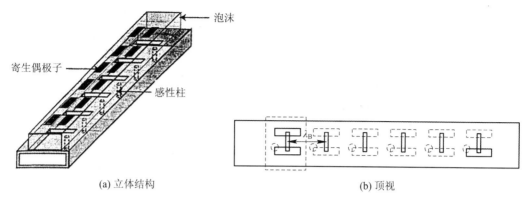

(a) 立体结构　　　　　　　　　　　　　　　　(b) 顶视

图 14.10　6 元改进型波导宽边横向缝隙天线阵

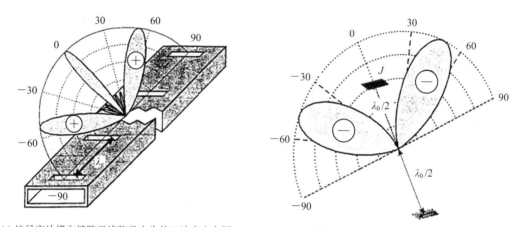

(a) 波导宽边横向缝隙天线阵及产生的双波束方向图　　　(b) 寄生偶极子对及产生的双波束方向图

图 14.11　波导宽边横向缝隙天线阵和寄生偶极子产生的双波束方向图

图 14.12 示出了由波导宽边横向缝隙、寄生偶极子对和感性柱构成的基本辐射单元及其尺寸。

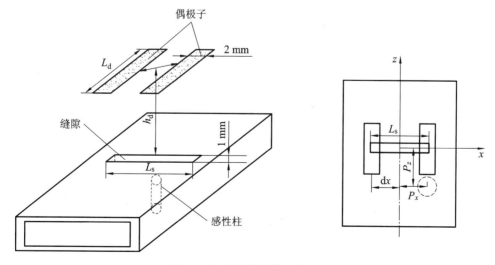

图 14.12　基本辐射单元及尺寸

如果中心谐振频率 $f_0 = 11.95$ GHz，那么图 14.10 所示天线阵必须采用 $a = 19.05$ mm，$b = 9.525$ mm，$t = 1$ mm 的 BJ-120 标准矩形波导。寄生偶极子和缝隙的宽度分别为 2 mm 和 1 mm，其他尺寸如表 14.14 所示。

表 14.14　11.95 GHz 改进型波导宽边横向缝隙天线的尺寸 mm

参　　数		尺寸
偶极子离缝隙的高度 h_d		12.5
偶极子的长度 L_d		11.8
偶极子的偏移 d_x		6.5
感性柱的半径		1
感性柱的位置	P_x	4.32
	P_z	-7.15

调整感性柱的位置，可使基本辐射单元在 11.95 GHz 处的反射最小，$S_{11} \leqslant -35$ dB。在设计天线阵时，有必要使各个基本辐射单元具有不同的耦合强度。偶极子的参数对耦合强度影响很小，仍然采用表 14.14 所列数据。但不同的耦合强度要求缝隙有不同的长度，感性柱有不同的位置。图 14.13 所示为不同辐射功率的基本辐射单元所需要的缝隙长度和传输相位。

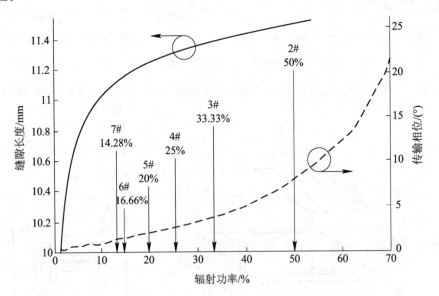

图 14.13　不同辐射功率的基本辐射单元所需要的缝隙长度和传输相位

图 14.14 是用 6 个基本辐射单元构成的横向波导缝隙天线阵，单元间距为 $\lambda_B + \delta_N$（$\lambda_B = 1.32\lambda_0$），$\delta_N$ 是相邻单元传输相位不同引起的一段距离。

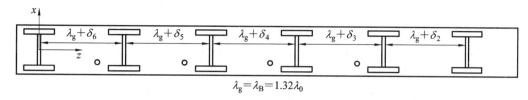

图 14.14　用 6 个基本辐射单元构成的横向波导缝隙天线阵

如果让最后 1 个基本辐射单元为匹配单元就能把天线阵设计成行波天线阵。在 $f_0 =$ 11.95 GHz 处，基本辐射单元的尺寸仍然如表 14.14 所示，图 14.14 所示横向波导缝隙天线阵的参数如表 14.15 所示。

表 14.15　横向波导缝隙天线阵参数

阵元	耦合度/%	缝隙长度/mm	感性柱的位置 P_x, P_z/mm	传输相位/(°)
7	14.28	11.13	5.72，−7.80	3.21
6	16.66	11.18	5.55，−7.76	3.44
5	20	11.24	5.34，−7.71	3.79
4	25	11.31	5.09，−7.62	4.56
3	33.33	11.40	4.79，−7.44	6.20
2	50	11.52	4.32，−7.14	8.19

14.1.10　全向高增益天线阵的安装

当工程需采用两副天线时，天线安装应将两副天线之间的干扰降低到最低。确定天线安装间距的原则是，天线水平面方向图变坏的程度和方向图凹点的两方向在允许的范围之内，一般要求水平面方向图的凹点不超过 5～6 dB。在 S 波段，两副水平极化全向天线间距应大于 1.3 m；两副垂直极化全向天线间距应大于 2.5 m。如图 14.15（a）所示，在塔的两侧安装全向天线时，推荐使用水平极化全向天线，不宜使用垂直极化全向天线。在塔的两侧安装两副水平极化全向天线时，建议上下共线安装天线，如图 14.15（b）所示。

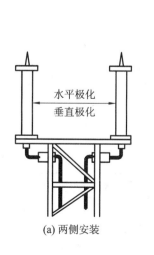

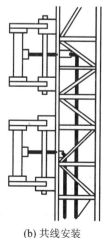

(a) 两侧安装　　　　　　　(b) 共线安装

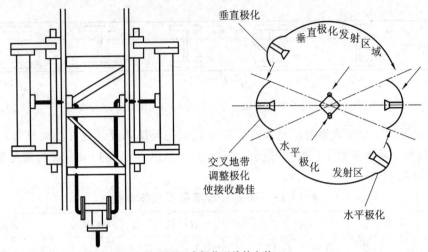

(c) 两副正交极化天线的安装

图 14.15　高增益全向天线的安装

因建筑物或塔的阻碍全向天线不能安装时，如图 14.15（c）所示，天线宜在塔侧或塔顶安装两副正交极化（垂直和水平极化）天线。功率分配器将来自馈线的发射信号按需要向两副天线以均等或不等的功率分配关系馈电。采用正交极化天线的目的是把方向图重叠区的干扰降到最小。因为在使用正交极化天线时，两副发射天线之间的相位关系变得不重要，但相位的变化却使方向图重叠区的极化发生偏转，所以在方向图重叠区，接收天线的极化方向需要在现场进行调整，以便获得最大的接收信号。

14.2　区域覆盖天线的分类与应用

14.2.1　区域覆盖天线的分类

广播电视和通信的无线覆盖技术无疑是成熟的。但由于工程设计人员常忽视对发射天线的正确选型，或对不同原理的天线特点不熟悉，致使工程达不到设计要求。本节叙述区域覆盖天线的分类和工作原理，指出它们在应用中的特点，供工程设计者参考。

1. 按天线方向图的形状分类

根据发射天线覆盖区域的不同形状，应选择相应的天线方向图，图 14.16 是按天线方向图的形状分类的天线，大致有以下几种：全向天线、U 形天线、半向天线、"8"字形天线、扇形波束天线、特殊赋形波束天线。

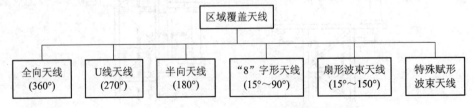

图 14.16　按天线方向图形状的天线分类

2. 按天线单元层数分类

按天线单元层数分类，实际是按天线增益或按天线俯仰波瓣宽度分类。因为天线单元层数只是阵列天线的术语，而且天线各层之间的距离不同，也使按天线单元层数分类的提法不能说明天线的使用状态。在区域覆盖天线中，除阵列式外，还有许多是口径型天线，因此按天线增益、俯仰波瓣宽度分类更确切。

天线是一个无源设备，方位方向图确定后，它的增益就只跟天线的高度有关。但是工程使用中，天线不是增益越高越好，而是要根据俯仰覆盖角 θ 来确定增益。θ 的计算可参考图 14.17，其表达式为

$$\theta = \theta_1 - \theta_2 = \arctan \frac{H_1}{D_1} - \arctan \frac{H_2}{D_2} \tag{14.1}$$

式中，H_1 为发射天线与最近距离接收点天线之间的高度差；H_2 为发射天线与最远距离接收点天线之间的高度差；D_1 为发射天线与最近距离接收点天线之间的水平距离；D_2 为发射天线与最远距离接收点天线之间的水平距离。

根据绝大多数实际工程需要，发射天线的俯仰波束宽度应在 $2°\sim10°$ 之间，尤以 $4°\sim10°$ 为最常用。小于 $4°$ 的天线应慎用。因为波束宽度的最大点应照射在最远接收点的位置，这样实际利用到的波束只有波束的下半部分。

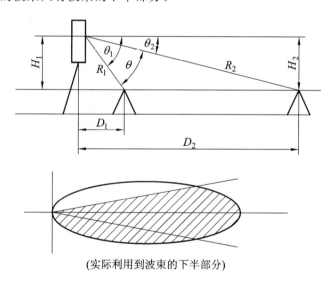

(实际利用到波束的下半部分)

图 14.17　覆盖型天线俯仰波束的实际可用范围

不同工作原理的天线千差万别，对于全向天线来说，天线增益选择 $10\sim13$ dB 是合适的，增益大于 13 dB 的全向天线一定要慎用。工程中因使用高增益天线而使工程设计失败的例子很多。

3. 按天线工作原理和结构分类

不同天线有不同的辐射原理和结构。图 14.18 是按天线工作原理和结构分类的天线。

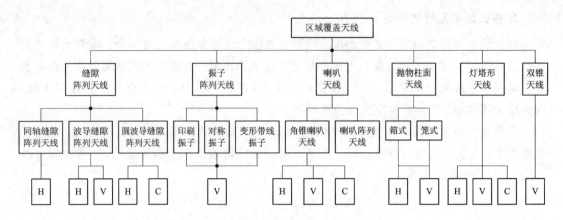

图 14.18　按天线工作原理和结构分类的天线

4. 按工作频率和带宽分类

天线的工作频段很多，如 L、S、X 和 Ku 波段等。不同天线有不同的带宽，如调幅邻频 24 套电视节目的标准带宽为 200 MHz，FM 天线的带宽更宽。可见天线有超宽带、宽带、窄带之分。

由于不同工作原理的天线，在不同工作频段、不同带宽、不同增益、不同方向图的要求下，各有所长，也各有所短。因此，针对不同要求，就要采取不同的设计方案。

S 波段，相对带宽≤5% 的称为窄带，相对带宽＞5% 的称为宽带。200 MHz 的相对宽带约为 8%，也属宽带。

14.2.2　不同要求的天线方案的比较

1. 水平极化全向天线

水平极化全向天线可以用同轴缝隙阵列、波导缝隙阵列、圆波导缝隙阵列或振子阵列、喇叭阵列、灯塔形天线来实现，其工作带宽受增益因素的限制。由于全向天线主要靠增加天线高度使俯仰波瓣宽度变窄来提高增益，而且由于俯仰覆盖的限制，通常不需要太高的增益（≤14 dB）。实用的水平极化全向天线大多采用同轴缝隙和波导缝隙阵列天线。圆波导缝隙因带宽很窄而很少使用。其他天线形式要么结构复杂，要么增益不易达到要求而很少采用。振子阵列全向天线常在低频段（UHF 和 S）低增益情况下采用。针对典型的水平极化全向天线，以美国安德鲁和西安恒达微波技术开发有限公司的产品为代表。前者采用同轴缝隙，3 点馈电，3 单元圆周辐射，其最大特点是方位方向图圆度小于 1 dB，由于在每个缝隙边缘要附加 1 个激励螺钉，所以增加了调试难度。后者采用波导缝隙单点式馈电，两单元圆周辐射，单点馈电相对带宽为 6.5%，双点馈电相对带宽为 8.5%，最大特点是天线内部损耗小，信噪比好，抗雷击能力强，方位面圆度为 3.5 dB，满足＜4 dB 要求。二者的综合性能指标不相上下。从带宽和电性能上比较，除结构复杂外，喇叭天线阵的相对带宽可达 20% 以上。垂直极化全向天线可以采用波导缝隙和振子阵列、双锥天线、灯塔天线和喇叭阵列。双锥天线有 10 多个倍频程带宽，增益 0dB 左右；灯塔形天线有最好的圆度，但体积大；喇叭阵列结构较复杂，纵向体积大。振子阵列的馈电结构复杂，同轴损耗较大，从辐射原理上分析，不如波导缝隙。

2. 270°和180°半向天线

270°和180°半向天线以波导缝隙、同轴缝隙为最佳，但同轴缝隙只能实现水平极化，而波导缝隙水平、垂直极化均可实现。国外有采用振子阵列加幅相调控的办法来实现这类天线，其技术较难掌握，性能上有顾此失彼的地方。本书作者伍捍东认为不是上佳方案。国外还有人用反射挡板的方法来实现不同角度的控制，从使用角度看是可行的，但从天线原理上看不是正规方案，综合指标差一些。

3. "8"字形和椭圆形方向图天线

波导缝隙阵列的"8"字形和椭圆形波束天线，具有良好的电气结构和防雷击综合性能。

4. 15°～150°扇形波束天线

从电气性能及带宽上看，最好的扇形波束天线是喇叭形天线，其缺点是增益略低。常见的笼式或箱式扇形波束天线是一种短抛物柱面天线，有人称弓形天线或抛物盒式天线。其特点是高增益，但 VSWR≤2，增益频率响应差，是中继和近距离覆盖的应用型产品。水平极化喇叭形和笼式、箱式扇形波束天线的波束宽度可以做到15°～150°；垂直极化天线的波束宽度只能做到小于90°。区域覆盖型天线不是增益越高越好。波导缝隙及振子阵列加反射板的天线可以实现大于90°的扇形波束。具有高性能电参数(VSWR、方向图、增益、带宽、频率)的喇叭阵列或印刷振子阵列天线，都是很好的扇形波束天线。

参 考 文 献

[1]　ELLOTT R, JOHNSON R. Experimental Results on a Linear Array Designed for Asymmetric sidelobes. IEEE Transactions on Antennas and Propagation，1978，26(2)：351 – 352.

[2]　ELILOTT R. On the Design of Traveling-Wave Fed Longitudinal Shunt Slot Arrays. IEEE Transactions on Antennas and Propagation，1979，27(5)：717 – 720.

[3]　王杰，吕善伟. 裂缝行波线阵天线设计与实践[J].航空电子技术,1999,3:1 – 6.

[4]　王杰，吕善伟. 毫米段斜扇形波束裂缝阵天线的研究[J].电波科学学报,2000,15(15)：216 – 219.

[5]　HOSSAIN M G S, HIROKAW J, ANDO M. A Waveguide Broad-Wall Transverse Slot Linear Array With Reflection-Canceling Inductive posts and Grating-Lobe Suppressing Parasitic Dipoles. IEICE Transactions on Communications，2005，E88-C (12)：2266 – 2272.

后 记

　　2020 年注定是一个不平凡的年份。年初的新冠疫情牵动了全国人民乃至全世界人民的心。中国人民在中国共产党的领导下已经完全控制住了这场突如其来的疫情。

　　疫情停工期间，难得的空闲时间使笔者笔头增速不少，复工后，编写速度明显减慢，在俱老师的催促下，终于完成了本书中笔者负责的部分。俱新德老师是 1978 年我在西北电讯工程学院（现西安电子科技大学）进修时"天线与测量"课程的实验辅导老师。几十年来，俱老师教书育人且笔耕不辍。《专用天线及相关技术》是我们几位笔者对特殊场合应用的特殊专用天线的长期研究工作的一次总结。

　　本书既介绍了现在还在使用的专用天线和相关技术，又介绍了作者（特别是伍捍东）多年研究的现代新型专用天线及相关技术成果。本书既是一本专用天线的专著，又是一本工程性、实用性极强的教科书。本书主要介绍天线的工作原理、结构尺寸、设计图表曲线和电性能，而少用或不用复杂的数学推导公式。

　　随着科技的快速发展，各种特殊应用场合依然存在，新一代设计师面临专用天线设计参考资料严重缺乏、维护保养更新及新的需求亟待传承和创新的问题。

　　本书既可作为天线工程师使用和维护天线的培训教材，也可作为大专院校雷达通信及天线专业师生的参考资料。

伍捍东

2022 年 5 月

于西安恒达微波技术开发有限公司